教育部高等学校食品科学与工程类专业教学指导委员会审定教材

普通高等教育“十四五”规划教材

面向21世纪课程教材
Textbook Series for 21st Century

食品微生物学

第4版

何国庆　贾英民　丁立孝　主编

中国农业大学出版社
·北京·

内 容 简 介

本书内容涵盖微生物形态学、生理学、遗传免疫学等基础知识，有益微生物在食品加工过程中的应用，有害微生物在食品加工、贮藏等过程中的预防、消除与检验等专业知识。全书包括10章内容，分别为绪论、微生物主要类群及其形态与结构、微生物的营养与代谢、微生物的生长、微生物的遗传变异与菌种选育、微生物的生态、微生物与食品制造、食品的微生物污染、食品腐败变质及其控制、微生物与食品安全。本书适宜作为有关院校食品专业的本科教材，也可以供相关专业的研究生、科研人员及生命科学专业的师生参考。

图书在版编目(CIP)数据

食品微生物学 / 何国庆，贾英民，丁立孝主编. —4版. —北京：中国农业大学出版社，2021.3（2024.7重印）

ISBN 978-7-5655-2532-2

Ⅰ.①食… Ⅱ.①何…②贾…③丁… Ⅲ.①食品微生物-微生物学-高等学校-教材 Ⅳ.①TS201.3

中国版本图书馆CIP数据核字(2021)第044529号

教育部高等学校食品科学与工程类专业教学指导委员会审定教材

书　　名　食品微生物学　第4版

作　　者　何国庆　贾英民　丁立孝　主编

策划编辑　宋俊果　王笃利　魏　巍　　**责任编辑**　韩元凤

封面设计　郑　川　李尘工作室

出版发行　中国农业大学出版社

社　　址　北京市海淀区圆明园西路2号　　**邮政编码**　100193

电　　话　发行部 010-62733489,1190　　读者服务部 010-62732336

编辑部 010-62732617,2618　　出　版　部 010-62733440

网　　址　http://www.caupress.cn　　**E-mail**　cbsszs@cau.edu.cn

经　　销　新华书店

印　　刷　运河（唐山）印务有限公司

版　　次　2021年5月第4版　2024年7月第5次印刷

规　　格　787×1092　16开本　24.5印张　605千字

定　　价　65.00元

普通高等学校食品类专业系列教材

编审指导委员会委员

（按姓氏拼音排序）

第 4 版编写人员

主　　编　何国庆(浙江大学)
　　　　　贾英民(北京工商大学)
　　　　　丁立孝(青岛农业大学)

副 主 编　孔庆学(天津农学院)
　　　　　贺稚非(西南大学)
　　　　　刘书亮(四川农业大学)
　　　　　廖振林(华南农业大学)
　　　　　郝　林(山西农业大学)
　　　　　郭东起(塔里木大学)

编写人员　(按姓氏笔画排序)
　　　　　丁立孝(青岛农业大学)
　　　　　王荣荣(信阳农林学院)
　　　　　孔庆学(天津农学院)
　　　　　邓凯波(福建农林大学)
　　　　　朱丽霞(塔里木大学)
　　　　　任晓镤(塔里木大学)
　　　　　刘书亮(四川农业大学)
　　　　　江玉姬(福建农林大学)
　　　　　许　倩(塔里木大学)
　　　　　阮　晖(浙江大学)
　　　　　杨　宁(山西农业大学)
　　　　　何国庆(浙江大学)
　　　　　郑　燕(沈阳农业大学)
　　　　　郝　林(山西农业大学)
　　　　　贺稚非(西南大学)
　　　　　贾英民(北京工商大学)
　　　　　郭东起(塔里木大学)
　　　　　梁志宏(中国农业大学)
　　　　　廖振林(华南农业大学)

第3版编写人员

主　　编　何国庆(浙江大学)

贾英民(河北科技大学)

丁立孝(青岛农业大学)

副 主 编　孔庆学(天津农学院)

贺稚非(西南大学)

刘书亮(四川农业大学)

廖振林(华南农业大学)

郝　林(山西农业大学)

郭东起(塔里木大学)

编写人员　(按姓氏笔画排序)

丁立孝(青岛农业大学)

王荣荣(信阳农林学院)

孔庆学(天津农学院)

邓凯波(福建农林大学)

朱丽霞(塔里木大学)

任晓镤(塔里木大学)

刘书亮(四川农业大学)

江玉姬(福建农林大学)

许　倩(塔里木大学)

阮　晖(浙江大学)

杨　宁(山西农业大学)

何国庆(浙江大学)

郑　燕(沈阳农业大学)

郝　林(山西农业大学)

贺稚非(西南大学)

贾英民(河北科技大学)

郭东起(塔里木大学)

梁志宏(中国农业大学)

廖振林(华南农业大学)

第2版编写人员

主　　编　何国庆（浙江大学）
贾英民（河北科技大学）
丁立孝（青岛农业大学）

副 主 编　李平兰（中国农业大学）
孔庆学（天津农学院）
贺稚非（西南大学）

编写人员　（按姓氏笔画排序）
丁立孝（青岛农业大学）
孔庆学（天津农学院）
牛天贵（中国农业大学）
石木标（华南农业大学）
刘书亮（四川农业大学）
阮　晖（浙江大学）
何国庆（浙江大学）
李　平（同济大学）
李平兰（中国农业大学）
郑　燕（沈阳农业大学）
贺稚非（西南大学）
郝　林（山西农业大学）
贾英民（河北科技大学）
傅　力（新疆农业大学）

第1版编写人员

主　　编　何国庆　贾英民

副 主 编　李平兰　孔庆学　贺稚非

参编人员　（按姓氏笔画排序）

牛天贵　中国农业大学
孔庆学　天津农学院
石木标　华南农业大学
刘书亮　四川农业大学
李　平　安徽农业大学
李平兰　中国农业大学
何国庆　浙江大学
贺稚非　西南农业大学
郝　林　山西农业大学
贾英民　河北科技大学

出版说明
（代总序）

岁月如梭，食品科学与工程类专业系列教材自启动建设工作至现在的第4版或第5版出版发行，已经近20年了。160余万册的发行量，表明了这套教材是受到广泛欢迎的，质量是过硬的，是与我国食品专业类高等教育相适宜的，可以说这套教材是在全国食品类专业高等教育中使用最广泛的系列教材。

这套教材成为经典，作为总策划，我感触颇多，翻阅这套教材的每一科目、每一章节，浮现眼前的是众多著作者们汇集一堂倾心交流、悉心研讨、伏案编写的景象。正是由于大家的高度共识和对食品科学类专业高等教育的高度责任感，铸就了系列教材今天的成就。借再一次撰写出版说明（代总序）的机会，站在新的视角，我又一次对系列教材的编写过程、编写理念以及教材特点做梳理和总结，希望有助于广大读者对教材有更深入的了解，有助于全体编者共勉，在今后的修订中进一步提高。

一、优秀教材的形成除著作者广泛的参与、充分的研讨、高度的共识外，更需要思想的碰撞、智慧的凝聚以及科研与教学的厚积薄发。

20年前，全国40余所大专院校、科研院所，300多位一线专家教授，覆盖生物、工程、医学、农学等领域，齐心协力组建出一支代表国内食品科学最高水平的教材编写队伍。著作者们呕心沥血，在教材中倾注平生所学，那字里行间，既有学术思想的精粹凝结，也不乏治学精神的光华闪现，诚所谓学问人生，经年积成，食品世界，大家风范。这精心的创作，与敷衍的粘贴，其间距离，何止云泥！

二、优秀教材以学生为中心，擅于与学生互动，注重对学生能力的培养，绝不自说自话，更不任凭主观想象。

注重以学生为中心，就是彻底摒弃传统填鸭式的教学方法。著作者们谨记"授人以鱼不如授人以渔"，在传授食品科学知识的同时，更启发食品科学人才获取知识和创造知识的思维与灵感，于润物细无声中，尽显思想驰骋，彰耀科学精神。在写作风格上，也注重学生的参与性和互动性，接地气，说实话，"有里有面"，深入浅出，有料有趣。

三、优秀教材与时俱进，既推陈出新，又勇于创新，绝不墨守成规，也不亦步亦趋，更不原地不动。

首版再版以至四版五版，均是在充分收集和尊重一线任课教师和学生意见的基础上，对新增教材进行科学论证和整体规划。每一次工作量都不小，几乎覆盖食品学科专业的所有骨干课程和主要选修课程，但每一次修订都不敢有丝毫懈怠，内容的新颖性，教学的有效性，齐头并进，一样都不能少。具体而言，此次修订，不仅增添了食品科学与工程最新发展，又以相当篇幅强调食品工艺的具体实践。每本教材，既相对独立又相互衔接互为补充，构建起系统、完整、实用的课程体系，为食品科学与工程类专业教学更好服务。

四、优秀教材是著作者和编辑密切合作的结果，著作者的智慧与辛劳需要编辑专业知识和奉献精神的融入得以再升华。

同为他人作嫁衣裳，教材的著作者和编辑，都一样的忙忙碌碌，飞针走线，编织美好与绚丽。这套教材的编辑们站在出版前沿，以其炉火纯青的编辑技能，辅以最新最好的出版传播方式，保证了这套教材的出版质量和形式上的生动活泼。编辑们的高超水准和辛勤努力，赋予了此套教材蓬勃旺盛的生命力。而这生命力之源就是广大院校师生的认可和欢迎。

第 1 版食品科学与工程类专业系列教材出版于 2002 年，涵盖食品学科 15 个科目，全部入选“面向 21 世纪课程教材”。

第 2 版出版于 2009 年，涵盖食品学科 29 个科目。

第 3 版(其中《食品工程原理》为第 4 版)500 多人次 80 多所院校参加编写，2016 年出版。此次增加了《食品生物化学》《食品工厂设计》等品种，涵盖食品学科 30 多个科目。

需要特别指出的是，这其中，除 2002 年出版的第 1 版 15 部教材全部被审批为“面向 21 世纪课程教材”外，《食品生物技术导论》《食品营养学》《食品工程原理》《粮油加工学》《食品试验设计与统计分析》等为“十五”或“十一五”国家级规划教材。第 2 版或第 3 版教材中，《食品生物技术导论》《食品安全导论》《食品营养学》《食品工程原理》4 部为“十二五”普通高等教育本科国家级规划教材，《食品化学》《食品化学综合实验》《食品安全导论》等多个科目为原农业部“十二五”或农业农村部“十三五”规划教材。

本次第 4 版(或第 5 版)修订，参与编写的院校和人员有了新的增加，在比较完善的科目基础上与时俱进做了调整，有的教材根据读者对象层次以及不同的特色做了不同版本，舍去了个别不再适合新形势下课程设置的教材品种，对有些教材的题目做了更新，使其与课程设置更加契合。

在此基础上，为了更好满足新形势下教学需求，此次修订对教材的新形态建设提出了更高的要求，出版社教学服务平台"中农 De 学堂"将为食品科学与工程类专业系列教材的新形态建设提供全方位服务和支持。此次修订按照教育部新近印发的《普通高等学校教材管理办法》的有关要求，对教材的政治方向和价值导向以及教材内容的科学性、先进性和适用性等提出了明确且具针对性的编写修订要求，以进一步提高教材质量。同时为贯彻《高等学校课程思政建设指导纲要》文件精神，落实立德树人根本任务，明确提出每一种教材在坚持食品科学学科专业背景的基础上结合本教材内容特点努力强化思政教育功能，将思政教育理念、思政教育元素有机融入教材，在课程思政教育润物细无声的较高层次要求中努力做出各自的探索，为全面高水平课程思政建设积累经验。

教材之于教学，既是教学的基本材料，为教学服务，同时教材对教学又具有巨大的推动作用，发挥着其他材料和方式难以替代的作用。教改成果的物化、教学经验的集成体现、先进教学理念的传播等都是教材得天独厚的优势。教材建设既成就了教材，也推动着教育教学改革和发展。教材建设使命光荣，任重道远。让我们一起努力吧！

罗云波

2021 年 1 月

第4版前言

食品微生物学是研究与食品有关的微生物以及微生物与食品关系的一门科学，在食品类专业中是一门承上启下，具有较强理论、实践及应用价值的专业基础课。内容主要涵盖微生物形态学、生理学、遗传免疫学等基础知识；有益微生物在食品加工过程中的应用；有害微生物在食品加工、贮藏等过程中的预防和消除等。随着微生物学及生命科学的迅速发展，食品微生物学也从中获得了许多新的知识和新的技术，并应用这些新知识和新技术来生产更多富有营养和安全的食品，如用微生物对农产品进行生物转化，微生物资源的开发利用。生物工程技术广泛地应用于食品贮藏、加工以及食品安全检测方面，并已取得了许多成果。

2020年3月《食品微生物学》第4版编委会启动教材修订以来，受新冠疫情影响，大家在线上对教材的修订工作进行了认真讨论，集思广益，在保持第3版教材编写体量基本不变的基础上，增加了近几年的新内容，尤其注重实现专业课程与思政元素有机融合，发挥专业课程的育人主渠道作用，各位编者立足本人编写章节，通过不同的切入点将课程思政内容融入其中。相关思政内容包括全球科学家为微生物学科发展做出的卓越贡献，弘扬“爱国、创新、求实、奉献”的科学家精神；人类活动对生态环境造成的不良影响，科学家利用微生物技术为保护、改善生态环境做出的贡献，宣传保护自然的生态文明理念，走可持续发展道路的理念等。其中特别强调2020年，新冠病毒肆虐全球，中国为全球疫情防控做出的卓越贡献，如核酸检测技术、病毒疫苗研制等，以加强学生的民族自豪感教育，追求真正的明星——民族英雄，教导学生树立正确的世界观、价值观和人生观。

本版教材通篇蕴含着丰富的课程思政元素，主要突出如下特点：

(1) 食品微生物教学内容中蕴含着丰富的自然辩证法思想，教材从食品微生物与人类关系的对立统一规律认识开始，培养学生严谨的科学态度及批判性思维，激发学生学习兴趣，培养学生科学思维能力和创新能力，融入新时代创新中国建设；

(2) 将中国传统食文化有机融入其中，利用传统文化知识与“食品微生物学”课程的契合点，培养学生的中华民族自豪感，融入新时代的文化自信建设；

(3) 注重理论与实践有机融合，提升学生创新力和实践能力，在实践中学真知，悟真理，融入知行合一的思想。

(4)把党的二十大中“青年强，则国家强”精神，“增强中华文明传播力影响力”精神，“推动绿色发展，促进人与自然和谐共生”精神，“加快实施创新驱动发展战略”精神，“树立大食物观，发展设施农业，构建多元化食物供给体系”精神以及“构建人类命运共同体是世界各国人民前途所在”精神等内容融入本课程思政教学中，培养学生的创新精神，厚植爱国情怀，砥砺强国之志，为祖国的食品工业做出自己的贡献，做中国式现代化建设道路上的实施者。

食品微生物学是一门交叉学科，其综合性与应用性较强，本书特邀10余所不同院校的专家参加编写，每人编写部分均为各自所熟悉的教学或科研内容，涉及面广，突出了“新”字，便于学生及时了解学科的前沿发展。

本书的编写除考虑了以上几个方面外，还突出了如下特点：

1.在第3版的基础上调整了部分内容及编排，使结构更加科学合理，反映了学科最新理论发展、技术突破和成果应用，增加了部分食品安全、生态环境的相关知识点及学科前沿知识，拓展学生的知识面。每位编写人员结合自己的教学科研成果编写，尽量把学科前沿知识介绍给学生。

2.在编写形式上，融入信息技术拓展学习资源，提高学生自主深度学习能力，学生可通过书中二维码或者进入教学服务平台进行扩展阅读；每章开始都有学习目的与要求，结尾附有本章小结、新颖并具启发性的思考题，前后呼应以方便学生巩固知识、举一反三、活学活用。

3.本版书后增加了食品微生物学名附录，方便学生学习查阅与食品有关的微生物种类。

4.食品微生物学是一门应用性很强的专业基础课，在编写内容上考虑了该门课的特点，力争处理好内容的先进性与系统性、基础与应用的关系，尽量做到理论与生产实际相结合，图文并茂，以培养学生学习兴趣。

参加本书编写的有：丁立孝、王荣荣、孔庆学、邓凯波、朱丽霞、任晓镤、刘书亮、江玉姬、许倩、阮晖、杨宁、何国庆、郑燕、郝林、贺稚非、贾英民、郭东起、梁志宏、廖振林等。在编写过程中各位编委密切配合，使得编写工作有条不紊，也保证了各章内容有序衔接，整体性较好。信阳农林学院王荣荣老师参与了全书统稿和校对工作，特此致谢。同时也对中国农业大学出版社的大力支持表示谢意。

本书适宜作为食品专业的本科教材，也可以供相关专业的研究生、科研人员及生命科学专业的师生参考。

由于编者水平和编写时间有限，缺点和错误在所难免，请广大读者和同行专家提出宝贵意见。

2024年，本书重印时，结合教育部高等学校食品科学与工程类专业教学指导委员会审定意见及学科最新进展，将有关内容进行更新。

编　者

2024年6月

于浙江大学

第3版前言

食品微生物学是研究与食品有关的微生物以及微生物与食品关系的一门科学，它包括的内容主要有：微生物学的基础知识，有益微生物在食品加工过程中的应用，有害微生物在食品加工、贮藏等过程的预防和消除等。随着微生物学及生命科学的迅速发展，食品微生物学也从中获得了许多新的知识和新的技术，并应用这些新知识和新技术来生产更多富有营养和安全的食品，如用微生物对农产品进行生物转化，微生物资源的开发利用。生物工程技术广泛地应用于食品贮藏、加工以及食品安全检测方面，并已取得了许多成果。

《食品微生物学》第1版于2001年出版，第2版于2009年出版，每一版都进行了多次印刷，深受师生欢迎，但近年来食品微生物学发展迅速，因此我们进行了第3版的编写工作。2015年5月《食品微生物学》第3版编委会在美丽的扬州召开，会上大家认真讨论，集思广益，对第2版教材进行修订，提出了在保持教材编写体量基本不变的基础上，增加了近几年的新内容，并通过使用新的技术，在纸质教材中融入数字化元素二维码，将部分章节的拓展内容放在二维码中，这些二维码内容具有科普性、知识性、引导性，学生可以通过扫二维码，直接进入拓展学习，增强学生的求知欲望和学习的主动性。第3版教材进一步扩大了参与编写院校的范围，教材的适用性更加广泛。

食品微生物学是一门交叉学科，其综合性与应用性较强，本书特邀10余所不同院校的专家参加编写，所编写部分均为各自所熟悉的教学或科研内容，涉及面广，突出了“新”字，使学生便于了解学科的前沿发展。

本书的编写突出了如下特点：

1.内容的取舍和编排上突出重点，尽量删除陈旧的内容。本书参考文献要求新且广。另外，要求每位编写人员都要结合自己的教学科研成果编写，尽量把学科前沿知识介绍给学生。

2.在编写形式上，部分章节使用二维码拓展内容，不增加书本编写体量，力求便于学生掌握知识和提高自学能力；每章开始都有学习目的与要求，结尾附有新颖并具启发性的思考题，以方便学生巩固知识、举一反三、活学活用。

3.食品微生物学是一门应用性很强的专业基础课，在编写内容上考虑了该门课的特点，力争处理好内容的先进性与系统性、基础性与应用性的关系，尽量做到理论与生产实践相结合，图文并茂，以培养学生的学习兴趣。

参加本书编写的有：丁立孝、王荣荣、孔庆学、邓凯波、朱丽霞、任晓镤、刘书亮、江玉姬、许倩、阮晖、杨宁、何国庆、郑艳、郝林、贺稚非、贾英民、郭东起、梁志宏、廖振林。在编写过程中得到各位编委的密切配合。信阳农林学院王荣荣老师参与了全书统稿和校对，特此致谢。同时也要对中国农业大学出版社的大力支持表示谢意。

本书适宜作为有关院校食品专业的本科教材，也可以供相关专业的研究生、科研人员及生命科学专业的师生参考。

由于编者水平和时间有限，缺点和错误在所难免，请广大读者和同行专家提出宝贵意见。

编　者
2016 年 5 月
于浙江大学

第 2 版前言

食品微生物学是研究与食品有关的微生物以及微生物与食品关系的一门科学，它包括的内容主要有：微生物学的基础知识；有益微生物在食品加工过程中的应用；有害微生物在食品加工、贮藏等过程的预防和消除等。随着微生物学及生命科学的迅速发展，食品微生物学也从中获得了许多新的知识和新的技术，并应用这些新知识和新技术来生产更多富有营养和安全的食品，如生物工程技术已广泛地应用于食品贮藏、加工以及食品安全检测方面，并已取得了许多成果。

《食品微生物学》第 2 版在保持第 1 版结构特色的基础上，对原有内容进行了更新、调整和完善。增加了反映食品微生物学历史成就及发展前景的新内容，使学生知道食品微生物的昨天、今天和明天，知道当今食品微生物学研究的方向，进而促进开拓与创新。同时，本书还新增食物中毒与食源性病原微生物的内容，使学生的知识体系更加系统、明确。

食品微生物学是一门交叉学科，其综合性与应用性较强，本书特邀不同院校的十多位专家参加编写，所编写部分均为各自所熟悉的教学或科研内容，涉及面广，突出了“新”字，使学生便于了解学科的前沿发展。

本书的编写过程除考虑了以上几个方面外，还突出了如下特点：

(1)内容的取舍和编排上突出重点，尽量删除陈旧的内容。本书参考文献要求新且广。另外，要求每位编写人员都要结合自己的教学科研成果编写，尽量把学科前沿知识介绍给学生。

(2)在编写形式上，力求便于学生掌握知识和提高自学能力，每章开始都有学习目的与要求，结尾附有新颖并具启发性的思考题，以方便学生巩固知识、举一反三、活学活用。

(3)食品微生物学是一门应用性很强的专业基础课，在编写内容上考虑了该门课的特点，尽量做到理论与生产实际相结合，图文并茂，以培养学生学习兴趣。

参加本书编写的有丁立孝、孔庆学、牛天贵、石木标、刘书亮、阮晖、何国庆、李平、李平兰、郑艳、贺稚非、郝林、贾英民、傅力等。在编写过程中得到各位编委的密切配合。青岛农业大学硕士研究生安燕参与了全书统稿和校对，特此致谢。同时也要对中国农业大学出版社的大力支持表示谢意。

本书适宜作为有关院校食品专业的本科教材，也可以供相关专业的研究生、科研人员及生命科学专业的师生参考。

由于编者水平和时间有限，缺点和错误在所难免，请广大读者和同行专家提出宝贵意见。

编　者

2009 年 5 月

于浙江大学华家池

第1版前言

食品微生物学是研究与食品有关的微生物以及微生物与食品关系的一门科学，它包括的内容主要有：微生物学的基础知识；有益微生物在食品加工过程中的应用；有害微生物在食品加工、贮藏等过程的预防和消除等。随着微生物学及生命科学的迅速发展，食品微生物学也从中获得了许多新的知识和新的技术，并应用这些新知识和新技术来生产更多富有营养和安全的食品，如生物工程技术已广泛地应用于食品贮藏、加工以及食品安全检测方面，并已取得了许多成果。我国已于2001年11月10日加入WTO(World Trade Organization)，因此食品微生物学的研究也将进入一个新时代，这对我们编写这本教材提出了更高的要求。本书先后组织了不同院校的10多位专家参加编写，所编写部分均为各自所熟悉的教学或科研内容，涉及面广，突出了"新"字，使学生便于了解学科的前沿发展。

本书的编写过程除考虑了以上几个方面外，还突出了如下特点：

1.内容的取舍和编排上突出重点，尽量删除陈旧的内容。本书参考文献要求新且广。另外，要求每位编写人员都要结合自己的教学科研成果编写，尽量把学科前沿知识介绍给学生。

2.在编写形式上，力求便于学生掌握知识和提高自学能力，每章开始都有学习目的与要求，结尾附有少而精的思考题，以方便学生巩固所学知识，举一反三，活学活用。

3.食品微生物学是一门应用性很强的专业基础课，在编写内容上考虑了该门课的特点，尽量做到理论与生产实际相结合，图文并茂，以培养学生学习兴趣。

本教材是高等教育面向21世纪教学内容和课程体系改革项目(04-10)研究成果。

本书编写人员的分工为，第1章由何国庆编写，第2章由石木标编写，第3章由贾英民、刘书亮编写，第4章由贺稚非编写，第5章由李平编写，第6章由牛天贵编写，第7章由孔庆学编写，第8章由郝林编写，第9章由李平兰编写，第10章由刘书亮编写。浙江大学食品科学与工程学院博士研究生丁立孝和硕士研究生孔青参与了全书统稿和校对工作，特此致谢。同时也要对中国农业大学出版社的大力支持表示谢意。

本书适宜作为有关院校食品专业的本科教材，也可以供相关专业的研究生、科研人员及生命科学专业的师生参考。

由于编者水平和时间有限，缺点和错误在所难免，请广大读者和同行专家提出宝贵意见。

编　者

2001年11月

于浙江大学华家池校区

目　录

第1章

绪　　论

本章学习目的与要求

1.掌握微生物的概念和生物学特征及其在生物分类中的地位。

2.了解微生物学及其主要分支学科，微生物学的形成与发展以及食品微生物学研究的内容与任务。

3.了解中华民族在微生物学发展中的贡献，培养学生的民族自豪感和文化自信。

1.1 微生物的概念及其在生物分类中的地位

1.1.1 微生物的概念

微生物(microorganism,microbe)一词并非生物分类学上的专门名词,而是指一大类个体微小、结构简单、形态多样,需借助显微镜才能看见的微小生物类群的总称。微生物通常包括病毒、细菌、真菌、原生动物和某些藻类,它们的大小和特征见表1-1。

表1-1 微生物形态、大小和细胞类型

微生物	大小	细胞特征
病毒	0.01～0.25 μm	非细胞的
细菌	0.1～10 μm	原核生物
真菌	2 μm～1 m	真核生物
原生动物	2～1 000 μm	真核生物
藻类	1 μm至几米	真核生物

但是有些例外,如许多真菌子实体、蘑菇等一般肉眼可见;某些藻类能生长几米长。一般来说,微生物可以认为是相当简单的生物,大多数的细菌、原生动物、某些藻类和真菌是单细胞的微生物,即使为多细胞的微生物,也没有许多的细胞类型。病毒甚至没有细胞结构,只有蛋白质外壳包围着的遗传物质,且不能独立生活。

1.1.2 微生物在生物分类中的地位

在生物发展的历史上,曾把所有的生物分为动物界和植物界两大类。而微生物,不仅形体微小、结构简单,而且它们中间有些类型像动物,有些类型像植物,还有些类型既有动物的某些特征,又具有植物的某些特征,因而归于动物或植物都不合适。于是,1866年海克尔(E. Haeckel)提出区别动物界与植物界的第三界——原生生物界。它包括藻类、原生动物、真菌和细菌。

随着科学的发展,新技术和新研究方法的应用,尤其是电子显微镜和超显微结构研究技术的应用,发现了生物的细胞核有两种类型:一种是没有真正的核结构,称为原核,其细胞不具核膜,只有一团裸露的核物质;另一种是由核膜、核仁及染色体组成的真正的核结构,称为真核。动物界、植物界及原生生物界中的大部分藻类、原生动物和真菌是真核生物,而细菌、蓝细菌则是原核生物。真核生物和原核生物不仅细胞核的结构不同,而且其性状也有差别,真核生物和原核生物性状的比较内容将在第2章详细介绍。

根据核结构的不同,1969年魏塔科(R. H. Whittaker)提出五界系统,即动物界、植物界、原生生物界、真菌界和原核生物界。五界系统的生物都有细胞结构。病毒作为一界被提出得较晚,主要原因是:①病毒和类病毒是生物还是非生物,是原始类型还是次生类型是长期争论未决的问题;②病毒命名不是用双命名法,分类不用阶元系统。但经过长期研究发现,病毒和细胞型生物有共同特性:遗传物质是DNA(部分病毒是RNA),使用共同的遗传密码。在此基础上,我国学者于1979年提出将无细胞结构病毒立为病毒界,从而建立了六界系统，如下所示。

细胞型生物
　　动物界(Animalia)
　　植物界(Plantae)
　　原生生物界(Protista)：原生动物、大部分藻类及黏菌
　　真菌界(Fungi)：酵母、霉菌
　　原核生物界(Procaryotae)：细菌、放线菌、蓝细菌等
非细胞型生物
　　病毒界(Vira)

1.2　微生物的生物学特性

微生物虽然个体微小，结构简单，但它们具有与高等生物相同的基本生物学特性。微生物种类多、数量大、分布广、繁殖快、代谢能力强，是自然界中其他任何生物不可比拟的，而且这些特性归根结底是与微生物体积小、结构简单有关。

1.2.1　体积小、面积大

微生物的个体极其微小，必须借助显微镜才能观察，表示微生物大小的单位是微米(μm)或纳米(nm)。以细菌中的杆菌为例可以形象地说明微生物个体的细小。杆菌的宽度是 0.5 μm，因此 80 个杆菌"肩并肩"地排列成横队，也只有一根头发丝的宽度。杆菌的长度约 2 μm，故 1 500 个杆菌头尾衔接起来仅有一颗芝麻长。

物体的表面积和体积之比称为比表面积。如果将人的比表面积值定为 1，则大肠杆菌的比表面积值竟高达 30 万！这样一个小体积、大面积系统使微生物能与环境之间迅速进行物质交换，吸收营养和排泄废物。

二维码 1-1　微生物世界中的最大与最小

1.2.2　生长旺、繁殖快

微生物繁殖速度快，易培养，是其他生物不能比的。如大肠埃希氏菌，简称大肠杆菌(*Escherichia coli*)，其细胞在合适的生存条件下，每分裂 1 次的时间是 12.5～20.0 min。如按 20 min 分裂 1 次计，则每小时分裂 3 次，每昼夜可分裂 72 次，后代数为 4 722 366 500 万亿个(重约 4 722 t)，48 h 为 2.2×10^{43} 个(约等于 4 000 个地球之重)。

事实上，由于种种客观条件的限制，这种"疯狂的繁殖"是不可能实现的。细菌的指数分裂速度只能维持数小时，因而在液体培养中，细菌的浓度一般仅能达到每毫升 10^8～10^9 个。

微生物的这一特性在发酵工业上具有重要的实践意义，主要体现在它的生产效率高、发酵周期短上。而且大多数微生物都能在常温常压下，利用简单的营养物质生长，并在生长过程中积累代谢产物，不受季节限制，可因地制宜、就地取材，这就为开发微生物资源提供了有利的条件。如生产用作发面鲜酵母的酿酒酵母(*Saccharomyces cerevisiae*)，其繁殖速度不算太高

(2 h 分裂 1 次)，但在单罐发酵时，几乎每 12 h 即可“收获”1 次，每年可“收获”数百次。这是其他任何农作物所不能达到的“复种指数”。这对缓和人类面临的人口增长与食物供应矛盾也有着重大意义。另外，微生物繁殖速度快的生物学特性对生物学基本理论的研究也带来了极大的优越性——它使科学研究周期大大缩短、经费减少、效率提高。当然对于危害人、畜和植物等的病原微生物或使物品发生霉腐的霉腐微生物来说，它们的这个特性就会给人类带来极大的麻烦甚至严重的祸害，因而需要认真对待。

1.2.3 吸收多、转化快

微生物体积小，有极大的表面积/体积比值，与外界环境的接触面特别大，因而微生物能与环境之间迅速进行物质交换，通过体表吸收营养和排泄废物，而且有最大的代谢速率。从单位重量来看，微生物的代谢强度比高等生物大几千倍到几万倍。如发酵乳糖的细菌在 1 h 内可分解其自重 1 000～10 000 倍的乳糖；产朊假丝酵母(*Candida utilis*)合成蛋白质的能力比大豆强 100 倍，比肉用公牛强 10 万倍。

微生物的这个特性为它们的高速生长繁殖和产生大量代谢产物提供了充分的物质基础，从而使微生物有可能更好地发挥“活的化工厂”的作用。人类对微生物的利用主要体现在它们的生物化学转化能力。

1.2.4 种类多、分布广

微生物在自然界是一个十分庞杂的生物类群。迄今为止，我们所知道的微生物约有 10 万种。它们具有各种各样生活方式和营养类型，它们中大多数以有机物为营养物质，还有些是寄生类型。微生物的生理代谢类型之多，是动、植物所不及的。如分解地球上贮量最丰富的初级有机物——天然气、石油、纤维素、木质素的能力，属微生物专有；微生物有着多种产能方式，如细菌光合作用、嗜盐菌紫膜的光合作用、自养细菌的化能合成作用、各种厌氧菌产能途径；生物固氮作用；合成各种复杂有机物——次生代谢产物的能力；对复杂有机物分子的生物转化能力；分解氰、酚、多氯联苯等有毒物质的能力；抵抗热、冷、酸、碱、高渗、高压、高辐射剂量等极端环境能力；独特的繁殖方式——病毒的复制增殖，等等。不同微生物可以有不同的代谢产物，如抗生素、酶类、氨基酸及有机酸等，还可以通过微生物的活动防止公害。自然界的物质循环是由各种微生物参与才得以完成的。

微生物在自然界的分布极为广泛，土壤、水域、大气，几乎到处都有微生物的存在，特别是土壤是微生物的大本营。任意取一把土或一粒土，就是一个微生物世界，其中含有不同种类的微生物。可以这样说，凡是有高等生物存在的地方，就有微生物存在，而在极端的环境条件如高山、深海、冰川、沙漠等高等生物不能存在的地方，也有微生物存在。

从微生物种类多、分布广这一特性可以看出，微生物的资源是极其丰富的。可是据估计目前人类至多仅开发利用了已发现微生物种类的 1%。因此，在生产实践和生物学基本理论问题的研究中，利用微生物的前景是十分广阔的。

1.2.5 适应性强、易变异

微生物有极其灵活的适应性，这是高等动、植物所无法比拟的。其原因主要是因为其体积小、面积大，即比表面积大。为了适应多变的环境条件，微生物在其长期的进化过程中就产生了许多灵活的代谢调控机制，并有种类很多的诱导酶（可占细胞蛋白质含量的 10%）。

微生物的个体一般都是单细胞、简单多细胞或非细胞的。它们通常都是单倍体，加之它们具有繁殖快、数量多和与外界直接接触等原因，即使其变异频率十分低（一般为 10^{-10}～10^{-5}），也可以在短时间内产生大量变异后代。最常见的变异形式是基因突变，它可以涉及任何形式，诸如形态构造、代谢途径、生理类型以及代谢产物的质或量的变异等。

人们利用微生物易变异的特点进行菌种选育，可以在短时间内获得优良菌种，提高产品质量。

这在工业上已有许多成功的例子。但若保存不当，菌种的优良特性易发生退化，这种易变异的特点又是微生物应用中不可忽视的。

由于微生物具有生物的一般特性，又具有其他生物所没有的特点，因而微生物也成为许多生物学基本问题研究最理想的实验材料。

1.3　微生物学及其主要分支学科

微生物学是研究微生物在一定条件下的形态结构、生理生化、遗传变异以及微生物的进化、分类、生态等生命活动规律及其应用的一门学科。随着微生物学的不断发展，已形成了基础微生物学和应用微生物学，又可分为许多不同的分支学科，并且还在不断地形成新的学科和研究领域。其主要分支学科见图 1-1。从图 1-1 可以看出微生物学既是应用学科，又是基础学科，而且各分支学科是相互配合、相互促进的，其根本任务是利用和改善有益微生物，控制、消灭和改造有害微生物。

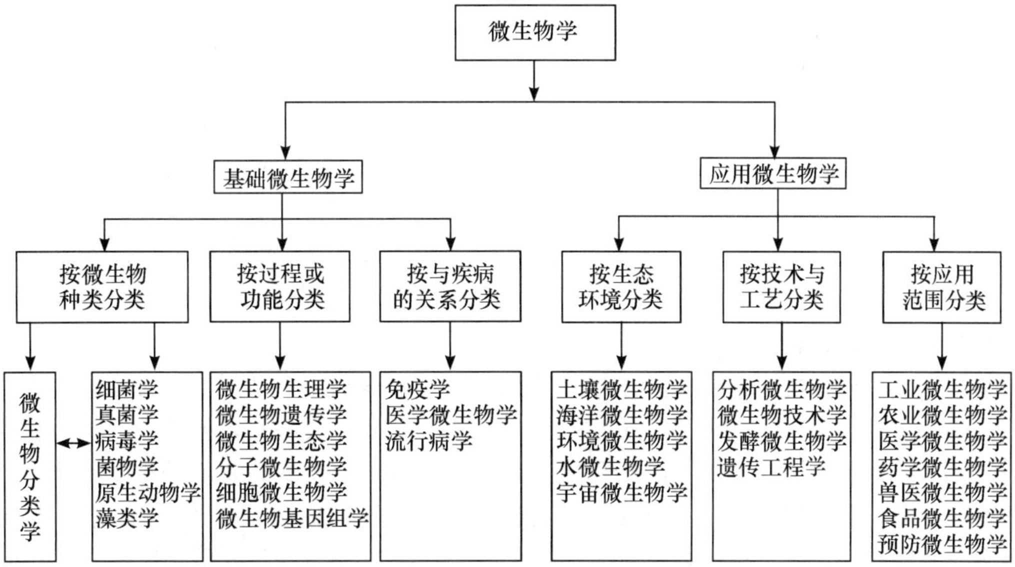

图 1-1　微生物学的主要分支学科

1.4 微生物学的形成和发展

1.4.1 微生物学的形成和发展

因为微生物很小，构造又简单，所以人们充分认识它，并发展成为一门学科，与其他学科相比，还是很晚的。尽管如此，人们已经在广泛地应用微生物了。我国劳动人民很早就认识到微生物的存在和作用，也是最早应用微生物的少数国家之一。据考古学推测，我国在 8 000 年前已经出现了曲蘖酿酒了，4 000 多年前我国酿酒已十分普遍，而且当时埃及人也已学会烤制面包和酿制果酒。2 500 年前我国人民发明制酱、酿醋，知道用曲治疗消化道疾病。公元 6 世纪(北魏时期)，我国贾思勰的巨著《齐民要术》详细地记载了制曲、酿酒、制酱和酿醋等工艺。在农业上，虽然还不知道根瘤菌的固氮作用，但已经在利用豆科植物轮作提高土壤肥力。这些事实说明，尽管人们还不知道微生物的存在，但是已经在与微生物打交道了，在应用有益微生物的同时，还对有害微生物进行预防和治疗。为防止食物变质，采用盐渍、糖渍、干燥、酸化等方法。在我国隆庆年间就开始用人痘预防天花。人痘预防天花是我国对世界医学上的一大贡献，这种方法先后传到俄国、日本、朝鲜、土耳其及英国，1798 年英国医生琴纳(Edward Jenner)提出用牛痘预防天花。

微生物学作为一门学科，是从有显微镜开始的。微生物学发展经历了 3 个时期：形态学时期、生理学时期和现代微生物学的发展时期。

1.4.1.1 形态学时期

微生物的形态观察是从安东·列文虎克(Antony van Leeuwenhoek，1632—1723 年)发明的显微镜开始的，他是真正看见并描述微生物的第一人，他的显微镜在当时被认为是最精巧、最优良的单式显微镜，他利用能放大 50～300 倍的显微镜，清楚地看见了细菌和原生动物，而且还把观察结果报告给英国皇家学会，其中有详细的描述，并配有准确的插图。1695 年，安东·列文虎克把自己积累的大量结果汇集在《安东·列文虎克所发现的自然界秘密》一书里。他的发现和描述首次揭示了一个崭新的生物世界——微生物世界。这在微生物学的发展史上具有划时代的意义。

二维码 1-2 开启微观世界大门的工具——显微镜的发明

1.4.1.2 生理学时期

继列文虎克发现微生物世界以后的 200 年间，微生物学的研究基本上停留在形态描述和分门别类阶段。直到 19 世纪中期，以法国的巴斯德(Louis Pasteur，1822—1895 年)和德国的柯赫(Robert Koch，1843—1910 年)为代表的科学家才将微生物的研究从形态描述推进到生理学研究阶段，揭露了微生物是造成腐败发酵和人畜疾病的原因，并建立了分离、培养、接种和灭菌等一系列独特的微生物技术。从而奠定了微生物学的基础，同时开辟了医学和工业微生物等分支学科。巴斯德和柯赫是微生物学的奠基人。

1. 巴斯德

巴斯德原是化学家，曾在化学上做出过重要的贡献，后来转向微生物学研究领域，为微生物学的建立和发展也做出了卓越的贡献。主要集中在下列 4 个方面。

(1)彻底否定了“自然发生”学说(简称“自生说”)　“自生说”是一个古老学说,认为一切生物是自然发生的。到了 17 世纪,虽然由于研究植物和动物的生长发育和生活循环,使“自生说”逐渐削弱,但是由于技术问题,如何证实微生物不是自然发生的仍是一个难题,这不仅是“自生说”的一个顽固阵地,同时也是人们正确认识微生物生命活动的一大屏障。巴斯德在前人工作的基础上,进行了许多试验,其中著名的曲颈瓶(图 1-2)试验无可辩驳地证实,空气内确实含有微生物,它们引起有机质的腐败。巴斯德自制了一个具有细长而弯曲的颈的玻瓶,其中盛有有机物水浸液,经加热灭菌后,瓶内可一直保持无菌状态,有机物不发生腐败,一旦将瓶颈打断,瓶内浸液中就有了微生物,有机质发生腐败。巴斯德的试验彻底否定了“自生说”,并从此建立了病原学说,推动了微生物学的发展。

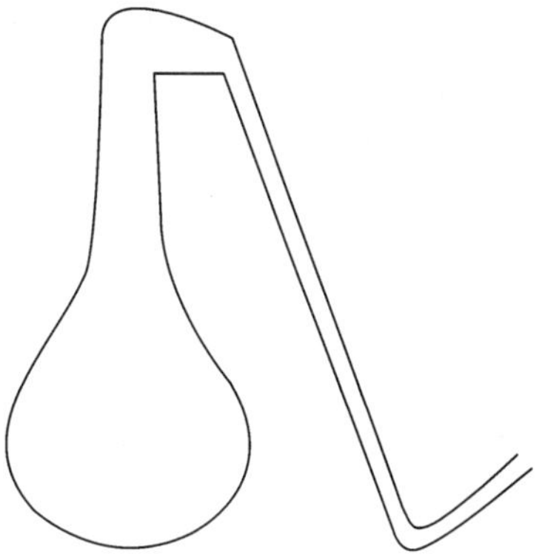

图 1-2　曲颈瓶试验装置

(2)免疫学——预防接种　Jenner 虽然早在 1798 年发明了种痘法可预防天花,但却不了解这个免疫过程的基本机制,因此,这个发现没能获得继续发展。1877 年,巴斯德研究了鸡霍乱,发现将病原菌减毒可诱发免疫性,以预防鸡霍乱病。其后他又研究了牛、羊炭疽病和狂犬病,并首次制成狂犬疫苗,证实其免疫学说,为人类防病、治病做出了重大贡献。

(3)证实发酵是由微生物引起的　究竟发酵是一个由微生物引起的生物过程还是一个纯粹的化学反应过程,曾是化学家和微生物学家激烈争论的问题。巴斯德在否定“自生说”的基础上,认为一切发酵作用都可能与微生物的生长繁殖有关。经过不断努力,巴斯德终于分离到了许多引起发酵的微生物,并证实酒精发酵是由酵母菌引起的。还研究了氧气对酵母菌的发育和酒精发酵的影响。此外,巴斯德还发现乳酸发酵、醋酸发酵和丁酸发酵都是不同细菌所引起的,为进一步研究微生物的生理生化奠定了基础。

(4)其他贡献　一直沿用至今的巴斯德消毒法(60～65℃做短时间加热处理,杀死有害微生物的一种消毒法)和家蚕软化病问题的解决也是巴斯德的重要贡献。他不仅在实践上解决了当时法国酒变质和家蚕软化病的实际问题,而且也推动了微生物病原学说的发展,并深刻影响医学的发展。

2. 柯赫

柯赫是著名的细菌学家,由于他曾经是一名医生,因此对病原细菌的研究做出了突出的贡献。①具体证实了炭疽病菌是炭疽病的病原菌。②发现了肺结核病的病原菌,这是当时死亡率极高的传染性疾病,因此柯赫获得了诺贝尔奖。③提出了证明某种微生物是否为某种疾病病原体的基本原则——柯赫法则。首先在患病机体里存在着一种特定的病原菌,并可以从该机体里分离得到纯培养;然后用得到的纯培养接种敏感动物,表现出特有的性状;最后从被感染的敏感动物中又一次获得与原病原菌相同的纯培养。由于柯赫在病原菌研究方面的开创性工作,自 19 世纪 70 年代至 20 世纪 20 年代成了发现病原菌的黄金时代,所发现的各种病原微生物不下百余种,其中还包括植物病原菌。

柯赫除了在病原菌方面的伟大成就外,在微生物基本操作技术方面的贡献更是为微生物学的发展奠定了技术基础，这些技术包括：①用固体培养基分离纯化微生物的技术，这是进行微生物学研究的基本前提，这项技术一直沿用至今；②配制培养基(见第3章)，也是当今微生物研究的基本技术之一。这两项技术不仅是具有微生物研究特色的重要技术，而且也为当今动植物细胞的培养做出了十分重要的贡献。

巴斯德和柯赫的杰出工作，使微生物学作为一门独立的学科开始形成，并出现以他们为代表而建立的各分支学科，例如细菌学(巴斯德、柯赫等)、消毒外科技术(J. Lister)、免疫学(巴斯德、E. Metchnikoff、E. Behring、P. Ehrlich 等)、土壤微生物学(M. W. Beijerinck、S. Winogradsky 等)、病毒学(D. Ivanowsky、M. W. Beijerinck 等)、植物病理学和真菌学(H. A. Bary、M. J. Berkeley 等)、酿造学(E. C. Hensen、A. Jorgensen 等)以及化学治疗法(P. Ehrlish 等)。微生物学的研究内容日趋丰富，使微生物学发展更加迅速。

二维码1-3 著名微生物学家的故事

1.4.1.3 现代微生物学的发展

20世纪上半叶微生物学事业欣欣向荣。微生物学沿着两个方向发展，即应用微生物学和基础微生物学。在应用方面，对人类疾病和躯体防御机能的研究，促进了医学微生物学和免疫学的发展。青霉素的发现(A. Fleming，1929)和瓦克斯曼(S. H. Waksman)对土壤中放线菌的研究成果导致了抗生素科学的出现，这是工业微生物学的一个重要领域。环境微生物学是在土壤微生物学研究的基础上发展起来的。微生物在农业中的应用使农业微生物学和兽医微生物学等也成为重要的应用学科。应用成果不断涌现，促进了基础研究的深入，于是细菌和其他微生物的分类系统在20世纪中叶出现了，对细胞化学结构和酶及其功能的研究发展了微生物生理学和生物化学，对微生物遗传和变异的研究导致了微生物遗传学的诞生。微生物生态学在20世纪60年代也形成了一个独立学科。

20世纪80年代以来，在分子水平上对微生物的研究迅速发展，分子微生物学应运而生。在短短的时间内取得了一系列进展，并出现了一些新的概念，较突出的有：生物多样性、进化、三原界学说；细菌染色体结构和全基因组测序；细菌基因表达的整体调控和对环境变化的适应机制；细菌的发育及其分子机理；细菌细胞之间和细菌与动植物之间的信号传递；分子技术在微生物原位研究中的应用。经历约150年成长起来的微生物学，在21世纪还将为统一生物学的重要内容而继续向前发展，其中两个活跃的前沿领域将是分子微生物遗传学和分子微生物生态学。

微生物产业在21世纪更会呈现全新的局面。微生物从发现到现在短短的300年间，特别是20世纪中叶，已在人类的生活和生产实践中得到广泛的应用，并形成了继动、植物两大生物产业后的第三大产业。这是以微生物的代谢产物和菌体本身为生产对象的生物产业，所用的微生物主要是从自然界筛选或选育的自然菌种。21世纪，微生物产业除了更广泛地利用和挖掘不同生境(包括极端环境)的自然资源微生物外，基因工程菌将形成一批强大的工业生产菌，生产外源基因表达的产物，特别是药物的生产将出现前所未有的新局面，结合基因组学在药物设计上的新策略将出现以核酸(DNA 或 RNA)为靶标的新药物(如反义寡核苷酸、肽核酸、DNA 疫苗等)的大量生产，人类将可能完全征服癌症、艾滋病以及其他疾病。此外，微生物工业将生产各种各样的新产品，例如降解性塑料、DNA 芯片、生物能源等。在21世纪将出现一批崭新的微生物工业，为全世界的经济和社会发展做出更大贡献。

1.4.2　我国微生物学的发展

我国是具有 5 000 年文明史的古国，我国劳动人民对微生物的认识和利用是最早的几个国家之一。特别是在制酒、制酱油、制醋等微生物产品以及用种痘、麦曲等进行防病、治病等方面具有卓越的贡献。但将微生物作为一门科学进行研究，我国起步较晚。中国学者开始从事微生物学研究是在 20 世纪之初，那时一批到西方留学的中国科学家开始较系统地介绍微生物知识，从事微生物学研究。1910—1921 年，伍连德用近代微生物学知识对鼠疫和霍乱病原进行探索和防治，在中国最早建立起卫生防疫机构，培养了第一支预防鼠疫的专业队伍，在当时这项工作居于国际先进地位。20 世纪二三十年代，我国学者开始对医学微生物学有了较多的试验研究，其中汤飞凡等在医学细菌学、病毒学和免疫学等方面的某些领域做出过较高水平的成绩，例如沙眼病原体的分离和确认是具有国际领先水平的开创性工作。面对突如其来的 2020 年席卷全球的新冠肺炎疫情，我国科学家为战胜疫情发挥巨大作用，积极开展病毒基因测序和检测试剂盒研制以及疫苗研究，展现中国力量。20 世纪 30 年代开始，在高校设立酿造科目和农产品制造系，以酿造为主要课程，创建了一批与应用微生物学有关的研究机构，魏岩寿等在工业微生物方面做出了开拓性工作。戴芳澜和俞大绂等是我国真菌学和植物病理学的奠基人；陈华癸和张宪武等对根瘤菌固氮作用的研究开创了我国农业微生物学；高尚荫创建了我国病毒学的基础理论研究和第一个微生物学专业。但总的来说，在中华人民共和国成立之前，我国微生物学的力量较弱且分散，未形成我国自己的队伍和研究体系，也没有我国自己的现代微生物工业。

二维码 1-4　百年前，奉天万国抗鼠疫会议谈些啥

中华人民共和国成立以后，微生物学在我国有了划时代的发展，一批主要进行微生物学研究的单位建立起来了，一些重点大学创设了微生物学专业，培养了一大批微生物学人才。现代化的发酵工业、抗生素工业、生物农药和菌肥工作已经形成一定的规模，特别是改革开放以来，我国微生物学在应用和基础理论研究方面都取得了重要的成果，例如我国抗生素的总产量已跃居世界首位，我国的两步法生产维生素 C 的技术居世界先进水平。近年来，我国学者瞄准世界微生物学科发展前沿，进行微生物基因组学的研究，现已完成痘苗病毒天坛株和辛德毕斯毒株（变异株）的全基因组测序。1999 年又启动了从我国云南省腾冲地区热海沸泉中分离得到的泉生热孢菌全基因组测序，并于 2013 年绘制出首张微生物基因组“完成图”。我国微生物学进入了一个全面发展的新时期。但从总体来说，我国的微生物学发展水平除个别领域或研究课题达到国际先进水平，为国外同行承认外，绝大多数领域与国外先进水平相比，尚有一定的差距。因此，如何发挥我国传统应用微生物技术的优势，紧跟国际发展前沿，赶超世界先进水平，还需做出艰苦的努力。

1.4.3　食品微生物学的发展

伴随着人类的进程和微生物学的发展，一门专门研究微生物与食品之间相互关系的科学——食品微生物学诞生了。

1.4.3.1　食品微生物学的发展历史

远在 8 000 年以前，人类就开始了食品生产时期。公元前 6 000 年左右，人类已经掌握了酿酒和食品保藏的技术。埃及人在公元前 3 000 年就食用酸牛奶和乳酪。

在公元前 3 000—前 1 200 年，犹太人已经把来自死海的盐用于食品保藏，而中国人和希腊人已经开始食用咸鱼，之后这种腌制技术又传至罗马。公元前 1 500 年，中国人和古巴比伦人开始制作和消费香肠。Jensen(1953)考证指出：在这一时期，人们使用橄榄油和芝麻油作为保存食品的一种方式，而这两种油会很大程度导致葡萄球菌引起的食物中毒。

公元 943 年，法国记载了由麦角中毒而引起 4 万人以上的死亡，但是当时不清楚死亡的毒素是由麦角真菌产生的。后来随着微生物学的发展，食品微生物学也经历了形态学时期、生理学时期和现代微生物学的发展时期并取得了长足的进步。

1.4.3.2 食品微生物学发展大事记

食品微生物学发展大事记见表 1-2。

表 1-2 食品微生物学发展大事记

时间	重大事件
1659 年	A. Kircher 证实了牛乳中含有细菌
1680 年	列文虎克发现了酵母细胞
1780 年	C. W. Scheele 发现酸乳中主要的酸是乳酸
1782 年	瑞典化学家开始使用罐贮的醋
1813 年	B. Donkin、Hall 和 J. Gamble 对罐藏食品采用后续工艺保温技术，认为可使用 SO_2 作为肉的防腐剂
1820 年	德国诗人 Justinus Kerner 描述了香肠中毒(可能是肉毒中毒)
1839 年	A. Kircher 研究发黏的甜菜汁，发现可在蔗糖液中生长并使其发黏的微生物
1843 年	I. Winslow 首次使用蒸汽杀菌
1853 年	R. Chevallier-Appert 的食品高压灭菌获得专利
1857 年	巴斯德证明乳酸发酵是微生物引起的。在英国 Penrith，W. Taylor 指控牛乳是伤寒热传播的媒介
1861 年	巴斯德用曲颈瓶实验，证明微生物非自然发生，推翻了“自然发生说”
1864 年	巴斯德建立了巴氏消毒法
1867—1868 年	巴斯德研究了葡萄酒的难题，并采用加热法去除不良微生物进入工业化实践
1867—1877 年	柯赫证明炭疽病是炭疽菌引起
1873 年	Gayon 首次发表鸡蛋由微生物引起变质的研究，J. Lister 第一个在纯培养中分离出乳酸乳球菌
1874 年	在海上运输肉过程首次广泛使用冰
1876 年	发现腐败物质中的细菌总是可以从空气、物质或容器中检测到
1878 年	首次对糖的黏液进行微生物学研究，并从中分离出肠膜明串珠菌
1880 年	在德国开始对乳进行巴斯德杀菌
1881 年	柯赫等首创明胶固体培养基分离细菌、巴斯德制备了炭疽菌苗
1882 年	柯赫发现结核杆菌，从而获得诺贝尔奖 Krukowisch 首次提出臭氧对腐败菌具有毁灭性作用

续表 1-2

时间	重大事件
1884 年	E. Metchnikoff 阐明吞噬作用;R. Koch 发明了细菌染色和细菌的鞭毛染色
1885 年	巴斯德研究狂犬疫苗成功,开创了免疫学
1888 年	P. Miguel 首先研究嗜热细菌,A. Gaertner 首先从 57 人食物中毒的肉食中分离出肠炎沙门氏菌
1890 年	美国对牛乳采用工业化巴斯德杀菌工艺
1894 年	Russell 首次对罐贮食品进行细菌学研究
1895 年	荷兰的 Von Geuns 首先进行牛乳中细菌的计数工作
1896 年	Van Remenegem 首先发现了肉毒梭状芽孢杆菌,并于 1904 年鉴定出 A 型肉毒梭状芽孢杆菌,1937 年鉴定出 E 型肉毒梭状芽孢杆菌
1897 年	Bucher 用无细胞存在的酵母菌抽提液对葡萄糖进行酒精发酵成功
1901 年	E. von Ehrlich(Gr)白喉抗毒素*
1902 年	提出嗜冷菌概念,0℃条件下生长的微生物
1906 年	确认了蜡样芽孢杆菌食物中毒
1907 年	E. Metchnikoff 及合作者分离并命名保加利亚乳酸杆菌。B. T. P. Barker 提出苹果酒生产中醋酸菌的作用
1908 年	P. Ehrlich(Gr)、E. Melchnikoff(R)免疫工作*
1908 年	美国官方批准苯甲酸钠作为某些食品的防腐剂
1912 年	嗜高渗微生物,描述高渗环境下的酵母
1915 年	B. W. Hammer 从凝固牛乳中分离出凝结芽孢杆菌
1917 年	P. J. Donk 从奶油状的玉米中分离出嗜热脂肪芽孢杆菌
1919 年	J. Bordet(B)免疫性的发现*
1920 年	Bigelow 和 Esty 发表了关于芽孢在 100℃耐热性系统的研究结果。Bigelow、Bohart、Richoardson 和 C. O. Ball 提出计算热处理的一般方法,1923 年 C. O. Ball 简化了这个方法
1922 年	Esty 和 K. Meyer 提出肉毒梭状芽孢杆菌的芽孢在磷酸缓冲液中的 Z 值为 18F
1926 年	Linden Turner 和 Thom 提出了首例链球菌引起的食物中毒
1928 年	在欧洲首次采用气调方法贮藏苹果
1929 年	A. Fleming 发现青霉素
1938 年	找到弯曲菌肠炎暴发的原因是变质的牛乳
1939 年	Schleifstein 和 Coleman 确认了小肠结肠炎耶尔氏菌引起的胃肠炎
1943 年	美国的 B. E. Proctor 首次采用离子辐射保存汉堡肉
1945 年	L. S. Mcclung 首次证实食物中毒中产气荚膜梭菌的病原机理
1945 年	A. Fleming(GB)、E. B. Chain(Gr)、H. W. Flory(GB) 青霉素的发现、制取和应用,成功地进行了临床试验*
1951 年	日本的 T. Fujino 提出副溶血性弧菌是引起食物中毒的原因
1952 年	A. Hershey 和 M. Chase 发现噬菌体将 DNA 注入宿主细胞。B. Lederberg 发明了影印培养法
1954 年	乳酸链球菌肽在乳酪加工中控制梭状芽孢杆菌腐败的技术在英国获专利
1955 年	山梨酸被批准作为食品添加剂
1959 年	Rodney Porter 的免疫球蛋白结构
1960 年	F. M. Burnet(Au)、P. B. Medawar(GB)发现对于组织移植的获得性免疫耐受性*
1960 年	Moller 和 Scheibel 鉴定出 F 型肉毒梭菌。首次报告黄曲霉产生黄曲霉毒素

续表 1-2

时间	重大事件
1969 年	Edeman 测定了抗体蛋白分子的一级结构。确定产气梭状芽孢杆菌的肠毒素，D. F. Gimenez 和 A. S. Ciccarelli 首次分离到 G 型肉毒梭菌
1971 年	美国马里兰州首次暴发食品介导的副溶血弧菌性胃肠炎，第一次暴发食物传播的大肠杆菌性胃肠炎
1972 年	G. Edelman(US)抗体结构研究*
1973 年	B. N. Ames 建立细菌测定法检测致癌物
1975 年	G. J. F. Kohler 和 C. Milstein 建立生产单克隆抗体技术。L. R. Koupal 和 R. H. Deible 证实沙门氏菌肠毒素
1976 年	B. Blumberg(US)、D. C. Gajdusek(US)乙型肝炎病毒的起源和传播的机理；慢病毒感染的研究*
1977 年	C. Woese 提出古生菌是不同于细菌和真核生物的特殊类群。F. Sanger 首次对 ΦX174 噬菌体 DNA 进行了全序列分析
1977 年	R. Yalow(US)放射免疫试验技术的发现*
1978 年	澳大利亚首次出现 Norwalk 病毒引起食物传播的胃肠炎
1980 年	B. Benacerraf(US)、G. Snell(US)、J. Dausset(F)组织相容性抗原的发现*
1981 年	美国暴发了食物传播的李斯特病。1982—1983 年在英国发生食物传播的李斯特病
1982—1983 年	S. Prusiner 发现朊病毒(prion)。美国首次暴发食物介导的出血性结肠炎。Ruiz Palacios 等描述了空肠弯曲杆菌肠毒素
1983—1984 年	K. Mullis 建立 PCR 技术
1984 年	单克隆抗体形成技术的建立[C. Milstein(GB)和 G. J. F. Kohler(Gr)]；免疫学的理论工作[N. K. Jerne(D)]*
1985 年	在英国发现第一例疯牛病
1987 年	S. Tonegawa(J)抗体多样性产生的遗传原理*
1988 年	在美国，乳酸链球菌肽被列为“一般公认安全”(GRAS)
1990 年	在美国对海鲜食品强调实施 HACCP 体系
1990 年	第一个超高压果酱食品在日本问世
1993 年	K. B. Mullis(US)聚合酶链反应的发明*
1995 年	第一个独立生活的流感嗜血杆菌全基因组序列测定完成
1995 年	英国已证实有 10 万～15 万头疯牛病病例，而且蔓延到欧洲其他一些国家和日本
1996 年	第一个自养生活的古生菌基因组测定完成，詹姆氏甲烷球菌基因组测序工作完成，酵母基因组测序完成
1996 年	大肠杆菌 O_{157}：H_7 在日本流行
1996 年	D. C. Doherty(Au)、R. M. Zinkernagel(Sw)T 淋巴细胞识别病毒感染细胞机理的发现*
1997 年	第一个真核生物酵母菌基因组测序完成，埃希氏大肠杆菌基因组测序完成；发现纳米比亚硫珍珠状菌，这是已知的最大细菌
1997 年	S. Prusiner(US)朊病毒的发现*
1999 年	美国“超高压技术”在肉制品商业化的应用
2000 年	发现霍乱弧菌有两个独立的染色体

* 为诺贝尔奖获得者。Au：澳大利亚；B：比利时；F：法国；Gr：德国；GB：英国；J：日本；D：丹麦；US：美国；R：俄罗斯；Sw：瑞士。

1.4.3.3 我国食品微生物学的发展

中国是一个文明古国，在各方面为人类的进步做出了贡献。我国劳动人民在数千年前就已经利用微生物来为人类服务，但由于受当时社会发展的影响，科学技术发展较慢。20世纪80年代，由于科学技术的发展和人民生活水平的提高，食品微生物学的发展非常迅速，这给古老的酿造业注入了新的活力，也开辟了一些新的领域，在有益微生物利用方面和有害微生物的检测与控制方面取得了可喜的成绩。

1.有益微生物利用方面

(1)味精的独立生产　味精是日常生活中非常重要的鲜味剂，过去是采用化学方法，以粮食中的蛋白质为原料水解制得。从20世纪60年代起，我国就逐渐采用微生物发酵方法来生产味精(棒状杆菌)，既提高了生产效率、降低了生产成本，又节约了粮食。

(2)腐乳的生产　由于毛霉的最适生长温度为18℃，不能周年生产。经过微生物选育，筛选出了适合腐乳生产用的耐热的毛霉，同时利用根霉(25℃)也可以达到周年生产。此外在发酵工艺也进行了改进，如王致和腐乳的小罐发酵技术等。

(3)柠檬酸的生产　柠檬酸是食品添加剂中常用的酸味剂，过去是依赖进口，现在我国已经成功地利用薯干和废糖蜜为原料，用微生物发酵法来生产柠檬酸(黑曲霉)，这不仅结束了依赖进口的被动局面，而且已有柠檬酸出口，产量世界第一。

(4)酒类的生产　白酒在我国的生产有悠久的历史，我国素来以芳香的白酒而闻名于世。近年来在开辟新原料，试制新产品，选育优良菌种，推广新工艺、新设备，实现机械化、连续化、自动化生产和综合利用等方面都取得了较大的成绩。各种名优白酒不断出现，如我国名酒贵州酱香型的茅台，优质酒四川酱香型的郎酒；名酒四川浓香型的五粮液、剑南春和泸州老窖，安徽的古井贡酒，江苏的洋河大曲；名酒山西清香型的汾酒、陕西凤香型的西凤酒；全国优质酒广西米香型的桂林三花酒；我国名酒贵州兼香型的董酒等。

啤酒对我国来讲，是一种外来酒种，但20世纪80年代我国的啤酒生产已进入黄金时代，90年代新工艺、新设备的投入，使我国啤酒的生产无论在数量上还是在质量上都取得了很大的发展，目前我国啤酒生产的产量和销量已位居世界第一。

(5)微生物酶制剂的生产　微生物酶制剂的生产是一个较新的领域。我们知道微生物发酵的原动力是酶，酶制剂的使用可以加快发酵速度，缩短生产周期。目前我国酶制剂的生产取得了很大的发展，如果胶酶、α-淀粉酶、糖化酶、蛋白酶等都已经投产，并取得了较大的规模。

(6)单细胞蛋白质(SCP)的生产　单细胞蛋白质的生产是应用微生物的又一个侧面，我们已经成功地制造了饲料酵母、石油蛋白，并用于畜、禽、水产动物的饲料日粮配合之中，已成为重要的蛋白质饲料来源。

总之，由于人民生活水平的提高，对食品的种类、数量和质量都提出了更高的要求，与微生物有关的其他食品也纷纷上市。如食用菌品种繁多(金针菇、双孢菇、猴头菇、灵芝、杏鲍菇、羊肚菌、冬虫夏草等)，在栽培和选育高产品种方面都有迅速的发展。发酵乳制品方面，如酸奶制品已经形成了系列产品。另外，各种发酵饮料也相继出现，既活跃了食品市场，也丰富了人民物质生活。此外，大量的微生物活菌制剂如乳酸菌素片、昂立一号、地衣芽孢杆菌活菌制剂、饮乐多、丽珠肠乐等也相继问世。

2.有害微生物的检测与控制方面

除了有益微生物在食品上的应用外,我国在对有害微生物的监控方面也取得了很大的发展。我国从20世纪50年代开始,就对沙门氏菌、金黄色葡萄球菌、变形杆菌等食物中毒菌进行了调查研究,而且还建立了对各种食物中毒的细菌学的分类鉴定方法,并在霉菌毒素方面也做了大量的工作,如对黄曲霉毒素的污染检测和预防工作做了比较系统的研究。在广泛调查研究的基础上,根据我国食品生产的具体情况,国家制定了一系列食品卫生标准,出版了食品卫生检验方法微生物学部分,颁发了《食品卫生法》,统一了全国食品卫生微生物学检验方法,这对促进我国食品卫生工作起到了重要的推动作用。随着社会的发展,人们对食品要求也越来越高,渴望有更多、更好的优质、安全的食品。2009年6月1日起实施的《中华人民共和国食品安全法》代替了《食品卫生法》。2015年《中华人民共和国食品安全法》又进行了修订,史上最严的食品安全法于2015年10月1日起施行。随着我国加入WTO后,我国的食品安全微生物标准和检验方法已与国际接轨,GB 4789是我国食品安全国家标准食品微生物检验部分,而且标准还经常修订。食品加工企业的食品安全许可(QS)变为食品生产许可(SC),突出企业的食品安全的主体地位,但两者都要求企业设有食品微生物检验部门,加强有害微生物的检验控制,从而更有效地保证食品企业生产安全与产品质量。

1.4.3.4 食品微生物学的前景

随着科学技术的发展和人民生活水平的不断提高,人类对食品的要求也越来越高,并且渴望有更好的畜禽肉类、水产品、蛋类、乳制品、粮食、水果、蔬菜及其加工产品,这些必将推动食品工业的发展,例如,开辟现代发酵技术生产氨基酸、有机酸、维生素、酶、生物农药、生物肥料等,其经济价值难以估计。近年来,各种类型的食品加工厂不断建立,与此同时还建立了各种食品研究机构和安全检测机构,第三方实验室不断出现,如华测检测技术股份有限公司,SGS通标标准技术服务有限公司等,开展了食品安全和微生物学的检验工作;新技术不断出现,如利用分子检测技术,可以对食品腐败、病原微生物及发酵微生物进行快速、准确的定性、定量分析。由于食品工业发展的需要,我国各农业院校在20世纪80年代相继成立了食品科学、食品生物工程、农畜(渔)产品加工与贮藏及食品营养与安全等有关专业,而食品微生物学是食品专业的一门主干课程和重要的专业基础课。因此,食品微生物学肩负着提高食品数量与质量,保证食品安全品质,使人类获得更佳的营养丰富、色香味美的保健食品的光荣任务,它将在食品工业中发挥重要作用,因而,具有广阔的发展前景。

1.5 食品微生物学研究的内容与任务

1.5.1 食品微生物学研究的内容

食品微生物学(food microbiology)是专门研究微生物与食品之间的相互关系的一门科学,它是微生物学的一个重要分支。它是一门综合性的学科,融合了普通微生物学、工业微生物学、医学微生物学、农业微生物学和食品有关的部分,同时又渗透了生物化学、机械学和化学工程有关内容。食品微生物学是食品科学与工程等专业的专业基础课,学习这门课程的目的是为食品专业的学生打下牢固的微生物学基础和熟练的食品微生物学技能。食品微生物学所研究的内容包括：①研究与食品有关的微生物的活动规律。②研究如何利用有益微生物为人类制造食品。③研究如何控制有害微生物，防止食品发生腐败变质。④研究检测食品中微生物的方法，制订食品中微生物指标，从而为判断食品的安全质量提供科学依据。

1.5.2 食品微生物学的任务

微生物在自然界广泛存在，在食品原料和大多数食品上都存在着微生物。但是，不同的食品或同一食品在不同的条件下，其微生物的种类、数量和作用亦不相同。食品微生物学研究的内容包括与食品有关的微生物的特征、微生物与食品的相互关系及其生态条件等，所以从事食品科学的人员应该了解微生物与食品的关系。一般来说，微生物既可在食品制造中起有益作用，又可通过食品给人类带来危害。

1.5.2.1 有益微生物在食品制造中的应用

以微生物供应或制造食品，这并不是新的概念。早在古代，人们就采食野生菌类，利用微生物酿酒、制酱，但当时并不知道微生物的作用。随着对微生物与食品关系的认识日益深刻，逐步阐明微生物的种类及其机理，也逐步扩大了微生物在食品制造中的应用范围。概括起来，微生物在食品中的应用有3种方式：①微生物菌体的应用。食用菌就是受人们欢迎的食品；乳酸菌可用于蔬菜和乳类及其他多种食品的发酵，所以，人们在食用酸牛奶和酸泡菜时也食用了大量的乳酸菌；单细胞蛋白(SCP)就是从微生物体中获得的蛋白质，也是人们对微生物菌体的利用。②微生物代谢产物的应用。人们食用的食品有的是经过微生物发酵作用的代谢产物，如酒类、食醋、氨基酸、有机酸、维生素等。③微生物酶的应用，如豆腐乳、酱油。酱类是利用微生物产生的酶将原料中的成分分解而制成的食品。微生物酶制剂在食品及其他工业中的应用日益广泛。

我国幅员辽阔，微生物资源丰富。开发微生物资源，并利用生物工程手段改造微生物菌种，使其更好地发挥有益作用，为人类提供更多更好的食品，是食品微生物学的重要任务之一。

1.5.2.2 有害微生物对食品的危害及防止

微生物引起的食品有害因素主要是食品的腐败变质，从而使食品的营养价值降低或完全丧失。有些微生物是使人类致病的病原菌，有的微生物可产生毒素。如果人们食用含有大量病原菌或含有毒素的食物，则可引起食物中毒，影响人体健康，甚至危及生命。所以食品微生物学工作者应该设法控制或消除微生物对人类的这些有害作用，采用现代的检测手段，对食品中的微生物进行检测，以保证食品安全性，这也是食品微生物学的任务之一。

总之，食品微生物学的任务在于，为人类提供既有益于健康、营养丰富，又保证生命安全的食品。

中国劳动人民在长期实践探索中，应用有益微生物制造出了丰富多样的食品，他们在长期的实践过程中不断探索创新的科学精神，为我国传统发酵食品生产积累了宝贵的经验，值得当代青年人学习与传承。当代青年把个人的理想追求融入党和国家事业之中，要成为既有创新思维、创新能力，更要有担当，做国家的栋梁，社会主义现代化强国的建设者和接班人，中国式现代化建设道路上的实施者。要认真学习好现代食品微生物技术，为保障食品安全，生产出更多更好地满足人民日益增长的对美好生活需求的食品做出自己的贡献。

诺贝尔生理学或医学奖评委让·安德森认为："屠呦呦是第一个证实青蒿素可以在动物体

和人体内有效抵抗疟疾的科学家，对人类生命健康作出了突出贡献，为科研人员打开了一扇崭新的窗户。药理学、化学和中医知识的有效结合，形成了'价值无法估量'的青蒿素。"青蒿素是中华民族优秀中医药文化为构建人类健康卫生共同体做出的贡献。

本章小结

微生物是自然界中一类个体微小、结构简单，需借助显微镜才能观察到的低等生物的统称。微生物具有体积小、面积大；生长旺、繁殖快；吸收多、转化快；种类多、分布广；适应性强、易变异的生物学特点。

微生物学的形成和发展经历了形态学时期、生理学时期和现代微生物学的发展3个阶段。

食品微生物学是专门研究微生物与食品之间的相互关系的一门科学，它是微生物学的一个重要分支，所研究的内容包括：①研究与食品有关的微生物的活动规律。②研究如何利用有益微生物为人类制造食品。③研究如何控制有害微生物，防止食品发生腐败变质。④研究检测食品中微生物的方法，制订食品中微生物指标，从而为判断食品的安全质量提供科学依据。所研究的任务包括有益微生物在食品制造中的应用、有害微生物对食品的危害及防止。

重要名词

微生物　微生物学　生物分类　六界系统　巴斯德　柯赫　食品微生物学

思考题

1. 什么是微生物？什么是微生物学？
2. 简述生物界的六界分类系统。
3. 简述微生物的生物学特征，并举例说明。
4. 简述微生物学的形成和发展，说明各个发展时期的代表人物和其科学贡献。
5. 查阅资料，梳理一下中华民族对微生物学发展的重要贡献。
6. 食品微生物学的研究内容是什么？微生物在食品中的应用有哪些形式？

第 2 章

微生物主要类群及其形态与结构

本章学习目的与要求

1. 重点掌握细菌、霉菌、酵母菌的细胞形态结构及其生理功能。

2. 掌握真菌无性孢子和有性孢子的形成及其特性。

3. 了解几种常见的细菌、霉菌和酵母菌的生物学特性及其在食品加工业中的应用。

4. 了解病毒的一般特性，温和噬菌体与溶原性，毒性噬菌体与噬菌体增殖及其对食品发酵工业的危害性。

5. 通过本章学习，培养学生的科学精神，激发学生的民族自豪感和自信心。

2.1 原核微生物与真核微生物的概念及其主要区别

微生物根据不同的进化水平和形状上的明显差别，可分为细胞型微生物与非细胞型微生物两类。凡是有细胞形态的微生物称为细胞型微生物，按其细胞结构又可分为原核微生物与真核微生物。原核微生物细胞有明显的核区，核区内只有一条双螺旋结构的脱氧核糖核酸（DNA）构成的染色体；原核微生物细胞的核区没有核膜包围，称为原核。真核微生物细胞内有一个明显的核，其染色体除含有双螺旋结构的脱氧核糖核酸（DNA）外还含有组蛋白，核由一层核膜包围，称为真核。原核微生物与真核微生物的主要区别见表 2-1。

表 2-1 原核微生物与真核微生物的主要区别

细胞结构	原核微生物	真核微生物
细胞壁	由肽聚糖、其他多糖、蛋白质和糖蛋白组成	通常由多糖组成，包括纤维素
质膜	不含固醇	含固醇
内膜	简单，仅存在于某些细菌中	复杂，内质网、高尔基体
核糖体	70S*	80S（线粒体和叶绿体中的核糖体为 70S）
具单位膜的细胞器	无	有几种细胞器
呼吸系统	在部分质膜和内膜中	在线粒体中
光合色素	在内膜或绿色体中，无叶绿体	在叶绿体中
细胞核	拟核	完整的核
核仁	无	有
DNA	通常为一个环状大分子，也存在于质粒中	同组蛋白结合，存在于染色体中
细胞分裂	缺有丝分裂	进行有丝分裂
有性生殖	不具备	具备，进行减数分裂
鞭毛结构	鞭毛较细（中空管状结构）	鞭毛较粗（“9＋2”结构）
细胞大小	1～10 μm	10～100 μm

* S 是沉降系数（svedberg），用来测定颗粒大小。

2.2 原核微生物的形态、结构及其生理功能

原核微生物主要包括细菌、放线菌、蓝细菌以及形态结构比较特殊的立克次氏体、支原体、衣原体等。

2.2.1 细菌

细菌（bacteria）是原核微生物的一大类群，在自然界分布广，种类多，与人类生产和生活的关系也十分密切，是微生物学的主要研究对象。

2.2.1.1 细菌个体形态

细菌是单细胞原核微生物，即细菌的个体是由一个原核细胞组成，一个细胞就是一个生活个体。虽然细菌种类繁多，但其基本形态分为：球状、杆状和螺旋状，分别称为球菌、杆菌和螺

旋菌。

1. 球菌

球菌的细胞是球形或近似球形的。有的单独存在，有的连在一起。球菌分裂之后产生新的细胞，常保持一定的排列方式，这种排列方式在分类学上很重要。可分为以下几种(图 2-1)。

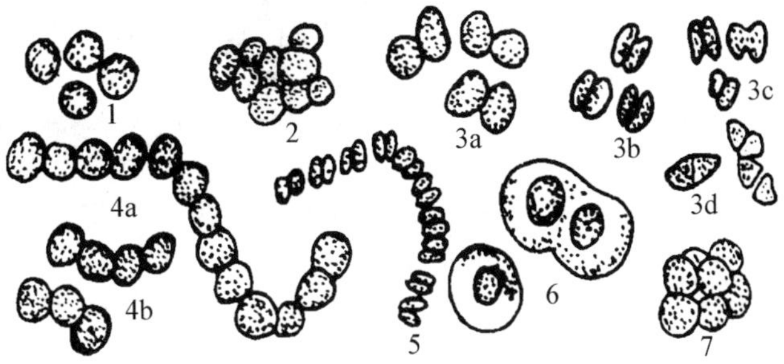

1. 微球菌　2. 葡萄球菌　3. 双球菌　4. 链球菌
5. 含有双球菌的链球菌　6. 具有荚膜的球菌　7. 八叠球菌

图 2-1　球菌形态及排列方式

(1)单球菌　分裂后的细胞分散而单独存在的称为单球菌，如尿素微球菌(*Micrococcus urease*)。

(2)双球菌　分裂后两个球菌成对排列，如肺炎双球菌(*Diplococcus pneumoniae*)。

(3)链球菌　分裂时沿一个平面进行，分裂后细胞排列成链状，如乳链球菌(*Streptococcus lactis*)。

(4)四联球菌　沿两个相垂直的平面分裂，分裂后每 4 个细胞在一起呈田字形，称四联球菌，如四联微球菌(*Micrococcus tetragenus*)。

(5)八叠球菌　按 3 个互相垂直的平面进行分裂后，每 8 个球菌在一起呈立方形，如尿素八叠球菌(*Sarcina ureae*)。

(6)葡萄球菌　分裂面不规则，多个球菌聚在一起，像一串串葡萄，如金黄色葡萄球菌(*Staphylococcus aureus*)。

2. 杆菌

杆菌是细菌中种类最多的类型，杆菌细胞是长形的，一般长度大于宽度，由于比例不同，往往杆菌的长短差别很大。长的杆菌呈圆柱形，有的甚至呈丝状。短的杆菌有时接近椭圆形，几乎和球菌一样，易与球菌混淆称为短杆菌。杆菌的形态也因种的不同有所差异，有的菌体呈纺锤状，有的杆菌有明显分枝。杆菌两端的不同形状，常作为鉴别菌种的依据。有些杆菌一端膨大，另一端细小，形如棒状的称为棒状杆菌，形如梭状的称为梭状杆菌。此外菌体排列形成链状的称为链杆菌。还有些杆菌可以产生芽孢称为芽孢杆菌，而不产生芽孢的亦称无芽孢杆菌。杆菌的形状与排列(图 2-2)有一定的分类鉴定意义。工农业生产中用到的细菌大多数是杆菌。例如用来生产淀粉酶与蛋白酶的枯草芽孢杆菌(*Bacillus subtilis*)，生产谷氨酸的北京棒状杆菌(*Corynebacterium pekinense*)，乳品工业中常用的

图 2-2　各种杆菌的形态

保加利亚乳杆菌(*Lactobacillus bulgaricus*)等。

3. 螺旋菌

螺旋菌的细胞呈弯曲状,根据其弯曲程度不同而分为弧菌和螺旋菌,如图 2-3 所示。

(1)弧菌　菌体弯曲呈弧形或逗号形,如逗号弧菌(*Vibrio comma*)是霍乱病的病原菌。

(2)螺旋菌　菌体回转如螺旋,螺旋数目的多少及螺距大小随菌种不同而异,如减少螺菌(*Spirillum minus*)。

图 2-3　螺旋菌和弧菌的形态

细菌的形态与环境有关,例如与培养温度、培养基的成分与浓度、培养的时间有关。各种细菌在幼龄时和适宜的环境条件下表现出正常形态。当培养条件变化或菌体变老时,常常引起形态的改变,尤其是杆菌。有时菌体显著伸长呈丝状、分枝状或膨大状,这种不整齐形态称为异常形态。

2.2.1.2　细菌个体的大小

细菌细胞一般都很小,必须借助显微镜才能观察到,因此测量细菌的大小通常要使用放在显微镜中的显微测微尺来测量。细菌的长度单位为微米(μm)。如用电子显微镜观察细胞构造或更小的微生物时,要用更小的单位纳米(nm)或埃(Å)来表示,它们之间的关系是:$1\ mm = 10^3\ \mu m = 10^6\ nm = 10^7\ Å$。

球菌的大小以其直径表示,杆菌、螺旋菌的大小以宽度×长度来表示。螺旋菌的长度是以其自然弯曲状的长度来计算,而不是以其真正的长度计算的,细菌细胞的大小见表 2-2。

表 2-2　细菌细胞的大小　　μm

细菌种类	直径	长度	宽度
球状细菌			
尿素微球菌(*Micrococcus ureae*)	1.0～1.5		
金黄色微球菌(*Micrococcus aureus*)	0.8～1.0		
乳链球菌(*Streptococcus lactis*)	0.5～0.6		
最大八叠球菌(*Sarcina maxima*)	4.0		
圆褐固氮菌(*Azotobacter chroococcum*)	4.0～6.0		
旋动泡硫菌(*Thiophysa volutans*)	7.0～8.0		
杆状细菌			
普通变形杆菌(*Proteus vulgaris*)		0.5～4.0	0.4～0.5
大肠杆菌(*Escherichia coli*)		1.0～2.0	0.5
德氏乳杆菌(*Lactobacillus delbrueckii*)		2.8～7.0	0.4～0.7
枯草杆菌(*Bacillus subtilis*)		1.2～3.0	0.8～1.2
巨大芽孢杆菌(*Bacillus megatherium*)		3.0～9.0	1.0～2.0
螺旋状细菌			
霍乱弧菌(*Vibrio cholerae*)		1.0～3.0	0.3～0.6
红色螺菌(*Spirillum rubrum*)		1.0～3.2	0.6～0.8
迂回螺菌(*Spirillum volutans*)		10～20	1.5～2.0

虽然细菌的大小差别很大，但一般都不超过几微米，大多数球菌的直径为 0.20～1.25 μm。杆菌的大小一般为(0.20～1.25)μm×(0.30～8)μm，产芽孢的杆菌比不产芽孢的杆菌要大，螺旋菌的大小为(0.30～1)μm×(1～5.0)μm。

由于细菌个体大小有很大差异，以及所用固定和染色方法不同，测量结果可能不一致。一般细菌在干燥与固定过程中，细胞明显收缩，测量结果往往只能得到近似值。有关细菌大小的记载常常是平均值或代表值。

影响细菌形态变化的因素同样也影响细菌个体的大小，除少数例外。一般幼龄的菌体比成熟的或老龄的菌体大得多，但宽度变化不明显。细菌细胞大小还可能与代谢产物的积累或培养基中渗透压增加有关。

2.2.1.3　细菌细胞的结构与功能

细菌的基本结构包括细胞壁、细胞质膜、细胞质及细胞核 4 部分，有些细菌还有糖被、鞭毛和芽孢等特殊结构(图 2-4)。

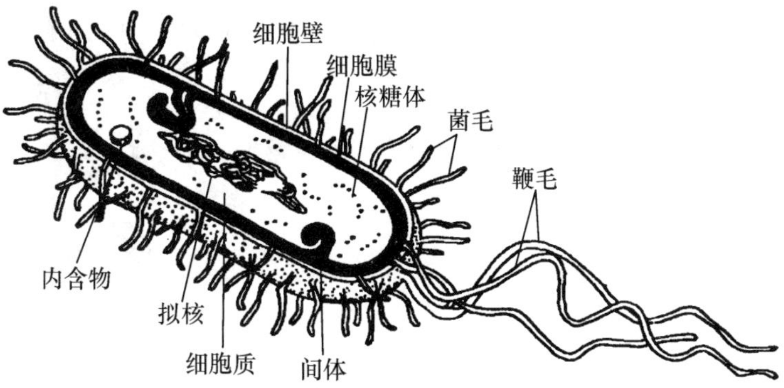

图 2-4　细菌细胞结构示意图

基本结构是任何一种细菌都具有的，而特殊结构只限于某些种类细菌才有，是细菌分类鉴定的重要依据。

1. 基本结构

(1)细胞壁(cell wall)　细胞壁在细菌菌体的最外层，为坚韧、略具有弹性的结构。细胞壁约占细胞干重的 10%～25%。各种细菌的细胞壁厚度不等，一般在 10～80 nm。

细胞壁具有保护细胞及维持细胞外形的功能。失去细胞壁的各种形态的菌体都将变成球形。细菌在一定范围的高渗溶液中细胞质收缩，但细胞仍然可保持原来的形状，在一定的低渗溶液中，细胞则会膨大，但不致破裂。这些都与细胞壁具有一定坚韧性及弹性有关。细菌细胞壁的化学组成也与细菌的抗原性、致病性以及对噬菌体的敏感性有关。有鞭毛的细菌失去细胞壁后，可仍保持其鞭毛但不能运动，可见细胞壁的存在是鞭毛运动所必需的，可能是为鞭毛运动提供可靠的支点。此外细胞壁实际上是多孔性的，可允许水及一些化学物质通过，并对大分子物质有阻拦作用。

构成细胞壁的基本骨架是肽聚糖(peptidoglycan)层，由氨基糖和氨基酸组成，它含有 N-乙酰葡萄糖胺(N-acetylglucosamine，NAG)和 N-乙酰胞壁酸(N-acetylmuramic acid，NAM)两种氨基糖(图 2-5A)，这两种氨基糖或直接连接或通过甘氨酸肽桥而交替相连形成长链。连接到 NAM 羧基的四肽链，含 *D*-谷氨酸、*D*-/*L*-丙氨酸和二氨基庚二酸或赖氨酸。*D* 构型的氨基酸是细菌细胞壁(有时还有糖被)所特有的。四肽链与其他氨基糖四肽依次连接(图 2-5B)形成坚韧的肽聚糖套层。有许多细菌在肽聚糖外面还有外膜(outer membrane)。

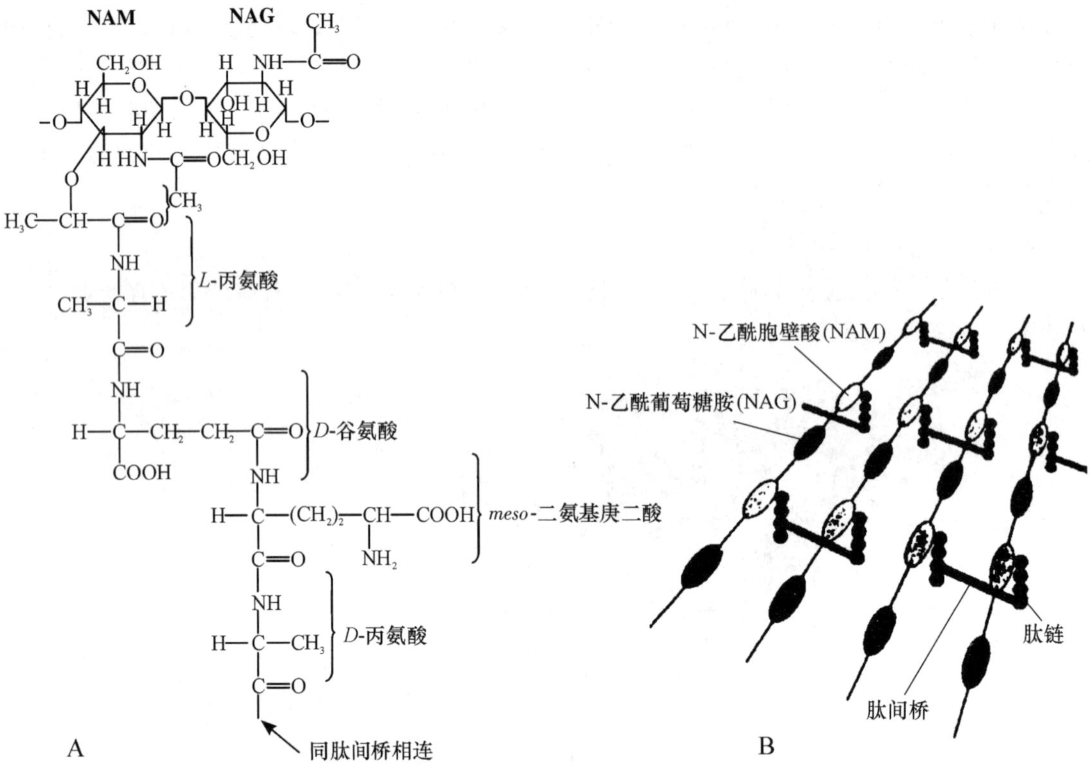

A. 肽聚糖亚单位　B. 肽聚糖各组分的交叉连接

图 2-5　肽聚糖的结构

采用革兰氏染色技术可以将细菌细胞壁区分为两种类型，革兰氏阳性(G^+)和革兰氏阴性(G^-)。革兰氏染色(Gram stain)是丹麦医生革兰(Hans Christian Gram)于 1884 年采用表 2-3 所列程序对细菌染色，结果因显色不同可将细菌区分为两类，分别称为革兰氏阳性菌和革兰氏阴性菌。

表 2-3　革兰氏染色程序和结果

步骤	方法	结果	
		阳性(G^+)	阴性(G^-)
初染	结晶紫 30 s	紫色	紫色
媒染剂	碘液 30 s	仍为紫色	仍为紫色
脱色	95%乙醇 10～20 s	保持紫色	脱去紫色
复染	番红(或复红)30～60 s	仍显紫色	红色

细菌的不同显色反应是由于细胞壁对乙醇的通透性和抗脱色能力的差异，主要是由肽聚

糖层厚度和结构决定的。经结晶紫染色的细胞用碘液处理后形成不溶性复合物，所以染色的前两步结果是一样的，但在 G^+ 细胞中，乙醇还能使厚的肽聚糖层脱水，导致孔隙变小，由于结晶紫和碘的复合物分子太大，不能通过细胞壁，保持着紫色。在 G^- 细胞中，乙醇处理不但破坏了胞壁外膜，还可能损伤肽聚糖层和细胞质膜，于是被乙醇溶解的结晶紫和碘的复合物从细胞中渗漏出来，当再用衬托的染色液复染时，显现红色。红色染料虽然也能进入已染成紫色的 G^+ 细胞，但被紫色覆盖，红色显示不出来。革兰氏阳性细菌和革兰氏阴性细菌细胞壁的结构比较如图 2-6 所示。

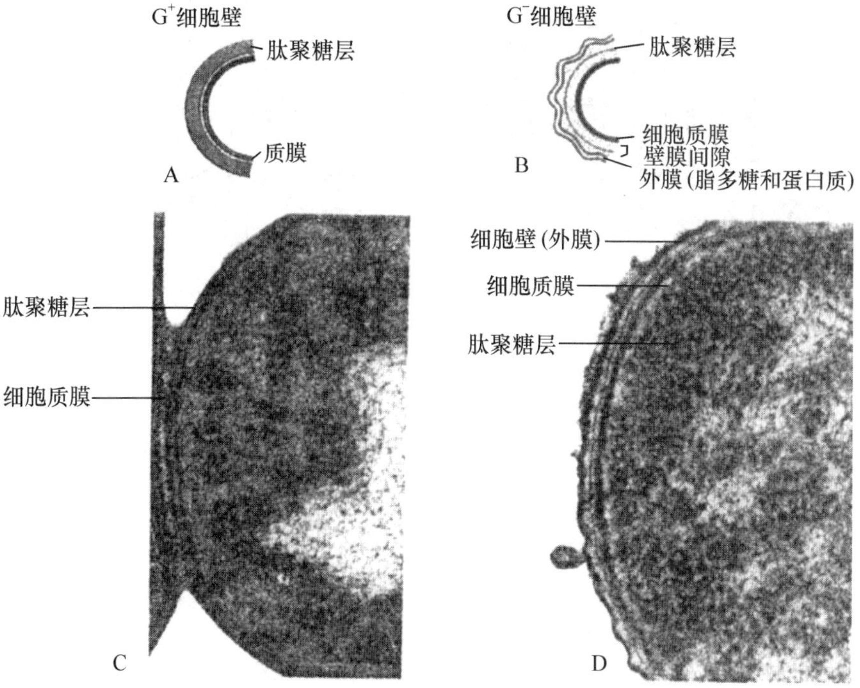

A,B. 两类细胞壁结构示意图　C. G^+ 成晶节杆菌细胞壁电镜照相

D. G^- 毛囊亮发菌细胞壁电镜照相

图 2-6　细菌细胞壁

①革兰氏阳性细菌的细胞壁：G^+ 细菌细胞壁具有较厚(20～80 nm)而致密的肽聚糖层，多达 20 层，占细胞壁成分的 60%～90%，它与细胞膜的外层紧密相连(图 2-7)。

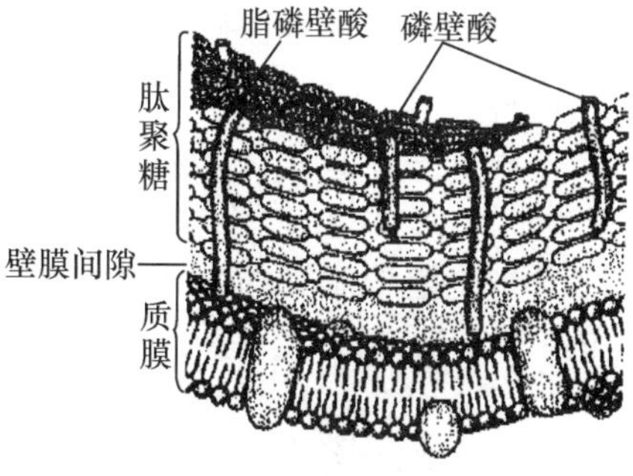

图 2-7　G^+ 细菌细胞壁结构

有的 G^+ 细菌细胞壁中含有磷壁酸(teichoic-acid)，也称胞壁质(murein)，它是甘油和核糖醇的聚合物，磷壁酸通常以糖或氨基酸的酯而存在。由于磷壁酸带负电荷，它在细胞表面能调节阳离子浓度。磷壁酸与细胞生长有关，细胞生长中有自溶素(autolysins)酶类起作用，磷壁酸对自溶素有调节功能，阻止胞壁过度降解和壁溶。

如果细胞壁的肽聚糖层被消溶，G^+ 细胞成为原生质体(protoplasts),细胞壁不复存在,而只存留细胞膜。除链球菌外,大多数 G^+ 细菌细胞壁中含极少蛋白质。

②革兰氏阴性细菌的细胞壁:G^- 细菌细胞壁比 G^+ 细菌细胞壁薄(15～20 nm)而结构较复杂,分外膜(outer membrane)和肽聚糖层(2～3 nm)(图 2-8)。在细胞壁和细胞质膜之间有一个明显的空间,称为壁膜间隙(periplasmic space)。

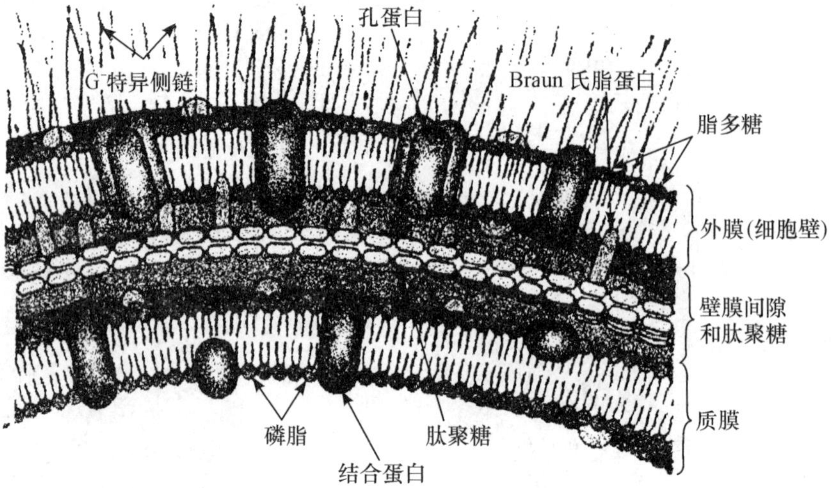

图 2-8　G^- 细菌细胞壁结构

外膜:G^- 细菌细胞壁外膜的基本成分是脂多糖(lipopolysaccharide,LPS),它同细胞质膜相同之处也是双层类脂,但除磷脂外还含有多糖和蛋白质。

LPS 的多糖部分包括核心多糖和 O-特异多糖。O-特异多糖由重复分支的碳水化合物分子组成,含有己糖(葡萄糖、半乳糖和鼠李糖)和二脱氧己糖。由于糖的种类不同,使各种 G^- 细胞具有不同特性的 LPS。核心多糖(core polysaccharide)的主要组分是酮脱氧辛酸(ketodeoxyoctonate,KDO)。

外膜中还含有几种蛋白,如脂蛋白、通透蛋白。有些蛋白具有通孔作用(porin),调控外界分子进入细胞;有的蛋白分子可以作为噬菌体的受体;许多 G^- 细菌对高等生物有致病性是由 LPS 的成分决定的,它的毒性组分常称为内毒素(endotoxins)。

肽聚糖层:G^- 细菌细胞壁的肽聚糖层很薄,在大肠杆菌和其他细菌中仅有单层。肽聚糖层和外膜的内层之间通过脂蛋白连接起来。

壁膜间隙:G^- 细菌细胞壁的外膜与细胞质膜之间存在明显的壁膜间隙,一层薄的肽聚糖处于其间,肽聚糖层和细胞质膜之间的间隙较宽,肽聚糖层至外膜之间的间隙较窄。大肠杆菌的壁膜间隙宽度为 12～15 nm,呈胶冻态。其间含有:3 类蛋白质水解酶,催化食物的初步降解;结合蛋白,启动物质转运过程;化学受体(chemoreceptor),在趋化性中起作用的蛋白。

尽管细胞壁是细菌的重要构成部分,但自然界也存在着缺壁细菌,如支原体(mycoplasma)是一类在长期进化过程中形成的,适应自然生活条件的无细胞壁的原核微生物。同时在它们的细胞膜中含有甾醇,而一般的原核生物是没有的。

许多 G^+ 和 G^- 细菌在实验室或宿主体内通过自发突变而形成的遗传性稳定的细胞壁缺陷菌株,称之为 L 型细菌。而原生质体则是人为条件下,用溶菌酶除尽原有细胞壁或用青霉素抑制新生的细胞壁合成后，所得到的仅有一层细胞膜包裹着的圆球状渗透敏感细胞。

(2)细胞膜(cytoplasmic membrane) 细胞质膜简称质膜(plasma membrane)，是围绕在细胞质外面的双层膜结构，使细胞具有选择吸收性能，控制物质的吸收与排放，也是许多生化反应的重要部位。

质膜的基本结构是磷脂双层(phospholipid bilayer)，含有高度疏水的脂肪酸和相对亲水的甘油两部分。磷脂的亲水和疏水双重性质使它具有方向性，由双层磷脂构成的质膜其疏水的两层脂肪酸链相对排列在内，亲水的两层磷酸基则相背排列在外，类似于 G^- 细菌细胞壁外层的双层磷脂结构，称为单位膜，这种排列结构使质膜成为有效控制物质通透的屏障。

质膜很薄，厚 5～10 nm。蛋白质镶嵌在双层磷脂中，并伸向膜内外两侧(图 2-9)。分为两类，边缘蛋白(peripheral proteins)和整合蛋白(integral proteins)。边缘蛋白的含量为膜蛋白的 20%～30%，它们可溶于水溶液；整合蛋白含量为 70%～80%，不容易从质膜中抽提出来，也不溶于水溶液。与膜类脂一样，整合蛋白也有两亲性(amphipathic)，它的疏水区段埋于类脂中，亲水区段伸向质膜外，可以侧向扩展，但不能在类脂层中翻转或旋转。蛋白质在双层磷脂中扩散的状况决定于脂肪酸链的饱和度与支链数以及温度条件，温度愈高，膜的流动性愈大。嗜冷细菌质膜的类脂是高度不饱和的，能在低温下流动；而嗜热细菌质膜类脂的饱和度和支链脂肪酸含量较高。一般原核细胞质膜不含固醇，但有些原核细胞质膜中含有五环类固醇物(hopanoides)，其结构类似于真核生物质膜中的固醇，可能有加固细胞质膜的作用。不具细胞壁的支原体在质膜中则含有固醇。

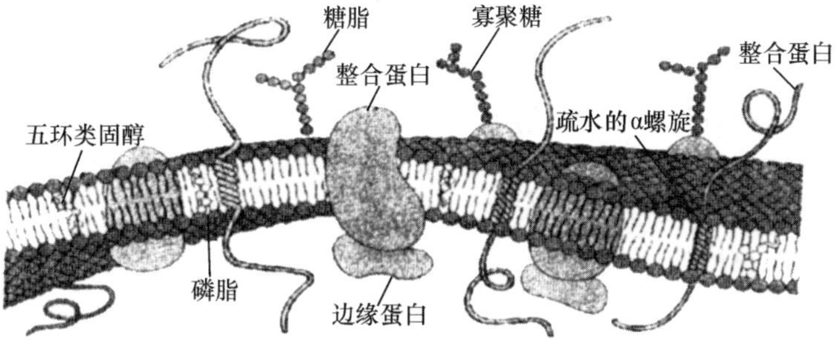

图 2-9 细胞质膜的结构

质膜的基本功能是调控物质的流入与排出，对性质各异的物质具有不同的机制来运输，包括扩散和主动运输等方式。当质膜内外两侧溶质的浓度不同时，水分从低浓度溶质一侧通过质膜流向高浓度一侧，直到两侧的浓度达到平衡，或是由于压力而阻止水分子进一步流动时为止。由于溶质浓度差而使水分通过质膜的过程称为渗透作用，是被动扩散的一种方式，它对质膜造成一种压力，即渗透压。

质膜与呼吸作用和磷酸化作用的细胞能量平衡往往是相联系的。在大多数细菌中，电子转移系统和呼吸酶类位于质膜中。

(3)中体(mesosome)或中间体 细菌的细胞膜褶皱陷入细胞质内，形成一些管状或囊状的形体称为中体、中间体，其中酶系发达，是能量代谢的场所。此外，中体在细菌细胞分裂时，与细胞壁隔膜的合成以及核的复制有关。

除间体外，细菌的内膜系统还包括载色体、羧酶体、类囊体等。

载色体(chromatophore)又称色素体，是光合细菌的细胞质膜多次凹陷折叠而形成的片层状、微管状或囊状结构。载色体含有菌绿素和类胡萝卜素等光合色素及光合磷酸化所需要的酶类和电子传递体，因而是光合细菌进行光合作用的中心，相当于绿色植物细胞中的叶绿体。

羧酶体(carboxysome)又称多角体，是许多能同化二氧化碳的自养细菌特有的一种多面体结构。羧酶体由以蛋白质为主的单层膜包围，内含固定二氧化碳所需的5-磷酸核酮糖激酶和1,5-二磷酸核酮糖羧化酶，是自养细菌固定二氧化碳的场所。

类囊体(thylakoid)是蓝细菌(cyanobacterium)的细胞质膜多次重复折叠而形成的片层状结构，多与细胞质膜无直接的相连而成为原核生物中唯一独立的囊状体。叶绿素和藻胆素等光合色素呈颗粒状依次附着在其表面，并含有光合作用酶系，是蓝细菌进行光合作用的场所。

气泡(gas vacuoles)是某些水生细菌，如蓝细菌细胞内贮存气体的结构。气泡由许多小的气囊组成。气泡使细胞的浮力增大，从而有助于调节并使细菌生活在最佳水层位置，以适应它们对环境条件(光线、氧气)的不同需要。

(4)核糖体(ribosome)　核糖体是细胞中核糖核蛋白的颗粒状结构，由核糖核酸(RNA)与蛋白质组成，其中RNA约占60%，蛋白质占40%，核糖体分散在细菌细胞质中，其沉降系数为70S，是细胞合成蛋白质的场所，其数量多少与蛋白质合成直接相关，随菌体生长速度而异，当细菌生长旺盛时，每个菌体可有10^4个，生长缓慢时只有2 000个。细胞内核糖体常成串联在一起，称为多聚核糖体。

(5)细胞质(cytoplasme)及其内含物　细胞质是细胞膜内除核区外的无色、透明、黏稠的胶状物质和一些颗粒状物质。其主要成分为水、蛋白质、核酸、脂类、糖、无机盐和颗粒状内含物。细胞质内还含有前面已叙述过的核糖体、气泡等结构。

细胞质具有生命物质所有的各种特征，含有丰富的酶系，是营养物质合成、转化、代谢的场所，不断地更新细胞内的结构和成分，使细菌细胞与周围环境不断地进行新陈代谢。由于细菌细胞质中富有核糖核酸，因而嗜碱性强，易被碱性和中性染料所着色，尤其是幼龄菌。老龄菌细胞中核糖核酸常被作为氮和磷的来源而被利用，核酸含量减少，故着色力降低。

颗粒状内含物大多是细胞的贮藏物质，其种类常因菌种而异。即使同一种菌，颗粒的数量也随菌龄和培养条件不同而有很大变化。在某些营养物质过剩时，细菌就将其聚合成各种贮藏颗粒；当营养缺乏时，它们又可被分解利用。某些颗粒状贮藏物的形成可避免不适宜的pH和渗透压的危害。颗粒状内含物的主要种类有以下几种。

糖原(glycogen)和淀粉粒(granulose)。它们是细菌细胞内主要的碳源和能源贮藏物质，为葡萄糖的多聚体。糖原又称肝糖粒，其颗粒较小，与稀碘液作用呈红褐色，而淀粉粒遇碘液呈蓝色。肠道细菌常积累糖原，而多数其他细菌和蓝细菌则以淀粉粒为贮藏物质，当培养环境中的碳氮比高时，会促进碳素颗粒状贮藏物质的积累。

多聚-β-羟基丁酸(poly-β-hydroxybutyric acid,PHB)颗粒。是细菌特有的一种碳源和能源性贮藏物。PHB易被脂溶性染料苏丹黑(Sudan black)着色，可在光学显微镜下见到。根瘤菌属(*Rhizobium*)、固氮菌属(*Azotobacter*)和假单胞菌属(*Pseudomonas*)等的细菌常积累PHB。

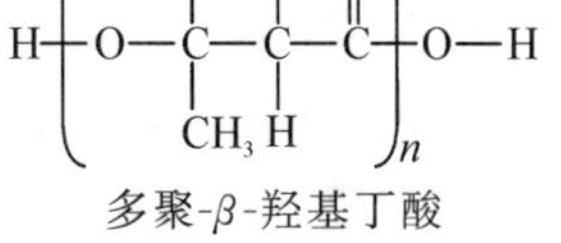

多聚-β-羟基丁酸

藻青素(cyanophycin)和藻青蛋白(phycocyanin)。通常存在于蓝细菌中，属于内源性氮素贮藏物。

异染粒(metachromatic granules)。是细菌的磷源贮藏物，因用蓝色染料(如亚甲蓝或甲苯胺蓝)染色后不呈蓝色而呈紫红色,故而得名。主要成分是聚磷酸盐。存在于迂回螺旋菌(*Spirillum volutans*)、白喉棒杆菌(*Corynebacterium diphtheriae*)和鼠疫杆菌(*Yersinia pestis*)等细胞中。

脂肪粒。这种颗粒折光性较强,可用苏丹Ⅲ(Sudan Ⅲ)染成红色。随着细菌生长,细胞内脂肪粒的数量亦会增加。

硫滴(sulfur droplet)。为某些化能自养的硫细菌贮存的能源物质。如贝氏硫菌属(*Beggiatoa*)和发硫菌属(*Thiothrix*),能在氧化硫化氢的过程中获得能量,并在细胞内以折光性很强的硫滴形式贮存元素硫,当环境中缺少硫化氢时,它们能通过进一步氧化硫来获取能量。

磁粒(magnetite)。为少数磁性细菌细胞内特有的串状四氧化三铁的磁性颗粒。磁性细菌能以此感知地球磁场,并使细胞顺磁场方向排列。趋磁细菌可用于开发磁性定向药物和抗体及制造生物传感器等。

由于细菌的发育阶段不同,以及营养和环境的差异,各种细菌甚至同种细菌之间,内含物的数量和成分也可不同,但是同一菌种在相同的环境条件下常含有相同的内含物,这一点有助于细菌的鉴定。

(6)核区(nuclear region)　细菌只具有比较原始形态的核或称拟核(nucleoid)。在电镜下观察细菌的细胞核为一巨大紧密缠绕的环状双链 DNA 丝状结构,只有少量蛋白质与之结合,无核膜包囊,分布在细胞质的一定区域内,所以称其为核区、拟核、核质体或核基因组(nuclear genome)。一般呈球状、棒状或哑铃状,由于细胞核分裂在细胞分裂之前进行,所以,在生长迅速的细菌细胞中有 2 个或 4 个核,生长速度低时只有 1 个或 2 个核。

由于细菌核质体比其周围的细胞质电子密度低,在电子显微镜下观察呈现透明的核区域,用高分辨率的电镜可观察到细菌的核为丝状结构,其实际上是一个巨大的、连续的环状双链 DNA 分子(其长度可达 1 mm,比细菌本身长很多倍)折叠缠绕形成的。核区携带着细菌绝大多数的遗传信息,是细菌生长发育、新陈代谢和遗传变异的控制中心,细胞核在遗传性状的传递中起重要作用。

在很多细菌细胞中尚存有染色体外的遗传因子,为环状 DNA 分子,分散在细胞质中能自我复制,称为质粒(plasmid)。而附着在染色体上的质粒叫附加体。它们也是遗传信息贮存、发出及遗传给后代的物质基础。质粒在基因工程的研究中有着重要的经济价值。

2. 特殊结构

鞭毛、菌毛、性毛、糖被、芽孢等是某些细菌特有的结构,它们在细菌分类鉴定上具有重要作用。

(1)鞭毛(flagella)　某些细菌能从体内长出纤细呈波状的丝状物称为鞭毛,是细菌的运动器官。在电镜下观察能看到鞭毛起源于细胞质膜内侧,细胞质区内一个颗粒状小体,此小体称为基粒(basal body)。鞭毛自基粒长出穿过细胞壁延伸到细胞外部(图 2-10)。

鞭毛长度一般可超过菌体若干倍,而直径极微小(10～25 nm),由于已超过普通光学显微镜的可视度,只有用电镜直接观察或经过特殊的染色方法(鞭毛染色),使染料堆积在鞭毛上因而鞭毛加粗,才可用光学显微镜观察到。另外,用悬滴法及暗视野映光法观察细菌的运动状态以及用半固体琼脂穿刺培养,从菌体生长扩散情况也可以初步判断细菌是否具有鞭毛。

大多数球菌不生鞭毛,杆菌中有的生鞭毛有的不生鞭毛,弧菌与螺旋菌都生鞭毛。鞭毛着生的位置、数目是细菌种的特征,依鞭毛的数目与位置分下列几种(图 2-11)。

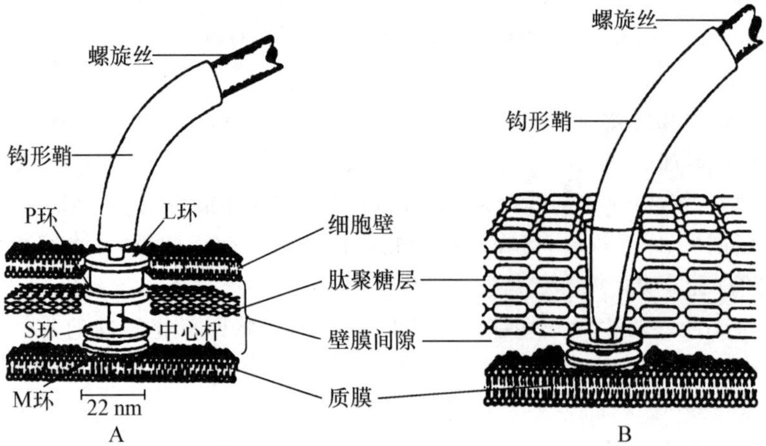

A. G^- 细菌　B. G^+ 细菌

图 2-10　细菌鞭毛的结构

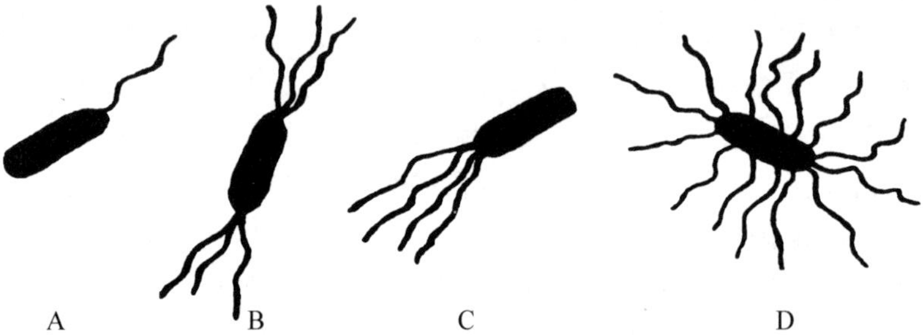

A. 偏端单生鞭毛　B. 两端丛生鞭毛　C. 偏端丛生鞭毛　D. 周生鞭毛

图 2-11　各种鞭毛类型

①单生：偏端单生鞭毛菌，在菌体的一端长一根鞭毛，如霍乱弧菌（*Vibrio cholerae*）；两端单生鞭毛菌，在菌体两端各生一根鞭毛，如鼠咬热螺旋体（*Spirochaeta morsus muris*）。

②丛生：偏端丛生鞭毛菌，在菌体一端丛生鞭毛，如铜绿假单胞杆菌（*Pseudomonas aeruginosa*）；两端丛生鞭毛菌，在菌体两端各丛生鞭毛，如红色螺菌（*Spirillum rubrum*）。

③周生：菌体周生鞭毛称周毛菌，如枯草芽孢杆菌（*Bacillus subtilis*）、大肠杆菌（*Escherichia coli*）等。

鞭毛主要的化学成分是鞭毛蛋白，它与角蛋白、肌球蛋白、纤维蛋白属于同类物质，所以鞭毛的运动可能与肌肉收缩相似。

鞭毛是细菌的运动器官，有鞭毛的细菌在液体中借鞭毛运动，其运动方式依鞭毛着生位置与数目不同而不同。单毛菌和丛毛菌多做直线运动，运动速度快，有时也可轻微摆动。周毛菌常呈不规则运动，而且常伴有活跃的滚动。

鞭毛虽是某些细菌的特征，但在不良的环境条件如培养基成分的改变、培养时间过长、干燥、芽孢形成、防腐剂的加入等都会使细菌丧失生长鞭毛的能力。

（2）菌毛（fimbria）　菌毛曾有多种译名，如纤毛、散毛、伞毛、线毛或须毛等。菌毛是一类生长在菌体表面的纤细、中空、短直、数量较多的蛋白质微丝，比鞭毛更细。它具有使菌体附着于物体表面的功能。菌毛的结构较鞭毛简单，无基体等复杂构造，着生于细胞膜上，穿过细胞壁后伸展于体表，直径 3～10 nm，由许多菌毛蛋白亚基围绕中心做螺旋状排列，呈中空管状。每个细菌有 250～300 条菌毛。有菌毛的细菌以 G^- 致病菌居多，借助菌毛可牢固地黏附于宿主的呼吸道、消化道和泌尿生殖道等黏膜上，进一步定植和致病。有的种类还可使同种细胞相互粘连而形成浮在液体表面上的菌膜等群体结构。少数 G^+ 细菌上也着生有菌毛。

(3)性毛(pilus)　性毛又称性菌毛(sex-pili 或 F-pili)，构造和成分与菌毛相似，但比菌毛长，数量仅一至少数几条。一般见于 G^- 细菌的雄性菌株上，在细菌接合交配时起作用，其功能是向雌性菌株传递遗传物质。有的性毛还是 RNA 噬菌体的特异性吸附受体。

(4)糖被(glycocalyx)　糖被是指某些细菌在一定的条件下，在菌体细胞壁表面形成的一层厚度不定的松散透明的黏液物质。糖被按其有无固定层次及层次厚薄又可细分为荚膜(capsule)、黏液层(slime layer)和微荚膜(microcapsule)。当黏液物质具有固定层次附着于细胞壁外时，称为荚膜。而当黏液物质未固定在细胞壁上，无明显边缘，可以扩散到周围环境中，则称为黏液层。荚膜的厚度因菌种不同或环境不同而异，一般可达 0.2 μm。厚度小于 0.2 μm 的荚膜称为微荚膜。产生荚膜的细菌通常是每个细胞外包围一个荚膜，但也有多个细菌的荚膜相互融合，形成多个细胞被包围在一个共同的荚膜之中，称为菌胶团(zoogloea)(图 2-12)。

A. 细菌的荚膜　B. 细菌的菌胶团

图 2-12　细菌的荚膜与细菌的菌胶团

荚膜折光率很低，不易着色，必须通过特殊的荚膜染色方法，一般用负染色法，即使背景和菌体着色，而荚膜不着色，使之衬托出来，可用光学显微镜观察到。

荚膜含有大量水分，约占 90%，还有多糖或多肽聚合物。荚膜的形成既受遗传特性所决定，又与环境条件有密切关系。生长在含糖量高的培养基上的菌容易形成荚膜，如肠膜明串珠菌(*Leuconostoc mesenteroides*)，只有在含糖量高、含氮量低的培养基中才能产生荚膜。某些病原菌如炭疽芽孢杆菌(*Bacillus anthracis*)只在寄主体内或在二氧化碳分压较高的环境才形成荚膜，在人工培养基上不形成荚膜。形成荚膜的细菌也不是整个生活期内都形成荚膜，如肺炎双球菌在生长缓慢时形成荚膜。某些链球菌在生长早期形成荚膜，后期则消失。

糖被虽然不是细菌的主要结构，通过突变或用酶处理，失去糖被的细菌仍然能正常生长，但糖被也有一定的生理功能：①保护菌体。使细菌的抗干燥能力增强，一些动物致病菌的荚膜可保护其不易被白细胞吞噬；防止噬菌体的吸附和裂解；作为屏障，保护细菌免受重金属离子的毒害。②贮藏养料。在营养缺乏时，细菌可直接利用荚膜中的物质。③堆积某些代谢产物。

某些细菌由于荚膜的存在而具有毒力，如具有荚膜的肺炎双球菌毒力很强，当失去荚膜时，则失去毒性。④黏附物体表面。有些细菌能借荚膜牢固地黏附在牙齿表面，发酵糖类产酸，腐蚀牙齿珐琅质层，引起龋齿。

(5)芽孢(spore) 有些细菌当生长到一定时期，繁殖速度下降，菌体的细胞原生质浓缩，在细胞内形成一个圆形、椭圆形或圆柱形的孢子，这种对不良环境条件具有较强的抗性的休眠体称为芽孢或内生孢子(endospore)。菌体在未形成芽孢之前称为繁殖体或营养体。

能否形成芽孢是细菌种的特征，受其遗传性的制约，在杆菌中形成芽孢的种类较多，在球菌和螺旋菌中只有少数菌种可形成芽孢。

芽孢有较厚的壁和高度折光性，在显微镜下观察芽孢为透明体。芽孢难以着色，为了便于观察常常采用特殊的染色方法——芽孢染色法。

各种细菌芽孢形成的位置、形状与大小(图 2-13)是一定的，是细菌鉴定的重要依据。有的可位于细胞的中央，有的位于顶端或中央与顶端之间。芽孢在中央，如果其直径大于细菌的宽度时，细胞呈梭状，如丙酮丁醇梭菌(*Clostridium acetobutylicum*)。芽孢在细菌细胞顶端，如芽孢直径大于细菌的宽度时，则细胞呈鼓槌状，如破伤风梭菌(*Clostridium tetani*)；芽孢直径如小于细菌细胞宽度时，则细胞不变形，如常见的枯草芽孢杆菌、蜡状芽孢杆菌(*Bacillus cereus*)等。

A. 中央位 B. 近端位 C. 极端位

图 2-13 细菌芽孢的位置和大小示意图

细菌是否形成芽孢由其遗传性决定，但也需要一定的环境条件。菌种不同，需要环境条件也不相同，大多数芽孢杆菌是在营养缺乏、温度较高或代谢产物积累等不良条件下，在衰老的细胞体内形成芽孢。但有的菌种需要在营养丰富、适宜温度的条件下形成芽孢，如苏云金芽孢杆菌(*Bacillus thuringiensis*)在营养丰富、温度和通气等适宜条件时在幼龄细胞中大量形成芽孢。

细菌形成芽孢包括一系列复杂过程(图 2-14)。在电镜下观察芽孢形成的过程是：开始时细胞中核物质凝集向细胞一端移动，细胞质膜内陷延伸形成双层膜，构成芽孢的横隔壁，将核物质与一部分细胞质包围而形成芽孢。

不论在什么条件下所形成的芽孢，其对不良的环境都有很强的抵抗能力，有的芽孢在不良的条件下可保持活力数年、数十年，甚至更长的时间。芽孢尤其耐高温，如破伤风梭菌在沸水中可存活 3 h。经研究证明，芽孢耐高温的原因是由于芽孢形成时可同时形成 2，6-吡啶二羧酸(dipicolinic acid，DPA)，在细菌的营养细胞和其他生物的细胞中均未发现有 DPA 存在。DPA 的结构式如右：

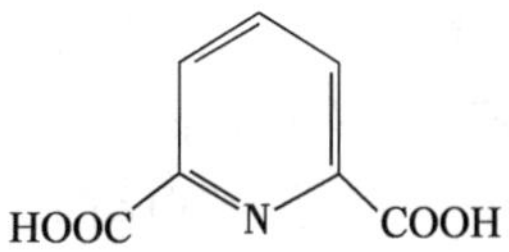

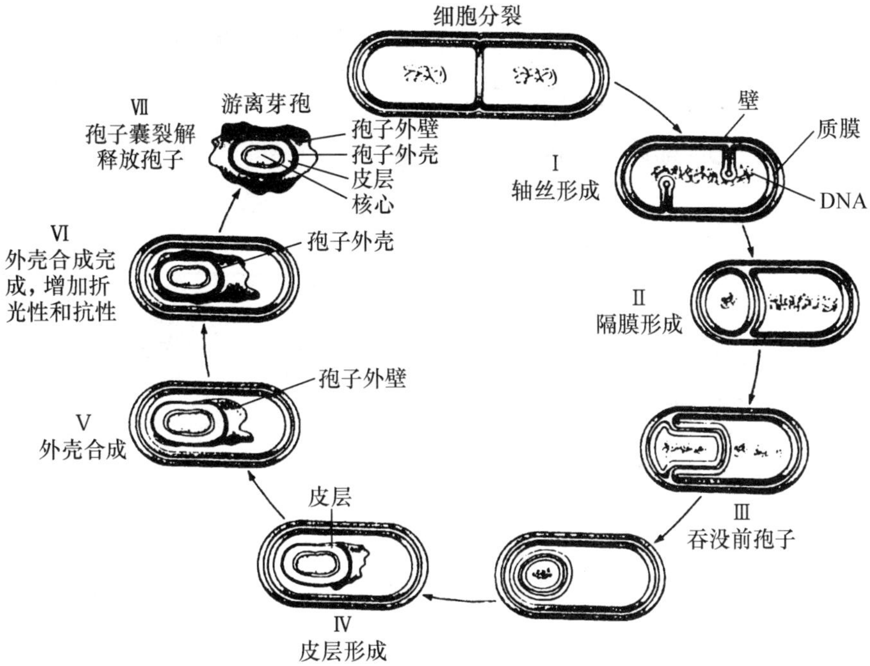

图 2-14　细菌芽孢形成过程

DPA 在芽孢中以钙盐的形式存在，占芽孢干重的 15%。芽孢形成时 DPA 很快形成，DPA 形成后芽孢就具有耐热性，当芽孢萌发时 DPA 就被释放出来，同时芽孢也就丧失耐热能力，因此芽孢的高度耐热性主要与它的含水量低，含有 DPA 以及致密的芽孢壁有关。

芽孢在合适的条件下开始萌发，如在营养、水分、温度等条件适宜时芽孢即可萌发。芽孢萌发开始吸收水分、盐类和其他营养物质而使体积涨大，折光率降低，染色性增强，释放 DPA，耐热性消失，酶活性和呼吸力提高。孢子壁破裂而通过中部、顶端或斜上方伸出新菌体（图 2-15）。最初新菌体的细胞质比较均匀，没有颗粒、液泡等，以后逐渐出现细胞内含物，菌体细胞亦恢复正常代谢。芽孢是细菌的休眠体，一个细胞内只形成一个芽孢，一个芽孢萌发也只产生一个营养体。

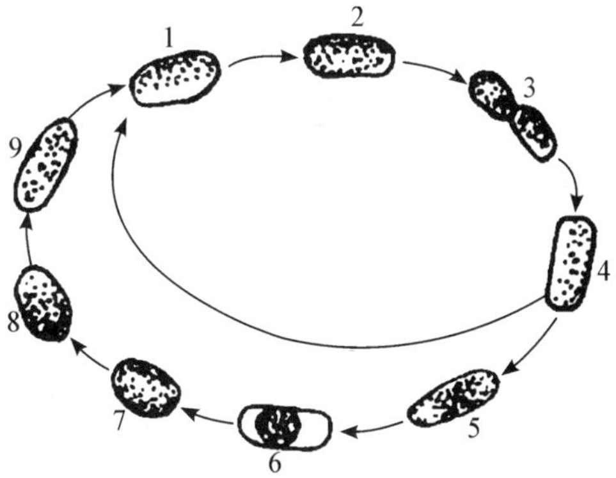

图 2-15　芽孢杆菌的生活史

2.2.1.4　细菌的繁殖

细菌繁殖主要是简单的无性的二均裂殖。分裂时首先菌体伸长，核质体分裂，菌体中部的细胞膜从外向中心做环状推进，然后闭合而形成一个垂直于细胞长轴的细胞质隔膜，把菌体分开，细胞壁向内生长把横隔膜分为两层，形成子细胞壁，然后子细胞分离形成两个菌体。球菌依分裂方向及分裂后子细胞的状态，可以形成各种形态的群体。如单球菌、双球菌、四联球菌、八叠球菌、葡萄球菌等。杆菌繁殖其分裂面都与长轴垂直，分裂后的排列形式也因菌种不同而形态各异，有单生、双生，有的结成短链或长链，有的呈八字形，有的呈栅状排列（图 2-16）。

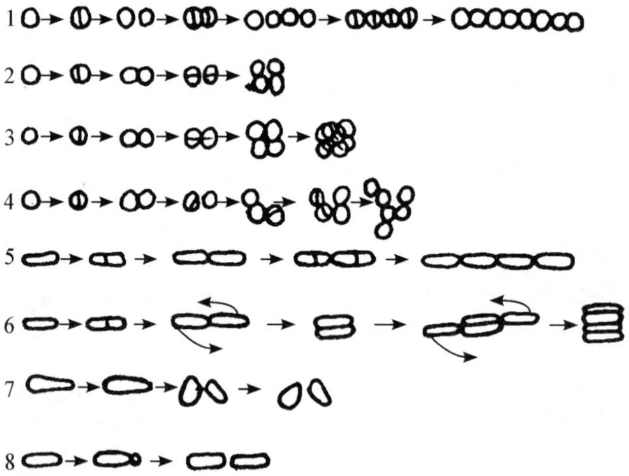

图 2-16 细菌的分裂和排列示意图

除了无性繁殖外，经电镜观察及遗传学研究证明，细菌也存在有性结合，不过细菌的有性结合发生的频率极低。

2.2.1.5 细菌的群体形态

1. 在固体培养基上（内）的群体形态

如果把单个微生物细胞接种到适合的固体培养基上，在适合的环境条件下细胞就能迅速生长繁殖，繁殖的结果是形成一个肉眼可见的细胞群体，我们把这个微生物细胞群体称为菌落（colony）。

不同菌种其菌落特征不同，同一菌种因不同生活条件其菌落形态也不尽相同，但是同一菌种在相同培养条件下所形成的菌落形态是一致的，所以菌落形态特征对菌种的鉴定有一定的意义。

菌落特征包括菌落的大小、形态（圆形、丝状、不规则状、假根状等），侧面观察菌落隆起程度（如扩展、台状、低凸状、乳头状等），菌落表面状态（如光滑、皱褶、颗粒状龟裂、同心圆状等），表面光泽（如闪光、不闪光、金属光泽等），质地（如油脂状、膜状、黏、脆等），颜色与透明度（如透明、半透明、不透明等）（图 2-17）。

此外菌落特征也受其他方面的影响，如产荚膜的菌落表面光滑、黏稠状为光滑型（S 型）。不产荚膜的菌落表面干燥、皱褶为粗糙型（R 型）。菌落的形态、大小有时也受培养空间的限制，如果两个相邻的菌落相靠太近，由于营养物有限、有害代谢物的分泌和积累而使生长受阻。因此作为菌落的形态观察时，一般以培养 3～7 d 为宜，观察时要选择菌落分布比较稀疏处于孤立的菌落。菌落在微生物学工作中，主要用于微生物的分离、纯化、鉴定、计数等研究和选种、育种等的实际工作。

2. 在半固体培养基上（内）的群体形态

纯种细菌在半固体培养基上生长时会出现许多特有的性状，常用于细菌的分类鉴定。

半固体明胶培养基，穿刺接种，细菌含有明胶水解酶则能水解明胶，并形成一定形态的液化区。

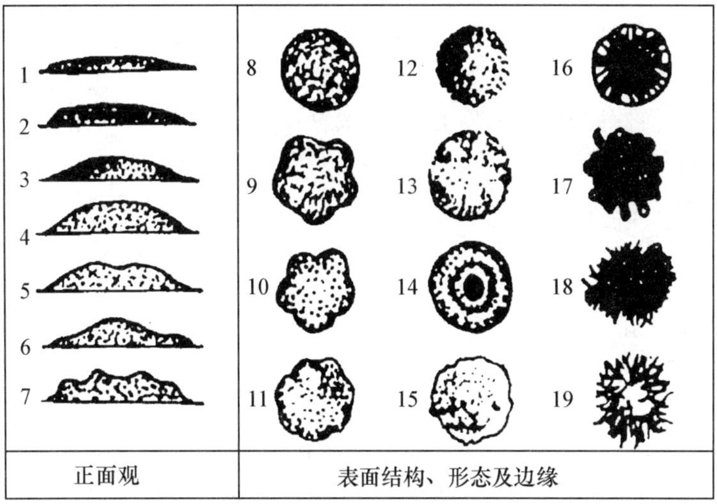

正面观：1. 扁平　2. 隆起　3. 低凸起　4. 高凸起　5. 脐状　6. 乳头状　7. 草帽状
表面结构、形态及边缘：8. 圆形，边缘完整　9. 不规则，边缘波浪　10. 不规则颗粒状，边缘叶状　11. 规则，放射状，边缘叶状　12. 规则，边缘呈扇边状　13. 规则，边缘齿状　14. 规则，有同心环，边缘完整　15. 不规则，似毛毯状　16. 规则，似菌丝状　17. 规则，卷发状，边缘波状　18. 不规则，呈丝状　19. 不规则，呈根状

图 2-17　细菌菌落特征

半固体琼脂培养基，含琼脂量为 0.3%～0.5%，穿刺接种，可观察细菌的生长状态，是否运动及判断呼吸类型。有鞭毛的细菌除了沿穿刺线生长外，在穿刺线两侧也可见羽毛状或云雾状混浊生长。无鞭毛的细菌只能沿穿刺线呈明显的线状生长，穿刺线两边的培养基仍然澄清透明。

3. 在液体培养基上(内)的群体形态

细菌在液体培养基中生长时不能形成菌落，而使培养液混浊或在培养液表面形成菌膜或菌醭，或产生絮状沉淀，有的产生气泡，有的产生色素。

二维码 2-1　菌落艺术——美国首届微生物培养皿艺术大赛

2.2.1.6　食品中常见的细菌

细菌在自然界分布甚广，特性各异，在这类菌中，有的是食品工业的有益菌，有的是有害菌。其中常见的有益菌如下。

1. 乳酸杆菌属(*Lactobacillus*)

乳酸杆菌属为革兰氏阳性菌，通常为细长的杆菌，大小为(0.5～1)μm×(2～10)μm，有的形成长丝，单生或成链，少数有双歧分枝或原始分枝。根据它利用葡萄糖进行同型发酵或异型发酵的特性，将本属分为两群，即同型发酵群和异型发酵群。同型发酵群中又可根据生长最适温度的高温(37～45℃)、低温(28～32℃)分为两群。异型发酵群，生长适宜温度均为 28～32℃，多数种可发酵乳糖，都不利用乳酸，发酵后可使 pH 下降至 6 以下，在 pH 5.5 条件下生长良好，一般不产生色素，偶有黄色、橙色或锈红色色素，无过氧化氢酶，不还原硝酸盐。异型发酵菌有多种形态，不抗酸，在无糖或无酵母膏的培养基上，生长极差或不生长。在有上述成分的固体培养基上，菌落较小或生长缓慢，分解蛋白质的能力极弱，不分解脂肪。它们存在于乳制品、发酵植物性食品（如泡菜、酸菜等）、青贮饲料及人的肠道中，尤其在婴儿的肠道中。塑料、纺织等工业上及生产乳酸用高温发酵菌，一般食品工业、青贮饲料用的菌种多属低温发酵菌和乳酸球菌。在乳酸、酸乳、干酪等乳制品的生产中常用的菌种如下。

（1）乳酸乳杆菌（*Lactobacillus lactis*）　它是微好氧或厌氧的细菌，对营养的要求高，宽度小于 2 μm，常呈长杆状，趋向于丝状，常卷曲。幼龄细胞为单个或成对，不运动，不形成芽孢。革兰氏染色为阳性，触酶为阴性。在固体培养基上，菌落粗糙，直径为 1～3 mm，呈白色或浅灰色，生长适宜温度为 40～43℃，同型发酵，分解葡萄糖产生 *D*(－)乳酸，能凝固牛奶，产酸度约 1.6%，用于制造干酪。

（2）德氏乳杆菌（*Lactobacillus delbruckii*）　菌体细长，大小为(0.5～0.8)μm×(2～9)μm，单生或短链，不运动，革兰氏染色阳性，在琼脂培养基上菌落小，扁平。微好氧性，最适宜生长温度为 45℃。对牛奶无作用，能发酵葡萄糖、麦芽糖、蔗糖、果糖、半乳糖、糊精，不发酵乳糖。能产生 1.6%的左旋乳酸。此菌在乳酸制造和乳酸钙制造工业上应用甚广。

（3）植物乳杆菌（*Lactobacillus plantarum*）　它是植物和乳制品中常见的乳酸杆菌，一般菌体大小为(0.7～1)μm×(3～8)μm，单生或成链，在不适宜的条件下则能产生消旋乳酸，产酸能达到 1.2%。最适宜生长温度为 30℃。在干酪、奶子酒、发酵面团及泡菜中均有这种乳酸杆菌。

（4）保加利亚乳杆菌（*Lactobacillus bulgaricus*）　此菌是乳酸生产的知名菌。该菌与乳酸乳杆菌关系密切，形态上无区别，只是对糖类发酵比乳杆菌少，是乳酸乳杆菌的变种。由于它由保加利亚的酸乳中分离出来，而得此名。

（5）干酪乳杆菌（*Lactobacillus delbrueckii*）　此菌细胞呈短杆状或长杆状，宽度小于 1.5 μm，两端为方形，常呈链状，无鞭毛，不运动，不形成芽孢，革兰氏染色为阳性，触酶呈阴性，同型发酵，产生 *L*(＋)乳酸多于 *D*(－)乳酸，用于生产乳酸、干酪及青贮饲料。

2. 醋酸杆菌属（*Acetobacter*）

此属幼龄菌革兰氏染色阴性，细胞为两端浑圆的杆状，单生、成对或成链。老龄菌革兰氏染色常为阳性，细胞形态多呈畸形，如球形、丝状、棒状、弯曲状等。培养醋酸杆菌时，需用含糖和酵母膏的培养基。它在肉汤蛋白胨培养基上生长不良。醋酸杆菌是专性好氧菌，喜欢在液面上繁殖并形成菌膜，生长的最适温度是 30℃。一般产醋量高的菌种，其最适生长温度高。它的最适 pH 为中性或微酸性。醋酸杆菌无芽孢，对热的抵抗力弱，在 60℃下经 10 min 即死亡。醋酸杆菌有较强的氧化能力，可将乙醇氧化为醋酸。虽然它对醋酸生产有利，但对酒类饮料有害。醋酸杆菌在自然界中分布很广，在酒醪、水果、蔬菜表面都可以找到。在制醋工业中常用的菌种如下。

（1）中科 AS1.41 恶臭醋酸菌（*Acetobacter rancens*）　此菌为我国食醋生产中使用的优良菌种。细胞为杆形，常呈链锁状，大小为(0.3～0.4)μm×(1～2)μm，无运动性，不产生芽孢。在长期培养、高温培养、含盐过多或营养不足等条件下，细胞有时出现畸形，呈伸长形、线形或棒形，有的甚至呈管状膨大。生理特性为好气性，最适培养温度为 28～30℃，最适生酸温度为 28～33℃，最适 pH 为 3.5～6。在含酒精 8%的发酵醪中尚能很好生长，最高产酸量达 7%～9%（以醋酸计）。其转化蔗糖的能力很弱，产葡萄糖酸的能力也很弱，能使醋酸氧化为二氧化碳和水,并能同化铵盐。

(2)巴氏醋杆菌(*Acetobacter pasteurianus*)巴氏亚种(沪酿1.01) 此菌为我国食醋常用菌种之一。细胞为杆状,常呈链状,无鞭毛,无运动性,无芽孢。生理特性为好气性,在含酒精的培养液中,常在表面生长,形成淡青灰色薄膜。能利用酒精氧化为醋酸时所释放的能量而生存,或利用各种醇类及二糖类的氧化能而生存。在环境不良的条件下,营养不足或长期培养时,细胞有的呈伸长形、线状或棒状,有的呈膨大状或分枝状。该菌由上海市酿造科学研究所从丹东速酿醋中分离得到,其酒精产醋酸的转化率平均为93%~95%。

(3)醋化醋杆菌(*Acetobacter aceti*) 此菌是食醋酿造的优良菌种,细胞为椭圆形或杆形,直或稍弯曲,大小为(0.6~0.8)μm×(1~3)μm,单生,成对或呈链。退化型细胞呈球状,或呈伸长的、膨胀的分枝或丝状体。周生鞭毛,运动或不运动,不形成芽孢。幼龄细胞为革兰氏阳性,能使黄酒等低度酒酸败。

(4)许氏醋酸杆菌(*Acetobacter schutzenbachii*) 此菌是国内外有名的速酿醋菌种,也是目前制醋工业中较重要的菌种之一。此菌细胞为长椭圆形,有时呈镰刀形、弯杆状,培养10 d后大小为(0.3~0.4)μm×(1.6~2.4)μm,单生、呈短链。在液体培养基中出现弯杆形,在固体培养基中出现直的近卵形。畸形和自发运动的细胞不存在。在液体中生长的适宜温度为25~27.5℃,固体培养的适宜温度为28~30℃,最高生长温度为37℃。此菌产酸可高达11.5%,对醋酸没有进一步的氧化作用。

(5)胶膜醋酸杆菌(*Acetobacter xylinum*) 此菌是一种特殊的醋酸菌,它在酒类的醪液中繁殖,能氧化乙醇为醋酸,引起酒液酸败、变黏。其生酸能力弱,能再分解醋酸为二氧化碳和水,故为制醋工业的有害菌。

3.链球菌属(*Streptococcus*)

链球菌属细菌为革兰氏染色阳性菌,呈短链或长链状排列,其中有些是制造发酵食品有用的发酵菌种。

(1)乳链球菌(*Streptococcus lactis*) 细胞为卵球形,略向链的方向延长0.5~1 μm,大多成对或呈短链,有些呈长链,革兰氏染色阳性。可发酵多种糖类,在葡萄糖肉汤培养基中能使pH下降4~4.5。不水解淀粉及明胶。适宜生长温度为10~40℃,于45℃不生长。在4%氯化钠培养基中生长,在6.5%氯化钠培养基上不生长。在pH 9.2时生长,pH 9.6时不生长。无酪氨酸脱氢酶。应用于乳制品及我国传统食品工业。

(2)嗜热链球菌(*Streptococcus thermophilus*) 其细胞呈圆形或椭圆形,直径为0.7~0.9 μm,成对或长链。最适生长温度为40~45℃,高于53℃不生长,在65℃下加热30 min菌种仍可存活。它常存在于牛乳、乳制品及酸乳中。

4.明串珠菌属(*Leuconostoc*)

明串珠菌属细菌为革兰氏阳性菌。菌体呈圆形或椭圆形,菌体排列呈链状,常存在于水果、蔬菜中。能在含高浓度糖的食物中生长。如蚀橙明串珠菌(*Leuconostoc citrovorum*)和戊糖明串珠菌(*Leuconostoc dextranicus*)可作为乳制品的发酵剂。戊糖明串珠菌和肠膜状明串珠菌可用于制造代血浆。

肠膜明串珠菌(*Leuconostoc mesenteroides*)的细胞呈球状,大小为0.9~1.2 μm,成对,成短链或长链。在蔗糖液中,链外常有一厚层胶质无色葡聚糖荚膜,即代血浆(右旋糖酐)。革兰氏染色阳性，菌落小，灰白，隆起。不液化明胶，可发酵多种糖产酸产气，不还原硝酸盐，不产生吲哚。微好氧到兼性厌氧。此菌是制糖工业的有害菌，常使糖汁发生黏稠而无法加工，但它是生产右旋糖酐的重要菌。

5. 芽孢杆菌属(*Bacillus*)

此菌为革兰氏阳性杆菌，需氧，能产生芽孢。在自然界分布很广，在土壤及空气中尤为常见。其中枯草芽孢杆菌是著名的产生蛋白酶及淀粉酶的菌种，纳豆杆菌是豆豉的生产菌，多黏芽孢杆菌是生产多黏菌素的菌种。有的菌株也会引起米饭及面包的腐败变质。

二维码 2-2　引起食物中毒的常见细菌

枯草芽孢杆菌(*Bacillus subtilis*)的菌落形态变化很大。细胞大小为(0.7～0.8)μm×(2～3)μm，单生，着色均匀，无糖被，周生鞭毛，能运动，革兰氏染色阳性。芽孢大小为(0.6～0.9)μm×(1～1.5)μm，椭圆至柱状，中生至近中生，壁薄。芽孢囊不明显膨大，常为两端染色，菌落粗糙，不透明，不闪光，扩张，污白色或微带黄色。

能液化明胶，胨化牛奶，还原硝酸盐，水解淀粉，好氧，可分解色氨酸成吲哚。枯草杆菌BF7658、枯草杆菌 As1.398 是目前主要用于生产 α-淀粉酶和蛋白酶的菌种。

2.2.2 放线菌

放线菌是具有多核的单细胞原核生物，革兰氏染色阳性。比较原始的放线菌细胞是杆状分叉或只有基内菌丝没有气生菌丝。典型的放线菌除发达的基内菌丝外，还有发达的气生菌丝和孢子丝(图 2-18)。放线菌在抗生素工业中非常重要，目前生产的抗生素绝大多数都是由放线菌产生的。

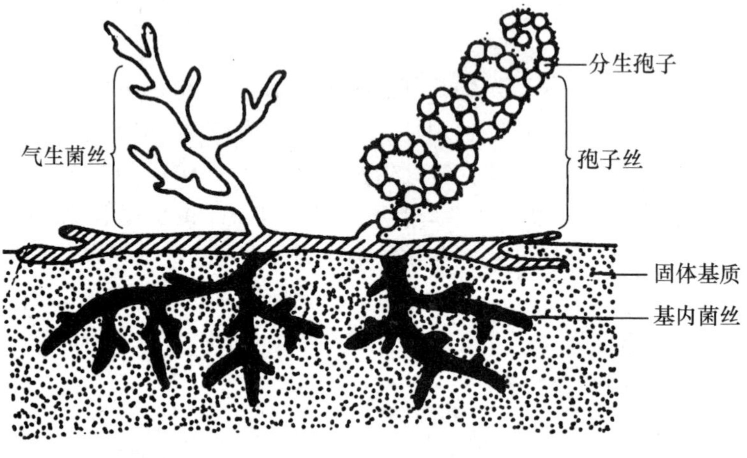

图 2-18　链霉菌的一般形态和构造(模式图)

2.2.2.1 放线菌的形态和构造

1. 典型放线菌——链霉菌的形态和构造

链霉菌的细胞呈丝状分枝，菌丝直径很小，与细菌相似(<1 μm)。在营养生长阶段，菌丝内无隔，故一般都呈单细胞状态，细胞内具有为数众多的核质体。根据各种放线菌细胞壁中所

含的肽聚糖种类的不同，可把它们的细胞壁分成四种类型，即Ⅰ型：含 *meso*-DAP，*L*-DAP 和甘氨酸；Ⅱ型：含 *meso*-DAP 和甘氨酸；Ⅲ型：含 *meso*-DAP；Ⅳ型：含 *meso*-DAP、阿拉伯糖和半乳糖。细胞壁的成分在放线菌的分类、鉴定中具有重要的意义。链霉菌属（*Streptomyces*）的细胞壁为Ⅰ型。

当链霉菌的孢子落在固体基质表面并发芽后，就向基质的四周表面和内层伸展，形成色淡、较细的具吸收营养和排泄代谢废物功能的基内菌丝（substrate mycelium，又称基质菌丝或一级菌丝）。同时，在基内菌丝上，不断向空间分化出较粗、颜色较深的分枝菌丝，这就是气生菌丝（aerial mycelium，或称二级菌丝）。当菌丝逐步成熟时，大部分气生菌丝分化成孢子丝，并通过横割分裂的方式，产生成串的分生孢子。链霉菌的一般形态见图 2-18。

链霉菌孢子丝的形态多样，有直、波曲、钩状、螺旋状、轮生（包括一级轮生和二级轮生）等多种。各种链霉菌有不同形态的孢子丝，而且性状较稳定，是对它们进行分类、鉴定的重要指标（图 2-19）。螺旋状的孢子丝较为常见。其螺旋的松紧、大小、转数和转向都较稳定。转数为 1～20 r，一般为 5～10 r，转向有左旋或右旋，一般以左旋居多。

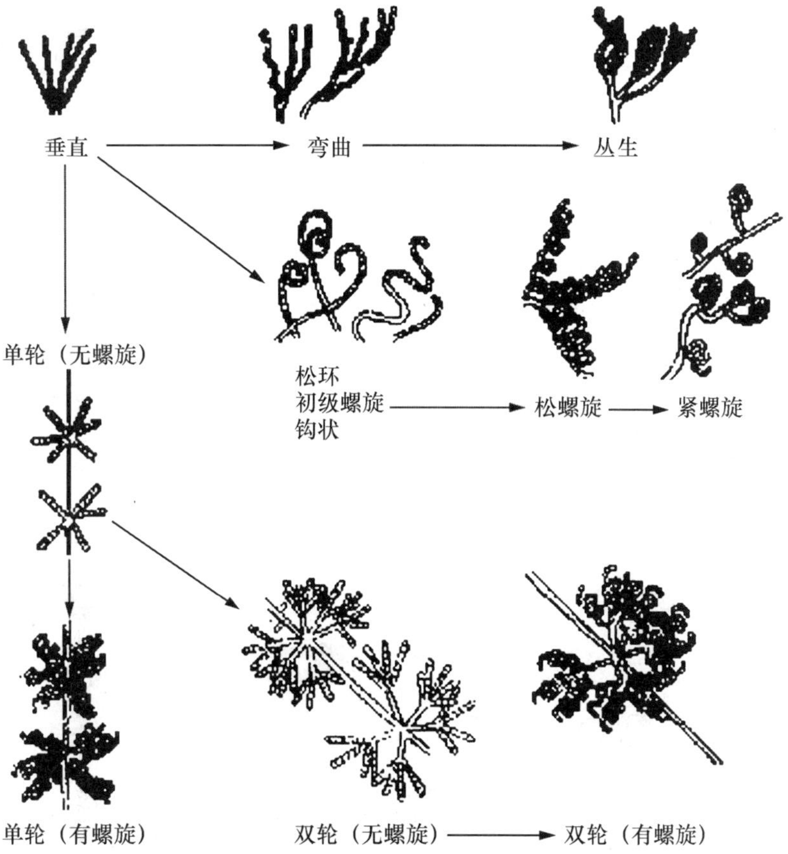

图 2-19　链霉菌各种孢子丝形态(模式图)

放线菌的孢子有球、椭圆、杆、圆柱或瓜子等各种形态，其颜色十分丰富，且与其表面纹饰有关。孢子表面有光滑、褶皱、疣状、鳞片状、刺状、毛发状等形状（图 2-20）。这些特征也是放线菌分类的依据。

2.其他放线菌所特有的形态和构造

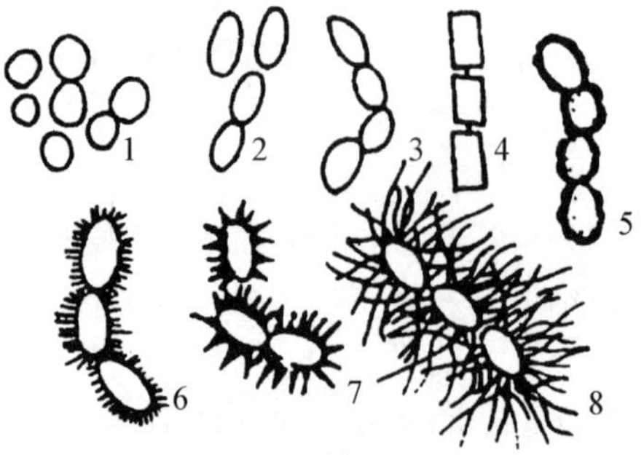

1.光滑型及粗糙型球状

2～4.光滑型、椭圆形、瓜子形及柱状

5.疣突形　6,7.刺形椭圆形　8.毛发形

图 2-20　放线菌的孢子形态

(1)基内菌丝会断裂成大量杆菌状体的放线菌　有分枝状、发达的营养菌丝,但多数无气生菌丝。当营养菌丝成熟后,以横割分裂方式突然产生形状、大小较一致的杆菌状、球菌状或分枝杆菌状的分生孢子。代表菌属:诺卡氏菌属(*Nocardia*)。

(2)菌丝顶端形成少量孢子的放线菌　有些在菌丝顶端形成一至多数的孢子。多数不形成气生菌丝,但会在分支的基内菌丝顶端产一孢子;在基内菌丝上不形成孢子而仅在气生菌丝顶端形成 2 个和 4 个孢子的放线菌;既在气生菌丝又在基内菌丝顶端形成 2～10 个孢子。代表菌属:小单孢菌属(*Micromonospora*)。

(3)具有孢囊并产生孢囊孢子的放线菌　由气生菌丝的孢子丝盘卷而成的孢囊,它长在气生菌丝的主丝或侧丝的顶端,内部产生多个孢囊孢子。代表菌属:孢囊链霉菌属(*Streptosporangium*)。

(4)具有孢囊并产生游动孢子的放线菌　气生菌丝不发达,在基生菌丝上形成孢囊,内含许多盘曲或直行排列的球形或近球形的孢囊孢子。代表菌属:游动放线菌属(*Actinoplanes*)。

2.2.2.2　放线菌的繁殖

放线菌主要通过形成无性孢子的方式进行繁殖,也可靠菌丝片段进行繁殖。

放线菌的孢子形成,通过电镜观察表明,孢子丝的分裂只有横隔分裂的方式。链霉菌的孢子形成又有 3 个基本型:①间隙横隔;②由缢缩壁和间隙组成孢子横隔;③由缢缩壁形成孢子横隔。有些放线菌(游动放线菌科的各属)还形成孢子囊,长在气生菌丝或基内菌丝上,孢子囊内产生有鞭毛、能运动或无鞭毛、不运动的孢囊孢子(图 2-21)。

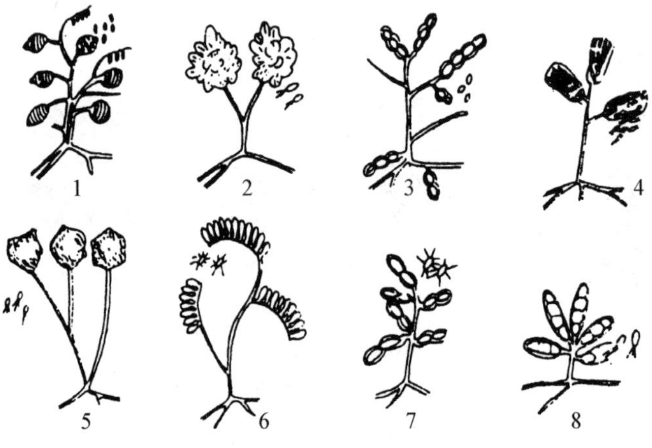

1.螺孢囊(球状)　2.不规则形　3.荚状　4.瓶状　5.裂叶状

6.并列单孢子孢囊　7.双孢子孢囊　8.指状孢囊

图 2-21　放线菌的孢囊形态

放线菌为化能有机营养型，广泛利用各种糖类和碳水化合物为碳源和能源；利用有机氮或无机氮为氮源，其中弗兰克氏菌(*Frankia*)还能利用分子态氮。许多种类能产生抗生素、维生素和各种酶类，尤以产生抗生素著称。

许多放线菌有极强的分解纤维素、石蜡、角蛋白、橡胶等的能力，所以它们在环境保护、提高土壤肥力和自然界物质循环中起着重要作用。

2.2.2.3　放线菌的群体形态

1. 在固体培养基上

放线菌的菌落特征因种而异，大致分为两类：一类是以链霉菌为代表，其早期菌落类似细菌，后期由于气生菌丝和分生孢子的形成而变成表面干燥、粉粒状并常有辐射皱褶。菌落一般较小，质地较密，不易挑起并常有各种不同的颜色。另一类中以诺卡氏菌为代表，菌落一般只有基质菌丝，结构松散，黏着力差，易于挑起，也有特征性的颜色。

2. 在液体培养基上(内)

在摇瓶培养时，常可见到在液面与瓶壁交界处粘贴着一圈菌苔，培养液清而不浑，其中悬浮着许多珠状菌丝团，一些大型菌丝团沉在瓶底的现象。

2.2.2.4　常见放线菌代表种

1. 链霉菌属(*Streptomyces*)

包括几百个种的链霉菌属是放线菌中种类最多的一属。该属的孢子丝可呈直形、波曲和螺旋形，螺旋形有开环螺旋形钩状、松螺旋、紧螺旋之分。孢子丝在排列方式上又有簇生、单轮生、二级轮生之别。孢子丝可产 3～50 个孢子，孢子呈球形、椭圆形或杆状，有的表面光滑，有的表面具有瘤状、刺状、毛发状或鳞片状等饰物。孢子丝的形状、排列方式、孢子表面饰纹是分种的重要表型特征。该属可产生 1 000 多种抗生素，用于临床的已超过 100 种，如链霉素(streptomycin)、卡那霉素(kanamycin)、丝裂霉素(mitomycin)等，是放线菌中产抗生素最多的属。此外，该属的种还可以产生维生素、酶和酶抑制剂。多数腐生型的链霉菌在土壤中生长，分解土壤中其他微生物难以利用的有机物，对土壤环境具有高度的适应性，在土壤改良中具有积极意义。少数寄生型的种能引起植物病害，如疮痂链霉菌(*S. scabies*)可导致马铃薯和甜菜的疮痂病。

2. 小单孢菌属(*Micromonospora*)

在单轴分枝的孢子梗上产生圆形的单生孢子是该属最突出的表观特征。腐生型的小单孢菌具有很强的分解纤维素、几丁质的能力，是土壤和水体中常见的放线菌。临床上广泛使用的庆大霉素是由该属中的棘孢小单孢菌(*M. echinospora*)产生的。

3. 高温放线菌属(*Thermoactinomyces*)

在系统发育上，该属归于 G^+ 菌 DNA 低 G+C 菌群(G+C 的摩尔百分比(mol%)为 30～42)，说明该属与其他放线菌在遗传上远缘。气生菌丝和基内菌丝均可产生单个孢子是该属的特点。多分布在高温的堆肥、厩肥和自热草堆中，有些种可产抗生素。

4. 诺卡氏菌属(*Nocardia*)和拟诺卡氏菌属(*Nocardiopsis*)

诺卡氏菌属又名原放线菌属，培养 15 min 至 4 d 的菌丝体产生横隔膜后可突然断裂成长短近一致的杆状或带叉的杆状体或球状体，以此复制成新的多核菌丝体是该属突出的特点。多数种只有营养菌丝，而无气生菌丝。一些具有极薄气生菌丝的种也可以产生杆状或椭圆形的孢子。该属可产生多种抗生素，如对结核分枝杆菌(*Mycobacterium tuberculosis*)和麻风杆菌(*M. leprae*)有特效的利福霉素(rifomycin)以及抗 G^+ 菌的瑞斯托霉素(ristocetin)。此外，有的诺卡氏菌在石油脱蜡、烃类发酵、处理含氰废水方面有实用价值。拟诺卡氏菌属在形态特征上与诺卡氏菌属相似，有的种可引起人和动物眼及肺部感染。

5. 马杜拉放线菌属(*Actinomadura*)

该属的放线菌可产生多种抗生素，如抗禽类球虫病的马杜霉素(maduramicin)，有的种可通过伤口感染引起足分枝菌病。

二维码 2-3　放线菌

6. 放线菌属(*Actinomyces*)

该属最突出的特征是无气生菌丝，不形成孢子，通过营养菌丝断裂成"V""Y"形体进行繁殖。多数是致病菌，如引起牛颚肿病的牛型放线菌(*A. bovis*)以及引起人后腭骨肿病和肺感染的衣氏放线菌(*A. israelii*)。

2.2.3　其他原核微生物

2.2.3.1　蓝细菌

蓝细菌(cyanobacteria)是一类含有叶绿素 a，可进行放氧型光合作用的生物，20 世纪 50 年代前曾一直被称作蓝藻或蓝绿藻。自从发现这类生物的细胞核无核膜，细胞壁与细菌相似，含有肽聚糖，革兰氏染色阴性，而不像其他属于真核生物的藻类后，便将蓝细菌归属于原核微生物中。

蓝细菌广泛分布于自然界，普遍生长在河流、海洋、湖泊和土壤中，在极端环境(如温泉、盐湖、贫瘠的土壤、岩石表面以及植物树干等)中也能生长。某些蓝细菌还能与真菌、苔藓、蕨类和种子植物共生，如地衣(lichen)就是蓝细菌与真菌的共生体，红萍是固氮鱼腥藻(*Anabaena azolla*)和蕨类植物满江红(azolla)的共生体。目前已知的固氮蓝细菌有 120 多种。

1. 蓝细菌的形态、结构与功能

蓝细菌的个体形态可分为球状或杆状的单细胞和细胞链丝状体两大类(图 2-22)。蓝细菌的细胞一般比细菌大，直径或宽度为 3～30 μm，细胞构造与 G^- 细菌极其相似。许多蓝细菌还能向细胞壁外分泌胶黏物质(胞外多糖)，形成黏液层(松散、可溶)、糖被(围绕个别细胞)、鞘衣(包裹丝状体)或胶团(将许多细胞聚集一起)等不同形式。例如念珠蓝菌属(*Nostoc*)的丝状体常常卷曲在坚固的胶被中，雨后常见的地木耳就是其中一个种；鱼腥蓝菌属(*Anabaena*)的丝状体外包有胶鞘，且许多丝状体包在一个共同的胶被内，形成不定型的胶块，在水体中大量繁殖可形成"水花"(water bloom)。

蓝细菌细胞内进行光合作用的部位称类囊体(thylakoid)，为片层状的内膜结构，数量很多。类囊体的膜上含有叶绿素、α-胡萝卜素、β-胡萝卜素、类胡萝卜素(如黏叶黄素、海胆酮或玉米黄质)、藻胆素(藻蓝素和藻红素)和光合电子传递链的有关组分。环境中的光质可影响到藻胆素的组成及含量。细胞内含有固定二氧化碳的羧酶体，许多蓝细菌还含有气泡以利于细胞浮于水体表面和吸收光能。蓝细菌虽无鞭毛但能借助于黏液在固体基质表面滑行，并表现

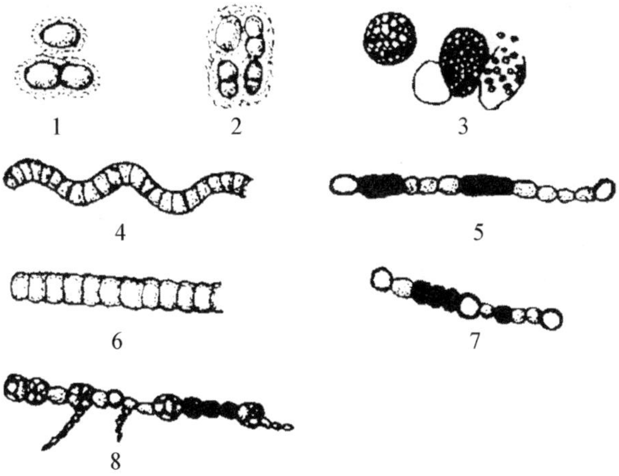

1. 黏杆蓝菌属(*Gloeotheca*)　2. 黏球蓝菌属(*Gloeocapsa*)　3. 皮果蓝菌属(*Dermocarpa*)
4. 螺旋蓝菌属(*Spirulina*)　5. 鱼腥蓝菌属(*Anabaena*)　6. 颤蓝菌属(*Oscillatoria*)
7. 念珠蓝菌属(*Nostoc*)　8. 费氏蓝菌属(*Fischerella*)

图 2-22　几种蓝细菌的形态

出趋光性和趋化性。蓝细菌的细胞内含有各种贮藏物，如糖原、聚磷酸盐、PHB 以及蓝细菌肽(cyanophycin，其中天冬氨酸和精氨酸为 1∶1)等。

有些蓝细菌可形成异形胞(heterocyst)或静息孢子(akinete)。异形胞是一种具有特殊形态和功能的细胞，一般存在于呈丝状生长的种类中，位于细胞链的中间或末端，数目少而不定。异形胞在光学显微镜下的特征为厚壁、浅色、细胞两端常有折光率高的颗粒存在。异形胞是适应于在有氧条件下进行固氮作用的细胞，它只含有光合系统Ⅰ，故不会因光合作用而产生对固氮酶有毒害作用的分子氧，且能产生固氮所需的 ATP。异形胞与邻接的营养细胞相互连接，进行物质变换。

静息孢子是一种长在丝状蓝细菌细胞链中间或末端的特化细胞，厚壁、深色，具有抵御不良环境的能力。静息孢子属于休眠体，当环境适宜时，可萌发形成新的丝状体。

2. 蓝细菌的繁殖

蓝细菌是以裂殖方式繁殖的，此外丝状类群还能通过含两个或多个细胞的连锁体脱离母体后形成新的丝状体。少数种类能在细胞内形成许多球形或三角形的内孢子，并以释放成熟的内孢子方式繁殖。

蓝细菌属于光能自养型生物，营养要求简单，具有光合作用的能力，多数还具有固氮作用的能力。因此，在有空气、阳光、水分和少量无机盐类的环境中便能大量成活生长。同时由于菌体外面包有胶质层可以保持水分，故其忍耐干燥的能力极强。

蓝细菌可被用于开发食品和临床医治某些疾病，还可作为水田的生物肥源，所以它是一类很有经济利用价值的微生物。如螺旋蓝细菌(*Spirulina*)的蛋白质含量高达 50%～60%，脂肪含量 6%～7%，此外还含有多种矿物质和维生素，现已被开发为保健食品。

2.2.3.2　支原体

支原体(*Mycoplasma*)又名类菌质体，是介于细菌与病毒之间的一类无细胞壁的，也是已知可以独立生活的最小的细胞生物。1898 年 E. Nocard 等首次从患肺炎的牛胸膜液中分离得到,后来人们又从其他动物中也分离到多种类似的微生物。1967 年日本学者土居食二等从患"丛枝病"的桑、马铃薯、矮牵牛和泡桐的韧皮部中也发现了相应的植物支原体。通常把植物支原体称为类支原体(*Mycoplasma-like organisms*)。

支原体的特点:①无细胞壁,菌体表面为细胞膜,故细胞柔软,形态多变,在同一培养基中,细胞也常呈现球状、杆状、丝状及不规则等多种形态,能通过细菌滤器,对渗透压、表面活性剂和醇类敏感,对抑制细胞壁合成的青霉素、环丝氨酸等抗生素不敏感,革兰氏染色阴性。②球状体直径 150～300 nm,而丝状体长度差异很大,从几微米到 150 μm,在光学显微镜下勉强可见。③菌落微小,直径 0.1～1.0 mm,呈特有的"油煎荷包蛋"状,中央厚且色深,边缘薄而透明色浅。④一般以二等分裂方式进行繁殖。⑤能在含血清、酵母浸汁或胆甾醇等营养丰富的人工培养基上独立生长,腐生株营养要求较低,在一般培养基上就可生长。⑥具有氧化型或发酵型的产能代谢,可在好氧或厌氧条件下生长。⑦对能与核糖体结合,抑制蛋白质生物合成的四环素、红霉素以及毛地黄皂苷等破坏细胞膜结构的表面活性剂都极为敏感,由于细胞膜上含有甾醇,所以对两性霉素、制霉菌素等多烯类抗生素也十分敏感。

支原体广泛分布于土壤、污水、昆虫、脊椎动物和人体中,有些支原体可引起动物——牛、羊、猪、禽和人的病害,如蕈状支原体(*M. mycoides*)引起牛胸膜肺炎;无乳支原体(*M. magalactiae*)引起羊缺乳症;有的还可引起猪喘气病、鸡呼吸道慢性病等。类支原体则可引起桑、稻、竹和玉米等的矮缩病、黄化病或丛枝病。一些腐生的支原体常分布在污水、土壤或堆肥中。

2.2.3.3 立克次氏体

1909 年美国医生 H. T. Ricketts(1871—1910)首次发现落基山斑疹伤寒的病原体,并于 1910 年殉职于此病,故后人称这类病原菌为立克次氏体。立克次氏体(*Rickettsia*)是一类只能寄生在真核细胞内的革兰氏阴性原核微生物。它与支原体的主要区别是有细胞壁;而与衣原体的主要区别是其细胞较大,不能通过细菌过滤器,也不形成包涵体。

立克次氏体的特点:①细胞呈球状、杆状或丝状,球状直径 0.2～0.5 μm,杆状为(0.3～0.5)μm×(0.8～2.0)μm,在光学显微镜下可见;②有细胞壁,革兰氏阴性;③通常在真核细胞内专性寄生,宿主一般为虱、蚤、蜱、螨等节肢动物,并可传至人或其他脊椎动物;④二等分裂方式繁殖;⑤对青霉素和四环素等抗生素敏感;⑥具有不完整的产能代谢途径,大多只能利用谷氨酸产能而不能利用葡萄糖产能;⑦不能在人工培养基上生长,可用鸡胚、敏感动物或合适的组织培养物来培养。

立克次氏体对热、干燥、光照和化学药剂的抗性较差,在室温中仅能存活数小时至数日,100℃时很快死亡;但耐低温,-60℃时可存活数年;立克次氏体随节肢动物粪便排出,在空气中自然干燥后,其抗性显著增强。

2.2.3.4 衣原体

衣原体是一类在真核细胞内营专性能量寄生的小型革兰氏阴性原核生物。1907 年两位捷克学者在患沙眼病人的结膜细胞内发现了包涵体,他们误认为是由"衣原虫"引起的。后来,许多学者认为在沙眼包涵体内不存在"衣原虫",而是"大型病毒"的集落。1956 年我国微生物学家汤飞凡等在国际上首次分离到沙眼的病原体。1970 年在美国波士顿召开的沙眼及有关疾病的国际会议上，正式将这类病原微生物称为衣原体。

衣原体的特点：①具有细胞构造及含肽聚糖的细胞壁；②细胞内同时含有 DNA 和 RNA；③酶系统不完整，尤其缺乏产能代谢的酶系，为严格的细胞内寄生；④二等分裂方式繁殖；⑤通常对抑制细菌的一些抗生素如青霉素和磺胺等都很敏感；⑥衣原体可以培养在鸡胚卵黄囊膜、小鼠腹腔或组织培养细胞上。

衣原体具有特殊的生活史：具有感染力的个体——原体(elementary body)，是一直径小于 0.4 μm 的球状细胞，有坚韧的细胞壁。在宿主细胞内原体逐渐伸长，形成无感染力的薄壁球状大细胞，直径达 1～1.5 μm，称为始体(initial body)。始体通过二等分裂可在宿主细胞质内形成一个微菌落，随后大量的子细胞又分化成较小而厚壁的原体。一旦宿主细胞破裂，原体又可感染新的宿主细胞。衣原体可形成包涵体。

二维码 2-4　汤飞凡：细菌学的拓荒者

2.3　真核微生物的形态、结构及其生理功能

真菌、藻类和原生动物都属于真核微生物，而真菌是微生物中的一个庞大类群。据统计，真菌有 12 万余种。由于真菌的种类极多，一般认为真菌的菌体为单细胞或多细胞的分枝丝状体，或为单细胞的不分枝的个体。真菌细胞中没有光合色素，不能进行光合作用。真菌属真核生物，细胞中具有完整的、典型的细胞核，与高等生物一样，能进行有丝分裂，其繁殖方式主要靠无性孢子或有性孢子。真菌包括了单细胞的酵母菌、单细胞或多细胞的丝状霉菌以及产生子实体的蕈菇。

真菌在自然界中分布非常广泛，与人类关系密切。在食品加工业中具有重要的作用。很多食品都是应用真菌制造的，如各种酒类、面包、酱油、豆腐乳等。有些真菌可以直接用作食品，如香菇、木耳、草菇、蘑菇等，不仅是味道鲜美的菜肴，又是营养丰富的保健食品。我国名贵的药材灵芝、茯苓、天麻等也是真菌的菌丝体。在发酵工业上，真菌广泛用来生产酒精、抗生素(青霉素、灰黄霉素)、有机酸(柠檬酸、葡萄糖酸等)、酶制剂(淀粉酶、纤维素酶等)。此外，真菌对土壤中有机物质的分解以及自然界中的物质循环起着重要的作用。在农业上用于饲料发酵、植物生长激素(赤霉素)、生物防治害虫等。

但是，真菌也能对人类生活造成很大的危害。如许多霉菌会造成农作物许多病害；会引起农产品、纺织品和其他工业产品的发霉变质；受真菌污染的食品而发生腐败变质，因而降低或失去食用价值；还有真菌产生毒素，使人畜中毒，实验证明黄曲霉产生黄曲霉毒素可引起实验动物致癌；也有不少的真菌是病原菌，可引起人类和动植物的许多病害，给人类带来危害甚至灾难。

2.3.1　酵母菌

酵母菌(yeasts)是一群单细胞的真核微生物。通常用于以芽殖或裂殖来进行无性繁殖的单细胞真菌，极少数种可产生子囊孢子进行有性繁殖。

酵母菌应用很早，与人类关系密切，在酿造、食品、医药工业等方面占有重要地位。早在四千年前的殷商时代，我国劳动人民就用酵母菌酿酒，多少世纪以来，它便以发酵果汁、面包、馒

头和制造某些美味、营养的食品服务于人类。今天，酵母菌的用途更加广泛。酵母菌细胞蛋白质含量高达细胞干重的 50%以上，并含有人体必需的氨基酸。据估计，如果每天生产 450 万 kg 酵母菌体，其蛋白质含量相当于 1 万头肉用牛。此外，利用酵母菌体，还可提取核苷酸、辅酶 A、细胞色素 C、凝血质、核黄素等贵重药物。酵母菌细胞体积小，表面积大，代谢旺盛，繁殖速度快于动物 2 000 多倍。若以造纸厂、糖厂、淀粉厂、木材水解厂的废液为原料，通过通气培养方式，便可进行工业化的大批量生产，故有些国家酵母菌体生产已商品化，用以补充食物或饲料等。有的酵母菌体能大量产生维生素、有机酸。有的还具有氧化石蜡降低石油凝固点的作用，或者以烃类为原料发酵制取柠檬酸、反丁烯二酸、脂肪酸、甘油、甘露醇、酒精等。

酵母菌也常给人类带来危害。腐生型酵母菌能使食物、纺织品和其他原料腐败变质，少数嗜高渗透压酵母菌如鲁氏酵母(*Saccharomyces rouxii*)、蜂蜜酵母(*Saccharomyces mellis*)可使蜂蜜、果酱败坏；有的是发酵工业的污染菌，它们消耗酒精，降低产量或产生不良气味，影响产品质量。某些酵母菌可引起人和植物的病害。例如白假丝酵母(*Candida albicans*，又称白色念珠菌)可引起皮肤、黏膜、呼吸道、消化道以及泌尿系统等多种疾病。新型隐球酵母(*Cryptococcus neoformans*)可引起慢性脑膜炎、肺炎等。

酵母菌主要分布在含糖质较高的偏酸性环境，诸如果品、蔬菜、花蜜和植物叶子上，特别是葡萄园和果园的土壤中。它们多为腐生菌，少数为寄生菌。

2.3.1.1 酵母菌的个体形态和大小

大多数酵母菌为单细胞，细胞的形态多种多样，一般有卵圆形、圆形、圆柱形、柠檬形或假丝状，如图 2-23 所示。假丝状是指有些酵母菌的细胞进行一连串的芽殖后，长大的子细胞与母细胞不分离，彼此连成藕节状或竹节状的细胞串，形似霉菌菌丝，为了区别于霉菌的菌丝，称之为假菌丝。酵母菌细胞的大小依其种类差别很大，一般长 5～30 μm，宽 1～5 μm，比细菌大几倍至几十倍。酵母菌的形状与大小，可因培养条件及菌龄不同而改变，如一般的成熟的细胞大于幼龄细胞，液体培养的细胞大于固体培养的细胞。

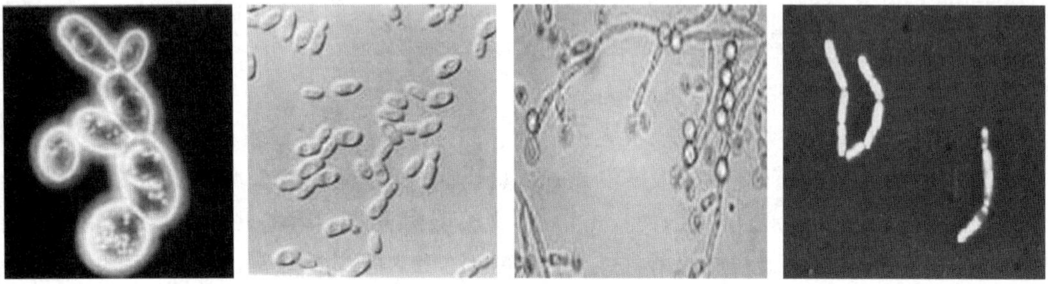

图 2-23 酵母菌的显微形态

酵母菌是真核微生物，具有典型的真核细胞结构(图 2-24)。酵母菌的细胞与细菌的细胞一样有细胞壁、细胞膜和细胞质等基本结构以及核糖体等细胞器。此外，酵母菌细胞还具有一些真核细胞特有的结构和细胞器，如细胞核有核仁和核膜，染色体由 DNA 与蛋白质结合形成，能进行有丝分裂，细胞质中有线粒体、中心体、内质网和高尔基体等细胞器以及多糖、脂类等贮藏物质。

2.3.1.2　酵母菌细胞的结构

(1)细胞壁　幼龄酵母菌的细胞壁与细胞膜均较薄,老龄酵母菌的细胞壁与细胞膜较厚。酵母菌的细胞壁厚 25～70 nm,约占细胞干重的 25%。其化学组成主要是:内层为葡聚糖,外层为甘露聚糖,中间层为蛋白质。此外,还含有不等量的类脂质和几丁质。细胞壁决定着细胞的形状,具抗原性,起到保护菌体的作用。

用玛瑙螺(*Helix pomatia*)的胃液制得的蜗牛消化酶,内含纤维素酶、甘露聚糖酶、葡糖酸酶、几丁质酶和脂酶等 30 余种酶类,它对酵母菌的细胞壁具有良好的水解作用,因而可用来制备酵母菌的原生质体,也可用它来水解酵母菌的子囊壁,借以把能抗一般酶水解的子囊孢子分离出来。

(2)细胞膜　酵母菌细胞膜厚约 7.5 nm,结构成分与细菌基本相同,主要由蛋白质和类脂以及少量糖类组成。细胞膜具有半渗透性,主要是控制细胞内外物质的交换,参与细胞壁和部分酶的合成。

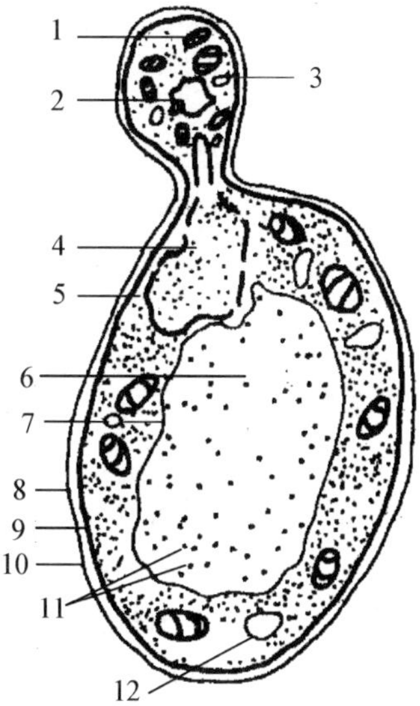

1. 线粒体　2. 芽体内的液泡　3. 芽体
4. 细胞核　5. 核孔　6. 液泡　7. 液泡膜
8. 出芽痕　9. 细胞膜　10. 细胞壁
11. 液泡颗粒　12. 贮藏颗粒

图 2-24　酵母菌细胞结构

(3)细胞质　细胞质也称原生质,它是一种黏稠的胶体,主要成分是蛋白质。幼龄细胞的细胞质较稠密而均匀,老龄细胞的细胞质出现较大的液泡和各种贮藏物。细胞质含有核糖核酸(RNA)、肝糖、脂肪滴等物质,还有核糖体、内质网膜等重要的细胞器,所以细胞质是细胞新陈代谢的场所。

①贮藏物质:以聚合物颗粒存在,有些酵母含有大量的脂肪、蛋白质和多糖。

②线粒体:线粒体是酵母细胞的重要细胞器,具有呼吸酶系,是能量代谢的主要场所。线粒体呈球状或杆状,由双层膜组成,内膜折叠而成嵴。它含有大量的酶系,在制备、积累和分配细胞能量上起着极其重要的作用,被称为细胞的动力站。

③液泡:在酵母细胞质中,常含有一个或几个液泡。液泡内含有机酸及其盐类的水溶液,可能起着贮藏营养物和水解酶的作用。液泡往往在细胞的中老熟期出现,其多少和大小作为衡量细胞成熟的标志。

(4)细胞核　酵母菌为真核生物,细胞质中具有明显完整的细胞核。幼龄细胞核呈圆形,位于细胞中央,成年后由于液泡的出现和扩大而被挤到一边,呈肾形。核外有包裹着核的核膜,核内有核仁和染色体。核膜是将细胞质与核质分开的双层膜,膜上有许多小孔,称为核孔。核孔是核质与胞质之间交换物质的选择性通道。核仁是比较稠密的圆球形构造,主要成分是 RNA 和蛋白质,核仁与 RNA 和蛋白质的合成有着密切的关系。

2.3.1.3　酵母菌的繁殖方式和生活史

1. 酵母菌的繁殖方式

酵母菌的繁殖方式有多种类型。繁殖方式对酵母菌的鉴定极为重要。现将几种有代表性的繁殖方式表解如下:

- 酵母菌的繁殖方式
  - 无性繁殖
    - 芽殖：各属酵母菌都存在
    - 裂殖：少数酵母菌、裂殖酵母属
    - 产无性孢子
      - 节孢子：地霉属
      - 掷孢子：掷孢酵母菌
      - 厚垣孢子：白假丝酵母
  - 有性繁殖(形成子囊孢子)：酵母属、接合酵母属

(1)无性繁殖

①出芽繁殖：又称芽殖(budding)，芽殖是酵母菌的最普遍的无性繁殖方式。酵母菌成熟时，细胞核附近的液泡产生一根小管，同时在细胞表面生出一个小突起。接着小管穿过细胞壁进入突起，然后母细胞核分裂成两个，一个核留在母细胞内，另一个核随母细胞的部分原生质进入小突起内，小突起逐渐增大，而成为芽体。最后，当芽体长到母细胞大小一半时两者相连部分收缩，使芽体与母细胞分开，成为独立生活的新细胞(图 2-25)，子细胞脱离后，在母细胞上留下的痕迹即芽痕(bud scar)，而在子细胞上相应的留下一个蒂痕(birth scar)(图 2-26)。

②分裂繁殖：又称裂殖(fission)，裂殖是少数酵母菌的繁殖方式[例如裂殖酵母属的八孢裂殖酵母(*Schizosaccharomyces octosporus*)等]。其过程类似细菌的二分裂法，即母细胞先延长，核分裂为二，细胞中央出现隔膜，将细胞分为两个具有单核的子细胞(图 2-27)。

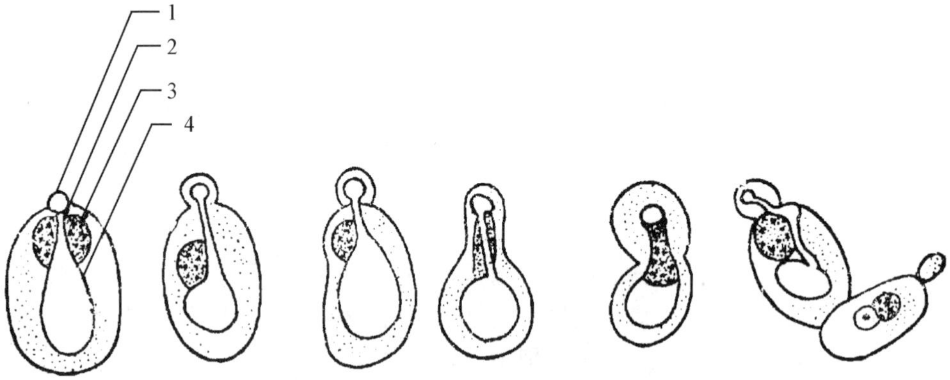

1.突起　2.小管　3.核　4.液泡

图 2-25　酵母菌芽殖过程

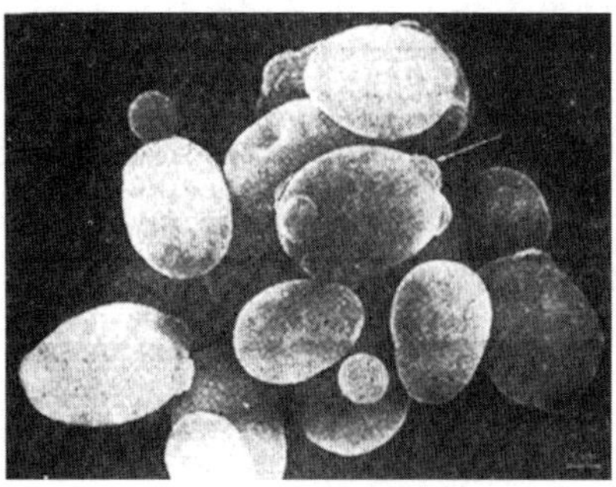

酵母菌出芽痕(戊二醛-锇酸固定)

图 2-26　酿酒酵母的扫描电子显微镜照片(×8700)

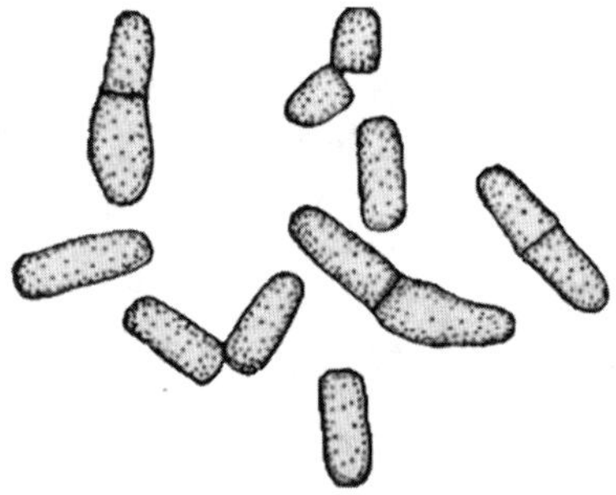

图 2-27　裂殖酵母的细胞分裂

芽殖完成后，子细胞可脱离母细胞独立生活，也可与母细胞暂时相接。若酵母菌生长旺盛，而且环境条件适宜，子细胞在形成后不脱离母细胞，而继续进行芽殖，这样可以形成许多成串的细胞群，称为酵母菌的假菌丝如产朊假丝酵母(图 2-28)。

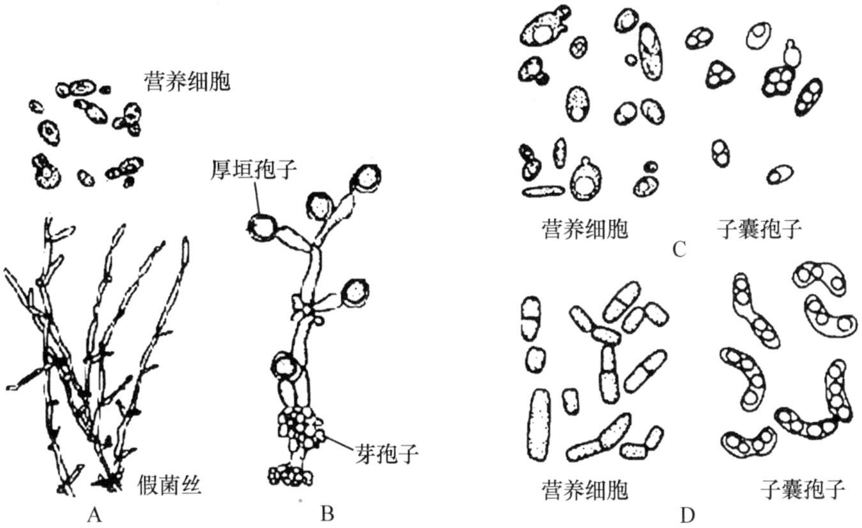

A. 热带假丝酵母　B. 白假丝酵母　C. 酿酒酵母　D. 粟酒裂殖酵母

图 2-28　几种酵母菌的繁殖

③无性孢子繁殖：有些酵母菌可形成一些无性孢子进行繁殖。这些无性孢子有掷孢子(ballistospore)、厚垣孢子(chlamydospore)和节孢子等。如掷孢酵母属等少数酵母菌产生掷孢子，这种孢子是在卵圆形的营养细胞生出的小梗上形成的。孢子成熟后通过一种特有的喷射机制将孢子射出而繁殖。此外，有的酵母菌还能在假菌丝的顶端产生厚垣孢子，如白假丝酵母菌等(图 2-28)。

(2)有性繁殖　有性繁殖是指通过两个具有性差异的细胞相互接合，以形成子囊(ascus)和子囊孢子(ascospore)的方式进行繁殖。有性繁殖过程一般分为三个阶段，即质配、核配和减数分裂。

质配是两个不同性别的细胞的原生质融合在同一细胞中，而两个细胞核并不结合，每个核的染色体数都是单倍的。核配即两个核结合成一个双倍体的核。减数分裂则使细胞核中的染色体数目又恢复到原来的单倍体。

当酵母菌细胞发育到一定阶段，邻近的两个性别不同的具有单倍体核的酵母菌营养细胞各自伸出一根管状原生质突起，随即相互接触，接触处的细胞壁溶解，融合成通道，两个细胞的细胞质由通道结合进行质配，两个单倍体核也在此进行核配，形成双倍体接合子细胞。双倍体细胞可以出芽方式形成双倍体营养细胞，进行多代的生长繁殖。在一定条件下双倍体核进行减数分裂，形成 4 个或 8 个子核，每一子核与其附近的原生质一起，在其表面形成一层孢子壁后，就形成了一个子囊孢子，而原有的接合子细胞就成了子囊。子囊孢子的数目可以是 4 个或 8 个，因种而异，子囊及子囊孢子是酵母菌分类鉴定的依据(图 2-29)。

酵母菌形成子囊孢子的难易程度因种类不同而异。有些酵母菌不形成子囊孢子。而有些酵母菌几乎在所有培养基上都能形成大量子囊孢子；有的种类则必须用特殊培养基才能形成；

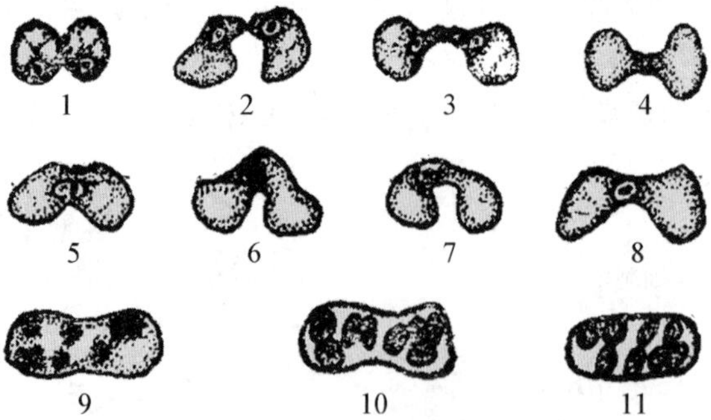

1～4. 两个细胞结合　5. 结合子　6～9. 核分裂　10～11. 核形成孢子

图 2-29　酵母菌子囊孢子的形成过程

有些酵母菌在长期的培养中会失去形成子囊孢子的能力。形成子囊孢子的酵母菌也可以芽殖，芽殖的酵母菌也可能同时裂殖。

酵母菌在形成子囊时，若两个形状、大小相同的细胞接合，称为同型配子结合；若两个形状和大小不相同的细胞接合，称为异型配子结合。酵母菌产生的子囊形状不同，孢子表面形状也因此而异，子囊和子囊孢子的形态是酵母菌分类的重要依据。

2. 酵母菌的生活史

酵母菌个体经过一系列生长发育产生下一代个体的全部过程，即为酵母菌的生活史或生命周期。由于酵母菌的单倍体细胞（n）和二倍体细胞（$2n$）都有可能独立存在，并各自进行生长和繁殖。因此，酵母菌的生活史包含了单倍体生长阶段和二倍体生长阶段两个部分。

根据酵母菌生活史中单倍体和二倍体阶段存在时间的长短，可以把酵母菌分成单倍体型、双倍体型和单双倍体型三种类型（图 2-30）。

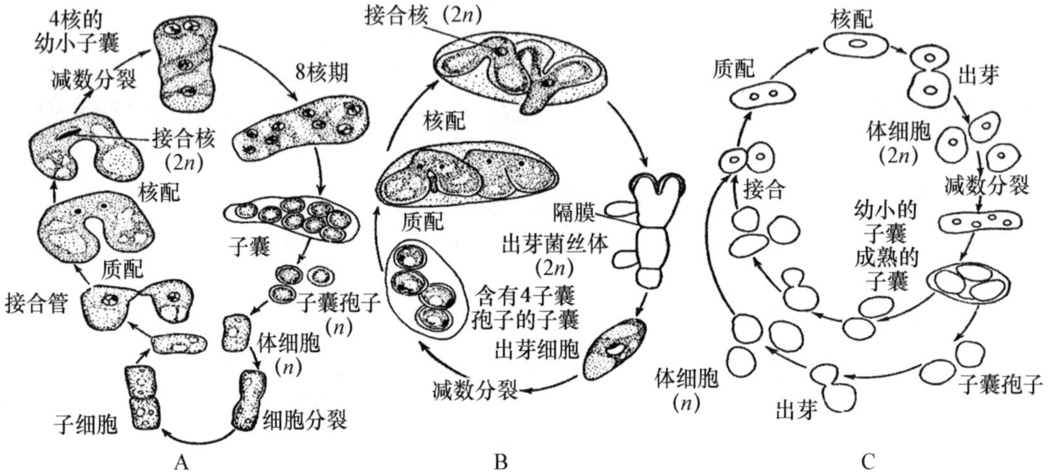

A. 八孢裂殖酵母　B. 路德酵母　C. 啤酒酵母

图 2-30　酵母菌生活史

（1）单倍体型　例如八孢裂殖酵母，单倍体营养细胞通过裂殖进行无性繁殖形成营养细胞，两个营养细胞在合适条件接触后形成接合管，质配后立即核配，两个单倍体细胞核（n）合成二倍体核($2n$)。二倍体核($2n$)细胞阶段很短,不能独立生活,连续分裂 3 次,第一次为减数分裂,形成包含 8 个单倍体子囊孢子的子囊,子囊破裂,释放子囊孢子。

(2)二倍体型　例如路德酵母,单倍体子囊孢子在孢子囊内成对接合,发生质配和核配后形成二倍体的子囊孢子。二倍体细胞子囊孢子萌发,穿破子囊壁,为二倍体营养细胞。二倍体的营养细胞可独立生活,通过芽殖方式进行无性繁殖,此阶段较长。在二倍体营养细胞内的核进行减数分裂,营养细胞成为子囊,其中形成 4 个单倍体的子囊孢子,单倍体时期只能以子囊孢子形式存在,故不能独立生活。

(3)单双倍体型　该类酵母菌的主要特点是:单倍体营养细胞和二倍体营养细胞都可进行出芽繁殖;整个生活过程一般以出芽繁殖为主,特定条件下进行有性繁殖,如啤酒酵母。

啤酒酵母生活史的全过程:子囊孢子在合适的条件下出芽产生单倍体营养细胞。单倍体细胞不断进行出芽繁殖。两个不同性别的单倍体营养细胞相互接触、融合发生质配,在质配后发生核配,形成接合子细胞即二倍体营养细胞。二倍体营养细胞并不立即进行核分裂,而是不断进行出芽繁殖。在特定条件下,二倍体营养细胞细胞核经减数分裂后形成 4 个或 8 个子核,每一子核被周围原生质包围形成子囊孢子,原接合子细胞即成为子囊,子囊破裂释放出单倍体子囊孢子。

啤酒酵母的二倍体营养细胞因其体积大,生命力强,从而被广泛应用于食品发酵工业生产、科学研究或是遗传工程实践中。

2.3.1.4　酵母菌的群体形态

1.在固体培养基上

在固体培养基上酵母菌的菌落与细菌很相似。但由于酵母菌的个体细胞较大,胞内颗粒明显,胞间含水量比细菌的少,所以菌落较大而厚,外观表现光滑、湿润、有黏性,与培养基结合不紧密。菌落颜色较单调,多数呈乳白色,只有少数呈红色、黑色等,凡不产生假菌丝的酵母菌,其菌落更为隆起,边缘圆整,而假丝酵母因其边缘常产生丰富的藕节状假菌丝,故细胞易向外围蔓延,使菌落较大,扁平而无光泽,表面和边缘较粗糙且不整齐。酵母菌的菌落一般还会散发出一股悦人的酒香味。有些菌落因培养时间较长,会逐渐生皱,变得较为干燥,颜色亦较原先为暗。

菌落的颜色、光泽、质地、表面和边缘等特征都是酵母菌菌种鉴定的依据。表 2-4 是酵母菌与细菌的菌落比较。

表 2-4　酵母菌与细菌的菌落比较

比较项目	主要特征			参考特征					
	菌落外观	细胞		菌落透明度	结合程度	颜色	边缘	生长速度	气味
		相互关系	形态特征						
细菌	很湿或较湿,小而短,或大而平坦	单个分散或有一定排列	小而均一,高倍镜无法分辨内部结构	透明或透明度差	不结合	多样	用低倍镜一般看不到细胞,需用高倍镜、油镜	很快	常有臭味
酵母菌	很湿,大而突起,光滑有黏性	单个分散	大而分化,高倍镜下可见内部结构	不透明	不结合	多为乳白色,少数红色	用低倍镜有时可见细胞	较快	多数有酒香味

2. 在液体培养基上(内)

在液体培养基中,有的长在培养基底部并产生沉淀,有的在培养基中均匀生长,有的在培养基表面生长并形成菌膜或菌醭,其厚薄因种而异,有的甚至干而变皱。菌醭的形成及特征具有分类意义。

2.3.1.5 食品中常见的酵母菌

酵母菌在自然界中普遍存在,主要分布于含糖质较多的偏酸性环境中,如水果、蔬菜、花蜜和植物叶子上,以及果园土壤中。石油酵母较多地分布在油田周围的土壤中。酵母菌大多为腐生,生长最适温度为25～30℃。食品工业上常用的酵母菌有以下几种:

1. 啤酒酵母(*Saccharomyces cerevisiae*)

啤酒酵母是酵母属中应用较广泛的一个种。在麦芽汁培养基上生长的啤酒酵母,其细胞为圆形、卵圆形或椭圆形。细胞单生、双生或成短串或成团。酵母细胞大型的(5～10)μm×(6～12)μm,小型的(3～9)μm×(4.5～10)μm。细胞的长宽比例为1～2。根据啤酒酵母细胞长与宽的比例,可把它们分为3组。第一组酵母的细胞多为圆形、卵圆形,长宽比例为1～2。这个组的酵母主要供生产啤酒、白酒和酒精以及面包用。第二组酵母的细胞大多是卵形或长卵形,长宽比例为2。包括啤酒酵母的一些变种,如葡萄酒酵母等菌种,一般多为供生产葡萄酒、果酒用。第三组酵母的细胞为长圆形,长宽比例大于2。这组的酵母耐高渗透压,供发酵甘蔗、糖蜜生产酒精用。在麦芽汁琼脂培养基上,菌落为白色,有光泽、平滑、边缘整齐。在液体培养基中的生长行为有两类,工业上把发酵度较高,不易凝集沉淀,浮于上面的酵母称为上面酵母;把易于凝集沉淀,发酵度较低的酵母称为下面酵母。啤酒酵母的无性繁殖为芽殖,有性繁殖能形成子囊孢子。一般每个子囊内含有1～4个圆形、卵圆形的表面光滑的子囊孢子。

啤酒酵母能发酵葡萄糖、蔗糖、麦芽糖及半乳糖,不能发酵乳糖及蜜二糖。对棉籽糖只能发酵1/3左右。在氮源中能利用硫酸铵,不能利用硝酸钾。啤酒酵母的应用范围十分广泛,常用于传统的发酵行业,如啤酒、白酒、果酒、酒精、药用酵母片以及制造面包等,所以又称为酿酒酵母。近几年来,还利用啤酒酵母提取核酸、麦角固醇、细胞色素C、凝血质和辅酶A等。由于酵母菌体内的维生素、蛋白质含量较高,食用安全,所以啤酒酵母作为一种单细胞蛋白(SCP)可作食用、药用和饲料用。它的转化酶可用于转化蔗糖,制造酒心巧克力。在维生素的微生物法测定中,啤酒酵母常被用于测定生物素、泛酸、硫胺素、肌醇等的含量。

2. 葡萄汁酵母(*Saccharomyces uvarum*)

在麦芽汁中25℃培养3 d,细胞圆形、卵形、椭圆形或腊肠形。在麦芽汁琼脂培养基上菌落为乳白色、平滑、有光泽、边缘整齐。能产生子囊孢子,每个子囊内有孢子1～4个。孢子呈圆形或椭圆形,表面光滑。此菌发酵能力甚强,在液体培养中常出现混浊现象。葡萄汁酵母与酿酒酵母相似,主要的区别在于它能发酵棉籽糖和蜜二糖。葡萄汁酵母也能发酵葡萄糖、蔗糖、麦芽糖和半乳糖,不能发酵乳糖。能利用硫酸铵,不能利用硝酸钾。葡萄汁酵母常用于啤酒酿造的底层发酵,也可食用、药用或饲料用。

3. 汉逊酵母(*Hansenula*)

此属酵母营养细胞的形态多样,为圆形、椭圆形、卵圆形、腊肠形等。多边芽殖。有的种类能形成假菌丝。子囊形状与营养细胞相同。子囊孢子1～4个,形状为帽形、土星形、圆形、半圆形，表面光滑。汉逊酵母异常变种是汉逊酵母属中一个常见的种。细胞圆形，直径 4～7 μm。也有腊肠形的，直径为(2.5～6)μm×(4.5～20)μm，腊肠形中也有长达 30 μm 者。多边芽殖，能由细胞直接形成子囊，每个子囊内有 1～4 个子囊孢子，但大多数为 2 个。子囊孢子礼帽形，由子囊内放出后常不散开。该变种生长在麦芽汁琼脂斜面上的菌落平坦，呈乳白色、无光泽，边缘丝状。在麦芽汁中培养后，波面有白色菌醭，培养液变成混浊，底部有菌体沉淀。不能发酵乳糖及蜜二糖。对麦芽糖及半乳糖或弱发酵或不发酸。能同化硝酸盐，氧化烃类能力亦强，能利用煤油作碳源。此属酵母多能产生乙酸乙酯，从而增加产品香味，可用于酿酒和食品工业。但由于它们能利用酒精作碳源，又能在饮料表面产生干皱的菌醭，所以又是酒精生产的有害菌。

4. 球拟酵母(*Torulopsis*)

球拟酵母的细胞为球形、卵形或略长形。多边出芽繁殖。在麦芽汁斜面上菌落为乳白色，表面皱褶，无光泽，边缘整齐或不整齐。在液体培养基中有沉渣及酵母环出现，有时亦能产生菌醭。此属酵母有一定的经济意义，有些种能产生不同比例的甘油、赤藓醇、*D*-阿拉伯糖醇，有时还有甘露醇。在适宜条件下，能将 40%葡萄糖转化成多元醇。还有的能产生有机酸、油脂等。有的能利用烃类、棉籽糖，不能发酵麦芽糖、半乳糖、乳糖、蜜二糖。不分解脂肪。能同化硝酸盐。

5. 假丝酵母(*Candida*)

细胞圆形、卵形或长形。多边出芽繁殖。能形成假菌丝。在麦芽汁琼脂培养基上菌落为乳白色，平滑，有光泽，边缘整齐或菌丝状。液体培养的能形成浮膜。能发酵葡萄糖、蔗糖。假丝酵母的蛋白质和维生素 B 含量都比啤酒酵母高。它能以尿素和硝酸盐作氮源，在培养基中不加其他因子即可生长。它能利用造纸工业中的亚硫酸废液，也能利用糖蜜、马铃薯淀粉和木材水解液等。因此能利用假丝酵母来处理工业和农副产品加工业的废弃物，生产可食用的蛋白质，在综合利用中很有价值。此属中有的菌能转化 50%的糖成为甘油。假丝酵母也是脂肪酶的生产菌种，在工业上可用于绢纺原料的脱脂。

6. 毕赤氏酵母(*Pichia*)

细胞为椭圆形、长椭圆形或腊肠形，单个或成短链。异形接合形成子囊孢子。子囊孢子椭圆形。在麦芽汁琼脂上菌落为乳白色，无光泽，边缘有细缺口。在麦芽汁中培养，培养液表面有白而皱的粗糙的菌醭，底内有菌体沉淀。此菌分解糖的能力弱，不产生酒精。能氧化酒精，能耐高或较高浓度酒精。常使酒类和酱油产生白花，形成浮膜，为酿造工业中的有害菌，如粉状毕赤氏酵母。

7. 红酵母(*Rhodotorula*)

细胞圆形、卵形或长形。多边芽殖，有明显的红色或黄色色素。很多种因有糖被而形成黏质状菌落。本属中有较好产脂肪的菌种，可由菌体提取大量脂肪。有的种对烃类有弱氧化作用，并能合成 β-胡萝卜素。如黏红酵母黏红变种能氧化烷烃生产脂肪，含量可达干生物量的 50%～60%。在一定条件下还能产生 α-丙氨酸和谷氨酸，产蛋氨酸的能力也很强，可达干生物量的 1%。

8. 白地霉(*Geotrichum candidum*)

白地霉是地霉属中常见的一个种。裂殖，节孢子单个或连接成链，长筒形、方形，也有椭圆形，末端钝圆。节孢子绝大多数为(4.9～9.6)μm×(5.4～16.6)μm。在麦芽汁中，28～30℃培养1 d，生白色菌醭。毛绒状或粉状，韧或易碎，为真菌丝。生长温度33～37℃。对葡萄糖、甘露糖、果糖等发酵较弱。能同化甘油、乙醇、山梨醇、甘露醇。能分解果胶、油脂等。不同化硝酸盐。菌体细胞含有丰富的蛋白质、脂肪、维生素和大量的核酸。它具有适应性强、生长快、产量大、培养方法简单等特点。白地霉菌体的蛋白质营养价值很高，可供食用和饲料用，也可用来提取核酸，在废料废水的综合利用上很有价值。在制曲中，白地霉的污染会降低糖化力，直接影响出酒率，所以它是白酒生产中的有害菌。可用于生产蛋白质。此属菌酒精发酵能力较弱，能产生乙酸乙酯(因菌种而异)，增加白酒和酱油的风味。

二维码 2-5　解开啤酒酵母的奥秘

2.3.2 霉菌

霉菌(mold)也称丝状真菌，通常把在基质上长成绒毛状、棉絮状或蜘蛛网状菌丝体的真菌，称为霉菌。霉菌是发酵工业、医药工业、食品工业的重要菌种。例如霉菌除用于传统的酿酒、制酱和做其他发酵食品外，近年来在发酵工业中广泛用来生产酒精、柠檬酸、青霉素、灰黄霉素、赤霉素、淀粉酶和发酵饲料等。

霉菌与酵母一样，喜偏酸性、糖质环境。生长最适合温度为25～30℃。大多数为好氧性微生物。多为腐生菌，少数为寄生菌。

2.3.2.1 霉菌的形态结构

1.霉菌的形态

构成霉菌营养体的基本单位是菌丝。菌丝是一种管状的细丝，把它放在显微镜下观察，很像一根透明胶管，它的直径一般为3～10 μm，比细菌和放线菌的细胞粗几倍到几十倍。菌丝可伸长并产生分枝，许多分枝的菌丝相互交织在一起，就叫菌丝体。

根据菌丝中是否存在隔膜，可把霉菌菌丝分成两种类型(图2-31)。一种是无隔膜菌丝，菌丝中无隔膜，整团菌丝体就是一个单细胞，其中含有多个细胞核，如毛霉、根霉等。无隔膜菌丝生长过程中只有细胞核的分裂和原生质的增长，而没有细胞数目的增加。另一种是有隔膜菌丝，菌丝中有隔膜，被隔膜隔开的一段菌丝就是一个细胞，菌丝体由很多个细胞组成，每个细

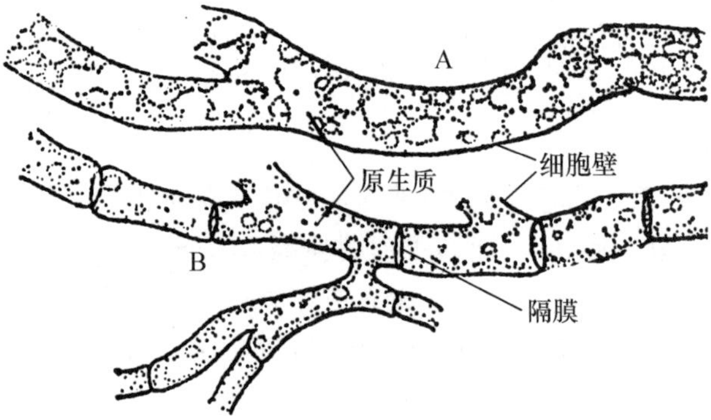

A.无隔膜菌丝　B.有隔膜菌丝

图2-31　霉菌的菌丝

胞内有 1 个或多个细胞核。有隔膜菌丝在隔膜上有 1 个至多个小孔，使细胞之间的细胞质和营养物质可以相互沟通，菌丝生长时，每个细胞也随之分裂，细胞数目增加，如青霉、曲霉等。

霉菌菌丝可以分化，在固体培养基上，以部分菌丝伸入培养基内部，吸收养料，称为营养菌丝或基内菌丝。另一部分菌丝伸出基质外向空中生长，称气生菌丝。一部分气生菌丝发育到一定阶段产生孢子，又称繁殖菌丝。有些菌丝会分泌色素，呈现不同的颜色，有的色素也可分泌到细胞外渗入基质。为了适应环境，霉菌的菌丝会形成许多特化的结构，如吸器、假根、子座、菌核、菌索、菌网、匍匐菌丝等特化结构(图 2-32)。

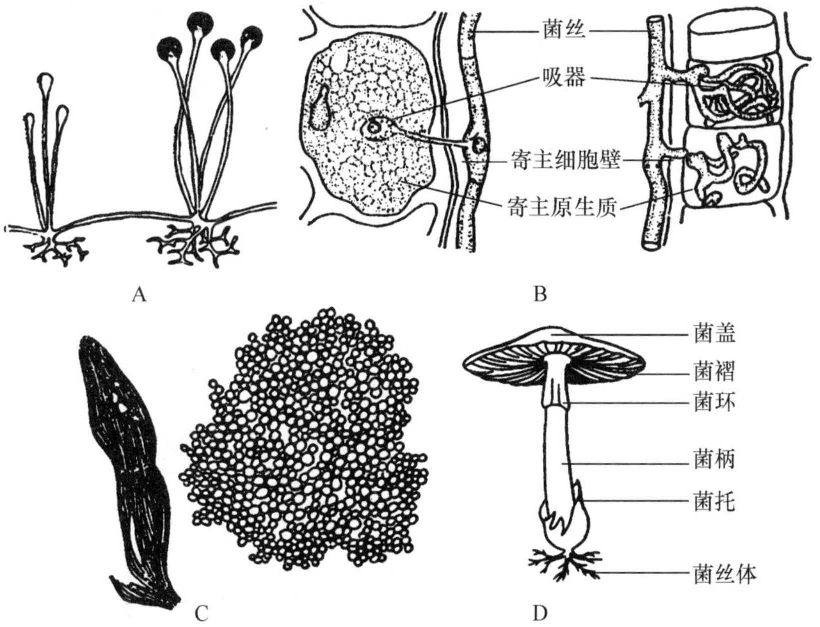

A. 假根　B. 吸器　C. 菌核　D. 子实体

图 2-32　真菌菌丝的几种特殊形态

①假根：是根霉属(*Rhizopus*)真菌的匍匐枝与基质接触处分化形成的根状菌丝，在显微镜下假根的颜色比其他菌丝要深，它起固着和吸收营养的作用。

②吸器：是某些寄生性真菌从菌丝上产生出来的旁枝，侵入寄主细胞内形成指状、球状或丛枝状结构，用以吸收寄主细胞中的养料。

③菌核：是由菌丝团组成的一种硬的休眠体，一般有暗色的外皮，在条件适宜时可以生出分生孢子梗、菌丝子实体等。

④子实体：是由真菌的营养菌丝和生殖菌丝缠结而成的具有一定形状的产孢结构，如伞菌的子实体呈伞状。

2. 霉菌的结构

霉菌菌丝细胞由细胞壁、细胞膜、细胞质、细胞核及各种内含物组成。细胞壁成分各有差异，多数霉菌细胞壁含有几丁质，占干重的 2%～26%，少数为低等的水生霉菌，以纤维素为主。细胞膜厚 9～10 nm，细胞核有核膜、核仁和染色体。细胞质中含有线粒体、核糖体和颗粒状内含物，如糖原、脂肪颗粒等。幼龄菌丝细胞质均匀，老龄菌丝中出现液泡(图 2-33)。

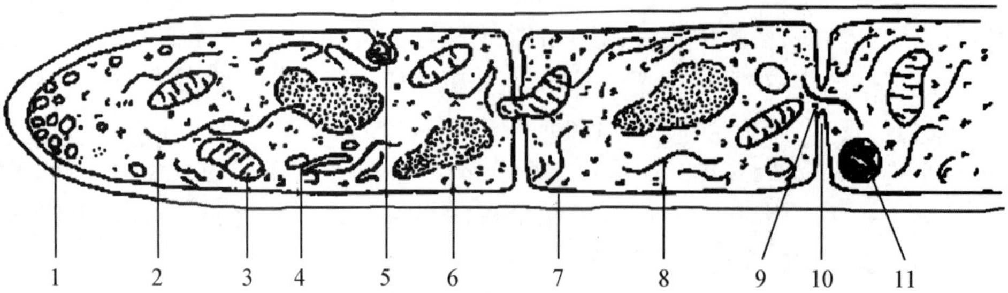

1.泡囊　2.核蛋白体　3.线粒体　4.泡囊产生系统　5.膜边体　6.细胞核
7.细胞壁　8.内质网　9.隔膜孔　10.隔膜　11.伏鲁宁体

图 2-33　霉菌的细胞结构

2.3.2.2　霉菌的繁殖方式和生活史

1.霉菌的繁殖方式

霉菌主要依靠各种孢子进行繁殖，产生孢子的方式分无性孢子和有性孢子两种。霉菌菌丝片段也可以生长成新的菌丝，即断裂繁殖。

(1)无性繁殖　霉菌主要用无性孢子进行繁殖，它的特点是分散，数量大，而且孢子有一定抗性。利用霉菌的这一特点，在工业发酵中可短期得到大量菌体，所以常利用无性孢子来进行繁殖、扩大培养，或进行菌种保藏。霉菌的无性繁殖主要是通过产生孢囊孢子、分生孢子、节孢子和厚垣孢子等来实现的。

①节孢子(arthrospore)：由菌丝断裂而成，又称粉孢子或裂孢子。节孢子的形成过程是菌丝生长到一定阶段，菌丝上出现许多横隔，然后从横隔处断裂，产生许多形如短柱状、筒状或两端呈钝圆形的节孢子。

②游动孢子(zoospore)：产生在由菌丝膨大而成的游动孢子囊内，孢子通常为圆形、洋梨形或肾形，具一根或两根鞭毛，能够游动。鞭毛的亚显微结构为 9+2 型。产生游动孢子的真菌多为水生真菌，大多数为鞭毛菌亚门的真菌。

③厚垣孢子(chlamydospore)：又称厚壁孢子。它是由菌丝中间(少数在顶端)的个别细胞膨大，原生质浓缩和细胞壁变厚而形成的休眠孢子。厚垣孢子呈圆形、纺锤形或长方形，它是霉菌度过不良环境的一种休眠细胞，寿命较长，菌丝体死亡后，上面的厚垣孢子还活着，一旦环境条件好转，就能萌发成菌丝体。

④孢囊孢子(sporangiospore)：生在孢子囊内的孢子称孢囊孢子。这是一种内生孢子，在孢子形成时，气生菌丝或孢囊梗(sporangiopore)顶端膨大，并在下方生出横隔与菌丝分开而形成孢子囊(sporangium)。孢子囊逐渐长大，然后在囊中形成许多核，每一个核包以原生质并产生孢子壁，即成孢囊孢子。原来膨大的细胞壁就成为孢囊壁。带有孢子囊的梗叫作孢囊梗。孢囊梗伸入孢子囊中的部分叫囊轴。孢子囊成熟后破裂，孢囊孢子扩散出来，遇适宜条件即可萌发成新个体。

⑤分生孢子(conidiospore)：分生孢子是霉菌中常见的一类无性孢子，是生于菌丝细胞外的孢子，所以称为外生孢子。分生孢子着生于已分化的分生孢子梗(conidiophore)或具有一定形状的小梗上，也有些真菌的分生孢子就着生在菌丝的顶端。真菌的无性繁殖见图 2-34。

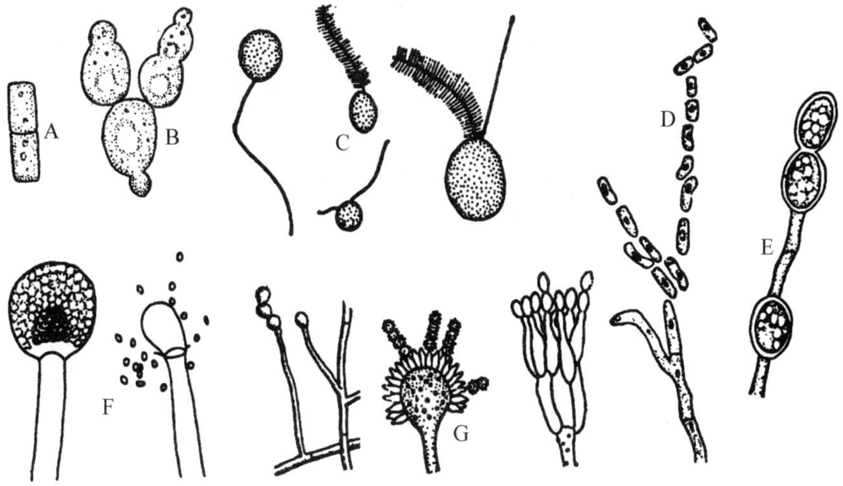

A. 酵母菌的裂殖　B. 酵母菌的出芽繁殖　C. 游动孢子　D. 节孢子
E. 厚垣孢子　F. 孢囊孢子　G. 分生孢子

图 2-34　真菌的无性繁殖

(2)霉菌的有性繁殖　霉菌的有性繁殖是通过不同性别的细胞或菌丝结合后，产生的有性孢子来繁殖的。有性孢子的形成过程一般经过质配、核配和减数分裂 3 个阶段。大多数真菌的菌体是单倍体，二倍体仅限于接合子(zygote)。在霉菌中，有性繁殖不及无性繁殖普遍，仅发生于特定条件下，而且一般培养基上不常出现，霉菌的种类不同，其有性繁殖方式亦不同。有些霉菌可通过菌丝接合，而多数霉菌的有性繁殖是通过分化了的特殊性细胞的接合来实现的。常见的真菌有性孢子有卵孢子、接合孢子、子囊孢子和担孢子。

①卵孢子(oospore)：是由两个大小不同的配子囊结合发育而成。小型的配子囊称为雄器(antheridium)，大型的配子囊称藏卵器(oogonium)。藏卵器中的原生质与雄器配合以前，收缩成一个或数个原生质团，称卵球。当雄器与藏卵器配合时，雄器中的细胞质和细胞核通过受精管而进入藏卵器与卵球配合，此后卵球生出外壁即成为卵孢子(图 2-35)。卵孢子的数量取决于卵球的数量。

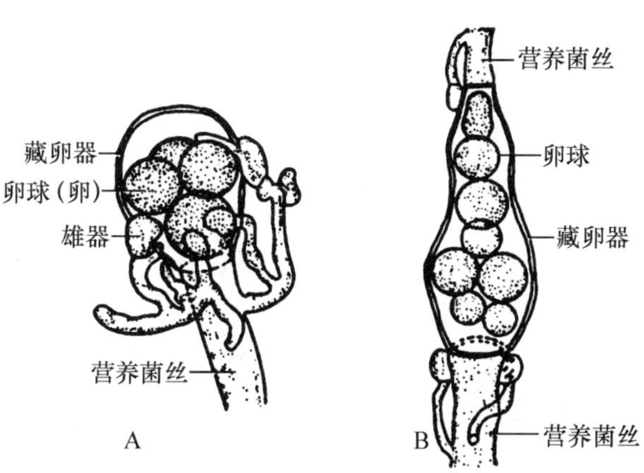

A. 顶生藏卵器　B. 间生藏卵器

图 2-35　海滨水霉(*Saprolegnia litoralis*)和下湾锦霉的卵孢子

②接合孢子(zygospore):是由菌丝生出的形态相同或略有不同的配子囊(gametangium)接合而成。接合孢子的形成过程是两个相邻的菌丝相遇,各自向对方生出极短的侧枝,称为原配子囊(progametangium)。原配子囊接触后,顶端各处膨大并形成横隔,即为配子囊,配子囊下面的部分称配囊柄(suspensor)。相接触的两个配子囊之间的横隔消失,其细胞质与细胞核互相配合,同时外部形成厚壁,即为接合孢子。在适宜的条件下,接合孢子可萌发成新的菌丝体(图 2-36)。

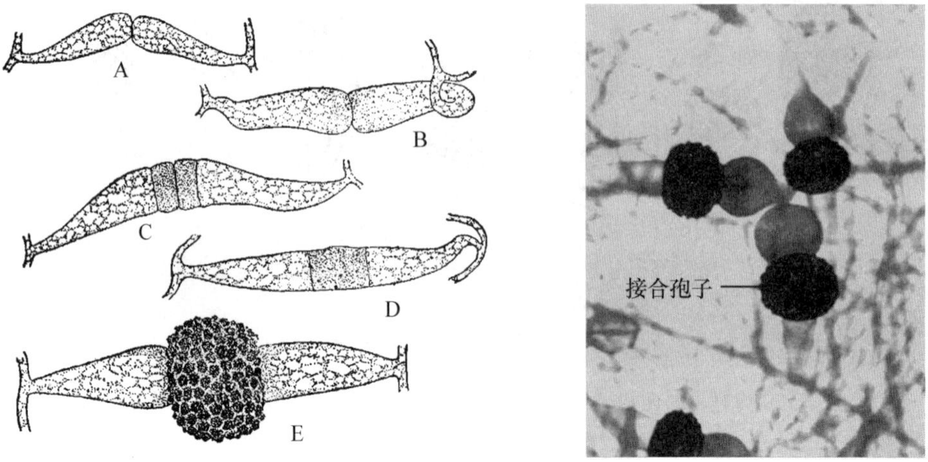

A. 原配子囊　B. 配子囊　C,D. 接合子　E. 接合孢子

图 2-36　接合孢子的形成

真菌接合孢子的形成有同宗配合(homothallism)和异宗配合(heterothallism)两种方式(图 2-37)。同宗配合是雌雄配子囊来自同一个菌丝体,当两根菌丝靠近时,便生出雌雄配子囊,经接触后产生接合孢子,甚至在同一菌丝的分枝上也会接触而形成接合孢子。而异宗配合,是两种不同质菌系的菌丝相遇后形成的。这种有亲和力的菌丝,在形态上并无区别,通常用"+"或"-"符号来代表。

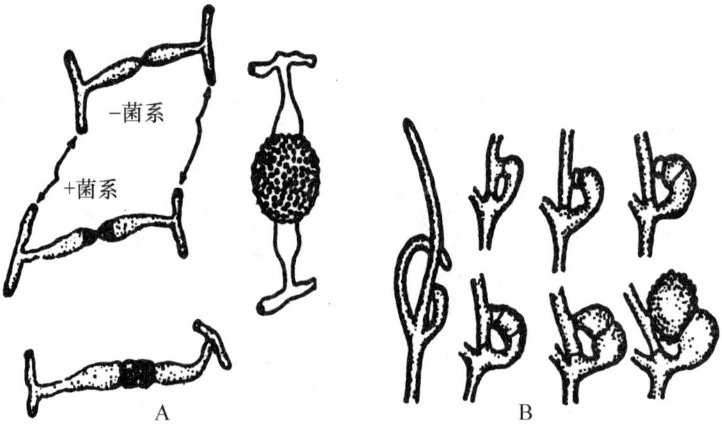

A. 异宗接合　B. 同宗接合

图 2-37　根霉的接合孢子

③子囊孢子(ascospore):形成于子囊(ascus)中,先是同一菌丝或相邻的两菌丝上的两个大小和形状不同的性细胞互相接触并互相缠绕。接着两个性细胞经过受精作用后形成分枝的菌丝,称为造囊丝。造囊丝经过减数分裂,产生子囊。每个子囊产生 2～8 个子囊孢子(图 2-38)。在子囊和子囊孢子发育过程中,原来的雄器和藏卵器下面的细胞生出许多菌丝,它们有规律地将产囊丝包围,于是形成了子囊果(ascocarp)。子囊果有 3 种类型:第一种为完全封闭圆球形,称闭囊壳(cleistothecium);第二种有孔,称为子囊壳(perithecium);第三种呈盘状,称子囊盘(apothecium)(图 2-39)。

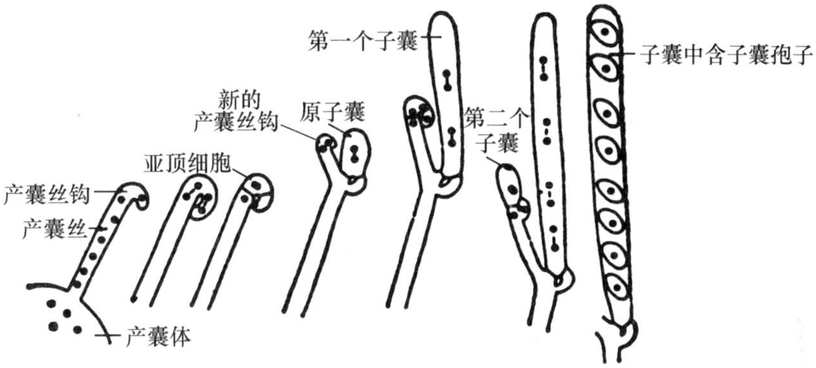

图 2-38　子囊的发育

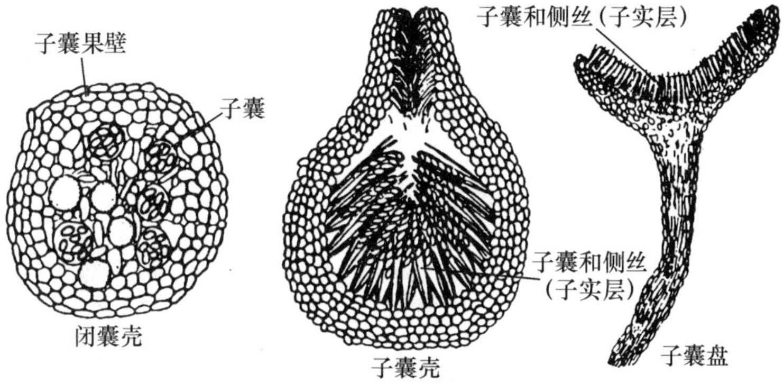

图 2-39　子囊菌的子囊

子囊孢子成熟后即被释放出来。子囊孢子的形状、大小、颜色、纹饰等差别很大,多用来作为子囊菌的分类依据(图 2-40)。

④担孢子(basidiospore):担孢子是担子菌产生的有性孢子。在担子菌中,两性器官多退化,以菌丝结合的方式产生双核菌丝,在双核菌丝的两个核分裂之前可以产生钩状分枝而形成锁状联合,这有利于双核并裂。双核菌丝的顶端细胞膨大为担子,担子内 2 个不同性别的核配合后形成 1 个二倍体的细胞核,经减数分裂后形成 4 个单倍体的核,同时在担子的顶端长出 4 个小梗,小梗顶端稍微膨大,最后 4 个核分别进入了小梗的膨大部位,形成 4 个外生的单倍体的担孢子(图 2-41)。担孢子多为圆形,椭圆形,肾形和腊肠形等(图 2-42)。

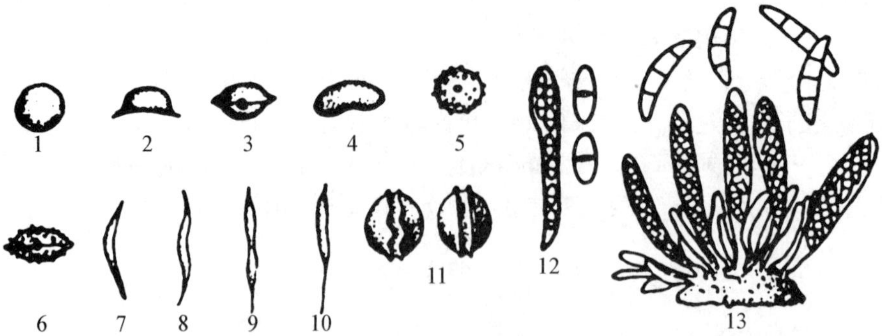

1.球形　2.礼帽形　3.土星形　4.肾形　5.球形痣面　6.卵形，具中央突起，痣面
7.镰刀形　8.弓形　9.针形　10.针形具鞭毛　11.双凸镜形，具赤道冠
12.子囊孢子由2个细胞组成　13.子囊孢子由4个细胞组成

图2-40　各种类型的子囊孢子

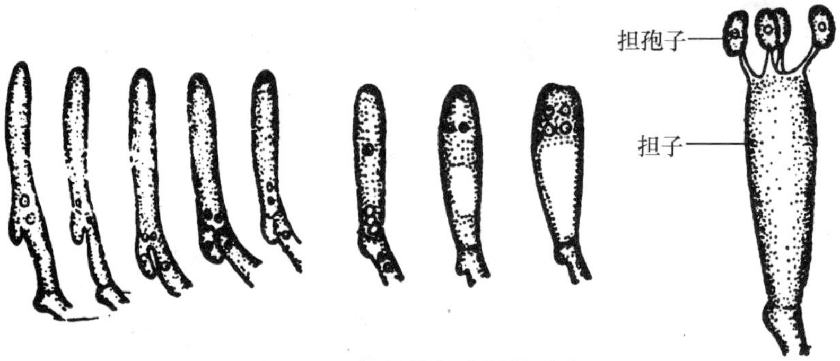

图2-41　担子及担孢子的形成

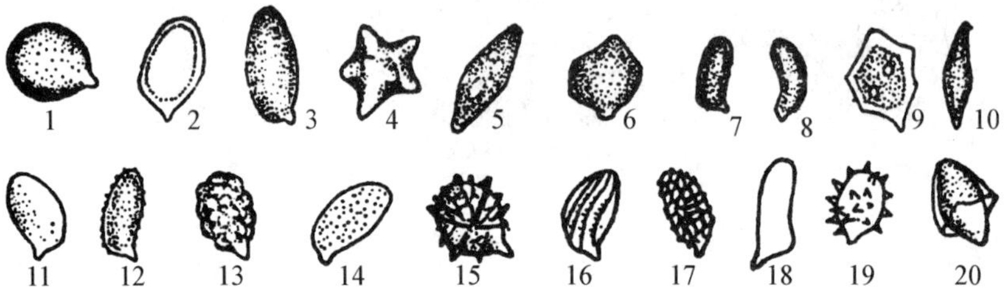

1.圆球形　2.卵球形　3.椭圆形　4.星形　5.纺锤形　6.柠檬形　7.长方椭圆形
8.肾形　9.多角形　10.梭形　11.表面近光滑　12.小疣　13.小瘤　14.麻点
15.赖棱　16.纵条纹　17.网纹　18.光滑不正形　19.具刺　20.具外孢膜

图2-42　担孢子的形状及表面特征

2.霉菌的生活史

霉菌的生活史是指霉菌从孢子萌发开始，经过一定的生长和发育，到最后又产生孢子的过程。整个生活史中包括无性世代和有性世代。较典型的生活史为：霉菌的菌丝体（即营养体）在适宜的条件下，产生无性孢子，无性孢子萌发形成新的菌丝体，即是无性世代，如此多次重

复。霉菌生长后期,可能进入有性阶段,在菌丝体上形成配子囊,从而质配、核配而形成二倍体的细胞核,接着经过减数分裂,形成单倍体的有性孢子(图 2-43)。

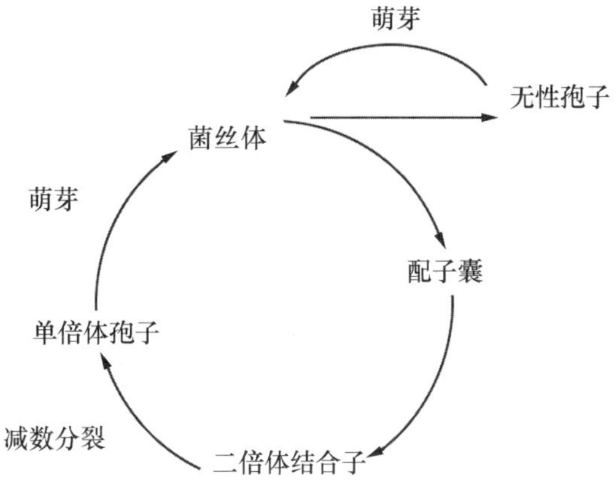

图 2-43 霉菌的生活史

霉菌的无性孢子通常较能抗干燥和辐射,但不耐高温,不是休眠体。只要条件适宜就能萌发。霉菌的有性孢子一般能休眠,较能耐热,经活化后才能萌发。

2.3.2.3 霉菌的群体形态

霉菌的菌落是由分枝状菌丝体组成,由于菌丝较粗而长,固体培养基上形成的菌落比较疏松,外观干燥,不透明,常呈现绒毛状、棉花样絮状或蜘蛛网状。有些霉菌,如根霉、毛霉、链孢霉的菌丝生长很快,在固体培养基表面蔓延,以致菌落没有固定大小。如果在固体发酵食品的过程中污染了这一类霉菌,若不及时采取措施,往往造成严重的经济损失。也有不少种类的霉菌,其生长有一定的局限性,如青霉和曲霉。菌落表面常呈现肉眼可见的不同结构和色泽特征,这是因为霉菌形成的孢子有不同的形状、构造和颜色。有的产生水溶性色素可分泌到培养基中,使菌落背面出现不同颜色。一些生长较快的霉菌菌落,其菌丝生长向外扩展,所以菌落中部的菌丝菌龄较大,而菌落边缘的菌丝是最幼嫩的。同一种霉菌,在不同成分的培养基上形成的菌落特征可能有变化;但各种霉菌在一定的培养基上形成的菌落大小、形状、颜色等相对是比较一致的。一般霉菌的菌落直径 1～2 cm 或更小。霉菌菌落的大小、颜色、形状、结构等特征,对不同的霉菌,有很大差别,可作菌种分类鉴别的依据(图 2-44)。表 2-5 是霉菌与放线菌的菌落比较。

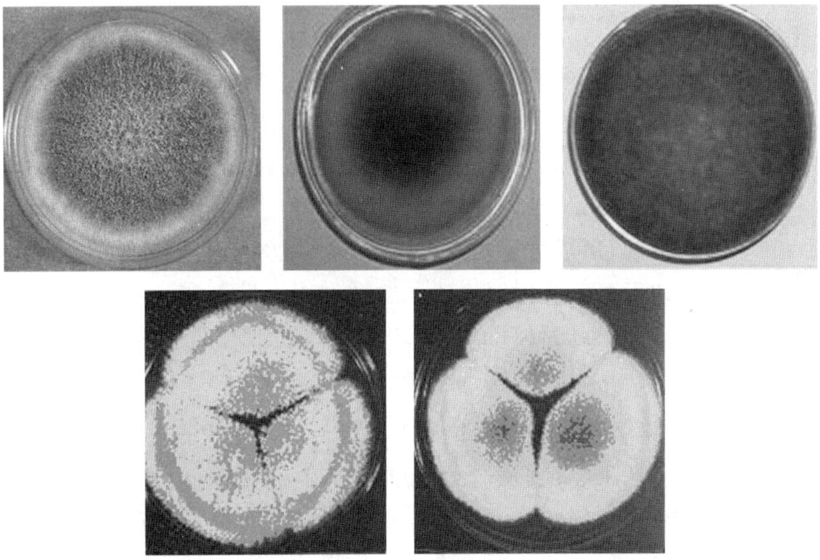
图 2-44 霉菌菌落

表 2-5 霉菌与放线菌的菌落比较

比较项目	主要特征			参考特征					
	菌落外观	细胞		菌落透明度	结合程度	颜色	边缘	生长速度	气味
		相互关系	形态特征						
放线菌	干燥或较干燥，小而紧密，短丝状，坚实，多皱	丝状交织	细而均一，高倍镜下无法分辨	不透明	牢固结合不易挑取	多样	用低倍镜有时可见细丝状细胞	慢	常有泥腥味
霉菌	干燥，大而疏松，或小而紧密，绒毛状、絮状、蜘蛛网状	丝状交织	粗而分化，高倍镜下可见内部结构	不透明	较牢固	多样	用低倍镜有时可见粗丝状细胞	一般较快	往往有霉味

液体培养基培养霉菌，如果是静止培养，霉菌往往在表面上生长，液面上形成菌膜，培养基不浑浊。如果是振荡培养，形成的菌丝球可能均匀地悬浮在培养液中或沉淀于培养液底部。

二维码 2-6 霉菌

2.3.2.4 食品中常见的霉菌

霉菌是真菌的一部分，在自然界中分布极广，已知的约有 5 000 种以上，在发酵食品中经常应用的有以下几种。

1. 毛霉属(*Mucor*)

毛霉的外形呈毛状，菌丝细胞为无横隔、单细胞组成，出现多核，菌丝呈分枝状。毛霉具有分解蛋白质的功能，如用来制造腐乳，可使腐乳产生芳香物质和蛋白质分解物(鲜味)。某些菌种具有较强的糖化力，可用于酒精和有机酸工业原料的糖化和发酵。另外，毛霉还常发生在水果、果酱、蔬菜、糕点、乳制品、肉类等食品上，引起食品腐败变质。现简单介绍鲁氏毛霉和总状毛霉。

(1)鲁氏毛霉(*Mucor rouxianus*) 此菌种最初是从我国小曲中分离出来的，也是毛霉中最早被用于淀粉以菌丝制造乙醇的一个菌种。菌落在马铃薯培养基上呈黄色，在米饭上略带白色，孢子囊呈假轴状分枝，厚垣孢子数量很多，大小不一，黄色至褐色，无接合孢子。鲁氏毛霉能产生蛋白酶，有分解大豆的能力，我国多用来做豆腐乳。

(2)总状毛霉(*Mucor racemosus*) 菌丝呈灰白色，菌丝直立而稍短，孢子囊柄总状分枝。孢子囊呈球形，有粗糙的突起，形成大量的厚垣孢子，在菌丝体、孢子囊柄甚至囊轴上都有，形状、大小不一，光滑，无色或黄色。我国四川的豆豉就是用此菌制成。此菌是毛霉中分布最广的一种，几乎在各地土壤中、长霉的材料上、空气中和各种粪便中都能找到。

2. 根霉属(*Rhizopus*)

根霉的形态结构与毛霉类似。根霉在培养基或天然基质上生长时，营养菌丝常呈弧形、匍匐状菌丝，由匍匐菌丝产生假根。从假根着生处向上丛生直立的孢子囊梗，不分枝。孢子囊梗的顶端膨大形成圆形的孢子囊，同时产生横隔。根霉菌丝只有在形成孢子囊及厚垣孢子时才形成横隔。孢子囊成熟后孢囊壁破裂，孢子囊孢子散出，有球形、卵形和不规则形。根霉的用途很广，它能产生淀粉酶，使淀粉转化为糖，是酿酒工业常用的发酵菌。但根霉常会引起粮食及其制品的霉变。其代表菌种有：黑根霉、米根霉、无根根霉。

(1)黑根霉(*Rhizopus nigricans*)　菌落生长初期为白色，后期为灰褐色至黑褐色。匍匐枝爬行，无色。假根非常发达，呈根状，棕褐色。孢子囊梗着生于假根处，直立，通常 2～3 根群生，囊托楔形。菌丝上一般不形成厚垣孢子。接合孢子呈球形，有粗糙的突起，直径为 150～220 μm。此菌的最适生长温度为 30℃，37℃时不能生长。有发酵乙醇的能力，但极微弱。能产生果胶酶，常引起水果的腐烂和甘薯的软腐。

黑根霉在自然界中到处都存在，尤其在长霉的食品及腐烂的瓜、果、蔬菜、甘薯中，都可以找到。

(2)米根霉(*Rhizopus oryzae*)　菌落疏松或稠密，初期为白色，后期变为灰褐色至黑褐色。匍匐枝爬行，无色。假根发达，呈根状或指状分枝，褐色。孢子梗直立或稍弯曲，2～4 根群生，有时膨大或分枝。囊托楔形，菌丝形成厚垣孢子，无接合孢子，发育温度为 30～35℃，最适温度为 37℃，41℃时不能生长。此菌有糖化淀粉、转化蔗糖的能力。

米根霉在我国酒药和酒曲中经常见到，在土壤、空气及其他物质中亦常见。

(3)无根根霉(*Rhizopus arrhizus*)　菌落初期为白色，后期为褐色。匍匐枝分化不明显。假根极不发达，呈短指状或无假根。孢子囊柄直立或稍弯曲，单生，较少 2～3 株群生，有时在孢囊梗上有囊状膨大。接合孢子呈球形，有粗糙的突起。厚垣孢子的形状、大小不一。此菌对温度的适应范围同米根霉。此菌可产生乳酸、脂肪酶等。它可发酵豆类和谷类食品。

3. 曲霉属(*Aspergillus*)

曲霉菌在国民经济中有重要的作用，它包括许多发酵工业中应用的一些菌种。属不整子囊菌纲，散囊菌目，散囊菌科。曲霉的菌丝体是由具有横隔的分枝菌丝构成。一般情况下，无色，老熟后可呈黑、棕、黄、绿、红等颜色。营养菌丝多匍匐生长于培养基的表面，无假根，菌丝具有横隔，为多细胞菌丝。随着培养基中匍匐菌丝分化出具有厚壁的足细胞，足细胞上便生长出直立的分生孢子梗。孢子梗的顶端膨大成顶囊，顶囊有棍棒形、椭圆形、半球形或球形。顶囊上生辐射状的小梗，小梗成单层或双层，小梗顶端分生孢子呈串状，不同菌种的孢子，其形状、颜色、大小都不同。这些特征都是鉴定曲霉菌的重要依据。

曲霉菌具有分解有机质的能力，可应用于酿造等方面作为糖化菌种，发酵食品及酿酒工业中常应用的米曲霉及黑曲霉是较著名的曲霉。现对其介绍如下。

(1)米曲霉(*Aspergillus oryzae*)　菌落初期为白色，质地疏松，继而变为黄褐色至淡绿色，不成真正绿色，反面无色。分生孢子头呈放射状，少数为疏松柱状。分生孢子梗约为 2 mm，壁较薄、粗糙。顶囊近球形或烧瓶形，小梗一般为单层，偶有双层，也有的单、双层同时存在于一个顶囊中。分生孢子幼时呈洋梨形或椭圆形，老龄多数变为球形或近球形，粗糙或近于光滑，培养的最适温度为 37℃。米曲霉含有多种酶类，产淀粉酶、蛋白酶的能力较强，应用于酿酒、酱及酱油的生产。一般情况下不产生黄曲霉毒素。

(2)黑曲霉(*Aspergillus niger*)　菌丛呈黑褐色，顶囊大球形，小梗双层，自顶囊全面着生。分生孢子为球形，大小为 4～5 μm，褐色色素积存于内壁和外壁间成为短棍状或块状，显得粗糙。有的菌丝产生菌核，为球形，白色，直径约为 1 mm。这类菌在自然界中分布极广，能生长于各种基质上产生糖化酶、果胶酶，可作为糖化剂广泛用于酒及酒精工业生产中。黑曲霉还能用于生产多种有机酸，如抗坏血酸、柠檬酸等。

(3)黄曲霉(*Aspergillus flavus*)　在生长培养基上，菌落生长的速度较快，早期为黄色，然后变为黄绿色,老熟后呈褐绿色。分生孢子头疏松,呈放射状,然后变为疏松的柱形。分生孢子梗极粗糙,顶囊为烧瓶形或近似球形,小梗单层、双层或单双层同时存在于一个顶囊上。分生孢子为球形,或稍呈梨形,粗糙,有些菌系可产生褐色菌核。培养的最适温度为37℃。产生液化型淀粉酶(α-淀粉酶)的能力比黑曲霉强,蛋白质分解能力仅次于米曲霉。黄曲霉的某些菌系可产生黄曲霉毒素,特别在花生或花生饼粕上易于形成,能引起家禽、家畜严重中毒以致死亡,还能够致癌。为了防止其污染食品,保障人民健康,现已决定停止在食品生产中使用黄曲霉 3.870 号菌株,改用不产生毒素的 3.951 号菌株。

4. 红曲霉属(*Monascus*)

属散囊菌目,红曲科。红曲霉菌在培养基上生长时,菌丝体最初为白色,以后呈淡粉色、紫红色或灰黑色等,通常都能形成红色色素。菌丝具横隔,多核,分枝多。分生孢子着生在菌丝及其分枝的顶端,单生或成链。闭囊壳呈球形,含 8 个子囊孢子,成熟后子囊壁解体,孢子则留在薄壁的闭囊壳内。生长温度范围为 26～42℃,最适温度为 32～35℃。最适 pH 为 3.5～5,能耐 pH 2.5,耐 10%(体积分数)的酒精浓度。可以利用多种糖类或酸类为碳源,能同化硝酸钠、硝酸铵、硫酸铵,而以有机铵为最好的碳源。

红曲霉能产生淀粉酶、麦芽糖酶、蛋白酶、柠檬酸、琥珀酸、乙醇等。由于能产生红色色素,可作为食品加工中天然红色色素的来源。如在红腐乳、饮料、肉类加工中用的红曲米,就是用红曲霉制作的。红曲霉的用途很多,它可用于酿酒、制醋,做豆腐乳的着色剂,并可用作食品染色剂和调味剂,它还可用作中药。

2.3.3 大型真菌

在自然界中广泛生长着一类种类繁多的大型真菌,这类真菌能产生肉眼可见,徒手可摘的子实体(fruit body)。它们是属于真菌中的子囊菌门和担子菌门,其中大多数都是担子菌,只有少数是子囊菌。古代中国把这种形成子实体的大型真菌称为"蕈",又称为蘑菇(Mushroom),有毒的称为毒蘑菇或毒菌。全世界有记述的毒菌有 1 000 余种,我国已知 500 多种。毒蘑菇的毒素主要引起人的胃肠溶血、肝脏损害等。

在大型真菌中有一类可供人类食用,而且营养特别丰富的蘑菇称为食用菌(edible fungi),它与人类的关系密切。已记载的食用菌已超过 2 000 种,目前已利用的食用菌近 400 种,其中约 50 种已经能进行人工栽培。自然界中还有许多种类的食用菌未被发现和利用。我国已发展成为食用菌生产的一个大国,年总产量占世界的 70%。生产的主要品种有双孢蘑菇、香菇、平菇、草菇、金针菇、木耳、银耳等。

近几年来已发展成为工厂化生产的有白灵菇、杏鲍菇、茶树菇、真姬菇等新品种,还有多种具有药用价值的灵芝、猴头菇、蛹虫草等也已进行规模化生产。

1. 子囊菌类食用菌

大多数丝状子囊菌的子囊被包裹在一个由菌丝组成的包被内,形成有一定形状的子实体,称为子囊果(ascocarp)。能产生有性孢子及结构复杂的子实体,其子囊和子囊孢子的发育过程中,从原来的雌器细胞和雄器细胞下面生出许多菌丝,它们有规律地将产囊菌丝包围,形成有一定结构的子囊果。子囊果有多种类型,如著名药用真菌冬虫夏草(*Cordyceps sinensis*),其子囊果或多或少是封闭的,子囊着生在一个球形或瓶状的子囊果内,称为子囊壳(perithecia)。而羊肚菌(*Morchella* spp.)的子囊则着生在一个盘状或杯状开口的子囊果内,与侧丝平行排列在一起形成子实层，称为子囊盘（apothecia）。

2. 担子菌类食用菌——伞菌

伞菌是包括通常称其子实体为蘑菇（mushroom）的一类担子菌。它们是由菌盖（pileus）、菌柄（stalk）、菌褶（gill）、菌环和菌托构成。在伞菌的发育过程中，其菌丝的分化分为 5 个阶段：①形成一级菌丝。由担孢子（basidiospore）萌发，形成由许多单核细胞构成的菌丝。②形成二级菌丝。由不同性别的一级菌丝发生接合后，通过质配形成了由双核细胞构成的二级菌丝，它们通过独特的锁状联合方式形成喙状突起，向下弯曲，其顶端与母细胞接触连合，不断使双核细胞分类，从而使菌丝的尖端不断向前延伸。③形成三级菌丝。在条件适宜时，大量的二级菌丝分化为多种菌丝束，称为三级菌丝。④形成子实体。菌丝束在合适的条件下，在交叉的地方会形成细小的菌丝纽结，即称为原基或菇蕾，然后再分化，膨大成大型子实体。⑤产生担孢子。子实体成熟后，双核菌丝的顶端膨大，其中两个核融合成一个新核，完成核配，新核经过两次分裂（其中一次为减数分裂），产生 4 个单倍体子核，最后在担子细胞的顶端形成 4 个担孢子。

在担子菌中，有木耳（*A. auricula*）、毛木耳（*A. polytricha*）、银耳（*T. fuciformis*）等胶质子实体。也有著名的双孢蘑菇（*A. bisporus*）、金针菇（*F. velutips*）、香菇（*L. edodes*）等肉质子实体。还有中医宝库中的珍品灵芝（*G. lucidum*）为革质子实体。这些都是我国普通人工栽培的重要食用菌。

3. 菌根食用菌

菌根是真菌与高等植物的根部形成的菌根合体（共生体），有内生菌根和外生菌根两大类。菌根菌可从土壤中摄取矿物质输入到宿主根部，供植物吸收利用，同时也依靠一些活的树木根系建立物质交换，并以树木作为主要营养来源，所形成的子实体称为菌根食用菌（*Mycorrhizal edible fungi*）。据资料记载，我国目前已知的 567 种野生食用菌资源中，有 352 种是属于菌根食用菌，如黑孢块菌、松茸、美味牛肝菌、鸡油菌、红菇、形成天麻的密环菌等。

4. 几种重要的食用菌

(1) 蘑菇属（*Agaricus*）　又称伞菌属。伞菌属的担子果通常具有由白色到褐色或灰褐色的肉质菌盖，菌盖腹面有辐射状的蕈褶，在蕈褶内形成担子和担孢子。蕈柄肉质，容易与菌盖分离，有菌环。孢子卵圆形或椭圆形。本属约有 200 个种，生于田野和林中土壤上，大部分的种可食用，少数有毒。最普遍的栽培种是双孢蘑菇（*Agaricus bisporus*）。

(2) 虫草属（*Cordyceps*）　虫草属真菌寄生于昆虫，把虫体变成充满菌丝的僵虫，从僵虫前端生出有柄头状或棍棒状的子座（图 2-45）。

本属最常见的是冬虫夏草（*Cordyceps sinensis*），它寄生在鳞翅目昆虫的幼虫上，被害的昆虫（如蝙蝠蛾）幼虫冬天钻入土内，夏天虫草菌从被害虫体生出一有柄的子座（即所谓的草）。子座单个，罕见 2～3

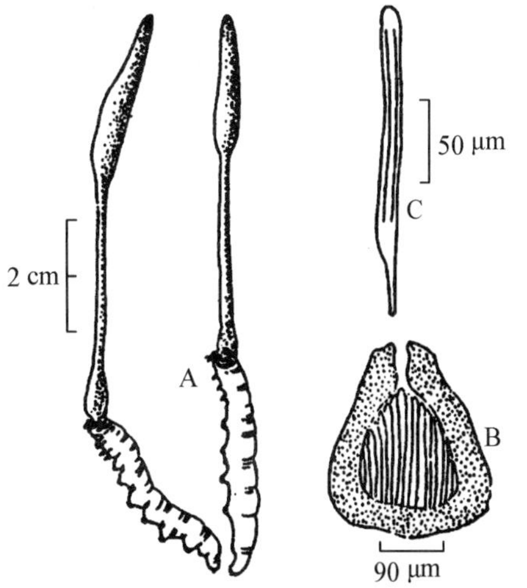

A. 菌核及子座　B. 子囊壳（内含子囊）
C. 子囊（内含子囊孢子）

图 2-45　冬虫夏草

个，长 4～11 cm，基部粗 1.5～4 mm，向上渐细，头部不膨大或膨大成圆柱形，褐色，初期内部充实，后变中空。子囊壳椭圆形至卵形，生在子座近表面，基部稍陷于子座内。子囊产生在子囊壳内，细长。每个子囊内含有 2 个具隔膜的子囊孢子，子囊孢子透明，线状。

(3)灵芝属(*Ganoderma*)　担子果一年生或多年生，木质或木栓质，有柄或无柄。菌盖表面有坚硬的皮壳，它的柄或菌盖从下端到上端都覆盖着一层坚硬的像漆一样有光泽的物质。菌盖腹面多管孔，管孔内生担子和担孢子。本属真菌是分解纤维素、木质素能力较强的一类真菌，在各种阔叶树林、针阔叶混交林的腐木上或木桩上可以找到。有的种类是重要药材，如灵芝(*Ganoderma lucidum*)、紫芝(*Ganoderma japonicum*)等。

(4)木耳属(*Auricularia*)　木耳属的担子果杯状、耳状或叶状，全部胶质或仅子实层胶质。子实层平滑，有皱褶或网格。担子圆柱形，有 3 个横隔，将担子隔成 4 个细胞，每个细胞上产生一个小梗，小梗上生担孢子。木耳的生活史见图 2-46。

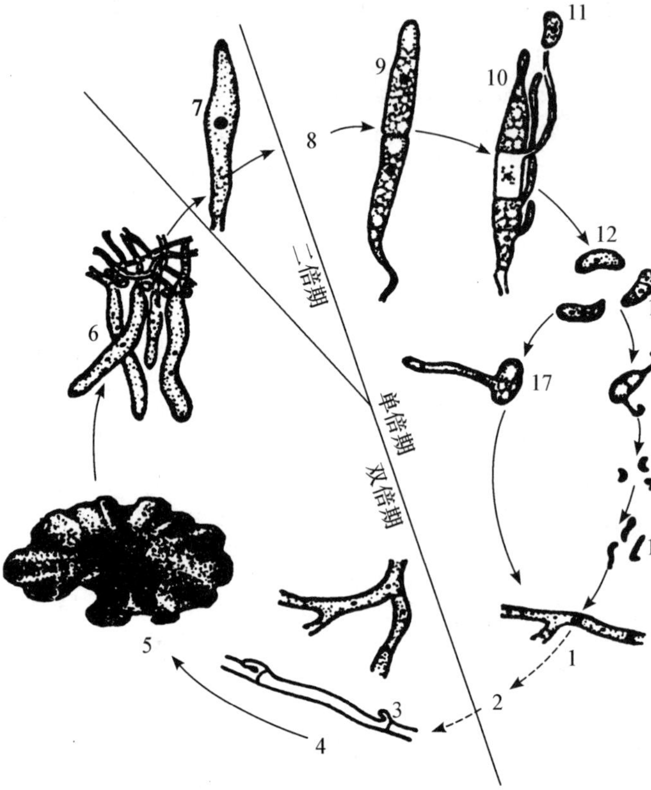

1.单核菌丝　2.双核化　3.双核菌丝　4.锁状联合　5.担子果　6.幼小的双核担子
7.核配　8.减数分裂　9.幼担子　10.成熟的担子　11,12.担孢子
13.担孢子产生横隔　14.分生孢子　15.分生孢子脱落
16.分生孢子萌发　17.担孢子萌发

图 2-46　木耳生活史

本属在我国最常见的是木耳，亦即黑木耳。黑木耳是一种营养丰富的食用菌，并且还有药用价值，是保健食品。黑木耳在我国的分布很广，北自黑龙江，南到海南岛，西自甘肃，东至福建和台湾都可生长和栽培。

黑木耳是一种木材腐朽菌，能分解纤维素和木质素。由于它是一种腐生性很强的真菌，故只在死了的木头上才能生长、吸取养分。

二维码 2-7　常见食用菌栽培品种

2.4　非细胞生物——病毒

病毒(virus)是一类比细菌更微小，能通过细菌滤器，只含一种类型的核酸(DNA 或 RNA)，仅能在活细胞内生长繁殖的非细胞形态的微生物。

从 1892 年俄国科学家伊万诺夫斯基发现烟草花叶病毒以后，牛口蹄疫病毒、人黄热病毒、细菌病毒(即噬菌体)、昆虫病毒相继被发现。近年来，继真菌病毒后又发现了蓝绿藻病毒、支原体病毒等。随着现代科学技术的发展，特别是超速离心机和电子显微镜等先进仪器的问世，对病毒的研究已进入了一个新阶段。现已发现的各种病毒有 3 600 多种，它们广泛分布在自然界中，无论动物、植物和人类都可受到病毒的危害。例如由微生物引起的人类传染性疾病，就有 80%是由病毒所引起。病毒性疾病的重要特点是：传染性强，流行面广，死亡率高。目前还发现许多肿瘤疾病也与病毒有关。因此，掌握病毒的特性，认识病毒的传染和发病特点，对控制病毒带给人类的危害，防止病毒对食品造成污染，以及减少发酵食品生产中因噬菌体污染而造成的损失均有一定的意义。

现在，病毒不仅是病毒学研究的对象，而且也成为分子生物学和分子遗传学的主要研究对象，研究病毒对这两门学科的发展产生了重大的影响。人们利用噬菌体对细菌作用的专一性，进行细菌分型鉴定或细菌病治疗；在分子生物学研究中，噬菌体作为载体应用于遗传工程上；在食品工业发酵生产中，噬菌体是造成生产菌种污染的因素之一。

2.4.1　病毒的形态结构及主要类群

2.4.1.1　病毒的基本特点

病毒比其他微生物结构更简单，它是由蛋白质围绕着核酸组成的复合分子构成的，为非细胞结构型，而且只有一种核酸，核酸构成病毒的基因组，病毒没有完整的酶系统。病毒只能在活细胞中增殖，依靠寄主细胞内现成代谢系统合成病毒的核酸和蛋白质组分，以核酸和蛋白质等“文件”装配成新的病毒粒子。某些病毒的基因片段，也可以整合到寄主细胞核染色体的基因组中，并随细胞 DNA 的复制而复制，引起潜伏感染。

在活细胞内生活的病毒，对于能干扰细胞代谢的各种因素具有明显的抵抗力。如对甘油有耐受作用，不像细菌等微生物那样可被甘油脱水而死亡，也能抵抗多种抗生素的作用，但对干扰素敏感。

2.4.1.2　病毒的形状和大小

成熟的具有侵染力的病毒颗粒称为病毒粒子(virion)。在电子显微镜下观察到的病毒粒子一般为球状、棒杆状、蝌蚪状和线状等多种形态。人、动物和真菌病毒大多呈球状(如腺病毒、蘑菇病毒)，少数为弹状或砖状(如弹状病毒、痘病毒)。植物病毒和昆虫病毒则多数为线状和杆状(如烟草花叶病毒、家蚕核型多角体病毒)，少数为球状(如花椰菜花叶病毒)。细菌病毒称噬菌体(bacteriophage)，部分呈蝌蚪状(T_2、T_4、λ 噬菌体)，部分线状(f_d、M_{13} 等)或球状

(MS_2、$\phi X174$ 等)(图 2-47)。

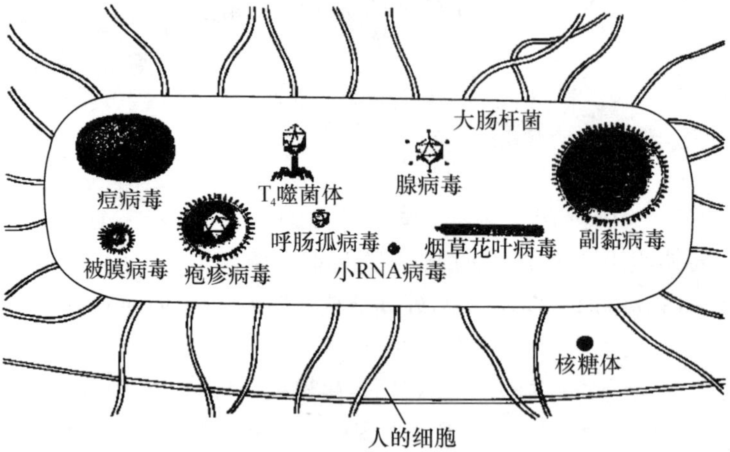

图 2-47 几种病毒的相对大小和形态

病毒个体用纳米(nm)来度量。病毒的大小悬殊,直径在 10～300 nm,通常在 100 nm 左右。较大的病毒如痘类病毒,其大小为 200 nm×300 nm,比最小的细菌支原体(直径 200～250 nm)还大。最小的病毒如菜豆畸矮病毒,粒子大小仅为 9～11 nm,比血清蛋白分子(直径 22 nm)还小。

病毒在寄主外存在时,只保留着在适宜条件下感染寄主的潜在能力。这种潜在的感染能力很容易变性失活。它对温度很敏感,在 55～60℃,病毒悬液几分钟内就变性。X 射线、γ 射线、紫外线照射都能使病毒变性失活,有包膜的病毒容易被脂肪溶剂破坏,无包膜的病毒对多种常用的消毒剂的抗性较强。常用甲醛来消毒污染了病毒的器具和空气。

由于病毒没有细胞结构,不能在寄主细胞外面独立复制,因而有的学者只把它们看成是一种遗传成分,同质粒有所类似。

2.4.1.3 病毒的结构与化学组成

1. 病毒粒子的结构

病毒主要由壳体(capsid)和核酸两部分构成。壳体和核酸统称为核壳(nucleo-capsid)。有些病毒在核壳外还有一层外套称包膜(envelope),有的包膜上还有刺突(spike)。包膜由脂肪或蛋白组成。壳体的化学成分是蛋白质,由称为壳粒(capsomer)的亚单位组成。壳粒是电镜下能见的最小形态学单位,由一种或多种肽链折叠而成(图 2-48)。

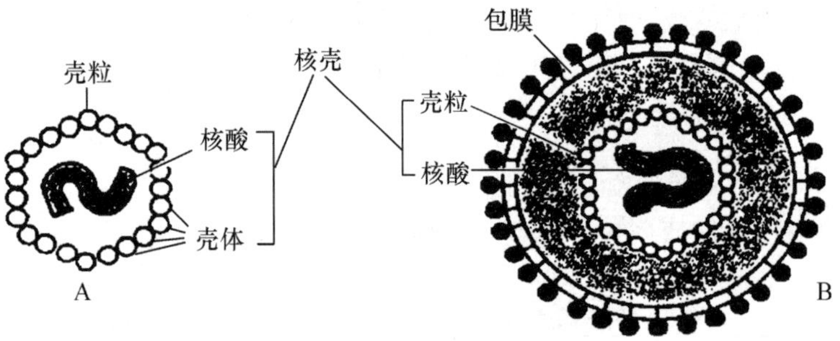

A. 裸露病毒　B. 包膜病毒

图 2-48 病毒的基本结构

由于壳粒在壳体上的不同排列，病毒具有下列3种形态结构。

(1)螺旋对称　具有螺旋对称结构的病毒多数是单链RNA病毒，其粒子形态为线状(如大肠杆菌噬菌体f_1)、直杆状(如烟草花叶病毒)和弯曲杆状(如马铃薯X病毒)。这类病毒的壳体由壳粒一个挨一个地呈螺旋对称排列而成，核酸位于壳体的螺旋状结构中。烟草花叶病毒的杆状壳体由2 130个壳粒螺旋状排列而成，约有130个螺旋，螺距为2.35 nm，壳体全长约300 nm(图2-49)。

(2)二十面体对称　有些看起来好像球形的病毒粒子，经高分辨率电子显微镜观察，实际上是个多面体。它们的核壳是由不同数量的壳粒按一定方式排列而成的立方对称体。这些壳粒沿3根相互垂直的轴形成对称体，壳体一般二十面体。二十面体具有20个面(每个面是一个等边三角形)、30条棱和12个顶角。腺病毒的壳体是这类结构的典型代表，它由252个球形的壳粒排列成一个二十面的对称体(图2-50)。

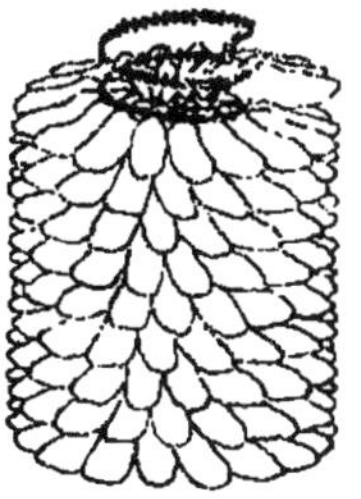

图2-49　烟草花叶病毒(TMV)结构示意图

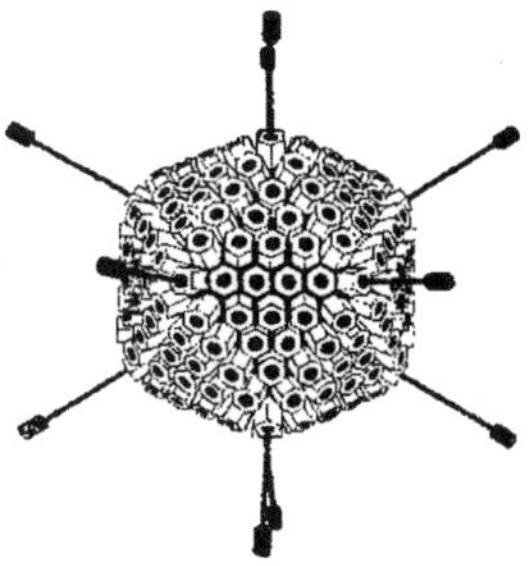

图2-50　腺病毒结构示意图

(3)复合对称　这类病毒的壳体是由两种结构组成的，既有螺旋对称部分，又有立方体对称部分，故称复合对称，如大肠杆菌T_4噬菌体。T_4噬菌体如蝌蚪状，其头部外壳由8种蛋白质组成，呈椭圆形二十面体，含212个壳粒，核酸埋藏在蛋白质外壳中。T_4噬菌体的尾部为螺旋对称结构，含有两种分子量较大的蛋白质和4种分子量较小的蛋白质，由144个壳粒组成，排成棒状，共分24个螺旋。尾部中央为尾髓，中空，是注射核酸的通道。除此之外，T_4还有颈圈、基片、刺突和尾丝等附属结构(图2-51)。

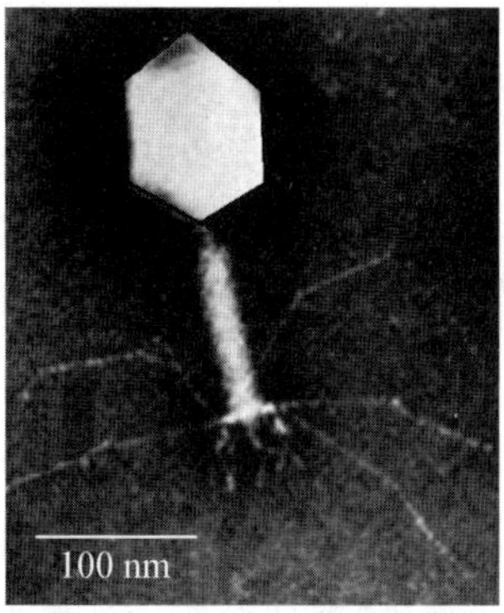

A

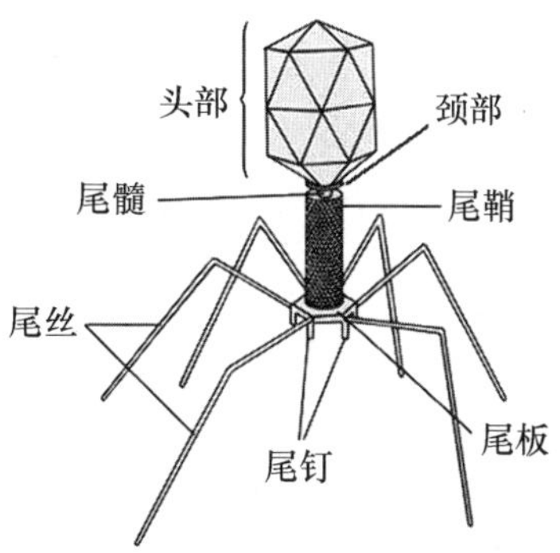

B

大肠杆菌T_4噬菌体结构示意图

A. 大肠杆菌T_4噬菌体电镜照片　B. 大肠杆菌T_4噬菌体结构示意图

图2-51　噬菌体的形态(A：http://www.phage.org/；B：Prescott，2002)

2.病毒的化学组成

多数病毒只含蛋白质和核酸两种成分，少数大型病毒还含有脂类和糖类。

(1)病毒蛋白　病毒一般只含一种或少数几种蛋白。蛋白质在病毒中的含量随病毒种类而异，如狂犬病毒的蛋白质含量约占整个病毒粒子的96%，而大肠杆菌T_3、T_4噬菌体则只占40%。

不同种病毒蛋白的氨基酸含量各不相同，大肠杆菌噬菌体M_{13}的外壳蛋白只有49个氨基酸，烟草花叶病毒普通株的外壳蛋白有158个氨基酸。病毒蛋白多数位于病毒颗粒的外层，包在核酸外面，以保护核酸免受破坏。有些病毒蛋白与吸附细胞受体有关(如流感病毒的血凝素等)，有些则是一些酶，如噬菌体的溶菌酶、白血病病毒的DNA聚合酶、RNA肿瘤病毒的反转录酶等。它们在病毒的侵染和增殖过程中发挥作用。

(2)病毒核酸　病毒只含一类核酸(DNA或RNA)，至今还没发现一种病毒同时兼有两类核酸。大多数植物病毒的核酸为RNA，少数为DNA；噬菌体的核酸大多数为DNA，少数为RNA；动物病毒，包括昆虫病毒，则部分是DNA，部分是RNA。含DNA的病毒称为DNA病毒，含RNA的病毒称为RNA病毒。

无论是DNA还是RNA，都有单链(ss)和双链(ds)之分。RNA病毒多数是单链，极少数为双链，DNA病毒多数为双链，少数为单链。病毒核酸还有线状和环状之分，如玉米条纹病毒的核酸为线状单链DNA，大丽菊花叶病毒的核酸为闭合环状双链DNA。但RNA病毒核酸都呈线状，罕见环状。

大部分病毒的遗传物质为DNA，少数RNA病毒能以RNA为遗传物质。病毒的核酸主要也由4种核苷酸组成。但病毒所含的核苷酸数比高等生物少得多，一般只含10^3～10^6个核苷酸。

病毒的核酸含量随病毒种类而异，通常为1%～50%。一般形态结构复杂的病毒，核酸含量较多，如结构简单的新城疫病毒核酸含量不到1%，而结构复杂的T_2噬菌体核酸含量超过50%，这是因为结构复杂的病毒需要较多的基因。

(3)脂类和糖类　少数有包膜的大型病毒含有蛋白质和核酸外，还含有脂类和糖类等其他成分。如大蚊红色病毒含有5%脂类，流感病毒除含19%脂类外，还含有6%的非核糖成分的糖类。

病毒所含的脂类主要是一些磷脂、胆固醇和中性脂肪，它们大多数存在于包膜中。病毒所含的糖，主要是葡萄糖、龙胆二糖、岩藻糖、半乳糖等。它们或以糖苷链直接与碱基相连，或以氨基酸残基相连，以糖蛋白的形式存在。糖蛋白位于有包膜病毒的表面，已知它与血清反应有关。

2.4.1.4　病毒的主要类群

至今已发现了3 600多种病毒。很多病毒学家对病毒的分类做了不懈的努力，探索了很多的途径，提出了大量的方案，但目前还不成熟，还不完善。人们仍然根据病毒对宿主感染的专一性，按宿主的不同将病毒分为微生物病毒、植物病毒、脊椎动物病毒和昆虫病毒。

1.微生物病毒

侵染细菌、放线菌等原核微生物的病毒，通常称为噬菌体，微生物病毒广泛存在于自然界中，在真菌、蓝绿藻中也发现有病毒的感染。据报道，目前已做过电镜观察的噬菌体至少已有

2 850 种(株),其中 2 700 种(株)是有尾的,噬菌体在病毒学中以 *E. coli* 中发现的噬菌体最多,是研究最深入的。

2. 植物病毒

植物病毒大部分属于 ssRNA 病毒,其基本形态有杆状、丝状和等轴对称的近球状二十面体,一般没有包膜。只有少数种类才有包膜,例如植物弹状病毒组的莴苣坏死黄化病病毒等。植物病毒虽是严格的细胞内寄生物,但是它们的专化性并不强,往往一种病毒可寄生在不同种、属甚至不同科的植物上,例如 TMV 就可以传染 10 多个科 100 多种草本和木本植物。已知的植物病毒多达 600 多种。

3. 脊椎动物病毒

在人类、哺乳动物、禽类和鱼类等各种脊椎动物中,广泛存在着相应的病毒。目前研究得较广泛和深入的还是那些与人类健康、畜牧业直接相关的脊椎动物病毒。常见的如流感病、麻疹、腮腺炎、肝炎、疱疹、流行乙型脑炎、艾滋病以及狂犬病等。此外,根据统计,在人类的恶性肿瘤中,约有 15%是由于病毒的感染而诱发的。家禽和其他哺乳动物中的病毒病也相当普遍,如猪瘟、牛瘟、口蹄疫、非洲猪瘟等。家禽中则有鸡新城疫、鸡瘟和鸡的劳斯氏肉瘤等。进入 21 世纪以来,不断发现一些严重威胁人类生命健康的传染性沙氏冠状病毒(SARS),特别是从 2019 年底发生的 SARS-CoV-2 型,迅速在全球蔓延,给人们的生命财产造成巨大损失,目前仍然没有完全停止传播。H5N1 型禽流感病毒在亚洲许多地区及欧洲部分地区肆虐,造成大量禽类死亡,甚至人被感染致病乃至死亡,给人类带来巨大的经济损失。

二维码 2-8　新冠病毒与中国抗疫成就

4. 昆虫病毒

在病毒学领域内,昆虫病毒的研究和开发工作起步较晚,但发展较快。据记载,当前国际上已报道的昆虫病毒有 2 000 余种(2004 年)。在昆虫病毒中,80%以上是农林业中常见的鳞翅目害虫的病原体。

根据是否形成包涵体,把昆虫病毒分为包涵体病毒和非包涵体病毒。在包涵体病毒中分为:核型多角体病毒(NPV),在宿主细胞核内形成包涵体和杆状的病毒粒子;质型多角体病毒(CPV),在宿主细胞质中形成包涵体和球状病毒粒子;颗粒体病毒(GV),可在细胞核或细胞质中形成包含体和杆状病毒粒子。

2.4.1.5　亚病毒因子

前面所述的病毒有核酸成分和蛋白质成分。1970 年发现了侵染性小分子 RNA,1980 年又发现了有侵染力的蛋白质分子。有人将这些侵染性分子称亚病毒。亚病毒主要有类病毒、朊病毒以及卫星病毒等。

1. 类病毒

类病毒(viroid)是一个裸露的闭合环状 RNA 分子,它能感染寄主细胞并在其中进行自我复制使寄主产生病症。类病毒的相对分子质量小,仅为最小 RNA 病毒的 1/10,约 10 万 u。马铃薯纺锤形块茎病类病毒(PSTV)是研究得比较清楚的一种类病毒,这种小分子 RNA 能在敏感细胞内自我复制,但结构性质都与已知病毒不同,至今已鉴定的类病毒达 20 多种。类病毒对热和脂溶剂有抗性,类病毒除了通过汁液摩擦传染外,有些可以通过种子传染或无性繁殖材料传染,但没有找到昆虫和螨类媒体。

2.朊病毒(又称毒朊)

朊病毒是美国加州大学旧金山分校动物病毒学家 Prusiner 1982 年研究羊的瘙痒病原时发现的一种对人有侵染性的蛋白质颗粒,称为"prion"(protein infection 的缩写)或"virino",有人译为"朊病毒"或"毒朊"。由于这种病毒很奇特,有人又称奇异病毒。尚未发现这种毒性蛋白质分子蕴藏有任何核酸,即使有,其碱基数太少,不足以编码一个毒性蛋白分子。它除了引起羊瘙痒病外,还导致牛的海绵状脑(即"疯牛病"或称 BSE)和人的苦鲁病(发现于新几内亚东部高原的一种中枢神经系统退化症)等。令人吃惊的是,1996 年在英国发现的 BSE 也可感染人类。

Prion 是一类完全不同于细菌、真菌、病毒、类病毒及卫星病毒的病原因子,致病机制还不完全明了。目前认为由 α 螺旋的 PrP^{C} 转变为 β 片层结构的 PrP^{SC},同时 PrP^{SC} 还可以结合 PrP^{C},使之结构改变为 PrP^{SC},这样由于外源的 PrP^{SC} 侵入,以及自身 PrP^{C} 的变化,导致 PrP^{SC} 大量增殖、聚集(图 2-52),并沉积于脑组织中,引起神经细胞空泡变性而造成海绵状脑病。

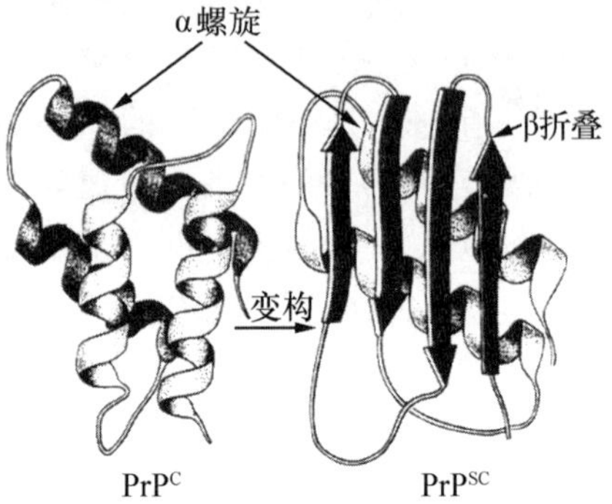

图 2-52 PrP^{C} 与 PrP^{SC} 的分子结构模式图

(周正任,病原生物学,2004)

朊病毒的发现在生物学界引起震惊,因为它与目前公认的"中心法则"即生物遗传信息流的方向是"DNA→ RNA →蛋白质"的传统观念相抵触。普鲁辛纳(Pursiner)等阐明羊瘙痒病的发病机制是由于朊病毒分子构象的改变而致病。这一发现开辟了病因学的一个新领域,可能对其他传染性海绵状脑病的发病原理和病因性质,提供一条新的思路,对生物科学的发展具有重大意义。

但是朊病毒的真正致病机理不太清楚,感染寄主后,蛋白质扩增研究发现,动物的某染色体上有一基因编码与合成一种蛋白,非常类似于朊病毒蛋白,主要存在于神经细胞中。朊病毒蛋白在寄主蛋白合成中(或合成后)起修饰作用。它不是破坏寄主细胞的酶,而是使正常的寄主基因产生更多的致病蛋白质。

2.4.2 噬菌体

噬菌体(phage)是侵染细菌的微生物病毒,广泛分布于自然界中。几十年来人们对大肠杆菌 T-系噬菌体进行了大量研究,获得了很多有关病毒的基础知识。虽然植物病毒在病毒学发展史上曾起过领先的作用,但要从分子水平上深入研究病毒复制增殖、生物合成、基因表达、颗粒装配、感染性以及其他活性等问题,噬菌体却是一个很方便的模型和独特的工具,因为它是一个单细胞的宿主和很简单的寄生物。

2.4.2.1 噬菌体的形态

与其他病毒一样,噬菌体都是由蛋白质和核酸组成。核酸以单链或双链分子组成环状或线状,病毒粒子外壳有不同形状和大小。基本形态为蝌蚪形、微球形和线状 3 种。从结构看又可以分为 6 种不同的类型,现将它们概括于表 2-6。

表 2-6　几种噬菌体的形态及其核酸特征

类型	形态描述		举　例	
			大肠杆菌噬菌体	其他细菌噬菌体
1	蝌蚪形收缩性长尾噬菌体，具六角形头部及可收缩的尾部，DNA 双链		T_2 具有 5-羟甲基胞嘧啶 T_4 T_6	极毛杆菌属：12S，PB_{-1} 芽孢杆菌属：SP50 黏球菌属：MX_{-1} 沙门氏菌属：66t
2	蝌蚪形非收缩性长尾噬菌体，具六角形头部及不可收缩的尾部，DNA 双链		T_1 T_5 多阶段感染 λ 温和噬菌体	极毛杆菌属：PB_{-2} 棒状杆菌属：B 链霉菌属：K_1
3	蝌蚪形非收缩性短尾噬菌体，有六角形头部和不能收缩的短尾，DNA 双链		T_3 T_7	极毛杆菌属：12B 土壤杆菌属：$PR_{-1.001}$ 芽孢杆菌属：GA/1 沙门氏菌属：P_{22}
4	六角形大顶壳粒噬菌体，有六角形头部，12 个顶角各有一个较大的壳粒，无尾部，DNA 单链	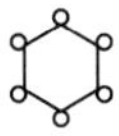	ϕX174-DNA 环状 S_{13}	沙门氏菌属：ϕR
5	六角形小顶壳粒噬菌体，有六角形头部，无尾部，RNA 单链	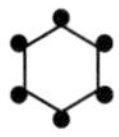	f_2、QB、MS_2 } 雄性噬菌体	极毛杆菌属：7S，PP7
6	丝状噬菌体，无头部，蜿蜒如丝，DNA 单链		fd　雄性噬菌体 f_1 M_{13}	极毛杆菌属

2.4.2.2　噬菌体的生长周期

1. 噬菌体生长的测定——一步生长曲线

噬菌体繁殖和其他病毒一样，其生活周期包括吸附、侵入、复制、组装和释放 5 个阶段。

定量描述毒性噬菌体生长规律的实验曲线称为一步生长曲线，如图 2-53 所示。该种曲线反映出 3 个重要特征参数：潜伏期、裂解期、裂解量。一步生长曲线的实验方法如下：先把在对数期生长的敏感细菌悬浮液与适量的噬菌体混合，通常噬菌体和细菌的混合比例为 10∶1，避免几个噬菌体同时侵染一个细菌细胞。经数分钟吸附后，混合液中加入一定量的该噬菌体的抗血清，以中和尚未吸附的噬菌体。然后再用培养液进行高倍稀释，以免发生第二次吸附和感染。培养后定时取样，将含噬菌体的样品与敏感细菌混合，在平板

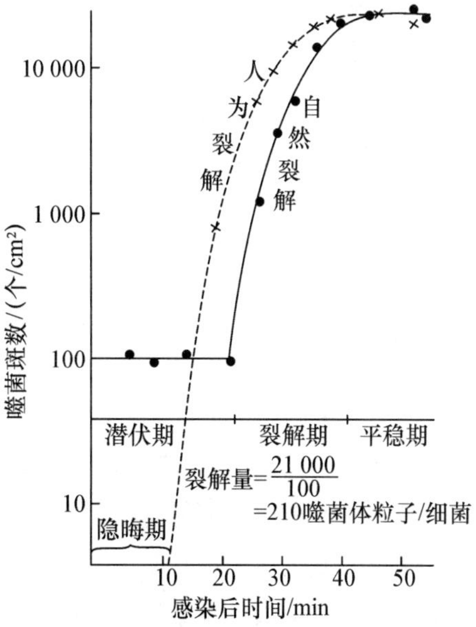

图 2-53　T_4 噬菌体的一步生长曲线图

上培养，计算噬菌斑数。结果可见，在吸附后的开始一段时间内(5～10 min)，噬菌斑数不见增加，说明噬菌体尚未完成复制和组装，这段时间称为噬菌体的潜伏期，不同的病毒潜伏期长短不同。紧接着在潜伏期后的一段时间(感染后 20～30 min)，平板中的噬菌斑数突然直线上升，表示噬菌体已从寄主细胞中裂解释放出来，这段时间称为裂解期。每个被感染的细菌释放新的噬菌体的平均数称为裂解量。当宿主全部裂解，溶液中的噬菌体的效价达到最高点时称为平稳期。

$$裂解量=\frac{裂解期平均噬菌斑数}{潜伏期平衡噬菌斑数}$$

2. 毒性噬菌体及其增殖过程

通常把毒性噬菌体看作噬菌体的正常表现。大肠杆菌 T_4 噬菌体是一种毒性噬菌体，它是双链 DNA 病毒，由二十面体的头部和一个可收缩的尾部组成，尾部由中空的尾髓和可收缩的蛋白质尾鞘组成，尾端有 6 根尾丝。毒性噬菌体的入侵增殖一般包括吸附、侵入、复制、装配、释放 5 个阶段(图 2-54)。

(1)吸附　噬菌体与敏感的寄主细胞接触，在寄主细胞的特异性受点上结合。T_4 噬菌体是以尾部末端和寄主的受点吸附。一种细菌可被多种噬菌体感染，不同的感染噬菌体在同一寄主细菌的不同受点上吸附。因此，一个寄主细菌(例如大肠杆菌)与一种噬菌体(如 T_4)饱和吸附后，并不妨碍和另一种噬菌体(如 T_6)再吸附。

(2)侵入　噬菌体吸附在细菌细胞壁的受点上以后，核酸注入细菌细胞中，蛋白质壳体留在外面，从吸附到侵入的时间间隔很短，只有几秒钟到几分钟。

(3)复制　噬菌体核酸进入寄主细胞后，操纵寄主细胞的代谢机能，大量复制噬菌体核酸，并合成病毒所需要的蛋白质，但不形成带壳体的粒子。

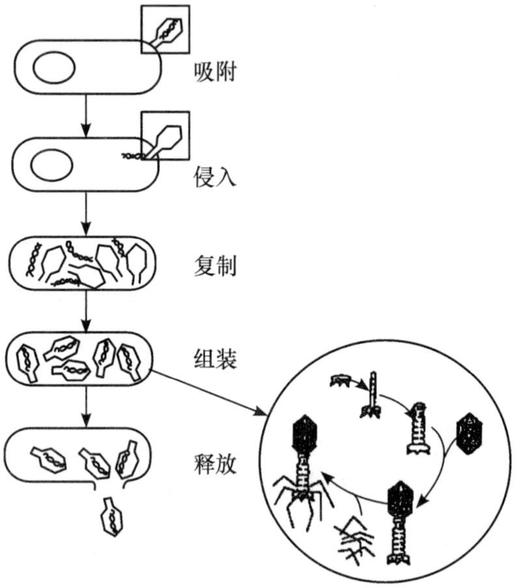

图 2-54　T 偶数噬菌体的侵染复制过程

(4)粒子成熟(组装)　寄主细胞合成噬菌体壳体(T_4 噬菌体包括头部、尾部)，并组装成完整的噬菌体粒子。

(5)寄主细胞的裂解(释放)　噬菌体粒子成熟，引起寄主细胞的裂解，释放出病毒粒子。噬菌体的释放量随种类而有所不同，一个寄主细胞可释放 10～10 000 个噬菌体粒子。

在细菌培养液中，细菌被噬菌体感染，细胞裂解，浑浊的菌悬液变成透明的裂解溶液。在双层平板固体培养基上，稀释的噬菌体悬液引起点状感染，在感染点上进入反复的侵染过程，产生透明的空斑称为噬菌斑。

3. 温和噬菌体和溶原性

有些噬菌体侵入寄主细菌后，并不像上述毒性噬菌体那样发展，而是它们的核酸和寄主细胞同步复制，寄主细胞不裂解，这类噬菌体称为温和噬菌体。含有温和噬菌体的寄主细胞称为溶原细胞(或细胞溶原化),在溶原细胞内的噬菌体核酸称为原噬菌体(或前噬菌体)。

溶原细胞(溶原细菌)正常繁殖时绝大多数不发生裂解现象,只有极少数(大约 10^{-6})溶原细胞中的原噬菌体发生大量复制的现象,并接着成熟为噬菌体粒子,这时导致寄主细菌裂解,这种现象称为溶原细菌的自发裂解。也就是说少数溶原细菌中的温和噬菌体变成了毒性噬菌体。

检验溶原菌的方法是将少量溶原菌与大量敏感指示菌(易受溶原菌释放出的噬菌体感染发生裂解性循环者)相混合,然后倒入营养琼脂平板,溶原菌生长成菌落。当溶原菌中极少数的细胞发生自发裂解释放出病毒粒子时,这些病毒粒子会感染溶原菌落周围的敏感指示菌,并反复侵染形成噬菌斑。最后形成中央是溶原菌菌落、四周为透明裂解圈的特殊菌落(图 2-55)。

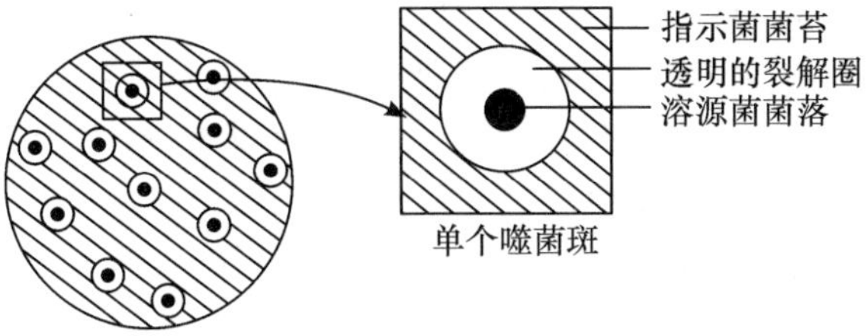

图 2-55　溶原菌及其特殊噬菌斑

溶原细胞的诱发裂解:用低剂量的紫外线照射处理,或其他物理、化学方法处理,能够诱发溶原细胞大量溃溶,释放出噬菌体粒子。

溶原细胞的复愈:溶原细胞有时消失了其中的原噬菌体,变成非溶原细胞,这时既不会发生自然溃溶现象,也不发生诱发溃溶现象,称为溶原细胞的复愈或非溶原化。温和噬菌体侵入寄主细胞后可能发生的侵染过程见图 2-56。

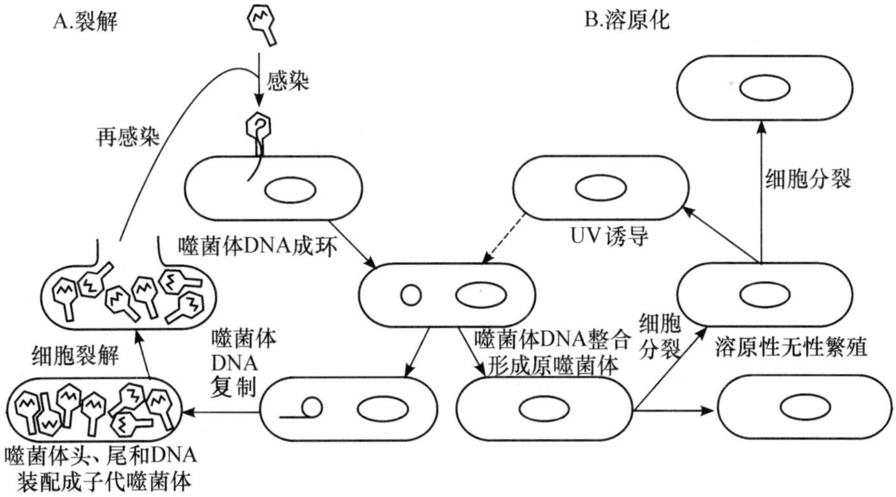

图 2-56　λ 噬菌体毒性感染和溶原化示意图

λ 型噬菌体:λ 噬菌体是一种研究得透彻的大肠杆菌温和噬菌体,λ 噬菌体的原噬菌体插入寄主细胞的染色体的特定位点(在 *gal* 和 *bio* 基因之间),成为寄主细胞染色体的附加体,并随寄主细胞复制、繁殖而传代。含有 λ 原噬菌体的溶原细胞对于 λ 原噬菌体的毒性突变株有免疫性,也就是说毒性突变株对非溶原寄主有毒性,对溶原寄主(含有 λ 原噬菌体)却没有毒性。

PI型噬菌体:PI噬菌体也是一种温和噬菌体,它和λ噬菌体有两个明显不同的特征。一个是它的原噬菌体主要是独立地存在于寄主细胞内,而不是染色体的附加体。另一个是当它插入染色体成为附加体时不是在某个位点上,而是能在许多位点上插入。

除噬菌体外,自然界还存在侵染其他微生物的病毒,包括真菌病毒(mycovirus)、藻病毒(phycovirus)和原生动物病毒。至今发现的真菌病毒都是dsRNA病毒,而藻类病毒则都是dsDNA病毒。它们可能被利用作为生物防治剂,控制真菌病和藻类。

4.噬菌体的危害

在发酵工业和食品工业上,噬菌体给人类带来的危害是污染生产菌种,造成菌体裂解,无法累积发酵产物,发生倒罐事件,损失极其严重。

(1)抗生素发酵与噬菌体污染　灰色链霉菌发酵生产链霉素,由于噬菌体污染出现溶菌现象,菌体减少,培养液变黑,抗生素效价不上升。1951年以来,有关金色链霉菌的噬菌体污染的报道已有很多,四环素发酵生产中也出现类似异常现象。

(2)食品工业上的噬菌体污染　食品工业上采用乳酸菌、醋酸菌、棒状杆菌等进行发酵,生产各种不同的产品,如果生产过程中受到相应的噬菌体感染,发酵作用就会减慢,周期明显延长,甚至停止;发酵液变清,不积累发酵产物,菌体很快消失,整个发酵生产就被破坏。所以在微生物发酵工业中,必须采取一定预防措施以减少由噬菌体造成的损失。

一旦发现噬菌体污染,要及时采取合理措施,尽快提取成品或者使用药物抑制,如加入某些金属螯合剂(如0.3%～0.5%的草酸盐、柠檬酸铵,可抑制噬菌体的吸附和侵入)、抗生素、表面活性剂等或及时改用抗噬菌体的生产菌株。

5.噬菌体的应用

(1)用于细菌鉴定和分型　由于噬菌体的作用具有高度的种、型特异性,即一种噬菌体只能裂解和它相应的该种细菌的某一型,因此可用于细菌鉴定。目前已利用噬菌体将金黄色葡萄球菌分为132型,将伤寒杆菌分为72型。

(2)用于诊断和治疗疾病　噬菌体感染相应细菌后,迅速繁殖并产生噬菌体子代。利用这一特性可将已知噬菌体加入被检材料中,如出现噬菌体效价增长,就证明材料中有相应细菌存在。在疾病治疗中可使用噬菌体来裂解细菌,特别是有些细菌对抗生素产生抗药性,最好的办法就是采用相应噬菌体来治疗。

(3)用作分子生物学研究的实验工具　由于噬菌体的基因数目少,噬菌体变异或遗传性缺陷株又容易辨认、选择和进行遗传性分析,因此可以通过物理的或化学的方法诱变使其产生多种噬菌体的蚀斑型突变株和条件致死突变株,然后利用这些突变株的基因重组试验,来研究噬菌体个别基因的排列顺序和功能。在生物技术方面,噬菌体可作为载体,将核酸片段传递到另一细胞中,改变细胞的遗传特性。现已被应用到遗传工程上。

2.5 微生物的分类

2.5.1 微生物的分类

微生物分类是把各种微生物按照它们的亲缘关系分群归类,编排成系统,并按微生物的分类来命名。经典分类学认为，微生物分类的单位和高等动物、植物一样，依次分为界(kingdom)、门(phyllum)、纲(class)、目(order)、科(family)、属(genus)、种(species)。但 1987 年，著名微生物分类学家 C. Woese 通过对 500 多种生物的 16S rRNA 序列、18S rRNA 序列的系统发育学分析，提出了著名的生命三域学说，即真细菌域、古细菌域和真核生物域。1990 年，C. Woese 在此基础上结合 rRNA 及 RNA 聚合酶的分子结构和序列，将地球上的生命分为 3 个基本类群，正式建立三域分类系统，并将生物分类的最高等级命名为域(domain，域的拉丁文以-a 结尾)。生命的三域分别是：古菌域(Archaea)，如产甲烷细菌、极端嗜盐菌、嗜热嗜酸菌；细菌域(Bacteria)，包括蓝细菌和各种除古菌以外的其他原核生物；真核生物域(Eukarya)，包括原生生物、真菌、动物和植物等。非细胞结构的病毒不属于这 3 个域。分类上的一般原则是，将相近似的种(species)归纳在一起称为属(genus)，又把相近似的属归在一起称为科(family)，依此类推，由科合为目(order)，由目合为纲(class)，由纲合为门(phylum)等，由此构成一个完整的分类系统。

国际上所采用的微生物物种学名，是采用植物学家林奈 1753 年在《植物种志》(Species Plantarum)中所创立的"双名法"来命名的，即微生物的学名统一由属名和种名(又称种加词，下同)组成，并统一用拉丁文，每个物种学名由两个部分构成：属名和种加词(种小名)。属名由拉丁词或希腊词或拉丁化的其他文字构成，首字母须大写；种加词是拉丁文中的形容词，首字母不大写。习惯上，在科学文献印刷出版时，学名之引用常以斜体表示，或是于正排体学名下加底线表示。

在微生物的分类中，"种"是最基本的分类单位，种以下还可以分为变种/亚种、菌株和型等，现简单说明如下。

1. 种

"种"(species)是微生物最基本的分类单位。"种"可以定义为相似菌株的集合，该菌株集合应该与其他类群的菌株在表型特征、亲缘关系等方面存在明显的差异。关于微生物"种"的概念，目前还有不同的看法，但不管人们怎样理解"种"的概念，微生物的"种"都是客观存在的，具有相对稳定性。根据 16S rRNA 序列分析，同源性大于 97%的两个原核微生物很可能是同一个种(两类原核微生物的 16S rRNA 序列同源性≥95%，可以初步认为它们属于同一个属)，此观点已得到很多实验方面的支持。另一方面，生物又是不断变化的，同一种生物的不同个体，由于它们所处的环境不同，其本身或它的后代也会出现一些变异。同种生物个体之间的变异是形成新种的前奏，所以物种又是变化的。在一定条件下，物种保持相对稳定，这是物种存在的根据，这才使生物分类成为可能。而变则又是物种发展的根据，再加上微生物本身的特点，这样就很难区别种内的变异或种间的不同，当然也就不可避免地给微生物分类带来困难。所以，目前微生物分类中所描述的"种"，在不同程度上都有人为的、暂时的性质，而且也不可避免会出现一些混乱。

2. 亚种或变种

从自然界分离到某一微生物的纯种，必须与已知的典型种(称为模式种)所记载的特征完全符合，才能鉴定为同一个种。有时分离到的纯种大部分特征和典型种完全符合，但有某一特性与典型种不同，而这一特性又是稳定的，又不至于区分成为新种时，我们就把这种微生物称为典型菌种的亚种或变种。亚种(subspecies)和变种(variety 或 var.)是同义词，1976 年以后，菌种的亚等级一般采用亚种,不再使用变种。

3. 型

亚种以下的细分,但现在已经很少使用。当同种和同亚种的不同菌株之间的性状差异,不足以区分为新的亚种时,可以分为不同的型(type 和 form)。例如,结核杆菌依据其寄主的不同,分为人型、牛型和禽型。目前尚在使用的以"型"分类的指标有生物型(biotype)、血清型(serotype)、噬菌体型(phagetype)等。

4. 群或类群

在自然界中,常常发现有些微生物种类在特性上介于另外两种微生物之间,彼此不易严格区分,因此,就称它们为同一"群"(group)。例如,大肠杆菌和产气杆菌两个种之间的区别是十分明显的,但在自然界还发现存在着许多介于这两种细菌之间的中间类型,于是我们就将一切介于大肠杆菌和产气杆菌之间的中间类型,包括大肠杆菌和产气杆菌在内,总称为大肠杆菌群,但是,群还可用于其他场合,表示不同的意义,这就需要注意加以区别。

5. 菌株或品系

这是在微生物学上经常碰到的一个名词,主要是指不同来源的同一种微生物的纯培养。我们从自然界分离到的微生物纯培养,尽管同属一个种,但由于来源不同,它们之间总会出现一些细微的差异,我们就把这同种不同来源的纯培养称为不同的菌株(strain)。从自然界分离到的每一个微生物纯培养都可称为一个菌株,一般在学名后用数字、地名或符号来表示。

2.5.2 微生物分类的依据和方法

微生物的分类所采用的标准和高等动、植物有所不同,单凭形态上的特征和差异难以鉴别,如有些细菌在形态上几乎可以完全一致,但在生理生化反应上可有所不同,所以微生物的分类,除了形态特征以外,还要结合生理生化反应和遗传性等特征,进行综合分析,再根据生物进化的规律和应用的方便,将微生物进行鉴定,从而归纳成一个分类的系统。由于分子生物学的迅速发展,大大丰富了目前分类的内容,除上述经典的分类依据外,近年来又开始以遗传学技术为手段,来分析微生物的种间或属间亲缘关系,其他还可采用红外吸收光谱、测定 GC 含量等先进技术作为分类依据,但这些先进技术由于仪器设备手续的繁杂原因,目前尚未普遍采用,但从长远角度来看它,必将是发展的方向。当然,在鉴定微生物之前,首先要对被鉴定的微生物进行纯种分离,在得到由单个微生物细胞发育而成的纯培养后,方可以下列依据进行鉴定与分类。

2.5.2.1 形态特征

1. 个体形态特征

个体形态特征主要观察细胞外形、大小和排列方式等,例如鉴定霉菌就要观察分生孢子外形、穗的大小和分生孢子的排列情况。在细菌细胞构造方面,要观察有无运动性、鞭毛着生的部位及数目、有无芽孢及芽孢的着生部位和形态以及细胞内含物等。在染色反应上,应进行革兰氏染色和抗酸性染色,说明是阳性还是阴性反应。

2. 菌落形态

菌落形态指微生物所表现的群体形态或生长状况,在琼脂平板上培养后生成菌落的特征,主要是观察菌落的外形、大小、颜色、光泽、黏稠度、隆起情况、透明程度、边缘特征、是否产生脂溶性或水溶性色素以及气味等。

3. 液体培养

在液体培养基中培养菌种，主要观察液体是否浑浊及浑浊程度、在液体表面有无菌膜的形成、在液体底部是否形成沉淀以及沉淀的形态等。

4. 半固体培养

观察在半固体培养基上穿刺接种后的生长状况并判断有无动力。

2.5.2.2　生理特性及生化反应

生理生化的不同本质上是酶和蛋白质的不同，间接反映了微生物基因组的不同，因而生理生化试验对微生物分类具有很大的意义。在这方面的项目很多，现将主要的列举如下。

1. 营养类型

判断微生物是属于光能自养、光能异养、化能自养或化能异养还是兼性营养型。

2. 对碳源和氮源的利用

试验多种糖类(单糖、双糖、多糖)能否被利用作为碳源和能源，以及对一定有机物(醇类、有机酸烃类等)或二氧化碳的利用能力。对于氮源来讲，看其是否利用蛋白质、蛋白胨、氨基酸、铵盐，还有大气中的游离氮。

3. 代谢产物

不同的微生物因生理特性的不同，而产生不同的代谢产物，因此，通过检查代谢产物可以鉴定菌种。主要检查在培养基中微生物是否可以产生有机酸、酒精、碳氢化合物、气体等，能否分解色氨酸而产生吲哚，能否分解糖而产生乙酰甲基甲醇，能否使硝酸盐还原而产生亚硝酸盐或氨，以及能否产生色素或其他物质如抗生素等。另外，不同的细菌在牛乳培养基中对于牛乳中乳糖和蛋白质的分解利用情况是不同的，有的使牛乳中的乳糖发酵而产酸，由于酸产生过多而使牛乳中的蛋白质凝固；有的细菌则具有蛋白酶，可以使酪蛋白分解为较简单的蛋白胨(叫作胨化)；还有的可以将牛乳中含氮的物质分解成氨而使牛乳变成碱性。所以在鉴定某些微生物时，可以观察牛乳是凝固还是胨化，是产酸还是产碱。

4. 和温度、氧的关系

不同微生物所需要的温度范围不同，因此，鉴定微生物就要查明它们生长的最适、最低和最高温度，在对氧气的关系上，则要查明它们是好氧还是厌氧，是微量好氧还是兼性好氧。

5. 对抗生素和抑制剂的敏感性

主要检查微生物对抗生素、氰化钾(钠)、胆汁、弧菌抑制剂以及某些染料的敏感性。此外，还可以检查微生物对生长因子的依赖性、对渗透压的适应性、对 pH 的耐受性等。

6. 血清学试验和噬菌体分型

由于微生物的种尤其是亚种，在性状上的差异甚微，仅依据上述形态特征和生理生化方面的特征来鉴定菌种还难以实现，而采用血清学反应则在很多方面可以查出它们之间更细微的区别，因此，血清学反应在微生物的分类上得到广泛的应用。血清学反应的基本原理，就是用已知菌种、型或菌株制成抗血清，根据它是否与待鉴定的对象发生特异性的血清学反应来鉴定未知菌种、型或菌株。如肺炎链球菌，通过血清学反应区分出来有几十个类型，所以血清学反应在医学微生物学上具有很重要的作用。血清学反应同样也可以用于病毒的分类，尤其是应用于噬菌体的分类，可以利用噬菌体的抗原性不同，鉴定出很多不同的型。噬菌体对于宿主的感染和裂解常常具有高度的特异性，即一种噬菌体往往只能感染和裂解一种细菌，甚至只能裂解种内的某种菌株，所以可以根据噬菌体的宿主范围将细菌分为不同的噬菌体型。

2.5.2.3 生态

微生物和其他生物的寄生和共生关系，往往也作为分类的依据，寄生和共生虽然不一定是绝对的，但一般都具有一定的专一性，例如根瘤菌属的分类是以它们共生的对象作为依据的，如与大豆共生的根瘤菌叫作大豆根瘤菌，而同花生共生的就叫花生根瘤菌。微生物的致病性在分类上也有一定的重要性，例如病毒的鉴定，绝大部分是根据对寄主的致病性反应来确定的，因为病毒比细菌构造更为简单，它们本身的生理特性很不显著，故一定要与寄主的反应结合起来加以考查。

2.5.2.4 细胞壁成分分析

目前已知细菌、霉菌和酵母菌的细胞壁成分都有明显不同，故有人试图用细胞壁的成分分析进行微生物的分类。在放线菌分类中，已广泛应用细胞壁成分的分析作为分类的依据。如白乐杰诺卡菌(*Nocardia penetieri*)，原来按形态分类，有人认为应属于诺卡菌属，而有人则把它列入链霉菌属，但后经细胞壁成分分析，发现白乐杰诺卡菌中有 3 株菌都没有作为诺卡菌属特征的阿拉伯糖，却含有作为链霉菌属特征的丙氨酸、谷氨酸、甘氨酸和 *L*-2,6-二氨基庚二酸，从而证实了白乐杰诺卡菌中的 3 株菌确属于链霉菌属。近年来，有人对 18 个属的放线菌的细胞壁进行了分析，根据细胞壁的氨基酸组成，将它们的细胞壁分 6 个细胞壁类型，又根据细胞壁糖的组成分 4 个糖类型，并结合形态特征提出了相应的科属检索表。总之，根据细胞壁的化学组成结合形态特征来划分科、属，这无疑比纯形态分类有了较大的进步，但也发现这种方法尚存在一些偏差，这将在今后的工作中不断加以完善。

2.5.2.5 红外光谱

利用红外吸收光谱来测定物质的化学结构已作为一种常规的方法被采用。一般认为：每种物质的化学结构都有特定的红外吸收光谱，若两个样品的吸收光谱完全相同，可以初步认为它们是同一种物质，因此，人们就利用红外光谱技术测定微生物细胞的化学成分来进行微生物的分类。人们曾利用这种技术先后对芽孢杆菌、乳酸杆菌、大肠杆菌和酵母菌等进行分类，近年来又应用于放线菌的分类。实验证明，这种技术适于“属”的分类，而不适于同一属内不同种或菌株之间的区分。这种方法的优点是：简单快速，用少量的样品(菌体或提取物)就可以得到满意的结果。

2.5.2.6 核酸分析和分子杂交

DNA 是遗传信息的主要携带者，而遗传信息又决定于 4 种碱基在 DNA 链上的排列序列，因此，关于不同类群微生物 DNA 成分的特异性问题就引起了微生物分类工作者的注意。不同的生物，亲缘关系越远的种，其碱基对排列序列差别就越大。从 20 世纪 70 年代起，分类学家考虑用原核生物的遗传物质——DNA 的特征作为分类依据之一，主要有 GC 含量测定、核酸的杂交技术和序列分析等。

1. GC 含量分析

DNA 碱基对的序列、数量和比例在细胞中是稳定的，不受菌龄和一般外界因素的影响，因此，可以通过测定 DNA 的碱基比例或 G+C 的百分比值（即 G+C 占 4 种碱基总量的摩尔数百分比，mol%）来判断微生物种属间亲缘关系的远近。各种微生物的 G+C 百分比值变化范围很大，原核生物在 20%～70%。一般而言，同一"种"内的不同菌株，其含量变化范围为 2%～5%，两种微生物的 G+C 百分比值相差在 10%以上，这两种微生物就肯定不属于同一个种或属。但是，两个完全不相关的微生物，可能具有相同或相似的 G+C 百分比值，因此，G+C 百分比值用于微生物鉴定时，必须和其他分类方法相结合使用。

G+C 百分比值已经用于微生物的分类鉴定中。如《伯杰鉴定细菌手册》第 7 版中，根据 37℃生长、石蕊牛奶反应和气味的产生等特征，曾将假单胞菌属产荧光、不液化明胶的类群划分为 10 个种，后来根据 DNA 的 G+C 百分比值测定结果都是 60～63 mol%，又经转导测定证明，它们应合并为一个种，因而在《伯杰鉴定细菌学手册》第 8 版把这 10 个种归为恶臭假单胞菌（*Pseudomonas putida*）。

2. DNA 杂交

微生物拥有相同的 G+C 百分比值，并不意味着它们具有相同的碱基序列，所以 G+C 百分比值相同的微生物可能属于完全不同的两个种。DNA-DNA 杂交是建立在碱基互补配对基础上的一种测定 DNA 同源性的方法，如果两条双链 DNA 的碱基对排列序列完全相同，那么它们就可以生成完整的杂交双链，即杂交率为 100%；如果只有部分相同，那么它们的杂交率就低于 100%，也就是在杂交双链中含有部分不配对的单链。杂交率越高，表明它们之间的亲缘关系越接近。不同属的微生物 DNA 通常只显示本底杂交率，为 1%～5%。一般把同源性大于 60%的两个菌株归为同一个种，70%以上的为同种内不同亚种，同源性为 20%～60%的两个菌株归为同一个属。

核酸杂交技术还包括 DNA-rRNA 杂交。如果两个菌株的亲缘关系更远，如在进行属和属以上的等级分类时，非配对碱基超过 10%～20%时，DNA-DNA 往往不能杂交，于是采用了 DNA-rRNA 杂交技术，这是因为 rRNA 的序列变化比基因组 DNA 的变化要保守的缘故，仍可以有较高的杂交率。Palleroni 依据 DNA-RNA 杂交及其杂交的结果，将 *Pseudomonas* 内众多而复杂的成员分为 5 个属，这 5 个属近年来进一步被重新命名为不同的属。

3. 核酸序列分析

核酸序列分析主要比较 23S、16S 和 5S rRNA 的序列同源性，尤其是 16S rRNA 的序列特别重要，因为这是原核生物中比较保守的寡聚核苷酸，其同源性大小可决定亲缘关系的远近。从 20 世纪 70 年代起，Woese 等测定了 200 多种原核生物的 16S rRNA 和真核生物的 18S rRNA 的寡聚核苷酸序列，弄清了原核生物和真核生物的系统进化问题，提出了三原界假说。

4. 遗传重组

真核微生物具有有性生殖，在分类学上可以用于微生物的鉴定。原核微生物没有有性生殖，但是可以通过转化、转导和接合等方式进行遗传物质的交流，这种交流需要在细菌染色体之间存在一定的同源性，因而是具有种属特异性的。在细菌分类中，发生同源重组是细菌亲缘关系的重要佐证。如转化通常发生在同属的不同种内，属间一般难以发生。

2.5.2.7 数值分类法

数值分类法(numerical taxonomy)又称统计分类法(taxonometrics),是一种现代微生物分类法。数值分类法是在与林奈同时代的法国植物学家阿丹松(M. Adanson)200 年前发表的分类原理基础上,借助现代的计算机技术而发展起来的。现代新阿丹松学派(New Adansonion)的代表人物 Sheath 自 1956 年将其用于细菌分类以来,不少国家都采用此法。它与传统分类法的区别主要是:a. 传统法采用的分类特征有主次之分;而数值法根据“等重要原则”,不分主次,通过计算菌株间的总相似值来分群归类。b. 传统法根据少数几个特征,采用双歧法整理实验结果,排列出一个个分类群;而数值法采用的特征较多,一般是 50~60 个,多的则达到 100 个特征以上,进行菌株间两两比较,数据处理量较大,需借助于计算机才能实现。该方法的基本步骤是:

①收集 50 个以上甚至几百个数据。

②按如下公式分别计算简单匹配相似系数 S_{am} 和 Jaccard 系数 S_j。

$$S_{sm}=a+d/(a+b+c+d)$$
$$S_j=a/(a+b+c)$$

式中:a 为两菌株均呈正反应的性状数;b 为菌株甲呈正反应而菌株乙呈负反应的性状数;c 为菌株甲呈负反应而菌株乙呈正反应的性状数;d 为两者均呈负反应的性状数。从公式中可知,S_{sm} 既包括正反应性状,也包括负反应性状,而 S_j 则仅包括正反应性状,不考虑负反应性状。

③列出相似度矩阵(similarity metrices)。大量的菌株比较时,可借助计算机,并在计算机中构成相似性矩阵。对所研究的各个菌株都按配对方式计算出它们的相似系数后,可将所得数据填入相似度矩阵中,为便于观察,应该将该矩阵重新安排,使相似度高的菌株列在一起,见图 2-57A。

④将矩阵图转换成树状图谱(denrogmn)。矩阵图转换成树状图谱后,为根据数值关系判

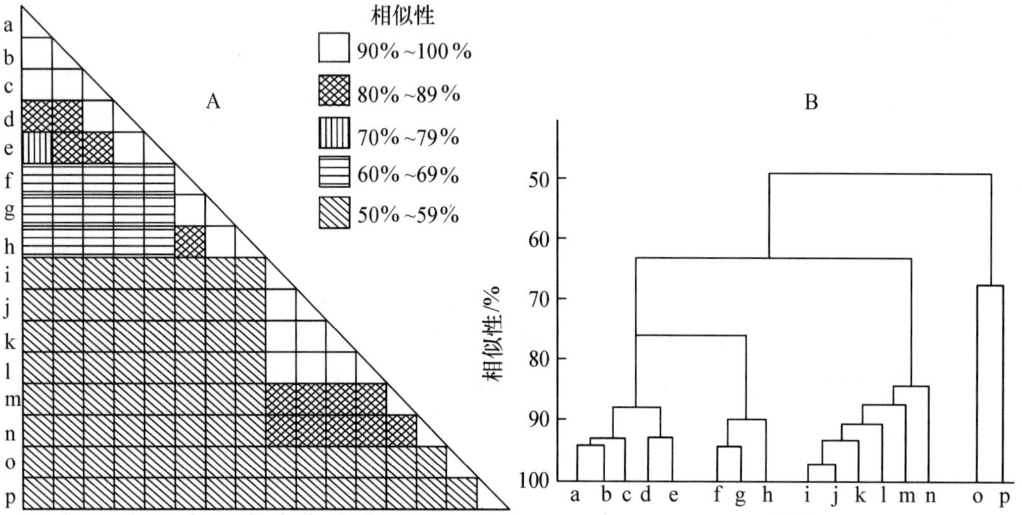

A. 阴影相似矩阵图 B. 树状图谱

图 2-57 数值分类的三角矩阵图和树状图谱

断分类关系提供了更直观的材料，见图 2-57B。图中垂直的虚线表示各菌株相似度水平，可用作属与种两个不同层次的分类单元。

数值分类法具有很多优点，与传统法相比，得到结果偏差少，并且它是以分析多数特征为基础的方法，比只以少数特征为基础的方法所提供的分类群更稳定。有些分类群在数值法和传统法之间已显示出很好的关联度。但是也有人认为数值法这种主次不分的分类方法不能突出主要矛盾，未必能真正地反映微生物"种"的特征。另外，数值分类还存在一些技术和方法上的问题，仍处于探索阶段。在目前条件下，应用最广泛的仍是实用而且简单的传统分类方法。

2.5.2.8　非培养微生物分类法

近年来，随着测序技术的突飞猛进，对于以往非培养微生物的数据积累越来越多，科学家们为了更好地研究与分享非培养微生物的研究进展，同时，由于通过单扩增组装的基因组(SAGs)和宏基因组组装得到的基因组(MAGs)使得古菌与细菌的成员数量急剧增加，因此需要制定针对非培养微生物的命名指南。目前，国际原核生物命名法(ICNP)只承认纯培养物为命名材料，从而阻碍了非培养微生物的命名。在原核微生物系统分类学国际委员会的共识声明中提出了两条解决此问题的方案，一种是对原有的 ICNP 进行修改，将 DNA 序列识别为可接受的材料，另一种是针对非培养微生物的古菌和细菌创建一套命名规则，后续可与 ICNP 进行合并。但不管最终采取何种方法，现在最需要的是为非培养微生物指定统一的命名规则而行动，有利于高效地分享微生物信息和展示其多样性。

二维码 2-9　非培养微生物分类法

2.5.3　细菌分类系统简介

目前有 3 个比较全面的细菌分类系统，一个是苏联的克拉西里尼科夫著的《细菌和放线菌的鉴定》，第二个是美国布瑞德(R. S. Bxeed)等主持编写的伯杰氏系统分类手册(以前叫《伯杰氏鉴定细菌学手册》)，第三个是法国的普雷沃(prevot)著的《细菌分类学》。这 3 个系统虽都是针对细菌的，但所依据的原则、排列的系统、对各群菌的命名、所用名称的含义都各不相同，其中以《伯杰鉴定细菌学手册》使用较广，而且较有代表性，是一个有参考价值的分类系统。《伯杰鉴定细菌学手册》(Bergey's Manual of Determinative Bacteriology)自 1923 年第 1 版以来，相继于 1925 年、1930 年、1934 年、1939 年、1948 年、1957 年、1974 年出版了第 2～8 版，几乎每一版均吸取了许多分类学专家的经验，其内容也经过不断扩充和修改。1984 年、2001 年和 2012 年，《伯杰鉴定细菌学手册》又出版了新的版本，新版名称更改为《伯杰系统细菌学手册》(Bergey's Manual of Systematic Bacteriology)，和以前版本比较，新版的内容又有了较大的改变，这主要由于近年来其他边缘学科的不断发展，进一步推动了细菌分类学的迅速发展，在新版中又增加了许多新科、新属和新种。第 2 版《伯杰系统细菌学手册》于 2001—2012 年共出版 5 卷。

第一卷：古菌和最早分支及光合细菌(The Archaea and The Deeply Branching and Phototrophic Bacteria，2001 年出版)

2001 年出版的第一卷只有泉古菌门和广古菌门，目前已知的至少有 10 个门。

1. 泉古菌门(Crenarchaeota)：1 纲 3 目 5 科 22 个属。

2. 广古菌门(Euryarchaeota)：7 纲 9 目 14 科 46 属。

除以上 2 个门以外，古菌域目前还发现了 Aenigmarchaeota、Diapherotrites、初古菌门（Korarchaeota）、纳古菌门（Nanoarchaeota）、盐纳古菌门（Nanohaloarchaeota）、地古菌门（Geoarchaeota）、Parvarchaeota、奇古菌门（Thaumarchaeota）8 个门。

细菌域主要描述了以下几个门：

1. 产水菌门（Aquificae）：1 纲 1 目 1 科 4 属。

2. 绿菌门（Chlorobi）：1 纲 1 目 1 科 5 属。

3. 绿弯菌门（Chloroflexi）：1 纲 2 目 2 科 5 属。

4. 产金菌门（Chrysiogenetes）：1 纲 1 目 1 科 1 属。

5. 蓝藻门（Cyanobacteria）：未按纲目科分类排列，只有 5 个部（section）下面共有 55 个属。

6. 脱铁杆菌门（Deferribacteres）：1 纲 1 目 1 科 3 属。

7. 异常球菌-栖热菌门（Deinococcus Thermus）：1 纲 2 目 2 科 3 属。

8. 硝化螺旋菌门（Nitrospirae）：1 纲 1 目 1 科 4 属。

9. 热脱硫杆菌门（Thermodesulfobacteria）：1 纲 1 目 1 科 1 属。

10. 热微菌门（Thermomicrobia）：1 纲 1 目 1 科 1 属。

11. 热袍菌门（Thermotogae）：1 纲 1 目 1 科 5 属。

12. 厚壁菌门（Firmicutes）：1 纲 1 目 1 科 4 属，2009 年出版的第三卷对该门有更详细描述。

第二卷：变形杆菌门（Proteobacteria，2005 年出版）

变形菌门（Proteobacteria）共有 5 个纲。

1. α-变形菌纲（Alphaproteobacteria）：6 目 18 科 135 属。

2. β-变形菌纲（Betaproteobacteria）：6 目 11 科 80 属。

3. δ-变形菌纲（Deltaproteobacteria）：8 目 19 科 63 属。

4. ε-变形菌纲（Epsilonproteobacteria）：1 目 2 科 6 属。

5. γ-变形菌纲（Gammaproteobacteria）：14 目 27 科 163 属。

第三卷：厚壁菌门（Firmicutes，2009 年出版）

本门共有 3 个纲。

1. 芽孢杆菌纲（Bacilli）：2 目 17 科 87 属。

2. 梭菌纲（Clostridia）：3 目 25 科 151 属。

3. 丹毒丝菌纲（Erysipelotrichia）：1 目 1 科 8 属。

新版伯杰氏系统鉴定手册已经将柔膜菌纲（Mollicutes）移出厚壁菌门，改称柔壁菌门（Phylum Tenericutes）。

本门芽孢菌纲中有很多跟食品微生物相关的种属，如乳杆菌属（*Lactobacillus*）、片球菌属（*Pediococcus*）、明串珠菌属（*Leuconostoc*）、链球菌属（*Streptococcus*）、乳球菌属（*Lactococcus*）等乳酸菌菌种。乳酸菌不是一个分类学概念，是从菌种发酵糖类是否产乳酸来定义的。乳酸菌（lactic acid bacteria，LAB）是一类能利用可发酵碳水化合物产生大量乳酸的革兰氏染色阳性细菌的总称。根据我国相关法律，能够加入食品中的乳酸菌主要有以下菌种：嗜酸乳杆菌（*L. acidophilus*）、干酪乳杆菌（*L. casei*）、卷曲乳杆菌（*L. crispatus*）、保加利亚乳杆菌（*L. bulgaricus*）、德氏乳杆菌乳亚种（*L. delbrueckii subsp. Lactis*）、发酵乳杆菌（*L. fermentium*）、格氏乳杆菌（*L. gasseri*）、瑞士乳杆菌（*L. helveticus*）、约氏乳杆菌（*L. johnsonii*）、副干酪乳杆菌(*L. paracasei*)、植物乳杆菌(*L. plantarum*)、罗伊氏乳杆菌(*L. reuteri*)、鼠李糖乳杆菌(*L. rhamnosus*)、唾液乳杆菌(*L. salivarius*)、嗜热链球菌(*S. thermophilus*)、肠膜明串珠菌肠膜亚种(*L. mesenteroides* subsp. *mesenteroides*)、乳酸乳球菌乳酸亚种(*Lactococcus lactis* subsp. *lactis*)、乳酸乳球菌乳脂亚种(*Lactococcus lactis* subsp. *cremoris*)和乳酸乳球菌双乙酰亚种(*Lactococcus lactis* subsp. *diacetylactis*)。芽孢杆菌属的凝结芽孢杆菌(*Bacillus coagulans*)也在2016年进入食品名录,其主要应用于饮料、烘焙食品、烘焙混合料、早餐谷物、糖果等生产加工领域。

用于发酵肉制品的葡萄球菌属中有3个种进入名录,分别是小牛葡萄球菌(*Staphylococcus vitulilus*)、木糖葡萄球菌(*S. xlyosus*)和肉葡萄球菌(*S. carnosus*)。

按照我国的食品安全法,用于婴幼儿的益生菌一般限定到菌株(2011年以前批准的4株没有限定到菌株水平),可用于婴幼儿食品的乳杆菌有:嗜酸乳杆菌(仅用于1岁以上婴幼儿)、鼠李糖乳杆菌、罗伊氏乳杆菌DSM17938、发酵乳杆菌CECT5716。2020年批准了拉曼公司3株可以用于婴幼儿食品的益生菌:瑞士乳杆菌R0052、婴儿双歧杆菌R0033、两歧双歧杆菌R0071共3株菌被批准为可用于婴幼儿食品的菌种。

第四卷:拟杆菌、螺旋菌和柔壁菌等门(Bacteroidetes、Spirochaetes、Tenericutes,2010年出版)

该卷主要描述以下12个门的特征及其中所包含的种属:

1. 拟杆菌门(Bacteroidetes):4纲6目15科128属。
2. 螺旋体门(Spirochaetes):1纲1目4科9属。
3. 柔膜菌门(Tenericutes或Mollicutes):1纲4目7科11属。
4. 酸杆菌门(Acidobacteria):2纲3目3科6属。
5. 纤维杆菌门(Fibrobacteres):1纲1目1科1属。
6. 梭杆菌门(Fusobacteria):1纲1目2科8属。
7. 网团菌门(Dictyoglomi):1纲1目1科1属。
8. 芽单胞菌门(Gemmatimonadetes):1纲1目1科1属。
9. 黏胶球形菌门(Lentisphaerae):1纲2目2科2属。
10. 疣微菌门(Verrucomicrobia):3纲4目6科12属。
11. 衣原体门(Chlamydiae):1纲1目8科11属。
12. 浮霉菌门(Planctomycetes):1纲2目2科8属。

第五卷:放线菌门(Actinobacteria,2012年出版)

1. 放线菌纲(Actinobacteria):16目43科202属。
2. 酸微菌纲(Acidimicrobiia):1目2科4属。
3. 红蝽菌纲(Coriobacteriia):1目1科8属。
4. 解腈杆菌纲 Nitriliruptoria):2目2科2属。
5. 红色杆菌纲(Rubrobacteria):1目1科1属。
6. 嗜热油菌纲(Thermoleophilia):2目4科4属。

本门中仅有放线菌纲中有可作为益生菌加入食品的菌种,属于2个属中的7个种:双歧杆菌属(*Bifidobacterium*)6个种,分别是青春双歧杆菌(*B. adolescentis*)、动物双歧杆菌(*B. animalis*,也叫乳双歧杆菌 *B. lactis*)、短双歧杆菌(*B. breve*)、长双歧杆菌(*B. longum*)、两歧双歧杆菌(*B. bifidum*)和婴儿双歧杆菌(*B. infantis*)。丙酸菌属(*Propionibacterium*)1个种,费氏丙酸杆菌谢氏亚种(*P. freudenreichii* ssp. *shermanii*)。可以用于婴幼儿食品的双歧杆菌属菌种有:动物双歧杆菌、乳双歧杆菌、短双歧杆菌 M-16V。

没有进入食品中可添加益生菌名录的菌种,不能随意添加,确有益生作用的菌种需要进入名录的,需根据食品安全法和新食品原料管理办法进行申报,卫计委批准后方可加入。

事实上,每年都会有新的微生物相关分类单元和新的物种被科学家们发现与鉴定,特别是在一些极端环境和人体当中还有很多人类目前并不能够通过传统方法获得纯培养的物种存在,目前科学家们正在采用全新的方法去发现和鉴定它们,譬如通过单细胞测序法(single cell sequencing),就发现了一些新的"门"级的微生物物种,这些分类单元暂时并没有被收录。

2.6 微生物与免疫

免疫学本是一门来自微生物学的分支学科,但是由于其重要性而逐步发展成一门独立学科。

免疫学不仅是医学和生命科学领域最重要的学科,同时还与理、工、农等各个学科不断形成交叉学科。免疫学技术不但对医学研究与应用贡献巨大,在其他领域的应用也非常广泛。由于免疫学与微生物学的特殊关系,以及当代学科交叉特点,很多免疫学的知识仍然是微生物学的重要内容,本节主要阐述免疫系统及其基本功能、抗原抗体、免疫反应、血清学检测技术等在微生物领域的应用。

在人和动物机体内外,都有一些共生的正常菌群。但有时外界的致病菌也有可能侵入机体,造成感染。而人和高等动物有相关的免疫系统对这些不速之客进行有效抵抗。

免疫(immunity)一词源于拉丁文,意为免除劳役或课税。这一词被引入医学领域意为免除瘟疫,而当时的瘟疫即传染病。人们在长期与疾病做斗争的过程中发现,许多传染病患者一旦恢复便获得对同一传染性病原体有不同程度的抵抗力,对某些传染因子可终生不再感染,人们称这种抵抗力为免疫力或免疫。

2.6.1 微生物免疫的基本概念

中国人16世纪发明了用人痘接种预防天花,英国的 E. Jenner 于18世纪末,发明了牛痘接种法;之后,又陆续有许多减毒和灭活的疫苗问世,如结核、破伤风、麻疹、小儿麻痹、白喉等疫苗。这些发明使人类有效地控制了许多烈性传染病。到20世纪初,经研究揭示了抗体和吞噬细胞是上述免疫力的效应物质,同时也对感染因子的致病性和抗原性进行了研究。至此阶段,免疫是完全与抗感染联系在一起的。换言之,免疫学始于抗感染免疫。但是随着医学的发展,人们逐渐发现许多与免疫反应关系密切的疾病或现象,但不能用抗感染免疫来解释,或者根本与感染因子无关,如输血反应、变态反应及移植排斥反应等。这标志着免疫学的范围已不再局限于抗感染免疫范畴。

所以现代免疫学的概念不单单是抗感染免疫。它至少包括抗感染免疫、移植免疫、超敏反应、免疫耐受、自身免疫疾病等许多方面。

二维码 2-10 抗体基本结构

比较全面的现代免疫概念:免疫是机体识别自己,排除抗原性异物的生理或病理反应过程,而且并不总是有利的。

2.6.2　免疫系统的基本功能

目前人们认为，机体的免疫系统有 3 个基本功能。

(1)免疫防御　对外来(异体)抗原物质的识别、排除。免疫防御功能低下可导致免疫缺陷，主要表现为感染，该免疫反应的类型或强度异常时，可表现为超敏反应。

(2)免疫稳定　即人体处理老化、损伤细胞的功能。该功能异常时，可导致自身免疫病，如系统性红斑狼疮(SLE)、类风湿性关节炎等。

(3)免疫监视　对突变细胞具监视功能。免疫功能低下可导致肿瘤发生率增高，增殖速度及转移加快。

2.6.3　免疫的物质基础

具有完整免疫功能的机体一般有完整的免疫系统，由免疫分子、免疫细胞、免疫器官构成。免疫系统的组成见表 2-7。

表 2-7　免疫系统的组成

免疫器官		免疫细胞	免疫分子	
中枢	外周		膜型分子	分泌型分子
胸腺 骨髓 法氏囊 (禽类)	脾脏 淋巴结 黏膜相关淋巴组织 皮肤相关淋巴组织	干细胞系 淋巴细胞 单核吞噬细胞 其他免疫细胞(粒细胞、肥大细胞、血小板、红细胞)	TCR BCR CD 分子 黏附分子 MHC 其他	免疫球蛋白 补体分子 细胞因子

2.6.4　免疫应答

免疫应答(immune response)是机体接受抗原(Ag)刺激后，免疫细胞对抗原分子的识别、活化、增殖、分化，并产生免疫物质发挥特异性免疫效应的过程。其生物学意义：清除体内抗原性异物，保持内环境相对稳定，正常情况下有利，某些情况下也有害。

2.6.5　免疫应答基本类型

免疫应答包括非特异性免疫和特异性免疫 2 种类型。

2.6.5.1　非特异性免疫

非特异性免疫，又称为天然免疫或固有免疫，是与生俱来的，在机体发育过程中自然形成。遇病原体后，首先并迅速起防卫作用，能够在一定程度上抵御外界异物对机体的入侵(表 2-8)。该功能可以通过以下方式保护机体：

表 2-8　天然免疫与获得性免疫的特性比较

项目	产生特点	特异性	多样性	回忆性反应	参与的主要成分
天然免疫	生来具有	非抗原特异性	有限	无	吞噬细胞，NK 细胞，补体等
获得性免疫	后天获得	抗原特异性	丰富	有	T，B 淋巴细胞；抗体等

(1)物理和生理屏障　包括皮肤、黏膜及其分泌的溶菌酶、胃酸等。

(2)淋巴组织的过滤作用　淋巴结和脾脏可以对病原生物、损伤细胞等进行过滤。

(3)正常菌群有重要防御功能　如果人体正常菌群受到破坏,将使病原菌更容易感染机体。

(4)体液　补体、干扰素和溶菌酶等。

(5)细胞　吞噬细胞、自然杀伤细胞等。

(6)炎症　是机体对病原物入侵和其他损伤的一种保护性反应。

2.6.5.2 特异性免疫

特异性免疫,又称适应性免疫或获得性免疫,是机体在生命活动中接受抗原等异物刺激后产生的,具有高度特异性(表 2-8)。按获得方式可分为主动免疫和被动免疫。

特异性免疫按主要参与细胞及效应方式不同,分为细胞免疫和体液免疫。

体液免疫(humoral immunity):抗原进入机体后诱导相应的抗原特异性 B 细胞活化、增殖并最终分化为浆细胞,产生特异性抗体,发挥免疫效应的过程。

细胞免疫(cellular immunity):T 细胞受到抗原刺激后,增殖、分化、转化为致敏 T 细胞(也叫效应 T 细胞),当相同抗原再次进入机体的细胞中时,致敏 T 细胞(效应 T 细胞)对抗原的直接杀伤作用及致敏 T 细胞所释放的细胞因子的协同杀伤作用,统称为细胞免疫。

2.6.6 抗原

抗原(antigen)是可被 T、B 淋巴细胞识别,并启动特异性免疫应答的物质。抗原有以下 2 个特性:

(1)免疫原性(immunogenicity)　刺激机体产生抗体或致敏淋巴细胞的能力。

(2)免疫反应性(immunorectivity)　抗原能够与其所诱生的抗体或致敏淋巴细胞特异性结合的能力,又称抗原性(antigenicity)。

根据抗原是否具有能引起免疫反应的性能,将其分为:

(1)完全抗原　同时具有免疫原性和抗原性的物质。

(2)半抗原(hapten)　仅具有抗原性而无免疫原性的物质。

(3)载体(carrier)　与半抗原结合而赋予其免疫原性的物质。

根据抗原与机体亲缘关系分为:

(1)异种抗原(xenoantigen)　如细菌抗原、病毒抗原、真菌抗原和动植物成分抗原等。

(2)同种异型抗原(allogeneic)　如 ABO 血型抗原。

(3)自身抗原(autoantigen)　自身隐蔽抗原。

(4)异嗜性抗原(heterophilic antigen)　一类与种属无关,存在于人、动物及微生物之间的共同抗原,又称福斯曼(Forssman)抗原。

2.6.7 抗体和免疫球蛋白

抗体(antibody)是介导体液免疫的重要效应分子,是 B 细胞接受抗原刺激后增殖分化为浆细胞所产生的糖蛋白。

免疫球蛋白(immunoglobulin)是具有抗体活性或化学结构与抗体类似的球蛋白。

抗体是功能概念,免疫球蛋白是结构概念。两者有时可以混用,但是有区别,从两者的概念我们可以发现，抗体都是免疫球蛋白，但是免疫球蛋白不一定是抗体。

2.6.8　免疫球蛋白的基本结构

2.6.8.1　重链与轻链

免疫球蛋白基本结构亦称基本四肽单位或 Ig 单体，由两条重链与两条轻链组成。

(1)重链　以免疫球蛋白重链氨基酸组成和顺序的不同分为 5 种，即 γ、μ、α、δ 和 ε，形成相应的 5 类免疫球蛋白分子为 IgG、IgA、IgM、IgD、IgE。

(2)轻链　分为 κ 与 λ 两型，每个免疫球蛋白分子上的轻链型别都是相同的。

2.6.8.2　可变区(V 区)与恒定区(C 区)

(1)可变区 V_H 和 V_L　V_H 和 V_L 包括 3 个高变区和 4 个骨架区，V_H 与 V_L 的 3 个高变区共同组成与抗原决定基互补的表面，即互补决定区(CDR)，CDR 决定抗体的特异性。V_H 和 V_L 共同构成抗体的独特型。

(2)恒定区 C_H 和 C_L　不同类免疫球蛋白重链的 C_H 长度不一样，可有 C_H1、C_H2、C_H3，有些还有 C_H4。C_H 区结构稳定，抗人 IgG 的抗体可与不同人的 IgG 结合。

同种型(isotype)即同一种属内每一个体都具有的抗原性结构，存在于 C 区。

2.6.8.3　铰链区

位于 C_H1 与 C_H2 之间，易伸展弯曲，与抗体结合抗原时的变构有关；IgM 和 IgE 无铰链区。

2.6.8.4　免疫球蛋白的功能区

功能区亦称结构域，IgG、IgA 和 IgD 重链有 V_H、C_H1、C_H2 和 C_H3 4 个功能区；IgM 和 IgE 重链有 C_H4，共 5 个功能区。

V_H、V_L 是结合抗原的部位；也是独特型抗原所在部位。

C_H 和 C_L 上具有部分同种异型(allotype)的遗传标志；IgG 的 C_H2 和 IgM 的 C_H3 具有补体 C1q 结合位点。IgG 的 C_H3 可与单核细胞、巨噬细胞、中性粒细胞、B 细胞和 NK 细胞表面的 IgG Fc 受体结合。

IgE 的 C_H2 和 C_H3 可与肥大细胞和嗜碱性粒细胞的 IgE Fc 受体(FcεR)结合。

2.6.8.5　各类免疫球蛋白的特点

五类免疫球蛋白都有结合抗原的共性，如图 2-58 所示，但它们在分子结构、体内分布、血清水平及生物活性等方面又各具特点，如表 2-9 所示。

表 2-9　五类 Ig 的代谢、分布及生物活性

项目	IgG 单体	IgM 五聚体	IgA 二聚体	IgD 单体	IgE 单体
相对含量/%	75～85	5～10	10～15	0.2	0.002
存在部位	血液、淋巴、肠道	血液、淋巴、B 细胞表面	血液、淋巴、分泌物(泪、唾液、乳、肠道)	B 细胞表面、血液、淋巴	结合在肥大细胞和嗜碱性粒细胞表面、血液
开始出现时间	出生后 3 个月	胚胎末期	出生后 4～6 个月	较晚	较晚
半衰期(D)	23	5	6	3	2

续表 2-9

项目	IgG 单体	IgM 五聚体	IgA 二聚体	IgD 单体	IgE 单体
功能	抗细菌、病毒、中和毒素、增强吞噬作用	抵御血液中微生物、凝聚抗原、免疫应答的第 1 个抗体	对黏膜表面局部保护。通过初乳保护新生儿	B 细胞表面受体，调节其他抗体产生	过敏反应、可能溶解寄生虫

1. IgG

IgG 为标准的单体 Ig 分子，含 1 个或更多的低聚糖基团，电泳速度在所有血清蛋白中最慢。IgG 是再次免疫应答的主要抗体，具有吞噬调理作用、中和毒素作用、中和病毒作用、介导 ADCC、激活补体经典途径、并可透过胎盘传输给胎儿；IgG Fc 片段可结合类风湿因子及其他抗 γ 球蛋白抗体，致敏异种（豚鼠）皮肤；还有抗核抗体、抗 Rh 抗体、肿瘤封闭抗体等均属 IgG；因而 IgG 有多能免疫球蛋白之称。IgG 是机体中含量最多的抗体，能穿过血管壁进入体液，可以穿过胎盘，可以抵御细菌、病毒、中和毒素等。当与抗原结合时，增强吞噬细胞的吞噬功能。

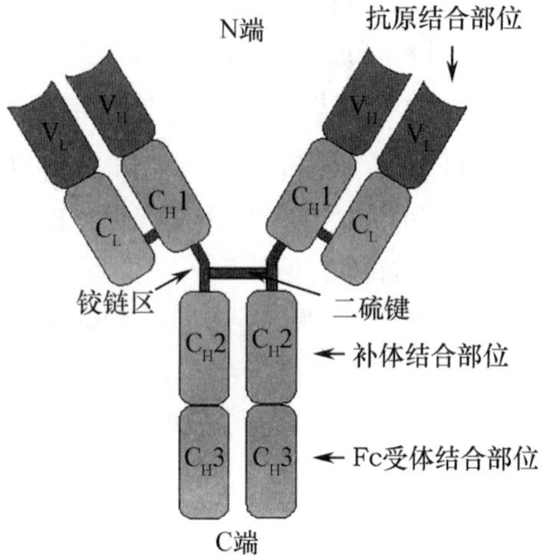

图 2-58　抗体基本结构图

IgG 合成速度快、分解慢、半衰期长，在血内含量最高，约占整个 Ig 的 75%；各亚类所占比例大约为：IgG1 60%～70%，IgG2 15%～20%，IgG3 5%～10%，IgG4 1%～7%，各亚类的比例随年龄及遗传背景而有变化；同时各亚类的生物学和免疫学性质也不尽相同。

2. IgM

IgM 为五聚体，是 Ig 中分子最大者。分子结构呈环形，含一个 J 链，各单位通过 μ 链倒数第二位的二硫键与 J 链互相连接。结构模式见图 2-59。μ 链含有 5 个同源区，其 C_H3 和 C_H4 相当于 IgG 的 C_H2 和 C_H3，无铰链区。IgM 是分子最大的抗体，由 5 个单体组成五聚体。一般停留在血管中，能有效狙击抗原参与补体系统的激活，还能促进吞噬细胞对靶细胞的吞食。

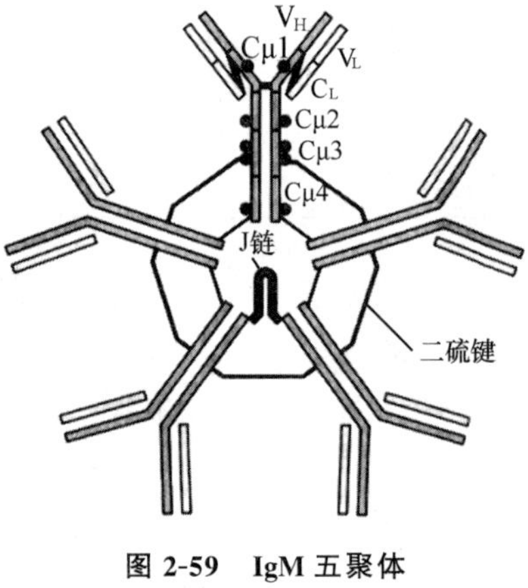

图 2-59　IgM 五聚体

从化学结构上看，IgM 结合抗原的能力可达 10 价，但实际上常为 5 价，这可能是因立体空间位阻效应所致。当 IgM 分子与大颗粒抗原反应时，5 个单体协同作用，效应明显增大。IgM 凝集抗原的能力比 IgG 大得多，激活补体的能力超过 IgG 1 000 倍；由于吞噬细胞缺乏 IgM 的特异受体，因而 IgM 没有独立的吞噬调理作用；但当补体存在时，它能通过 C3b 与巨噬细胞结合以促进吞噬。虽然 IgM 单个分子的杀菌和调理作用均明显高于 IgG 抗体，但因其血内含量低、半衰期短、出现早、消失快、组织穿透力弱，故其保护作用实际上常不如 IgG。

血型同种凝集素和冷凝集素的抗体类型是 IgM，不能通过胎盘，新生儿脐血中若 IgM 增高，提示有宫内感染存在。在感染或疫苗接种以后，最先出现的抗体是 IgM；在抗原的反复刺激下，可通过 Ig 基因的类转换而转向 IgG 合成。当分泌物中 IgA 缺陷时，IgM 也和 IgA 一样可结合分泌片而替代 IgA。IgM 也是 B 细胞中的主要表面膜 Ig，作为抗原受体而引发抗体应答。

3. IgA

IgA 分为血清型和分泌型两种类型。

大部分血清 IgA 为单体，10%～15%为双聚体，也发现少量多聚体。IgA 功能区的分布与 IgG 十分相似，两个亚类(IgA1 和 IgA2)的最大差异在铰链区。IgA2 缺少 H-L 链间二硫键区域，容易被解离分开。从含量、稳定性和半衰期看，血清型 IgA 虽不如 IgG，但高于其他类 Ig。IgA 可以结合抗原，但不能激活补体的经典途径，因此不能像 IgG 那样发挥许多的生物效应，所以过去曾误以为血清型 IgA 的意义不大；近年的研究发现，循环免疫复合的抗体中有相当比例的 IgA，因而认为：血清型 IgA 以无炎症形式清除大量的抗原，这是对维持机体内环境稳定的非常有益的免疫效应。

分泌型 IgA(sIgA)为双聚体，沉降系数 11S，相对分子质量 400 ku。每个 sIgA 分子含 1 个 J 链和 1 个分泌片(图 2-60)。α 链、L 链和 J 链均由浆细胞产生，而分泌片由上皮细胞合成。J 链通过倒数第二位二硫键将 2 个 IgA 单体互相连接；结合分泌片后 sIgA 的结构更为紧密而不被酶解，有助于 sIgA 在粘在黏膜表面及外分泌液中保持抗体活性。外分泌液中的高浓度 IgA 主要为局部合成，特别是在肠相关淋巴样组织(GALT)内。

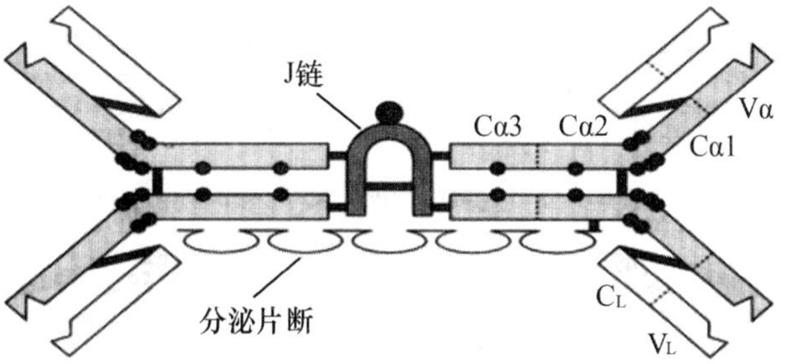

图 2-60　sIgA 结构

分泌型 IgA 性能稳定，在局部浓度大，能抑制病原体和有害抗原黏附在黏膜上，阻挡其进入体内；同时也因其调理吞噬和溶解作用，构成了黏膜第一线防御机制；母乳中的分泌型 IgA 提供了婴儿出生后 4～6 个月内的局部免疫屏障；因此常称分泌型 IgA 为局部抗体。

4. IgD

IgD 的分子结构与 IgG 非常相似，有明显的铰链区，其蛋白质高度糖基化。IgD 性能不稳定，在分离过程中易于聚合，又极易被酶裂解。虽然有些免疫应答可能与特异性 IgD 抗体有关，但它并不能激活任何效应系统。某些自身免疫病及过敏反应病患者血中存在 IgD 类抗核抗体或抗青霉素 IgD 抗体。正常人血清内 IgD 浓度很低，但在血循环内 B 细胞膜表层可检出 IgD，其功能主要是作为 B 细胞表面的抗原受体。在 B 细胞发育的某些阶段，膜 IgD 的合成增强。大部分慢性淋巴细胞白血病病人 B 细胞表面带膜 IgD，并常同时有膜 IgM。

5. IgE

IgE 为单体结构，分子量大于 IgG 和单体 IgA，含糖量较高，ε 链有 6 个低聚糖侧链。像 IgM 一样，IgE 也有 5 个同源区，CH2 功能区置换了其他类重链的铰链区。正常人血清中 IgE 水平在 5 类 Ig 中最低，分布于呼吸道和肠道黏膜上的 IgE 稍多，可能与 IgE 在黏膜下淋巴组织内局部合成有关。IgE 水平与个体遗传性和抗原质量密切相关，因而其血清含量在人群中波动很大，在特应性过敏症和寄生虫感染者血清中 IgE 水平可升高。IgE 不能激活补体及穿过胎盘，但它的 Fc 段能与肥大细胞和嗜碱性粒细胞表面的受体结合，介导Ⅰ型变态反应的发生，因此又称亲细胞抗体。

2.6.8.6 抗体的六大功能

B 细胞介导的体液免疫是由抗体杀灭或者中和进入机体的病原体或者毒素。在有电解质存在的条件下，抗体和抗原相遇时，迅速形成抗原抗体复合物。它的免疫功能通过以下几种机制而实现(图 2-61)。

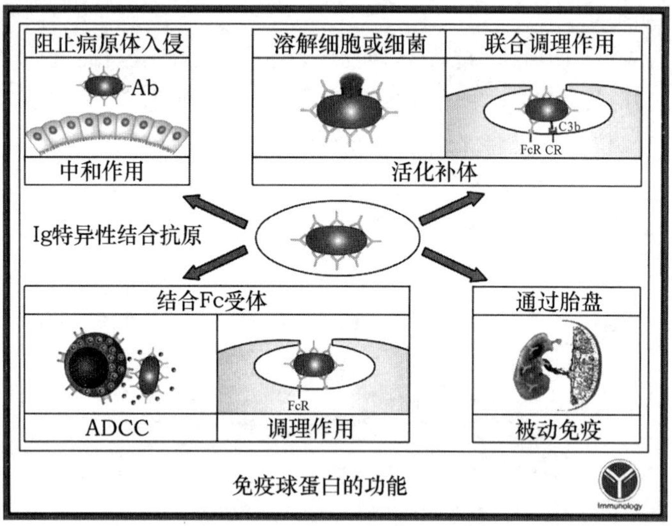

图 2-61 免疫球蛋白的功能

(1)凝集作用 抗体与抗原结合后，使抗原凝集成团块。如 IgG 分子有 2 个抗原结合位点，能够同时与 2 个抗原决定簇结合。这种复合物更容易被吞噬细胞摄入。而理论上来说五聚体的 IgM 分子，可以有 10 个抗原结合位点能够更有效地进行交叉连接，从而凝集更多抗原分子。

(2)中和作用 IgG 抗体解除病原体的活性是通过阻断病原体与宿主细胞的接触来完成的，对于毒素来说则是阻断其毒性活性部位，使之被中和。

(3)激活补体系统 人类补体系统成分复杂，不耐热，属于非特异性免疫的一部分。它们能够被抗原抗体复合物激活，增强防御效果。IgG 和 IgM 都能激活补体。

(4)调理作用 包括抗体 Fc 段与巨噬细胞表面 FcR 结合，促进其吞噬的调理作用；以及由调理素 C3b、C4b 等补体分解成分辅助吞噬细胞的联合调理作用。

(5)抗体依赖的细胞毒作用(antibody dependent cell mediated cytotoxicity，ADCC) 当

IgG 抗体通过 Fab 段与靶细胞表面抗原决定簇特异性结合后，其 Fc 段可与 NK 细胞表面 FcγRIII 结合，从而使 NK 细胞通过释放细胞毒素，对靶细胞产生非特异性杀伤作用。

(6)抗感染作用　IgG 是唯一能通过胎盘的免疫球蛋白，使胎儿可以利用母体的特异性免疫功能，具有抵抗病原微生物感染的能力。

2.6.9　微生物免疫检测技术

微生物免疫检测技术属于血清学检测技术的一部分。它是根据免疫学原理发展起来的一门具有重要应用价值的检测技术，不但是在疾病诊断、生命科学研究中的重要手段，也是食品微生物学检测中重要的技术来源。此处所描述的抗原抗体反应技术，均是指抗原抗体在体外进行的各项反应技术。由于反应中使用的抗体通常是来自被免疫的动物，因此，在经典免疫学中，又把此项技术称为血清学技术，也叫作免疫诊断技术。

免疫诊断技术具有特异性强、灵敏度高、操作简便、结果重复性好等特点，检测程序已经逐步标准化、自动化及商品化。在生命科学、医学、食品科学等领域都有广泛应用。该技术主要检测抗原或者抗体，但由于抗体是可溶性蛋白分子，肉眼并不直观可见，所以科学家运用不同的反应来间接观察它们。主要检测技术包括：沉淀反应、凝集反应、中和反应、免疫标记技术等。

2.6.9.1　沉淀反应

沉淀反应是指可溶性抗原同相应抗体(IgG 或者 IgM)，在有电解质存在的条件下，形成肉眼可见的复合物的过程。包括在液相中进行的环状沉淀反应、絮状沉淀反应，以及在固相凝胶中进行的免疫扩散试验和免疫电泳实验。

2.6.9.2　凝集反应

凝集反应是指颗粒性抗原与相应抗体，在有电解质存在的条件下，形成肉眼可见的凝集物的过程。一般分为直接凝集反应和间接凝集反应。

直接凝集反应是指颗粒性抗原与相应抗体混合后，在一定条件下，所产生的凝集现象。参与反应的抗体叫凝集素，抗原叫凝集原(红细胞、细菌菌体等)。该方法包括玻片凝集法和试管凝集法。

间接凝集反应是指将可溶性抗原吸附到与免疫无关的惰性颗粒载体上，再与相应抗体混合，在一定条件下出现的凝集反应。包括间接凝集试验和间接凝集抑制试验等。

2.6.9.3　免疫标记技术

免疫标记技术是将已知抗体或抗原标记上示踪物质，通过检测示踪物(标记物)来反应抗原抗体的反应情况，从而间接地测出被检抗原或抗体的存在与否或量的多少。常用的标记物有荧光素、酶、放射性核素、胶体金、化学发光物等。免疫标记技术具有快速、定性或定量甚至定位的特点，是目前应用最广泛的免疫学检测技术。目前应用比较多的免疫标记技术有：免疫荧光技术、免疫酶技术和放射免疫技术等。本节重点学习免疫酶技术中的酶联免疫吸附试验技术。

酶联免疫吸附试验(enzyme linked immunosorbent assay，ELISA)是利用酶促反应的高效性和抗原抗体反应的特异性对某种抗原或者抗体进行定性或者定量检测。该技术包括间接法、双抗夹心法和竞争法。

ELISA 方法的基本原理是酶分子与抗体或抗抗体分子共价结合，此种结合不会改变抗体的免疫学特性，也不影响酶的生物学活性。此种酶标记抗体可与吸附在固相载体上的抗原或抗体发生特异性结合。滴加底物溶液后，底物可在酶作用下使其所含的供氢体由无色的还原型变成有色的氧化型，出现颜色反应。因此，可通过底物的颜色反应来判定有无相应的免疫反应，颜色反应的深浅与标本中相应抗体或抗原的量成正比。此种显色反应可通过 ELISA 检测仪进行定量测定，这样就将酶化学反应的高效敏感性和抗原抗体反应的特异性结合起来，使 ELISA 方法成为一种既特异又敏感的检测方法。

用于标记抗体或抗抗体的酶须具有下列特性：有高度的活性和敏感性；在室温下稳定；反应产物易于显现；能商品化生产。如今应用较多的有辣根过氧化物酶（HRP）、碱性磷酸酶、葡萄糖氧化酶等，其中以 HRP 应用最广。

（1）间接法（indirect ELISA）　常用于检查特异抗体。先将已知特异抗原包被固相载体，加入待检标本（可能含有相应抗体），再加入酶标第二抗体，形成固相抗原-抗体-酶标抗体复合物，经加底物显色后，根据颜色的光密度计算出标本中抗体的含量（图 2-62）。

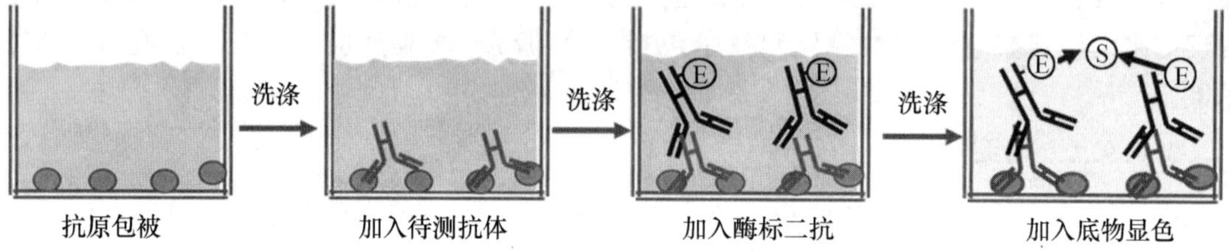

图 2-62　酶联免疫吸附试验之间接法

（2）双抗夹心法（enzyme linked immunosorbent assay sandwich technique）　本法适用于检测分子具有 2 个以上抗原决定簇的多价抗原，对小分子半抗原不适用。将特异性抗体结合到固相载体上形成固相抗体，然后和待检样本中的相应抗原结合形成免疫复合物，洗涤后再加酶标第二抗体，形成酶标抗体-抗原-固相抗体复合物，加底物显色，判断抗原含量（图 2-63）。

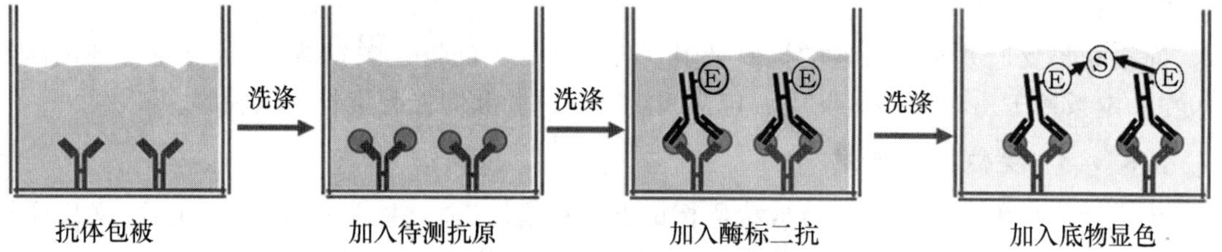

图 2-63　酶联免疫吸附试验之双抗夹心法

（3）竞争法（competitive ELLSA）　可用于抗原和半抗原的定量测定，也可以检测抗体。其方法和特点是：①酶标记抗原（抗体）与样品或标准品中的非标记抗原或抗体具有相同的与固相抗体（抗原）结合的能力；②反应体系中，固相抗体（抗原）和酶标抗原（抗体）是固定限量，且前者的结合位点少于酶标记与非标记抗原（抗体）的分子量和；③免疫反应后，结合于固相载体上复合物中被测定的酶标抗原（抗体）的量（酶活性）与样品或标准品中非标记抗原（抗体）的浓度成反比（图 2-64）。

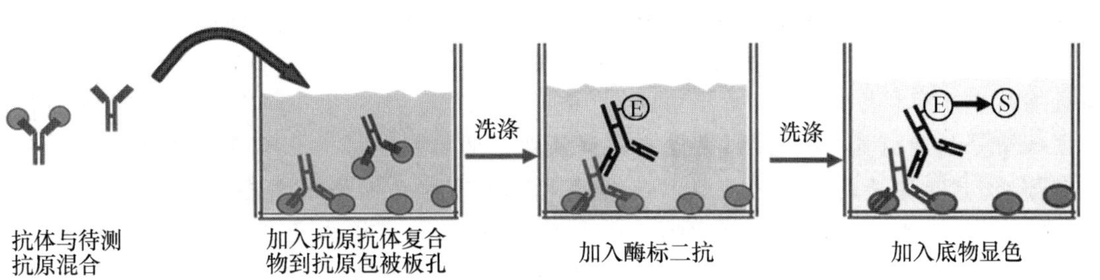

图 2-64 酶联免疫吸附试验之竞争法

在与病原微生物做斗争的过程中，我国科学家在历史上利用免疫学知识，取得了许多伟大成就，这里简单介绍一下伍连德，汤飞凡和侯云德等几位科学家运用自己的专业知识，救人们于水火的几位堪称国士的英雄人物。

二维码 2-11 防疫百年，英雄辈出

在1910年末，东三省突然出现鼠疫，当时日本、俄国专家认为这次鼠疫还是由老鼠直接传播的，经由跳蚤中间宿主的腺鼠疫流行，在野外捕鼠，寻找传染源。而伍连德博士通过仔细观察，发现病死者都是一家一家的发生，有聚集现象，而且冬天的哈尔滨也没有老鼠在户外活动，更没有跳蚤。通过解剖一个日本病逝病人，发现逝者肺中有大量鼠疫杆菌，遂确定是肺鼠疫传播，迅速要求救治医生戴口罩、对日俄控制的铁路进行停运，疑似病人进行隔离，很快控制疫情。

汤飞凡先生非常擅长于制造疫苗，1943年，在昆明制造出我国第一支青霉素，为抗日英雄们治疗创伤，立下大功。同时，他还制造出我国第一支鼠疫疫苗和比印度疫苗更好的天花疫苗；1955年，汤飞凡利用自己的眼睛做实验，最终确定沙眼衣原体是引起沙眼的病原菌，后来因此获得国际沙眼学会金质奖章。

侯云德院士作为中国的基因工程干扰素之父，不迷信外国权威，努力制造出比外国干扰素更好的干扰素 alpha1b，为治疗乙肝病人等方面做出杰出贡献。认识世界，是为了改造世界，这是马克思主义原理，认识病毒，是为了改造病毒，为此侯云德坚持了一生。

本章小结

微生物按照细胞结构可以分为：原核微生物、真核微生物和病毒。原核微生物主要包括细菌、放线菌、蓝细菌、立克次氏体、支原体和衣原体。

原核微生物共同的特征是细胞细小，细胞核的结构原始，无核膜包裹，细胞壁含有独特的肽聚糖，细胞内无细胞器分化。通过革兰氏染色可以把所有的原核微生物区分成 G^+ 和 G^- 两大类，并能揭示其在结构、功能、生理、遗传、生态等特征上的不同。

原核细胞的基本结构包括细胞壁（支原体除外）、细胞质膜、细胞质、核区和各种内含物等，特殊结构包括糖被（荚膜、黏液层）、鞭毛、菌毛、芽孢等。芽孢具有高度耐热性，在理论和实践中均很重要。

酵母菌是单细胞非丝状真核微生物。食品中常见的酵母菌在分类上主要归属于子囊菌和半知菌。子囊菌亚门的酵母菌可进行有性繁殖，产生子囊孢子；大多数酵母菌以芽殖的方式进行无性繁殖。酵母菌的有性繁殖是指通过两个具有性差异的细胞相互接合形成新个体的繁殖方式。有性繁殖过程一般分为3个阶段,即质配、核配 和减数分裂。在食品工业生产中,酵母菌大多数有很高利用价值。

霉菌是丝状的真核微生物,菌丝有无隔膜菌丝和有隔膜菌丝。霉菌主要依靠各种孢子进行繁殖,产生孢子的方式分无性和有性两种。霉菌的无性繁殖主要有孢囊孢子、分生孢子、节孢子和厚垣孢子。许多霉菌的无性繁殖能力很强,可以在很短的时间内产生大量的无性孢子,大多数霉菌也可以进行有性生殖,霉菌的有性繁殖是通过不同性别的细胞或菌丝结合后,产生的有性孢子来繁殖的。霉菌的有性生殖过程也是包括质配、核配和减数分裂3个阶段。有性孢子包括卵孢子、接合孢子和子囊孢子等。霉菌是食品与医药的生产常用菌株。

蕈菌是大型真菌,大多数属于担子菌亚门,少数属于子囊菌亚门。担子菌形态多种多样,以伞状为多。大多数蕈菌食药用价值很高,世界各国已在规模开发利用。

真菌与人类的关系非常密切。如酵母菌可以用来酿酒、面包发酵。霉菌可以用来做酒曲的曲种或制造豆腐乳、酱油等。有些蕈菌可直接食用,如香菇、木耳、猴头、银耳等,不仅味道鲜美,而且营养丰富,具有很好的保健功能。但是也有不少真菌给人类带来危害,例如人类的一些疾病、植物的某些病害、粮食腐败、纺织品发霉等。

病毒(virus)是一类比细菌更微小,能通过细菌滤器,只含一种类型的核酸(DNA或RNA),仅能在活细胞内生长繁殖的非细胞形态的微生物。

病毒不仅是病毒学研究的对象,而且也成为分子生物学和分子遗传学的主要研究对象,研究病毒对这两门学科的发展产生了重大的影响。人们利用噬菌体对细菌作用的专一性,进行细菌分型鉴定或细菌病治疗;在分子生物学研究中,噬菌体作为载体应用于遗传工程上;在食品工业发酵生产中,噬菌体是造成生产菌种污染的因素之一。

微生物分类是把各种微生物按照它们的亲缘关系分群归类,编排成系统,并按微生物的分类来命名。经典分类学认为,微生物分类的单位和高等动物、植物一样,依次分为界(kingdom)、门(phyllum)、纲(class)、目(order)、科(family)、属(genus)、种(species)。但1987年,著名微生物分类学家Woese通过对500多种生物的16S rRNA序列、18S rRNA序列的系统发育学分析,提出了著名的生命三域学说,即真细菌域、古细菌域和真核生物域。1990年,Woese在此基础上结合rRNA及RNA聚合酶的分子结构和序列,将地球上的生命分为3个基本类群,正式建立三域分类系统,并将生物分类的最高等级命名为域(domain,域的拉丁文以-a结尾)。生命的三域分别是:古菌域(Archaea),如产甲烷细菌、极端嗜盐菌、嗜热嗜酸菌;细菌域(Bacteria),包括蓝细菌和各种除古菌以外的其他原核生物;真核生物域(Eukarya),包括原生生物、真菌、动物和植物等。非细胞结构的病毒不属于这三个域。分类上的一般原则是,将相近似的种(species)归纳在一起称为属(genus),又把相近似的属归在一起称为科(family),依此类推,由科合为目(order),由目合为纲(class),由纲合为门(phylum)等,由此构成一个完整的分类系统。

免疫学不仅是医学和生命科学领域最重要的学科,同时还与理、工、农等各个学科不断形成交叉学科。免疫学技术不但对医学研究与应用贡献巨大,在其他领域的应用也非常广泛。由于免疫学与微生物学的特殊关系,以及当代学科交叉特点,很多免疫学的知识仍然是微生物学的重要内容。

重要名词

原核生物　细菌　革兰氏染色法　肽聚糖　原生质体　核区　荚膜　鞭毛　芽孢　菌毛　菌落　放线菌　蓝细菌　支原体　立克次氏体　衣原体　真核微生物　酵母菌　霉菌　蕈菌　细胞核　内质网　核糖体　线粒体　叶绿体　假菌丝　假根　吸器　子实体　分生孢子　孢子囊　锁状联合　病毒　亚病毒因子　病毒粒　衣壳　包膜　刺突　噬菌斑　烈性噬菌体　温和噬菌体　溶原菌　类病毒　拟病毒　卫星病毒　三域学说　免疫　免疫应答　抗原　抗体　酶联免疫吸附试验(ELISA)　免疫球蛋白

思考题

1. 比较原核微生物和真核微生物的异同点。
2. 细菌有哪几种形态？如何观察细菌的形态结构？
3. 什么是革兰氏染色？其原理和关键是什么？它有何意义？
4. 比较革兰氏阳性菌和革兰氏阴性菌细胞壁的成分和构造。
5. 细菌的细胞结构包括基本结构和特殊结构，试说明这些结构及其生理功能。
6. 芽孢有何特殊生理功能？其抗性机理是什么？芽孢的这些特点对实践有何指导意义？
7. 什么是质粒？为什么质粒可以作为基因工程的载体？
8. 什么叫菌落？怎样识别细菌和放线菌的菌落？
9. 比较原生质体、支原体和 L-型细菌的异同。
10. 举例说明几种细菌在食品加工工业中应用的概况。
11. 什么是真菌、霉菌和酵母菌？
12. 什么叫“9＋2”鞭毛，与细菌鞭毛有什么不同？
13. 真菌无性过程的各种孢子和有性过程的各种孢子的特点如何？并说明其实践意义。
14. 比较细菌、放线菌、霉菌和酵母菌菌落的特征。
15. 如何识别毛霉、根霉、曲霉和青霉？
16. 以啤酒酵母为例，说明酵母菌的形态和繁殖方式。
17. 什么叫病毒、类病毒、噬菌体？
18. 病毒的一般特性是什么？
19. 病毒分成哪几大类？
20. 什么叫毒性噬菌体？简述其增殖裂解细胞的过程。
21. 什么是温和噬菌体？温和噬菌体与溶原性细胞的关系如何？
22. 什么是抗原？什么是抗体？
23. 简述免疫反应与免疫应答。
24. 免疫系统的基本功能是什么？
25. 抗体的基本功能是什么？
26. 简述酶联免疫吸附试验的基本原理。
27. 查阅有关微生物学家研究成果和对人类贡献的资料，谈一下对科学精神的理解。

第3章

微生物的营养与代谢

本章学习目的与要求

1.了解微生物细胞的化学组成及所需的营养物质,微生物的营养类型及其对营养物质的吸收;

2.掌握微生物的代谢类型,及其能量代谢、分解代谢和合成代谢;

3.掌握微生物的主要发酵代谢途径,微生物代谢的主要调节机制及其代谢调控在发酵工业中的应用。

3.1　微生物的营养

微生物同其他生物一样都是具有生命的，微生物细胞直接同生活环境接触并不停地从外界环境吸收适当的营养物质，在细胞内合成新的细胞物质和贮藏物质，并储存能量，微生物从环境中吸收营养物质并加以利用的过程即称为微生物的营养(nutrition)。

3.1.1　微生物细胞的化学组成和营养要素

营养物质是微生物构成菌体细胞的基本原料，也是获得能量以及维持其代谢机能必需的物质基础。微生物吸收何种营养物质取决于微生物细胞的化学组成。

3.1.1.1　微生物细胞的化学组成

分析微生物细胞的化学成分，发现微生物细胞与其他生物细胞的化学组成并没有本质上的差异。微生物细胞平均含水分80%左右，其余20%左右为干物质，在干物质中有蛋白质、核酸、碳水化合物、脂类和矿物质等。这些干物质是由碳、氢、氧、氮、磷、硫、钾、钙、镁、铁等主要化学元素组成，其中碳、氢、氧、氮是组成有机物质的四大元素，大约占干物质的90%～97%(表3-1)。其余的3%～10%是矿物质元素，除上述磷、硫、钾、钙、镁、铁外，还有一些含量极微的钼、锌、锰、硼、钴、碘、镍、钒等微量元素。这些矿质元素对微生物的生长也起着重要的作用。

表3-1　微生物细胞中碳、氢、氧、氮的含量　　%

微生物种类	碳(C)	氮(N)	氢(H)	氧(O)
细菌(bacteria)	50	15	8	20
酵母(yeast)	49.8	12.4	6.7	31.1
霉菌(mold)	47.9	5.2	6.7	40.2

3.1.1.2　微生物的营养物质及其生理功能

通过了解微生物的化学组成，可知微生物在新陈代谢活动中，必须吸收充足的水分、构成细胞物质的碳源和氮源、以及钙、镁、钾、铁等多种多样的矿质元素和一些必需的生长辅助因子，才能正常地生长发育。

1. 水分

水分是微生物细胞的主要组成成分，大约占鲜重的70%～90%。不同种类微生物细胞含水量不同。同种微生物处于发育的不同时期或不同的环境其水分含量也有差异，幼龄菌含水量较多，衰老和休眠体含水量较少(表3-2)。微生物所含水分以游离水和结合水两种状态存在，两者的生理作用不同。结合水不具有一般水的特性，不能流动，不易蒸发，不冻结，不能作为溶剂，也不能渗透。游离水则与之相反，具有一般水的特性，能流动，容易从细胞中排出，并能作为溶剂，帮助水溶性物质进出细胞。微生物细胞游离态的水与结合态的水的平均比大约是4∶1。

表3-2　各类微生物细胞中的含水量

微生物类型	细菌	霉菌	酵母菌	芽孢	孢子
水分含量/%	75～85	85～90	75～80	40	38

微生物细胞中的结合态水约束于原生质的胶体系统之中,成为细胞物质的组成成分,是微生物细胞生活的必要条件。游离态的水是细胞吸收营养物质和排出代谢产物的溶剂及生化反应的介质;一定量的水分又是维持细胞渗透压的必要条件。由于水的比热高又是热的良好导体,故能有效地吸收代谢过程中产生的热量,使细胞温度不至于骤然升高,能有效地调节细胞内的温度。微生物细胞如果缺乏水分,则会影响代谢作用的进行。

2.碳源物质

凡是可以被微生物利用,构成细胞代谢产物的营养物质,统称为碳源物质。碳源物质通过细胞内的一系列化学变化,被微生物用于合成各种代谢产物。微生物对碳素化合物的需求是极为广泛的,根据碳素的来源不同,可将碳源物质分为无机碳源物质和有机碳源物质。除少数具有光合色素的蓝细菌、绿硫细菌、紫硫细菌、红螺菌能像绿色植物那样,利用太阳光能,以二氧化碳作为碳源,还原二氧化碳合成碳水化合物以外,一些化能自养型微生物如硝化细菌和硫化细菌还能利用无机物的氧化作为供氢体来还原二氧化碳,与此同时无机物的氧化还产生化学能。通常绝大多数的细菌以及全部放线菌和真菌都是以有机物作为碳源的,而不同的微生物对不同碳源的分解和利用情况是不一样的。糖类是较易利用的碳源,尤其是单糖(葡萄糖、果糖)、双糖(蔗糖、麦芽糖、乳糖),绝大多数微生物都能利用。此外,简单的有机酸、氨基酸、醇、醛、酚等含碳化合物也能被许多微生物所利用。一般情况下,在制作培养基时,常常加入葡萄糖、蔗糖作为碳源。淀粉、果胶、纤维素、木质素、蛋白质、脂肪、蜡质以及碳氢化合物等,只要微生物具有分解它们的能力也能加以吸收利用。大多有机碳源物质被微生物吸收后,首先要降解成小分子前体物质,再用于代谢产物的合成,并在降解的同时,产生能量;有的被彻底氧化产生能量。因此,有机碳源物质既给微生物细胞提供碳素营养,同时又是能源物质。

在发酵工业中,常根据不同微生物的需要,利用各种农副产品如玉米粉、米糠、麦麸、马铃薯、甘薯以及各种野生植物的淀粉,作为微生物生产廉价的碳源。这类碳源往往包含了几种营养要素。

3.氮源物质

微生物细胞中含氮5%~13%,它是微生物细胞蛋白质和核酸的主要成分。氮素对微生物的生长发育有着重要的意义,微生物利用它在细胞内合成氨基酸和碱基,进而合成蛋白质、核酸等细胞成分以及含氮的代谢产物。无机的氮源物质一般不提供能量,只有极少数的化能自养型细菌如硝化细菌可利用铵态氮和硝态氮作为氮源和能源。

微生物的营养要求的氮素物质可以分为三个类型:

(1)空气中分子态氮:只有少数具有固氮能力的微生物(如自生固氮菌、根瘤菌)能利用。

(2)无机氮化合物:如铵态氮(NH_4^+)、硝态氮(NO_3^-)和简单的有机氮化物(如尿素),绝大多数微生物可以利用。

(3)有机氮化合物:大多数寄生性微生物和一部分腐生性微生物需以有机氮化合物(蛋白质、氨基酸)为必需的氮素营养。尿素要经微生物先分解成NH_4^+以后再加以利用。氨基酸能为微生物直接吸收利用。蛋白质等复杂的有机氮化合物则需先经微生物分泌的胞外蛋白酶水解成氨基酸等简单小分子化合物后才能吸收利用。

在实验室和发酵工业生产中,常常以铵盐、硝酸盐、牛肉膏、蛋白胨、酵母膏、鱼粉、血粉、蚕蛹粉、豆饼粉、花生饼粉作为微生物的氮源。

4. 无机元素

微生物细胞中的矿物元素占干重的3%～10%，它是微生物细胞结构物质不可缺少的组成成分和微生物生长不可缺少的营养物质。许多无机矿物质元素构成酶的活性基团或酶的激活剂，并具有调节细胞的渗透压、调节酸碱度和氧化还原电位以及能量的转移等作用，而有些自养微生物需要利用无机矿质元素作为能源。根据微生物对矿质元素需要量的不同，可分为常量元素和微量元素。

常量矿质元素是磷、硫、钾、钠、钙、镁、铁等。磷、硫的需要量很大，磷是微生物细胞中许多含磷细胞成分，如核酸、核蛋白、磷脂、三磷酸腺苷(ATP)、辅酶的重要元素。硫是细胞中含硫氨基酸及生物素、硫胺素等辅酶的重要组成成分。钾、钠、镁是细胞中某些酶的活性基团，并具有调节和控制细胞质的胶体状态、细胞质膜的通透性和细胞代谢活动的功能。

微量元素有钼、锌、锰、钴、铜、硼、碘、镍、溴、钒等，一般在培养基中含有0.1 mg/L或更少就可以满足需要，所以，在制作培养基时，若使用天然水如井水、河水或自来水等，因其中微量元素的含量已经足够，则无须添加，过量的微量元素反而对微生物起到毒害作用。

5. 生长因子

生长因子是微生物维持正常生命活动所不可缺少的、微量的特殊有机营养物，这些物质微生物自身不能合成，必须在培养基中加入。缺少这些生长因子就会影响各种酶的活性，新陈代谢就不能正常进行。

生长因子是指维生素、氨基酸、嘌呤、嘧啶等特殊有机营养物。而狭义的生长因子仅指维生素。这些微量营养物质被微生物吸收后，一般不被分解，而是直接参与或调节代谢反应。

自然界中自养型细菌和大多数腐生细菌、霉菌都能自己合成许多生长辅助物质，不需要另外供给就能正常生长发育。

3.1.2　微生物对营养物质的吸收

微生物不像动物那样具有专门的摄食器官，也不像植物那样具有根系吸收营养和水分，它们是借助生物膜的半渗透性及其结构特点以几种不同的方式来吸收营养物质和水分的。如果营养物质是大分子的蛋白质、多糖、脂肪，微生物则分泌出相应的酶(这类在细胞内产生，分泌到细胞外起作用的酶蛋白叫胞外酶)将其分解成小分子的物质，才能以不同的方式吸收到细胞内，加以利用。

各种物质对细胞质膜的透性不一样，就目前对细胞膜结构及其传递系统的研究，认为营养物质主要以以下几种方式透过细胞膜。

3.1.2.1　单纯扩散(simple diffusion)

这是通过细胞膜进行内外物质交换最简单的一种方式。营养物质通过分子的随机运动透过微生物细胞膜上的小孔进出细胞。其特点是物质由高浓度区向低浓度区扩散(浓度梯度)，是一种单纯的物理扩散作用，不需要能量。一旦细胞膜两侧的浓度梯度消失(即细胞内外的物质浓度达到平衡)，简单扩散也就达到动态平衡。但实际上，进入细胞内的物质总在不断被利用，浓度不断降低，细胞外的物质不断进入细胞。单纯扩散是非特异性的，没有运载蛋白质(渗透酶)参与，也不与膜上的分子发生反应。扩散的物质本身也不发生改变。单纯扩散的物质主要是一些小分子物质，如一些气体(O_2、CO_2)、水、某些无机离子及一些水溶性小分子(甘油、乙醇等)。

3.1.2.2 促进扩散(facilitated diffusion)

单靠单纯扩散,对营养物质的吸收是有限的,微生物细胞为了加速对营养物质的吸收,以适应生长发育的需要,在细胞膜上还存在多种具有运载营养物质功能的特异性蛋白质,称为渗透酶。它们大多是诱导酶,当外界存在所需的营养物质时,能诱导细胞产生相应的渗透酶,每一种渗透酶能帮助一类营养物质的运输,如输送葡萄糖的渗透酶能与外界的葡萄糖分子特异性地结合,转移到细胞质膜的内表面后,再释放到细胞质中,并加速过程的进行。又如肠道杆菌吸收甘油的过程也是由渗透酶促进的扩散。它们如同“渡船”一样,把营养物质由外界运输到细胞膜中去。其特点也是由高浓度区向低浓度区扩散,所不同的地方是这种运输有渗透酶参与,加速了营养物质的透过程度,以满足微生物细胞代谢之需要。细胞内外的物质浓度可以通过自由可逆的扩散而趋向平衡。促进扩散过程是由浓度梯度来驱动的,不需耗费代谢能量。

现在已分离出有关葡萄糖、半乳糖、阿拉伯糖、亮氨酸、精氨酸、酪氨酸、磷酸、Ca^{2+}、Na^{+}、K^{+}等的载体蛋白,它们的分子质量介于 9 000～40 000 u 之间,而且都是单体。促进扩散是真核生物的普遍运输机制,如酵母菌运输糖类就是通过这种方式,但在原核生物中却少见,在厌氧微生物中,促进扩散的过程常参与某些化合物的吸收和发酵产物的排出。然而在好氧微生物中这种传递机制似乎不太重要。

3.1.2.3 主动运输(active transport)

如果微生物对营养物质吸收只能凭借浓度梯度由高浓度向低浓度扩散,那么微生物就无法吸收低于细胞内浓度的外界营养物质,生长就会受到限制。事实上微生物细胞中有些营养物质以高于细胞外的浓度在细胞内积累,如大肠杆菌在生长期中,细胞中的钾离子浓度比周围环境高出 3 000 倍。当以乳糖作为碳源时,细胞内乳糖的浓度比周围环境高出 500 倍。可见这种主动运输的特点是营养物质由低浓度向高浓度进行,是逆浓度梯度地被“抽”进细胞内的,因此这个过程不仅需要渗透酶,还需要代谢能量,能量由三磷酸腺苷(ATP)提供,渗透酶起着将营养物质从低浓度的周围环境转运进高浓度的细胞内不断改变平衡点的作用。

存在于细胞膜上的渗透酶,当细胞膜外存在着重要结合的营养物质时,能分辨(认识)这些物质,由于对其营养物质具有高度亲和力,并且特异性地与之结合,形成渗透酶-运载物质复合体。复合体旋转 180°从膜外侧转移到细胞膜内表面,消耗代谢能量 ATP,使渗透酶构型发生变化,亲和力减弱,于是被结合的物质被释放到细胞质中去。构型变化的渗透酶,再获得能量恢复原状,亲和力增强,结合位置朝向膜外,又可重复进行这种主动运输。大肠杆菌对乳糖的吸收是研究得比较深入的,其渗透酶为 β-半乳糖苷酶,它是由 lacr 基因控制的,这种酶可在膜内外特异性地同乳糖结合,但在膜内结合比膜外差得多,这就在于代谢能量 ATP→ADP 释放的能量,使酶蛋白构型发生变化而达到膜内,并在膜内降低其对乳糖的亲和力而在膜内释放出来,从而实现乳糖由细胞外的低浓度向细胞膜内的高浓度转运。

3.1.2.4 基团转位(group translocation)

在微生物对营养物质吸收的过程中,还有一种特殊的运输方式,叫基团转位。这种方式除具有主动运输的特点外,主要是被转运的物质改变了本身的性质,有化学基团转移到被转运的营养物质上面去。如许多糖及其糖的衍生物在运输中由细菌的磷酸转移酶系催化,使其磷酸化,磷酸基团被转移到它们的分子上,以磷酸糖的形式进入细胞。由于质膜对大多数磷酸化化合物无透性,磷酸糖一旦形成便被阻挡在细胞内了,从而使糖浓度远远超过细胞外。

这种运输过程的磷酸转移酶系统包括酶Ⅰ、酶Ⅱ和热稳定蛋白(HPr)。酶Ⅰ是非特异性的,它们对许多糖都一样起作用。酶Ⅱ是膜上的结构酶,并能诱导产生,它对某一种糖具有特异性,只能运载某一种糖类,酶Ⅱ同时起着渗透酶和磷酸转移酶的作用。HPr 是热稳定的可溶性蛋白质,它能够像高能磷酸载体一样起作用。该酶系统催化的反应分两步进行:

①少量的 HPr 被磷酸烯醇丙酮酸(PEP)磷酸化:

$$\text{PEP}+\text{HPr}\xrightarrow{\text{酶Ⅰ}}\text{磷酸}\sim\text{HPr}+\text{丙酮酸}$$

②磷酸～HPr 将它的磷酰基传递给葡萄糖,同时将生成的 6-磷酸葡萄糖释放到细胞质内。这步复合反应由酶Ⅱ催化。

$$\text{磷酸}\sim\text{HPr}+\text{葡萄糖}\xrightarrow{\text{酶Ⅱ}}\text{6-磷酸葡萄糖}+\text{HPr}$$

基团转位可转运糖、糖的衍生物,如葡萄糖、甘露糖、果糖、N-乙酰葡萄糖胺和 β-半乳糖苷以及嘌呤、嘧啶、碱基、乙酸(但不能输送氨基酸)等。这个运输系统主要存在于兼性厌氧菌和厌氧菌中。但某些好氧菌,如枯草杆菌和巨大芽孢杆菌(*B. megatherium*)也利用磷酸转移酶系统将葡萄糖运送到细胞内。

目前关于细菌对营养物质吸收的四种主要运输系统的机理可以概括成下面的图解(图 3-1);总之,微生物对营养物质的吸收不是简单的物理、化学的过程,而是复杂的生理过程,是微生物对营养物质主动的、选择吸收的作用过程,受细胞膜的特性和功能以及微生物本身代谢强度所支配。

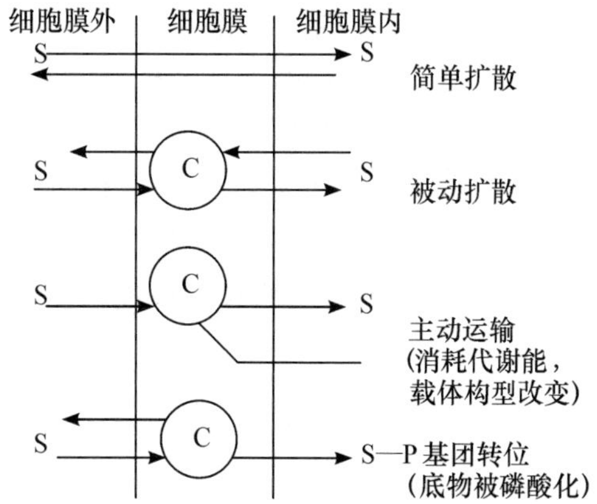

图 3-1　四种运输系统的模式比较

3.1.3　微生物的营养类型

微生物在长期进化过程中,由于生态环境的影响,逐渐分化成各种营养类型。根据微生物对碳源的要求是无机碳化合物(如二氧化碳、碳酸盐)还是有机碳化合物可以把微生物分成自养型微生物和异养型微生物两大类。此外,根据微生物生命活动中能量的来源不同,将微生物分为两种能量代谢类型,一种是利用吸收的营养物质的降解产生的化学能,称为化能型微生物;另一类是吸收光能来维持其生命活动,称为光能型微生物。将碳源物质的性质和代谢能量的来源相结合可将微生物分为光能自养型、光能异养型、化能自养型和化能异养型四种营养类型,它们的区别见表 3-3。

表 3-3　微生物的营养类型

代谢特点	光能自养型	化能自养型	光能异养型	化能异养型
碳源	CO_2 或可溶性碳酸盐	CO_2 或可溶性碳酸盐	小分子有机物	有机物
能源	光能	无机物的氧化	光能	有机物的氧化降解
供氢体	无机物(H_2O、H_2S 等)	无机物(H_2S、H_2、Fe^{2+}、NH_3、NO_2^- 等)	小分子有机物	有机物
代表种	蓝细菌、绿硫细菌	硝化细菌、硫化菌、氢细菌、铁细菌等	红螺菌	大多数细菌,全部真菌、放线菌

3.1.3.1 光能自养型微生物

利用光能为能源，以二氧化碳(CO_2)或可溶性的碳酸盐(CO_3^{2-})作为唯一的碳源或主要碳源。以无机化合物(水、硫化氢、硫代硫酸钠等)为氢供体，还原 CO_2，生成有机物质。光能自养型微生物主要是一些蓝细菌、红硫细菌、绿硫细菌等少数微生物，它们由于含光合色素，能使光能转变为化学能(ATP)，供细胞直接利用。

$$\text{蓝细菌}\quad CO_2 + 2H_2O \xrightarrow[\text{叶绿素}]{\text{光}} [CH_2O] + H_2O + O_2\uparrow$$

$$\text{绿硫细菌}\quad CO_2 + 2H_2S \xrightarrow[\text{菌绿素}]{\text{光}} [CH_2O] + H_2O + 2S$$

比较以上两反应，可写成以下通式：

$$CO_2 + 2H_2A \xrightarrow[\text{光合绿素}]{\text{光}} [CH_2O] + H_2O + 2A$$

3.1.3.2 化能自养微生物

这一类微生物的能源来自无机物氧化所产生的化学能，利用这种能量去还原 CO_2 或者可溶性碳酸盐合成有机物质。

如亚硝酸细菌、硝酸细菌、铁细菌、硫细菌、氢细菌等，可以分别利用氧化 NH_3、NO_2^-、Fe^{2+}、H_2S 和 H_2 产生的化学能来还原 CO_2，形成碳水化合物。

例如：亚硝酸细菌能从氧化氨为亚硝酸中获得能量，用以还原二氧化碳，形成碳水化合物。

$$2NH_3 + 3O_2 + 2H^+ \xrightarrow{\text{亚硝酸细菌}} 2HNO_2 + 4H^+ + 4OH^- + \text{能量}$$

$$CO_2 + 4H^+ \longrightarrow [CH_2O] + H_2O$$

这一类型的微生物可以生活在完全无机的环境中，分别氧化各自合适的还原态的无机物，从而获得同化 CO_2 所需的能量。

3.1.3.3 光能异养型微生物

这种类型的微生物以光能为能源，利用有机物作为供氢体，还原 CO_2，合成细胞的有机物质。例如深红螺菌(*Rhodospirillum rubrum*)利用异丙醇作为供氢体，进行光合作用并积累丙酮，这类微生物生长时大多需要外源性的生长因素。

$$2\,(CH_3)_2CHOH + CO_2 \xrightarrow[\text{光合绿素}]{\text{光}} 2CH_3COCH_3 + [CH_2O] + H_2O$$

此菌在光和厌氧条件下进行上述反应。但在黑暗和好氧条件下又可能用有机物氧化产生的化学能推动代谢作用。

3.1.3.4 化能异养型微生物

这种类型的微生物其能源和碳源都来自有机物，能源来自有机物的氧化分解，ATP 通过氧化磷酸化产生，碳源直接取自有机碳化合物。它包括自然界绝大多数的细菌，全部的放线菌、真菌和原生动物。

根据生态习性微生物可分为腐生型和寄生型两类。①腐生型：从无生命的有机物获得营养物质。引起食品腐败变质的某些霉菌和细菌就属这一类型。如引起腐败的梭状芽孢杆菌、毛霉、根霉、曲霉等；②寄生型：必须寄生在活的有机体内，从寄主体内获得营养物质才能生活，这类微生物叫寄生微生物。寄生又分为绝对寄生和兼性寄生，如果只能在一定活的生物体内营寄生生活的叫绝对寄生，它们是引起人、动物、植物以及微生物病害的病原微生物，如病毒、噬菌体、立克次氏体。

上述营养类型的划分并非是绝对的，只是根据主要方面决定的。绝大多数异养型微生物也能吸收利用 CO_2，可以把 CO_2 加至丙酮酸上生成草酰乙酸，这是异养生物普遍存在的反应。因此，划分异养型微生物和自养型微生物时的标准不在于它们能否利用 CO_2，而在于它们是否能利用 CO_2 作为唯一的碳源或主要碳源。在自养型和异养型之间、光能型和化能型之间还存在一些过渡类型。例如氢细菌（*Hydrogenmonas*）就是一种兼性自养型微生物类型，在完全无机的环境中进行自养生活，利用氢气的氧化获得能量，将 CO_2 还原成细胞物质；但如果环境中存在有机物质时又能直接利用有机物进行异养生活。

二维码 3-1　先锋生物——蓝细菌

3.1.4　培养基

为了研究和利用微生物，必须人为地创造适宜的环境培养微生物，培养基（medium）是指经人工配制而成的适合微生物生长繁殖和积累代谢产物所需要的营养基质。配制培养基不但需要根据不同微生物的营养要求，加入适当种类和数量的营养物，而且要注意一定的碳氮比例（C/N）；还要调节适宜的酸碱度（pH）；保持适当的氧化还原电位和渗透压。

3.1.4.1　配制培养基的基本原则

配制微生物的培养基，主要考虑以下几个因素：

1. 符合微生物菌种的营养特点

不同微生物对营养有着不同的要求，所以，在配制培养基时，培养基的营养搭配及搭配比例首先要考虑到这一点，明确培养基的用途，如用于培养何种微生物，培养的目的如何，是培养菌种还是用于发酵生产，发酵生产的目的是获得大量菌体还是获得次级代谢产物等，根据不同的菌种及其不同的培养目的，确定搭配的营养成分及营养比例。

营养的要求主要是考虑碳素和氮素的性质，如果是自养型的微生物则主要考虑无机碳源，如果是异养型的微生物，主要提供有机碳源物质；除碳源物质外，还要考虑加入适量的无机矿物质元素；有些微生物菌种在培养时还要求加入一定的生长因子，如很多乳酸菌在培养时，要求在培养基中加入一些氨基酸和维生素等才能很好地生长。

除营养物质要求外，还要考虑营养成分的比例适当，其中碳素营养与氮素营养的比例很重要。C/N 是指培养基中所含 C 原子的摩尔浓度与 N 原子的摩尔浓度之比，不同的微生物菌种要求不同的 C/N，同一菌种，在不同的生长时期也有不同的要求，一般 C/N 在配制发酵生产用培养基时，要求比较严格，C/N 对发酵产物的积累影响很大；一般在发酵工业上，发酵用种子的培养，培养基的营养越丰富越好，尤其是 N 源要丰富，而对以积累次级代谢产物为发酵目的的发酵培养基，则要求提高 C/N 比值，提高 C 素营养物质的含量。

2. 适宜的理化条件

除营养成分外，培养基的理化条件也直接影响微生物的生长和正常代谢，其中主要有：

(1)pH　微生物一般都有它们适宜的生长 pH 范围，细菌的最适 pH 一般在 pH 7～8 范围，放线菌要求 pH 7.5～8.5，酵母菌要求 pH 3.8～6.0，霉菌的适宜 pH 为 4.0～5.8。

由于微生物在代谢过程中，不断地向培养基中分泌代谢产物，会影响培养基的 pH 变化。对于大多数微生物来说，主要产生酸性产物，所以在培养过程中常引起 pH 的下降，影响微生物的生长繁殖速度。为了尽可能地减缓培养过程中 pH 的变化，在配制培养基时，要加入一定的缓冲物质，通过培养基中的这些成分发挥调节作用，常用的缓冲物质主要有以下两类：

①磷酸盐类：这是以缓冲液的形式发挥作用的，通过磷酸盐的不同程度的解离，对培养基 pH 的变化起到缓冲作用，其缓冲原理是：

$$H^+ + HPO_4^{2-} \longrightarrow H_2PO_4^-$$
$$OH^- + H_2PO_4^- \longrightarrow H_2O + HPO_4^{2-}$$

②碳酸钙：这类缓冲物质是以“备用碱”的方式发挥缓冲作用的，碳酸钙在中性条件下的溶解度极低，加入培养基后，由于其在中性条件下几乎不解离，所以不影响培养基 pH 的变化，当微生物生长，培养基的 pH 下降时，碳酸钙就不断地解离，游离出碳酸根离子，碳酸根离子不稳定，与氢离子形成碳酸，最后释放出二氧化碳，在一定程度上缓解了培养基 pH 的降低。

$$CO_3^{2-} \underset{-H^+}{\overset{+H^+}{\rightleftharpoons}} H_2CO_3 \rightleftharpoons CO_2 + H_2O$$

(2)渗透压　由于微生物细胞膜是半通透膜，外有细胞壁起到机械性保护作用，要求其生长的培养基具有一定的渗透压。当环境中的渗透压低于细胞原生质的渗透压时，就会出现细胞的膨胀，轻者影响细胞的正常代谢，重者出现细胞破裂；当环境渗透压高于原生质的渗透压时，导致细胞皱缩，细胞膜与细胞壁分开，即所谓质壁分离现象。只有在等渗条件下最适宜微生物的生长。

3.1.4.2　培养基的类型

1. 根据营养成分的来源划分

(1)天然培养基(complex medium；undefined medium)　是利用一些天然的动植物组织器官和抽提物，如牛肉膏、蛋白胨、麸皮、马铃薯、玉米浆等制成。它们的优点是取材广泛，营养全面而丰富，制备方便，价格低廉，适宜于大规模培养微生物之用。缺点是成分复杂，每批成分不稳定。如实验室常用的牛肉膏蛋白胨培养基便是这种类型。

(2)合成培养基(defined medium；synthetic medium)　是利用已知成分和数量的化学物质配制而成。此类培养基成分精确，重复性强，一般用于实验室进行营养代谢、分类鉴定和选育菌种等工作。缺点是配制较复杂，微生物在此类培养基上生长缓慢，加上价格较贵，不宜用于大规模生产。如实验室常用的高氏 1 号培养基，察氏培养基。

(3)半合成培养基(semi-defined medium)　用一部分天然物质作为碳氮源及生长辅助物质，又适当补充少量无机盐类，这样配制的培养基叫半合成培养基。如实验室常用的马铃薯蔗糖培养基。半合成培养基应用最广，能使绝大多数微生物良好地生长。

2.根据物理状态划分

(1)液体培养基(liquid medium)　把各种营养物质溶解于水中,混合制成水溶液,调节适宜的pH,成为液体状态的培养基质。该培养基有利于微生物的生长和积累代谢产物,常用于大规模工业化生产和观察微生物生长特征及研究生理生化特性。

(2)固体培养基(solid medium)　一般采用天然固体营养物质,如马铃薯块、麸皮等作为培养微生物的营养基质。亦有在液体培养基中加入一定量的凝固剂,如琼脂(1.5%～2.0%)、明胶等煮沸冷却后,使凝成固体状态,常用来观察、鉴定和分离纯化微生物。

(3)半固体培养基(semi-solid medium)　在液体培养基中加入少量凝固剂(0.5%～0.8%的琼脂)则成半固体状态的培养基叫半固体培养基,常用来观察细菌的运动,鉴定菌种噬菌体的效价滴定和保存菌种。

3.根据用途划分

(1)加富培养基(enriched medium)　根据培养菌种的生理特性加入有利于该种微生物生长繁殖所需要的营养物质,该种微生物则会旺盛地大量生长,如加入血、血清、动植物组织提取液等以培养营养要求比较苛刻的异养微生物。加富培养基主要用于菌种的保存或用于菌种的分离筛选。

(2)选择培养基(selective medium)　根据某种或某一类微生物特殊的营养要求,配制而成的培养基,如纤维素选择培养基。还有在培养基中加入对某种微生物有抑制作用,而对所需培养菌种无影响的物质,从而使该种培养基对某种微生物有严格的选择作用。如SS琼脂培养基,由于加入胆盐等抑制剂,对沙门氏菌等肠道致病菌无抑制作用,而对其他肠道细菌有抑制作用。

(3)鉴别培养基(differential medium)　根据微生物的代谢特点通过指示剂的显色反应用以鉴定不同微生物的培养基。如远滕氏培养基中的亚硫酸钠使指示剂复红醌式结构还原变浅,但由于大肠杆菌生长分解乳糖,产生的乙醛可使复红醌式结构恢复,可使菌落中的指示剂复红,重新呈现带金属光泽的红色,而同其他微生物区别开来。

3.2　微生物的代谢

微生物同其他生物一样都具有生命,新陈代谢作用贯穿于它们生命活动的始终,新陈代谢作用包括合成代谢(同化作用)和分解代谢(异化作用)。微生物细胞直接同生活环境接触,微生物不停地从外界环境吸收适当的营养物质,在细胞内合成新的细胞物质和贮藏物质,并储存能量,即同化作用,这是其生长、发育的物质基础;同时,又把衰老的细胞物质和从外界吸收的营养物质进行分解变成简单物质,并产生一些中间产物作为合成细胞物质的基础原料,最终将不能利用的废物排出体外,这便是异化作用。在上述物质代谢的过程中伴随着能量代谢的进行,在物质的分解过程中,伴随着能量的释放,这些能量一部分以热的形式散失,一部分以高能磷酸键的形式贮存在三磷酸腺苷(ATP)中,主要用于维持微生物的生理活动或供合成代谢需要。

根据微生物代谢过程中产生的代谢产物在微生物体内的作用不同,又可将代谢分成初级代谢与次级代谢两种类型。初级代谢是指能使营养物质转换成细胞结构物质、维持微生物正常生命活动的生理活性物质或能量的代谢；次级代谢是指某些微生物进行的非细胞结构物质和维持其正常生命活动的非必需物质的代谢。如一些微生物积累发酵产物的代谢过程（抗生素、毒素、色素等）。

3.2.1 微生物的能量代谢

微生物在生命活动中需要能量，它主要是通过生物氧化而获得能量。所谓生物氧化就是指细胞内一切代谢物所进行的氧化作用。它们在氧化过程中能产生大量的能量，分段释放，并以高能磷酸键形式储藏在 ATP 分子内，供需要时用。

3.2.1.1 微生物的呼吸（生物氧化）类型

根据底物进行氧化时脱下的氢和电子受体的不同，微生物的呼吸可以分为三个类型，即好氧呼吸、厌氧呼吸、发酵。

1. 好氧呼吸（aerobic respiration）

以分子氧作为最终电子受体的生物氧化过程，称为好氧呼吸。许多异养微生物在有氧条件下，以有机物作为呼吸底物，通过呼吸而获得能量。以葡萄糖为例，通过 EMP 途径和 TCA 循环被彻底氧化成二氧化碳和水，生成 38 个 ATP，化学反应式为：

$$C_6H_{12}O_6+6O_2+38ADP+38Pi \longrightarrow 6CO_2+6H_2O+38ATP$$

2. 厌氧呼吸（anaerobic respiration）

以无机氧化物作为最终电子受体的生物氧化过程，称为厌氧呼吸。能起这种作用的化合物有硫酸盐、硝酸盐和碳酸盐。厌氧呼吸是少数微生物的呼吸过程。例如脱氮小球菌利用葡萄糖氧化成二氧化碳和水，而把硝酸盐还原成亚硝酸盐（故称反硝化作用），反应式如下：

$$C_6H_{12}O_6+12NO_3^- \longrightarrow 6CO_2+6H_2O+12NO_2^-+1.8\times10^6\ J$$

3. 发酵作用（fermentation）

电子供体是有机化合物，而最终电子受体也是有机化合物的生物氧化过程称为发酵作用。在发酵过程中，有机物既是被氧化的基质，又是最终的电子受体，但是由于氧化不彻底，所以产能比较少。酵母菌利用葡萄糖进行酒精发酵，只释放 2.26×10^5 J 热量，其中只有 9.6×10^4 J 贮存于 ATP 中，其余又以热的形式丧失，反应式如下：

$$C_6H_{12}O_6+2ADP+2Pi \longrightarrow 2C_2H_5OH+2CO_2+2ATP$$

3.2.1.2 生物氧化链

微生物从呼吸底物脱下的氢和电子向最终电子受体的传递过程中，要经过一系列的中间传递体，并有顺序地进行，它们相互"连控"如同链条一样，故称为呼吸链（生物氧化链）。它主要由脱氢酶、辅酶 Q 和细胞色素等组分组成。呼吸链主要存在于真核生物的线粒体中；在原核生物中，则和细胞膜、中间体结合在一起。它的功能是传递氢和电子，同时将电子传递过程中释放的能量合成 ATP。

3.2.1.3 ATP 的产生

ATP 是生物体内能量的主要传递者。当微生物获得能量后，都是先将它们转换成 ATP。

当需要能量时，ATP 分子上的高能键水解，重新释放出能量。这些能量在体内很好地和起催化作用的酶产生偶联作用，既可利用，又可重新贮存。在 pH 为 7.0 的情况下，ATP 的自由能变化 ΔG 是 -3×10^4 J，这种分子既比较稳定，又能比较容易引起反应，是微生物体内理想的能量传递者。ATP 对于微生物的生命活动具有重大的意义。

利用光能合成 ATP 的反应，称为光合磷酸化。利用生物氧化过程中释放的能量，合成 ATP 的反应，称为氧化磷酸化，生物体内氧化磷酸化是普遍存在的，有机物降解反应和生成物合成反应通过氧化还原而偶联起来，使能量得到产生、保存和释放。

微生物通过氧化磷酸化生成 ATP 的方式有两种：

(1)底物水平磷酸化　在底物水平磷酸化中，异化作用的中间产物的高能磷酸转移给 ADP，形成 ATP，如下述反应：

$$\text{磷酸烯醇丙酮酸}+\text{ADP}\longrightarrow\text{丙酮酸}+\text{ATP}$$

(2)电子传递磷酸化　在电子传递磷酸化中，通过呼吸链传递电子，将氧化过程中释放的能量和 ADP 的磷酸化偶联起来，形成 ATP。一个 NAD 分子，通过呼吸链进行氧化，可以产生 3 个 ATP 分子；分别在三个位置，各产生一个 ATP：第 1 个 ATP 大约在辅酶 Ⅰ 和黄素蛋白之间；第 2 个 ATP 大约在细胞色素 b 和 c_1 之间；第 3 个 ATP 大约在细胞色素 c 和 a 之间。如图 3-2 所示。

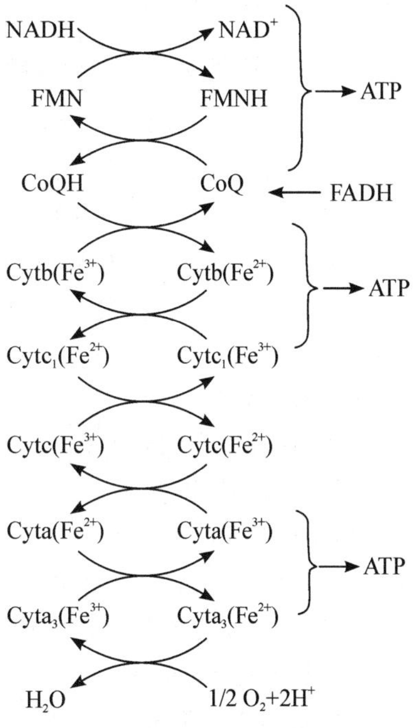

图 3-2　电子传递链

除上述 2 种通过氧化磷酸化生成 ATP 外，微生物中的光能型微生物能够利用光能，通过光合磷酸化的能量转换生成 ATP。光能是一种辐射能，它能被微生物直接利用，只有当光能被光合生物的光合色素吸收并转变成化学能——ATP 以后，才能用于微生物的代谢或其他生理活动。可见光能转换是光合生物获得能量的一种主要方式。

3.2.2　微生物的分解代谢

地球上最丰富的有机物是纤维素、半纤维素、淀粉等糖类物质，自然界中微生物赖以生存的主要也是糖类物质，人们培养微生物，进行食品加工和工业发酵等也是以糖类物质为主要的碳源和能源物质。因此，微生物的糖代谢是微生物代谢的一个重要方面，掌握这方面的知识，对于认识自然界不同的微生物类群，以及搞好微生物的培养利用都是重要的基础知识。

二维码 3-2　自养菌的生物氧化与产能

3.2.2.1　微生物糖代谢的途径

微生物糖代谢的主要途径有：EMP 途径(Embden-Meverhef-Parnus Pathway)，HMP 途径(Hexose-Mono-Phosphate Pathway)，ED 途径(Entner-Doudorof Pathway)，PK 途径(Phosphoketolase pathway)等四种。

1. EMP 途径

EMP 途径也称己糖双磷酸降解途径或糖酵解途径。这个途径的特点是当葡萄糖转化成1,6-二磷酸果糖后，在果糖二磷酸醛缩酶作用下，裂解为两个 3C 化合物，再由此转化为 2 分子丙酮酸。EMP 途径的过程由以下 10 个连续反应组成：

(1)葡萄糖＋ATP $\xrightarrow{\text{己糖激酶}}$ 6-磷酸葡萄糖＋ADP

(2)6-磷酸葡萄糖 $\xrightleftharpoons{\text{磷酸己糖异构酶}}$ 6-磷酸果糖

(3)6-磷酸果糖＋ATP $\xrightarrow{\text{磷酸己糖激酶}}$ 1,6-二磷酸果糖＋ADP

(4)1,6-二磷酸果糖 $\xrightarrow{\text{醛缩酶}}$ 磷酸二羟丙酮＋3-磷酸甘油醛

(5)磷酸二羟丙酮 $\xrightleftharpoons{\text{磷酸丙糖异构酶}}$ 3-磷酸甘油醛

(6)3-磷酸甘油醛＋NAD＋H_3PO_4 $\xrightleftharpoons{\text{3-磷酸甘油醛脱氢酶}}$ 1,3-二磷酸甘油酸＋NADH

(7)1,3-二磷酸甘油酸＋ADP $\xrightleftharpoons{\text{3-磷酸甘油酸激酶}}$ 3-磷酸甘油酸＋ATP

(8)3-磷酸甘油酸 $\xrightleftharpoons{\text{磷酸甘油酸变位酶}}$ 2-磷酸甘油酸

(9)2-磷酸甘油酸 $\xrightarrow{\text{烯醇化酶}}$ 磷酸烯醇式丙酮酸＋H_2O

(10)磷酸烯醇式丙酮酸＋ADP $\xrightarrow{\text{丙酮酸激酶}}$ 丙酮酸＋ATP

总反应途径如图 3-3 所示。

总反应式为：$C_6H_{12}O_6 + 2NAD + 2(ADP + Pi) \longrightarrow 2CH_3COCOOH + 2ATP + 2NADH_2$

EMP 途径的关键酶是磷酸己糖激酶和果糖二磷酸醛缩酶，它开始时消耗 ATP，后来又产生 ATP，总计起来，每分子葡萄糖通过 EMP 途径净合成 2 分子 ATP，产能水平较低。

EMP 途径是生物体内 6-磷酸葡萄糖转变为丙酮酸的最普遍的反应过程，许多微生物都具有 EMP 途径。但 EMP 途径往往是和 HMP 途径同时存在于同一种微生物中，以 EMP 途径作为唯一降解途径的微生物极少，只有在含有牛肉汁酵母膏复杂培养基上生长的同型乳酸细菌可以利用 EMP 作为唯一降解途径。EMP 途径的生理作用主要是为微生物代谢提供能量（即 ATP），还原剂（即 $NADH_2$）及代谢的中间产物如丙酮酸等。在有氧条件下，好养性微生物和兼性厌氧微生物将丙酮酸进一步脱羧转化成乙酰辅酶 A（$CH_3COSCoA$），通过三羧酸循环，简称 TCA 环（Tricarboxylic Acid Cycle），彻底氧化生成二氧化碳和水。

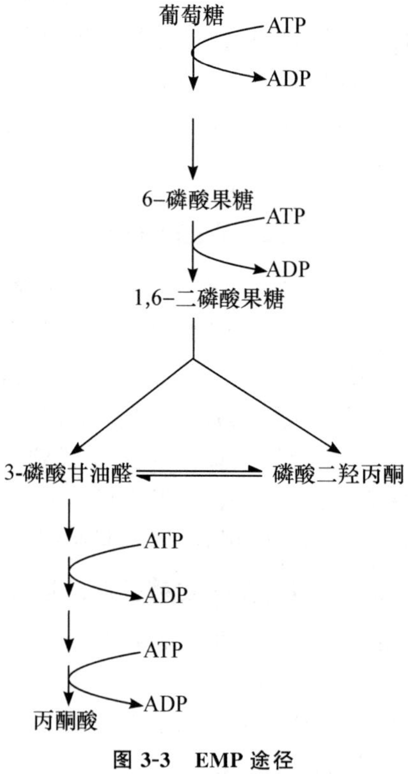

图 3-3 EMP 途径

TCA 循环的总反应式为：

$$CH_3COSCoA+2O_2+12(ADP+Pi) \longrightarrow 2CO_2+H_2O+12ATP+CoA$$

TCA 循环产生能量的水平是很高的，每氧化一分子乙酰 CoA，可产生 12 分子 ATP。

葡萄糖经 EMP 途径和 TCA 循环彻底氧化成 CO_2 和 H_2O 的全部过程为：

①$C_6H_{12}O_6+2NAD+2(ADP+Pi) \longrightarrow 2CH_3COCOOH+2ATP+2NADH_2$

$2NADH_2+O_2+6(ADP+Pi) \longrightarrow 2NAD+2H_2O+6ATP$

②$2CH_3COCOOH+2NAD+2CoA \longrightarrow 2CH_3COSCoA+2CO_2+2NADH_2$

$2NADH_2+O_2+6(ADP+Pi) \longrightarrow 2NAD+2H_2O+6ATP$

③$2H_3COSCoA+4O_2+24(ADP+Pi) \longrightarrow 4CO_2+2H_2O+24ATP+2CoA$

总反应式：$C_6H_{12}O_6+6O_2+38(ADP+Pi) \longrightarrow 6CO_2+6H_2O+38ATP$

TCA 循环的关键酶是柠檬酸合成酶，它催化草酰乙酰与乙酰 CoA 合成柠檬酸的反应。很多微生物中都存在这条循环途径，它除了产生大量能量，作为微生物生命活动的主要能量来源以外，还有许多生理功能。特别是循环中的某些中间代谢产物是一些重要的细胞物质，如各种氨基酸、嘌呤、嘧啶及脂类等生物合成前体物，例如乙酰 CoA 是脂肪酸合成的起始物质；α-酮戊二酸可转化为谷氨酸，草酰乙酸可转化为天门冬氨酸，而且上述这些氨基酸还可转变为其他氨基酸，并参与蛋白质的生物合成。另外，TCA 循环不仅是糖有氧降解的主要途径，也是脂、蛋白质降解的必经途径，例如脂肪酸经 β-氧化途径，变成乙酰 CoA 可进入 TCA 循环彻底氧化成 CO_2 和 H_2O；又如丙氨酸、天门冬氨酸、谷氨酸等经脱氨基作用后，可分别形成丙酮酸、草酰乙酸、α-酮戊二酸等，它们都可进入 TCA 循环被彻底氧化。因此，TCA 循环实际上是微生物细胞内各类物质的合成和分解代谢的中心枢纽。

由于 EMP 途径和 TCA 循环研究得比较清楚，在发酵工业中得到了广泛的应用。用一种方法来阻止某一阶段的进行，就必然积累某些中间产物。根据这一原理，工业上已筛选出一些优良菌株，进行工业发酵，生产柠檬酸、异柠檬酸、α-酮戊二酸、苹果酸等。例如利用黑曲霉生产柠檬酸时，由于菌体内顺乌头酸水解酶的活力特别低，使柠檬酸大量积累。

2. HMP 途径

也称己糖单磷降解途径或磷酸戊糖循环。这个途径的特点是当葡萄糖经一次磷酸化脱氢生成 6-磷酸葡萄糖酸后，在 6-磷酸葡萄糖酸脱氢酶作用下，再次脱氢降解为 1 分子 CO_2 和 1 分子磷酸戊糖。磷酸戊糖的进一步代谢较复杂，由 3 分子磷酸己糖经脱氢脱羧生成的 3 分子磷酸戊糖，3 分子磷酸戊糖在转酮酶和转醛酶的作用下，又生成 2 分子磷酸己糖和 1 分子磷酸丙糖，磷酸丙糖再经 EMP 途径的后半部反应转为丙酮酸，这个反应过程称为 HMP 途径。反应步骤可分为以下 10 步反应：

(1)葡萄糖＋ATP $\xrightleftharpoons{\text{己糖激酶}}$ 6-磷酸葡萄糖＋ADP

(2)6-磷酸葡萄糖＋NADP $\xrightleftharpoons{\text{磷酸葡萄糖脱氢酶}}$ 6-磷酸葡萄糖内酯＋$NADPH_2$

(3)6-磷酸葡萄糖内酯＋H_2O $\xrightleftharpoons{\text{内酯酶}}$ 6-磷酸葡萄糖酸

(4)6-磷酸葡萄糖酸＋NADP $\xrightleftharpoons{\text{磷酸葡萄糖酸脱氢酶}}$ 5-磷酸核酮糖＋$NADPH_2$＋CO_2

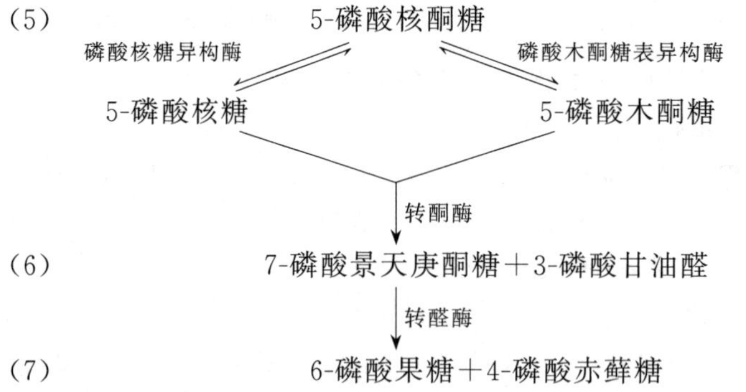

(8)4-磷酸赤藓糖＋5-磷酸木酮糖 $\xrightleftharpoons{\text{转醛酶}}$ 6-磷酸果糖＋3-磷酸甘油醛

(9)3-磷酸甘油醛 ⟶ 磷酸二羟丙酮＋3-磷酸甘油醛 $\rightleftharpoons$ 1,6-二磷酸果糖

(10)1,6-二磷酸果糖 $\xrightarrow{\text{磷酸酯酶}}$ 6-磷酸果糖＋H_3PO_4

HMP 途径的另一特点是只有 NADP 参与反应。在有氧条件下，HMP 途径所产生的 $NADPH_2$ 在转氢酶的作用下，可将氢转给 NAD，形成 $NADH_2$，经呼吸链，将电子和氢交给分子态氧形成水，并由电子传递磷酸化作用形成 ATP。但是一般认为 HMP 途径不是主要的产能途径，而是为细胞的生物合成提供供氢体($NADPH_2$)。另外，HMP 途径还为细胞生物合成提供大量的 C_3、C_4、C_5、C_6 和 C_7 等前体物质，特别是磷酸戊糖，它是合成核酸、某些辅酶以及合成组氨酸、芳香族氨酸、对氨基苯甲酸等化合物的重要底物。

3. ED 途径

也称 2-酮-3-脱氧-6-磷酸葡萄糖酸途径，在醛缩酶(KDPGaldolase)的作用下，裂解为丙酮酸和 3-磷酸甘油醛，3-磷酸甘油醛再经 EMP 途径的后半部反应转化为丙酮酸(图 3-4)。

ED 途径的关键酶系是 6-磷酸葡萄糖脱水酶和 2-酮-3-脱氧-6-磷酸葡萄糖酸醛缩酶。其中 6-磷酸葡萄糖酸脱水导致 2-酮-3-脱氧-6-磷酸葡萄糖酸的生长，而 2-酮-3-脱氧-6-磷酸葡萄糖酸醛缩酶则催化 2-酮-3-脱氧-6-磷酸葡萄糖酸裂解为丙酮酸和 3-磷酸甘油醛。

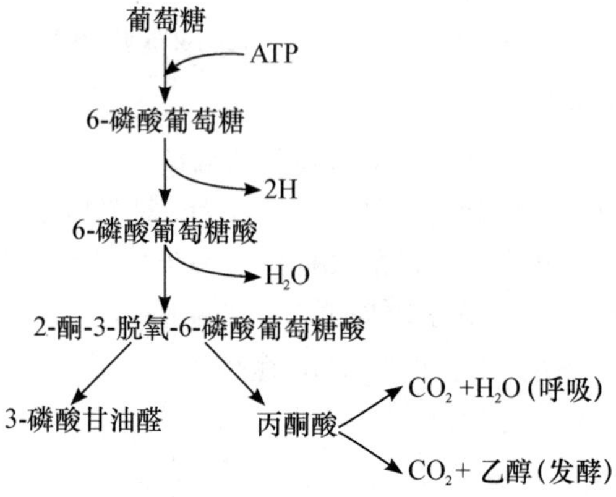

图 3-4 葡萄糖降解的 ED 途径

ED 途径是糖类的一个厌氧降解途径，它在细菌中，特别是革兰氏阴性细菌中分布很广，在好氧菌中分布不普遍。例如嗜糖假单胞杆菌(*Pseudomonas saccharophila*)，发酵假单胞菌(*Zymomonas mobilos*)以及铜绿色假单胞杆菌(*Pseudomonas aeruginasa*)等中都具有 ED 途径。这个途径多数情况下是与 HMP 途径同时存在于一种微生物中的，但也可以独立存在于某些细菌中。

总反应式为：

$$C_6H_{12}O_6 + ADP + Pi + NADP + NAD \longrightarrow 2CH_3COCOOH + ATP + NADPH_2 + NADH_2$$

4. PK 途径

也称磷酸解酮酶途径。在微生物降解已糖的过程中，除了 EMP、HMP 和 ED 途径外，还有一条途径即磷酸解酮酶途径(Phosphoketolase Pathway)为少数细菌所独有。磷酸解酮酶有两种，一种是戊糖磷酸解酮酶，一种是已糖磷酸解酮酶。有些异型乳酸发酵的微生物，如明串珠菌属(*Leuconostoc*)和乳杆菌属(*Lactobacillus*)中的肠膜明串球菌(*Leuconostoc mesenteulides*)、短乳酸杆菌(*Lactobacillus brevie*)、甘露乳酸杆菌(*Lactobacillus manitopoeum*)等，由于没有转酮—转醛酶系，而具有戊糖磷酸解酮酶，因此就不能通过 HMP 途径进行异型乳酸发酵，而是通过戊糖磷酸解酮酶途径进行的，反应途径见图 3-5。

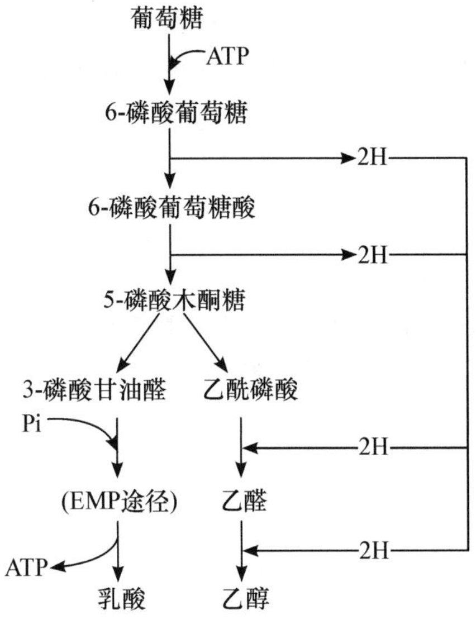

图 3-5　戊糖磷酸解酮酶途径

这个途径的特点是降解 1 分子葡萄糖只产生 1 分子 ATP，相当于 EMP 途径的一半，另一特点是几乎产生等量的乳酸、乙醇和 CO_2。总反应式为：

$$C_6H_{12}O_6 + ADP + Pi \longrightarrow CH_3CHOHCOOH + CH_3CH_2OH + CO_2 + ATP$$

戊糖磷酸解酮酶途径的关键酶系是磷酸木酮糖解酮酶，它催化 5-磷酸木酮糖裂解为 3-磷酸甘油醛和乙酰磷酸的反应。

3.2.2.2　多糖的分解

多糖分解的种类很多，如淀粉、纤维素、果胶质的分解。

1. 淀粉的分解

淀粉是多种微生物用作碳源的原料。它是葡萄糖的多聚物，有直链淀粉和支链淀粉之分。

微生物对淀粉的分解是由微生物分泌的淀粉酶催化进行的。淀粉酶是水解淀粉糖苷键一类酶的总称，它的种类有以下几种：

(1)液化型淀粉酶(又称 α-淀粉酶)　这种酶可以任意分解淀粉的 α-1,4 糖苷键，而不能分解 α-1,6 糖苷键。淀粉经该酶作用以后，黏度很快下降，液化后变为糊精，最终产物为糊精、麦芽糖和少量葡萄糖。由于这种酶能使淀粉表现为液化，淀粉黏度急速下降，故称液化酶，又由于生成的麦芽糖在光学上是 α 型，所以又称为 α-淀粉酶。

产生 α-淀粉酶的微生物很多，细菌、霉菌、放线菌中的许多种都能产生。

(2)糖化型淀粉酶　这类酶又可细分为好几种，其共同特点是将淀粉水解为麦芽糖或葡萄糖，故称为糖化型淀粉酶。

①β-淀粉酶(淀粉 1,4-麦芽糖苷酶)：此酶作用方式是从淀粉分子的非还原性末端开始，逐次分解。分解物以麦芽糖为单体，但不能作用于也不能越过 α-1,6 糖苷键，这样分解到最后，仍会剩下较大分子的极限糊精。由于生成的麦芽糖，在光学是上 β 型，所以称为 β-淀粉酶。

②糖化酶(淀粉 1,4、1,6-葡萄糖苷酶)：此酶对 α-1,4 糖苷键、α-1,6 糖苷键均能分解，所

以最终产物几乎全是葡萄糖。常用于生产糖化酶的菌种有根霉、曲霉等。

③异淀粉酶(淀粉1,6-糊精酶):此酶可以分解淀粉中的α-1,6糖苷键,生成较短的直链淀粉。异淀粉酶用于水解由α-淀粉酶产生的极限糊精和由β-淀粉酶产生的极限糊精。异淀粉酶存在于产气杆菌、中间埃希氏杆菌、软链球菌、链霉菌等。

微生物产生的淀粉酶广泛用于粮食加工、食品工业、发酵、纺织、医药、轻工、化工等行业。

2.纤维素的分解

纤维素是葡萄糖由β-1,4糖苷键组成的大分子化合物。它广泛存在于自然界,是植物细胞壁的主要组成成分。人和动物均不能消化纤维素。但是很多微生物,例如木霉、青霉、某些放线菌和细菌均能分解利用纤维素,原因是它们能产生纤维素酶。

纤维素酶是一类纤维素水解酶的总称。它由 C_1 酶、C_x 酶水解成纤维二糖,再经过β-葡萄糖苷酶作用,最终变为葡萄糖,其水解过程如下:

$$\text{天然纤维素} \xrightarrow{C_1\text{酶}} \text{水合纤维素分子} \xrightarrow{Cx_1、Cx_2\text{酶}} \text{纤维二糖} \xrightarrow{\text{纤维二糖酶}} \text{葡萄糖}$$

生产纤维素酶的菌种常有绿色木霉、康氏木霉、某些放线菌和细菌。我国采用绿色木霉、木素木霉为菌种,进行了大量的纤维素酶研究和试制。

纤维素酶在为开辟食品及发酵工业原料新来源,提高饲料的营养价值,综合利用农村的农副产品方面起着积极的作用,具有重要的经济意义。

3.果胶质的分解

果胶是植物细胞的间隙物质,使邻近的细胞壁相连,是半乳糖醛酸以α-1,4-糖苷键结合成的直链状分子化合物。其羧基大部分形成甲基酯,而不含甲基酯的称为果胶酸。

果胶在浆果中最丰富。它的一个重要特点是在酸和糖存在下,可以形成果冻。食品厂利用这一性质来制造果浆、果冻等食品;但对果汁加工、葡萄酒生产会引起榨汁困难。

果胶酶含有不同的酶系,在果胶分解中起着不同的作用。主要有果胶酯酶和聚半乳糖醛酸酶两种,引起的反应式如下:

$$\text{果胶} \xrightarrow{\text{果胶酯酶}} \text{甲醇}+\text{果胶酸} \xrightarrow{\text{聚半乳糖醛酸酶}} \text{半乳糖醛酸}$$

果胶酶广泛存在于植物、霉菌、细菌和酵母中。其中以霉菌产的果胶酶产量高,澄清果汁力强,因此工业上常用的菌种几乎都是霉菌,例如文氏曲霉、黑曲霉等。果胶酶大多属于诱导酶,故生产时必须添加含果胶的物质,才会提高产量。

3.2.2.3 蛋白质的分解

1.蛋白质的分解

蛋白质是由氨基酸组成的分子巨大、结构复杂的化合物,它们不能直接进入细胞。微生物利用蛋白质,首先分泌蛋白酶至体外,将其分解为大小不等的多肽或氨基酸等小分子化合物后再进入细胞。通式如下:

$$\text{蛋白质} \xrightarrow{\text{蛋白酶}} \text{多肽、氨基酸}$$

产生蛋白酶的菌种很多,细菌、放线菌、霉菌等均有。不同的菌种可以产生不同的蛋白酶,例如黑曲霉主要生产酸性蛋白酶，短小芽孢杆菌用于生产碱性蛋白酶；不同的菌种也可生产功能相同的蛋白酶，同一个菌种也可产生多种性质不同的蛋白酶。

2. 氨基酸的分解

微生物对氨基酸的分解，主要是脱氨作用和脱羧基作用。

(1)脱氨作用　脱氨方式随微生物种类、氨基酸种类以及环境条件的不同而不同。主要有以下几种：

①氧化脱氨：在酶催化下，氨基酸在氧化脱氢的同时释放游离氨，这一过程即氧化脱氨。这种脱氨方式须在有氧条件下进行。专性厌氧菌不能进行氧化脱氨。微生物催化氧化脱氨的酶有两类：一类是氨基氧化酶，以 FAD 或 FMN 为辅基；另一类是氨基酸脱氢酶，以 NAD 或 NADP 作为氢的载体，交给分子态氧。反应式如下：

$$2R—CHNH_2—COOH + O_2 \longrightarrow 2R—CO—COOH + 2NH_3$$

实际上，这一反应是由脱氢和加水两个反应步骤完成的：

$$R—CHNH_2—COOH + O_2 \xrightarrow[\text{FAD}]{\text{氧化酶}} R—C{=}NH—COOH + H_2O_2$$

$$R—C{=}NH—COOH + H_2O_2 \xrightarrow{\text{非酶促反应}} R—CO—COOH + NH_3$$

②还原脱氨：还原脱氨在无氧条件下进行，生成饱和脂肪酸。能进行还原脱氨的微生物是专性厌氧菌和兼性厌氧菌。腐败的蛋白质中常分离到饱和脂肪酸便是由相应的氨基酸生成的。如大肠杆菌可使甘氨酸还原脱氨成乙酸，反应式如下：

$$HOOC—CHNH_2—COOH \xrightarrow{NADH_2\ \ NAD} CH_3COOH + NH_3 + CO_2$$

③水解脱氨：不同氨基酸经水解脱氨生成不同的产物，同种氨基酸水解之后也可形成不同的产物，反应通式如下：

$$R—CHNH_2—COOH + H_2O \xrightarrow{\text{水解酶}} R—CHOH—COOH + NH_3$$

有些细菌可以水解色氨酸生成吲哚，吲哚可以与二甲基氨基苯甲醛反应生成红色的玫瑰吲哚，因此可根据细菌能否分解色氨酸产生吲哚来鉴定菌种。

④减饱和脱氨(直接脱氨)：氨基酸在脱氨的同时，其 α、β 键减饱和，结果生成不饱和酸。例如天门冬氨酸减饱和脱氨生成延胡索酸，反应式如下：

$$HOO—CH_2—CHNH_2—COOH \xrightarrow{\text{天门冬氨酸裂解酶}} HOOC—CH{=}CH—COOH + NH_3$$

⑤氧化-还原偶联脱氨(Stickland 反应)：Stickland 发现在某些梭菌中存在由两种氨基酸参与的脱氨基反应，一种氨基酸被氧化，在脱氨的同时脱下氢和电子，同时另一种氨基酸被还原，得到氢和电子的同时脱下氨基。丙氨酸和甘氨酸的偶联反应如下：

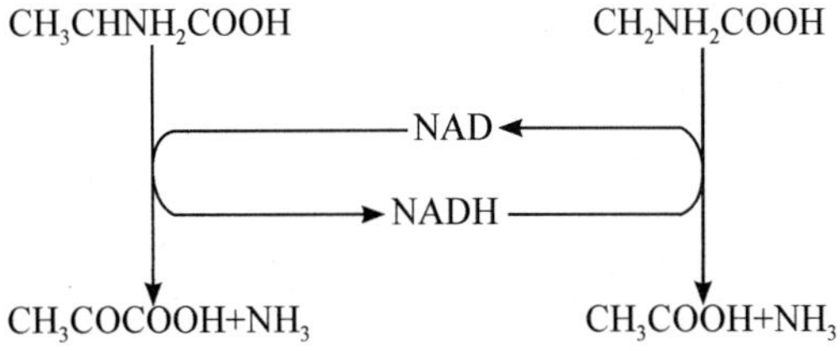

这种偶联反应并不是在任意两种氨基酸之间都能发生的，有些氨基酸优先作为供氢体，有些优先作为受氢体(表 3-4)。

表 3-4 在进行 Stickland 反应时的供氢体和受氢体的氨基酸对

供氢体	受氢体	供氢体	受氢体
丙氨酸	甘氨酸	组氨酸	精氨酸
亮氨酸	脯氨酸	苯丙氨酸	
异亮氨酸	羟脯氨酸	丝氨酸	
缬氨酸	色氨酸	色氨酸	

(2)脱羧作用　氨基酸脱羧作用常见于许多腐败细菌和真菌中。不同的氨基酸由相应的氨基酸脱羧酶催化脱羧，生成减少一个碳原子的胺和二氧化碳，通式如下：

$$R—CHNH_2—COOH \xrightarrow{\text{氨基酸脱羧酶}} R—CH_2—NH_2 + CO_2$$

脱羧酶具有高度专一性，需要磷酸吡哆醛为辅酶，大多数是诱导酶。一元氨基酸脱羧后变成一元胺；二元氨基酸脱羧后变成二元胺。这类物质统称为尸碱，有毒性。肉类蛋白质腐败后常生成二元胺，故不能食用。例如赖氨酸脱羧后变成尸胺，反应式如下：

$$H_2N(CH_2)_4CHNH_2COOH \xrightarrow{\text{赖氨酸脱羧酶}} H_2N(CH_2)_4CH_2NH_2 + CO_2$$

3.2.2.4 脂肪和脂肪酸的分解

1. 脂肪的分解

脂肪是脂肪酸的甘油三酯。在脂肪酶作用下，可水解生成甘油和脂肪酸，反应式如下：

$$\begin{array}{l} CH_2OCOR_1 \\ | \\ CHOCOR_2 \\ | \\ CH_2OCOR_3 \end{array} + 3H_2O \xrightarrow{\text{脂肪酶}} \begin{array}{l} CH_2OH \\ | \\ CHOH \\ | \\ CH_2OH \end{array} + \begin{array}{l} R_1—COOH \\ \\ R_2—COOH \\ \\ R_3—COOH \end{array}$$

脂肪酶成分较为复杂，作用对象也不完全一样。不同的微生物产生的脂肪酶作用也不一样。能产生脂肪酶的微生物很多，有根霉、圆柱形假丝酵母、小放线菌、白地霉等。

脂肪酶目前主要用于油脂工业、食品工业、纺织工业上。常用作消化剂、乳品增香、制造脂肪酸、绢丝的脱脂等。

2. 脂肪酸的分解

微生物分解脂肪酸主要是通过 β-氧化途径。β-氧化是由于脂肪酸氧化断裂发生在 β-碳原子上而得名。在氧化过程中，能产生大量的能量，最终产物是乙酰辅酶 A。而乙酰辅酶 A 是进入三羧酸循环的基本分子单元。

3.2.3 微生物发酵的代谢途径

由于微生物种类繁多，能在不同条件下对不同物质或对基本相同的物质进行不同的发酵。而不同微生物对不同物质发酵时可以得到不同的产物，不同的微生物对同一种物质进行发酵，或同一种微生物在不同条件下进行发酵都可得到不同的产物，这些都取决于微生物本身的代谢特点和发酵条件，现将食品工业中常见的微生物及其发酵途径介绍如下：

3.2.3.1　醋酸发酵

参与醋酸发酵的微生物主要是细菌，统称为醋酸细菌。它们之中既有好氧性的醋酸细菌，例如纹膜醋酸杆菌（*Acetobacter aceti*）、氧化醋酸杆菌（*Acetobacter oxydans*）、巴氏醋酸杆菌（*Acetobacer pasteurianus*）、氧化醋酸单胞菌（*Acetomonas oxydans*）等；也有厌氧性的醋酸细菌，例如热醋酸梭菌（*Clostriolium themoacidophilus*）、胶醋酸杆菌（*Acetobacter xylinum*）等。

好氧性的醋酸细菌进行的是好氧性的醋酸发酵，在有氧条件下，能将乙醇直接氧化为醋酸，是醋酸细菌的好氧性呼吸，其氧化过程是一个脱氢加水的过程：

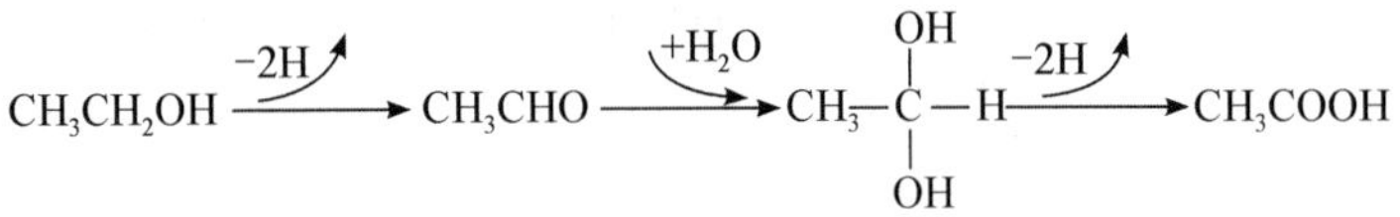

脱下的氢最后经呼吸链和氧结合形成水，并放出能量：

$$4H+O_2 \longrightarrow 2H_2O+4.9\times10^5\ J$$

总反应式为：$CH_3CH_2OH+O_2 \longrightarrow CH_3COOH+H_2O+4.9\times10^5\ J$

厌氧性的醋酸细菌进行的是厌氧性的醋酸发酵，其中热醋酸梭菌能通过 EMP 途径发酵葡萄糖，产生 3 分子醋酸。研究证明该菌只有丙酮酸脱羧酶和 CoM，能利用 CO_2 作为受氢体生成乙酸，发酵结果如下：

$$C_6H_{12}O_6+2ADP+2Pi \xrightarrow{EMP} 2CH_3COCOOH+4H+2ATP$$

$$2CH_3COCOOH+2H_2O+2ADP+2Pi \xrightarrow[\text{乙酸激酶}]{\text{丙酮酸脱羧酶}} 2CH_3COOH+2CO_2+4H+2ATP$$

$$2CO_2+8H \xrightarrow{CoM} CH_3COOH+2H_2O$$

总反应式：$C_6H_{12}O_6+4(ADP+Pi) \longrightarrow 3CH_3COOH+4ATP$

好氧性的醋酸发酵是制醋工业的基础。制醋原料或酒精接种醋酸细菌后，即可发酵生成醋酸发酵液供食用，醋酸发酵液还可以经提纯制成一种重要的化工原料——冰醋酸。厌氧性的醋酸发酵是我国用于酿造糖醋的主要途径。

3.2.3.2　柠檬酸发酵

关于柠檬酸发酵途径曾有多种观点，但目前大多数学者认为柠檬酸并非单纯由 TCA 循环所积累，而是由葡萄糖经 EMP 途径形成丙酮酸，再由两分子丙酮酸之间发生羧基转移，形成草酰乙酸和乙酰 CoA，草酰乙酸和乙酰 CoA 再缩和成柠檬酸，其反应途径如图 3-6。

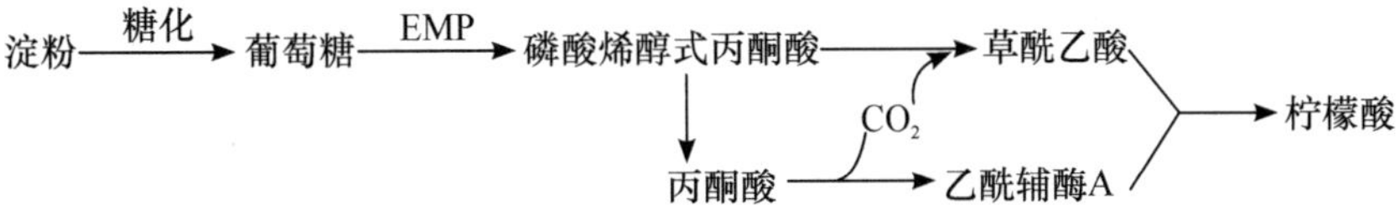

图 3-6　柠檬酸发酵代谢途径

能够累积柠檬酸的霉菌以曲霉属（*Aspergillus* sp.）、青霉属（*Penicillium* sp.）和橘霉属（*Citromyces* sp.）为主。其中以黑曲霉（*A. niger*）、米曲霉（*A oryzae*）、灰绿青霉（*Pen. glau-*

cum)、淡黄青霉(*Pen. luteum*)、光橘霉(*Citromyces glaber*)等产酸量最高。

柠檬酸发酵被广泛用于制造柠檬酸盐、香精、饮料、糖果、发泡缓冲剂等,在食品工业中起着重要的作用。

3.2.3.3　酒精发酵

酒精发酵是酿酒工业的基础,它与酿造白酒、果酒、啤酒以及酒精的生产等有密切关系。进行酒精发酵的微生物主要是酵母菌,如啤酒酵母(*Saccharomyces cerevisiae*)等,此外还有少数细菌如发酵单胞菌(*Zymononas mobilis*)、嗜糖假单胞菌(*Pseudomonas Saccharophila*)、解淀粉欧文氏菌(*Eruinia amylovora*)等也能进行酒精发酵。

酵母菌在无氧条件下,将葡萄糖经 EMP 途径分解为 2 分子丙酮酸,然后在酒精发酵的关键酶——丙酮酸脱羧酶的作用下脱羧生成乙醛和 CO_2,最后乙醛被还原为乙醇。

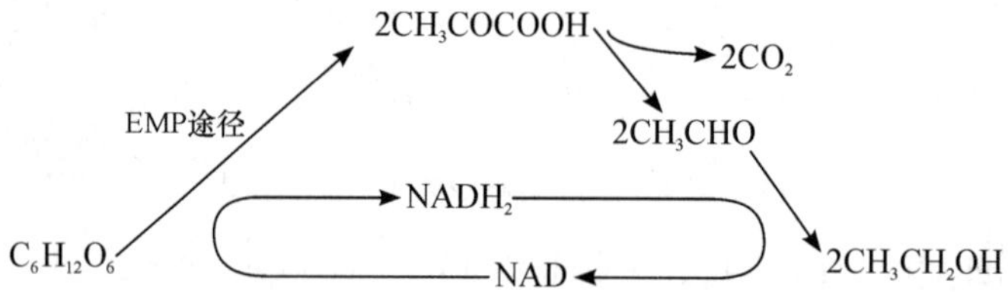

总反应式:$C_6H_{12}O_6 + 2ADP + 2Pi \longrightarrow 2CH_3CH_2OH + 2CO_2 + 2ATP$

酒精发酵是酵母菌正常的发酵形式,又称第一型发酵,如果改变正常的发酵条件,可使酵母进行第二型和第三型发酵而产生甘油。第二型发酵是在有亚硫酸氢钠存在的情况下发生的。亚硫酸氢钠和乙醛起加成作用,生成难溶的结晶状亚硫酸氢钠加成物——磺化羟乙醛:

$$NaHSO_3 + CH_3CHO \longrightarrow H_3C-\underset{\displaystyle O_3SNa}{\underset{|}{\overset{\displaystyle OH}{\overset{|}{C}}}}-H$$

由于乙醛和亚硫酸氢钠发生了加成作用,致使乙醛不能作为受氢体,而迫使磷酸二羟丙酮代替乙醛作为受氢体生成 α-磷酸甘油:

$$\begin{array}{l} CH_2OH \\ | \\ C{=}O \\ | \\ CH_2OPO_3H \end{array} + NADH_2 \longrightarrow \begin{array}{l} CH_2OH \\ | \\ HCOH \\ | \\ CH_2OPO_3H_2 \end{array} + NAD$$

α-磷酸甘油在 α-磷酸甘油磷酸酯酶催化下被水解,除去磷酸而生成甘油:

$$\begin{array}{l} CH_2OH \\ | \\ HCOH \\ | \\ CH_2OPO_3H_2 \end{array} + H_2O \longrightarrow \begin{array}{l} CH_2OH \\ | \\ HCOH \\ | \\ CH_2OH \end{array} + H_3PO_4$$

总反应式为:

$$C_6H_{12}O_6 + NaHSO_3 \longrightarrow \begin{array}{l} CH_2OH \\ | \\ CHOH \\ | \\ CH_2OH \end{array} + CH_2-\underset{\displaystyle OS_2Na}{\underset{|}{\overset{\displaystyle H}{\overset{|}{C}}}}-OH + CO_2$$

第三型发酵是在碱性条件下进行的，碱性条件可促使乙醛不能作为正常的受氢体，而是两分子乙醛之间发生歧化反应，即相互进行氧化还原反应，一分子乙醛被氧化成乙酸，另一分子乙醛被还原为乙醇：

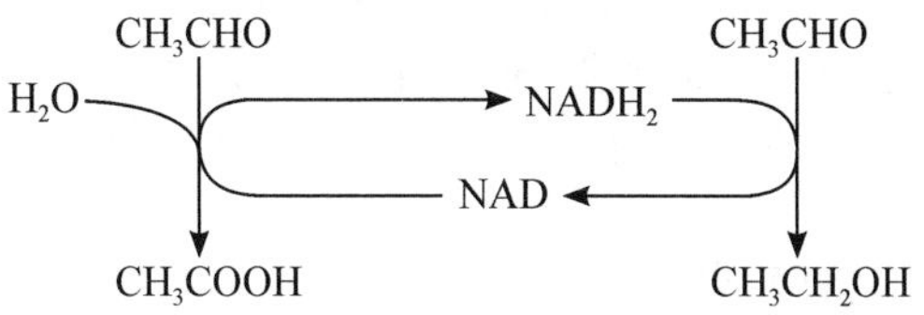

这样又迫使磷酸二羟丙酮作为受氢体而最终形成甘油。总反应式为：

$$2C_6H_{12}O_6 \longrightarrow 2\text{甘油} + \text{乙酸} + \text{乙醇} + 2CO_2$$

由此可以看出，酵母菌的第二型和第三型发酵过程中，都不产生能量，因此只能在非生长情况下进行。如用此途径生产甘油，必须在第三型发酵液中不断地加入碳酸钠以维持其碱性，否则由于酵母菌产生酸而使发酵液 pH 降低，这样就又恢复到正常的第一型发酵而不累积甘油。这说明酵母菌在不同条件下发酵结果是不同的，因而我们可以通过控制环境条件来利用微生物的代谢活动，有目的地生产有用的产品。

3.2.3.4　乳酸发酵

乳酸是细菌发酵最常见的最终产物，一些能够产生大量乳酸的细菌称为乳酸细菌。在乳酸发酵过程中，发酵产物中只有乳酸的称为同型乳酸发酵；发酵产物中除乳酸外，还有乙醇、乙酸及 CO_2 等其他产物的，称为异型乳酸发酵。

1. 同型乳酸发酵

引起同型乳酸发酵的乳酸细菌，称为同型乳酸发酵菌，有双球菌属（*Diplococcus*）、链球菌属（*Streptococcus*）及乳酸杆菌属（*Lactobacillus*）等。其中工业发酵中最常用的菌种是乳酸杆菌属中的一些种类，如德氏乳酸杆菌（*L. delhruckii*）、保加利亚乳酸杆菌（*L. bulgaricus*）、干酪乳酸杆菌（*L. casei*）等。

同型乳酸发酵的基质主要是己糖，同型乳酸发酵菌发酵己糖是通过 EMP 途径产生乳酸的。其发酵过程是葡萄糖经 EMP 途径降解为丙酮酸后，不经脱羧，而是在乳酸脱氢酶的作用下，直接被还原为乳酸。总反应式为：

$$C_6H_{12}O_6 + 2ADP + 2Pi \longrightarrow 2CH_3CHOHCOOH + 2ATP$$

2. 异型乳酸发酵

异型乳酸发酵基本都是通过磷酸解酮酶途径（即 PK 途径）进行的。其中肠膜明串球菌（*Leuconostos mesentewides*）、葡萄糖明串球菌（*Leuconostoc dextranicum*）、短乳杆菌（*Lactabacillus brevis*）、番茄乳酸杆菌（*Lactobacillus lycopersici*）等是通过戊糖解酮酶途径将 1 分子葡萄糖发酵产生 1 分子乳酸、1 分子乙醇和 1 分子 CO_2，并且只产生 1 分子 ATP。总反应式如下：

$$C_6H_{12}O_6 + ADP + Pi \longrightarrow CH_3CHOHCOOH + CH_3CH_2OH + CO_2 + ATP$$

双叉乳酸杆菌（*Lactobacillus bifidus*）、两歧双歧乳酸菌（*Bifidobacterium bifidus*）等是通过己糖磷酸解酮酶途径将 2 分子葡萄糖发酵为 2 分子乳酸和 3 分子乙酸，并产生 5 分子

ATP，总反应式为：

$$2C_6H_{12}O_6+5ADP+5Pi \longrightarrow 2CH_3CHOHCOOH+3CH_3COOH+5ATP$$

乳酸发酵被广泛地应用于泡菜、酸菜、酸牛奶、乳酪以及青贮饲料中，由于乳酸细菌活动的结果，积累了乳酸，抑制其他微生物的发展，使蔬菜、牛奶及饲料得以保存。近代发酵工业多采用淀粉为原料，先经糖化，再接种乳酸细菌进行乳酸发酵生产纯乳酸。

3.2.4 微生物独特的合成代谢

所谓合成代谢，是指微生物利用能量将简单的无机或有机的小分子前体物质同化成高分子或细胞结构物质；但微生物合成代谢时，必须具备三个条件，那就是代谢能量、小分子前体物质和还原基，只有具备了这三个基本条件，合成代谢才能进行。由于微生物蛋白质的合成和核酸的合成与一般生物的生化过程基本相同，限于篇幅，这里主要对微生物独特的肽聚糖的生物合成代谢途径加以阐述。

细胞壁肽聚糖的合成过程是一个极其复杂的过程，根据反应进行的部位不同，整个合成过程可分为在细胞质中、在细胞膜上和在细胞膜外三个阶段。

1. 在细胞质中合成

①由葡萄糖合成 N-乙酰葡萄糖胺和 N-乙酰胞壁酸。

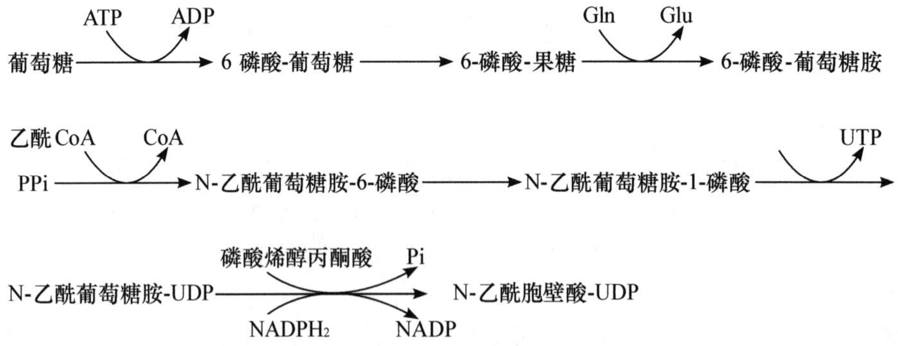

②由 N-乙酰胞壁酸合成“Park”核苷酸。这一过程需要 4 步反应，它们都需要尿嘧啶二磷酸（UDP）作为糖的载体，另外还有合成 D-丙氨酰胺-D-丙氨酸的两步反应，这些反应都可被环丝氨酸所抑制。反应过程如图 3-7 所示。

2. 在细胞膜中合成

由“Park”核苷酸合成肽聚糖亚单位的过程是在细胞膜上完成的，在细胞质内合成“Park”核苷酸后，穿入细胞膜并进一步接上 N-乙酰葡萄糖胺和甘氨酸五肽，即合成了肽聚糖亚单位。这个肽聚糖亚单位通过一个类脂载体（十一异戊烯磷酸）携带到细胞膜外，进行肽聚糖合成。

由“Park”核苷酸合成肽聚糖亚单位的过程总计有五步反应，见图 3-8。

3. 在细胞膜外的合成

被运送到细胞膜外的肽聚糖亚单位在必须有细胞壁残余（至少 6～8 个肽聚糖亚单位）作引物的条件下，肽聚糖亚单位与引物分子间先发生转糖基作用（transglycosylation）使多糖横向延伸一个双糖单位，然后再通过转肽作用（transpeptidation）使两条多糖链间形成甘氨酸五

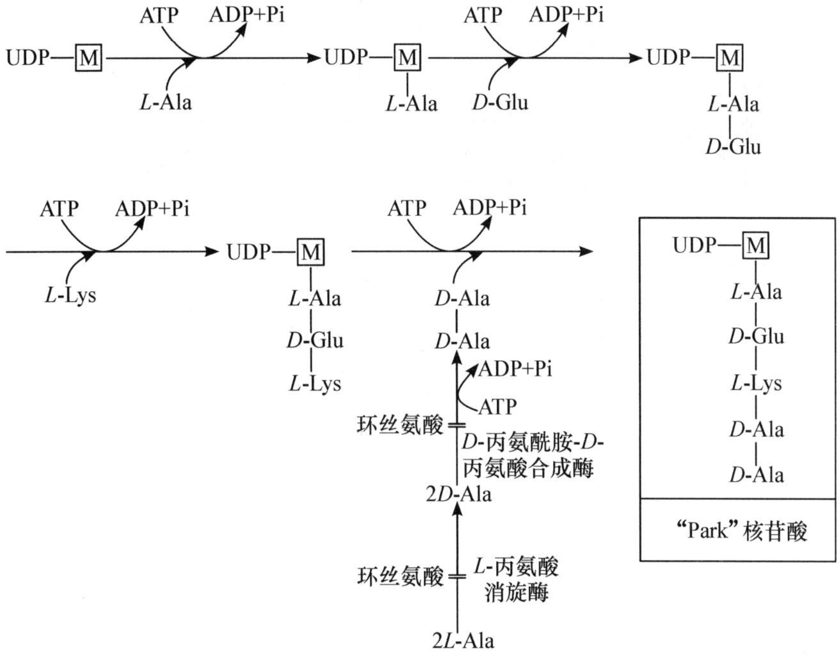

图 3-7　金黄色葡萄球菌由 N-乙酰胞壁酸合成"Park"核苷酸

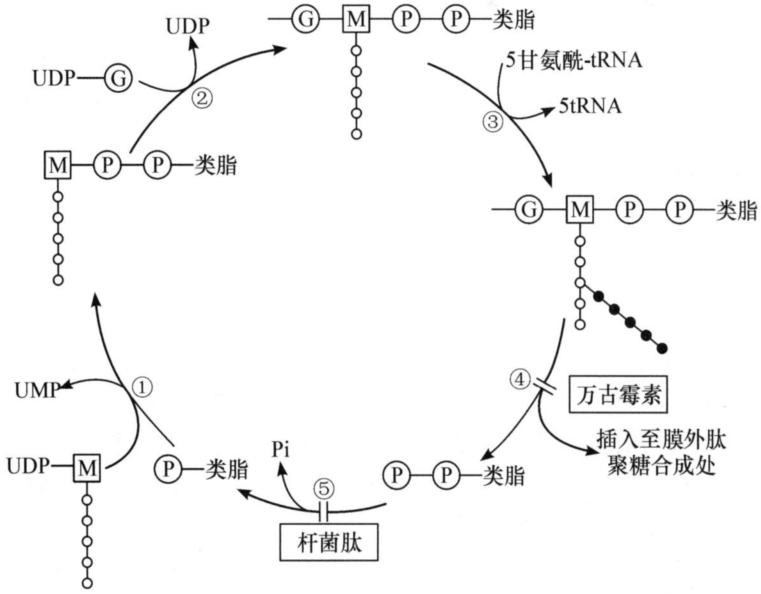

图 3-8　肽聚糖亚单位的合成

肽而发生纵向交联反应。

有关转糖基、转肽作用的反应过程见图 3-9。

从图 3-9 可以看出，青霉素可抑制转肽作用的进行，其作用机制是：青霉素是肽聚糖亚单位五肽末端的 *D*-丙氨酰胺-*D*-丙氨酸的类似物，两者竞争转肽酶的活性中心，从而竞争性抑制

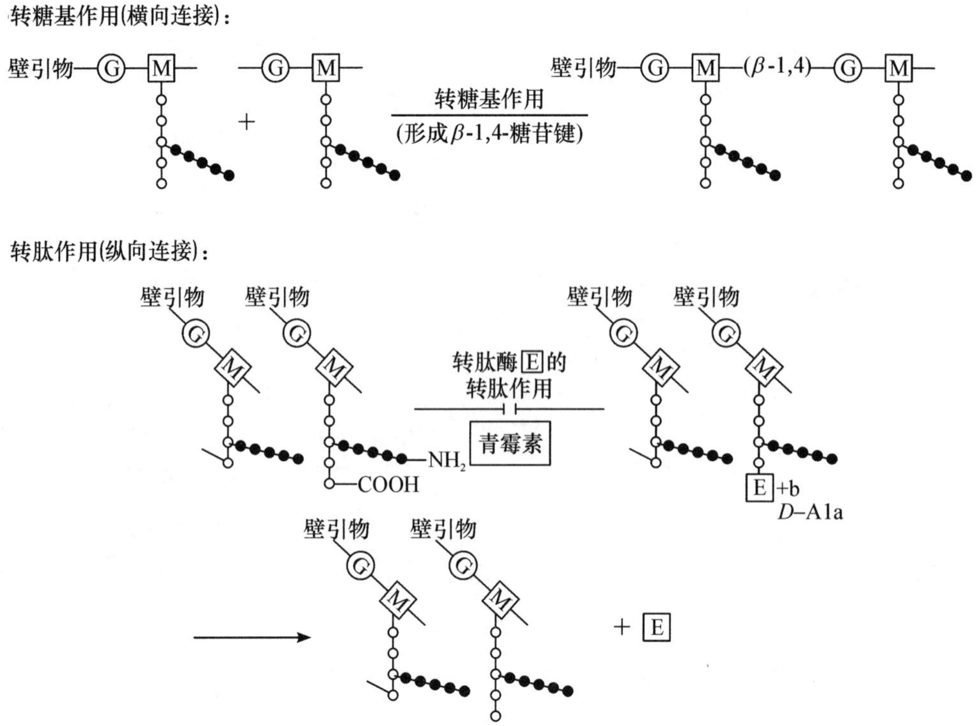

图 3-9 肽聚糖合成的最后阶段——转糖基、转肽作用的反应

了肽聚糖的转肽作用，使得肽聚糖分子不能发生纵向交联反应，肽聚糖不能形成细胞壁层。可见，青霉素的抑菌作用，只能是对处于活跃生长的细菌，对处于休眠阶段的细菌几乎无作用。

3.2.5 微生物代谢的调节

微生物的代谢调节是指微生物的代谢速度和方向按照微生物的需要而改变的一种作用，现代生物化学认为微生物的任何代谢都是酶促反应过程，所以代谢调节实质上是酶合成调节和酶活性调节。

酶合成的调节是通过酶量的变化来控制代谢的速率，包括酶合成的诱导（induction）和酶合成的阻遏（repression）两种方式，这是在基因水平上进行的，是通过酶基因表达的调控来实现，因为酶合成的改变需要基因的转录翻译等过程，所以酶合成调节在时间上表现得缓慢。

酶活性调节是对已有的酶通过修饰作用来改变酶的活性，从而改变酶促反应速率，包括酶活性的激活（activation）和酶活性的抑制（inhibition），这种调节是在酶蛋白分子水平上进行的，涉及酶的构象改变，其特点是调节灵敏而快速。凡是能提高酶活性的物质统称为激活剂（activator），在激活剂的作用下，原本不表现酶活性的酶表现出催化活性，或原本有催化活性的酶活力显著提高，这种现象即称为酶的激活。抑制与激活相反，由于某些物质的存在降低了酶的催化活性，即称为抑制。如果某些物质使酶催化活性降低是不可逆的，去除该物质后，酶活性得不到恢复，就不能称为抑制，而是酶的失活。抑制作用是可逆的，消除抑制

二维码 3-3 代谢控制在工业发酵中的应用

物质后，酶活性即恢复。在代谢调节过程中的抑制多数情况是反馈抑制(feedback inhibition)，反馈抑制是指代谢的末端产物反过来对催化该反应途径中的某个酶的抑制作用。

本章小结

微生物所需的营养物质可分为水、碳源物质、氮源物质、无机元素和生长因子五大类。微生物对营养物质的吸收方式有单纯扩散、促进扩散、主动运输和基团转位四种。微生物的营养类型多样，分为光能自养型、光能异养型、化能自养型和化能异养型四种类型。

培养基是指经人工配制而成的适合微生物生长繁殖和积累代谢产物所需要的营养基质。培养基根据营养成分的来源分为天然培养基、合成培养基、半合成培养基。根据物理状态分为液体培养基、固体培养基、半固体培养基。根据用途分为加富培养基、选择培养基和鉴别培养基。

新陈代谢是微生物生命活动最基本的特征之一，包括合成代谢和分解代谢。合成代谢是分解代谢的基础，分解代谢为合成代谢提供能量和原料。在物质代谢的过程中伴随着能量代谢的进行，在物质的分解过程中，伴随着能量的释放。根据微生物代谢过程中产生的代谢产物在微生物体内的作用不同，又可将代谢分成初级代谢与次级代谢两种类型。

微生物糖代谢的主要途径有：EMP途径，HMP途径，E.D途径，PK途径等四种。微生物发酵的代谢途径有醋酸发酵、柠檬酸发酵、酒精发酵、乳酸发酵。微生物的代谢调节是指微生物的代谢速度和方向按照微生物的需要而改变的一种作用，代谢调节实质上是酶合成调节和酶活性调节。

重要名词

微生物营养　生长因子　培养基　有氧呼吸　无氧呼吸　发酵作用

思考题

1. 微量矿物质元素和生长因子有何区别？
2. 比较微生物对营养物质吸收四种方式的异同。
3. 深刻理解划分微生物营养类型的依据。
4. 配制培养基为什么必须调节pH？常用来调节pH的物质有哪些？
5. 呼吸链(电子传递链或生物氧化链)在生命活动中有何重要意义？
6. 比较分析底物水平磷酸化、氧化磷酸化和光合磷酸化各自的特点。
7. 分析微生物进行葡萄糖分解代谢的途径(重点是EMP途径和HMP途径)，每一代谢途径的特点和生理作用如何。
8. 微生物对淀粉、纤维素、果胶质的分解过程，各有哪些酶的参与？结合产酶微生物的主要类群分析引起相关食品变质的微生物区系。
9. 能够产生蛋白酶而分解蛋白质生成多肽和氨基酸的主要微生物类群有哪些？
10. 微生物分解氨基酸的脱氨方式有几种？试比较它们的不同之处；分析这些反应与蛋白

质类食品变质的关系。

11. 能够产生脂肪酶而分解脂肪生成脂肪酸和甘油的微生物有哪些?

12. 比较分析好氧性醋酸发酵和厌氧性醋酸发酵途径上有何不同,各有哪些具体应用。

13. 根据柠檬酸发酵代谢途径,分析提高柠檬酸发酵产物的调控措施。

14. 根据啤酒酵母进行酒精发酵的三种代谢途径,分析发酵生产酒精和甘油的工艺调控措施。

15. 列表比较同型乳酸发酵和异型乳酸发酵的异同。

第 4 章

微生物的生长

本章学习目的与要求

1. 掌握微生物生长的概念,个体生长与群体生长的关系。
2. 掌握测定微生物群体生长的方法,微生物生长量的不同测定方法特点。
3. 熟练掌握微生物的群体生长规律和环境因素对微生物生长的影响。

4.1 微生物生长的概念

微生物在适宜的外界环境条件下，不断地吸收营养物质，按自身的代谢方式进行新陈代谢，如同化作用大于异化作用，其结果是原生质的总量（包括重量、体积、大小）不断地增加，称为微生物的生长现象。

单细胞微生物如细菌的生长，往往伴随着细胞数目的增加。当细胞增长到一定程度时，就以二分裂方式，形成两个相似的子细胞，子细胞又重复上述过程，使细胞数目增加，称为繁殖。在多细胞微生物中，例如某些霉菌，细胞数目的增加如不伴随着个体数目的增加，只能叫生长，不能叫繁殖。例如菌丝细胞的不断延长或分裂产生同类细胞均属生长，只有通过形成无性孢子或有性孢子使得个体数目增加的过程才叫作繁殖。

在一般情况下，当环境条件适合，生长与繁殖始终是交替进行的。从生长到繁殖是一个由量变到质变的过程，这个过程就是发育。图示如下：

个体生长→个体繁殖→群体生长

群体生长＝个体生长＋个体繁殖

不同的微生物细胞生长周期所需要的时间是完全不同的，它取决于很多因素，如遗传特性和营养条件。在良好的营养、培养条件下，*E. coli* 完成一个繁殖周期仅需要 18～20 min；有几种细菌生长繁殖比 *E. coli* 快，但大多数细菌比 *E. coli* 慢。控制细胞分裂是一个复杂过程，这一过程与染色体复制紧密相关。

微生物的生长繁殖是在内外各种环境因素相互作用下的综合反映，当微生物处于一定的物理、化学条件下，生长、发育正常，繁殖速率也高；如果某一或某些环境条件发生改变，就会杀灭或抑制微生物的生长繁殖。在发酵工业中要提供最适的条件，有利于微生物的生长、繁殖和发酵，有利于我国发酵工业的振兴；在食品加工中，要研究最佳的灭菌方法和抑制微生物在食品中生长和繁殖的条件，保证食品的卫生、安全，延长食品的货架期，建设具有中国特色的食品安全体系，培养具有爱国精神、品德修养和学术志向的食品人才。

4.2 微生物生长量的测定

微生物特别是单细胞微生物，体积很小，个体生长变化不大，很难测定，意义也不大。通常测定微生物的生长是测群体的生长，实际上是个体生长和个体繁殖的总称。

4.2.1 测定生长量

测定生长量的方法有许多种，适用于一切微生物。这些方法适用于不同的研究目的，可根据研究的目的和条件选择性使用。

4.2.1.1 直接法

1. 测体积

它是一种较为粗放的方法，通常用于简单比较。例如将待测微生物培养液放在刻度离心管中进行一定时间的离心或自然沉降，然后观察微生物细胞沉降的体积。该方法简单适用，结果观察直观。

2. 称干重

采用离心法或过滤法测定，一般微生物细胞的干重为湿重的 10%～20%。如用离心法，将待测培养液离心，再用清水洗涤离心 1～5 次后干燥，可用 105℃、100℃或红外线烘干，也可在较低的温度(80℃或 40℃)下进行真空干燥，然后称干重。如细菌一个细胞一般重 10^{-13}～10^{-12} g。如为丝状真菌可用滤纸过滤，细菌可用醋酸纤维膜等滤膜进行过滤。过滤后，细胞可用少量水洗涤，再真空干燥(40℃以下)，称干重。以乳酸菌为例，在液体培养基中，细胞的浓度大约为 2×10^{8} 个/mL。100 mL 培养物可得 10～70 mg 干重的细胞。

4.2.1.2　间接法

1. 生理指标法

与微生物生长量相平行的生理指标很多，它们均可用作生长测定的相对值。

(1)测定细胞总含氮量来确定细菌浓度　大多数细菌的含氮量为干重的 12.5%，酵母菌为 7.5%，霉菌为 6.5%，含氮量乘 6.25 即为粗蛋白质的含量。总含氮量与细胞粗蛋白质的含量(因其中包括了杂环氮和氧化型氮)的关系可用下式计算：

$$粗蛋白质总量=含氮量(\%)\times6.25$$

含氮量的测定方法有很多，常用凯氏定氮法。此法适用于细胞浓度较高的样品，同时操作过程也较麻烦，主要用于科学研究中。

(2)含碳量的测定　微生物新陈代谢的结果，必然要消耗或产生一定量的物质，以表示微生物的生长量。一般生长旺盛时消耗的物质就多，或者积累的某种代谢产物也多。将少量生物材料混入 1 mL 水或无机缓冲液中，用 2 mL 2%重铬酸钾溶液在 100℃下加热 30 min，冷却后，加水稀释至 5 mL，在 580 nm 波长下测定光密度值(用试剂作空白对照，并用标准样品作标准曲线)，即可推算出生长量。

(3)其他　磷、DNA、RNA、ATP 和 N-乙酰胞壁酸等的含量，以及产酸、产气、产 CO_2(用标记葡萄糖作基质)、耗氧、黏度和产热等指标，均可用于生长量的测定。

三磷酸腺苷(ATP)生物发光法目前广泛地用于餐饮、食品加工环境快速评价和食品中微生物的快速检测，同时在 HACCP 管理中也被广泛用于关键控制点检测，与传统检测方法不同之处在于几分钟内可获得结果，而且荧光光度计是便携式的，使用方便，适合现场检测，不仅可以检测微小的污染物水平，还能检测食品加工设备及其表面的清洁程度。

2. 比浊法

微生物在液体培养基中生长，由于原生质含量的增加，引起培养物浑浊度的增高。最古老的比浊法是采用 McFarland 比浊管，用不同浓度的 $BaCl_2$ 与稀 H_2SO_4 配制成的 10 支试管，其中形成的 $BaSO_4$ 有 10 个梯度，表示 10 个相对的细菌浓度(预先用相应的细菌测定)。某一未知浓度的菌液在透射光下用肉眼与某一比浊管进行比较，如果两者的浊度相当，即可目测出该菌液的大致浓度。

精确地测定，要用分光光度计进行微生物培养液浊度变化的测定，在可见光 450～650 nm 波长范围内均可测定。如果要连续测定某一微生物培养物生长动态，可用有侧臂的三角烧瓶做原位测定。

4.2.2 计数法

计数法即是计算微生物繁殖出的个体数目，此法适宜于单细胞状态的微生物或丝状微生物所产生的孢子。如计数单细胞状态的细菌和酵母菌，而放线菌和霉菌丝状微生物只能计数它们的孢子。

4.2.2.1 直接法

直接法即是在显微镜下直接观察细胞并进行计数的方法，其计数结果是包括死细胞在内的总菌数。该方法常用，为了区别死活细胞，可采用特殊染色方法染活菌后再在光学显微镜下观察计数，例如美兰染色法对酵母菌染色后，光学显微镜下观察活菌为无色，死菌为蓝色；细菌经吖啶染色后，在紫外光显微镜下可观察到活细胞发出橙色荧光，死细胞发出绿色荧光，因此可分别做活菌和总菌的计数。

1. 比例计数法

比例计数法是一种粗放的计数方法。将已知颗粒（例如霉菌的孢子或动物红细胞等）浓度的液体与待测细胞浓度的菌液按一定比例均匀混合，然后镜检各自的数目，求出未知菌液中的细胞浓度。

2. 血细胞计数板法

血细胞计数板法是计数一定容积中的细胞总数时常用方法，此法对细胞较大的酵母菌较为适用。

4.2.2.2 间接法

间接法是一种活菌计数法，其原理是活菌在液体培养基中生长繁殖使液体浑浊，在固体培养基表面形成菌落，然后计数菌落获得活菌的方法。

1. 平板菌落计数法

平板菌落计数法是一种常用的食品中细菌总数的计数法，用国家标准方法将待测样品稀释，然后取适宜的稀释度样品与固体培养基混匀，凝固后培养，每一个活细胞就形成一个单菌落，即是“菌落形成单位”（colony forming unit，CFU）。然后计数平板上出现的菌落，根据国标方法计算菌落数，再乘以样品的稀释倍数，即可计算出样品的菌数总数。此法常用于食品中细菌总数的检测。此法的优点是检测的结果较为精确，缺点是方法烦琐，获得检测结果的时间长等。目前国内外已经出现多种微型、快速、商品化的菌落计数纸片或密封琼脂板，纸片法的原理是加在培养基中的指示剂 TTC（2,3,5-氯化三苯基四氮唑），它可使菌落在很微小时就染色成玫瑰红色；法国生物-梅里埃集团公司还开发了细菌总数快速测定仪，但设备成本高。

2. 液体稀释法

根据国家标准方法测定，对未知样品作 10 倍系列稀释。选适宜的 3 个连续的稀释液，每个稀释度各取 3 次 1 mL，接种到 3 组共 9 支液体培养基试管中，每管接入 1 mL，培养一定的时间后，记录每个稀释度出现生长的试管数，然后查 MPN（most probable number，最大概率数）表，根据样品的稀释倍数可计算出其中的活菌含量。

随着科学技术的发展，出现了一些快速测定的方法，其形式有小型纸片法（1～10 cm^2，圆形或长方形）等。原理是在滤纸上有适宜的培养基和活菌指示剂 2,3,5-氯化三苯基四氮唑

(2,3,5-triphenyl tetrazolium chloride,TTC,无色)。用刻度吸管取一定的样品液于滤纸上或浸取样品液,置于密封包装袋中,经短期培养,在滤纸上就会出现一定密度的玫瑰红色微小菌落。计数小红点可计算出样品的含菌量。此外还有 DNA 指纹技术和 PCR 扩增等快速测定方法。

4.3　微生物的群体生长规律

单细胞的微生物,如细菌、酵母菌在液体培养基中,可以均匀地分布,每个细胞接触的环境条件相同,都有充分的营养物质,故每个细胞都迅速地生长繁殖。霉菌多数是多细胞微生物,菌体呈丝状,在液体培养基中生长繁殖的情况与单细胞微生物不一样,如果采取摇床培养,则霉菌在液体培养基中的生长繁殖情况近似于单细胞微生物。因液体被搅动,菌丝处于分布比较均匀的状态,而且菌丝在生长繁殖过程中不会像在固体培养基上那样有分化现象,孢子产生也较少。

4.3.1　单细胞微生物的典型生长曲线

定量描述液体培养基中微生物群体生长规律的实验曲线,称为生长曲线(growth curve)。微生物生长繁殖的速度非常快,一般细菌在适宜的条件下,20～30 min 就可以分裂 1 次,如果不断迅速地分裂,短时间内可达惊人的数目,但实际上是不可能的。当把少量的菌种接种到新鲜培养基中时,在培养条件保持稳定的状况下,该细胞群体发生有规律的生长。定时取样测定培养液中微生物的菌细胞数目,发现在培养的开始阶段,菌体数目并不增加,一定时间后,菌体数目就增长很快,继而菌体数目增长速度保持稳定,最后增长速度逐渐下降以至等于零。如果以培养时间为横坐标,以单细胞增加数目的对数值作纵坐标,就可做出一条生长曲线。这个生长曲线(growth curve)代表单细胞微生物从生长开始到衰老死亡的一般规律。

根据微生物的生长速率常数(growth rate constant),即每小时的分裂代数的不同,一般把典型的生长曲线粗分为延滞期、对数期、稳定期和衰亡期 4 个时期,见图 4-1。

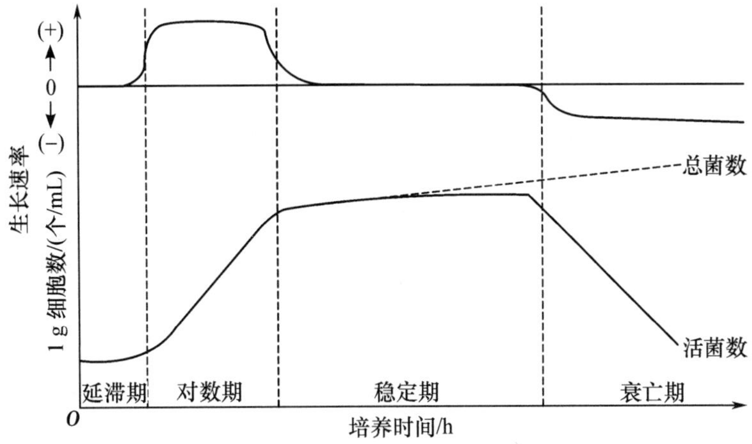

图 4-1　典型生长曲线

4.3.1.1　延滞期

延滞期(lag phase)又叫适应期、缓慢期或调整期,是指把少量微生物接种到新鲜培养基时,通常不会出现立即生长,而是经历一个短的时期才生长。表现出刚开始的一段时间细胞数目不增加的时期，甚至细胞数目还可能减少。延滞期有如下特点：①生长的速率常数为零。②细胞的体积增大，DNA 含量增多，为分裂做准备。③细胞内的 RNA 含量增加，特别是 rRNA 含量高；合成代谢旺盛，核糖体、酶类的合成加快，易产生诱导酶。④对不良环境（例如 pH、NaCl 溶液浓度、温度和抗生素等化学物质）敏感。

延滞期出现的原因，可能是为了重新调整代谢。当细胞接种到新的环境（如从固体培养基接种到液体培养基）后，需要重新合成必需的酶类、辅酶或某些中间代谢产物，以适应新的环境而出现生长的延滞期。

为了提高生产效率，发酵工业中采取措施缩短延滞期具有十分重要的意义，有利于提升我国发酵工业的技术水平，增强我国发酵工业的经济效益，其方法主要有：①以对数期的菌体作种子菌。因对数期的菌体生长代谢旺盛，繁殖力强，抗不良环境和噬菌体的能力强，采用对数期的菌体作种子，延滞期就相对短。②适当增大接种量。生产上接种量的多少是影响延滞期的一个重要因素，接种量大，延滞期短，接种量小，则延滞期长。一般采用 3%～8%的接种量，根据生产上的具体情况而定，最高不超过 1/10。③培养基的成分。为了减少培养基的营养成分差异，常常在种子培养基中加入生产培养基的某些营养成分，即是种子培养基尽量接近发酵培养基，通常微生物生长在营养丰富的天然培养基中比营养单调的组合培养基中快。

4.3.1.2 对数期

对数期（logarithmic phase）又叫指数期（exponential phase），指在生长曲线中，紧接着延滞期后的一段时期（图 4-2）。此时菌体细胞生长的速率常数 R 最大，分裂快，细胞每分裂繁殖一次的增代时间短，细胞进行平衡生长，菌体内酶系活跃，代谢旺盛，菌体数目以几何级数增加，群体的形态与生理特征最一致，抗不良环境的能力最强。该时期的特点是：①生长速率常数 R 最大，因此细胞每分裂一次所需的时间——代时 G（generation time，又称增代时间）最短；②细胞进行平衡生长（balanced growth），所以菌体各部分的成分均匀；③酶系活跃，代谢旺盛；④细胞群体的形态与生理特征最一致；⑤微生物细胞抗不良环境的能力最强。

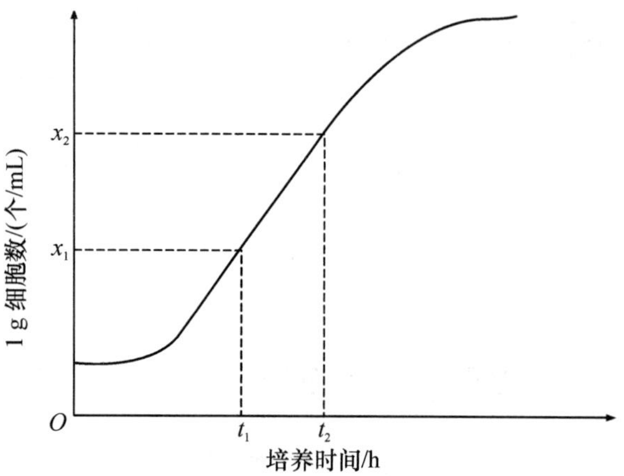

图 4-2 对数期

对数期的微生物是用作代谢、生理研究的良好材料，也是做菌种的最佳材料。微生物指数生长的速度受营养、环境条件和自身遗传特性的影响，一般原核微生物比真核微生物生长快，小的真核微生物比大的真核微生物生长快。

在对数期中，以下 3 个参数尤为重要。

繁殖代数(n)，由图 4-2 可以得出：$x_2 = x_1 \cdot 2^n$

以对数表示：$\lg x_2 = \lg x_1 + n\lg 2$

$$n = \frac{\lg x_2 - \lg x_1}{\lg 2} = 3.322(\lg x_2 - \lg x_1)$$

生长速率常数(R)，如前所述生长速率常数的定义可知：

$$R = \frac{n}{t_2 - t_1} = \frac{3.322(\lg x_2 - \lg x_1)}{t_2 - t_1}$$

代时 G，如前所述平均代时的定义可知：

$$G = \frac{1}{R} = \frac{t_2 - t_1}{3.322(\lg x_2 - \lg x_1)}$$

影响微生物对数期增代时间长短的因素较多，主要有菌种、营养成分、培养温度。

(1)菌种　不同微生物代时差别大(表 4-1)，即使是同一菌种，由于培养基成分和物理条件(如培养温度、培养基的 pH 和营养物质的性质)的不同，其对数期的代时也不同。有的长达 33 h，快的只有 9.8 min 左右。但是，在一定条件下，各种菌的代时是相对稳定的，多数为 20～30 min。

表 4-1　不同细菌的代时

细菌	培养基	温度/℃	代时/min
漂浮假单胞菌(*Pseudomonas natriegenes*)	肉汤	37	9.8
大肠杆菌(*Escherichia coli*)	肉汤	37	17
蜡状芽孢杆菌(*Bacillus cereus*)	肉汤	30	18
嗜热芽孢杆菌(*Bacillus thermophilus*)	肉汤	55	18.3
枯草芽孢杆菌(*Bacillus subtilis*)	肉汤	25	26～32
巨大芽孢杆菌(*Bacillus megaterium*)	肉汤	30	31
乳酸链球菌(*Streptococcus lactis*)	牛乳	37	26
嗜酸乳杆菌(*Lactobacillus acidophilus*)	牛乳	37	66～87
伤寒沙门氏菌(*Salmonella typhi*)	肉汤	37	23.5
金黄色葡萄球菌(*Staphylococcus aureus*)	肉汤	37	27～30
霍乱弧菌(*Vibrio cholerae*)	肉汤	37	21～38
丁酸梭菌(*Clostridium butyricum*)	玉米醪	30	51
大豆根瘤菌(*Rhizobium japonicum*)	葡萄糖	25	344～461
结核分枝杆菌(*Mycobacterium tuberculosis*)	合成	37	792～932
活跃硝化杆菌(*Nitrobacter agilis*)	合成	27	1 200
梅毒密螺旋体(*Treponema pallidum*)	家兔	37	1 980
褐球固氮菌(*Azotobacter chroococcum*)	葡萄糖	25	240

(2)营养成分　同种微生物，在营养丰富的培养基中生长，其代时就短，反之则长。如同在37℃培养，*E. coli* 在牛奶中代时为12.5 min，而在肉汤培养基中为17.0 min。

(3)培养温度　温度是影响微生物生长速率的重要物理因素。在微生物的最适生长温度范围时，代时就短。表4-2为大肠杆菌在不同温度下的代时。

表 4-2　大肠杆菌在不同温度下的代时

温度/℃	代时/min	温度/℃	代时/min
10	860	35	22
15	120	40	17.5
20	90	45	20
25	40	47.5	77
30	29		

4.3.1.3　稳定期

稳定期(stationary stage)又叫最高生长期或恒定期。处于稳定期的微生物其特点是新繁殖的细胞数与衰亡细胞数几乎相等，即正生长与负生长达动态平衡，此时生长速度逐渐趋向于零。

稳定期的细胞数目没有净增加或净减少，但是许多细胞功能包括能量代谢和某些生化合成过程都仍然在继续，某些微生物在稳定期细胞仍然会出现缓慢生长；某些微生物在稳定期群体细胞一些细胞在生长繁殖，一些细胞则死亡，使细胞数目不会出现净增加或净减少。

出现稳定期的原因主要有：①营养物质特别是生长限制因子的耗尽，营养物质的比例失调，例如C/N比值不合适等；②酸、醇、毒素或过氧化氢等有害代谢产物的累积；③pH、氧化还原势等环境条件越来越不适宜等。

进入稳定期，细胞内开始积累糖原、异染颗粒和脂肪等内含物；芽孢杆菌一般在这时开始形成芽孢；有些微生物开始以初级代谢产物(primary metabolites)作前体，通过复杂的次生代谢途径合成抗生素等对人类有用的各种次生代谢产物(secondary metabolites)。对生长期进行的另一种分类方法，是以对数期为主的菌体生长期(trophophase)和以稳定期为主的次生代谢物合成期(idiophase)。

稳定期是以生产菌体或与菌体生长相平行的代谢产物(如单细胞蛋白、乳酸等)为目的的一些发酵生产的最佳收获期，也是对某些生长因子(如维生素和氨基酸等)进行生物测定的必要前提。稳定期的微生物，在数量上达到了最高水平，产物的积累也达到了高峰，这时，菌体的总产量与所消耗的营养物质之间存在着一定关系。此外，由于对稳定期到来的原因进行研究，促进了连续培养技术的产生和研究。生产上常常通过补料、调节温度和pH等措施，延长稳定期，以积累更多的代谢产物。

4.3.1.4　衰亡期

稳定期后，微生物死亡率逐渐增加，以致死亡数大大超过新生数，群体中活菌数目急剧下降，出现了“负生长”(R 为负值)，此阶段叫衰亡期(decline phase 或 death phase)。这时，细胞形态多样，例如产生很多膨大、不规则的退化形态；有的细胞内多液泡，革兰氏染色反应为阳性的变成阴性；有的微生物因蛋白水解酶活力的增强发生自溶(autolysis)；有的微生物在这时产生抗生素等次生代谢产物；对于芽孢杆菌，芽孢释放往往也发生在这一时期。

产生衰亡期的原因主要是外界环境对继续生长的微生物越来越不利，从而引起微生物细胞内的分解代谢大大超过合成代谢，导致菌体死亡。

4.3.2　微生物的连续培养

连续培养(continuous culture)又叫开放培养(open culture)，是相对分批培养(batch culture)或密闭培养(closed culture)而言的。

微生物置于一定容积的培养基中，经过培养一段时间后，最后一次性地收获，称分批培养。在分批培养中，培养基是一次性加入，不再补充，随着微生物的生长繁殖活跃，营养物质逐渐消耗，有害代谢产物不断积累，细菌的对数生长期不可能长时间维持。连续培养是在研究典型生长曲线的基础上，认识到了稳定期到来的原因，采取在培养器中不断补充新鲜营养物质，并搅拌均匀；另一方面，及时不断地以同样速度排出培养物(包括菌体和代谢产物)。这样，培养物就达动态平衡，其中的微生物可长期保持在对数期的平衡生长状态和稳定的生长速率上。连续培养不仅可随时为微生物的研究工作提供一定生理状态的实验材料，而且可提高发酵工业的生产效益和自动化水平，此法已成为目前发酵工业的发展方向。

连续培养的方法主要有以下两类。

1. 恒浊法

其原理是根据培养器内微生物的生长密度，用光电控制系统(浊度计)来检测培养液的浊度(即菌液浓度)，并控制培养液的流速，从而获得菌体密度高、生长速度恒定的微生物细胞的连续培养液。当培养器中浊度增高时，通过光电控制系统的调节，可促使培养液流速加快，反之则慢，以此来达到恒密度的目的。

在恒浊器中的微生物，始终能以最高生长速率进行生长，并可在允许范围内控制不同的菌体密度。在生产实践上，为了获得大量菌体或与菌体生长相平行的某些代谢产物如乳酸、乙醇时，可以采用恒浊法。

2. 恒化法

与恒浊法不同的是，恒化法是使培养液流速保持不变，即控制恒定的流速，使微生物始终在低于最高生长速率条件下进行生长繁殖的一种连续培养方法。常常通过控制某一种营养物的浓度，使其成为限制性的因子，而其他营养物均为过量，这样，细菌的生长速率将取决于限制性因子的浓度。随着细菌的生长，菌体的密度会随时间的增长而增高，而限制性生长因子的浓度又会随时间的增长而降低，两者互相作用的结果，出现微生物的生长速率正好与恒速加入的新鲜培养基流速相平衡。这样，既可获得一定生长速率的均一菌体，又可获得虽低于最高菌体产量，但能保持稳定菌体密度的菌体。

恒化法连续培养主要用于实验室的科学研究中，特别是用于与生长速率相关的各种理论研究中。

连续培养如用于发酵工业中，就称为连续发酵(continuous fermentation)。连续发酵与分批发酵相比有许多优点：①自控性，便于利用各种仪表进行自动控制；②高效，它使装料、灭菌、出料、清洗发酵罐等工艺简化了，缩短了生产时间，提高了设备的利用效率；③产品质量较稳定；④节约了大量动力、人力、水和蒸汽，使水、汽、电的负荷减少。但也存在不足之处：①主要是菌种易于退化,使微生物长期处于高速繁殖的条件下,即使是自发突变率很低,也难以避免变异的发生;②容易污染,在连续发酵中,要保持各种设备无渗漏,通气系统不出任何故障,是极其困难的,因此,“连续”是有时间限制的,一般可达数月或1～2年;③连续培养中,营养物的利用率低于分批培养。

在发酵工业中,连续培养技术已广泛用于酵母单细胞蛋白的生产,乙醇、乳酸、丙酮和丁醇等发酵,以及用于假丝酵母(*Candida* spp.)进行石油脱蜡或是污水处理中。

4.3.3 同步生长

如上所述,在分批培养中,细菌群体以一定速率生长,但所有细胞并非同时进行分裂,即使培养中的细胞不处于同一生长阶段,它们的生理状态和代谢活动也不完全一样。要研究每个细胞所发生的变化是很困难的。为了解决这一问题,就必须设法使微生物群体处于同一发育阶段,使群体和个体行为变得一致,所有的细胞都能同时分裂,因而发展了单细胞的同步培养(synchronous culture)技术。

获得细菌同步生长的方法主要有两类,其一是调整生理条件诱导同步性,主要是通过控制环境条件如温度、光线和给处于稳定期的培养物添加新鲜培养基等来诱导同步;其二是机械法(又称选择法),它是利用物理方法从不同步的细菌群体中选择出同步的群体,一般可用过滤分离法或梯度离心法来达到。在这两种方法中,由于诱导法可能导致与正常细胞循环周期不同的周期变化,所以不及选择法好,这在生理学研究中尤其明显。

在选择法中,有代表性的是硝酸纤维素薄膜法(Helmstetter-Cummings)。根据某些细菌会黏附在硝酸纤维微孔滤膜上的原理,设计了一个具体的选择方法:将非同步的细菌液体培养物通过微孔滤膜,让细胞吸附于其上;然后将滤膜反置,再以新鲜培养液滤过。这时,一些没有粘牢固的细胞先被冲洗掉,接着脱落的是那些新分裂形成的细胞,于是就获得了同步生长(图4-3)。

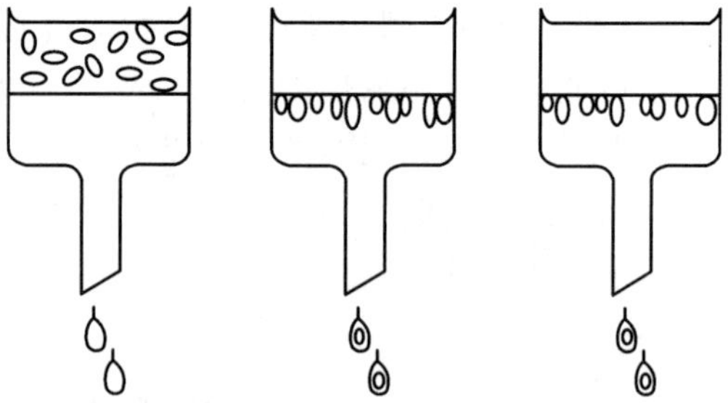

图4-3 用 Helmstetter-Cummings 法获得同步生长的细菌

值得注意的是,同步生长的细菌,在培养的过程中会很快丧失其同步性。例如,在第一个细胞分裂周期中,开始细胞数一直不增加,到后来,数目突然增加1倍。在第二个分裂周期时,情况就没有那么明显了,到第三个周期时,几乎完全丧失同步性。其原因是不同个体间,细胞分裂周期一般都有较大的差别。

4.4 环境因素对微生物生长的影响

前面讨论的微生物生长都是在理想的实验条件下的生长。影响微生物生长的外界因素很多,其一是前面讨论过的营养物质,其二是许多物理、化学因素。当环境条件改变,在一定限度内,可引起微生物形态、生理、生长、繁殖等特征的改变;当环境条件的变化超过一定极限时,则导致微生物的死亡。一种环境条件或许对这种微生物是有害的,而对另一种微生物却是有利的。研究环境条件与微生物之间的相互关系，有助于了解微生物在自然界的分布与作用，也可指导人们在食品加工中有效地控制微生物的生命活动，保证食品的安全性，延长食品的货架期。

无论是在自然界中微生物与其他生物之间的相互作用，还是在实验室中纯培养微生物之间的相互作用，环境因素都能在很大程度上影响它们的生长和代谢反应。这些因素中，有 4 种因素对控制微生物生长起着主要作用，这 4 种重要的因素是温度、pH、氧和水的有效利用率。

在讨论各种物理、化学因素对微生物生长的抑制和致死的影响，以及在食品工业中的应用之前，先介绍几个有关的术语。

防腐(antisepsis)：是一种抑菌措施。利用一些理化因素使物体内外的微生物暂时处于不生长繁殖但又未死亡的状态。食品工业中常利用防腐剂防止食品腐败变质，如面包、蛋糕和月饼的防霉剂，酸性食品用苯甲酸钠、山梨酸钾、山梨酸钠防腐，或利用低温、干燥、盐腌和糖渍、高酸度等防腐。

消毒(disinfection)：是指杀死所有病原微生物的措施，可达到防止传染病的目的。例如将物体在 100℃煮沸 10 min 或 60～70℃加热 30 min，就可杀死病原菌的营养体，但芽孢杀不死。食品加工厂的厂房和加工工具都要进行定期消毒，操作人员的手也要进行消毒。具有消毒作用的物质称为消毒剂。

灭菌(sterilization)：是指用物理或化学因子，使存在于物体中所有的微生物永久性地丧失其生活力，包括耐热的细菌芽孢。这是一种彻底的杀菌方法。

商业灭菌(commercial sterilization)：这是从商品角度对某些食品进行的灭菌方法。是指食品经过杀菌处理后，按照所规定的微生物检验方法，在所检食品中无活的微生物检出，或者仅能检出极少数的非病原微生物，并且它们在食品保藏过程中，不能进行生长繁殖，这种灭菌方法，叫作商业灭菌。

在食品工业中，常用“杀菌”这个名词，它包括上述所称的灭菌和消毒，如牛奶的杀菌是指消毒；罐藏食品的杀菌，是指商业灭菌。

无菌(asepsis)：即没有活的微生物存在的意思。例如，发酵工业中菌种制备的无菌操作技术、食品加工中的无菌灌装技术等。

死亡(dead)：是指微生物不可逆地丧失了生长繁殖的能力，即使再放到合适的环境中也不再繁殖。

由于不同微生物的生物学特性不同，因此，对各种理化因子的敏感性不同；同一因素不同剂量对微生物的效应也不同，或者起灭菌作用，或者起防腐作用。在了解和应用任何一种理化因素对微生物的抑制或致死作用时，还应考虑多种因素的综合效应。

4.4.1 温度

温度是影响微生物生长繁殖和生存最重要的因素之一。温度以两种相反的方式影响微生物细胞。在一定温度范围内，细胞的代谢活动与生长繁殖随着温度的上升而增加，当温度上升到一定程度，开始对细胞产生不利的影响，微生物细胞内的蛋白质、核酸和细胞组分会受到不可逆转的损害，温度再继续升高，则细胞功能急剧下降以致死亡。

与其他生物一样，任何微生物的生长温度尽管有高有低，但总有最低生长温度、最适生长温度和最高生长温度这 3 个重要指标，这就是生长温度的 3 个基本点。它反映了每一类微生物的特征，但不完全固定，因为它们可能被其他的环境因素特别是生长所用的培养基组成轻微地改变。一般最适生长温度更接近于最高生长温度而不是最低生长温度。如果将微生物作为一个整体来看，它的温度三基点是极其宽的，由以下可看出：

生长温度三基点：
- 最低生长温度（一般为－10～－5℃，极端为－30℃）
- 最适生长温度
  - 嗜冷菌
  - 中温菌
  - 嗜热菌
- 最高生长温度（一般为 80～95℃，极端为 105～300℃）

就总体而言，微生物生长的温度范围较广，已知的微生物在－12～100℃均可生长。而每一种微生物只能在一定的温度范围内生长。

最低生长温度：是指微生物能进行繁殖的最低温度界限。处于这种温度条件下的微生物生长速率很低，如果低于此温度则生长完全停止。不同微生物的最低生长温度不一样，这与它们细胞的原生质物理状态和化学组成有关系，也可随环境条件而变化。

最适生长温度：是指微生物细胞分裂代时最短或生长速率最高时的培养温度。但是，同一微生物，不同的生理生化过程有着不同的最适温度，也就是说，最适生长温度并不等于生长量最高时的培养温度，也不等于发酵速度最高时的培养温度或累积代谢产物量最高时的培养温度，更不等于累积某一代谢产物量最高时的培养温度。因此，生产上要根据微生物不同生理代谢过程温度的特点，采用分段式变温培养或发酵。例如，嗜热链球菌的最适生长温度为 37℃，最适发酵温度为 47℃，累积产物的最适温度为 37℃。

最高生长温度：是指微生物生长繁殖的最高温度界限。在此温度下，微生物细胞易于衰老和死亡。微生物所能适应的最高生长温度与其细胞内酶的性质有关。例如细胞色素氧化酶以及各种脱氢酶的最低破坏温度常与该菌的最高生长温度有关（表 4-3）。

表 4-3　细胞色素氧化酶以及各种脱氢酶的最低破坏温度与该菌最高生长温度的关系　℃

细菌	最高生长温度	最低破坏温度		
		细胞色素氧化酶	过氧化氢酶	琥珀酸脱氢酶
蕈状芽孢杆菌	40	41	41	40
单纯芽孢杆菌	43	55	52	40
蜡状芽孢杆菌	45	48	46	50
巨大芽孢杆菌	46	48	50	47
枯草芽孢杆菌	54	60	56	51
嗜热芽孢杆菌	67	65	67	59

致死温度：最高生长温度如进一步升高，便可杀死微生物。这种致死微生物的最低温度界限即为致死温度。致死温度与处理时间有关。在一定的温度下处理时间越长，死亡率越高。严格地说，一般应以 10 min 为标准时间。细菌在 10 min 被完全杀死的最低温度称为致死温度。测定微生物的致死温度一般在生理盐水中进行，以减少有机物质的干扰。

微生物按其生长温度范围可分为低温微生物、中温微生物和高温微生物 3 类（表 4-4）。

表 4-4　不同温型微生物的生长温度范围　℃

微生物类型		生长温度范围			分布的主要处所
		最低	最适	最高	
低温型	专性嗜冷	−12	5～15	15～20	两极地区
	兼性嗜冷	−5～0	10～20	25～30	海水及冷藏食品上
中温型	嗜室温	10～20	20～35	40～45	腐生菌
	嗜体温	10～20	35～40	40～45	寄生菌
高温型		25～45	50～60	70～95	温泉、堆肥、土壤表层等

4.4.1.1　低温型的微生物

低温型的微生物叫嗜冷微生物，可在较低的温度下生长。它们常分布在地球两极地区的水域和土壤中，即使在其微小的液态水间隙中也有微生物的存在。常见的产碱杆菌属、假单胞菌属、黄杆菌属、微球菌属等常使冷藏食品腐败变质。有些肉类上的霉菌在−10℃仍能生长，如芽枝霉、荧光极毛杆菌可在−4℃缓慢生长，并造成冷冻食品质量下降。

耐冷微生物比嗜冷微生物的分布广泛得多，可从温带环境的土壤、水、肉、奶及奶制品和贮存在冰箱中的苹果汁、蔬菜及水果中分离到。耐冷微生物在20～40℃环境中能很好地生长，夏天，温带环境变暖，变暖后的环境不利于热敏感嗜冷微生物的生存，环境变暖实际上起着一种选择作用，它有利于耐热微生物种属的生存，却把耐冷微生物淘汰掉。虽然耐冷微生物能在0℃生长，但它们并不能很快很好地生长，在培养基中常常要几个星期才能用肉眼观察到。细菌、真菌、藻类及原核微生物的许多种属中都存在耐冷微生物。

低温也能抑制微生物的生长。在0℃以下，菌体内的水分冻结，生化反应无法进行而停止生长。有些微生物在冰点下就会死亡，主要原因是细胞内水分变成了冰晶，造成细胞脱水或细胞膜的物理损伤。因此，生产上常用低温保藏食品，各种食品的保藏温度不同，分为寒冷温度、冷藏温度和冻藏温度。

嗜冷的分子机制：嗜冷微生物产生的酶，在寒冷条件下功能最佳，在非常温和的温度下，这些酶常常变性或失活。嗜冷微生物的原生质膜构造与一般微生物的不同，它们含有较高的不饱和脂肪酸，这些不饱和脂肪酸即使在低温条件下也能保持半流动状态（主要由饱和脂肪酸组成的膜在极低的温度下会变成凝固状态失去生理功能），嗜冷微生物在低温下能够进行主动运输。某些嗜冷细菌的细胞膜组成中有聚不饱和脂肪酸和多个双键的碳氢化合物，现已经从生存在南极的细菌脂类组分中鉴别出了有9个双键的碳氢化合物。

4.4.1.2　中温型的微生物

绝大多数微生物属于这一类。最适生长温度为20～40℃，最低生长温度10～20℃，最高生长温度40～45℃。它们又可分为嗜室温和嗜体温型微生物。嗜体温型微生物多为人及温血动物的病原菌，它们生长的极限温度范围在10～45℃，最适生长温度与其宿主体温相近，为35～40℃，人体寄生菌为37℃左右。引起人和动物疾病的病原微生物、发酵工业应用的微生物菌种以及导致食品原料和成品腐败变质的微生物都属于这一类群的微生物。因此，它们与食品工业的关系密切。

4.4.1.3 高温型微生物

微生物的最适生长温度在 45℃以上的叫嗜热微生物，在 80℃以上的叫嗜高温微生物。嗜热微生物适于在 45～50℃以上的温度中生长，在自然界中的分布仅局限于某些地区，如温泉、日照充足的土壤表层、堆肥、发酵饲料等腐烂有机物中，如堆肥中温度可达 60～70℃。能在 55～70℃中生长的微生物有芽孢杆菌属（*Bacillus*）、梭状芽孢杆菌属（*Clostridium*）、嗜热脂肪芽孢杆菌（*Bac. stearothermophilus*）、高温放线菌属（*Thermoactinomyces*）、甲烷杆菌属（*Methanobacterium*）等，温泉中的细菌，还有链球菌属和乳杆菌属。有的可在近于 100℃的高温中生长。这类高温型的微生物，给罐头工业、发酵工业等带来了一定难度。

嗜热的分子机制：高温型的微生物耐热机理可能是菌体内的蛋白质和酶比中温型的微生物更能抗热，尤其蛋白质对热更稳定；研究嗜热微生物细胞中的酶发现，它们的氨基酸序列与嗜温微生物中催化相同反应的酶的氨基酸序列只有很小的差别，由一个关键的氨基酸代替了存在于此酶中的一个或几个氨基酸，使此酶以不同的方式进行折叠，从而能耐受热的变性作用；同时高温型微生物的蛋白质合成机构——核糖体和其他成分对高温抗性也较大；细胞膜中饱和脂肪酸含量高，与不饱和脂肪酸相比，可以形成更强的疏水键，因此可保持在高温下的稳定性并具正常功能。

4.4.1.4 热对微生物的致死作用

如果超过了最高生长温度可导致微生物死亡。高温致死的机理是微生物蛋白质和核酸不可逆的变性，或者破坏了细胞的其他成分，如细胞膜被热溶解形成了极小的孔，使细胞内含物泄漏引起死亡。高温致死微生物的作用广泛用于食品工业、医药卫生及日常生活中。在食品工业中微生物耐热性常用以下几个数值表示。

(1)热（力致）死时间（thermal death time，TDT） 在特定的条件和特定的温度下，杀死一定数量微生物的时间，称热力致死时间。

(2)*D* 值（十倍减少时间，decimal reduction time） 在一定温度下加热，活菌数减少一个对数周期（即 90%的活菌被杀死）时，所需要的时间（min）即为 *D* 值。测定 *D* 值时的加热温度在 *D* 的右下角标明。例如：含菌数为 10^5/mL 的菌悬液，在 100℃的水浴温度中，活菌数降低至 10^4/mL 时，所需时间为 10 min，该菌的 *D* 值即为 10 min，即 $D_{100}=10$ min。如果加热的温度为 121.1℃(250℉)，其 *D* 常用 Dr 表示（图 4-4）。

(3)*Z* 值 在加热致死曲线中，时间降低一个对数周期（即缩短 90%的加热时间）所需要升高的温度（℃），即为 *Z* 值（图 4-5）。

(4)*F* 值 在一定的基质中，其温度为 121.1℃，加热杀死一定数量微生物所需要的时间（min），即为 *F* 值。

4.4.1.5 影响微生物对热抵抗力的因素

(1)菌种 不同微生物由于细胞结构和生物学特性不同，对热的抵抗力也不同。一般的规律是嗜热菌的抗热力大于嗜温菌和嗜冷菌，芽孢菌大于非芽孢菌，球菌大于非芽孢杆菌，革兰氏阳性菌大于革兰氏阴性菌，霉菌大于酵母菌，霉菌和酵母的孢子大于其菌丝体。细菌的芽孢和霉菌的菌核抗热力特别大。

(2)菌龄 同样的条件下，对数生长期的菌体抗热力较差，而稳定期的老龄菌体抗热力较强，老龄的细菌芽孢较幼龄的细菌芽孢抗热力强。

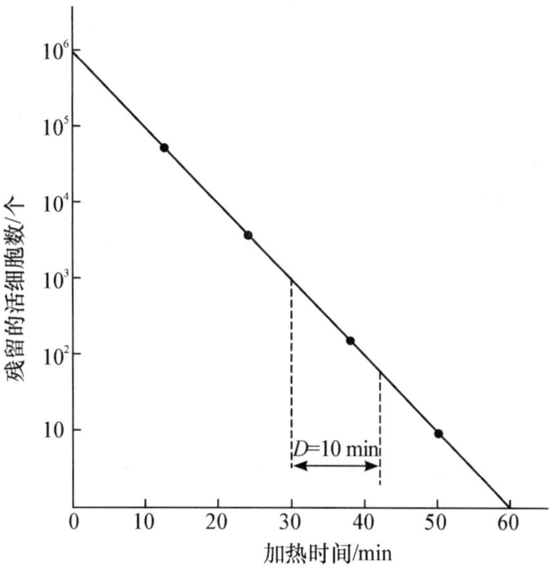

图 4-4　残存活细胞曲线

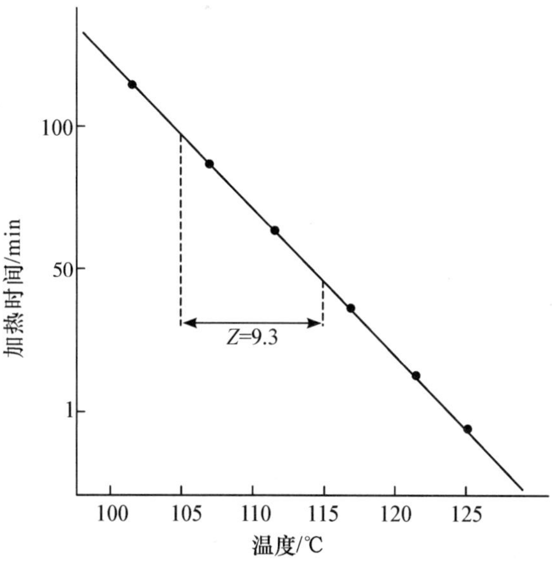

图 4-5　加热致死时间曲线

(3)菌体数量　菌数愈多,抗热力愈强,加热杀死最后一个微生物所需的时间也长;另外,微生物群集在一起时,受热致死不是同时而是有先有后,同时菌体能分泌一些有保护作用的蛋白质物质,菌数多分泌的保护物质也多,抗热性也就强。

(4)基质的因素　微生物的抗热力随含水量减少而增大,同一种微生物在干热环境中比在湿热环境中抗热力大;基质中的脂肪、糖、蛋白质等物质对微生物有保护作用,微生物的抗热力随这类物质的增多而增大;微生物在 pH 范围 7 左右,抗热力最强,pH 升高或下降都可以减少微生物的抗热力,特别是酸性环境微生物的抗热力减弱更明显。

(5)加热的温度和时间　加热的温度越高,微生物的抗热力越弱,越容易死亡,加热的时间越长，热致死作用越大。一定高温范围内，温度越高杀死所需时间越短。另外，其他因素如盐类等，在基质中有降低水分活性作用，从而增强抗热力；而另一类盐类如钙盐、镁盐可减弱微生物对热的抵抗力。

4.4.1.6 热灭菌法

食品工业中常用的灭菌方法较多，大的分类为干热灭菌法和湿热灭菌法，湿热灭菌法主要是通过热蒸汽杀死微生物，由于热蒸汽的穿透力较热空气强，故无论是对芽孢杆菌或无芽孢杆菌在同一温度下效果都比干热法好。

1. 干热灭菌法

(1)火焰灭菌法　其特点是灭菌快速、彻底。常用于接种工具和污染物品，如微生物接种时使用的接种环就是用火焰灭菌法。使用范围受限。

(2)干热灭菌法　主要在干燥箱中利用热空气进行灭菌。通常160～170℃处理1～2 h可达到灭菌的目的。适用于玻璃器皿、金属用具等耐热物品的灭菌。

2. 湿热灭菌法

(1)煮沸消毒法　物品在水中100℃煮沸15 min以上，可杀死细菌的营养细胞和部分芽孢，如在水中加入1%碳酸钠或2%～5%石炭酸，则效果更好。这种方法适用于注射器、解剖用具等的消毒。

(2)巴氏灭菌法　灭菌的温度一般在60～85℃，处理15～30 min，可以杀死微生物的营养细胞，但不能达到完全灭菌的目的，用于不适于高温灭菌的食品，如牛乳、酱腌菜类、果汁、啤酒、果酒和蜂蜜等，其主要目的是杀死其中无芽孢的病原菌(如牛奶中的结核杆菌或沙门氏杆菌)，而又不影响风味。

(3)超高温瞬时灭菌法　灭菌的温度在135～137℃，3～5 s，可杀死微生物的营养细胞和耐热性强的芽孢细菌，但污染严重的鲜乳在142℃以上杀菌效果才好。超高温瞬时灭菌法现广泛用于各种果汁、牛乳、花生乳、酱油等液态食品的杀菌。

(4)高压蒸汽灭菌法　高压蒸汽灭菌法是实验室和罐头工业中常用的灭菌方法。高压蒸汽灭菌法是在高压蒸汽锅内进行的，锅有立式和卧式两种。原理相同，锅内蒸汽压力升高时，温度升高。一般采用 9.8×10^4 Pa 的压力，121.1℃处理15～30 min，也有采用较低温度(115℃)下维持30 min左右，可达杀菌目的。罐头工业中要根据食品的种类和杀菌的对象、罐装量的多少等决定杀菌方式。实验室常用于培养基、各种缓冲液、玻璃器皿及工作服等灭菌。

(5)间歇灭菌法　是用流通蒸汽反复灭菌的方法，常常温度不超过100℃，每日1次，加热时间为30 min，连续3次灭菌，杀死微生物的营养细胞。每次灭菌后，将灭菌的物品在28～37℃培养，促使芽孢发育成为繁殖体，以便在连续灭菌中将其杀死。

各种热杀菌的方法广泛用在食品工业中，特别是湿热灭菌法，同学们一定要以国家利益至上，勤奋刻苦学习，把这些灭菌方法灵活应用在食品工业不同食品的商业灭菌中，生产出色香味俱佳的优质食品，保障我国的食品安全，保障大众的健康。

4.4.2 干燥

水分对维持微生物的正常生命活动是必不可少的。干燥会造成微生物失水，代谢停止以致死亡。不同的微生物对干燥的抵抗力是不一样的，以细菌的芽孢抵抗力最强，霉菌和酵母菌的孢子也具较强的抵抗力，依次为革兰氏阳性球菌、酵母的营养细胞、霉菌的菌丝。影响微生物对干燥抵抗力的因素较多，干燥时温度升高，微生物容易死亡，微生物在低温下干燥时，抵抗力强，所以，干燥后存活的微生物若处于低温下，可用于保藏菌种；干燥的速度快，微生物抵抗力强，缓慢干燥时，微生物死亡多；微生物在真空干燥时，加保护剂（血清、血浆、肉汤、蛋白胨、脱脂牛乳）于菌悬液中，分装在安瓿瓶内，低温下可保持长达数年甚至 10 年的生命力。食品工业中常用干燥方法保藏食品。

4.4.3　渗透压

大多数微生物适于在等渗的环境生长，若置于高渗溶液（如 20% NaCl）中，水将通过细胞膜进入细胞周围的溶液中，造成细胞脱水而引起质壁分离，使细胞不能生长甚至死亡。因此，当把细胞置于水活度低的环境中，如盐或糖的溶液中时，水就失去，实际上可把盐或糖的溶液看作类似于干环境。

若将微生物置于低渗溶液（如 0.01% NaCl）或水中，外环境中的水从溶液进入细胞内引起细胞膨胀，甚至破裂致死。

在海水中发现的微生物，一般能在海水的水活度下最适生长以外，对氯化钠有特殊要求，这些微生物叫嗜盐菌。根据微生物对嗜盐量的要求不同，分为轻度嗜盐菌和中度嗜盐菌，前者一般需要 1%～6%氯化钠，后者需要 6%～15%的氯化钠。能在极高盐环境中生长的微生物叫极端嗜盐微生物，极端嗜盐微生物能在 10%～30%的氯化钠溶液中生长。能在高糖环境中生长的微生物叫嗜高糖微生物，能够在极干燥环境中生长的微生物叫嗜干性微生物。

一般微生物不能耐受高渗透压，因此，食品工业中利用高浓度的盐或糖保存食品，如腌渍蔬菜、肉类及果脯蜜饯等，糖的浓度通常在 50%～70%，盐的浓度为 5%～15%，由于盐的分子量小，并能电离，在二者百分浓度相等的情况下，盐的保存效果优于糖。

食品工业中有些微生物耐高渗透压的能力较强，如发酵工业中鲁氏酵母，另外嗜盐微生物（如生活在含盐量高的海水、死海中）可在 10%～30%的盐溶液中生长。

4.4.4　辐射

电磁辐射包括可见光、红外线、紫外线、X 射线和 γ 射线等均具有杀菌作用。在辐射能中无线电波最长，对生物效应最弱；红外辐射波长在 800～1 000 nm，可被光合细菌作为能源；可见光部分的波长为 380～760 nm，是蓝细菌等藻类进行光合作用的主要能源；紫外辐射的波长为 136～400 nm，有杀菌作用。可见光、红外辐射和紫外辐射的最强来源是太阳，由于大气层的吸收，紫外辐射与红外辐射不能全部达到地面；而波长更短的 X 射线、γ 射线、β 射线和 α 射线（由放射性物质产生），往往引起水与其他物质的电离，对微生物起有害作用，故被作为一种灭菌措施。

二维码 4-1　辐射杀菌技术——发展迅速的冷杀菌技术之一

紫外线波长以 265～266 nm 的杀菌力最强，其杀菌机理是复杂的，细胞原生质中的核酸及其碱基对紫外线吸收能力强，吸收峰为 260 nm，而蛋白质的吸收峰为 280 nm，当这些辐射能作用于核酸时，便能引起核酸的变化，破坏分子结构，主要是对 DNA 的作用，最明显的是形成胸腺嘧啶二聚体，妨碍蛋白质和酶的合成，引起细胞死亡。

紫外线的杀菌效果，因菌种及生理状态而异，照射时间、距离和剂量的大小也有影响，由于紫外线的穿透能力差，不易透过不透明的物质，即使薄层玻璃也会被滤掉大部分，在食品工业中适于厂房内空气及物体表面消毒，也有用于饮用水消毒的。

适量的紫外线照射，可引起微生物的核酸物质 DNA 结构发生变化，培育新性状的菌种。因此，紫外线常常作为诱变剂用于育种工作中。

4.4.5 pH

微生物生长的 pH 范围极广，一般为 2～8，有少数种类还可超出这一范围，只有少数几个种属微生物能在 pH 低于 2 或大于 10 的环境中生长。能够在低 pH 环境中生长的生物体叫嗜酸微生物。真菌属比细菌属更倾向于耐酸。许多真菌的最适生长 pH 为 5 或更低一些，只有少数几种能在 pH 为 2 的环境中很好地生长。有几种细菌是嗜酸菌，这些细菌中某些是专性嗜酸的，不能在中性 pH 条件下生长。专性嗜酸细菌包括硫杆菌（*Thiobacillus*）和古细菌中几个属，即硫化叶菌属（*Sulfolobus*）和热原体（*Thermoplasma*）。还有几种微生物的最适生长 pH 较高，有时达 11～12，这些微生物被认为是嗜碱菌。通常可以在高度碱性栖息地如纯碱湖和高碳土壤中发现嗜碱微生物。许多嗜碱性原核生物是好氧的非海洋细菌，且许多是芽孢细菌属（*Bacillus*）。大多极端嗜碱细菌也是嗜盐细菌，并且很多也是古生菌。某些嗜碱菌已经用于工业中，它们能产生蛋白水解酶，这些蛋白酶在碱性条件下功能发挥得最好，用于日化工业中。事实上，绝大多数种类生长的 pH 范围为 5～9。

不同的微生物都有其最适生长 pH 和一定的 pH 范围（表 4-5），即最高、最适与最低 3 个数值，在最适 pH 范围内微生物生长繁殖速度快，在最低或最高 pH 的环境中，微生物虽然能生存和生长，但生长非常缓慢而且容易死亡。一般霉菌适应 pH 范围最大，酵母菌适应的范围次之，细菌最小。霉菌和酵母菌生长最适 pH 都在 5～6，而细菌的生长最适 pH 在 7 左右。一些最适生长 pH 偏于碱性范围内的微生物，有的是嗜碱性，称嗜碱性微生物（basophile），如硝化菌、尿素分解菌、根瘤菌和放线菌等；有的不一定要在碱性条件下生活，但能耐较碱的条件，称耐碱微生物（basotolerant microorganism），如若干链霉菌等。生长 pH 偏于酸性范围内的微生物也有两类：一类是嗜酸微生物（acidophiles），如硫杆菌属等；另一类是耐酸微生物（acidotolerant microorganism），如乳酸杆菌、醋酸杆菌、许多肠杆菌和假单胞菌等。

表 4-5 不同微生物生长的 pH 范围

微生物	最低 pH	最适 pH	最高 pH
乳杆菌	4.8	6.2	7.0
嗜酸乳杆菌	4.0～4.6	5.8～6.6	6.8
金黄色葡萄球菌	4.2	7.0～7.5	9.3
大肠杆菌	4.3	6.0～8.0	9.5
伤寒沙门氏菌	4.0	6.8～7.2	9.6
放线菌	5.0	7.0～8.0	10.0
一般酵母菌	3.0	5.0～6.0	8.0
黑曲霉	1.5	5.0～6.0	9.0
大豆根瘤菌	4.2	6.8～7.0	11.0

不同的微生物有其最适生长的 pH 范围，同一微生物在其不同的生长阶段和不同的生理、生化过程中，也要求不同的最适 pH，这对发酵工业中 pH 的控制、积累代谢产物特别重要。例如，黑曲霉最适生长 pH 在 5.0～6.0，在 pH 为 2.0～2.5 范围有利于产柠檬酸，在 pH 为 7.0 左右时，则以合成草酸为主。又如丙酮丁醇梭菌的最适生长繁殖的 pH 在 5.5～7.0 范围内，在 pH 为 4.3～5.3 范围内发酵生产丙酮丁醇。抗生素生产菌最适生长的 pH 与最适发酵 pH 也是不一致的。

有关 pH 和微生物生长需要强调的是，尽管特定的微生物生长需要一定的 pH，最适生长所用的 pH 只代表了外环境的 pH，而内环境 pH 必须接近中性，以防止酸碱对细胞内大分子的破坏。极端的嗜酸菌和嗜碱菌，它们内部的 pH 可以从中性改变 1～1.5，大多数微生物生长的最适 pH 为 6～8，其细胞质膜保持中性或极接近中性。微生物在其代谢过程中，细胞内的 pH 相当稳定，一般都接近中性，保护了核酸不被破坏和酶的活性；但微生物会改变环境的酸碱度，即使培养基的原始 pH 变化，其发生的原因为：①糖类和脂肪代谢产酸；②蛋白质代谢产碱，以及其他物质代谢产生酸碱。一般随着培养时间的延长，培养基会变得较酸。碳氮比例高的培养基，如培养真菌的培养基，经培养后其 pH 常会明显下降；而碳氮比例低的培养基，如培养一般细菌的培养基，经培养后，其 pH 常会明显上升。

在发酵工业中，及时地调整发酵液的 pH 有利于积累代谢产物，是生产中的一项重要措施，方法如下：

- pH 调节措施
  - “治本”
    - 过酸时
      - 加适当氮源：如尿素、硝酸钠、NH_4OH 或蛋白质
      - 提高通气
    - 过碱时
      - 加适当碳源：糖、乳酸、油脂等
      - 降低通气量
  - “治标”
    - 过酸时：加氢氧化钠、碳酸钠等碱中和
    - 过碱时：加硫酸、盐酸等酸中和

强酸强碱都具有杀菌力。强酸如硫酸、盐酸杀菌力强，但腐蚀性大，因此，生产上不宜作消毒剂。食品中应用的酸类防腐剂常常是有机酸或有机酸盐类，要求对人体无毒，并且不影响食品应有的风味，加入的量应严格按国标执行。食品工业中常用的酸类防腐剂有苯甲酸或苯甲酸钠、山梨酸或山梨酸钾盐（山梨酸钠盐）、丙酸及其钙盐或钠盐、脱氢醋酸及其钠盐和乳酸等。强碱浓度越高杀菌力越强，食品工业中常用石灰水、氢氧化钠、碳酸钠等作为环境、加工设备、冷藏库以及包装材料如啤酒玻璃瓶等的灭菌剂。

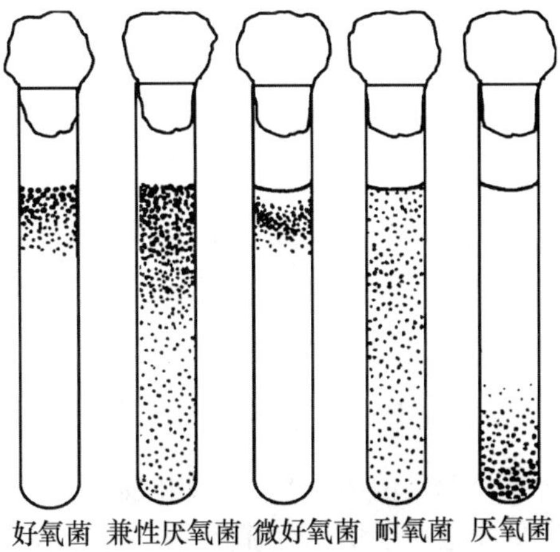

图 4-6　氧气对微生物的影响

4.4.6　氧气

氧气对微生物的生命活动有着重要影响。按照微生物与氧气的关系，可把它们分成专性好氧菌、兼性厌氧菌、微好氧菌、耐氧菌、厌氧菌 5 种（图 4-6）。

（1）专性好氧菌　专性好氧菌（strict aerobe）

要求必须在有分子氧的条件下才能生长，有完整的呼吸链，以分子氧作为最终氢受体，细胞有超氧化物歧化酶(superoxide dismutase，SOD)和过氧化氢酶。绝大多数真菌和许多细菌都是专性好氧菌，如米曲霉、醋酸杆菌、荧光假单胞菌、枯草芽孢杆菌和蕈状芽孢杆菌等。

(2)兼性厌氧菌　兼性厌氧菌(facultative anaerobe)在有氧或无氧条件下都能生长，但有氧的情况下生长得更好。有氧时进行呼吸产能，无氧时进行发酵或无氧呼吸产能；细胞含SOD和过氧化氢酶。许多酵母菌和细菌都是兼性厌氧菌。例如酿酒酵母、大肠杆菌和普通变形杆菌等。

(3)微好氧菌　微好氧菌(microaerophilic bacteria)是只能在较低的氧分压(1～3 kPa，正常大气压为 20 kPa)下才能正常生长的微生物。也通过呼吸链以氧为最终氢受体而产能。例如霍乱弧菌、一些氢单胞菌、拟杆菌属和发酵单胞菌属。

(4)耐氧菌　耐氧菌(aerotolerant anaerobe)是一类可在分子氧存在时进行厌氧呼吸的厌氧菌，即它们的生长不需要氧，但分子氧存在对它也无毒害。它们不具有呼吸链，仅依靠专性发酵获得能量。细胞内存在 SOD 和过氧化物酶，但没有过氧化氢酶。一般乳酸菌多数是耐氧菌，如乳链球菌、乳酸乳杆菌、肠膜明串珠菌和粪链球菌等，乳酸菌以外的耐氧菌如雷氏丁酸杆菌。

(5)厌氧菌　厌氧菌(anaerobe)的特征是：分子氧存在对它们有毒，即使是短期接触空气，也会抑制其生长甚至死亡；在空气或含 10%二氧化碳的空气中，它们在固体或半固体培养基的表面上不能生长，只能在深层无氧或低氧化还原势的环境下才能生长；其生命活动所需能量是通过发酵、无氧呼吸、循环光合磷酸化或甲烷发酵等提供；细胞内缺乏 SOD 和细胞色素氧化酶，大多数还缺乏过氧化氢酶。常见的厌氧菌有罐头工业的腐败菌如肉毒梭状芽孢杆菌、嗜热梭状芽孢杆菌、拟杆菌属、双歧杆菌属以及各种光合细菌和产甲烷菌等。

一般绝大多数微生物都是好氧菌或兼性厌氧菌。厌氧菌的种类相对较少，但近年来已发现越来越多的厌氧菌。

关于厌氧菌的氧毒害机理曾有学者提出过，直到 1971 年在提出 SOD 的学说后，才有了进一步的认识。他们认为，厌氧菌缺乏 SOD，因此易被生物体内产生的超氧物阴离子自由基毒害致死。除分子氧、单体氧对厌氧菌有毒外，其他强毒性氧包括超氧负离子($O_2^{\cdot-}$)、过氧化氢(H_2O_2)和羟基自由基(·OH)，这些都是呼吸过程中 O_2 还原成水时偶然产生的副产品。核黄素蛋白、醌、硫醇类及其铁-硫蛋白也能把 O_2 还原成 $O_2^{\cdot-}$。细胞内超氧化物都是强反应性的，能把任何一种有机化合物氧化，包括细胞内生物大分子和细胞组分。其中羟基自由基是所有毒性氧形式中氧化性最大的，能氧化细胞内任何一种有机物质。

4.4.7　超声波

超声波(频率在 20 000 Hz 以上)具有强烈的生物学作用。超声波使微生物致死的机理是形成强烈的冲击波引起微生物细胞破裂，内含物溢出而死。超声波作用的效果与频率、处理时间、微生物种类、细胞大小、形状及数量等有关系，一般频率高比频率低杀菌效果好，病毒和细菌芽孢具有较强的抗性，特别是芽孢。

4.4.8　氧化剂

氧化剂杀菌的效果与作用时间和浓度成正比关系，杀菌机理是氧化剂释放出游离氧作用于微生物蛋白质的活性基团(氨基、羟基和其他化学基团)，造成代谢障碍而死亡。

(1)臭氧　臭氧(O_3)灭菌技术在食品工业中应用较多，近年在纯净水生产中应用较广，食品工业车间空气的灭菌也常常采用臭氧灭菌，灭菌的效果与浓度有一定的关系，但浓度大了使水产生异味。

(2)氯 氯具有较强的杀菌作用，其机理是使蛋白质变性。氯在水中能产生新生态的氧，如下式：

$$Cl_2 + H_2O \longrightarrow HCl + HClO \longrightarrow 2HCl + [O]$$

氯气常常用于城市生活用水的消毒，饮料工业用于水处理工艺中杀菌。

(3)漂白粉 漂白粉($Ca(ClO)_2$)中有效氯为28%～35%。当浓度为0.5%～1%时，5 min可杀死大多数细菌，5%的浓度时在1 h可杀死细菌芽孢。漂白粉常用于饮水消毒，也可用于蔬菜和水果的消毒。

(4)过氧乙酸 过氧乙酸(CH_3COOOH)是一种高效广谱杀菌剂，它能快速地杀死细菌、酵母、霉菌和病毒。据报道，0.001%的过氧乙酸水溶液能在10 min内杀死大肠杆菌，0.005%的过氧乙酸水溶液只需5 min；如杀金黄色葡萄球菌需要60 min，但提高浓度为0.01%只需2 min；0.5%浓度的过氧乙酸可在1 min内杀死枯草杆菌，0.04%浓度的过氧乙酸水溶液在1 min内杀死99.99%的蜡状芽孢杆菌。能够杀死细菌繁殖体的过氧乙酸浓度，足以杀死霉菌和酵母菌；过氧乙酸对病毒杀灭效果也好，是高效、广谱和速效的杀菌剂，并且几乎无毒，使用后即使不去除，也无残余毒，其分解产物是醋酸、过氧化氢、水和氧。适用于一些食品包装材料(如超高温灭菌乳、饮料的利乐包等)的灭菌，也适于食品表面(如水果、蔬菜和鸡蛋)、食品加工厂操作员工的手、地面和墙面的消毒以及各种塑料、玻璃制品和棉布的消毒。用于手消毒时，只能用低浓度0.5%以下的溶液，才不会对皮肤有刺激性和腐蚀性。

4.4.9 重金属盐类

重金属盐类对微生物都有毒害作用，其机理是金属离子容易和微生物的蛋白质结合而发生变性或沉淀。汞、银、砷离子对微生物的亲和力较大，能与微生物酶蛋白的—SH结合，影响其正常代谢。汞化合物是常用的杀菌剂，杀菌效果好，用于医药业中。重金属盐类虽然杀菌效果好，但对人有毒害作用，所以严禁用于食品工业中防腐或消毒。

4.4.10 有机化合物

对微生物有杀菌作用的有机化合物种类很多，其中酚、醇、醛等能使蛋白质变性，是常用的杀菌剂。

(1)酚及其衍生物 酚是芳香烃环上的氢被羟基(—OH)取代的一类芳香族化合物，最简单的酚为苯酚，又称石炭酸，杀菌作用是使微生物蛋白质变性，并具有表面活性剂作用，破坏细胞膜的通透性，使细胞内含物外溢致死。酚浓度低时有抑菌作用，浓度高时有杀菌作用，2%～5%酚溶液能在短时间内杀死细菌的繁殖体，杀死芽孢则需要数小时或更长的时间。许多病毒和真菌孢子对酚有抵抗力。酚适用于医院的环境消毒，不适于食品加工用具以及食品生产场所的消毒。

(2)醇类 醇类是脱水剂、蛋白质变性剂，也是脂溶剂，可使蛋白质脱水、变性，损害细胞膜而具杀菌作用。70%～75%的乙醇杀菌效果最好，超过75%浓度的乙醇杀菌效果较差，其原因是高浓度的乙醇与菌体接触后迅速脱水，表面蛋白质凝固，形成了保护膜，阻止了乙醇分子进一步渗入。

乙醇常常用于皮肤表面消毒，实验室用于玻棒、玻片等用具的消毒。食品工业中操作员工的手等的灭菌，醇类物质的杀菌力是随着分子量的增大而增强，但分子量大的醇类水溶性比乙醇差，因此，醇类中常常用乙醇作消毒剂。

(3)甲醛　甲醛是一种常用的杀细菌与杀真菌剂，杀菌机理是与蛋白质的氨基结合而使蛋白质变性致死。市售的福尔马林溶液就是37%～40%的甲醛水溶液。0.1%～0.2%的甲醛溶液可杀死细菌的繁殖体，5%的浓度可杀死细菌的芽孢。甲醛溶液可作为熏蒸消毒剂，对空气和物体表面有消毒效果，但不适宜于食品生产场所的消毒。

习近平总书记在2022年3月6日参加全国政协农业界、社会福利和社会保障界委员联组会时指出“要树立大食物观”。在2017年中央农村工作会议上，习近平总书记就指出，“老百姓的食物需求更加多样化了，这就要求我们转变观念，树立大农业观、大食物观，向耕地草原森林海洋、向植物动物微生物要热量、要蛋白，全方位多途径开发食物资源”。

二维码4-2　食用菌在构建粮食安全大格局中的作用践行“大食物观”

本章小结

本章内容主要概述了微生物生长的概念，微生物群体细胞生长的测定方法，个体生长与群体生长的关系，衡量微生物群体生长的指标，微生物生长量的测定方法、微生物的群体生长规律和环境因素对微生物生长的影响。

测定微生物生长繁殖的方法较多，有测生长量法和计数法。测生长量法中以比浊法较常用；计数法中以平板菌落计数法常用。

微生物的群体生长规律可用典型生长曲线表示，这条曲线的横坐标表示时间，纵坐标表示细胞数目的对数值。典型生长曲线分为4个时期，即延滞期、对数期、稳定期和衰亡期，每个时期均有其特点，生产上常常要缩短延滞期，延长对数期和稳定期，可采取一些措施。连续培养目的就是使微生物长期保持在对数期的平衡生长状态和稳定的生长速率上。连续培养的方法有两种，即恒浊法和恒化法。连续培养用于发酵工业中，就叫连续发酵。同步生长即是使微生物群体细胞处于分裂步调一致的状态。

影响微生物生长的环境因素有物理因素和化学因素，生物因素在后面内容中介绍。物理因素中最重要的是温度和氧气，化学因素中最重要的是pH。微生物生长的最适温度与最适发酵温度通常是不一致的，因此，生产上常采用分段发酵或分段培养。低温能抑制微生物的生长，生产上用于保藏食品和菌种；高温可杀死微生物，因此，生产上用高温杀菌保证食品的安全性。重要的高温杀菌法有高压蒸汽灭菌法、超高温灭菌法、巴氏灭菌法等。氧气也是影响微生物生长的重要因素，根据微生物生长对氧气的依赖分为专性好氧菌、兼性厌氧菌、微好氧菌、耐氧菌和厌氧菌5种。其他物理因素如干燥、渗透压和射线也会影响微生物的生长。紫外线是强杀菌剂，杀菌的机理为破坏DNA结构，形成胸腺嘧啶二聚体，引起细胞死亡。

pH是影响微生物生长重要的化学因素，不同微生物生长有不同最适pH，一般细菌生长的最适pH为7左右，嗜酸细菌、耐酸细菌偏酸一点，嗜碱细菌则偏碱一点；而霉菌和酵母菌生长最适pH为5～6；放线菌生长最适pH为7.5～8.5。通常微生物最适生长pH与最适发酵pH不一致，不同的pH条件下微生物的代谢产物不同。因此，发酵工业中采用分段培养、分段发酵。

重金属盐对微生物的毒害作用大，杀菌效果好，但严禁用于食品工业中。

氧化剂类对微生物有杀菌作用，杀菌的机理为氧化剂类物质不稳定，释放出强氧化性的氧原子，破坏微生物的酶类致死。氯气和漂白粉用于水的消毒，臭氧也可用于水的消毒，过氧乙酸常用于环境、加工用具和工人手等的消毒，稳定态的二氧化氯常用于食品工业中车间地面、操作员工手以及加工用具的灭菌。

有机化合物中酚、醇、醛能使蛋白质变性，有杀菌作用。常用的有石炭酸，用于环境及皮肤等消毒，乙醛溶液用于厂房的熏蒸。75%的乙醇溶液用于皮肤消毒。

重要名词

D 值　*Z* 值　*F* 值　同步培养　连续发酵　对数生长期　最低生长温度　最适生长温度　最高生长温度　致死温度　防腐　消毒　商业灭菌

思考题

1. 简述生长和繁殖的概念及二者的关系。
2. 常用测定微生物生长量的方法有几种？试比较其优缺点。
3. 表示微生物生长量的生理指标有哪些？
4. 单细胞微生物的典型生长曲线可分几期？其划分的依据是什么？
5. 延滞期的特点是什么？生产上如何缩短延滞期？
6. 对数生长期的特点有哪些？处于此期的微生物有何实际应用？
7. 稳定期有何特点？为什么细胞会进入稳定期？
8. 什么叫同步生长？如何使微生物达到同步生长？
9. 什么叫连续培养？什么叫连续发酵？
10. 比较恒浊器和恒化器的特点。
11. 什么是微生物的最适生长温度？温度对同一微生物的生长速度、生长量、代谢速度、代谢产物累积量的影响是否相同？研究它有何实践意义？
12. 从对分子氧的要求来分，微生物可分为哪几种类型？它们各有何特点？
13. 微生物在生长的过程中，引起 pH 改变的原因有哪些？举例说明微生物最适生长 pH 与最适发酵 pH 是否一致。
14. 试比较杀菌(灭菌)、商业灭菌、消毒、防腐的异同点。
15. 酸性防腐剂在食品工业中应用的条件是什么？氢氧化钠在食品工业中应用的适应范围如何？
16. 在实验室和发酵工业中，如何保证好氧微生物对氧的需要？
17. 简述高压蒸汽灭菌的方法步骤。灭菌锅中的空气排除度对灭菌效果有何影响？
18. 氧化剂杀菌的机理是什么？在食品工业中应用如何？
19. 嗜高温微生物和嗜冷微生物的区别是什么？
20. 什么环境可以分离筛选到嗜冷微生物？
21. 什么环境可以分离筛选到嗜高温微生物？
22. 嗜酸微生物和嗜碱微生物的细胞内部 pH 是酸性或碱性吗？

第5章

微生物的遗传变异与菌种选育

本章学习目的与要求

1. 掌握微生物遗传变异的物质基础及其结构、特点和在细胞中的存在方式。
2. 掌握基因突变的实质、类型、特点和突变机制。
3. 了解不同类型微生物的基因重组。
4. 学会依据微生物的遗传特性设计工业微生物菌种的筛选程序，并能合理保藏所得菌种。

5.1　微生物遗传变异的物质基础

5.1.1　三个经典实验

20 世纪 50 年代以前，许多学者认为蛋白质对于遗传变异起着决定性的作用，而通过对高等动物和植物染色体的化学分析发现，染色体是由核酸（主要为脱氧核糖核酸）和蛋白质共同组成的。对于证明是蛋白质还是核酸对于遗传变异起着决定性的作用，人们通过研究发现，以微生物为研究材料具有特殊的优越性，于是通过以下 3 个经典的实验，充分证明了遗传变异的物质基础是核酸。众多科学家凭借严谨认真的科学态度和扎实深厚的知识技能为人类食品微生物学领域的发展做出了贡献。

5.1.1.1　肺炎双球菌的转化实验

转化是指受体细胞直接摄取供体细胞的遗传物质（DNA 片段），将其同源部分进行碱基配对，组合到自己的基因中，从而获得供体细胞的某些遗传性状，这种变异现象称为转化。

肺炎双球菌的转化现象最早是由英国的细菌学家格里菲斯（Griffith）于 1928 年发现的，但它的科学本质却并未在短时间内得到彻底揭示。肺炎双球菌（*Diplococcus pneumonia*）是一种病原菌，存在着光滑型（smooth，S 型）和粗糙型（rough，R 型）两种不同类型。其中 S 型的菌株产生荚膜，有毒，在人体内导致肺炎，在小鼠体中导致败血症，并使小鼠患病死亡，其菌落是光滑的；R 型的菌株不产生荚膜，无毒，在人或动物体内不会导致病害，其菌落是粗糙的。格里菲斯以 R 型和 S 型菌株作为实验材料进行遗传物质的实验，将活的、无毒的 RⅡ 型（无荚膜，菌落粗糙型）肺炎双球菌或加热杀死的有毒的 SⅢ 型（有荚膜，菌落光滑型）肺炎双球菌注入小鼠体内，结果小鼠安然无恙；将活的、有毒的 SⅢ 型肺炎双球菌或将大量经加热杀死的有毒的 SⅢ 型肺炎双球菌和少量无毒、活的 RⅡ 型肺炎双球菌混合后分别注射到小鼠体内，结果小鼠患病死亡，并从小鼠体内分离出活的 SⅢ 型菌（图 5-1）。格里菲斯称这一现象为转化作用。实验表明：SⅢ 型死菌体内有一种物质能引起 RⅡ 型活菌转化产生 SⅢ 型菌，这种转化的物质（转化因子）是什么？格里菲斯对此并未做出回答。1944 年美国的埃弗雷（O. Avery）、麦克利奥特（C. Macleod）及麦克卡蒂（M. Mccarty）等在格里菲斯工作的基础上，对转化的本质进行了深入的研究。他们从 SⅢ 型活菌体内提取 DNA、RNA、蛋白质和荚膜多糖，将它们分别

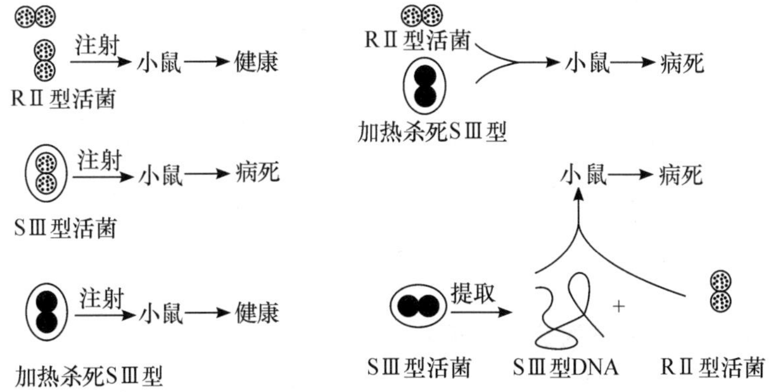

图 5-1　肺炎双球菌的转化现象

和 RⅡ型活菌混合均匀后注射入小鼠体内,结果只有注射 SⅢ型菌 DNA 和 RⅡ型活菌的混合液的小鼠才死亡,这是一部分 RⅡ型菌转化产生有毒的、有荚膜的 SⅢ型菌所致,并且它们的后代都是有毒、有荚膜的。研究表明 RNA、蛋白质和荚膜多糖均不引起转化,而只有 DNA 能引起转化。如果用 DNA 酶处理 DNA 后,则转化现象丧失。可见,任何科学进展都不能一蹴而就,它往往需要众多科研工作者前仆后继的长久努力。

5.1.1.2 噬菌体的感染实验

DNA 是遗传物质,还可用 T_2 噬菌体(DNA 病毒)感染大肠杆菌的实验来证实。1952 年赫西(A. Hershey)和蔡斯(M. Chase)用 $^{32}PO_4^{3-}$ 和 $^{35}SO_4^{2-}$ 标记 T_2 噬菌体,因当时人们认为 DNA 分子中只含磷不含硫,而蛋白质分子中只含硫不含磷。故将 T_2 噬菌体的头部 DNA 标上 ^{32}P,其蛋白质衣壳被标上 ^{35}S。用分别标上 ^{32}P 和 ^{35}S 的 T_2 噬菌体感染大肠杆菌,经短时间的保温后,T_2 噬菌体仅仅完成了吸附和侵入的过程。将被感染的大肠杆菌用组织捣碎器强烈搅拌、并进一步离心,使大肠杆菌细胞和 T_2 噬菌体蛋白外壳分离,然后分别测定沉淀物和上清液中标记的同位素。结果发现大部分的 ^{35}S(75%)存在于上清液中,大部分的 ^{32}P(85%)存在于沉淀物中。而另外的 ^{35}S(25%)和 ^{32}P(15%),一方面是由于侵染时间无法精准掌控导致的:若侵染时间稍短,则部分标记 ^{35}S 和 ^{32}P 的 T_2 噬菌体尚未侵染大肠杆菌,仍然呈游离状态;若侵染时间稍长,则部分噬菌体已经在宿主体内完成增殖后释放出来。另一方面是由于离心不彻底,所以没有实现 100%的分离。以上两种情况都使上下均有放射性标记元素检出。然而,通过实验仍然可以说明在感染过程中,噬菌体的 DNA 进入大肠杆菌细胞中,而蛋白质外壳留在菌体外。进入大肠杆菌体内的 T_2 噬菌体 DNA,利用大肠杆菌体内的 DNA、DNA 聚合酶及核糖体复制组装大量 T_2 噬菌体,该研究又一次证明了 DNA 是遗传物质(图 5-2)。

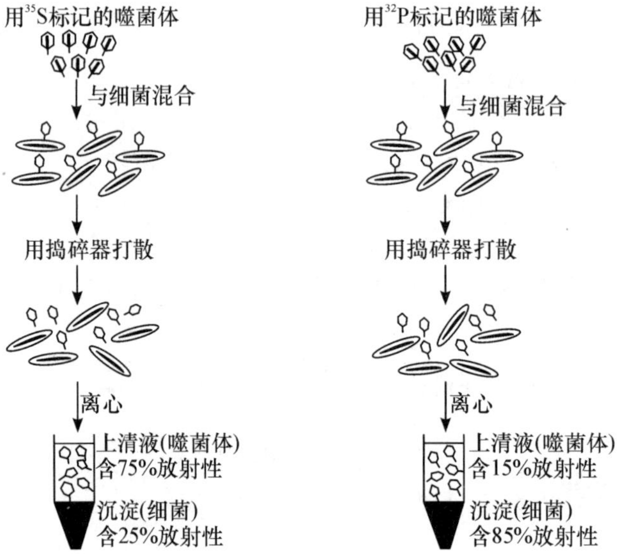

图 5-2 T_2 噬菌体感染实验

5.1.1.3 烟草花叶病毒的拆开与重建实验

烟草花叶病毒(TMV)由蛋白质外壳和核糖核酸(RNA,该病毒不含 DNA)核心两部分构成。通过抽提,可以将 TMV 病毒的蛋白质部分和 RNA 部分分离纯化。一旦将这两个部分放在一起，蛋白质和 RNA 可以重新自我组装为具有感染能力的烟草花叶病毒颗粒。1965 年，美国的弗朗克-康拉特(Fraenkel-Conrat)将烟草花叶病毒拆成蛋白质和 RNA 两部分，分别对烟草进行感染实验。结果发现只有 RNA 能感染烟草，并在感染后的寄主中分离到完整的具有蛋白质外壳和 RNA 核心的烟草花叶病毒。烟草花叶病毒有不同的变种，各个变种的蛋白质氨基酸组成有细微而明显的区别，后来弗朗克-康拉特又将甲、乙两种变种的烟草花叶病毒拆开，在体外分别将甲病毒的蛋白质和乙病毒的 RNA 结合，将甲病毒的 RNA 和乙病毒的蛋白质结合进行重建，并用这些经过重建的杂种病毒分别感染烟草，结果从寄主分离所得的病毒蛋白质均取决于相应病毒的 RNA(图 5-3)。这一实验结果说明病毒蛋白质的特性由它的核酸(RNA)所决定，而不是由蛋白质所决定。证明了核酸(RNA)是遗传的基础。

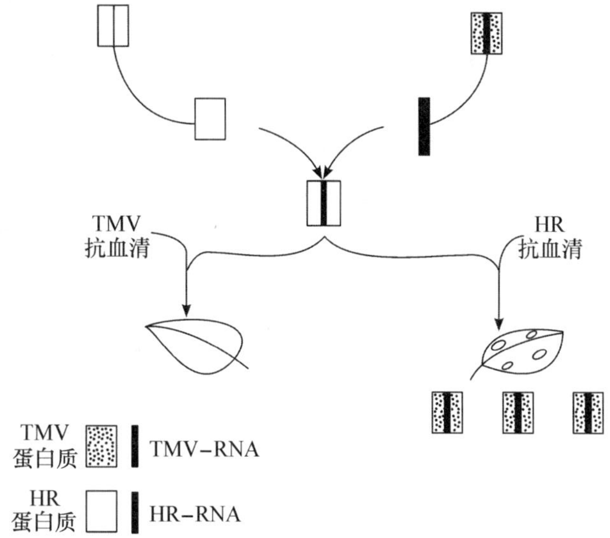

图 5-3　病毒重建实验示意图

到目前为止，只有少数病毒(包括动物、植物病毒和噬菌体)的遗传物质是 RNA，而细菌、真菌以及高等生物的遗传物质都是 DNA。

5.1.2　DNA 的结构与复制

5.1.2.1　DNA 结构的 7 个水平

现在我们已经知道，核酸特别是 DNA 是遗传物质的基础，那么，DNA 为什么能起遗传作用，它又是怎么起作用的呢？这与它的分子结构是密切相关的。

DNA 又称脱氧核糖核酸(deoxyribonucleic acid)，是一种高分子化合物，其基本单位是脱氧核苷酸(deoxynucleotide)，相对分子质量最小的为 2.3×10^{4}，最大的达 1×10^{10}，比蛋白质相对分子质量($5\times10^{3}\sim5\times10^{6}$)大。沃森(Watson)和克里克(Crick)于 1953 年由 X 射线衍射结构分析提出了 DNA 分子双螺旋结构理论和模型。相比同一时期开展此项研究的其他科研团队，二人对 DNA 分子双螺旋结构的率先发表，正是其毫无保留和团结协作的最好例证。他们认为 DNA 是由两条反向平行的多核苷酸链围绕同一中心轴构成的右手螺旋结构。多核苷酸的方向由核苷酸间的磷酸二酯键的走向决定，一条从 5′到 3′，另一条从 3′到 5′。链间有螺旋形的凹槽，其中一条较浅，叫小沟；另一条较深，叫大沟。采用不同的降解方法，可以将 DNA 降解成核苷酸；核苷酸还可以进一步分解为核苷和磷酸；核苷再进一步分解可得到戊糖和碱基（base）。碱基分为两大类：嘧啶和嘌呤。这就是 DNA 结构的 7 个水平（图 5-4）。

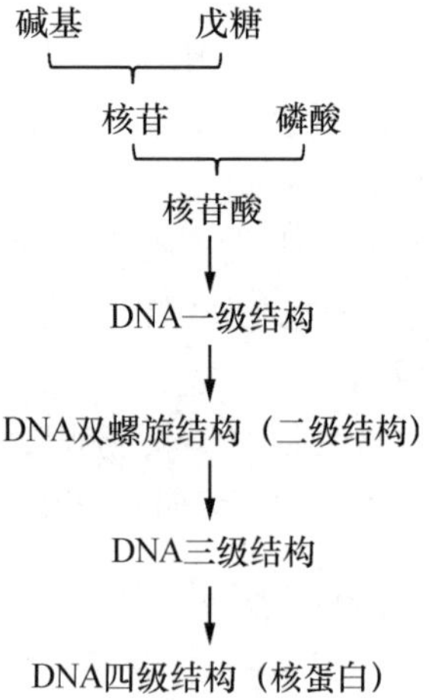

图 5-4　DNA 结构的 7 个水平

1. 戊糖和碱基

戊糖是一种五碳糖。核酸中戊糖分为两类：*D*-核糖（*D*-ribose）和 *D*-2-脱氧核糖（*D*-2-deoxyribose）（图 5-5）。根据所含戊糖的种类不同，将核酸分为核糖核酸（RNA）和脱氧核糖核酸（DNA）。

DNA 的碱基分为两大类：嘧啶和嘌呤。DNA 常见的嘧啶有两种：C（胞嘧啶 cytosine）和 T（胸腺嘧啶 thymine）。常见嘌呤有两种：A（腺嘌呤 adenine）和 G（鸟嘌呤 guanine）。所以，DNA 中的碱基为 A、G、C 和 T 4 种，但在 RNA 中，胸腺嘧啶被尿嘧啶（uracil，U）所替代。

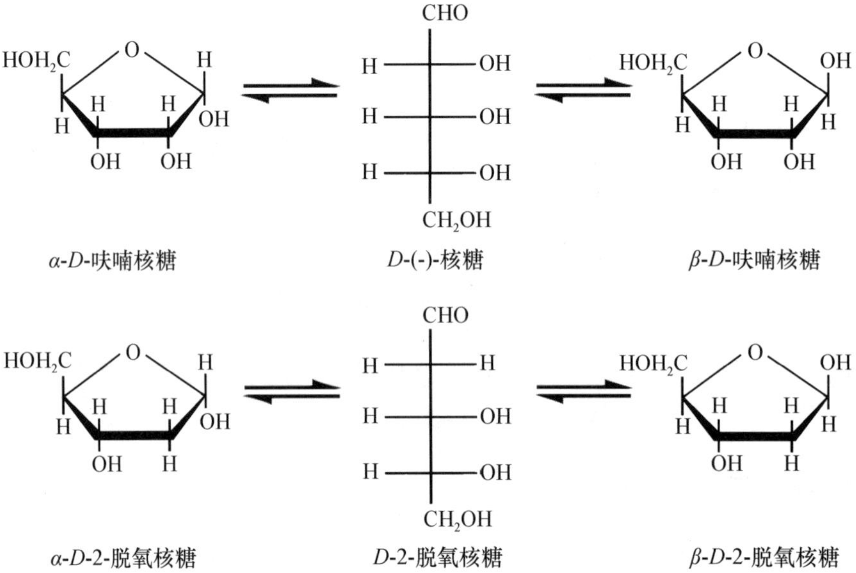

图 5-5　*D*-核糖和 *D*-2-脱氧核糖结构

2. 核苷

核苷是一种糖苷，由戊糖和碱基缩合而成。戊糖与碱基之间以糖苷键相连接。糖与碱基之间的连接键为 C—N 键，且均为 β-糖苷键。一般为戊糖的 C_1 碳原子与嘌呤碱的 N_9 氮原子相连接，或与嘧啶的 N_1 氮原子相连接。同样，根据所含戊糖的不同，核苷分为核糖核苷和脱氧核糖核苷，如胞嘧啶核糖核苷、胞嘧啶脱氧核糖核苷等。

3. 核苷酸

核苷酸由核苷和磷酸基组成。磷酸基为核苷上的戊糖羟基被磷酸酯化得到。对于核糖核苷来说，其戊糖上有 3 个自由羟基，能形成 3 种核苷酸；而脱氧核苷上的戊糖含有两个自由羟基，可形成两种核苷酸。在生物体内的游离核苷酸多为 5′-核苷酸。体外碱水解核酸时可获得 2′-和 3′-核苷酸。若戊糖上连接一个磷酸基团，则该核苷酸为 NMP，如腺嘌呤核苷酸(adenosine monophosphate，AMP)。在生物体内，还存在一些多磷酸核苷酸，多为前体物质和辅酶。最常见的是三磷酸腺苷(5′-adenosine triphosphate，ATP)(图 5-6)。

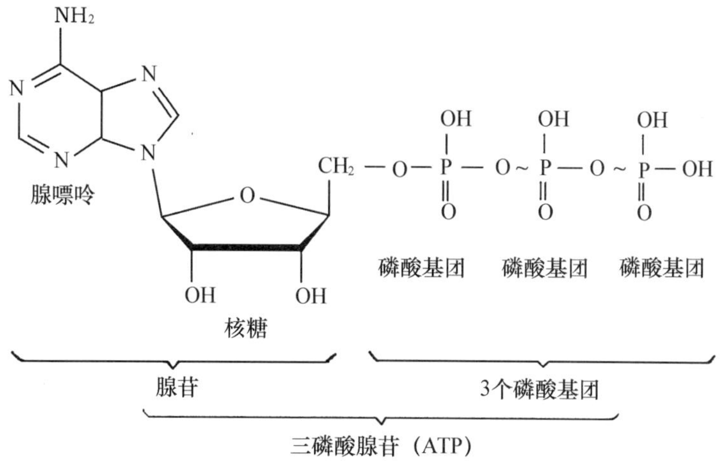

图 5-6　ATP 结构式图

4. DNA 的一级结构

核苷酸通过共价键的连接而形成核酸，所以 DNA 的共价结构也就是 DNA 的一级结构，核苷酸是基本结构单位。DNA 的一级结构由 4 种脱氧核糖核苷酸组成，分别为：腺嘌呤脱氧核苷酸(A)、鸟嘌呤脱氧核苷酸(G)、胞嘧啶脱氧核苷酸(C)和胸腺嘧啶脱氧核苷酸(T)。它们通过 3′，5′-磷酸二酯键相连接，聚合形成无支链结构的直线型或环形多聚体。

在 DNA 的空间结构中，A、T、C 和 G 4 种碱基有序地排列，每条多核苷酸链上的碱基通过氢键与另一条多核苷酸链的 4 种碱基相连，A 与 T 配对，C 与 G 配对，这种由氢键连接的碱基组合，称碱基配对(图 5-7)。1950 年，科学家 Chargaff 在前期研究的基础上提出 DNA 碱基组成的规律，称为夏格夫(Chargaff)规则：在 DNA 的 4 种碱基中，腺嘌呤与鸟嘌呤的含量相等，胞嘧啶与胸腺嘧啶的含量相等，即 A＝T，C＝G。并由此可以推断得出，A＋C＝T＋G。

5. DNA 的二级结构

DNA 双螺旋模型即为 DNA 的二级结构。该模型的提出主要基于以下 3 方面依据：一是已知 DNA 化学结构，已知脱氧核苷酸键长和键角；二是 DNA 碱基组成规律的 Chargaff 规则；三是通过 X 射线衍射技术，对 DNA 纤维测定得到的精确结果。

在 DNA 双螺旋结构中，相邻碱基对平面之间的距离为 0.34 nm，以 3.4 nm 为一个结构重复周期，包括 10 对碱基。核苷酸的磷酸基与脱氧核糖在外侧，通过磷酸二酯键相连接而构成 DNA 分子的骨架。脱氧核酸环平面与纵轴大致平行，双螺旋的直径为 2.0 nm。这种 DNA 结构是在相对湿度为 92％时的 DNA 钠盐纤维，称为 B 型 DNA(B-DNA)，其二级结构既规则又很稳定，水溶液及细胞中天然状态 DNA 大多为 B-DNA，但若湿度改变或由 DNA 钠盐变为钾盐、铯盐等则会引起构象的变化，形成 A-DNA、C-DNA 等构象。此外还有 Z-DNA，为 1979 年

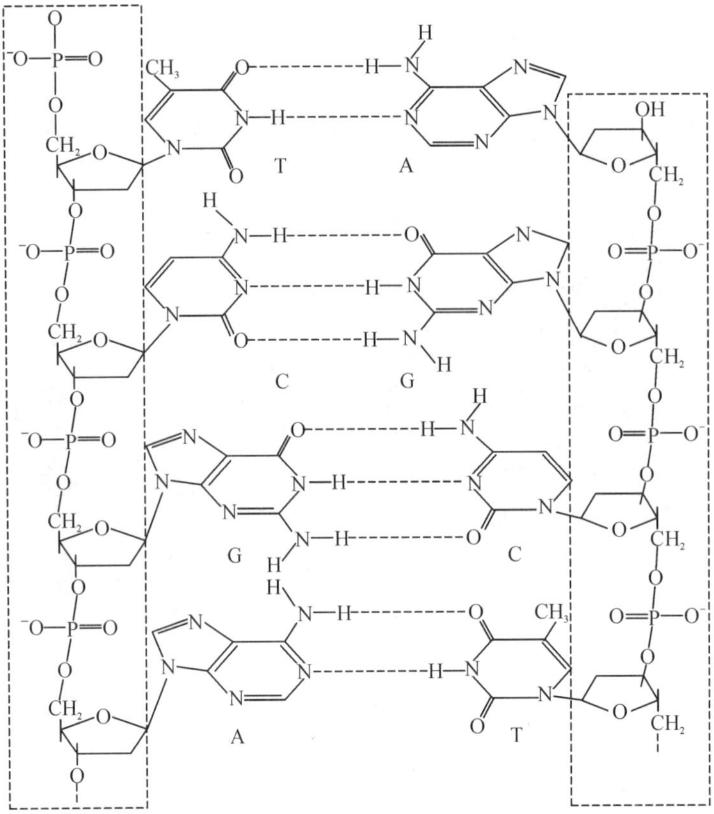

图 5-7　DNA 双螺旋结构中碱基配对示意图

由 Rich 提出的(图 5-8),该模型的提出曾一度动摇过右手螺旋学说。现已证明,左手螺旋 Z-DNA 只是右手螺旋结构模型的一个补充和发展。B-DNA 是活性最高的 DNA 构象,B-DNA 变构成 A-DNA 后,仍有活性,但若局部变构为 Z-DNA 后活性明显降低。

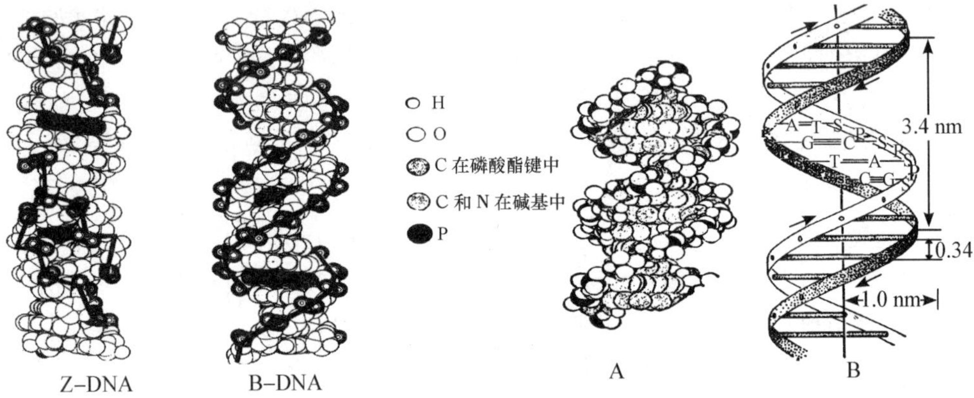

图 5-8　两种不同形式的 DNA

DNA 除了具有右旋、左旋的双股螺旋结构外,后来科学家在实验室设计并合成了三股螺旋的 DNA(图 5-9),由 15～25 个核苷酸组成的短链反义核酸绑到双股 DNA 中形成。1992 年我国科学家首先发现具有三股螺旋的天然 DNA。现三股螺旋的 DNA 的存在已被国际公认。

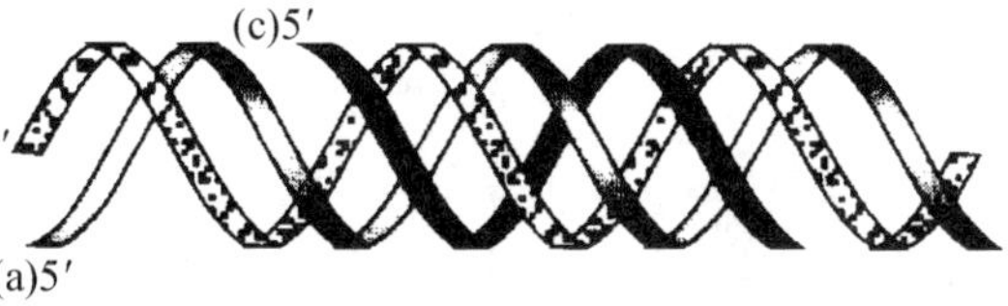

图 5-9　三股螺旋结构的 DNA

6. DNA 的三级结构

DNA 在二级结构的基础上还可以产生三级结构。DNA 的三级结构是指 DNA 分子(双螺旋)通过折叠和扭曲所形成的特定构象，如超螺旋结构就是 DNA 三级结构的一种。

当 DNA 分子为环状分子或两端固定，DNA 分子发生额外的螺旋时，为抵消张力而使分子处于能量最低的状态，DNA 分子本身就必须发生扭曲，这种扭曲就是超螺旋，是双螺旋的螺旋。许多 DNA 分子是环状分子，如细菌染色体 DNA、质粒 DNA、细胞器 DNA、某些病毒 DNA 等。从生物学和能量学角度来说，超螺旋 DNA 具有更为致密的结构，可以将很长的 DNA 分子紧缩在极小的体积内，所以生物体内的绝大多数 DNA 分子是以超螺旋的形成存在的。DNA 分子的分子结构，正充分体现了大自然设计的鬼斧神工和生命科学的精妙之处。

7. DNA 与蛋白质复合物的结构

在生物体内，DNA 通常与蛋白质结合，以核蛋白这种复合物的形式存在。通常我们所说的真核微生物的染色体(染色质)，即为基因组 DNA 与蛋白质结合形成核蛋白。

真核生物染色质的基本结构单位是核小体。核小体由组蛋白核心和缠绕其上的 DNA 组成。每个核小体的核心为 8 个组蛋白聚合形成的八聚体，DNA 分子以左手螺旋在组蛋白核心上盘绕 1.8 圈。这种螺旋可使 DNA 分子长度缩短 7 倍。核小体通过组蛋白 H_1 彼此靠拢形成 30 nm 纤丝，使 DNA 分子长度缩短约 100 倍。在真核生物中，纤丝还会进一步被折叠、螺旋化，形成更高层次的结构(图 5-10)。

5.1.2.2　原核生物的质粒

在原核生物(prokaryote)中，除染色体 DNA 以外，还存在另外一种携带遗传物质的 DNA 分子，称为质粒(plasmid)。1946 年，发现大肠杆菌存在一种致育因子，称为“F 因子”，在细菌接合过程中具有重要作用。这是第一个被发现的细菌质粒。质粒是染色体外可以进行自我复制的遗传元件，广泛存在于各类生物体的细胞中，如真核生物的细胞器、细菌或酵母菌细胞中。现在习惯上，质粒用来专指细菌、酵母菌和放线菌等生物中染色体以外的 DNA 分子。

与染色体 DNA 相比，原核生物质粒的相对分子质量较小，为染色体的 0.5%～3%。分子大小范围很广，从 1～200 kb 不等，不同质粒的相对分子质量差异显著，小质粒的相对分子质量约为 10^6，仅能编码 2～3 种中等大小的蛋白质；而大质粒的相对分子质量可达 10^8。大多数原核生物的质粒为共价、闭合、环状双链 DNA 分子(covalently closed circular DNA，简称 cccDNA)，但近年来，在越来越多的原核生物细胞质中发现了线形 DNA 分子，一般具有共价闭合的末端或者在 5′端结合蛋白质。

质粒依赖于宿主编码的酶和蛋白质进行复制和转录，是宿主的共生物。质粒可携带宿主染色体所不具有的基因，表现出非染色体控制的遗传形状，赋予宿主细胞新的遗传特性。在不同的原核生物中，有的细胞并不存在质粒 DNA，有的只存在一种质粒，还有些细胞中共存多个

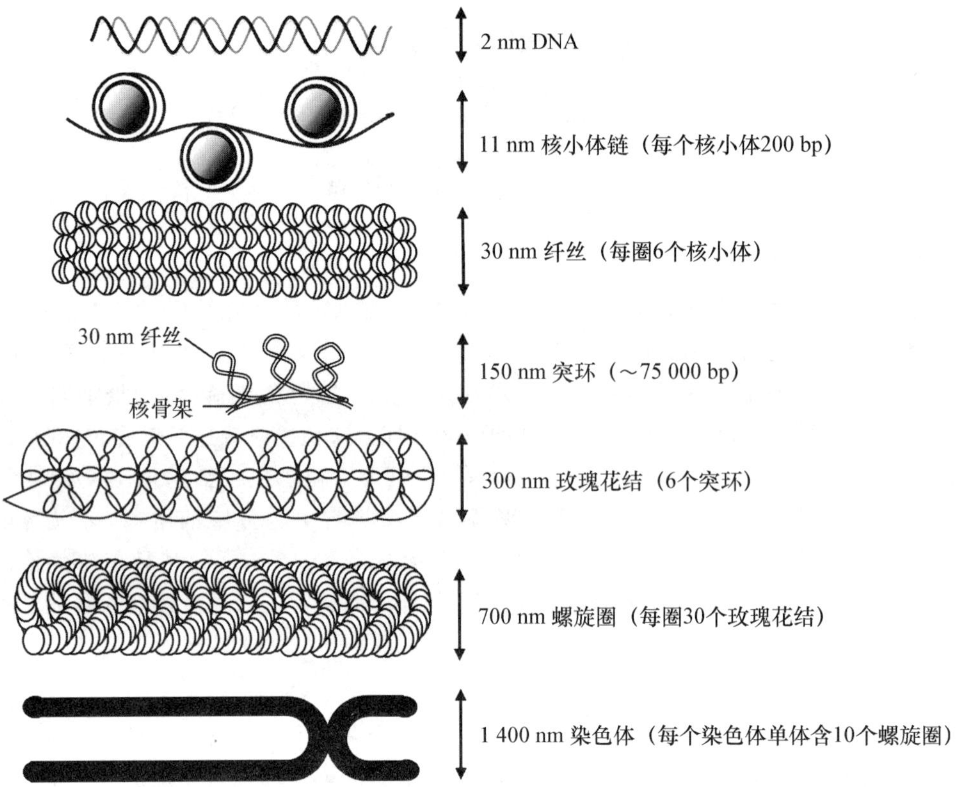

图 5-10 真核生物染色体 DNA 组装不同层次的结构图

亲缘关系密切的不同质粒。然而，因为不同质粒的拷贝数并不能总保持相同，因此，拷贝效率较低的质粒会在细胞增殖过程中逐渐被稀释掉。这种共存现象通常来说是不稳定的，称为质粒的不亲和性或不相容性。

质粒 DNA 中的遗传信息可使宿主细胞表达出新的遗传性状，如抗逆性、产生细菌素、产生抗生素、产生限制性酶等。原核生物中的质粒还可作为基因工程的载体（vector）。将外源基因携带至宿主细胞，并可在其中自主复制的质粒 DNA，即为质粒克隆载体。由于质粒具有尺寸小、可携带非染色体基因和可自我复制等特点，因而成为基因工程操作的主要载体之一，在现代食品生物技术中发挥着重要作用，为我国及全球的农产品种质改良做出了重要贡献。

5.1.2.3 基因的分类

基因是 DNA 分子上具有特定碱基顺序即核苷酸顺序的片段，是一切生物体内编码蛋白质或 RNA 等具有特定功能产物的遗传信息的基本单位。特定的种或菌株的 DNA 分子，其碱基顺序固定不变，这保证了遗传的稳定性。基因按功能可分 3 种：第一种是结构基因，编码蛋白质或酶的结构，控制某种蛋白质或酶的合成。但 tRNA 和 rRNA 基因不编码蛋白质。第二种是操纵区，它的功能像“开关”，操纵 3 个结构基因的表达。第三种是调节基因，它控制结构基因。例如，大肠杆菌有关利用乳糖的酶是由 3 个结构基因决定的。先由调节基因决定一种阻抑蛋白封闭操纵区的作用，使 3 个结构基因都不能表达，阻抑了酶的合成。当培养基中有乳糖时阻抑蛋白失活，不能封闭操纵区，因而结构基因得以表达，合成能利用乳糖的酶。

基因控制遗传性状，但不等于遗传性状。任何一个遗传性状的表现都是在基因控制下的个体发育的结果。从基因型到表现型必须通过酶催化的代谢活动来实现。基因直接控制酶的合成，即控制一个生化步骤，控制新陈代谢，从而决定了遗传性状的表现。

5.1.2.4　DNA 的复制

微生物细胞在分裂之前，只有 DNA 十分精确地进行复制，才能保证微生物的所有属性都得到遗传。而 DNA 独特的半保留式的自我复制能力，确保了 DNA 复制的精确性，并保证了一切生物遗传性的相对稳定。

DNA 的自我复制大致如下：首先是 DNA 分子中的两条多核苷酸链之间的氢键断裂，双螺旋解旋和分开，形成复制叉。每条链分别作为模板合成新链，产生互补的两条链。复制起点是固定的，表现为固定的序列，并识别参与复制起始的特殊蛋白质，复制叉移动的方向和速度虽是多种多样的，但以双向等速为主。这样新形成的两个 DNA 分子与原来 DNA 分子的碱基排列顺序完全一样。在此过程中，每个子代分子的一条多核苷酸链来自亲代 DNA，另一条链则是新合成的，又以氢键连接成新的双螺旋结构（图 5-11）。无论是真核生物还是原核生物，它们的 DNA 复制都是半保留、半不连续复制，复制过程都存在引发、延长和终止 3 个阶段，都必须有相应功能的蛋白质（如 SSB）和酶（如 DNA 聚合酶）参与。但真核生物每条染色体上都可以有多处复制起始点，而原核生物只有一个起始点；真核生物的染色体在全部完成复制之前，各个起始点上的 DNA 的复制不能再开始，而在快速生长的原核生物中，复制起始点上可以连续开始新的 DNA 的复制，表现为虽只有一个复制单元，但可有多个复制叉。

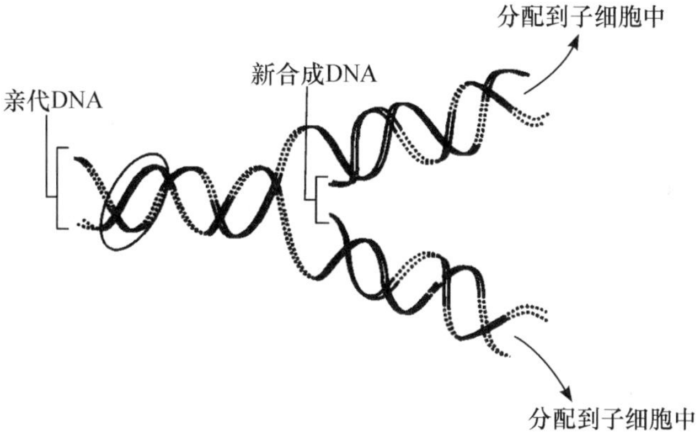

图 5-11　DNA 的复制方式

5.1.2.5　RNA

RNA（ribonucleic acid）又称核糖核酸，常见的 RNA 有 4 种类型：tRNA、rRNA、mRNA 和反义 RNA。它们均由 DNA 转录而成，和 DNA 不同的是以核糖代替脱氧核糖，以尿嘧啶（uracil，U）代替胸腺嘧啶（T）。因此，RNA 链中的碱基配对为：A—U、U—A、G—C、C—G 4 种。tRNA 叫转移 RNA，是模板与氨基酸之间的接合体，其上有和 mRNA 互补的反密码子，能识别氨基酸及识别 mRNA 上的密码子，在 tRNA-氨基酸合成酶的作用下具有转运氨基酸的作用。在蛋白质生物合成的起始作用中，在 DNA 反转录合成中及其他代谢调节中都起重要作用。细胞内 tRNA 的种类很多，每一种氨基酸都有其相应的一种或几种 tRNA。rRNA 即核糖体 RNA，它和蛋白质结合成的核糖体为合成蛋白质的场所。rRNA 含量大，是构成核糖体的骨架。大肠杆菌核糖体有 3 类 rRNA:5S rRNA、16S rRNA、23S rRNA。mRNA 叫信使 RNA,mRNA 上每 3 个核苷酸翻译成蛋白质多肽链上的一个氨基酸,这 3 个核苷酸就称为密码,也叫三联体密码子。mRNA 与蛋白质之间的联系是通过遗传密码的翻译来实现的,贮存在 DNA 上的遗传信息通过 mRNA 传递给蛋白质。每一种多肽都有一种特定的 mRNA 负责编码,所以细胞内 mRNA 的种类是很多的,但是每一种 mRNA 的含量又十分低。反义 RNA 是能与 DNA 的碱基互补,并能阻止、干扰复制转录和翻译的短小的 RNA。反义 RNA 起调节作用,决定 mRNA 翻译合成速度。由 mRNA、tRNA、反义 RNA 和 rRNA 协作合成蛋白质。近年来,还发现一大类非编码 RNA(small noncoding RNA,snRNA)存在细菌中,负责在转录后水平上调控 mRNA 的翻译水平。

5.1.3 遗传物质的存在形式

真核生物(人、高等动物、植物、真菌、藻类及原生动物)的遗传物质是 DNA,其染色体由 DNA 和蛋白质等组成。真核生物的染色体不止一个,少的几个,多的几十或更多,染色体呈丝状结构,细胞内所有染色体由核膜包裹成一个细胞核。真核微生物染色体以外的 DNA 主要以细胞器或质粒形式存在,这些细胞器或质粒中的 DNA 常呈环状,其 DNA 的含量只占染色体 DNA 的 1%以下。

原核微生物的染色体往往只有 1 个,是由单纯的 DNA 或 RNA 组成。细菌和放线菌的遗传物质单纯由 1 条 DNA 细丝构成环状的染色体,拉直时比细胞长许多倍,为双链的 DNA,与很少量的蛋白质结合,没有核膜包围,它在细胞的中央,高度折叠形成具有空间结构的一个核区。由于含有磷酸根,它带有负电荷。原核微生物 DNA 的负电荷被 Mg^{2+} 和有机碱(精胺、亚精胺和腐胺)等中和。真核生物 DNA 的负电荷被碱性蛋白质(组蛋白和鱼精蛋白)中和。病毒中的遗传物质是 DNA 或 RNA,为双链或单链,呈线状或环状,且病毒的核酸都不与蛋白质相结合。

二维码 5-1　生命的奥秘——遗传物质 DNA(RNA)

5.2 微生物的基因突变

在微生物中,突变是经常发生的,学习和掌握突变的规律,不但有助于对基因定位和基因功能等基本理论问题的了解,而且还为微生物选种、育种提供必要的理论基础,同时对于致癌物质的检测也有重要意义。

突变是指遗传物质突然发生稳定的可遗传的变化,它有两个意义:一是指与野生型不同的个体所携带和传递的基因组变异结构,这种变异结构可以是基因水平的,也可以是染色体水平的;突变的另一个意义是指上述变异结构发生的过程。对微生物来讲,基因突变最常见、最重要,而由于重组或附加体等外源遗传物质的整合而引起 DNA 的改变,则不属突变的范围。

在微生物纯种群体或混合群体中,都可能偶尔出现个别微生物在形态、生理生化或其他方面的性状发生改变。改变了的性状可以遗传,这时的微生物发生变异,成了变种或变株。

多种致病性微生物的基因突变也是生物医学领域的重要课题。致病性微生物的基因突变使其对抗生素产生耐药性,大大降低药物效力,并可诱发“超级细菌”或“超级病毒”的产生。这类基因突变的重要原因就是抗生素的滥用，我国已采取措施逐步改善这种情况的继续发展。

5.2.1 突变的类型

突变的类型是多种多样的，从突变涉及的范围，可以把突变分为基因突变和染色体畸变。在粗糙脉孢菌中，染色体畸变的研究已经相当深入了。在电子显微镜下现在已经可以观察病毒的染色体畸变。不过就遗传学研究较为深入的大肠杆菌、沙门氏菌、枯草杆菌等细菌以及其他多数微生物来讲，突变的研究主要是在基因突变方面。下面按不同分类依据，对微生物的基因突变分别进行介绍。

5.2.1.1 从突变涉及的范围划分

二维码 5-2 基因编辑技术

从突变涉及的范围，可以把突变分为基因突变和染色体畸变。

1. 基因突变

基因突变又称点突变。是发生于一个基因座位内部的遗传物质结构变异。往往只涉及一对碱基或少数几个碱基对。点突变可以是碱基对的替代，也可以是碱基对的增减。前者可分为转换和颠换。转换是指一种嘌呤替代另一种嘌呤(如 A 替代 G 或 G 替代 A)，或一种嘧啶替代另一种嘧啶(如 C 替代 T 或 T 替代 C)；颠换是指一种嘌呤替代嘧啶，或嘧啶替代嘌呤。这两种碱基的替代并不会增加或减少碱基对的数目，所以只会造成突变点处的遗传密码发生改变，对下游氨基酸编码序列影响较小。而碱基对的增减则有可能造成增减变异点以后全部密码及其编码的氨基酸发生改变，所以称为移码突变，移码突变将造成遗传信息的巨大改变。

2. 染色体畸变

染色体畸变是一些不发生染色体数目变化而在染色体上有较大范围结构改变的变异，是由 DNA(RNA)的片段缺失、重复或重排而造成染色体异常的突变。其中包括以下变化：一是易位，指两条非同源染色体之间部分相连的现象。它包括一个染色体的一部分连接到某一非同源染色体上的单向易位以及两个非同源染色体部分相互交换连接的相互易位；二是倒位，指一个染色体的某一部分旋转 180°后以颠倒的顺序出现在原来位置的现象；三是缺失，指在一条染色体上失去一个或多个基因的片段；四是重复，指在一条染色体上增加了一段染色体片段，使同一染色体上某些基因重复出现的突变。发生染色体畸变的微生物往往易致死，所以微生物中突变类型的研究主要是在基因突变方面。

5.2.1.2 从突变所带来的表型改变划分

从突变所带来的表型的改变来讲，突变的类型可以分为以下几类。

1. 形态突变型

形态突变型指细胞形态结构发生变化或引起菌落形态改变的那些突变类型。包括影响细胞形态的突变型以及影响细菌、霉菌、放线菌等的菌落形态以及影响噬菌体的噬菌斑的突变型。例如细菌的鞭毛、芽孢或荚膜的有无，菌落的大小，外形的光滑或粗糙及颜色的变异；放线菌或真菌产孢子的多少，外形及颜色的变异；噬菌斑的大小和清晰程度的变异等。

2. 致死突变型

致死突变型指由于基因突变而造成个体死亡的突变类型，造成个体生活力下降的突变型称为半致死突变型。一个隐性的致死突变基因可以在二倍体生物中以杂合状态保存下来，可是不能在单倍体生物中保存下来，所以致死突变在微生物中研究得不多。

3. 条件致死突变型

条件致死突变型的个体只是在特定条件，即限定条件下表达突变性状或致死效应，而在许可条件下的表型是正常的。广泛应用的一类是温度敏感突变型，这类突变型在一个温度中并不致死，所以可以在这种温度中保存下来；它们在另一温度中是致死的，通过它们的致死作用，可以用来研究基因的作用等问题。

4. 营养缺陷突变型

营养缺陷突变型是一类重要的生化突变型，是指某种微生物经基因突变而引起微生物代谢过程中某些酶合成能力丧失的突变型，它们必须在原有培养基中添加相应的营养成分才能正常生长繁殖。这种突变型在微生物遗传学研究中应用非常广泛，它们在科研和生产中也有着重要的应用价值。

5. 抗性突变型

抗性突变型是指一类能抵抗有害理化因素的突变型，细胞或个体能在某种抑制生长的因素（如抗生素或代谢活性物质的结构类似物）存在时继续生长与繁殖。根据其抵抗的对象分为抗药性、抗紫外线、抗噬菌体等突变类型。这些突变类型在遗传学基本理论的研究中非常有用，常以抗性突变为选择标记，特别在融合实验、协同转染实验中用得最多。

6. 抗原突变型

抗原突变型是指细胞成分特别是细胞表面成分如细胞壁、荚膜、鞭毛的细致变异而引起抗原性变化的突变型。

7. 其他突变型

其他突变型是指如毒力、糖发酵能力、代谢产物的种类和数量以及对某种药物的依赖性等的突变型。

这几类突变型并不是彼此排斥的。营养缺陷型也可以认为是一种条件致死突变型，因为在没有补充给它们所需要的物质的培养基上它们不能生长。某些营养缺陷型也具有明显的形态改变。例如粗糙脉胞菌和酵母菌的某些腺嘌呤缺陷型分泌红色色素。所有的突变型可以认为都是生化突变型，最为常见的是营养缺陷型。抗药性突变也是微生物遗传学中常用的一类生化突变型。因为任何突变，不论是影响形态的或是致死的，都必然有它的生化基础。突变型的这一区分不是本质性的。

5.2.1.3 按突变的条件和原因划分

按突变的条件和原因划分，突变可以分为自发突变和诱发突变。

1. 自发突变

自发突变是指某种微生物在自然条件下，没有人工参与而发生的基因突变。绝大多数的自发突变起源于细胞内部的一些生命活动过程，如遗传重组的差错和DNA复制的差错，这些差错的产生与酶的活动相关联。另有一些自发突变是由于自然界中存在的辐射因素和环境诱变剂所引起的。

DNA复制是非常精确的，细菌的DNA多聚酶具有聚合3′至5′的外切功能，它可以切除掺入到合成链的3′端和样板链不互补的错配碱基。通过这种复制中的校正作用，大大减少了碱基的错配，提高了复制合成的精确度。根据计算，这种校正可以把复制错误减少到10^{-10}/碱基对，即每复制10^{10}碱基对，只发生一次错误的掺入。

2.诱发突变

诱发突变是利用物理的或化学的因素处理微生物群体，促使少数个体细胞的DNA分子结构发生改变，基因内部碱基配对发生错误，引起微生物的遗传性状发生突变。凡能显著提高突变率的因素都称诱发因素或诱变剂。

(1)物理诱变　利用物理因素引起基因突变的称物理诱变。物理诱变因素有紫外线、X射线、γ射线、快中子、β射线、激光和等离子等。

(2)化学诱变　利用化学物质对微生物进行诱变，引起基因突变或真核生物染色体的畸变称为化学诱变。化学诱变的物质很多，但只有少数几种效果明显，如烷化剂、吖啶类化合物等。

(3)复合处理及其协同效应　诱变剂的复合处理常有一定的协同效应，增强诱变效果，其突变率普遍比单独处理的高，这对育种很有意义。复合处理有几类：同一种诱变剂的重复使用；两种或多种诱变剂先后使用；两种或多种诱变剂同时使用。

(4)定向培育和驯化　定向培育是人为用某一特定环境条件长期处理某一微生物群体，同时不断将它们进行移种传代，以达到累积和选择合适的自发突变体的一种古老的育种方法。由于自发突变的变异频率较低，变异程度较轻，故变异过程均比诱变育种和杂交育种慢得多。

5.2.2　基因突变的特点

在生物界中由于遗传变异的物质基础是相同的，因此显示在遗传变异的本质上也具有相同的规律，这在基因突变的水平上尤其显得突出。

(1)自发性　由于自然界环境因素的影响和微生物内在的生理生化特点，在没有人为诱发因素的情况下，各种遗传性状的改变可以自发地产生。

(2)稀有性　自发突变虽然不可避免，并可能随时发生，但是突变的频率极低，一般在10^{-9}～10^{-6}。

(3)诱变性　通过各种物理、化学诱发因素的作用，可以提高突变率，一般可提高10～10^{6}倍。

(4)突变的结果与原因之间的不对应性　突变后表现的性状与引起突变的原因之间无直接对应关系。例如抗紫外线突变体不是由紫外线而引起，抗青霉素突变体也不是由于接触青霉素所引起。

(5)独立性　在一个群体中，各种性状都可能发生突变，但彼此之间独立进行。

(6)稳定性　突变基因和野生型基因一样，是一个相对稳定的结构，由此而产生的新的遗传性状也是相对稳定的，可以一代一代地传下去。

(7)可逆性　原始的野生型基因可以通过变异成为突变型基因，此过程称为正向突变；相反，突变型基因也可以恢复到原来的野生型基因，称回复突变。实验证明任何突变既有可能正向突变，也可发生回复突变，二者发生的频率基本相同。

5.2.3　基因突变的机制

DNA分子中碱基对的变化可以在自然条件下自发地发生，也可以人为地应用物理、化学因素诱导发生，它们的变化机制主要有以下几类。

5.2.3.1 自发突变机制

虽然自发突变是指微生物在没有人工参与的条件下发生的突变，但是必然存在诱发其突变的原因。下面讨论了几种自发突变的可能机制。

1. 多因素低剂量的诱变效应

早在20世纪30年代中就认为任何剂量的X射线都足以诱发突变，因此有人认为宇宙空间拥有的各种短波辐射是自发突变的原因之一。然而它至多只能占自发突变的1%。不少自发突变实质上是由于一些原因不详的低剂量诱变因素长期作用的综合结果。热也是诱发自发突变的一种影响因素，例如噬菌体 T_4 在37℃中每天每一GC碱基对以 4×10^{-8} 这一频率发生变化。

2. 微生物自身代谢产物的诱变效应

已经发现在一些微生物中存在具有诱变作用的物质，例如咖啡碱、硫氰化合物、二硫化二丙烯、重氮丝氨酸等。过氧化氢是微生物正常代谢的一种产物，它对脉胞菌具有诱变作用，如果同时加入过氧化氢酶抑制剂，则可提高诱变的效率。这说明过氧化氢有可能是引起自发突变的一种内源诱变剂。

3. 互变异构效应

DNA分子中的A、T、G、C 4种碱基都可能发生互变异构作用。T和G第4位碳原子上的酮基可发生酮式与烯醇式之间的互变异构，A和C第6位碳原子上的氨基可发生氨基式与亚氨基式之间的互变异构。由于化学结构的平衡一般趋向于酮式和亚氨基式，因此，在DNA双链结构中一般总是以AT与GC碱基配对的形式出现(图5-12A、B)。如胸腺嘧啶(T)在正常形式下为酮式，配对互补碱基为腺嘌呤(A)，但当前者发生互变异构成为烯醇式时，通过氢键配

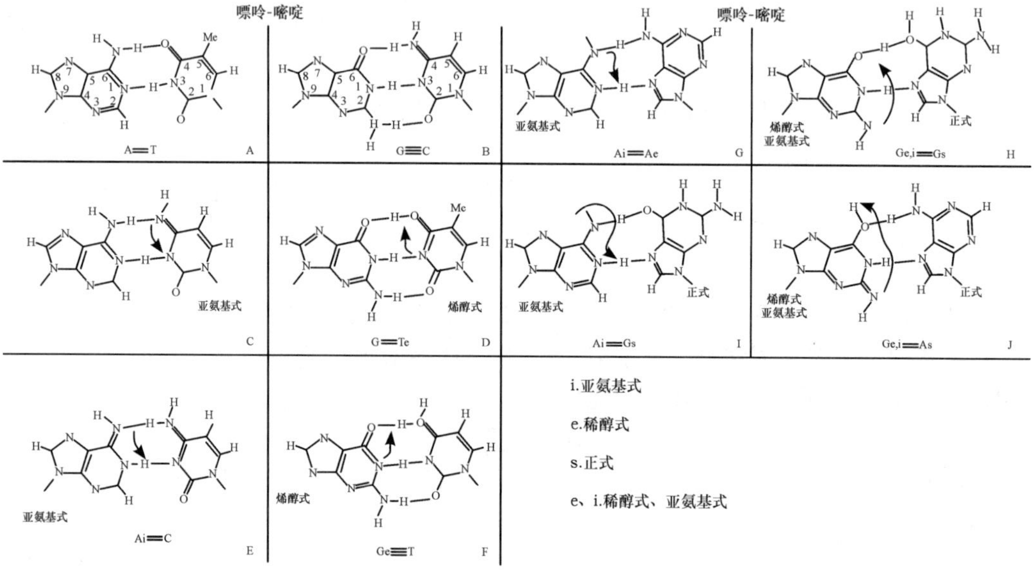

A、B正常配对，C、D、E、F嘌呤-嘧啶错配，G、H、I、J嘌呤-嘌呤错配

图5-12 各种碱基错配

对的互补碱基可以是鸟嘌呤G，所以当DNA的合成到达这位置的一瞬间，通过DNA多聚酶的作用，在它相对应的位置上出现配对碱基G，而不出现常规的A(图5-12D)。当DNA再次复制时，通过G和C配对，就使原来的AT转变为GC。依此类推，其他3种碱基也可由于互变异构产生突变。这些可能是引起自发突变的重要原因之一。

以上为嘌呤—嘧啶错配。还可能发生另一种嘌呤—嘌呤错配，这种错配来源于另一种由于碱基—脱氧核糖键旋转而造成的称为正-反的互变。根据DNA模型制作结果，证明腺嘌呤的亚氨基式能和腺嘌呤或鸟嘌呤的正式配对(图5-12G、I)，鸟嘌呤的烯醇兼亚氨基式能和鸟嘌呤或腺嘌呤的正式配对(图5-12H、J)，这些错配也能通过DNA复制而造成转换和颠换(图5-13)。

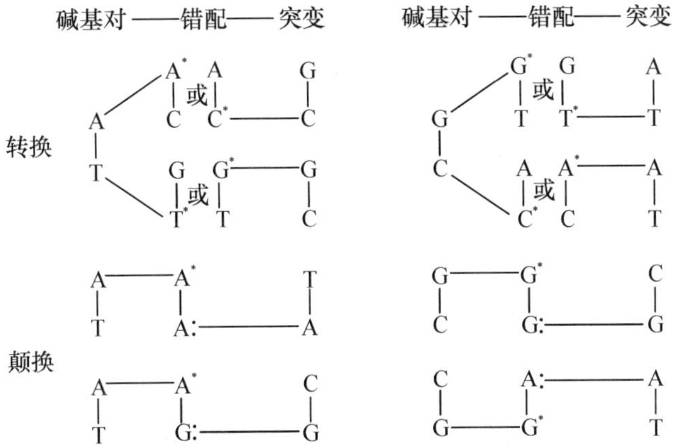

图5-13　由错配所引起的突变

4. 环状突变效应

近来还有人提出另一种造成自发突变的原因，它可以称为环状突变效应或简称环出效应。如图5-14A所示，当DNA复制到C时，模板链G向外环出；当复制继续进行时模板又恢复正常。结果在原来应出现GC碱基对的地方出现了GA碱基对。再经一次DNA复制时，便会出现TA，因此造成了GC—TA颠换。图5-14B中，环出的是两个核苷酸，这样就会导致相邻的两对碱基发生变化。如果这两对碱基属于两个密码，那么一次突变可以使两个密码发生变化，带来两个氨基酸的改变。关于这一突变机制模型还缺乏实验根据，但它同样指出，DNA结构的另一种瞬时的可逆性变化，可能导致基因突变。自然突变的偶然性在这里可以得到解释。

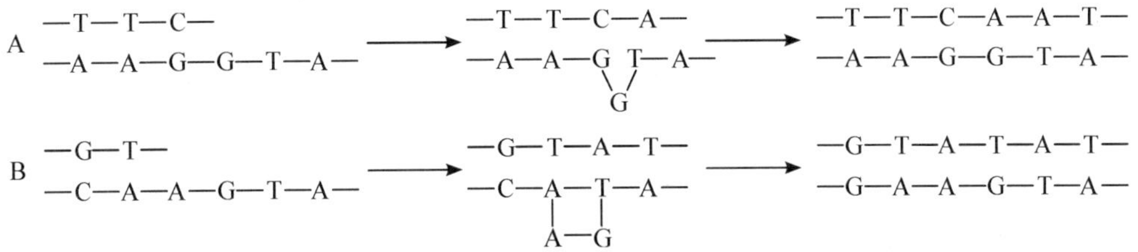

A. 单个核苷酸环出　B. 两个核苷酸环出

图5-14　核苷酸环出诱变

5.2.3.2 诱发突变机制

诱发突变就是人类对突变过程的某种干扰，这种干扰往往是了解、掌握和改变自然变化的起点。诱发突变为研究突变机理创造了条件。诱发机制主要有以下几类。

1. 碱基对的置换

碱基对的置换涉及一对碱基被另一对碱基所置换，包括转换和颠换两类。碱基对的置换绝大多数是由化学诱变剂引起，可以把置换的机制分为直接方式和间接方式两种。

直接引起置换的诱变剂是一类可直接与核酸碱基发生化学反应的诱变剂，不论在生物体内或离体条件下均有作用。这类诱变剂的种类很多，常用的主要有各种烷化剂、亚硝酸和羟胺。它们可以与一个或几个核苷酸发生化学反应，从而引起DNA复制时碱基对的转换，并进一步使微生物发生变异。在这些诱变剂中，除羟胺只引起GC—AT转换外其余都是GC—AT互变的。

烷化剂是诱变育种极其重要的一类诱变剂，它们的化学结构都带有一个或多个活性烷基，并能转移到其他分子中电子密度极高的位置上去。常见的烷化剂有硫酸二乙酯(DES)、甲基磺酸乙酯(EMS)、N-甲基-N′-硝基-N-亚硝基胍(NG)、N-亚硝基-N-甲基-氨基甲酸乙酯(NMU)、乙烯亚胺(EI)、环氧乙烷(EO)、氮芥(NM)等，这些物质可对DNA上的磷酸基、嘌呤或嘧啶产生烷化作用，其中烷化鸟嘌呤最易发生，且形成7-烷基鸟嘌呤。烷化剂对于点突变的诱变作用可能主要是由于引起碱基的错误配对。另外烷化剂还能诱发染色体畸变，由于染色体畸变常为辐射所诱发，所以这些物质又称为拟辐射物质。

亚硝酸常用于诱发真菌突变，是一种对含有氨基的碱基对直接作用而诱发碱基对转换的诱变剂。它能使碱基中的氨基氧化脱去，从而使胞嘧啶(C)变成尿嘧啶(U)，引起GC—AT的转换；腺嘌呤(A)变成次黄嘌呤(H)，引起AT—GC的转换；鸟嘌呤(G)变成黄嘌呤(X)，不引起碱基对的转换。亚硝酸还能引起DNA两链间的交联而引起DNA结构上的缺失作用，它很不稳定，易分解为水和亚硝酐。

羟胺几乎只和胞嘧啶(C)发生反应，故几乎只引起GC—AT的转换。羟胺还能和细胞中的其他一些物质发生反应而产生过氧化氢等，而过氧化氢则是一种非专一性的诱变剂。所以羟胺对于游离噬菌体和转化因子等能引起非常专一性的突变，可是对于活体来讲则专一性就比较差了。

间接引起置换的诱变剂是一些碱基结构类似物，例如5-溴尿嘧啶(5-BU)、5-氨基尿嘧啶(5-AU)、8-氮鸟嘌呤(8-NG)、2-氨基嘌呤(2-AP)及6-氮嘌呤(6-NP)等。机体缺乏天然碱基时，易通过活化细胞的代谢活动掺入DNA分子中去，引起碱基配对发生错误。在这些碱基类似物中，最常被应用的是5-溴尿嘧啶(5-BU)和2-氨基嘌呤(2-AP)。5-溴尿嘧啶(5-BU)是胸腺嘧啶(T)的结构类似物。当微生物生长于含有5-BU的培养液中并合成DNA时，如果5-BU以烯醇式状态存在于DNA中，则与它配对的是鸟嘌呤，进而经DNA复制，引起AT至CG的转换；如果5-BU以酮式状态存在于DNA中，就不会引起碱基对的置换；另外，5-BU也可以通过烯醇式和酮式结构的变化，引起GC至AT的回复突变过程。但是在5-BU的酮式和烯醇式两种结构中，出现烯醇式的概率更多，这样也就增加了AT转换变为GC的突变概率。2-氨基嘌呤是腺嘌呤的结构类似物，它能代替A进入DNA分子中与T配对，有两个氢键，结合的程度较牢固；它也能与C形成只有一个氢键的碱基对，结合得较弱。随后经DNA复制，C

与 G 配对完成 AT 至 CG 的转换，且这种转换多是单方向的，因为 2-氨基嘌呤较难代替 G 而被 C 吸引。

2. 移码突变

这是由于 DNA 分子中一对或少数几对核苷酸的增加或缺失而造成的基因突变。由于遗传信息是以 3 对核苷酸为一组的密码形式表达的，所以一对或少数几对核苷酸的增加或缺失往往造成增加或缺失位置后面的密码意义全部发生错误。与染色体畸变相比，移码突变属于 DNA 分子中的微小损伤。吖啶类染料及其化合物是有效的移码突变诱变剂，例如吖啶、吖啶黄、吖啶橙、5-氨基吖啶。吖啶类化合物的可能诱变机制为：由于吖啶类化合物是一种平面型三环分子，结构与一个嘌呤-嘧啶碱基对相似，因此能够插入 DNA 分子中两个相邻的碱基之间，使得 DNA 分子的长度增加，造成双螺旋一定程度的延长和部分解开。从而在复制过程中会使链上增加或缺失一个碱基，结果引起增加或缺失位置之后全部遗传密码转录翻译的错误，造成移码突变。

3. 染色体畸变

染色体畸变是指引起 DNA 分子较大损伤的诱变，包括染色体结构上的易位、倒位、缺失、重复等。紫外线、X 射线、γ 射线等射线、亚硝酸及烷化剂等均是引起染色体畸变的有效诱变剂。它们能引起 DNA 分子多处较大的损伤，如 DNA 链的断裂，DNA 分子内两条单链的交联、胞嘧啶和尿嘧啶的水合作用以及嘧啶二聚体的形成等。

烷化剂根据其烷化作用分单功能、双功能、三功能的烷化剂，其中一些单功能烷化剂（如 NG、EMS 等）常被称为超诱变剂，它们虽然杀伤力较低但却有较强的诱变作用。烷化剂分子能烷化 DNA 分子上的碱基，造成一条单链的断裂或两条单链的交联等，引起染色体畸变。

X 射线和 γ 射线属于能量很高的电离辐射，能产生电离作用，直接或间接地使 DNA 结构发生改变。直接的效应是碱基的化学键、脱氧核糖的化学键和糖酸相连接的化学键断裂；间接的效应是电离辐射使水或有机分子产生自由基，这些自由基作用于 DNA 分子，引起缺失和损伤。此外还能引起染色体畸变，导致染色体结构上的缺失、重复、倒位和易位。

紫外线作用的主要机制是：在同链或互补双链 DNA 的相邻嘧啶间形成以共价键结合的嘧啶二聚体，其中胸腺嘧啶最易形成。这些二聚体的存在使正常的碱基配对难以发生，进而导致 DNA 局部变形，产生破坏复制与转录的大块损伤，从而引起突变或死亡。

5.2.3.3　微生物对损伤 DNA 的修复方式

微生物能以多种形式去修复损伤后的 DNA，主要方式有光复活、切除修复、重组修复、紧急呼救修复等。

1. 光复活作用

经紫外线照射后的微生物暴露于可见光下时，可明显地降低其死亡率的现象称为光复活作用。一般来说，微生物都存在光复活作用。这种修复作用是通过光解作用，使 DNA 中的嘧啶二聚体分解为单体，其中的催化酶为光复活酶或光裂合酶。光复活过程可分为 3 步反应：①嘧啶二聚体与光复活酶结合；②在 260～380 nm 紫外线催化下，嘧啶二聚体发生解聚；③光复活酶从 DNA 上释放，DNA 恢复正常结构。

2. 切除修复作用

切除修复作用也称暗修复作用，这种修复作用与光无关，整个修复过程是在 4 种酶的协同作用下将胸腺嘧啶切除。核酸内切酶在胸腺嘧啶二聚体的 5′一侧切开一个 3′-OH 和 5′-P 的单链缺口；核酸外切酶从 5′-P 至 3′-OH 方向切除二聚体；cDNA 聚合酶以 DNA 的另一条互补链作模板，从原有链上暴露的 3′-OH 端起重新合成一段缺损的 DNA 链；通过连接酶的作用，把新合成的那段 DNA 的 3′-OH 末端与原来的 5′-P 末端相连接，形成一个完整的双链结构。

3. 重组修复作用

重组修复作用又称为复制后修复，必须在 DNA 进行复制的情况下进行。重组修复可以在不切除胸腺嘧啶二聚体的情况下，以带有二聚体的这一单链为模板而合成互补单链，可以在每一个二聚体附近留下一个空隙。一般认为通过染色体交换，空隙部位就不再面对着胸腺嘧啶二聚体而是面对着正常的单链，在这种情况下 DNA 多聚酶和连接酶便能起作用而把空隙部分进行修复。

4. 紧急呼救(SOS)修复系统

这是细胞经诱导产生的一种修复系统。它的修复功能依赖于某些蛋白质的诱导合成，而且这些蛋白质是不稳定的。SOS 修复功能和细菌的一系列生理活动有关，如细胞的分裂抑制、λ 噬菌体的诱导释放，以及引起 DNA 损伤的因素和抑制 DNA 复制的许多因素都能引起 SOS 反应。

5.3 微生物的基因重组

基因重组又称为遗传传递，是指遗传物质从一个微生物细胞向另一个微生物细胞传递而达到基因的改变，形成新遗传型个体的过程，属于遗传物质在分子水平上的杂交。它是在细胞繁殖过程或在特定环境中不同细胞接触或不接触，引起遗传物质传递而造成的。在基因重组时，不发生任何碱基对结构上的变化。重组后生物体新的遗传性状的出现完全是基因重组的结果。它可以在人为设计的条件下发生，使之服务于人类育种的目的。

人为设计的基因重组是运用现代基因工程手段对微生物进行定向基因操作，以最终获得具有正向进化标记的目标菌株。微生物基因重组技术简单实用，容易推广，且比传统的诱变选育方式更加快速和有效。因此，在工农业、医药卫生和能源环境等产业都做出了重要贡献。但同时，它也是一把“双刃剑”，存在着一些可能引起的生物威胁，如对生物多样性和环境产生不利影响，超级致病微生物的出现，实验室泄漏或意外事故等安全隐患，生物恐怖和生物武器的威胁，以及基因治疗存在的安全性问题等等，这些不仅需要相关国家和组织建立和完善生物安全管理机制和生物安全威胁应对机制，加强各国生物技术领域互联互通，更加需要相关科研从业人员秉持正确的科学精神和价值标准，合理运用现代科学技术手段为人类谋福祉。

微生物的基因重组包含以下几种类型：原核微生物的接合和 F 因子转导，通过双亲细胞的接触沟通，涉及部分染色体基因的重组；原核微生物的转化、转导，双亲细胞不经接触，仅涉及个别或少数基因的重组；真核微生物的有性杂交、准性生殖，通过双亲细胞的融合，涉及整套染色体基因的重组；原生质体融合，是破壁后的原生质体细胞在一定条件下互相融合，实现遗传物质的重组；DNA 重组技术，是在体外对 DNA 修饰改变后，设法引入受体细胞再实现基因重组。

5.3.1 原核生物的基因重组

原核生物的遗传物质传递的方式有转化、转导、接合和溶原性转变 4 种方式。

5.3.1.1 转化

转化(transformation)是指一个种或品系的生物(受体菌)吸收来自另一个种或品系生物(供体菌)的遗传物质(DNA 片段),通过交换组合把它整合到自己的基因组中去,从而获得了后者某些遗传性状的现象。转化后的受体菌称为转化子,供体菌的 DNA 片段称为转化因子。呈质粒状态的转化因子转化频率最高。能被转化的细菌包括革兰氏阳性细菌和革兰氏阴性细菌,但受体细胞只有在感受态的情况下才能吸收转化因子。

感受态是指细胞能从环境中接受转化因子的生理状态。处于感受态的细菌,其吸收 DNA 的能力比一般细菌强 1 000 倍。例如,通常采用 $CaCl_2$ 处理大肠杆菌细胞来制备感受态细胞。感受态可以产生,也可以消失,它的出现受菌株的遗传特性、生理状态(如菌龄等)、培养环境等的影响。一定的外界因素可以使一般不出现感受态的受体出现感受态。

1. 转化因子的吸附、吸收和整合

转化因子双链 DNA 吸附在受体细胞表面,其中感受态细菌可将其吸收。但转化时只有一条链进入受体细胞,而另一条链被细胞表面的核酸外切酶分解。具体转化过程如下:先从供体菌提取 DNA 片段,接着 DNA 片段与感受态受体菌的细胞表面特定位点结合,在结合位点上,DNA 片段中的一条单链逐步酶解掉,另一条链进入受体细胞,这是一个消耗能量的过程。进入受体细胞的 DNA 单链与受体菌染色体组上同源区段配对,而受体菌染色体组的相应单链片段被切除,并被进入受体细胞的单链 DNA 所取代,随后修复合成,连接成部分杂合双链。然后受体菌染色体进行复制,其中杂合区段被分离成两个,一个含供体菌 DNA 片段,一个含受体菌 DNA 片段。当细胞分裂时,此染色体发生分离,形成一个转化子。常见的转化方式有两种:化学转化和电转化,前者借助于热击(如大肠杆菌,一般为 42℃)来使细胞吸收外源 DNA;而后者则是借助高压在细胞表面形成瞬间的空洞,来介入 DNA。

2. 影响转化效率的因素

受体细胞的状态,决定转化因子能否被吸收;受体细胞的限制酶系统和其他核酸酶,决定转化因子在整合前是否被分解;受体和供体染色体的同源性,决定转化因子的整合。

在原核微生物中,转化是一种比较普遍的现象,除肺炎双球菌外,目前还在嗜血杆菌属、芽孢杆菌属、奈氏杆菌属、葡萄球菌属、假单胞杆菌属、黄单胞杆菌属等以及若干放线菌和蓝细菌中发现具有转化现象。另外,真核微生物如酵母、粗糙链孢霉和黑曲霉中也发现了转化现象。

5.3.1.2 转导

转导(transduction)是以噬菌体为媒介,把一个菌株的遗传物质导入另一个菌株,并使这个菌株获得另一个菌株遗传性状。转导又分为普遍性转导和特异性转导。

1. 普遍性转导

普遍性转导(generalized transduction)是指宿主基因组任意位置的 DNA 成为成熟噬菌体颗粒 DNA 的一部分被带入受体菌。如大肠杆菌 P_1 噬菌体、枯草杆菌 PBS_1 噬菌体、伤寒沙门氏菌 P_{22} 噬菌体等都能进行普遍性转导。普遍性转导的转导频率为 10^{-8}～10^{-5}。能进行普遍转导的噬菌体，含有一个使供体菌株染色体断裂的酶。当噬菌体在供体细胞中复制组装时，正常情况下，是将噬菌体本身的DNA包裹进蛋白衣壳内，但也有异常情况出现，供体染色体DNA片段（通常和噬菌体DNA长度相似）偶然错误地被包进噬菌体外壳，而噬菌体本身的DNA却没有完全包进去，装有供体染色体片段的噬菌体称为转导颗粒。转导颗粒可以感染受体菌株，并把供体DNA注入受体细胞内，与受体细胞的DNA进行基因重组，形成部分二倍体。通过重组，供体基因整合到受体细胞的染色体上，从而使受体细胞获得供体菌的遗传性状，产生变异，形成稳定的转导子，这种转导称为完全转导（图5-15）。在普遍性转导中，更多的情况是转导来的供体染色体DNA不能整合到受体染色体上，也不能复制，但可以表达，这种转导称为流产转导。

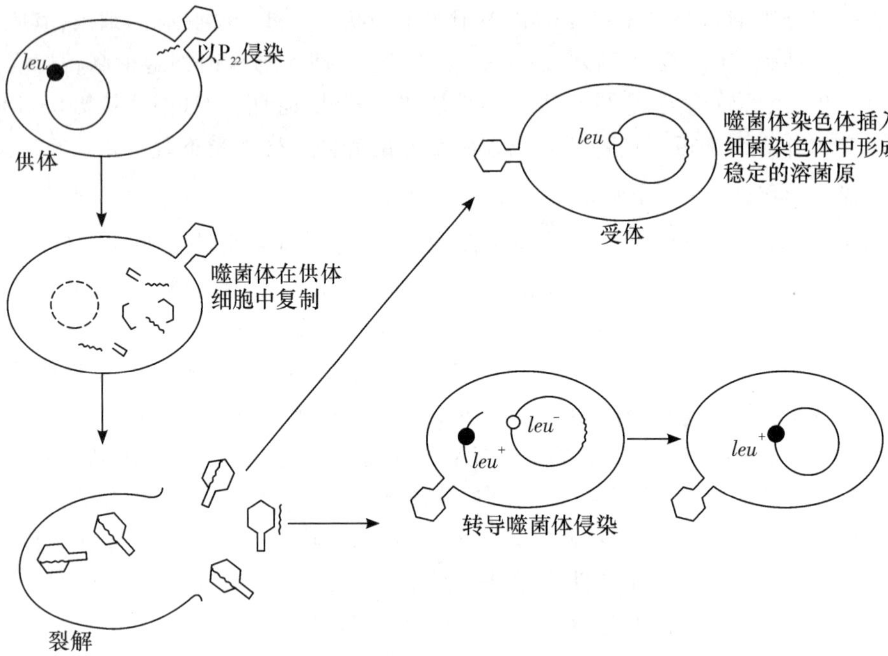

图5-15　沙门氏菌的普遍性转导

2. 特异性转导

特异性转导（specialized transduction）是指噬菌体只能转导供体染色体上某些特定的基因，也称为局限性转导。它的转导频率为10^{-6}。特异性转导是在大肠杆菌K_{12}的温和型噬菌体（λ）中首次发现的，它只能转导大肠杆菌染色体上半乳糖发酵基因（*gal*）和生物素基因（*bio*）。当λ噬菌体侵入大肠杆菌K_{12}后，使其溶原化，λ原噬菌体的核酸被整合到大肠杆菌DNA特定位置上，即*gal*基因和*bio*基因座位的附近。λ噬菌体可以通过整合位置间一次切离，从细菌染色体上脱落下来，偶尔在噬菌体和细菌染色体之间发生不正常交换，诱发产生转导型噬菌体，带有细菌染色体基因*gal*或基因*bio*（图5-16），而噬菌体的部分染色体（大约25%的噬菌体DNA）被留在细菌染色体上，形成带有*gal*基因或*bio*基因的噬菌体。其中带有*gal*基因的转导颗粒称为λd*gal*，d表示缺陷的意思。这种转导颗粒不能独立复制，当它侵染敏感细菌时，不能产生侵染性子代。

λd*gal*转导颗粒导入gal^{-}受体菌后产生两种情况（图5-17），一种是形成稳定的、非溶原

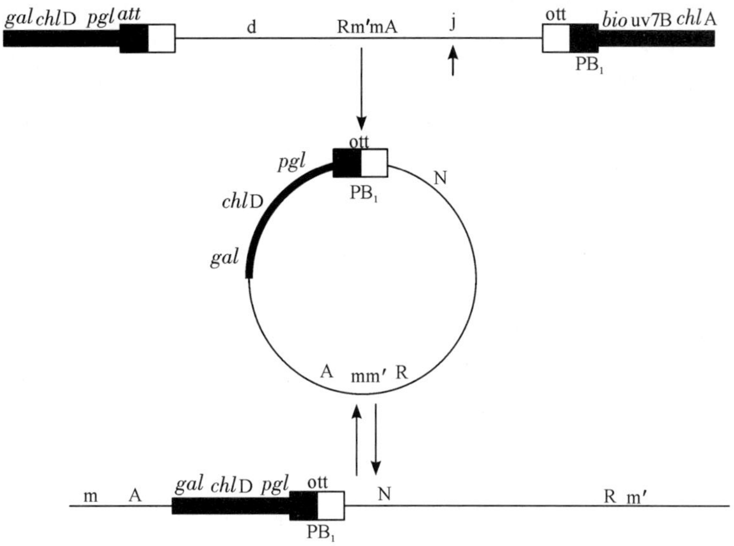

图 5-16　转导噬菌体形成过程

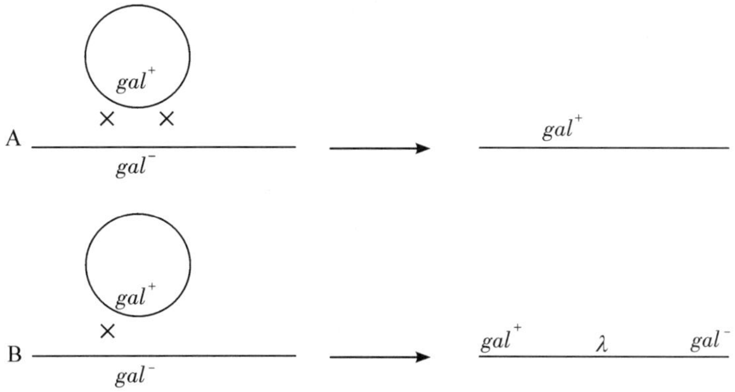

A. 两次交换产生稳定的转导子　B. 一次交换产生不稳定的转导子

图 5-17　λdgal⁺通过 *lac* 基因位置的交换所形成的转导子

性的转导子，约占 1/3，λd*gal* 所带的 gal^+ 基因通过 *lac* 基因位置的两次交换，永远取代 gal^- 基因，得到 gal^+ 转导子；另一种转导子是不稳定的，约占 2/3。它是 λd*gal* 转导颗粒通过 *lac* 基因位置的一次交换，使 gal^+ 基因整合到受体染色体的 gal^- 基因旁，这样受体细胞中除 gal^- 基因外，还有 λd*gal* 噬菌体的 gal^+ 基因，其基因型是 λdgal^+ gal^-，也称杂基因子，其后代都能分离出 gal^- 细菌。

5.3.1.3　接合

接合(conjugation)是通过供体菌和受体菌的直接接触传递遗传物质。接合有时也称杂交，它不仅存在于大肠杆菌中，还存在于其他细菌中，如鼠伤寒沙门氏菌。供体细胞被定义为雄性，受体细胞被定义为雌性。接合过程中转移 DNA 的能力是由接合质粒提供的，又称为致育因子(fertility factor)，或性因子或 F 因子。

在细菌中，接合现象研究最清楚的是大肠杆菌 F 质粒(F 因子)。其遗传组成包括 3 个部分：原点(是转移的起点)、致育基因群、配对区域。F 因子约由 6×10^4 对核苷酸组成，相对分子质量为 5×10^7，约占大肠杆菌总 DNA 含量的 2%。F 因子具有自主地与细菌染色体进行同步复制和转移到其他细胞中去的能力。它既可以脱离染色体在细胞内独立存在，也可以整合到染色体基因组上；它既可以通过接合而获得，也可以通过理化因素的处理而从细胞中消除。

其中，雌性细菌不含 F 因子，称为 F^- 菌株；雄性含有 F 因子，并且在细胞中存在 3 种不同情况。一种是游离在细胞染色体之外，为自主复制的小环状 DNA 分子，这样的细菌称为 F^+ 菌株；另一种状态是 F 因子整合在细菌染色体上，成为细菌染色体的一部分，随同染色体一起复制，这种细菌称为 Hfr 菌株(high frequency of recombination)，即高频重组菌株；还有一种状态是 F 因子能被整合到细胞核 DNA 上，也能从上面脱落下来，呈游离存在，但在脱落时，F 因子有时能带一小段细胞核 DNA，这种含有游离存在的但又带有一小段细胞核 DNA 的 F 因子的细菌称为 F' 菌株。上述 3 种雄性菌株与雌性菌株接合时，将产生 3 种不同的结果：

1. $F^+\times F^-$

当把 F^+ 和 F^- 菌株混合几分钟后，所有 F^+ 细胞与 F^- 细胞便配对完成，同时在细胞间形成一根很细的接合管，使 F 因子通过接合管进入 F^- 细胞，使其转变为 F^+ 菌株。具体过程为：F^+ 菌株的 F 因子的一条 DNA 单链在特定的位置上发生断裂并解螺旋，通过另一条环状单链 DNA 模板的旋转，一方面解开的一条单链通过性纤毛而推入 F^- 菌株中，另一方面，又在供体细胞内，重新组合成一条新的环状单链，以取代解开的单链，此即为滚环模型(rolling circle model)。在 F^- 菌株细胞中，外来的供体 DNA 单链上也合成一条互补的新 DNA 链，F^- 就变成了 F^+ 菌株。在 $F^+\times F^-$ 杂交中，虽然 F 因子以很高的频率传递，但供体遗传标记的传递则是十分稀少的(只有 $10^{-7}\sim10^{-6}$)。

2. $F'\times F^-$

F' 菌株与 F^- 菌株的接合过程同 F^+ 与 F^- 菌株的接合过程，接合后，产生 2 个 F' 菌株。

3. $Hfr\times F^-$

当 Hfr 细菌与 F^- 细菌混合时，两细胞接合配对，接着从 Hfr 细胞把染色体通过接合管定向转移给 F^- 细胞(图 5-18)。

从图 5-18 可知，接合过程一般可分为：①具有插入重组 F 因子(用波状线表示)的 Hfr 细胞跟 F^- 细胞配对，双重圆圈表示构成细菌染色体的双螺旋 DNA；②接合管形成，Hfr 染色体从 F 插入点附近的起始位置 i 开始复制。亲本 DNA 的一条链穿过接合附近的起始位置 i 开始复制，亲本 DNA 的一条链穿过接合管进入受体细胞；③在复制和传递过程中，正在交配的细菌分开，形成一个 F^- 部分合子或部分双倍体细胞，在 F^- 细胞中大概还合成了 DNA 的一条互补链；④F^- 染色体跟从 Hfr 传入的染色体片段发生重组产生

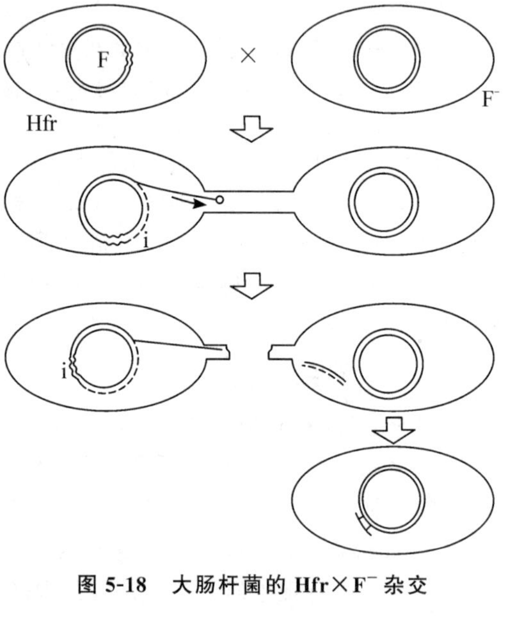

图 5-18 大肠杆菌的 Hfr×F⁻ 杂交

稳定的重组型。

然而，Hfr 菌株与 F^- 菌株接合的情况比较复杂，接合结果也不完全一样。在大多数情况下，受体细菌仍是 F^- 菌株，只有在极少数情况下，由于遗传物质转移完整，受体细胞才能成为 Hfr 菌株。其主要原因是，接合时 Hfr 染色体上的 F 因子位于断裂的线状染色体末端，所以必须在 Hfr 的整条染色体全部转移后，F 因子才能进入 F^- 细胞。而在转移过程中，Hfr 染色体常常发生断裂，因此 Hfr 菌株前端的基因在 F^- 菌株中出现重组的频率较高。而 F 因子进入 F^- 菌株的机会很少，引起性别变化的可能性也非常小。

5.3.1.4　溶原性转变

这是一种与转导相似但又有本质不同的现象。首先是它的温和型噬菌体不携带任何供体菌的基因，其次是这种噬菌体是正常的完整的，而不是异常情况下产生的缺陷型噬菌体。溶原转变的典型例子是不产毒素的白喉棒状杆菌（*Corynebacterium diphtheriae*），菌株被噬菌体侵染而发生溶原化时，会变成产毒素的致病菌株。其他如沙门氏菌、红曲霉、链霉菌等也具有溶原转变的能力。

5.3.2　噬菌体的基因重组

噬菌体原来指细菌病毒，近年来发现真菌、藻类都有噬菌体。病毒属于原核生物，是化学成分最简单的生物，没有一般的细胞结构，染色体和细菌一样并不和蛋白质结合在一起。具有寄生专一性，只能在寄主细胞内繁殖。可以离开寄主细胞而存活，可是不能繁殖。由于病毒的简单的体制和它与寄主细胞的特殊关系，病毒已成为分子遗传学研究中最普遍采用的材料之一。病毒的研究对认识遗传物质的本质有着重要的作用，在遗传工程的研究中它也是一种重要的工具。

噬菌体就它的化学本质来讲，有 RNA 噬菌体、DNA 噬菌体、单链噬菌体、双链噬菌体等；就它和寄主的关系来讲，可以分为烈性噬菌体和温和性噬菌体两大类。

1. 烈性噬菌体基因重组

20 世纪 40 年代，在大肠杆菌 T_2 噬菌体中首次发现了噬菌体的基因重组。T_2 噬菌体有许多突变型，最早发现的有快速溶菌（r）、寄主范围（h）、小型噬菌斑（m）等突变型。h^- 可以感染野生型细菌和抗 T_2 细菌（用 B/2 表示），h^+ 只能感染野生型大肠杆菌 B 品系；r^- 为快速溶菌突变型，能产生大噬菌斑，r^+ 为迟缓溶菌，生成小的噬菌斑。当 h^+r^-（寄主范围正常，但具速溶性状）和 h^-r^+（无速溶性状，但寄主范围扩大）两种噬菌体同时感染大肠杆菌 B 品系，然后把子代噬菌体接种在同时长有大肠杆菌 B 和 B/2 两种菌组成的混合菌平板上，结果出现 4 种不同的噬菌斑（图 5-19）。在 4 种噬菌斑中，透明而小（h^-r^+）和半透明而大（h^+r^-）是亲本组合，半透明而小（h^+r^+）和透明而大（h^-r^-）是重组类型。

2. 温和性噬菌体基因重组

温和性噬菌体跟 F 因子一样，宛如附加的细菌基因群，既能以自主的自我复制颗粒存在，也可以插入细菌染色体与其一起复制。λ 噬菌体是最著名的温和性噬菌体。

当 λ 噬菌体侵染大肠杆菌时，发生两种反应：一种是裂解性反应，和烈性噬菌体侵染敏感细菌所进行的反应相同。在寄主体内，侵染的噬菌体 DNA 立即复制，合成头部和尾部，装配成成熟的噬菌体颗粒，裂解寄主细胞，释放出几百个成熟的噬菌体。另一种是溶原反应。侵染

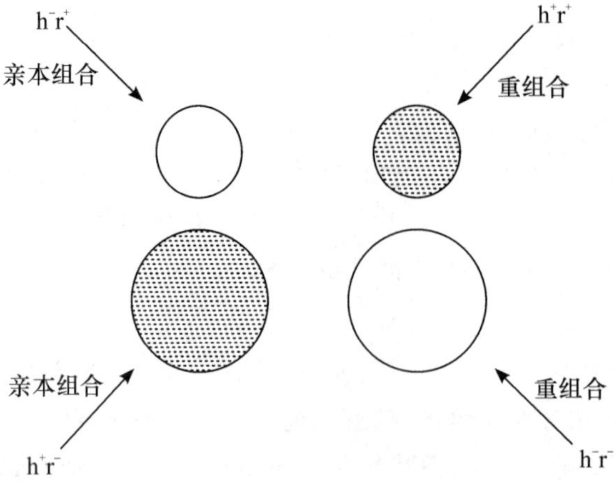

图 5-19 噬菌体 $h^+r^- \times h^-r^+$ 产生的 4 种子裔噬菌体形成的噬菌斑

的噬菌体进入寄主细胞后，其 DNA 可以整合到寄主细胞染色体上，成为细菌染色体的一部分，使细菌溶原化，这种状态的温和噬菌体又称为原噬菌体。受噬菌体和寄主的基因型，以及侵染的环境条件影响，大肠杆菌在 λ 噬菌体侵染后，少部分发生裂解，其余大部分细菌则进入溶原反应。原噬菌体能够自发地诱变成成熟的噬菌体颗粒而裂解寄主细胞，紫外线是一种有效的诱发因素。

5.3.3 真核微生物的基因重组

真核微生物的基因重组方式有有性杂交、准性生殖和无性生殖等。

5.3.3.1 有性杂交

有性杂交是指在微生物的有性繁殖过程中，两个性细胞相互接合，通过质配、核配后形成双倍体的合子，随之合子进行减数分裂，部分染色体可能发生交换而进行随机分配，由此而产生重组染色体及新的遗传型，并把遗传性状按一定的规律性遗传给后代的过程。凡是能产生有性孢子的酵母菌和霉菌，都能进行有性杂交。

有性杂交在生产实践中被广泛用于优良品种的培育。在进行有性杂交时，首先要选择杂交的亲株，不但要考虑到性亲和性，还要考虑其标记，以免在杂种鉴别时引起极大困难；其次，要考虑子囊孢子的形成条件，选用生孢子培养基，营造饥饿条件促进细胞发生减数分裂形成子囊孢子；另外，可以采用群体交配法、孢子杂交法、单倍体细胞交配法等进行有性杂交。例如，用于酒精发酵的酵母菌和用于面包发酵的酵母菌是同属一种酿酒酵母（*Saccharomyces cerevisiae*）的两个不同菌株，由于各自的特点，它们不能互用。而通过两者的杂交，得到了产酒率既高又对麦芽糖及葡萄糖的发酵能力强，产生 CO_2 多，生长快，可以用作面包厂和家用发酵酵母的优良菌种。

5.3.3.2 准性生殖

准性生殖是一种类似于有性生殖但更加原始的一种生殖方式。它可使同一种生物的两个不同来源的体细胞经融合后，不经过减数分裂而导致低频率基因重组，重组体细胞和一般的营养体细胞没有什么不同。准性生殖多见于一般不具典型有性生殖的酵母和霉菌，尤其是半知菌中，为一些没有有性繁殖过程但有重复生产价值的微生物的育种提供了重要的手段，如霉菌中酱油曲霉、黑曲霉等已杂交成功。其主要过程如下：

（1）菌丝连接　发生连接的频率很低，常发生在一些形态上没有区别，但在遗传性状上有差别的两个同种亲本的体细胞（单倍体）间。

（2）形成异核体　当两个遗传性状不同的菌株的菌丝互相接触时，通过菌丝的联结，使原有的两个单倍体核集中到同一个细胞中，形成双倍的异核体。异核体能独立生活。

（3）形成杂合二倍体　异核体的两个不同遗传性状的细胞核融合在一起，产生稳定的杂合二倍体。核融合后产生杂合二倍体的频率也是极低的，如构巢曲霉和米曲霉为 10^{-7} ～ 10^{-5}。

（4）体细胞重组和单倍体化　极少数杂合二倍体细胞核在有丝分裂过程中染色体会发生交换和单倍体化，从而形成极个别的具有新遗传性状的单倍体杂合子。紫外线、γ 射线或氮芥等化学诱变剂会促进染色体断裂、畸变或分配不均，加速重组单倍体杂合子的产生。

5.4　微生物的菌种选育

菌种是微生物发酵工业的基础。在应用微生物生产各类食品时，要挑选出符合需要的菌种，一方面可以根据有关信息向菌种保藏机构、企业或科研单位索取，另一方面可以根据所需菌种的形态、生理、生态和工艺特点，从特定环境中以特定方法分离出新菌株。通常情况下，出发菌种需要根据其遗传特点，改良其生产性能。当菌种性能下降时，还要设法使之复壮。而欲使菌种充分发挥其生产性能，还要有合适工艺条件和设备相配合。

我国的传统发酵食品，如白酒、黄酒、酱油、食醋、豆豉、腐乳、泡菜等，具有悠久历史，目前在我国食品工业中仍然具有重要地位，产值占比约六分之一。在古代，虽然还没有认识到微生物及其作用，但我国人民在长期实践中，发展出了制曲技术，用于谷物酒酿造。制曲实际上是利用当地自然环境、原料和气候条件等对发酵菌种进行选育和富集培养的过程，曲的实质是丝状真菌、酵母、细菌协同共生的微生态稳定的菌群，功能上集糖化和发酵于一体，至今依然在白酒和黄酒的酿造中广泛应用。制曲技术的发明与应用历史可追溯到夏王朝，充分体现了中华民族先民的智慧。

5.4.1　微生物的诱变育种

从自然界分离的菌种，其活力往往较低，性能上不能达到工业生产的要求，需要根据其生理特点进行改良。而从菌种库或其他来源获赠的菌种，也往往需要进一步改造。采用物理和化学因素诱发突变以实现菌种改造，即诱变育种，是国内外提高菌种生产性能的主要手段。当今发酵工业所使用的高产菌株，几乎都是在出发菌种的基础上通过诱变育种而显著提高了生产性能。诱变育种具有简便和快速见效等优点，不仅能提高菌种生产性能，而且能改进产品质量、丰富产品品种和简化生产工艺等。虽然已开发出杂交、转化、转导以及基因工程、原生质体融合等新的育种策略，但诱变育种仍为目前主要的、广泛使用的育种手段。

5.4.1.1　诱变育种的步骤和方法

1. 出发菌株选择

用来进行诱变或基因重组育种处理的起始菌株称为出发菌株，其生理特性直接影响最后的诱变效果，应当挑选对诱变剂敏感性大、变异幅度广、产量高的出发菌株。出发菌株可以选取自然界新分离的野生型菌株，它们对诱变因素敏感，容易发生变异；选取生产中由于自发突变或长期在生产条件下驯化而筛选得到的菌株，它们与野生型菌株比较相像，容易达到较好诱变效果；选取每次诱变处理后性能都有一定提高的菌株，往往多次诱变可能效果叠加。出发菌株还可以同时选取数株，在处理比较后，将更适合的菌株留着继续诱变。

2. 同步培养

在诱变育种中，处理材料一般采用生理状态一致的单倍体、单核细胞，即将细胞培养到呈同步生长状态的菌悬液，这称为同步培养。细菌一般要求培养至对数生长期，此时群体生长状态比较同步，容易变异，重复性较好。如亚硝基胍诱变时作用于复制叉处，生长旺盛的细胞中复制叉点较多，碱基类似物也在此时期比较容易进入 DNA 链中。霉菌处理使用分生孢子，应该将分生孢子在液体培养基中短时间培养，使孢子孵化，处于活化状态，并恰好未形成菌丝体，易于诱变。

3. 单细胞(或单孢子)悬液的制备

这一步的关键是制备一定浓度分散均匀的单细胞或单孢子悬液，为此要进行细胞培养，并收集菌体、过滤或离心、洗涤。菌悬液一般可用生理盐水或缓冲溶液配制，如果是用化学诱变剂处理，因处理时 pH 会变化，必须用缓冲溶液。除此之外，还应注意分散度，可用玻璃珠振荡分散，使分散度达 90%以上，保证菌悬液均匀地接触诱变剂。最后制得的菌悬液，霉菌孢子或酵母菌细胞的浓度为 10^6～10^7 个/mL，放线菌和细菌的浓度为 10^8 个/mL。

4. 诱变处理

诱变剂的作用是使 DNA 或染色体发生改变。诱变剂有两大类：物理诱变剂和化学诱变剂，前者如紫外线、X 射线、γ 射线(如 ^{60}Co 等)、等离子、快中子、α 射线、β 射线、超声波等，后者如碱基类似物、烷化剂、羟胺、吖啶类化合物等。

紫外线是波长短于紫色可见光而又接近紫色光的射线，波长范围为 136～300 nm。紫外线波长范围虽宽，但有效范围仅限于一个小区域，多种微生物最敏感的波长集中在 265 nm 处，对应于功率为 15 W 的紫外灯。紫外线是一种非电离辐射，当物质吸收一定能量紫外线后，某些电子将被提升到较高能量水平，从而引起分子激发而造成突变。不吸收紫外线的物质，能量不发生转移，分子也不会激发，不会产生任何化学变化。DNA 能大量吸收紫外线，紫外线的诱变作用是由于它引起 DNA 分子结构变化而造成的。这种变化包括 DNA 链断裂、DNA 分子内和分子间交联、核酸与蛋白质交联、嘧啶水合物和嘧啶二聚体产生等，特别是嘧啶二聚体产生对于 DNA 变化起主要作用。紫外线由于不需要特殊贵重设备，只要普通灭菌紫外灯管即能做到，而且诱变效果也很显著，因此被广泛应用于工业育种。

紫外诱变的方法：将 10 mL 菌悬液放在直径为 9 cm 的培养皿中，液层厚度约为 2 mm，启动磁力搅拌器，使用 15 W 功率紫外灯管，照射距离为 30 cm 左右，照射时间以几秒至数分钟为宜，产芽孢的菌株需处理 10 min 左右。照射前紫外灯应先预热 20～30 min。不同微生物对于紫外线敏感程度不一样，因此诱变所需要的剂量也不同。在紫外灯功率、照射距离已定的情况下，决定照射剂量的只有照射时间。可以根据不同照射时间所导致的死亡率，做出照射时间与死亡率相关联的曲线，以选择适当照射剂量。一般以照射后微生物的致死率在 90%～99.9% 的剂量为最佳照射剂量，也有倾向于采用杀菌率 70%～75%甚至更低(30%～70%)的剂量。

实验时，为了避免光复活现象，处理过程应在暗室的红光下操作，处理完毕后，将盛菌悬液的器皿用黑布包起来培养，然后再进行分离筛选。

$^{60}Co\gamma$ 射线是一种高能电磁波，其诱发的突变率和射线剂量直接有关，而与时间长短无关。它能产生电离作用，直接和间接改变 DNA 结构。直接效应是导致碱基化学键、脱氧核糖化学键、糖-磷酸化学键的断裂。间接效应是电离辐射使水和有机分子产生自由基，自由基作用于 DNA 分子，特别是对嘧啶的作用更强，引起缺失和损伤，造成基因突变，还能引起染色体断裂，引起倒位、缺失和易位等畸变。不同微生物对 ^{60}Co 的辐射敏感程度差异很大，可以相差几倍，引起最高变异的剂量也随菌种而有所不同。一般照射时多采用菌悬液，也可用长了菌落的平皿直接照射。照射剂量为 4 万～10 万 R(伦琴)，或者采用能使微生物产生 90%～99%死亡率的剂量。电离辐射是造成染色体巨大损伤的最好诱变剂，它能造成不可回复的缺失突变，但可能影响邻近基因的性能。

离子束因具质量、能量双重诱变效应的特征而不同于传统电磁辐射，其注入引发的生物效应机制相当复杂，既有能量沉积、动量传递，又有粒子注入和电荷交换，可导致细胞表面被刻蚀，引起细胞膜透性和膜电场改变，产生较高突变率。注入离子的不同电荷数、质量数、能量、剂量组合可提供多样化的诱变条件，所以变异幅度大，突变率高，突变谱广，而且遗传性能比较稳定，回复突变率低。

化学诱变剂根据其对 DNA 的作用机制，可以分为三大类：第一类是烷化剂，它与一个或多个核酸碱基起化学变化，引起 DNA 复制时碱基配对转换而发生变异，例如硫酸二乙酯、亚硝酸、甲基磺酸乙酯、N-甲基-N′-亚硝基胍、亚硝基甲基等。第二类是一些碱基类似物，它们通过代谢作用渗入 DNA 分子中而引起变异，例如 5-溴尿嘧啶、5-氨基尿嘌呤、2-氨基嘌呤、8-氮鸟嘌呤等。第三类是吖啶类，它造成 DNA 分子增加或减少 1 或 2 个碱基，引起碱基突变点以下全部遗传密码在转录和翻译时产生错误。

决定化学诱变剂剂量的因素主要有诱变剂浓度、作用温度和作用时间。一种化学诱变剂处理浓度对不同微生物有一个大致范围，通常是将处理浓度、处理温度确定后，测定不同处理时间所导致的致死率，确定适宜诱变剂量。在处理到预定时间后，通过稀释、解毒剂或改变 pH 等终止反应。

一定范围内，变异频率往往随剂量增高而增高。根据对紫外线、X 射线及乙烯亚胺等诱变剂诱变效应的研究，发现正突变较多出现在较低剂量中，而负突变则较多出现在高剂量中，但高剂量造成损伤大、回复突变少。目前倾向于采用较低剂量、较长时间处理进行诱变育种，尽管致死率较高，但诱变效果较好。

在诱变育种时，有时采用多种诱变剂复合处理，例如两种或多种诱变剂先后使用，同一种诱变剂重复使用，两种或多种诱变剂同时使用。诱变剂复合处理常呈现一定协同效应，使用不同作用机制诱变剂进行复合处理，可能会取得更好诱变效果。

5. 中间培养

刚经诱变剂处理过的菌株有一个表现迟滞的过程，即生理延迟，需 3 代以上繁殖才能将突变性状表现出来。应让变异处理后的细胞在液体培养基中培养数小时。若不经液体培养基的中间培养而直接在平皿上分离，就会出现变异和不变异细胞同时存在于一个菌落内的可能，形成混杂菌落，造成筛选结果不稳定和将来菌株退化。

6. 分离和筛选

经过中间培养分离出大量较纯的单菌落,从中筛选出性能良好的正突变菌株是育种成功的关键。筛选手段包括利用形态突变直接淘汰低产变异菌株,或利用平皿反应直接挑取高产变异菌株等。平皿反应是指变异菌落产生的代谢产物与培养基内指示物在培养基平板上作用后表现出一定生理效应,如变色圈、透明圈、生长圈、抑菌圈等,作为筛选标志,效应大小表示变异菌株性能改变程度的高低。

5.4.1.2 营养缺陷型突变体的筛选及应用

在诱变育种工作中,营养缺陷型突变体的筛选及应用有着十分重要的意义。营养缺陷型菌株是指通过诱变而丧失或部分丧失合成某些物质(如氨基酸、维生素、嘌呤和嘧啶碱基等)的能力,必须在其基本培养基中加入相应缺陷的营养物质才能正常生长繁殖的变异菌株。其变异前的菌株称为野生菌株。凡是能满足野生菌株正常生长的最低成分的合成培养基,称为基本培养基(MM)。在基本培养基中加入一些富含氨基酸、维生素及含氮碱基类的天然有机物质,如蛋白质、酵母膏等,能满足各种营养缺陷型菌株生长繁殖的培养基,称为完全培养基(CM)。在基本培养基中只是有针对性地加入某一种或某几种自身不能合成的有机营养成分,以满足相应的营养缺陷型菌株生长的培养基,称为补充培养基(SM)。

营养缺陷型菌株的筛选一般要经过诱变、淘汰野生型菌株、检出缺陷型和确定生长谱 4 个环节。

诱变处理如前所述。在诱变处理后的存活个体中,营养缺陷型比例通常只有千分之几至百分之几,采用抗生素法或菌丝过滤法,可以淘汰为数众多的野生型菌株,浓缩营养缺陷型。抗生素法:将诱变处理液在 MM 中短时培养,野生型生长,处于活化阶段,而缺陷型无法生长,处于休眠状态,这时加入抗生素(细菌用青霉素,酵母用制霉菌素),结果活化状态的野生型被杀死,缺陷型保存浓缩。菌丝过滤法:只适用于丝状真菌,在基本培养基中,野生型孢子能发芽成菌丝,而营养缺陷型则不能,将诱变处理后的孢子在基本培养基中培养一段时间后再进行过滤,如此重复数次就可以除去大部分野生型菌株,达到浓缩保存营养缺陷型菌株的目的。

营养缺陷型菌株的检出方法很多,影印法是其中典型的一种。影印法是将诱变处理后的细胞涂布在完全培养基表面上,经培养后长出菌落,然后用圆柱形木块覆盖于灭过菌的丝绒布上作为接种工具,将长出菌落的平皿转接到另一基本培养基平板上,比较这两个平皿长出的菌落。如果发现前一平板上某一部位长有菌落,而在后一培养基上的相应部位却没有,就说明这是一个营养缺陷型菌落。

缺陷型菌株经验证确定后,还需确定其缺陷的因子,即确定生长谱,是氨基酸缺陷型,还是维生素缺陷型,或是嘌呤、嘧啶缺陷型。生长谱确定可以用两种方法:将缺陷型菌株培养后,收集菌体,洗涤培养基,制备成细胞悬液,与 MM 培养基(熔化并晾至 50℃)混合并倾注平皿,待凝固后,分别在平皿的 5～6 个区间放上不同营养组合的混合物或吸饱此组织营养物的滤纸圆片,培养后在相应组合区长出者,即可确定其营养缺陷;以不同组合的营养混合物与熔化晾至 50℃的 MM 培养基铺成平皿,在这些平皿上划线接种各个缺陷型菌株于相应位置,培养后根据在相应组合长出情况可推知其营养缺陷。

营养缺陷型菌株不论在科学实验中还是在生产实践中都有广泛用途。营养缺陷型菌株可作为研究转化、转导、接合等遗传规律的标记菌种和微生物杂交育种的标记。由于微生物经杂交育种后形成的杂种在形态上往往与亲本难以区别，选择不同的营养缺陷型进行标记，通过测定后代营养特性可以判断杂交属性。利用营养缺陷型菌株解析微生物代谢途径，并通过有意识地控制代谢途径，实现目的代谢产物高产，从而成为发酵生产氨基酸、核苷酸和各种维生素等的生产菌种，例如利用丝氨酸营养缺陷型菌株可以高产赖氨酸，利用腺苷酸营养缺陷型菌株可高产肌苷酸。

5.4.1.3　抗结构类似物突变体的筛选及应用

除营养缺陷型突变体外，筛选抗结构类似物突变体对于消减反馈效应、提高产物生产量也具有重要作用。

将诱变处理的野生型菌株涂布在含有末端代谢产物的结构类似物的琼脂平板上，培养一段时间之后大多数细胞被杀死，而那些形成了抗性突变的菌株则形成了菌落，从而得到不受末端代谢产物调节作用的突变株。

机制如图 5-20 所示：细胞中过量代谢产物(例如氨基酸 A)会抑制和阻遏参与其生物合成途径的酶。氨基酸 A 可用于蛋白质合成，氨基酸类似物 A＊(又称抗代谢物)具有与氨基酸 A 一样的调节作用，但不能用于合成蛋白质。经诱变处理的野生型在含有氨基酸类似物 A＊的培养基中培养时，因为绝大多数细胞不能合成氨基酸 A 而死亡，只有那些对类似物 A＊不敏感的抗性突变菌株能合成氨基酸 A，方能形成菌落。在这些突变菌株中，有些可能是由于参与氨基酸合成的酶结构起了变化，对类似物 A＊不敏感(抗反馈抑制的突变株)，另一些可能是编码参与氨基酸 A 合成酶的操纵子控制基因发生了突变，编码出没有活性的调节蛋白而对类似物 A＊不敏感(抗反馈阻遏的突变株)。由于这些菌株对氨基酸 A 的合成失去控制，从而能过量生产氨基酸 A。如筛选能抗苏氨酸的结构类似物 α-氨基-β-羟基戊酸的黄色短杆菌的突变株，获得苏氨酸过量合成型菌株。以产赖氨酸菌株为例，抗赖氨酸结构类似物(AEC，即 S-(β-氨基乙基)-*L*-半胱氨酸)的变异株能大量积累赖氨酸，甚至比单纯的营养缺陷型突变株积累的赖氨酸更多。

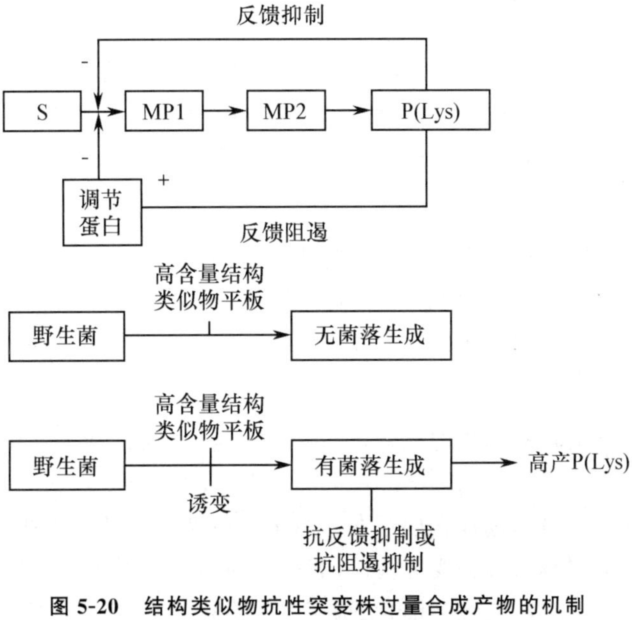

图 5-20　结构类似物抗性突变株过量合成产物的机制

此法可过量合成氨基酸、嘌呤、嘧啶和维生素。

5.4.2 微生物的杂交育种

杂交育种是指将两个基因型不同的菌株经细胞互相连接、细胞核融合、细胞核减数分裂，遗传性状会出现分离和重新组合的现象，产生具有各种新性状的重组体，然后经分离和筛选，获得符合要求的生产菌株。尽管一些优良菌种的选育主要采用诱变育种，但是菌株使用诱变剂处理后，其生活能力往往会逐渐下降，如生长周期延长、孢子量减少、代谢减慢、产量增加缓慢、诱变因素对产量基因影响的有效性降低等。因此，常采用杂交育种继续优化菌株。诱变育种可以在不明了出发菌株遗传背景的情况下广泛应用，是一种典型的非理性设计育种。而杂交育种是微生物菌种选育的另一重要途径，由于选用已知性状的供体和受体菌株作为亲本，故在理性设计角度上比之诱变育种更具方向性和自觉性。

1.细菌的杂交育种

细菌杂交行为于 1946 年首次在大肠杆菌 K-12 菌株中发现并证实。首先在大肠杆菌 K-12 菌株中诱发一个营养缺陷型(A^-)、不能发酵乳糖(Lac^-)和抗链霉素(SM^r)以及对噬菌体 T_1 敏感的突变体，写成 $A^- B^+ Lac^- SM^r T_1^s$；另一菌株诱发成营养缺陷型(B^-)、能发酵乳糖(Lac^+)、对链霉菌敏感(SM^s)和抗噬菌体 T_1 的突变体 $A^+ B^- Lac^+ SM^s T_1^r$。这两个菌株各自都不能在基本培养基上生长，如果把大约 10^5/mL 浓度的上述两种菌株混合在一起，并接种在基本培养基上，则能长出少数菌落。如果把上述两种菌株分别接种到一个特制的 U 形管的两端去培养，中间用一片可以使培养液流通但不能使细菌通过的烧结玻璃隔开，在基本培养基上就不会出现菌落。这说明细胞接触是导致基因重组的必要条件，即细菌通过接合完成了杂交行为。在鼠伤寒沙门氏菌、绿脓杆菌、肺炎克雷伯菌、霍乱弧菌等许多细菌中也发现了接合现象，但未在革兰氏阳性菌中发现接合现象。细菌杂交还可以通过 F 因子转移、转化和转导等发生基因重组。

2.放线菌的杂交育种

放线菌基因重组于 1955 年首先在天蓝链霉菌中发现，以后在其他科、属、种中相继发现。现在常用的放线菌杂交方法主要有 3 种，即混合培养法、平板杂交法和玻璃纸转移法。在金霉素、土霉素、新生霉素等抗生素产生菌的杂交育种方面都有过成功报道。

3.酵母的杂交育种

杂交育种运用了酵母的单双倍生活周期，将不同基因型和相对交配型的单倍体细胞经诱导杂交而形成二倍体细胞，经筛选便可获得新的遗传性状。酵母的杂交方法有孢子杂交法、群体交配法、单倍体细胞杂交法和罕见交配法。就啤酒酵母而言，运用罕见交配法更易获得结果。

4.霉菌的杂交育种

霉菌杂交育种主要通过体细胞的核融合和基因重组，即通过准性生殖过程而不是通过性细胞融合。

霉菌杂交育种步骤：第一，选择直接亲本。用来进行杂交的两个野生型菌株叫原始亲本。原始亲本经过诱变以后得到各种突变型菌株，假设这种菌株是用来作为形成异核体的亲本，就叫直接亲本。作为直接亲本的遗传标记有多种，如营养突变型、抗药突变型、形态突变型等，目前应用普遍的是营养缺陷型菌株。第二,异核体形成。在基本培养基上,强迫两株营养缺陷型互补营养,则这两个菌株经过菌丝细胞间的吻合形成异核体。由直接亲本形成异核体的方法有完全培养基液体混合培养法、完全培养基斜面混合培养法、液体有限培养基混合培养法、有限培养基平板异核丛形成法、基本培养基斜面衔接接种法、基本培养基平板穿刺法等。第三,双倍体检出。检出双倍体的方法有很多种,如用放大镜观察异核体菌落表面,如果发现有野生型颜色的斑点和扇面,即可用接种针将其孢子挑出,进行分离纯化,即得杂合双倍体。或者将大量异核体孢子分离于基本培养基平板上,从中长出野生型原养性菌落,将其挑出分离纯化,即得杂合双倍体。第四,分离子检出。可以用选择性培养基筛选分离子,也可以将杂合双倍体单孢子分离于完全培养基平板上,培养至菌落成熟,检查大量双倍体菌落,在一些菌落上有突变颜色(隐性标记)的斑点或扇面出现,从每个菌落接出一个斑点或扇面的孢子于完全培养基斜面上,培养后经过纯化和鉴别即得分离子。

5.4.3　原生质体育种

原生质体育种技术主要有原生质体融合、原生质体转化、原生质体诱变等。原生质体融合育种是基因重组的一种重要方法。

细胞壁是微生物细胞之间进行物质交换的主要障碍之一,将细胞壁去除后在高渗条件下形成类似球形的原生质体,加入融合促进剂聚乙二醇(PEG)和 Ca^{2+},可促进原生质体融合。微生物原生质体间的杂交频率明显高于常规杂交。霉菌与放线菌达 $10^{-2} \sim 10^{-1}$,细菌与酵母达 $10^{-6} \sim 10^{-5}$。原生质体融合受接合型或致育型的限制较小,二亲株中任何一株都可能起受体或供体的作用,因此有利于不同种属间微生物的杂交,例如丝状真菌种间的曲霉属和青霉属原生质体融合,热带假丝酵母×饰针复膜孢酵母、酿酒酵母×彭贝裂殖酵母的属间原生质体融合。原生质体融合是二亲株的细胞质和细胞核合二为一的过程,遗传物质的交换更为完整,提高菌株产量的潜力更大。原生质体融合还可以是 2 株以上亲株同时参与融合,有研究表明,2 亲株融合频率为 2.8×10^{-2},3 亲株融合频率为 4×10^{-4},4 亲株融合频率为 4.9×10^{-7}。

原生质体融合育种的步骤:标记菌株的筛选和稳定性验证,原生质体制备,等量原生质体加聚乙二醇促进融合,涂布于再生培养基上再生出菌落,选择性培养基上划线生长、分离验证,挑取融合子进一步试验保藏,生产性能筛选。

前面已经提到转化在工业微生物遗传改良及基因工程中占有十分重要的地位。曾经认为转化的必备条件之一是感受态的存在,经过人工诱导法可使一些微生物获得感受态,枯草芽孢杆菌、大肠杆菌等的感受态制备已广泛应用。但在链霉菌及真菌中,人工诱导感受态实现细胞转化的成功例子很少。原生质体技术出现后不久,有研究发现,当有 PEG 存在时,质粒 DNA 可以很高频率地转化链霉菌原生质体,从而彻底摆脱了转化依赖感受态的限制。在真菌中已成功进行原生质体转化的菌株有酿酒酵母、构巢曲霉、黑曲霉、米曲霉等。

5.4.4　基因工程技术用于工业菌种改良

基因工程是将含目的基因的 DNA 片段经体外操作与载体连接,转入一个受体细胞并使之扩增、表达的过程,受体细胞将因此而获得新的属性,是一种具有高度目的性和方向性的育种技术。

(1)目的基因的获得　从生物细胞中提取、纯化染色体 DNA 并经适当的限制性内切酶部分酶切；由 mRNA 在体外反转录合成 cDNA；化学合成，主要用于结构简单、核苷酸顺序清楚的基因；从基因库中筛选、扩增获得。

（2）重组载体构建与工程菌获取　基因工程中所用的载体系统主要有细菌质粒、黏性质粒、酵母菌质粒、λ 噬菌体、动物病毒等。载体能在体外经限制酶及 DNA 连接酶的作用与目的基因连接成重组载体（其中包含目的基因表达框），经转化进入受体细胞大量复制和表达。包含了重组载体并有效表达目的基因的受体菌即为工程菌。

二维码 5-3　基因工程菌

5.4.5　基因组水平上的微生物育种

微生物细胞代谢网络既显示出刚性（rigidity）又显示出柔性（plasticity），处于严格控制之中。刚性表现为牵一发而动全身，在许多情形下，针对特定基因的突变并不能获得理想表型。而柔性表现为对整个代谢网络中处于不同位置但又相关的途径进行协同突变后，会表现出新的代谢属性。因此，在进行微生物育种时，对目标基因改造进行理性设计经常不能获得预期表型，特别是在对代谢产物的合成路径不完全明了的情况下。

还需要指出的是，虽然随机突变能够产生突变位点数量足够大的突变库，但在突变库中，各突变位点往往分散独立于单个细胞中，互相之间无法优化组合，而且大多不产生可见表型，从而使得绝大多数突变隐没于突变库中而不能得到筛选。

基因组重排（genome shuffling）是 21 世纪初兴起、在随机突变的基础上发展起来的新型诱变育种技术。它是诱变技术与细胞融合技术的组合，即在通过随机突变产生突变位点数量足够大的突变库的基础上，进一步通过细胞融合使各突变位点优化组合，从而使突变指数级上升，特别是增加大量表型可见突变。图 5-21 是传统诱变育种（左）同诱变与细胞融合组合所发展起来的基因组重排技术（右）的对比，后者将不同子代的正向突变组合到 1 个优势后代中，选育效率明显高于前者。

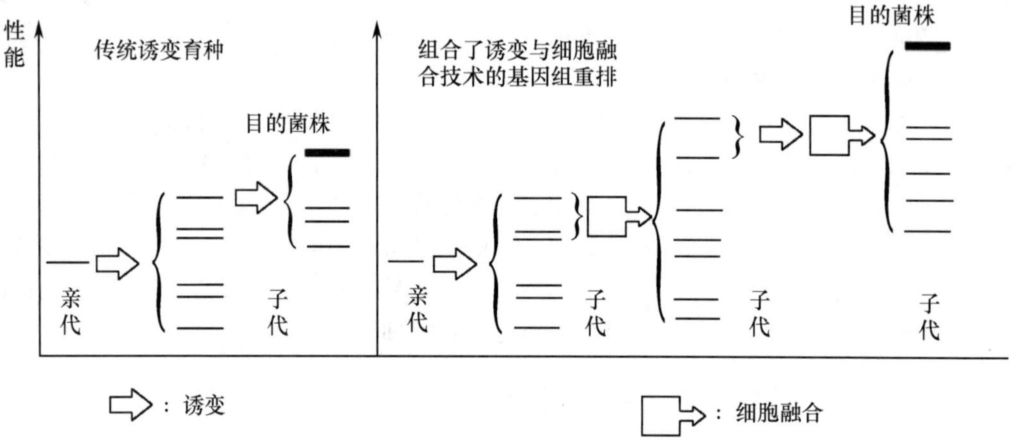

图 5-21　传统诱变育种（左）同诱变与细胞融合组合所发展起来的基因组重排技术（右）

基因组重排策略的具体做法是：首先以传统诱变方法获得一个突变库，筛选出若干个正向突变库作为出发株，然后通过多轮递推原生质体融合的方式使众多基因随机重组，实现基因组重排，最终从突变库中筛选出性状被提升的目的菌株。

基因组重排不仅为利用微生物代谢网络的柔性进行多点协同突变的菌种选育提供了技术支撑，也为进行微生物代谢组学分析提供了有效手段。经过基因组重排而代谢优化的目的菌，其遗传背景来源于出发菌，故通过比对目的菌与出发菌的蛋白表达谱差异，辅以代谢流和代谢控制分析技术，即可解析导致代谢优化的关键酶及有关途径的调控机制。Luo 等(2012)通过基因组重排使 *Streptomyces gilvosporeus* ATCC 13326 的游霉素(natamycin)产率明显升高，*Streptomyces gilvosporeus* ATCC 13326 的蛋白表达谱发生明显改变，34 种蛋白表达上升而 20 种蛋白表达下降，提示与游霉素合成有关的牵涉广泛的代谢网络得到优化；Zhang 等(2010)通过基因组重排，使 *Propionibacterium shermanii* 产维生素 B_{12} 大幅度提高，重排后菌株 38 种蛋白表达发生改变，其中 22 种蛋白表达上升而 16 种蛋白表达下降，在表达上升的 22 种蛋白中，有 6 种是维生素 B_{12} 合成途径中的酶，提示与维生素 B_{12} 合成有关的牵涉广泛的代谢网络得到优化。代谢组学的解析可阐明复杂合成途径所涉及的基因，并进一步为理性设计的微生物育种提供依据。

5.5　微生物菌种保藏及复壮

5.5.1　微生物菌种保藏

获得优良微生物菌种后，采用合适保藏技术，使菌种经长期保藏后不但存活健在，而且不改变表型和基因型，对于菌种在生产上的应用极为重要。

菌种保藏原理基本一致，即挑选优良纯种，最好是它们的休眠体，采用低温、干燥、缺氧、缺乏营养、添加保护剂或酸度中和剂等方法，使菌种存活在代谢不活泼、生长受抑制的环境中。

值得注意的是，除了以下将要介绍的采用现代微生物学理论与技术开发的菌种保藏手段之外，在民间还存在着一些基于长期积累的经验，对自然发酵的微生物菌株群进行保藏和传代的手段以及相应的发酵产品，例如发酵老酸奶的“开菲尔”粒，发酵馒头的“酸面团”，用籼米粉和辣蓼草制作、用于绍兴酒传统工艺发酵的“酒药”等。这些长期传承、体现民间智慧的技术手段，从菌群协同共生角度看，体现了复杂发酵体系中的微生态平衡，很值得深入研究与开发。

5.5.1.1　斜面传代保藏

斜面传代保藏是将菌种定期在新鲜琼脂斜面培养基上、液体培养基中培养或穿刺培养，然后在低温条件下保存。它可用于实验室中各类微生物保藏，简单易行，且不要求任何特殊设备。但此法易发生培养基干枯、菌体自溶、基因突变、菌种退化、菌株污染等不良现象。因此，最好在基本培养基上传代，目的是能淘汰突变株，同时转接菌量应保持较低水平。斜面培养物应在密闭容器中于 5℃保藏，以防止培养基脱水并降低代谢活性。此方法一般保存时间为 3～6 个月，不适宜用作工业菌种的长期保藏。细菌斜面在 4～6℃冰箱中保存，每 1 个月传代 1 次。放线菌于 4～6℃保存，每 3 个月移接 1 次。酵母菌于 4～6℃保存，每 4～6 个月移接 1 次。霉菌于 4～6℃保存，每 6 个月移接 1 次。

5.5.1.2　矿物油中浸没保藏

此方法简便有效，是将琼脂斜面或液体培养物或穿刺培养物浸入矿物油中，于室温下或冰箱中保藏，可用于丝状真菌、酵母、细菌和放线菌保藏，特别对难以冷冻干燥的丝状真菌和难以在固体培养基上形成孢子的担子菌等的保藏更为有效。操作要点是首先让待保藏菌种在适宜培养基上生长，然后注入经160℃干热灭菌1～2 h或湿热灭菌后120℃烘去水分的矿物油，矿物油用量以高出培养物1 cm为宜，并以橡皮塞代替棉塞封口，这样可使菌种保藏时间延长至1～2年。以液体石蜡保藏时，应对需保藏的菌株预先做试验，因为某些菌株如酵母、霉菌、细菌等能利用石蜡为碳源，还有些菌株对液体石蜡保藏敏感。保藏菌株一定时间内应做存活试验。

5.5.1.3 干燥-载体保藏

此法适用于产孢子或芽孢微生物的保藏。将菌种接种于适当载体上，如河沙、土壤、硅胶、滤纸及麸皮等以保藏菌种。以沙土保藏用得较多，将河沙经24目过筛后用10%～20%盐酸浸泡3～4 h，除去其中所含有机物，用水漂洗至中性，烘干，然后装入高度约1 cm的河沙于小试管中，121℃间歇灭菌3次，用无菌吸管将孢子悬液滴入沙粒小管中，真空干燥8 h，于常温或低温下保藏均可，保存期为1～10年。土壤法以土壤代替沙粒，不需酸洗，经风干、粉碎，然后同法过筛、灭菌即可。一般细菌芽孢常用沙管保藏，霉菌孢子多用麸皮管保藏。

5.5.1.4 冷冻保藏

冷冻保藏是指将菌种于－20℃以下温度保藏。冷冻使微生物代谢活动停止，冷冻温度愈低，效果愈好。为使保藏结果更加令人满意，通常在培养物中加入冷冻保护剂，还要掌握好冷冻速度和解冻速度。冷冻保藏的缺点是培养物运输较困难。

1.普通冷冻保藏技术

将液体培养物或从琼脂斜面培养物收获的菌种培养在小试管或培养瓶斜面上生长适度，将试管或瓶口用橡胶塞严格封好，于低温冰箱(－30～－20℃，－80～－50℃)中保存，或于－20～－4℃普通冰箱中保存，可以维持若干微生物的活力1～2年。应注意的是，经过1次解冻的菌株培养物不宜再用来保藏。这一方法虽简便易行，但不适宜多数微生物的长期保藏。

2.超低温冷冻保藏技术

要求长期保藏的微生物菌种，一般都应在－60℃以下超低温冷藏柜中保藏。超低温冷冻保藏的一般方法是：先离心收获对数生长中期至后期的微生物细胞，再用新鲜培养基重新悬浮所收获的细胞，然后加入等体积的20%甘油或10%二甲亚砜冷冻保护剂，混匀后分装入冷冻指管或安瓿瓶中，于－70℃超低温冰箱中保藏。超低温冰箱的冷冻速度一般控制在1～2℃/min。若干细菌和真菌菌种可用此保藏方法保藏5年而活力不受影响。

3.液氮冷冻保藏技术

大量有特殊意义和特征的高等动、植物细胞能够在液氮中长期保藏，存活率远比其他保藏方法高且回复突变的发生率极低。液氮保藏已成为工业微生物菌种保藏的最好方法。保藏时，先制备冷冻保藏菌种的细胞悬液，分装0.5～1 mL入玻璃安瓿瓶或液氮冷藏专用塑料瓶，玻璃安瓿瓶用酒精喷灯封口。然后以1.2℃/min的制冷速度降温，直到细胞冻结点(通常为－30℃)。待细胞冻结后，将制冷速度降为1℃/min，直到温度达到－50℃，将安瓿瓶迅速移入液氮罐中于液相(－196℃)或气相(－156℃)中保存。

如果无控速冷冻机，可用如下方法代替：将安瓿或液氮瓶置于－70℃冰箱中冷冻4 h，然后迅速移入液氮罐中保存。在液氮冷冻保藏中，常用的冷冻保护剂是二甲亚砜和甘油，最终使用浓度一般为甘油10%、二甲亚砜5%。甘油一般高压蒸汽灭菌，二甲亚砜最好过滤灭菌。

5.5.1.5　真空冻干保藏

先将菌种培养到最大稳定期，一般培养放线菌和丝状真菌需7～10 d，培养细菌需24～28 h，培养酵母需3 d。然后混悬于含有保护剂的溶液中，保护剂常选用脱脂乳、蔗糖、动物血清、谷氨酸钠等，菌液浓度为10^9个/mL以上，取0.1～0.2 mL菌悬液置于安瓿管中冷冻，再于减压条件下使冻结的细胞悬液中的水分升华至1%～5%，使培养物干燥。最后将管口熔封，保存在常温下或冰箱中。大部分菌种可以在冻干状态下保藏10年之久而不丧失活力，而且经冻干后的菌株无须冷冻保藏，便于运输。

5.5.1.6　基因工程菌保藏

对于基因工程宿主细胞而言，质粒基因通常为生长非必需，故所携带外源DNA片段在遗传上不太稳定，其外源质粒复制子很容易丢失，且丢失后生长速度会加快。而由质粒编码的抗生素抗性在富集重组质粒的细胞群体时极为有用。当培养基中加入抗生素时，抗生素提供了有利于携带重组质粒的细胞群体的选择压力。而且在运用基因工程菌进行发酵时，抗生素的加入可帮助维持质粒复制与染色体复制的协调。由此看来，基因工程菌最好应保藏在含低浓度选择剂的培养基中。

5.5.1.7　菌种保藏机构

1979年7月，我国成立了中国微生物菌种保藏管理委员会(CCCCM)，委托中国科学院负责全国菌种保藏管理业务。国际上许多国家也都设立了菌种保藏机构，例如：美国标准菌种保藏中心(ATCC)，美国农业部北方开发利用研究实验室(NRRL)，美国冷泉港研究室(CSH)，美国国立卫生研究院(NIH)，世界卫生组织(WHO)，英国国家典型菌种保藏所(NCTC)，英联邦真菌研究所(CMI)，法国里昂巴斯德研究所(IPL)，德国科赫研究所(RKI)，日本大阪发酵研究所(IFO)，东京大学应用微生物研究所(IAM)，荷兰真菌中心收藏所(CBS)。中国微生物菌种保藏管理委员会(CCCCM)下设普通、农业、工业、医学、抗生素和兽医、林业7个菌种保藏管理中心。

①中国普通微生物菌种保藏中心CGMCC(归口中国科学院)：中国科学院微生物研究所(AS)，真菌，细菌；中国科学院武汉病毒研究所(AS-IV)，病毒。

②中国农业微生物菌种保藏中心ACCC(归口中国农业科学院)：中国农业科学院农业资源与农业区划研究所(ISF)。

③中国工业微生物菌种保藏中心CICC(归口轻工业总会)：中国食品发酵工业研究所(IFFI)。

④中国医学微生物菌种保藏中心CMCC(归口国家卫健委)：中国医学科学院皮肤病研究所，南京(ID)，真菌；中国药品生物制品检定所，北京(NICPBP)，细菌；中国疾病预防控制中心病毒预防控制所，北京(IV)，病毒。

⑤中国抗生素微生物菌种保藏中心CACC(归口国家食品药品监督管理总局)：中国医学科学院医药抗生素研究所，北京(IV)；成都大学抗菌素工业研究所，成都(SIA)；华北制药集团抗生素研究所，石家庄(IANP)。

⑥中国兽医微生物菌种保藏中心CVCC(归口农业农村部)：中国兽医药品监察研究所，北

京(CIVDC)。

⑦中国林业微生物菌种保藏管理中心 CFCC(归口中国林业科学院):中国林业科学院林业研究所,北京(RIF)。

5.5.2 菌种的退化与复壮

5.5.2.1 菌种的退化现象

随着菌种保藏时间延长或菌种多次转接传代,菌种本身所具有的优良遗传性状可能得到延续,也可能发生负变即菌株生产性状劣化或某些遗传标记丢失,又称为菌种退化。用于工业生产的一些微生物菌种,其主要性状都属于数量性状,易发生退化。但是在生产实践中,必须将由于培养条件改变所导致的菌种形态和生理上的变化与菌种退化区别开来。因为优良菌株的生产性能和发酵工艺条件紧密相关,如果培养条件发生变化,如培养基中缺乏某些元素,会导致产孢子数量减少,也会引起孢子颜色改变,温度、pH 变化也会使发酵产量发生波动等。只要条件恢复正常,菌种原有性能就能恢复正常,这种菌种变化不能称为菌种退化。常见的菌种退化现象中,最易觉察到的是菌落形态、细胞形态和生理等多方面的改变,如菌落颜色改变、畸形细胞出现、菌株生长变得缓慢、产孢子越来越少甚至产孢子能力丧失,例如放线菌、霉菌在斜面上多次传代后产生"光秃"现象等,从而造成生产上用孢子接种的困难。还有菌种代谢活动、代谢产物生产能力或其对寄主寄生能力明显下降,例如黑曲霉糖化能力下降,抗生素发酵单位减少,枯草杆菌产淀粉酶能力衰退等。为了使菌种优良性状持久延续下去,必须做好菌种复壮工作,即在各菌种优良性状没有退化之前,定期进行纯种分离和性能测定。

5.5.2.2 菌种退化的原因

菌种退化的主要原因是有关基因的负突变。当控制产量的基因发生负突变,就会引起产量下降。当控制孢子生成的基因发生负突变,则使菌种产孢子性能下降。一般而言,菌种退化是一个从量变到质变的逐步演变过程。开始时,在群体中只有个别细胞发生负突变,这时如不及时发现并采用有效措施而一味移种传代,就会造成群体中负突变个体的比例逐渐增高,最后占优势,从而使整个群体表现出严重退化现象。因此,突变在数量上的表现依赖于传代,即菌株处于一定条件下,群体多次繁殖,可使退化细胞在数量上逐渐占优势,于是退化性状的表现就更加明显,逐渐成为一株退化了的菌株。

5.5.2.3 防止退化的措施

1.合理育种

出发菌株应选用单核细胞而避免使用多核细胞。合理选择诱变剂种类和剂量或增加突变位点,以减少分离回复。在诱变处理后进行充分的后培养及分离纯化,以保证保藏菌种的纯粹。

2.选用合适培养基

有人发现用老苜蓿根汁培养基培养"5406"抗生菌——细黄链霉菌,可以防止其退化。在赤霉素产生菌——藤仓赤霉的培养基中,加入糖蜜、天门冬素、谷氨酰胺、5-核苷酸或甘露醇等物质时,也有防止菌种退化的效果。选取营养相对贫乏的培养基作为菌种保藏培养基,防止菌株处于旺盛生长状态,可有效防止菌种退化。

3. 创造良好的培养条件

创造一个适合原种生长的条件也可防止菌种退化。在栖土曲霉 3.942 的培养中，改变培养温度（从 20～30℃提高到 33～34℃）可有效防止它产孢子能力的退化。

4. 控制传代次数

微生物在繁殖过程中存在自发突变，菌种传代次数越多，突变概率越高，发生退化的机会就越多，应尽量避免不必要的移种和传代以降低自发突变概率，并根据菌种保藏方法，确立恰当的移种传代时间间隔，如同时采用斜面保藏和其他保藏方式（真空冻干保藏、沙土管、液氮保藏等）以延长菌种保藏时间。

5. 用不同类型的细胞进行移种传代

有些微生物如放线菌和霉菌由于其细胞常含有几个核甚至是异核体，用菌丝接种会出现不纯和衰退。而孢子一般是单核的，用它接种时就没有这种现象发生。有研究发现构巢曲霉如用分生孢子传代容易退化，而改用子囊孢子传代则不易退化。还有人采用灭过菌的棉团轻巧地蘸取"5406"孢子进行斜面移种，由于避免了菌丝接入，达到了防止退化的效果。

5.5.2.4　退化菌种的复壮

退化菌种的复壮可通过纯种分离和性能测定等方法实现，例如从退化菌种群体中找出少数尚未退化的个体重新纯化，或在菌种生产性能尚未退化前就经常有意识地进行纯种分离和生产性能测定工作，实际上这是一种监视自发突变而不断从生产中进行选种的工作。纯种分离采用平板划线分离法、稀释平板法或涂布法均可，也可用显微镜操纵器将生长良好的单细胞或单孢子分离出来。对于寄生型微生物的退化菌株，可接种到相应寄主内以恢复菌株活力。

本章小结

微生物遗传变异的物质基础是核酸，通过肺炎双球菌的转化实验、噬菌体的感染实验以及烟草花叶病毒的拆开与重建实验得到充分证明。除部分病毒的遗传物质是 RNA，其他生物的遗传物质都是 DNA。

突变是指遗传物质突然发生稳定的可遗传的变化，从突变涉及的范围，可以把突变分为基因突变和染色体畸变。从突变所带来的表型的改变来讲，突变的类型可以分为形态突变型、致死突变型、条件致死突变型、营养缺陷突变型、抗性突变型、抗原突变型和其他突变型。按突变的条件和原因划分，突变可以分为自发突变和诱发突变。基因突变的特点有自发性、稀有性、诱变性、突变的结果与原因之间的不对应性、独立性、稳定性和可逆性等特点。

基因重组又称为遗传传递，是指遗传物质从一个微生物细胞向另一个微生物细胞传递而达到基因的改变，形成新遗传型个体的过程，属于遗传物质在分子水平上的杂交。原核微生物的接合和 F 因子转导，通过双亲细胞的接触沟通，涉及部分染色体基因的重组；原核微生物的转化、转导，双亲细胞不经接触，仅涉及个别或少数基因的重组；真核微生物的有性杂交、准性生殖，通过双亲细胞的融合，涉及整套染色体基因的重组；原生质体融合，是破壁后的原生质体细胞在一定条件下互相融合，实现遗传物质的重组；DNA 重组技术，是在体外对 DNA 修饰改变后，设法引入受体细胞再实现基因重组。

菌种选育包括选种和育种两方面的内容。微生物的菌种选育方法有诱变育种、杂交育种、原生质体育种、基因组水平上的微生物育种几种方式。目前在育种策略上，虽然杂交、转化、转导以及基因工程、原生质体融合等方面的研究都在快速发展，但诱变育种仍为目前主要的、广泛使用的育种手段。

菌种保藏原理是挑选优良纯种，最好是它们的休眠体，采用低温、干燥、缺氧、缺乏营养、添加保护剂或酸度中和剂等方法，使菌种生长在代谢不活泼、生长受抑制的环境中。菌种保藏方法有斜面传代保藏、矿物油中浸没保藏、干燥-载体保藏、冷冻保藏、真空冻干保藏、基因工程菌保藏等。

菌种退化的主要原因是有关基因的负突变。防止退化的措施有合理育种、选用合适培养基、创造良好的培养条件、控制传代次数和用不同类型的细胞进行移种传代几个方面。退化菌种的复壮可通过纯种分离和性能测定等方法实现。

重要名词

遗传　变异　基因突变　基因重组　菌种选育　菌种保藏　退化　复壮

思考题

1. 什么是微生物的遗传和变异？它们的物质基础是什么？如何证明？
2. DNA 是如何复制的？
3. 微生物有几种 RNA？它们各有什么作用？
4. 微生物变异的实质是什么？微生物基因突变的类型有哪几种？
5. 什么叫杂交、转化和转导？各有什么实践意义？
6. 诱变育种的关键步骤有哪些？
7. 什么是营养缺陷型菌株？它的研究意义是什么？
8. 什么叫“工程菌”？如何获得？
9. 什么是微生物育种中的理性策略与非理性策略？
10. 微生物菌种的保藏方法有哪些？

第 6 章

微生物的生态

本章学习目的与要求

1. 了解微生物在自然界的分布。
2. 了解微生物在自然界物质循环中的作用。
3. 掌握微生物与生物环境间的相互关系。
4. 应用微生物生态学原理分析和设法解决与食品环境有关的微生物问题。

生态学是研究生物系统与其环境条件间相互作用的规律性的科学。因此，微生物生态学就是研究微生物群体——微生物区系(microflora)或正常菌群(normal flora)与其周围的生物和非生物环境条件相互作用关系的科学。

在生物学研究对象中，一般可以分成10个水平，依次为生物圈(biosphere)、生态系统(ecosystem)、群落(community)、种群(population)、个体(individual)、器官(organ)、组织(tissue)、细胞(cell)、细胞器(organelle)和分子(molecule)。其中前4个客观层次都是生态学的研究范围。在此，我们仅介绍微生物生态学中的一些基础知识及其应用。

研究微生物的生态有着重要的理论意义和实践价值。例如，研究微生物的分布规律，有助于开发丰富的菌种资源，防止有害微生物的活动；研究微生物间及其与他种生物间的相互关系，有助于发展新的微生物农药、微生物肥料以及积极防治人和动、植物病虫害，也有利于发展食品混菌发酵、序列发酵和生态农业；研究微生物在自然界物质循环中的作用，有利于阐明地球进化和生物进化的原因，也可促进探矿、冶金、保护环境、提高土壤肥力以及开发生物能(沼气)等各项生产事业的发展。

6.1 微生物在自然界中的分布

6.1.1 土壤中的微生物

土壤具有绝大多数微生物的生活条件，土壤的透气性可为好氧和兼性好氧微生物的生长提供氧气；土壤的矿物质提供了矿质养料；土壤中的有机物提供了良好的碳源、氮源和能源；土壤的酸碱度接近中性，是一般微生物最适合生长的范围；土壤的渗透压能被微生物所适应。此外，土壤良好的持水性、保温性等使土壤成为微生物的天然培养基，因此，土壤中微生物的数量和种类最多。对微生物来说，土壤是微生物的“大本营”；对人类来说，土壤是人类最丰富的“菌种资源库”。

尽管土壤中各种微生物含量的变动很大，但每克土壤的含菌量大体上有一个10倍系列的递减规律：细菌(约10^8)＞放线菌*(约10^7)＞霉菌*(约10^6)＞酵母菌(约10^5)＞藻类(约10^4)＞原生动物(约10^3)。

由此可知，土壤中所含的微生物数量很大，尤以细菌为最多。据估计，每亩耕作层土壤中，细菌湿重有90～225 kg。以土壤有机质含量为2%计算，则所含细菌干重为土壤有机质的1%左右。通过土壤微生物的代谢活动，可改变土壤的理化性质，进行物质转化，因此，土壤微生物是构成土壤肥力的重要因素。

不同类型土壤中的各种微生物含量见表6-1。可以看出，在有机物含量丰富的黑土、草甸土、磷质石灰土和植被茂盛的暗棕壤中，微生物含量较高；而在西北干旱地区的棕钙土，华中、华南地区的红壤和砖红壤，以及沿海地区的滨海盐土中，微生物的含量最少。此外，土壤中的微生物数量及种类还受到人类生活的影响，如生活垃圾填埋产生的垃圾渗透液、农作物种植过程中使用的农药、工业排放的废水及废物等，若不进行适当的处理再排放，就可能会抑制微生物的活性，影响微生物原有的多样性结构，从而破坏地球的生态环境。

---

* 放线菌和霉菌主要指其孢子数。

表 6-1　我国各主要土壤的含菌量　　万/g 干土

土类	地点	细菌	放线菌	真菌
暗棕壤	黑龙江呼玛	2 327	612	13
棕壤	辽宁沈阳	1 284	39	36
黄棕壤	江苏南京	1 406	271	6
红壤	浙江杭州	1 103	123	4
砖红壤	广东徐闻	507	39	11
磷质石灰土	西沙群岛	2 229	1 105	15
黑土	黑龙江哈尔滨	2 111	1 024	19
黑钙土	黑龙江安达	1 074	319	2
棕钙土	宁夏宁武	140	11	4
草甸土	黑龙江亚沟	7 863	29	23
塿土	陕西武功	951	1 032	4
白浆土	吉林蛟河	1 598	55	3
滨海盐土	江苏连云港	466	41	0.4

引自中国科学院南京土壤研究所资料。

表 6-2 是水田和旱地土壤微生物区系及其在不同深度分布比较的研究资料。可以看出，不论是水田还是旱地，总是表层耕作层的微生物含量最高；旱地土壤中的放线菌和真菌比水田土壤中多，这与它们的好氧生活特性直接相关。

表 6-2　水田与旱地各层土壤的含菌量　　万/g 干土

微生物种类	水田			旱地		
	耕作层	犁底层	心土层	耕作层	犁底层	心土层
好氧细菌	3 000	1 310	837	2 185	628	164
放线菌	220	88	38	477	172	35
真菌	8.5	1.6	0.6	23.1	4.3	1.1
硝化细菌	1.1	—	—	7.1	5.3	0.05
厌氧细菌	232	112	22	147	57	16
反硝化细菌	29.7	16.4	12.2	4.7	2.7	—
硫酸还原细菌	7.9	1.6	0.4	0.091	0.061	0

6.1.2　水体中的微生物

水体是微生物栖息的第二个天然场所。在江、河、湖、海、地下水中都有微生物的存在。习惯上把水体中的微生物分为淡水微生物和海洋微生物两大类型。

6.1.2.1　淡水微生物

淡水微生物按照水体中有机质含量多少与微生物的关系可分为清水型水生微生物和腐生型水生微生物。淡水微生物在水中的分布受到水的类型、有机质的含量等因素影响。如在含有石油的地下水中，有大量能分解碳氢化合物的细菌；含铁的泉水中含有铁细菌；含硫的泉水中含有硫磺细菌;在温泉中则有耐热菌的存在。

水中真菌以水生藻状菌为主。天然水中还有一些低等藻类生物,以硅藻数量最大,此外还有各种原生动物。

1.清水型水生微生物

在洁净的湖泊和水库蓄水中,因有机物含量低,故微生物数量很少($10\sim10^3$ 个/mL)。典型的清水型微生物以化能自养微生物和光能自养微生物为主,如硫细菌、铁细菌和衣细菌等以及含有光合色素的蓝细菌、绿硫细菌和紫细菌等。部分腐生性细菌,如色杆菌属(*Chromobacterium*)、无色杆菌属(*Achromobacter*)和微球菌属(*Micrococcus*)的一些种也能在低含量营养物的清水中生长。霉菌中一些水生性种类,例如水霉属(*Saprolegnia*)和绵霉属(*Achyla*)的一些种可生长于腐烂的有机残体上。单细胞和丝状的藻类以及一些原生动物常在水面生长,但数量一般不大。

根据细菌对周围水生环境中营养物质浓度的要求,可分成3类:①贫营养细菌(oligotrophic bacteria),即一些能在1～15 mg/L低有机碳含量的培养基中生长的细菌;②兼性贫营养细菌,即一些在富营养培养基中经反复培养后也能适应并生长的贫营养细菌;③富营养细菌,即一些能生长在有机碳浓度很高(10 g/L)的培养基中的细菌,它们在贫营养培养基中反复培养后即行死亡。由于淡水中溶解态和悬浮态有机物碳的含量一般在1～26 mg/L之间,故清水型的腐生微生物,很多都是一些贫营养细菌。某水样中贫营养细菌与总菌数(包括贫营养和富营养菌)的百分比,称为贫营养指数或OI值(oligotrophic index)。

2.腐生型水生微生物

上述清水型的微生物可认为是水体环境中"土生土长"的土居微生物或土著种(native species)。流经城市的河水、港口附近的海水、滞留的池水以及下水道的沟水中,由于流入了大量的人畜排泄物、生活污物和工业废水等,因此有机物的含量大增,同时也夹入了大量外来的腐生细菌,使腐败型水生微生物尤其是细菌和原生动物大量繁殖,每毫升污水的微生物含量达到$10^7\sim10^8$个。其中数量最多的是无芽孢革兰氏阴性细菌,如变形杆菌属(*Proteus*)、大肠杆菌(*E. coli*)、产气肠杆菌(*Enterobacter aerogenes*)和产碱杆菌属(*Alcaligenes*)等,还有各种芽孢杆菌属(*Bacillus*)、弧菌属(*Vibrio*)和螺菌属(*Spirillum*)等的一些种。原生动物有纤毛虫类、鞭毛虫类和根足虫类。这些微生物在污水环境中大量繁殖,逐渐把水中的有机物分解成简单的无机物,同时它们的数量随之减少,污水也就逐步净化变清。还有一类是随着人畜排泄物或病体污物而进入水体的动植物致病菌,通常因水体环境中的营养等条件不能满足其生长繁殖的要求,加上周围其他微生物的竞争和拮抗关系,一般难以长期生存,但由于水体的流动,也会造成病原菌的传播甚至疾病的流行。

6.1.2.2 海洋微生物

海洋微生物包括细菌、真菌、藻类、原生动物及噬菌体等。由于海洋环境具有盐度高、有机质含量少、温度低及深海静水压力大等特点,所以海洋微生物绝大多数是需盐、嗜冷和耐高渗透压的微生物。

海洋是地球上最大的水体。海水与淡水最大的差别在于其中的含盐量。含盐量越高,则渗透压越大,反之则越小。因此海洋微生物与淡水中的微生物在耐渗透压能力方面有很大的差别。此外,在深海中的微生物还能耐很高的静水压。例如,少数微生物可以在600个大气压(1 标准大气压＝101.325 kPa)下生长，如水活微球菌(*Micrococcus aquivivus*)、*Bacillus boborokoiles* 和浮游植物弧菌(*Phytoplanktion vibrio*)等。

6.1.2.3　水体的自净作用及饮用水微生物标准

在自然水体，尤其是快速流动的水体中，存在着对有机或无机污染物的自净作用。其原因是多方面的，虽有物理性的稀释作用和化学性的氧化作用，但更重要的是各种生物学和生物化学作用，例如好氧菌对有机物的分解作用，原生动物对细菌等的吞噬作用，噬菌体对宿主的裂解作用，以及微生物产生的凝胶物质对污染物的吸附、沉降作用等，这就是“流水不腐”的重要原因。

水中微生物的含量对该水源的饮用价值影响很大。GB 5749—2006 规定生活饮用水中菌落总数的限量是 100 CFU/mL；农村小型集中式供水和分散式供水中菌落总数的限量是 500 CFU/mL。在饮用水的微生物学检验中，不仅要检查其总菌数，还规定不得检出大肠菌群及病原菌。

6.1.3　空气中的微生物

空气本身不含微生物生长繁殖所需要的营养物质和充足的水分，而且日光对细菌等微生物生命活动有很大影响，所以空气不是微生物生长繁殖的良好场所。然而，空气中还是含有一定数量的微生物。这是由于土壤、人和动植物体等物体上的微生物不断以微粒、尘埃等形式飘逸到空气中而造成的，并且以气溶胶的形式存在。

空气中的微生物分布并不均匀，含尘埃越多的空气(如雾霾)，其中所含的微生物种类和数量也就越多。一般在畜舍、公共场所、医院、宿舍、城市街道的空气中，微生物的含量较高，在海洋、高山、高空、森林地带、终年积雪的山脉或极地上空的空气中，微生物的含量就极少，见表 6-3。

表 6-3　不同条件下 1 m^3 空气的含菌量

条件	数量	条件	数量
畜舍	$(1\sim2)\times10^6$	市区公园	200
宿舍	20 000	海洋上空	1～2
城市街道	5 000	北极(北纬 80°)	0

雾霾是自 2013 年以来，我国多数城市频发的恶劣天气。雾霾是特定气候条件与人类活动相互作用的结果。高密度人口的经济及社会活动必然会排放大量细颗粒物(PM 2.5)，一旦排放超过大气循环能力和承载度，细颗粒物浓度将持续积聚，此时如果受静稳天气等影响，极易出现大范围的雾霾。其中的悬浮颗粒可为微生物提供附着和生长的栖息地，雾霾中含有的微生物(1 300 余种)可直接通过人体呼吸进入呼吸道，从而潜在威胁着人类的健康。据悉，雾霾形成主要是污染物排放量持续增加的结果。减少污染源，削减大气污染物是解决雾霾的根本之道。因此保护生态环境，治理空气，改善空气质量迫在眉睫。

此外，尘埃的自然沉降，使得越近地面的空气，含菌量越高。然而，微生物在高空中分布的记录却越来越高。在 20 世纪 30 年代，人们首次用飞机证实在 20 km 的高空存在着微生物；70 年代中期又发现在 30 km 的高空中存在着微生物；70 年代末，人们用地球物理火箭，从 74 km 的高空采集到处在同温层和大气中层的微生物，其中包括 2 种细菌和 4 种真菌，它们是白色微球菌(*Micrococcus albus*)、藤黄分枝杆菌(*Mycobacterium luteum*)、绳卷霉(*Circinella muscae*)、黑曲霉(*Aspergillus niger*)、点青霉(*Penicillium notatum*)以及异形丝葚霉(*Papulospora anomala*);后来,又从 85 km 的高空找到了微生物。这是目前所知道的生物圈的上限。

室外空气中的微生物,主要有各种球菌、芽孢杆菌、产色素细菌和对干燥和射线有抵抗力的真菌孢子等。室内空气中的微生物含量更高,尤其是医院的病房、门诊间的空气,因经常受病人的污染,故可找到多种病原菌,例如结核分枝杆菌(*Mycobacterium tuberculosis*)、白喉棒杆菌(*Corynebacterium diphtheriae*)、溶血链球菌(*Streptococcus hemolyticus*)、金黄色葡萄球菌(*Staphylococcus aureus*)、若干病毒(麻疹病毒,流感病毒)以及多种真菌孢子等。在发酵工厂中,在空气进入空气压缩机前有时要用粗过滤器过滤掉个体较大的微生物。

测定空气中微生物的数目可用培养皿沉降或液体阻留等方法进行。凡须进行空气消毒的场所,例如医院的手术室、病房、微生物接种室或培养室等处可以用紫外线消毒、福尔马林等药物的熏蒸或喷雾消毒等方法进行。为防止空气中的杂菌对微生物培养物或发酵罐内的纯种培养物的污染,可用棉花、纱布(8 层以上)、石棉滤板、活性炭或超细玻璃纤维过滤纸进行空气过滤。

6.1.4 食品环境中的微生物

6.1.4.1 农产品中的微生物

在各种农产品上生存着大量的微生物,粮食尤为突出。按其来源可分为原生性微生物区系和次生性微生物区系。原生性微生物区系是微生物与植物在长期相处的关系中形成的,它们以种子的分泌物为生,与植物的生活和代谢强度息息相关。次生性微生物区系指的是那些存在于土壤、空气中,通过各种途径侵染粮食的微生物。在粮食微生物中,尤以霉菌危害严重,并且能产生 150 多种对人和动物有害的真菌毒素。

据估计,全世界每年因霉变而损失的粮食就占总产量的 2%左右,这是一笔极大的浪费。至于因霉变而对人畜引起的健康等危害,更是难以统计。在各种粮食和饲料上的微生物以曲霉属(*Aspergillus*)、青霉属(*Penicillium*)和镰孢霉属(*Fusarium*)的一些种为主。例如,在谷物上,一般以曲霉属和青霉属为多见;在小麦上,一般以镰孢霉属为主;而在大米上,则一般以青霉属为多见。现将各种粮食和饲料上所分布的主要霉菌种类列于表 6-4 中。

表 6-4 各种粮食和饲料上的主要霉菌

试样名称	主要霉菌
大米	灰绿曲霉、白曲霉、黄曲霉、赭曲霉、橘青霉、圆弧青霉、常见青霉
面粉	黄曲霉、谢瓦曲霉、青霉、毛霉
小麦	曲霉、青霉、芽枝霉、链格孢霉、葡萄孢霉、镰孢霉、长蠕孢霉、茎点霉、木霉、拟青霉
小麦粉	白曲霉、橘青霉、圆弧青霉、芽枝霉、葡萄孢霉、茎点霉、头孢霉
玉米粉	灰绿曲霉、纯绿青霉、圆弧青霉、镰孢霉、葡萄曲霉、黄曲霉、青霉
大豆粉	黄曲霉、杂色曲霉、青霉
花生	黄曲霉、灰绿曲霉、溜曲霉、橘青霉、绳状青霉、根霉、镰孢霉、黏霉、茎点霉
调味料	灰绿曲霉、白曲霉、黑曲霉、青霉
米糠	黄曲霉、谢瓦曲霉、毛霉、青霉
乳牛饲料	曲霉、青霉、根霉、链格孢霉、茎点霉、毛壳菌
家禽饲料	黄曲霉、构巢曲霉、芽枝霉、镰孢霉、茎点霉

据调查，在目前知道的5万多种菌中，已知其中至少有200多个种可产生100余种真菌毒素。在这些真菌毒素中有14种能致癌，其中的2种是剧毒的致癌剂，其中之一就是由部分黄曲霉(*Aspergillus flavus*)菌株产生的黄曲霉毒素(Aflatoxin)，另一种则是由某些镰孢霉(*Fusarium*)产生的单端孢烯族毒素T_2。这就说明，凡长有大量霉菌的粮食，一般都含有多种真菌毒素，极有可能存在致癌的真菌毒素，因此，"防癌必先防霉"的口号是很有科学根据的。据报道，日本曾对全国各处售米点进行调查，发现有65.3%的样品被产毒真菌污染；据泰国的调查资料(1972)，当地有53%的玉米被产毒真菌污染，其中黄曲霉毒素的最高含量达2 730 μg/kg；在我国，有人发现(1980)，在一份"黄变米"试样中，70%的米粒污染有产毒真菌，并都含真菌毒素；还有人调查了北京市空气中所飘逸的真菌，发现其中11.5%是产毒的。

黄曲霉毒素是于1960年起逐渐被认识和发现的。当时在英国东南部的农村相继有约10万只火鸡死于一种病因不明的"火鸡X病"。后经多方研究，发现从巴西进口的花生粉中，污染有大量的黄曲霉，并证明由它所分泌的黄曲霉毒素，就是"火鸡X病"的根源，以后又证实它可引起雏鸭、兔、猫、猪等多种动物和人的肝脏中毒。经深入研究后，发现黄曲霉毒素有黄曲霉毒素B_1、黄曲霉毒素B_2、黄曲霉毒素G_1、黄曲霉毒素G_2、黄曲霉毒素M_1和黄曲霉毒素M_2等多种衍生物，其中以黄曲霉毒素B_1的毒性为最高。联合国卫生机构规定粮食中所含的黄曲霉毒素B_1必须低于30 μg/kg。我国有关机构则规定玉米、花生制品所含B_1应低于20 μg/kg，大米、食油应低于10 μg/kg，其他的粮食、豆类和发酵食品的黄曲霉毒素B_1含量应低于5 μg/kg。据报道，含黄曲霉毒素最多的食品是花生及花生制品、玉米、"红变米""黄变米"、自制的酱(发现其中约12.5%含黄曲霉毒素)等。

黄曲霉毒素是一种强烈的致肝癌毒物。黄曲霉毒素B_1的致癌强度比一向有名的致肝癌剂二甲基偶氮苯(即"奶油黄")要大900倍，比二甲基亚硝胺强75倍。黄曲霉是一种分布极广的霉菌，但也不是所有的菌株都产毒。据国外研究报道，发现黄曲霉产毒菌株的比例为60%～94%(Moreau，1979)，而我国几个研究单位做了不同研究后，发现该菌产毒菌株的比例在30%左右。

由于黄曲霉广泛分布于我们的周围，因此，由它产生的毒素往往是长期、低剂量、慢性的作用，表现为对肝功能的损害，肝细胞变性、坏死，胆管的卵圆细胞增生，还可能引起肝纤维化或肝硬化等症状。黄曲霉毒素已证明是我国少数肝癌高发地区引起肝癌的重要原因。

另一类剧毒致癌毒素为T_2。已知镰孢霉属(*Fusarium*)的真菌可产50余种毒素，其中以T_2为最强。三隔镰孢霉(*Fusarium tricinctum*)和拟分枝孢镰孢霉(*F. sporotrichioides*)等可产生T_2毒素。污染过这些菌的作物，被人或动物摄入后，经2周至2个月，就会引起白细胞急剧下降和骨髓造血机能破坏。在国际上，少数国家曾用T_2毒素制成生物武器，并以"黄雨"形式进行撒播，受害者经皮肤、黏膜吸收后，迅速发生中毒症状(致死剂量为100 μg/kg)。这是全世界爱好和平的国家和人民必须反对和应引起高度警惕的。

6.1.4.2 食品中的微生物

食品是用营养丰富的动植物原料经过人工加工后的制成品，其种类繁多，主要有面包、糕点、糖果、罐头、饮料、蜜饯和调味品等。在食品的加工、包装、运输和贮藏等过程中，无菌操作若不严格，食物可能会被各种微生物污染，其中包括病原菌。罐头食品也会被一些耐热厌氧性芽孢梭菌和芽孢杆菌所污染，这是造成罐头食品腐败的主要原因。在合适的温、湿度条件下，污染的微生物又会迅速繁殖。因此，食品上常常有各种微生物分布着，若保存时间稍长，就会使食品迅速变质。

污染食品的微生物主要是曲霉属(*Aspergillus*)、青霉属(*Penicillium*)、镰孢霉属(*Fusarium*)、链格孢霉属(*Alternaria*)、拟青霉属(*Paecilomyces*)、根霉属(*Rhizopus*)、毛霉属(*Mucor*)、茎点霉属(*Phoma*)、木霉属(*Trichoderma*)、大肠杆菌(*Escherichia coli*)、金黄色葡萄球菌(*Staphylococcus aureus*)、枯草杆菌(*Bacillus subtilis*)、巨大芽孢杆菌(*Bacillus megaterium*)、沙门氏菌属(*Salmonella*)、普通变形杆菌(*Proteus vulgaris*)、铜绿假单胞菌(*Pseudomonas aeruginosa*)、乳杆菌属(*Lactobacillus*)、乳链球菌(*Streptococcus lactis*)、梭菌属(*Clostridium*)和酿酒酵母(*Saccharomyces cerevisiae*)等。

由于在霉腐变质的食品上经常有各种致病菌和真菌毒素等有毒代谢产物存在,它们会引起人类的各种严重疾病,所以食品安全工作就显得格外重要。国务院食品安全委员会办公室于2011年确定在每年六月举办全国食品安全周,加强关于食品安全的宣传和科普教育,旨在提高社会公众的食品安全意识和科学应对风险的能力。

食品中的一类独特产品是罐头。1804年前后,法国厨师N. Appert偶尔发现,如把一瓶密封的果汁煮沸,就能使它长期保存。从1811年起,这项发明已被用于拿破仑的军队中。这就是罐头的起源。

罐头食品种类很多,可分以下几类。

1. 酸性食品罐头

属于一般酸性食品(pH 3.7～4.5)者,如番茄、梨、无花果、菠萝和其他水果罐头;属于高酸食品(pH<3.7)者,如泡菜、浆果和柠檬汁罐头。对酸性食品罐头只要用较低的灭菌温度即可达到长期保藏的目的。当这类罐头变质时,从中可分离到嗜热耐酸芽孢杆菌(*Bacillus thermoacidurans*)等"平酸菌"(即产酸不产气因而不会引起罐体膨胀的细菌)和产酸产气菌,如巴氏梭菌(*Clostridium pasteurianum*)、丁酸梭菌(*Clostridium butyricum*)、短乳杆菌(*Lactobacillus brevis*)和明串珠菌(*Leuconostoc*)等。

2. 低酸或中酸食品罐头

pH>5的食品称低酸食品,如多数肉类、海产品、牛奶、玉米和豌豆等;而pH为4.5～5的食品则称中酸食品,如肉菜混合物、汤料和沙司等。这类罐头的灭菌温度应高些,肉类罐头尤甚。当这类罐头变质时,可检出嗜热脂肪芽孢杆菌(*Bacillus stearothermophilus*)和凝结芽孢杆菌(*Bacillus coagulans*)等"平酸菌";还可分离到热解糖梭菌(*Clostridium thermosaccharolyticum*)等产酸产气菌以及分解蛋白质的生孢梭菌(*Clostridium sporogenes*)、溶组织梭菌(*Clostridium histolyticum*)和肉毒梭菌(*Clostridium botulinum*)等厌氧梭状芽孢杆菌。除"平酸菌"外,这些菌类在生长过程中都会产生大量的CO_2和H_2,从而引起罐头膨胀("胖听")。其中的肉毒梭菌(*Clostridium botulinum*)还会产生对人畜剧毒的细菌外毒素——肉毒毒素。

6.1.4.3 酿造食品中的微生物

1. 发酵过程中微生物的空间和时间分布

在传统发酵过程中,曲、醅、醪、糟等物料都是一种混合培养物。以含高粱原料的醋醅为例,它首先被能消化或氧化高粱的微生物侵袭,在氧耗尽后,靠近高粱周围变成厌氧环境,这时发酵性的微生物开始活跃、繁殖起来。发酵产物可扩散到仍然有氧的区域继续被氧化,其中有一小部分被彻底氧化成 CO_2 和 H_2O，而另一大部分作为中间产物(如乙醇、乳酸等或者在厌氧条件下被厌氧微生物的厌氧性氧化所利用)继续积累或参加转化。而当环境随着工艺过程的改变(如翻醅、倒缸)，可能又有好氧过程的出现，好氧性微生物的数量又可继续增加，氧气被消耗后再变为厌氧环境，随着温度、水分、pH、氧化还原值(rH)、渗透压、营养条件的不断变化，微生物区系及活力也在不断变化，直至酿造过程结束。

2.酿造食品生态环境的一些特征

(1)料醅团粒结构　固体发酵，料醅大都是相互凝结成各种形状的大小团块，也可称为结构体或团聚体。料醅结构体的大小、形状、排列和相应的孔隙状况称为料醅的结构性。传统酿造法中特别强调细致操作，"匀、透、适""低倒匀铺，先倒后翻，头匀二细"等。料醅物理性质的好坏往往反映在料醅孔性(孔隙的数量和质量)方面，结构性是决定孔性好坏的基础之一。

在不同产品生产工艺中对结构的状态、团粒的大小要求是不同的。团粒是指直径为 0.25～10 mm 的较疏松的多孔性小料团，它是粮食及辅料颗粒经过润料、蒸煮、制曲、发酵等多次复合和团聚而成。团粒结构具有良好的物理性质，其特点是结构体内为毛管孔隙，结构体之间为大孔隙，而且总孔隙度以及毛管孔隙与非毛管孔隙的比例都比较适合。毛管孔隙有良好的蓄水保水能力，团粒之间的大孔隙又可透水通气，使水气矛盾得以较好解决。这种状态对于微生物的活动十分有利，在大孔隙周围的水膜内旺盛地生活着好气性微生物，在小孔隙中生活着厌氧性微生物，在十分微小的孔隙内，由于细菌也不能进入，致使其中有机质可以缓慢地分解，可使碳水化合物等缓慢释放，不致使料醅升温过快等。

(2)发酵醪表面环境　微生物在液态发酵醪环境中，液-固表面环境是不可忽视的一个因素，因为营养物质常吸附在表面。所以，在一个微环境的表面，其营养水平可能比表面以外部位营养水平要高得多。目前对微生物附着于表面的机制还不完全了解。据研究，大致可把微生物在物质表面形成表面膜的过程分为 3 个阶段：第一阶段是有机质附着在表面，凡是与水接触的物体表面都能很快地形成这一层。第二阶段，开始有初步的细菌膜附着在表面，先是醪液中正常游离的细菌群体，因物理或化学作用暂时附着于表面，运动着的细菌也可以因营养物质的引诱而朝着它做定向运动，进而附着在表面上。这时细菌只是以一端附着，使菌体与表面呈直角，因而附着往往不很牢固。第三阶段，当初步吸附在表面的细菌分泌出胞外聚合物时，就使细菌和表面粘连在一起，形成牢固的吸附层，此即微生物表面膜。至于气-液界面的问题，主要与表面积有关。表面积与体积之比越大，细菌活力越强，单位体积内含菌量越高。

6.1.5　生物体内外的正常菌群

在正常生理状态下，人体的体表和体腔中所存在的一定种类和数量的微生物，并不侵害人体，称为人体正常微生物群落。如皮肤上的葡萄球菌、链球菌等；口腔中的乳酸杆菌、螺旋体；呼吸道和鼻咽腔中的类白喉杆菌、葡萄球菌、流感杆菌等。在肠道内也含有大量的细菌，人的肠道内如果缺乏正常的微生物群落，如大肠杆菌、产气杆菌、乳酸杆菌等，人体就不能维持正常的生活。因为肠道细菌可以合成人体所需的硫胺素、核黄素、烟酸、维生素 B_{12} 等。此外，正常微生物群落的存在，还可以通过拮抗作用抑制或排斥病原微生物的生长。

在正常动物体的皮毛和与外界相通的器官上，也存在着许多微生物，例如皮毛上经常有葡萄球菌、双球菌等，肠道中存在着大量的大肠杆菌、粪链球菌、纤维分解细菌等。

6.1.5.1 人体的正常微生物区系

在人类的皮肤、黏膜以及一切与外界环境相通的腔道，如口腔、鼻咽腔、消化道和泌尿生殖道中经常有大量的微生物存在着。生活在健康动物各部位，数量大、种类较稳定且一般是有益无害的微生物，称为正常菌群。在人体内外各部位的正常菌群分布情况见表 6-5。

表 6-5　在人体不同解剖部位上的正常微生物区系

部位	微生物种类	检出率/%
皮肤	*Staphylococcus epidermidis*（表皮葡萄球菌）	85～100
	S. aureus（金黄色葡萄球菌）	5～25
	Propionibacterium acnes（疥疱丙酸杆菌）	45～100
	Corynebacterium diphtheroides（类白喉棒杆菌）	55
鼻和鼻咽	*Staphylococcus epidermidis*	90
	S. aureus	20～85
	C. diphtheroides	5～80
	Branhemella calarrhalis（黏膜炎布兰汉氏球菌）	12
	Haemophilus influenzae（流感嗜血杆菌）	12
口腔	*S. epidermidis*	75～100
	S. aureus	常见
	Streptococcus mitis（缓症链球菌）和其他 α-链球菌	100
	S. salivarius（唾液链球菌）	100
	Peptostreptococcus spp.（各种消化链球菌）	占优势
	Veillonella alcalescens（产碱韦荣氏球菌）	100
	Lactobacillus sp.（各种乳杆菌）	95
	Actinomyces israelii（衣氏放线菌）	常见
	H. influenzae	25～100
	Bacteroides fragilis（脆弱拟杆菌）	常见
	B. melaninogenicus（产黑素拟杆菌）	常见
	B. oralis（口腔拟杆菌）	常见
	Fusobacterium nucleatu（具核梭杆菌）	15～90
	Candida albicans（白色假丝酵母）	6～50
	Treponema denticola（齿垢密螺旋体）	常见
	T. vincenti（文氏密螺旋体）	常见
口咽部	*Staphylococcus epidermidis*	30～70
	S. aureus	35～40
	C. diphtheroides	50～90
	Streptococcus pneumoniae（肺炎链球菌）	0～50
	α-链球菌和非溶血链球菌	25～99
	B. calarrhalis	10～97
	H. influenzae	5～20
	H. parainfluenzae（副流感嗜血杆菌）	20～35
	Neisseria meningitidis（脑膜炎奈瑟氏球菌）	0～15
空肠	*Enterococcus* spp.	少量
	Lactobacillus	少量
	C. diphtheroides	少量
	C. albicans	20～40

续表 6-5

部位	微生物种类	检出率/%
回肠	肠杆菌类和厌氧革兰氏阴性细菌	少量
大肠	*B. Fragilis*	100
	B. Melaninogenicus	100
	B. oralis	100
	F. nucleatum	100
	F. necrophorum（坏死梭杆菌）	100
	Lactobacillus spp.	20～60
	Clostridium perfringens（产气荚膜梭菌）	25～35
	Eubacterium limosum（黏液优杆菌）	30～70
	Bifidobacterium bifidum（两歧双歧杆菌）	30～70
	Peptostreptococcus spp.	常见
	肠球菌（D 组链球菌）	100
	Escherichia coli（大肠杆菌）	100
	Klebsiella spp.（各种克雷伯氏菌）	40～80
	Enterobacter spp.（各种肠杆菌）	40～80
	Proteus spp.（各种变形杆菌）	5～55
	C. albicans	15～30
阴道和子宫颈	*Lactobacillus* spp.	50～75
	B acteroides spp.	60～80
	Clostridium spp.	15～30
	Peptostreptococcus spp.	30～40
	C. diphtheroides	45～75
	S. epidermidis	35～80
	D 组链球菌	30～80
	肠杆菌科的各种细菌	18～40
	C. albicans	30～50
	Trichomonas vaginalis（阴道毛单胞菌）	10～25

在一般情况下，正常菌群与人体保持着一个平衡状态，在菌群内部的各种微生物间也相互制约，从而维持相对的稳定。正常菌群的种类与数量，在不同个体间有一定的差异。从表 6-5 中可以看出，皮肤上以表皮葡萄球菌为主，咽喉部以 α-链球菌居多，大肠内则以各种拟杆菌和大肠杆菌占优势。应该指出的是，所谓正常菌群，实际上是相对的、可变的和有条件的。当机体防御机能减弱时，例如皮肤大面积烧伤、黏膜受损、机体着凉或过度疲劳时，一部分正常菌群会成为病原微生物。另一些正常菌群由于其生长部位的改变，也可引起疾病。例如，因外伤或手术等原因，*E. coli* 进入腹腔或泌尿生殖系统，可引起腹膜炎、肾盂肾炎或膀胱炎等症；又如，革兰氏阴性无芽孢厌氧杆菌进入内脏，会引起各种脓肿。

二维码 6-1　人体健康伴侣——益生菌

还有一些正常菌群由于某些外界因素的影响，使其中各种微生物间的相互制约关系破坏，也能引起疾病。这种情况在长期服用抗生素后尤为突出。这时，由于肠道内对药物敏感的细菌被抑制，而不敏感的白色假丝酵母（*Candida albicans*，旧称“白色念珠菌”）或耐药性葡萄球菌等就会乘机大量繁殖，从而引起病变。这就是通常所说的菌群失调症。凡属正常菌群的微生物，由于机体防御性降低、生存部位的改变或因数量剧增等情况而引起疾病者，称为条件致病菌(opportunist pathogen)，这类由条件致病菌引起的感染，称为内源感染(endogenous infection)。例如，大肠中数量最大的一些拟杆菌(*Bacteroides* spp.)，在外科手术后，因消毒不好就会引起腹膜炎。我国于2012年8月1日起施行的《抗菌药物临床应用管理办法》就是为加强医疗机构抗菌药物临床应用管理，规范抗菌药物临床应用行为而制定的。医疗单位应科学、合理地运用抗生素，肯定抗生素对人类做出的巨大贡献，抵制抗生素的滥用行为。

6.1.5.2 无菌动物与悉生生物

凡在其体内外检查不到任何正常菌群的动物，称为无菌动物(germ-free animal)。无菌动物是将剖腹产的鼠、兔、猴、猪、羊等或特殊孵育的鸡等实验动物，放在无菌培养装置中进行精心培养而成的。用无菌动物进行实验，可排除正常菌群的干扰，从而使人们可以更深入、更精确地研究动物的免疫、营养、代谢、衰老和疾病等问题。

当然，目前也可通过同样的原理和适当的培养装置来获得无菌植物。

凡已人为地接种上某已知纯种微生物的无菌动物或无菌植物，就称作悉生生物(gnotobiota)，意即"了解其生物区系的生物"。研究悉生生物的科学，称悉生学(gnotobiotics)或悉生生物学(gnotobiology)。有关悉生生物学的观点，微生物学的奠基人巴斯德早在1885年就提出来了。他认为，"如果在动物体内没有肠道细菌的话，则它们的生命是不可能维持下去的。"因此，用悉生生物学的观点来看待每一个高等动物或高等植物的整个个体时，它们实际上都是一个与有关正常菌群形成一体的"共生复合体"。

通过对无菌动物的研究后发现：①在没有正常菌群存在的状态下，其免疫系统的机能特别低下，若干器官变小，这在原来充满大量细菌的盲肠中表现得尤为突出；②营养要求变得特殊，例如需要维生素K；③对属于非致病菌的枯草杆菌(*Bacillus subtilis*)和藤黄微球菌(*Micrococcus lutea*)等变得极为敏感，并易患病；④对原来易患的阿米巴痢疾，因这种原生动物得不到细菌作食物，所以无菌动物反而不易患等。

6.1.5.3 根际微生物和附生微生物

与动物体表面存在着大量正常菌群类似，在植物体表面也存在着正常微生物区系，最主要的有以下两类。

1. 根际微生物

植物根系经常向周围的土壤分泌各种外渗物质(糖类、氨基酸和维生素等)，故在根际存在着大量的微生物。根际微生物(rhizosphere microorganism)的种类受植物的种类和植物的发育阶段所影响。一般地说，根际微生物以无芽孢杆菌居多，例如假单胞菌属(*Pseudomonas*)、土壤杆菌属(*Agrobacterium*)、无色杆菌属(*Achromobacter*)、色杆菌属(*Chromobacterium*)、节杆菌属(*Arthrobacter*)、肠杆菌属(*Enterobacter*)和分枝杆菌属(*Mycobacterium*)等。根际微生物在根际的大量繁殖，会强烈地影响植物的生长发育。主要为：①改善了植物的营养条件。根际微生物的代谢作用加强了土壤中有机物的分解，改善了植物营养元素的供应，由微生物代谢中产生的酸类也可促进土壤中磷等矿质养料的供应。近年来还发现在根际生活的某些固氮细菌，如固氮螺菌属(*Azospirillum*)等，可为植物提供氮素养料。②分泌植物生长刺激物质。根际微生物可分泌维生素和植物生长素类物质，例如，假单胞菌属的一些种可分泌多种维生素；丁酸梭菌(*Clostridium butyricum*)可分泌若干B族维生素和有机氮化物；一些放线菌可分

泌维生素 B_{12}；固氮菌可分泌氨基酸、酰胺类物质、多种维生素（维生素 B_1、维生素 B_2、维生素 B_{12} 等）和吲哚乙酸等。③分泌抗生素类物质，以利于植物避免土居性病原菌的侵染。④根际微生物有时也会对植物产生有害的影响，例如，当土壤中碳氮比例较高时，它们会与植物争夺碳、磷等营养；有时还会分泌一些有毒物质，抑制植物生长等。

2. 附生微生物

附生微生物(epibiotic microbe)一般指生活在植物体表面，主要以其外渗物质或分泌物质为营养的微生物。叶面微生物是主要的附生微生物。一般每克新鲜叶表面约含 10^6 个细菌，也存在少数的酵母菌和霉菌，而放线菌则极少。叶面微生物与植物的生长发育和人类的实践有着一定的关系，例如，乳酸杆菌是广泛存在于叶面的微生物，在腌制泡菜、酸菜和青贮饲料过程中，存在于叶面的乳酸杆菌就成了天然发酵剂。在各种成熟的浆果表面有大量糖质分泌物，因而存在着大量的酵母菌和其他附生微生物，当果皮损伤时，附生微生物就乘机进入果肉引起果实腐烂。在用葡萄等原料进行果酒酿造时，其表面的酵母菌也成了良好的天然发酵剂。还有一些叶面微生物可以固氮，它们可直接或间接地向植物供应氮素营养。

6.1.6 极端环境中的微生物

在自然界中，存在着一些可在绝大多数微生物不能生长的高温、低温、高酸、高碱、高盐、高压或高辐射强度等极端环境下生活的微生物，被称为极端环境微生物或极端微生物。微生物对极端环境的适应，是自然选择的结果，是生物进化的动因之一。了解极端环境下微生物的种类、遗传特性及适应机制，不仅可为生物进化、微生物分类积累资料、提供新的线索，还可利用它的特殊基因、特殊机能，控制极端环境微生物或培育更有用的新种。

(1)嗜热菌　嗜热菌广泛分布在草堆、厩肥、温泉、煤堆、火山地、地热区土壤及海底火山附近等。它们的最适生长温度一般在 50～60℃，有的可以在更高的温度下生长，如热熔芽孢杆菌可在 92～93℃下生长。专性嗜热菌的最适生长温度在 65～70℃，超嗜热菌的最适生长温度在 80～110℃。大部分超嗜热菌都是古生菌。

嗜热菌代谢快、酶促反应温度高、代时短等特点是嗜温菌所不及的，在发酵工业、城市和农业废物处理等方面均具有特殊的作用。嗜热细菌耐高温 DNA 聚合酶为 PCR 技术的广泛应用提供了基础，但嗜热菌的良好抗热性也造成了食品保藏上的困难。

(2)嗜冷菌　嗜冷菌分布在南北极地区、冰窖、高山、深海等低温环境中。嗜冷菌可分为专性和兼性两种。嗜冷菌是导致低温保藏食品腐败的根源，但其产生的酶在日常生活和工业生产上具有应用价值。

(3)嗜酸菌　嗜酸菌分布在工矿酸性水、酸性热泉和酸性土壤等处，极端嗜酸菌能生长在 pH 3 以下。如氧化硫硫杆菌的生长 pH 范围为 0.9～4.5，最适 pH 为 2.5，在 pH 为 0.5 以下仍能存活，能氧化硫产生硫酸（浓度可高达 5%～10%）。氧化亚铁硫杆菌为专性自养嗜酸杆菌，能将还原态的硫化物和金属硫化物氧化产生硫酸，还能把亚铁氧化成高铁，并从中获得能量。这种菌已被广泛用于铜等金属的细菌沥滤中。

(4)嗜碱菌　在碱性和中性环境中均可分离到嗜碱菌，专性嗜碱菌可在 pH 范围 11～12 的条件下生长，而在中性条件下却不能生长，如巴氏芽孢杆菌在 pH 为 11 时生长良好，最适 pH 为 9.2，而 pH 低于 9 时生长困难；嗜碱芽孢杆菌在 pH 为 10 时生长活跃，pH 低于 7 时不生长。嗜碱菌产生的碱性酶可被用于洗涤剂或其他用途。

(5)嗜盐菌　嗜盐菌通常分布在晒盐场、腌制海产品、盐湖和著名的死海等处，如盐生盐杆菌和红皮盐杆菌等。其生长的最适盐浓度高达15%～20%，甚至还能生长在32%的饱和盐水中。嗜盐菌是一种古生菌，它的紫膜具有质子泵和排盐的作用，也有报道，加热不充分而发生嗜盐菌中毒的情况。

(6)嗜压菌　嗜压菌仅分布在深海底部和深油井等少数地方。嗜压菌与耐压菌不同，它们必须生活在高静水压环境中，而不能在常压下生长。例如，从深海底部压力为101.325 MPa处，分离到一种嗜压的假单胞菌；从深3 500 m、压强40.53 MPa、温度60～105℃的油井中分离到嗜热性耐压的硫酸盐还原菌。

(7)抗辐射微生物　抗辐射微生物对辐射仅有抗性或耐受性，而不是“嗜好”。与微生物有关的辐射有可见光、紫外线、X射线和γ射线，其中生物接触最多、最频繁的是太阳光中的紫外线。生物具有多种防御机制，或能使它免受放射线的损伤，或能在损伤后加以修复。抗辐射的微生物就是这类防御机制很发达的生物，因此可作为生物抗辐射机制研究的极好材料。1956年，Anderson从射线照射的牛肉上分离到了耐放射异常球菌，此菌在一定的照射剂量范围内，虽已发生相当数量DNA链的切断损伤，但都可准确无误地被修复，使细胞几乎不发生突变，其存活率可达100%。可作为照射杀菌研究和应用的实验材料。

(8)不能培养微生物　不能培养微生物(uncultured microorganisms)是从环境中直接分离并克隆rRNA，然后通过分析其序列和在分子进化树上的位置等而发现的目前尚不能在人工条件下获得培养的微生物。

6.2　微生物与生物环境间的关系

自然界中微生物极少单独存在，总是多种群聚集在一起，当微生物的不同种类或微生物与其他生物出现在一个限定的空间内，它们之间互为环境，相互影响，既相互依赖又相互排斥，表现出相互间复杂的关系。

以下就其中最典型和重要的5种关系做一简单介绍。

6.2.1　互生

互生是指两种可以单独生活的生物，当它们在一起时，通过各自的代谢活动而有利于对方，或偏利于一方的生活方式。这是一种“可分可合，合比分好”的松散的相互关系。

土壤中好氧性自生固氮菌与纤维素分解菌生活在一起时，后者分解纤维素的产物有机酸可为前者提供固氮时的营养，而前者可将固定的有机氮化物提供给后者。两者相互为对方创造有利于各自增殖和扩展的条件。二步发酵法生产维生素C即利用了弱氧化醋酸杆菌(*Acetobacter suboxydans*)和生黑葡糖酸杆菌(*Gluconobacter melanogenes*)的互生关系。

人体肠道正常菌群与宿主间的关系，主要是互生关系。人体为肠道微生物提供了良好的生态环境，使微生物能在肠道得以生长繁殖。而肠道内的正常菌群可以完成多种代谢反应，如多种核苷酶反应，固醇的氧化、酯化、还原、转化、合成蛋白质和维生素等作用，均对人体生长发育有重要意义。肠道微生物所完成的某些生化过程是人体本身无法完成的，如维生素K和维生素B_1、维生素B_2、维生素B_6、维生素B_{12}的合成等。此外，人体肠道中的正常菌群还可抑制或排斥外来肠道致病菌的侵入。

6.2.2　共生

共生是指两种生物共居在一起，相互分工合作、相依为命，甚至达到难分难解、合二为一的极其紧密的一种相互关系。

最典型的例子是菌菌共生的地衣，是真菌与蓝细菌共生。其中蓝细菌进行光合作用，为真菌提供有机养料，而真菌则以其产生的有机酸去分解岩石中的某些成分，为蓝细菌提供所必需的矿质元素。

二维码 6-2　根瘤菌

另外，根瘤菌与豆科植物之间的关系，牛、羊、鹿、骆驼和长颈鹿等反刍动物与瘤胃微生物之间的关系，都属于共生关系。

6.2.3　寄生

寄生一般指一种小型生物生活在另一种较大型生物的体内(包括细胞内)或体表，从中夺取营养并进行生长繁殖，同时使后者受损害甚至被杀死的一种相互关系。前者称为寄生物，后者称为寄主或宿主。

有些寄生物一旦离开寄主就不能生长繁殖，这类寄生物称为专性寄生物。有些寄生物在脱离寄主以后营腐生生活，这些寄生物称为兼性寄生物。

在微生物中，噬菌体寄生于宿主菌是常见的寄生现象。此外，细菌与真菌、真菌与真菌之间也存在着寄生关系。真菌间的寄生现象比较普遍，如某些木霉寄生于丝核菌的菌丝内。蛭弧菌寄生于寄主细菌的细胞周际空间。

寄生于动植物及人体的微生物也极其普遍，常引起各种病害。凡能引起动植物和人类发生病变的微生物都称为致病微生物。致病微生物在细菌、真菌、放线菌、病毒中都有。能引起植物病害的致病微生物主要是真菌。能引起人和动物致病的微生物很多，主要是细菌、真菌和病毒。微生物也能使害虫致病，利用昆虫病原微生物防治农林害虫已成为生物防治的重要方面。

6.2.4　拮抗

拮抗又称抗生，指由某种生物所产生的特定代谢产物可抑制他种生物的生长发育甚至杀死它们的一种相互关系。根据拮抗作用的选择性，可将拮抗分为非特异性拮抗和特异性拮抗两类。

在制造泡菜、青贮饲料过程中，由于乳酸菌迅速繁殖，产生大量乳酸导致环境的 pH 下降，从而抑制其他微生物的生长。这是一种非特异拮抗，因为这种抑制作用没有特定专一性，对不耐酸细菌均有抑制作用。

许多微生物在生命活动过程中，能产生某种抗生素，具有选择性地抑制或杀死别种微生物的作用，这是一种特异性拮抗。如青霉菌产生的青霉素抑制 G^+ 菌，链霉菌产生的制霉菌素抑制酵母菌和霉菌等。

微生物间的拮抗关系已被广泛应用于抗生素的筛选、食品保藏、医疗保健和动植物病害的防治等领域。

6.2.5　捕食

捕食又称猎食，一般是指一种大型的生物直接捕捉、吞食另一种小型生物以满足其营养需要的相互关系。微生物间的捕食关系主要是原生动物捕食细菌和藻类,它是水体生态系统中食物链的基本环节,在污水净化中也有重要作用。还有一类是捕食性真菌,例如少孢节丛孢菌等,巧妙地捕食土壤线虫的例子,还有黏菌和黏细菌,都有类似的功能,在生物防治方面具有一定的意义。

6.3 微生物在生态系统中的作用和地位

微生物在生态系统中的作用是多方面的,但主要作为分解者而在生态系统中起重要作用。

6.3.1 微生物在生态系统中的地位

微生物最大的价值也在于其分解功能。它们分解生物圈内存在的动物和植物残体等复杂有机物质,并最后将其转化成简单的无机物,供初级生产者使用。

微生物参与所有的物质循环,大部分元素及其化合物都受到微生物的作用。在一些物质的循环中,微生物起主要作用;有的是起关键作用;一些过程只有微生物才能进行其独特作用。

光能营养和化能营养微生物是生态系统的初级生产者,它们具有初级生产者所具有的两个明显特征,即可直接利用太阳能、无机物的化学能作为能量来源,另外其积累下来的能量又可以在食物链、食物网中流动。

微生物和动物、植物一样也是由物质组成和由能量维持的生命有机体。在土壤、水体中有大量的微生物生物量,贮存着大量的物质和能量。

微生物是最早出现的生物体,并进化成后来的动、植物。藻类的产氧作用,改变大气圈中的化学组成,为后来动、植物的出现打下基础。

6.3.2 微生物与生物地球化学循环

生物地球化学循环指生物圈中的各种化学元素,经生物化学作用在生物圈中的转化和运动。有生物元素的沧海桑田地质大循环和生物链的生物小循环。微生物是自然界中许多有机物的分解者,如果没有它们的作用,自然界中各类元素及物质就不可能被周而复始地循环利用,生态平衡就会被破坏,生物体的生命就无法延续。以碳循环和氮循环为例介绍如下。

6.3.2.1 碳循环

碳素是构成各种生物体最基本的元素,碳素循环包括 CO_2 的固定和 CO_2 的再生。植物和藻类以及光合微生物,通过光合作用固定自然界中的 CO_2,合成有机碳化合物,进而转化成各种有机碳化合物。动物以植物为食物,经过生物氧化释放出 CO_2,动物、植物的尸体经微生物完全降解(即矿化作用)后,最终主要产物之一也是 CO_2。地下埋藏的煤炭、石油等,经过人类的开发、利用,例如作为燃料,燃烧后也产生 CO_2,重新加入碳循环。通过这些生物和非生物过程产生的 CO_2,随后又被植物和光合微生物利用,开始新的碳素循环。

6.3.2.2 氮循环

氮循环的主要环节是生物体内有机氮的合成、氨化作用、硝化作用、反硝化作用和固氮作用。

植物吸收土壤中的铵盐和硝酸盐,进而将这些无机氮同化成植物体内的蛋白质等有机氮。

动物直接或间接以植物为食物，将植物体内的有机氮同化成动物体内的有机氮。这一过程叫作生物体内有机氮的合成。动植物的遗体、排出物和残落物中的有机氮被微生物分解后形成氨，这一过程叫作氨化作用。在有氧的条件下，土壤中的氨或铵盐在硝化细菌的作用下最终氧化成硝酸盐，这一过程叫作硝化作用。氨化作用和硝化作用产生的无机氮，都能被植物吸收利用。在氧气不足的条件下，土壤中的硝酸盐被反硝化细菌等多种微生物还原成亚硝酸盐，并且进一步还原成分子态氮，分子态氮则返回到大气中，这一过程叫作反硝化作用。大气中的分子态氮被还原成氨，这一过程叫作固氮作用。没有固氮作用，大气中的分子态氮就不能被植物吸收利用。地球上固氮作用的途径有3种：生物固氮、工业固氮(用高温、高压和化学催化的方法，将氮转化成氨)和高能固氮(如闪电等高空瞬间放电所产生的高能，可以使空气中的氮与水中的氢结合，形成氨和硝酸，氨和硝酸则由雨水带到地面)。据科学家估算，每年生物固氮的总量占地球上固氮总量的90%左右，至今的研究认为，固氮主要是原核微生物。可见，微生物固氮在地球的氮循环中具有十分重要的作用。

6.3.3　微生物在环境保护中的作用

环境污染是指生态系统的结构和机能受到外来有害物质的影响或破坏，超过了生态系统的自净能力，打破了正常的生态平衡，给人类造成严重危害。随着工业高度发展、人口急剧增长，在人类生活的环境中，大量的生活废弃物，工业生产形成的“三废”(废气、废渣和废水)及农业上使用化肥、农药的残留物等，特别是生活污水和工业废水，不经处理，大量排放入水体，给人类生存环境造成严重污染。环境污染对人畜健康、工业、农业、水产业等都有很大危害，所以保护生态环境已成为人类关心的大问题。

环境保护除保护自然环境外，就是防治污染和其他公害。微生物不但可以处理污染物，还可用于环境监测，所以微生物在环境保护方面起着重要作用。

6.3.3.1　微生物对污染物的降解与转化

生物降解是微生物(也包括其他生物)对物质(特别是环境污染物)的分解作用。生物降解和传统的分解在本质上是一样的，但又有分解作用所没有的新的特征(如共代谢、降解性质粒等)，因此可视为分解作用的扩展和延伸。生物降解是生态系统物质循环过程中的重要一环。

发生在自然界的有机物的氧化分解过程也见于污染物的降解，主要包括氧化反应、还原反应、水解反应和聚合反应。化学结构是决定化合物生物降解性的主要因素，一般一种有机物其结构与自然物质越相似，就越易降解，结构差别越大，就越难降解。因此，部分具有不常见取代基和化学结构的化学农药难以生物降解而残留。塑料薄膜因分子体积过大而抗降解，造成白色污染。

环境污染中所说的重金属一般指汞、镉、铬、铅、砷、银、硒、锡等。微生物特别是细菌、真菌在重金属的生物转化中起重要作用。微生物可以改变重金属在环境中的存在状态，会使化学物毒性增强，引起严重环境问题，还可以浓缩重金属，并通过食物链积累。另一方面微生物直接和间接的作用也可以去除环境中的重金属，有助于改善环境。

汞所造成的环境污染最早受到关注，汞的微生物转化及其环境意义具有代表性。汞的微生物转化包括3个方面：无机汞(Hg^{2+})的甲基化；无机汞(Hg^{2+})还原成Hg；甲基汞和其他有机汞化合物裂解并还原成Hg。包括梭菌、脉孢菌、假单胞菌等和许多真菌在内的微生物具有甲基化汞的能力。能使无机汞和有机汞转化为单质汞的微生物被称为抗汞微生物，包括铜绿假单胞菌、金黄色葡萄球菌、大肠杆菌等。微生物的抗汞功能是由质粒控制的。

微生物对其他重金属也具有转化能力，硒、铅、锡、镉、砷、铝、镁、钯、金、铊也可以甲基化转化。微生物虽然不能降解重金属，但通过对重金属的转化作用，控制其转化途径，可以达到减轻毒性的作用。

6.3.3.2 环境污染介质的微生物处理

人类生产和生活活动产生的污水（废水）、废气及固体废弃物都可以用生物方法进行处理。

1. 污水处理

水源的污染是危害最大、最广的环境污染。污水的种类很多，包括生活污水、农牧业污水、工业有机废水和有毒污水等。这些污水必须先经处理，除去其杂质与污染物，待水质达到一定标准后，才能排入自然水体或直接供给生产和生活重复使用。

污水处理的方法有物理法、化学法和生物法。各种方法都有其特点，可以相互配合、相互补充。目前应用最广的是微生物学方法，其优点是效率高、费用低、简单方便。基本原理是污水在充分曝气条件下，通过需氧微生物的旺盛代谢活动，氧化分解有机污染物，使污水净化。根据污水处理过程中起作用的微生物对氧气需求的不同，可将污水生物处理分为需氧处理与厌氧处理两大类。常用的方法有：活性污泥法、生物膜法、氧化塘法、厌氧消化法和土地处理法5大类型。

2. 固体废弃物处理

固体废弃物是指被人们丢弃的固体状和泥状的污染物质。处理的方法有焚烧、填埋、综合利用、生物法等。其中生物法主要是利用微生物分解有机物，制作有机肥料和沼气，可分为好氧性堆肥法和厌氧发酵法两大类。

好氧性堆肥法的基本生物化学反应过程与污水生物处理相似，但堆肥处理只进行到腐熟阶段，并不需有机物的彻底氧化，这一点与污水处理是不同的。一般认为堆料中易降解有机物基本上被降解即达到腐熟。这个过程大致可分为嗜温好氧菌为主的产热阶段、嗜热菌占主导的高温阶段和嗜温菌（最适温度为中温，能耐受高温）为主的降温腐熟阶段。

厌氧发酵法包括厌氧堆肥法和沼气发酵。厌氧堆肥法是指在不通气条件下，微生物通过厌氧发酵将有机废弃物转化为有机肥料，使固体废物无害化的过程。堆制方式与好氧堆肥法基本相同，但此法不设通气系统。有机废弃物在堆内进行厌氧发酵，温度低，腐熟及无害化所需时间长。利用固体废弃物进行沼气发酵与污水的厌氧处理情况基本相似，也有3个相似的阶段，最后可产生甲烷、CO_2 等产物。该技术在城市下水道污泥、农业固体废弃物（农作物秸秆等）和粪便处理中得到广泛应用。我国农村大力推广的沼气工程对改善农村生态环境和环境卫生有重要作用。

3. 气态污染物的生物处理

气态污染物的生物处理技术是生物降解污染物的新应用。生物处理气态污染物的原理与污水处理是一致的，本质上是对污染物的生物降解与转化。生物降解作用难于在气相中进行，所以废气的生物处理中，气态污染物首先要经历由气相转移到液相或固体表面液膜中的过程。降解与转化液化污染物的也是混合的微生物群体。处理过程在悬浮或附着系统的生物反应器中进行。提高净化效率需要增强传质过程（即污染物从气相转入液相）和创造有利于转化和降解的条件。

4.污染环境的生物修复

生物修复是微生物催化降解有机污染物,转化其他污染物从而消除污染的一个受控或自发进行的过程。生物修复基础是发生在生态环境中的微生物对有机污染物的降解作用。由于自然的生物修复过程一般较慢,难以实际应用,生物修复技术则是工程化在人为促进条件下的生物修复,它是传统的生物处理方法的延伸,其创新之处在于它治理的对象是较大面积的污染。由于污染环境和污染物的复杂多样,因而产生了不同于传统治理点源污染的新概念和新的技术措施。

目前生物修复技术主要用于土壤、水体(包括地下水)、海滩的污染(如原油的泄漏)治理以及固体废弃物的处理。主要的污染物是石油烃及各种有毒有害难降解的有机污染物。

生物修复的本质是生物降解,能否成功取决于生物降解速率,在生物修复中采取强化措施促进生物降解十分重要。这包括:①接种微生物。目的是增加降解微生物的数量,提高降解能力,针对不同的污染物可以接种人工筛选分离得到的高效降解微生物或人工构建的遗传工程菌。②添加微生物营养物质。微生物的生长繁殖和降解活动需要充足均衡的营养,为了提高降解速度,需要添加缺少的营养物。③提供电子受体。为使有机物的氧化降解途径畅通,要提供充足的电子受体,一般为好氧环境提供氧,为厌氧环境的降解提供硝酸盐。④提供共代谢底物。共代谢有助于难降解有机污染物的生物降解。⑤提高生物可利用性。低水溶性的疏水污染物难于被微生物降解,利用表面活性剂、各种分散剂来提高污染物的溶解度,可提高生物可利用性。⑥添加生物降解促进剂。一般使用 H_2O_2 可以明显加快生物降解的速度。

6.3.3.3 环境污染的微生物监测

生态环境中的微生物是环境污染的直接承受者,环境状况的任何变化都对微生物群落结构和生态功能产生影响,因此可以用微生物指示环境污染。由于微生物易变异,抗性强,微生物作为环境污染的指示物在应用上不及动物和植物广泛而规范。但微生物的某些独有的特性使微生物在环境监测中有特殊作用。

粪便中肠道病原菌对水体的污染是引起霍乱、伤寒等流行病的主要原因。沙门氏菌、志贺氏菌等肠道病原菌数量少,检出鉴定困难。因此不能把直接检测病原菌作为常规的监测手段,从而提出了检测与病原菌并存于肠道且具相关性的“指示菌”,从它们的数量来判定水质污染程度和饮水(包括食品等)的安全性。大肠菌群是最基本的粪便污染指示菌,是最常用的水质指标之一。

环境污染物的遗传学效应主要表现在污染物的致突变作用,致突变作用是致癌和致畸的根本原因。具有致突变作用或怀疑具有致突变效能的化合物数量巨大,这就要求发展快速准确的检测手段。微生物生长快的特点正适合这种要求,微生物监测被公认是对致突变物最好的初步检测方法。

Ames 试验准确性较高、周期短、方法简便,可反应多种污染物联合作用的总效应。人们称此法是一种良好的潜在致突变物与致癌物的初筛报警手段。

研究学习微生物的生态学可知,虽然有些微生物是环境的污染物,污染着空气、土壤和水域并引起疾病,但更多的微生物在保护环境及修复被污染的环境中起着极为重要的作用。研究微生物去除有机、无机污染物质的能力和代谢机制，为保护和修复环境设计合理措施，已成为各国微生物生态学家、环境微生物学家所致力研究的重点课题之一。

党的十八大明确提出大力推进生态文明建设，生态文明已正式写入我国《宪法》。“保护环境就是保护人类自己”，这不仅仅是一句口号。保护环境要从我做起，从现在做起，从日常饮食、绿色出行等生活的点滴做起，进而影响身边人，共同建设我们的“美丽中国”。

党的十八大以来，坚持绿水青山就是金山银山的理念，坚持山水林田湖草沙一体化保护和系统治理，全方位、全地域、全过程加强生态环境保护，生态文明建设从认识到实践都发生了历史性、转折性、全局性变化，创造了举世瞩目的生态奇迹和绿色发展奇迹。祖国的天更蓝、山更绿、水更清，为食品安全和粮食安全提供了保障，为满足人民日益增长的美好生活的需求奠定了基础。

二维码 6-3　海洋养殖环境微生物多样性及其作用

本章小结

微生物生态学是研究微生物群体-微生物区系或正常菌群与其周围的生物和非生物环境条件相互作用关系的科学。

微生物在自然界中的分布：土壤中的微生物的数量和种类最多，是微生物的“大本营”，主要种类有细菌、放线菌、真菌、藻类和原生动物等类群。水体中的微生物分为淡水微生物和海洋微生物两大类型，淡水微生物主要有细菌、放线菌、真菌、病毒、藻类和原生动物等；海洋微生物包括细菌、真菌、藻类、原生动物及噬菌体等。水生微生物的区系分为清水型水生微生物和腐败型水生微生物。空气不是微生物生长繁殖的良好场所，但也含有一定数量的微生物，主要有各种球菌、芽孢杆菌、产色素细菌以及对干燥和射线有抵抗力的真菌孢子等。人体中存在有正常的微生物菌落，如皮肤上的葡萄球菌、链球菌等；口腔中的乳酸杆菌等。正常微生物菌落的存在可以抑制或排斥病原微生物的生长。在正常动物体的皮毛上经常有葡萄球菌、链球菌和双球菌等，在肠道中存在着大量的拟杆菌、大肠杆菌、双歧杆菌、乳杆菌、粪链球菌、产气荚膜梭菌、腐败梭菌和纤维素分解菌等。

农产品上生存着大量的微生物，分为原生性微生物区系和次生性微生物区系。各种粮食和饲料上的微生物以曲霉属、青霉属和镰孢霉属的一些种为主。霉腐变质的食品上经常有各种致病菌和真菌毒素等有毒代谢产物存在，严重影响食品安全，需要严格控制。

高温、低温、高酸、高碱、高盐、高压或高辐射强度等极端环境下生活着极端微生物，包括嗜热菌、嗜冷菌、嗜酸菌、嗜碱菌、嗜压菌、抗辐射微生物。

微生物在自然界中以互生、共生、拮抗、寄生、捕食等关系存在。

微生物在生态系统中主要作为分解者起着重要作用。如参与所有的物质循环，分解生物圈内存在的动物和植物残体等复杂有机物质，供初级生产者使用。通过生物降解作用，利用微生物进行污水、固体废弃物及气态污染物处理，还可进行环境的生物修复等。

重要名词

微生物生态学　正常菌群　互生　共生　拮抗　生物修复　生态系统　生物降解

思考题

1. 什么是生态学？什么是微生物生态学？
2. 简述研究微生物生态的理论意义和实践价值。
3. 简述不同的自然环境中微生物的分布状况，以及各自的优势代表类群。
4. 简述食品环境中的微生物，以及各类微生物对食品和人类的影响。
5. 什么是无菌动物、悉生生物？简述它们的特征。
6. 什么是根际微生物、附生微生物？它们各自的特征是什么？
7. 微生物与生物环境间的相互关系有哪些？
8. 微生物在环境保护中有何作用？
9. 用生态学原理分析食品环境微生物污染的一两个案例。

第 7 章

微生物与食品制造

本章学习目的与要求

1. 了解在食品制造中主要微生物的特征及其作用。
2. 掌握各种酿造食品或发酵食品的生产工艺及其要点。

21 世纪以来,以现代生物技术为导向的生物资源开发和竞争是世界经济发展的战略重点之一,生物技术的重大突破和发展正在深刻地改变世界经济发展模式和人类社会生活方式。在各类生物资源中,微生物资源的应用在革命性地解决人类发展面临的重大问题,如食品、健康和生物安全等方面,已经发挥了巨大的作用并展现出了广阔的前景。微生物资源是生物技术创新的突破口,也是形成颠覆性技术的源泉。

微生物用于食品制造是人类利用微生物的最早、最重要的一个方面,在我国已有数千年的历史。人们在长期的实践中积累了丰富的经验,利用微生物制造了种类繁多、营养丰富、风味独特的食品。随着科学技术的进步,微生物在食品工业中的应用前景更加广阔。

食品制造中所涉及的微生物类群主要有细菌、酵母和霉菌等。

7.1　食品发酵的类型与特点

7.1.1　发酵的含义

7.1.1.1　传统意义的发酵

早在几千年前,人们就开始从事酒、酱、醋、奶酪等的发酵生产,并积累了许多有关发酵的经验。虽然发酵业历史悠久,但由于科学水平的限制,人们对于发酵本质的认识还停留在感性认识阶段。十七世纪后,随着西方近代资本主义制度的建立,科学技术得到了前所未有的发展。荷兰人列文·虎克通过自制的显微镜第一次观察到了微生物。十九世纪初,巴斯德通过曲颈瓶试验否定了自然发生说,并提出了"发酵是微生物作用的结果"。

发酵(fermentation),是拉丁语"沸腾"(fever)的派生词,它描述酵母菌作用于果汁或麦芽汁产生气泡的现象,或者是指酒的产生过程。

7.1.1.2　生化或生理学意义上的发酵

生理生化意义上的发酵指微生物在无氧条件下,分解各种有机物质产生能量的一种方式。或者更严格地说,发酵是以有机物作为电子受体的氧化还原产能反应。如葡萄糖在无氧条件下被微生物利用产生酒精并放出二氧化碳,同时获得能量;丙酮酸被还原为乳酸而获得能量等。

根据最终电子受体(或最终受氢体)可将微生物的呼吸类型分为 3 类:发酵、好氧呼吸、无氧呼吸。

(1)发酵　在无外在电子受体时,微生物氧化一些有机物。有机物仅发生部分氧化,以它的中间代谢产物(即分子内的低分子有机物)为最终电子受体。

(2)好氧呼吸　当存在外在的最终电子受体—分子氧 O_2 时,底物可全部被氧化成 CO_2 和 H_2O 并产生 ATP。

(3)无氧呼吸　在电子传递体系中,氧化 $NADH_2$ 时的最终电子受体不是分子氧 O_2,而是氧气以外的无机化合物—NO_2^-、NO_3^-、SO_4^{2-} 及 CO_2。

7.1.1.3　工业意义上的发酵

它泛指利用微生物的某种特定功能,通过现代工程技术手段生产有用物质的过程。或者说,发酵是利用特定的微生物,控制适宜的工艺条件,生产人们所需的产品或达到某些特定目的的过程。它包括厌氧培养的生产过程，如酒精、乳酸、丙酮、丁醇等，以及通气（有氧）培养的生产过程，如抗生素、氨基酸、酶制剂等的生产。产品既有微生物细胞代谢产物，也包括菌体细胞（如单细胞蛋白）、酶等。

7.1.2 发酵的类型与特点

7.1.2.1 发酵的类型

根据发酵的特点和微生物对氧的不同需要，可以将发酵分成若干类型：

(1)按发酵原料分　糖类物质发酵、石油发酵及废水发酵等类型。

(2)按发酵产物分　如氨基酸发酵、有机酸发酵、抗生素发酵、酒精发酵、维生素发酵等。

(3)按发酵培养基的形态分　固态发酵、液体深层发酵和半固态发酵。

(4)按发酵工艺流程分　分批式发酵、连续式发酵和补料分批式发酵。

(5)按发酵菌种对氧气的需求分　厌氧发酵和好氧发酵两大类型。

7.1.2.2 发酵的特点

①以可再生资源为原料。发酵所用的原料通常以淀粉质、糖蜜、秸秆或其他农副产品为主，只要加入少量的有机和无机氮源就可进行反应。此外，可以利用废水和废物等作为发酵的原料进行生物资源的改造和更新。

②微生物主体，转化效率高。微生物菌种是进行发酵的根本因素，可以通过筛选、诱变或基因工程手段获得高产优良的菌株。发酵对杂菌污染的防治至关重要，除了必须对设备进行严格灭菌和空气过滤外，反应必须在无菌条件下进行，维持无菌条件是发酵成败的关键。

③反应条件温和，易控制。发酵过程一般来说都是在常温常压下进行的生物化学反应，反应安全，要求条件简单。

④产物单一，纯度高。发酵过程是通过生物体的自动调节方式来完成的，反应的专一性强，因而可以得到较为单一的代谢产物。微生物能够专一性地和高度选择地对某些复杂的化合物进行特定部位的转化反应，也可以产生比较复杂的高分子化合物。

7.2 细菌与食品发酵

细菌（bacteria）是单细胞、行二分裂的原核微生物。细菌细胞的基本结构包括：细胞壁、细胞质膜、拟核、细胞质。很多细胞在不同的生长阶段常形成一些特殊结构，如鞭毛、菌毛、荚膜、芽孢等。细菌在自然界分布广，种类多，与人类生产和生活的关系十分密切。

7.2.1 谷氨酸发酵

氨基酸是构成蛋白质的基本单位。广泛应用于医药、食品及其调味剂、动物饲料、化妆品的制造。尽管科学家早已揭示了氨基酸的化学构造，但氨基酸作为一种工业产品其发展历史不过短短半个多世纪。世界上最早从事氨基酸工业化生产的是日本味之素公司的创造人——菊地重雄。20 世纪 40 年代初他在实验室中偶然发现：在海带浸泡液中可提取出一种白色针状结晶物。用舌头尝尝该物质具有强烈鲜味，化学分析结果表明它是谷氨酸的一种钠盐（菊地将其命名为“味之素”并沿用至今）。毫无疑问，“味之素”具有广阔的市场前景，但海带中含量太低无法作为工业生产原料。为寻找适合“味之素”工业化生产的廉价原料，菊地及其助手做了无数次实验，最后终于找到一种工业化生产味之素的新途径即利用小麦粉加工淀粉后剩下的谷朊（俗名“面筋”）为原料。首先用盐酸将其水解得到麸酸（谷氨酸），然后加入纯碱中和即可得到食品级的麸酸钠（谷氨酸钠）。麸酸（谷氨酸）是世界上第一个工业化生产的氨基酸单一产品。此后，科学家利用蛋白质水解法可将羽毛、人发、猪血等原料水解成为氨基酸，但这些氨基酸多为“混合型氨基酸”（由若干种氨基酸所组成），其拆分十分困难。在20世纪60年代确立的工业微生物发酵法使氨基酸工业开始起飞。目前60%以上的氨基酸是采用生物发酵法进行生产的，其中产量最大的是谷氨酸，其次是赖氨酸。从20世纪90年代至今，全球氨基酸市场始终处于上升通道。2014年全球氨基酸市场，各种氨基酸产品销售数量合计658.20万吨，2015年这一数字增至719万吨，2016年接近800万吨。过去几年，世界氨基酸市场复合增长率为5.6%，预计到2022年总销售量将达1 105万吨，届时总销售额将达惊人的354亿美元或更高。目前，氨基酸品种多达数十种，广泛地用于医药保健、食品添加剂、日用化工、农药等。随着生物工程技术产业逐步成为21世纪全球的主导产业之一，氨基酸产业的发展也日新月异。

我国氨基酸工业始于20世纪60年代，目前已有氨基酸生产企业100余家，2000年总产量达85万t，其中谷氨酸钠的产量已位居世界首位，赖氨酸和苏氨酸的产量已占全球比重的2/3和1/4。而其他种类的氨基酸由于生产规模小，生产工艺落后，因此难以与日本味之素、协和发酵和德国的Degussa等公司抗衡。

谷氨酸学名*α*-氨基戊二酸，是里索逊1856年发现的，大量存在于谷类蛋白质中，动物脑中含量也较多。它是生物机体内氮代谢中重要的氨基酸之一，是连接糖代谢与氨基酸代谢的中间产物。*L*-谷氨酸钠俗称味精，是食品工业常用的增鲜剂，过去生产味精主要用小麦面筋（谷蛋白）水解法进行，现改用微生物发酵法来进行大规模生产。目前，全世界谷氨酸钠年产量300万t，约占氨基酸总产量的1/2。我国有近50家生产味精的企业，年产量约为60万t，居世界首位。

7.2.1.1 *L*-谷氨酸发酵机理

糖经过酵解途径（EMP）和己糖单磷酸途径（HMP）生成丙酮酸。一方面，丙酮酸氧化脱羧生成乙酰CoA；另一方面，经CO_2固定作用生成草酰乙酸；两者合成柠檬酸进入三羧酸循环（TCA循环），由三羧酸循环的中间产物*α*-酮戊二酸，在谷氨酸脱氢酶的催化下，还原氨基化合成谷氨酸（图7-1）。

7.2.1.2 *L*-谷氨酸发酵原料

目前已知的所有谷氨酸产生菌都不能直接利用淀粉或糊精，而只能以葡萄糖或糖蜜等作为碳源。其中葡萄糖是由山芋淀粉、玉米淀粉、大米或木薯淀粉水解而成，故又称水解糖。根据原料性质的不同，制取水解糖的方法有酸解法和酶解法。

国内常用的是淀粉酸水解工艺：干淀粉用水调成10～11°Bé的淀粉乳，用盐酸调至pH 1.5左右；然后直接用蒸汽加热，水解压力30×10^4 Pa，时间25 min左右；糖化液冷却至80℃，用NaOH调节pH至4.0～5.0，使糖化液中的蛋白质和其他胶体物质沉淀析出；然后用粉末状活性炭脱色，活性炭用量为淀粉量的0.6%～0.8%，70℃、酸性环境下搅拌；最后在45～60℃下过滤得到淀粉水解液。

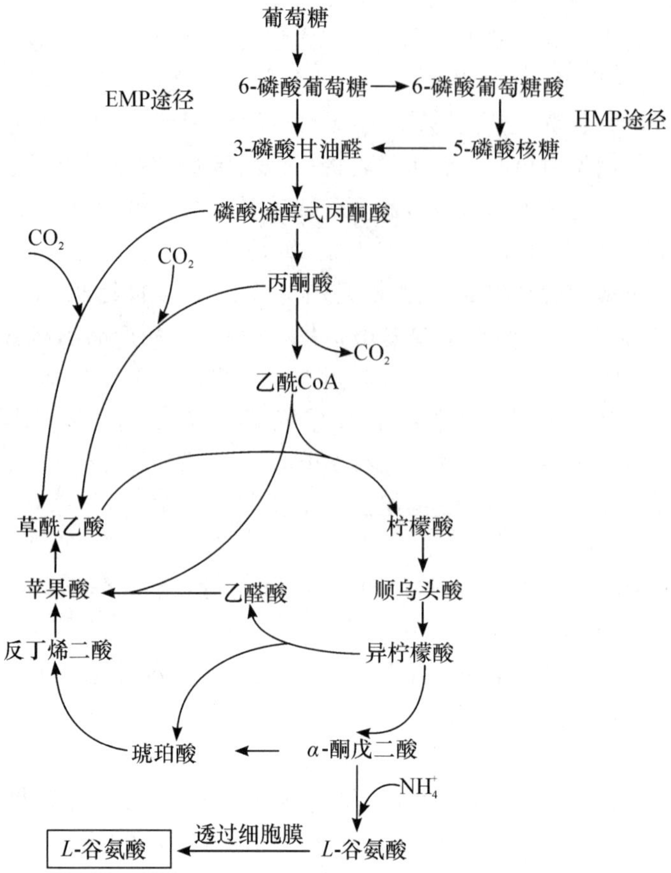

图 7-1　谷氨酸发酵原理

7.2.1.3　*L*-谷氨酸发酵菌种

L-谷氨酸发酵生产菌种主要有棒状杆菌属、短杆菌属、小杆菌属的细菌。以上菌属中有许多菌种适用于糖质原料的谷氨酸发酵。我国 *L*-谷氨酸发酵生产所用菌种有北京棒状杆菌 AS 1.299、钝齿棒状杆菌 AS 1.542、HU 7251 及 7338、B9 等。

7.2.1.4　*L*-谷氨酸钠发酵工艺

L-谷氨酸钠发酵生产工艺流程见图 7-2。

1. 摇瓶种子培养

将活化后的斜面种子接种至液体培养基中(装液量 200 mL/1 000 mL)，32℃震荡培养 12 h 左右。要求菌体形态正常，革兰氏阳性，排列整齐，成“八”字形，pH 为 6.5～6.8，光密度 1.0 左右。

采用的液体培养基，由葡萄糖、玉米浆、尿素、磷酸氢二钾、硫酸镁、硫酸铁及硫酸锰等组成。

2. 二级种子培养

培养基除用水解糖代替葡萄糖外，其他与一级种子培养基相仿。种子罐的接种量通常为

1%～5%，罐压 0.1 MPa，32℃通气培养 7～10 h，搅拌通气比(VVM)为 1∶(0.25～0.5)即可移种或冷却至 10℃备用。

3. *L*-谷氨酸发酵生产

发酵初期，菌体生长迟滞，2～4 h 后即进入对数生长期，此时由于代谢旺盛，糖耗快，因此须以流加的方式添加尿素，以供给氮源并调节培养液的 pH 至 7.5～8.0，同时保持温度为 30～32℃。本阶段主要是菌体生长，几乎不产酸，体内生物素含量由丰富转为贫乏，时间约 12 h。随后转入谷氨酸合成阶段，此时菌体浓度基本不变，糖与尿素分解后产生的 α-酮戊二酸和氨主要被用来合成谷氨酸。这一阶段应及时流加尿素以提供氨及维持谷氨酸合成，最适 pH 7.2～7.4，需大量通气，并将温度提高到谷氨酸合成最适温度 34～37℃。发酵后期，菌体衰老，糖耗慢，残糖低，需减少流加尿素量。当营养物质耗尽、谷氨酸浓度不再增加时，及时放罐，发酵周期约为 30 h。

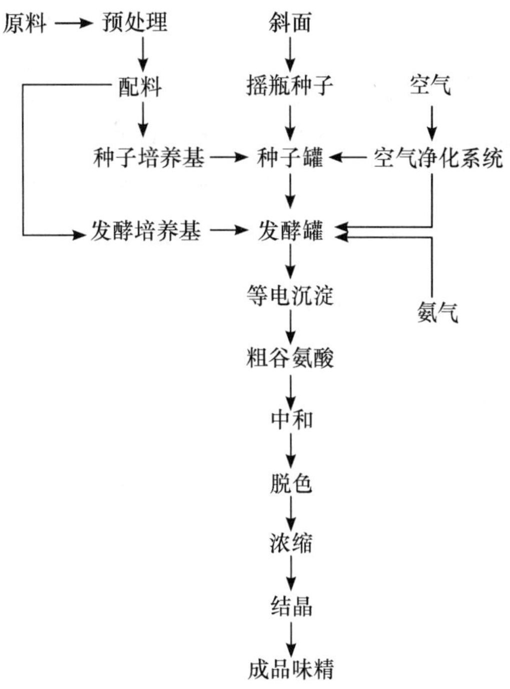

图 7-2　味精的生产工艺

4. *L*-谷氨酸钠的提取

谷氨酸钠提取有等电点法、离子交换法、金属盐沉淀法、盐酸盐法和电渗析法，以及将上述方法结合使用的方法。国内多采用的是等电点-离子交换法。谷氨酸钠的等电点为 3.22，这时它的溶解度最小，所以将发酵液用盐酸调节到 pH 3.22，谷氨酸钠就可结晶析出。晶核形成的温度一般为 25～30℃，为促进结晶，需加入 α 型晶种育晶 2 h。等电点搅拌之后静置沉降，再用离心法分离得到谷氨酸钠结晶。等电点法提取了发酵液中的大部分谷氨酸钠，剩余的谷氨酸钠可用离子交换法，一步进行分离提纯和浓缩回收。谷氨酸钠是两性电解质，故与阳性或阴性树脂均能交换。当溶液 pH 低于 3.2 时，谷氨酸钠带正电，能与阳离子树脂交换。目前国内多用国产 732 型强酸性阳离子交换树脂来提取谷氨酸钠，然后在 65℃左右用 6% NaOH 溶液洗脱。

7.2.2　黄原胶

7.2.2.1　黄原胶概况

黄原胶(xanthan gum)，称黄胶、汉生胶、黄单细胞多糖，是野油菜黄单胞杆菌(*Xanthomonas campestris*)以碳水化合物(如玉米淀粉等)为主要原料，经发酵工程生产的一种用途广泛的微生物胞外多糖，简称 XC。1952 年由美国农业部伊利诺伊州皮奥里尔北部研究所分离得到甘蓝黑腐病黄单胞菌，并使甘蓝提取物转化为水溶性的酸性胞外杂多糖而得到。它是一种白色或浅黄色可以自由流动的粉末，可溶于热水或冷水，是目前国际上性能较为优越的生物胶，具有高耐酸、碱、盐特性，高耐热稳定性等独特的理化性质，集增稠、悬浮以及乳化稳定等功能性质于一身。目前被广泛应用于食品、石油、地矿、陶瓷、纺织、印染、医药、造纸、灭火、涂料、化妆品等20多个行业。

作为一种新型的发酵类多糖产品，1964年，首先由美国Kelco公司实现了黄原胶的工业化生产。1979年世界黄原胶总产量为2 000 t，2000年达10万t以上。生产黄原胶的国家和地区主要有美国、法国、奥地利、英国、日本、德国、韩国、中国。其中能够大规模生产黄原胶的国家有美国、法国、奥地利和日本。仅美国Kelco公司就达到年产1.5万～2万t的生产规模，是世界上最大的黄原胶生产厂。由于黄原胶具有许多优良特性及其应用领域的不断拓宽，国内外市场前景广阔。单美国市场黄原胶年销售额达10多亿美元，仅次于抗生素和溶剂的年产值，在发酵产品中居第3位，其需求量以每年5%～8%的速度递增。从国内市场看，对黄原胶的需求量与生产量有很大差距，据专家预测，如果石油工业有1/4转井采用黄原胶泥浆处理剂，年需求量就达3 000～5 000 t；而食品所用的增稠剂和乳化剂以0.1%加入量计算就需8 000 t/年，即使仅有1/2添加黄原胶也需4 000 t/年；其他行业年需求量约数百万吨；加之国外市场的需求，黄原胶的年需求量将超过10 000 t。而且国内生产黄原胶的原料价格和劳务成本很低，具有很好的发展前景，并可推动我国石油、食品等行业的进步和发展。2005年开始，中国已成为世界最大的黄原胶生产基地之一，近年来产量的复合年增长率达53%。2010年，中国的黄原胶总产量达到74 000 t，大约占到全球总产量的67%。

自美国FDA 1969年批准黄原胶添加至食品中后，作为黄原胶的最大生产国和消费国，其70%的黄原胶被用于食品中。我国1979年才开始对黄原胶进行研究开发，虽然起步较晚，但我国科技工作者依靠自己的智慧和力量，在无任何资料可供借鉴的情况下，毅然从自然界中筛选出黄原胶生产菌株，并研制开发出高附加值的发酵产品——黄原胶，并于80年代投入商品化生产。随着黄原胶生产和应用范围的进一步发展，目前北京、四川、郑州、苏州、山东等地都有黄原胶生产新厂建成，预示着我国的黄原胶生产将呈现一个新的局面。

7.2.2.2 黄原胶的分子结构

黄原胶是由*D*-葡萄糖、*D*-甘露糖、*D*-葡萄糖醛酸、乙酸和丙酮酸组成的“五糖重复单元”结构聚合体，分子比为2.8∶3∶2∶1.7∶(0.51～0.63)。黄原胶分子的一级结构是由β-1,4-葡萄糖苷键连接的*D*-葡萄糖基主链与三糖单位的侧链组成，其侧链由*D*-甘露糖和*D*-葡萄糖醛酸交替连接而成，分子比例为2∶1，三糖侧链由在C-6位置带有乙酰基的*D*-甘露糖以α-1,3糖苷键与主链连接，在侧链末端的*D*-甘露糖残基上以缩醛形式带有丙酮酸(图7-3)，其含量对性能有很大影响，在不同溶氧条件下发酵所得的黄原胶，其丙酮酸含量有明显差异。

黄原胶的相对分子质量在$(2\sim50)\times10^6$之间。近年来，国内外学者对黄原胶在水溶液中的构象进行了大量的研究，认为黄原胶在氯化钠水溶液中主要以多分子缔合状态存在，少量以单分子状态存在，且为蠕状链，缔合状态的分子呈分段的双股螺旋构象，这是黄原胶的二级结构。黄原胶的双螺旋依靠微弱的共价键形成网状立体结构，这是黄原胶的三级结构，它在水中以液晶的形式存在。

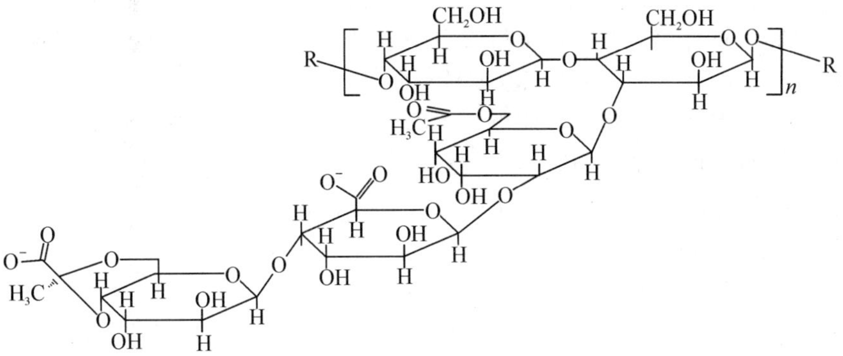

图 7-3 黄原胶的分子结构

7.2.2.3 黄原胶的生产

1. 黄原胶生产工艺流程

菌种的扩培→发酵原料配比→发酵→发酵条件控制→分离→提纯→干燥

2. 黄原胶生产菌种

黄原胶生产有广泛的微生物来源，黄单胞菌属的许多种类菌株都能产生黄原胶。目前，国内外用于生产黄原胶的菌种大多是从甘蓝黑腐病病株上分离到的甘蓝黑腐病黄单胞菌，也称野油菜黄单胞菌（*X. campestris*）。另外生产黄原胶的菌种还有菜豆黄单胞菌（*X. phaseoli*）、锦葵黄单胞菌（*X. malvacearum*）和胡萝卜黄单胞菌（*X. Carotae*）等。我国目前已开发出的菌株有南开-NK01、山大 S-152、008、江苏食品发酵所选育的 N-49-8、中科院微生物研究所选育的 L4 和 L5 等菌株。

黄单胞菌是目前黄原胶生产的理想菌株，但其最大的缺点就是遗传性状不稳定，易发生自发突变。

3. 黄原胶的发酵生产

(1)发酵培养基　培养基对黄单胞菌合成黄原胶的影响非常显著。培养基中的碳源一般是糖类、淀粉等碳水化合物。氮源主要有蛋白胨、酵母膏、玉米浆和一些无机氮源，如钾、钠、铵的硝酸盐和硫酸盐。一般来说，黄单胞菌容易利用有机氮源，而不易利用无机氮源。因此生产上多采用鱼粉蛋白胨、大豆蛋白胨、豆饼粉等，其中以鱼粉蛋白胨最佳，它对产物的生成有明显的促进作用。某些无机离子和微量元素对黄原胶的合成也有重要的影响，如磷、硫、镁、钙、钾、锌等对菌体和产物的合成具有明显的促进作用。另外，表面活性剂对黄原胶的发酵生产也具有重要的影响。

(2)发酵生产　摇瓶发酵条件是接种量 1%～5%，旋转式摇床转速 220 r/min，培养温度 28℃，发酵 72 h 左右。发酵结束，黄原胶产酸能力为 20～30 g/L，对碳源的转化率在 60%～70%。工业化生产条件接种量为 5%～8%；由于培养基的高黏度，黄原胶生产属高需氧量发酵，需大通风量，一般为 0.6～1 $m^3/(m^3 \cdot min)$；发酵温度为 25～28℃；碳源的起始浓度一般在 2%～5%。

黄原胶的收率取决于碳、氮源的种类和发酵条件。目前收率一般在起始糖量的 40%～

75%。黄单胞菌容易利用有机氮源，而不易利用无机氮源。有机氮源包括鱼粉蛋白胨、大豆蛋白胨、鱼粉、豆饼粉、谷糠等。其中以鱼粉蛋白胨为最佳，它对产物的生成有明显的促进作用，一般使用量为 0.4%～0.6%。在氮源浓度较低时，随氮源浓度的提高，细胞浓度也增加，黄原胶的合成速率加快，黄原胶得率也相应提高。起始氮源在中等浓度时，细胞浓度和黄原胶的合成速率均有提高，发酵时间被缩短，但黄原胶的得率却降低，这是因为细胞生长过快，使用于细胞生长及维持细胞生命的糖量增加，用于合成黄原胶的糖反而减少，导致黄原胶得率下降。如果采用发酵后期流加糖的方法，使糖浓度始终维持在一定的水平，那么，由于补加的糖只用于细胞维持生命及合成黄原胶，而没有生长的消耗，从而得率就可比间歇发酵有较大提高。若起始氮源的浓度再提高，虽然细胞浓度有所增加，但黄原胶得率及合成速率却降低了。其主要原因是“氧限制”，高浓度细胞随着发酵的进行，发酵液黏度不断增大，体积传质系数降低，造成氧供应能力逐渐下降，合成速率变慢，得率降低。

黄原胶发酵培养基的起始 pH 一般控制在 6.5～7.0，这有利于初期的细胞生长和后期的黄原胶合成。

4. 黄原胶的下游加工

黄原胶生产包括发酵和下游加工两部分。比较而言，对黄原胶生产的下游加工（分离、纯化和制成成品）研究较少，而下游加工所需费用占生产成本 50%～60%。高品质黄原胶如澄清型黄原胶、速溶型黄原胶（这些产品进口价格均为国内食品级黄原胶价格的 2 倍以上）等，其下游加工费用更高。因此，下游加工过程直接决定黄原胶的质量和生产成本，下游加工技术已成为黄原胶生产的关键工序。

黄原胶下游加工工艺流程如下：

黄原胶发酵液→预处理（调 pH、加热、稀释等）→固液分离（过滤、超滤、离心分离等）→初步纯化（超滤、沉淀、离心分离等）→高度纯化（溶解、超滤、沉淀、离心分离等）→制成成品（干燥、粉碎等）

（1）发酵液除菌体　黄原胶发酵液是复杂的多相系统。发酵液中除有黄原胶外，还有菌体细胞、尚未耗尽的各种培养基成分和色素等。虽然黄原胶在发酵液中含量不高，但黏度大，直接从发酵液中分离黄原胶是困难的。黄原胶发酵液下游加工可分为 4 个阶段：发酵液预处理（调 pH、加热、稀释等）和固液分离（除去菌体）；初步纯化（提取）；高度纯化（精制）；制成成品。发酵液预处理、除菌体是下游加工的第一步，预处理时可先用水稀释，再加硅藻土过滤除去菌体；调 pH 6.3～6.9，加热至 80～130℃保持 10～20 min 杀死菌体，再用中性蛋白酶分解菌体，除去菌体后可以降低黄原胶产品的总氮含量。

（2）初步纯化　黄原胶发酵液经预处理除去菌体后，可用超滤法进行浓缩，提高发酵液中黄原胶的浓度（特别是对于稀释过滤后的发酵液）。通常将发酵液浓缩至黄原胶浓度为 6%左右，再用乙醇沉淀法提取，此法将比直接用乙醇沉淀提取黄原胶节约 3～4 倍乙醇。当然，发酵液经硅藻土过滤后也可直接用乙醇沉淀法提取，或用盐酸沉淀法提取工业级品。

（3）高度纯化　高品质的黄原胶，在经过初步纯化后，还需要进一步精制（高度纯化）才能得到符合质量要求或市场需求的产品。精制可采用溶解、超滤、沉淀和分离等方法；黄原胶精制尚没有找到一种经济实用的方法。

（4）制成成品　根据黄原胶质量国家标准（GB 1886.41—2015）或用户对黄原胶质量的要求，黄原胶经提取、精制后，还需要进一步加工，如干燥、粉碎和包装等工序，制成各种黄原胶产品。黄原胶黏度大，干燥操作困难，常用的方法有真空干燥法、喷雾干燥法、盘式连续干燥法、滚筒干燥法和沸腾干燥法等。真空干燥法简便易行，可用于生产各种等级的黄原胶产品；喷雾干燥法不预处理发酵液、不除菌体，直接进行喷雾干燥，所得产品杂质含量多、颜色深，黏度较小，产品通常为工业级；滚筒干燥法、沸腾干燥法等用于生产食品级黄原胶。

7.2.2.4　黄原胶在食品工业中的应用

黄原胶作为食品添加剂，已被许多国家接受。这种多糖通过控制产品的流变学行为而显著改善食品的质地、口感、外观品质，提高其商业价值，已在饮料、糕点、果冻、罐头食品、海产品、肉制品加工等领域作为重要的稳定剂、悬浮剂、乳化剂、增稠剂、黏合剂及具高附加值、高质量的加工原料。具体可概括为以下几个方面：

①作为耐酸、耐盐的增稠稳定剂，应用于各种果汁饮料、浓缩果汁、调味料(如酱油、蚝油、沙拉调味汁)的食品中。黄原胶的稳定效果明显优于其他胶，具有较强的热稳定性，一般的高温杀菌对其不会有影响，可用于各种果汁饮料、果肉饮料、植物蛋白饮料等，用量为 0.08%～0.3%。黄原胶优良的耐盐耐酸碱性可完全取代酱油中的传统增稠剂淀粉等，可以克服淀粉沉淀的缺点，且能使酱油细腻均一，提高挂壁性和着色性，延长货架期，果酱、豆酱等风味调制酱，用黄原胶作增稠稳定剂，使酱体统一，涂拌性好，不结块，易于灌装，且提高口感。

②作为乳化剂用于各种蛋白质饮料、乳饮料等中，防止油水分层和提高蛋白质的稳定性，防止蛋白质沉淀，也可利用其乳化能力作为起泡剂和泡沫稳定剂，如用于啤酒制造等。在以豆类蛋白为主的乳化体系中加入黄原胶后，乳化性明显提高，并使混合体系具有高的剪切率和热诱导的高黏特性。同时，作为乳化稳定剂应用于冷冻食品，在冰淇淋、雪糕中黄原胶能调整混合物黏度，使其具有均匀稳定的组成，组织滑软。由于黄原胶的黏度和温度的关系有可塑性和剪切性能，故在加工操作时黏度下降，阻力减小，有利于工艺进行；而在冷却老化阶段，黏度恢复，有利于提高膨胀率，防止冰淇淋组织中大冰晶的形成，使冰淇淋口感润滑细腻；同时提高了产品的冻融稳定性，而且在融化时奶油和水混合均匀，不会产生浆液分离现象。

③作为稳定的高黏度填充剂，可广泛应用于各类点心、面包、饼干、糖果等食品的加工，在不改变食品的传统风味的前提下，使食品具有更优越的保形性，更长的保质期，更良好的口感，有利于这些食品多样化和工业化规模生产。在各种冷冻食品生产中，黄原胶具有防止其失水、延缓老化、延长保质期的作用。

④黄原胶可广泛应用于各种肉制品的加工，可明显提高制品的嫩度、色泽和风味，还可以提高肉制品的持水性，从而提高出品率。对方火腿、圆火腿这些肉块制品，需经腌制剂的腌制，不应开始就加入黄原胶，否则黏液层会影响腌制剂的渗透，一般在腌制完后再加入 1%的预先配制好的黄原胶溶液，再加入其他辅料，搅拌均匀后装罐或注入肠衣。

⑤黄原胶可广泛应用于水果、蔬菜的保鲜加工处理，可防止果蔬失水、褐变等现象的发生，从而延长产品保质期。以往人们常采用含有亚硫酸盐的食品保鲜剂处理新鲜果蔬，以求延长生菜生果的货架寿命，但是亚硫酸盐能使食品失去原色而被漂白并产生不愉快的嗅感和味感。经长期研究发现利用黄原胶即可配制不含亚硫酸盐的保鲜剂。黄原胶可应用于罐头食品的加工，有利于保持产品的外观，而且利用黄原胶的假塑性，能控制装罐时的黏度，易于灌注。

⑥黄原胶在面食制品中，是很好的值得推广的添加剂。在面条、拉面、方便面生产中，加入黄原胶，增强了面团的筋力，压出的面片有韧性，烘干时降低断条率，同时改善产品口感，吃口有筋，清新爽滑，对油炸方便面还可节省用油，降低成本。在速冻饺子、馄饨皮中加入黄原胶，

能提高产品的口感,减少烂皮和混汤度;在馅类产品中加入总量0.05%～0.1%的黄原胶,有利于汤汁的保水,保证产品在开水中煮透,汤汁香味浓郁,并可提高和改善口感;黄原胶用作面包、蛋糕等的填充剂成分,可延长这些产品松软的时间,延长产品的货架寿命。

7.3 酵母与食品发酵

酵母是一种单细胞生物,有着天然丰富的营养体系。酵母细胞中含有大量的有机物、矿物质和水分。有机物占细胞干重的90%～94%,其中蛋白质的含量占细胞干重的35%～60%,碳水化合物的含量在35%～60%,脂类物质的含量在1%～5%。酵母细胞中还富含多种维生素、矿物质和多种酶类,能促进其被消化吸收。此外它还含有多种鲜为人知的活性物质,如麦角固醇、谷胱甘肽、超氧化物歧化酶、辅酶A等。

酵母在食品领域中的应用历史悠久,以酿酒和面制品发酵被人们所熟悉,目前其应用已扩大到药品、食品添加剂、保健食品、调味品、饲料、培养基成分等方面。

7.3.1 面包

面包是一种把面粉加水和其他辅助原料等调匀,发酵后烤制而成的食品。现今发现的世界上最早的面包坊诞生于公元前2 500多年前的古埃及。大约在公元前13世纪,摩西带领希伯来人大迁徙,将面包制作技术带出了埃及。至今,在犹太人的"逾越节"时,仍制作一种那里叫作"马佐(matzo)"的膨胀饼状面包,以纪念犹太人从埃及出走。公元2世纪末,罗马的面包师行会统一了制作面包的技术和酵母菌种。他们经过实践比较,选用酿酒的酵母液作为标准酵母。

今天的面包大多数是由工厂的自动化生产线生产的。由于在面粉的精加工研磨过程中维生素损失较多,所以美国等国家在生产面包时经常添加维生素、矿物质等。另外,近年来不少人认为保留麸皮和麦芽对健康更有好处,因此粗面包又再度流行。

从远古时代的人们用石头烘烤面坯到如今采用高科技工艺生产的面包,经历了数千年的历史,不仅是古代劳动人民智慧的体现,更是人类科技文明发展的象征。面包制品不仅品种丰富、数量繁多,而且还以其越来越新的材料、越来越精致的制作工艺赢得了广大消费者的青睐。在欧美一些发达国家,人们的主食中有2/3以上是以面包为主,在国内也逐渐成为人们饮食结构的主食之一。

7.3.1.1 生产菌种

酵母菌是制作面包必不可少的生物疏松剂,其主要作用是将可发酵的碳水化合物转化为二氧化碳和酒精,转化所产生的二氧化碳气体使面团发起,生产出柔软蓬松的面包,并产生香气和优良风味。酵母质量和活性的好坏对面包生产有着重要影响。生产上应用的酵母主要有鲜酵母、活性干酵母及即发干酵母。鲜酵母是酵母菌种在培养基中经扩大培养和繁殖、分离、压榨而制成。鲜酵母发酵力较低,发酵速度慢,不易贮存运输,0～5℃可保存2个月,其使用受到一定限制。活性干酵母是鲜酵母经低温干燥而制成的颗粒酵母,发酵活力及发酵速度都比较快,且易于贮存运输,使用较为普遍。即发干酵母又称速效干酵母,是活性干酵母的换代用品,使用方便,一般无须活化处理,可直接生产。

目前,我国市场上的活性干酵母有中外合资企业生产的梅山牌、安琪牌、东莞牌等产品,另外还有进口法国、荷兰、德国的产品。在选购时应注意产品的生产日期、包装是否密封，且必须注意选购适合配方要求的酵母如耐高糖与低糖的酵母。

7.3.1.2　原辅料

（1）面粉　面粉是面包生产中最主要的结构成分，其作用是形成持久的黏弹性面团。面粉中的面筋性蛋白质（麦胶蛋白和麦谷蛋白）与面团形成关系重大，面筋性蛋白质遇水迅速吸水胀润而形成坚实的面筋网，这种网状结构即称为面团中的湿面筋，它具有特别的黏性和延伸性，形成面包工艺中各种重要的独特的理化性质。

（2）盐　在发酵面团中加盐能增强面粉中面筋的弹性和韧性，使面团能包住更多的气体，延长制品的松软度时间，同时还能调节酵母的生理机能。适量的食盐，有利于酵母生长；过量的盐会抑制酵母生长。如果酵母直接和食盐接触，会很快地被食盐杀死。因此，在调制面团时，宜将盐和面粉拌和，再与酵母和其他物质拌和，或者将食盐用水充分稀释再与酵母液混合制成面团。

面包中食盐的添加量一般占面粉总量的1%～1.5%，主食面包的用盐量可稍多些，但不宜超过3%。

（3）糖　糖是面包的重要辅料之一。使用最多的为蔗糖，其次为淀粉糖浆、葡萄糖、饴糖等。糖在面包生产中的作用有：提供酵母生长所需的碳源；参与美拉德反应，形成面包特有的色、香、味；增加甜味及营养价值，糖的吸湿与持水性能可增加面包的软性，延长其保存期。

（4）油脂　油脂是制作面包不可缺少的一种辅料，其中常用油脂有黄油、猪油、人造奶油、起酥油等。油脂具有改善面团性质、增加面包体积、改善面包的内部组织结构、使面包表皮柔软、促进烘烤色泽、改善风味和口感以及焙烤时防止水分过多流失等作用。

（5）添加剂　使用于面包中的添加剂种类很多，主要有面包改良剂、乳化剂、营养强化剂、酵母营养剂等。面包改良剂能帮助面团的发展和成熟，使它具有良好的弹性、韧性及持气能力。同时提供酵母所需的外加营养以及足够的可发酵糖，从而能进行持续有力的发酵，确保面团在烘烤过程中继续膨胀，直至硬化成均匀薄壁面包皮结构，制造出优良品质的面包。乳化剂有利于面包同各种原辅料混合均匀，并且有利于蛋白质分子的互相连接，增加面团的持气性，此外乳化剂还具有抗衰老、保鲜作用。

（6）水　最后一个基本成分是水，它是一种增塑剂和溶剂。无水，面团就没有黏滞流动特性，发酵过程中的许多反应都因无溶剂而不能发生。

7.3.1.3　面包的生产分类

面包生产工艺有一次发酵法、二次发酵法、速成发酵法、液体发酵法、连续搅拌法和冷冻面团法等，现代面包制作工艺虽然很多，但都是在传统发酵的基础上发展起来的。经长期实践证明，二次发酵法在效率、产出率、品质等方面均较好

1.一次发酵法

一次发酵法也称直接法，其基本做法是将所有的面包原料一次混合调制成面团，进入发酵制作程序的方法。其工艺流程如下：

调制面团→发酵→分割搓圆→中间醒发→整形→入盘（听）→最后醒发→烘烤→冷却→包装

一次发酵法的特点是生产周期短，所需设备和劳力少，产品有良好的咀嚼感，有较粗糙的

蜂窝状结构，但风味较差。该工艺对时间相当敏感，大批量生产时较难操作，生产灵活性差。

2. 二次发酵法

二次发酵法也称为中种法，是美国19世纪20年代开发成功的面包制作法。首先将面粉的一部分、全部或者大部分的酵母、酵母营养物等品质改良剂、麦芽粉等酶制剂、全部或部分的起酥油和全部或大部分的水先调制成“中种面团”发酵，然后再加入其余原辅材料，进行主面团调粉，再进行发酵、成形等加工工序。其工艺流程如下：

调制种子面团→发酵→调制主面团→延续发酵→分割搓圆→(以后工序同一次发酵法)

二次发酵法应用较多，其特点是生产出的面包体积大、柔软，且具有细微的海绵状结构，风味良好，生产容易调整，但周期长操作工序多。

3. 快速发酵法

快速发酵法指发酵时间很短或根本无发酵的一种面包加工方法，也称不发酵法，整个生产周期只需2～3 h。其工艺流程如下：

调制面团→静置(或不静置)→压片→分割搓圆→(以后工序同一次发酵法)

7.3.1.4 面包的生产工艺

无论采用何种生产方法，面包生产工艺主要包括面团调制、发酵、整形、醒发、烘烤、冷却和包装等工序。

1. 面团调制

面团的调制也称搅拌、捏合(mixing)，就是将处理过的原辅材料按照配方的用量，根据一定的投料顺序，调制成适合加工的面团。面包制作最重要的两个工序就是面团的调制和发酵。

一次发酵法调制面团是将全部的原辅材料按一定的投料顺序分别投入调粉机内，顺序是将全部的面粉和水投入调粉机内，再将砂糖、食盐及其他辅助材料一同加入调粉机内，开始搅拌后加入已准备好的酵母溶液，待混合片刻后加入油脂，继续搅拌至面团成熟。

二次发酵法调制面团是分两次进行的，第一次是将全部面粉的30%～70%(通常50%)及全部酵母溶液和适量的水调制成面团，待其发酵成熟后，再进行第二次调制面团。第二次调制是将第一次发酵成熟的面团放到调粉机中，加入剩余的原辅材料和适量的水搅拌至成熟，再进行第二次发酵。

2. 面团发酵

发酵是泛指有机化合物由于微生物中酶的催化作用产生的一系列生物化学变化的过程，在面包的发酵过程中正体现了这一定义。淀粉水解成糖再由酵母的酒精酶分解成酒精和二氧化碳，部分糖在乳酸菌和醋酸菌的作用下生成有机酸。发酵过程中，通过一系列的生物化学变化，积累了足够的生成物，使得制品具有优良的风味和芳香。在发酵过程中进一步促进面团的氧化，增强面团的气体保持能力。发酵的基本原理：面团的发酵就是利用酵母菌在其生命活动过程中所产生的二氧化碳和其他成分，使面团蓬松而富有弹性，并赋予制品特殊的色、香、味及多孔性结构。

面团发酵一般有一次发酵法和两次发酵法两种。两次发酵法是将配方中的原辅基料，经过两次调制面团和二次发酵来完成的。第一次面团发酵是将第一次调制完毕的面团，在25～

30℃的温度下(相对湿度为 70%～75%)发酵 2～4 h,待面团发酵成熟后,可进行第二次发酵,第一次发酵的目的是使酵母扩大培养。第二次发酵是将第一次发酵成熟的面团,放在调粉机内,加入剩余的原辅基料,调制成面团后,再经过 2～3 h 的发酵即可成熟,适宜温度为 25～31℃。

3. 整形与醒发

面团的整形,是为了把已经发酵好的面团通过称量分割和整形而使其变成符合产品形状的雏形。将第二次发酵成熟的面团加工成一定形状的面团胚的过程称为整形。整形包括分块、称量、搓圆、整形和装盘等工序。最后将面团胚做成各种设计好的形状、添加馅料、入模及最后发酵等工序称为成型。面团的整形制作,分为手工操作与机械操作两种。

醒发也称最后醒发或最后发酵,(面包坯装模后)将上述整形后的面团送入醒发室醒发,醒发温度掌握在 35～40℃,时间一般为 30～60 min,相对湿度 80%～90%,醒发后的体积增至醒发前的 2 倍为宜。

一般在醒发后或入炉前,在面包坯表面涂抹一层液状物质,如蛋液或糖浆,可增加面包表皮的光泽,使其皮色美观。

4. 烘烤

即面团物质的热处理,是面包生产中极为重要的一个工序。经成型的面包坯应立即入炉烘烤,面包坯在烤炉中高温的作用下,发生了一系列的物理、生化和微生物学的变化,在物理方面表现为皮膜形成,气体膨胀,气体保持力降低,酒精蒸发;在化学方面,酵母作用加速,CO_2 生成,淀粉糊化,麸质凝固,发生糖焦化褐变反应等,最终使面包坯由“生”变“熟”。

面包烘烤务必掌握 3 个重要条件,即面包的品种、温度和时间。烘烤过程中的第一阶段是让其体积继续快速地膨胀,所以炉内要保持 65%左右的湿度。第二阶段就是其成熟阶段,这一时间段一般在 3～6 min,而且达到成品体积的要求。第三阶段就是上色和增加香气、提高风味,面包已基本成熟,并产生金黄色的表皮。通过这 3 个阶段的烘烤,即可制成色、香、味俱佳的面包。

5. 面包的冷却与包装

刚出炉的面包温度很高,皮脆瓤软,没有弹性,经不起挤压,如果立即包装或切片,容易造成次品。另外,由于温度高,易在包装内结成水滴,使皮和瓤吸水变软,同时给霉菌创造条件。因此,必须将其中心冷却至接近室温时才可包装。面包经包装后可避免失水变硬,保持新鲜度,并且有利于卫生和增进美观大方。

6. 面包陈化

面包在贮藏和运输过程中最显著的变化就是“老化”,也称“陈化”“硬化”或“固化”。老化后口味变劣,组织变硬,香味消失,面包瓤变紧,口感粗糙,面包瓤不透明度增加及可溶性淀粉减少等。面包瓤变紧后能借加热使其恢复原态,这是烘烤面包的优点之一,它具有返鲜性。

从热力学的角度分析,面包老化是自发的能量降低过程,所以只能延缓面包老化而不能彻底防止。

7.3.2　啤酒

啤酒是以优质大麦芽为主要原料,大米、酒花等为辅料,经过制麦、糖化、啤酒酵母发酵等工序酿制而成的一种含有 CO_2、低酒精浓度和多种营养成分的饮料酒。

啤酒最早出现于公元前 3 000 年左右，于古埃及和美索不达米亚（今伊拉克）地区。当时啤酒的制作只是将发芽的大麦制成面包，再将面包磨碎，置于敞口的缸中，让空气中的酵母菌进入缸中进行发酵，制成原始啤酒。后由埃及传至欧洲乃至世界各地。

7.3.2.1 原料

（1）大麦 大麦是啤酒生产的主要原料，生产中是先将大麦制成麦芽，再用来酿造啤酒。根据大麦籽粒生长的形态，可分为六棱大麦、四棱大麦和二棱大麦。其中二棱大麦的麦穗上只有两行籽粒，籽粒皮薄、大小均匀、饱满整齐，淀粉含量较高，蛋白质含量适当，是啤酒生产的最好原料。

（2）酒花 啤酒花（简称酒花）作为啤酒工业的原料开始使用于德国。主要成分有 α-酸和 β-酸以及酒花油和多酚物质。啤酒生产中使用酒花主要是利用其苦味、香味、防腐力和澄清麦汁的能力。

（3）水 啤酒酿造用水是指糖化用水、洗糟用水、啤酒稀释用水。可以使用地表水和地下水，其水质必须符合酿造用水质量要求。

（4）辅料 原则上凡富含淀粉的谷物均可作为辅料，但辅料的添加不能影响发酵、产品风味、卫生指标及其他工艺操作。谷类辅助原料用量一般在 10%～50%之间，常用的比例为 30%～50%，糖类或糖浆辅助原料用量为 10%左右。国内常用大米作为辅料，而国外则多以玉米为辅料。

7.3.2.2 发酵菌种

酵母的种类很多，用于啤酒生产的酵母叫作啤酒酵母（*Saccharomyces cerevisiae*）。酿造中酵母主要起的作用就是降糖，产生二氧化碳和酒精。

酵母根据发酵方式分为上面发酵的酵母和下面发酵的酵母，目前我国生产的啤酒所用菌株几乎都是下面发酵啤酒酵母。常用的菌株有沈啤 2 号、青岛啤酒酵母、2579 号、2595 号、RasseU、RasseE 和 Rasse776 号酵母等。

7.3.2.3 工艺流程

1. 麦芽的制造工艺流程

原大麦→预处理（清洗、分级）→浸麦→发芽→干燥→贮藏→成品麦芽

2. 啤酒酿造的工艺流程

```
辅料→粉碎→糊化          酒花                          酵母
            ↓             ↓                             ↓
麦芽→粉碎→糖化→过滤→煮沸→回旋沉淀→麦汁冷却→充氧→发酵→啤酒过滤→包装→成品啤酒
```

3. 主要工艺操作

（1）麦汁的制备 主要包括原料粉碎、糖化、醪液过滤、麦汁煮沸、麦汁后处理等几个过程。

①原料粉碎：麦芽粉碎的目的主要在于使表皮破裂，增加麦芽本身的表面积，使其内容物质更容易溶解，利于糖化。对于大米来说，粉碎得越细越好，越利于糊化。玉米要求先脱胚和壳，粉碎度不能超过要求。

②糖化：所谓糖化就是利用麦芽所含的各种水解酶，在适宜的条件下，将麦芽中不溶性高分子物质（淀粉、蛋白质、半纤维素及其中间分解产物）逐步分解成低分子可溶性物质，这个分解过程叫作糖化。整个过程主要包括淀粉分解、蛋白质分解、β-葡聚糖分解、酸的形成和多酚物质的变化。糖化的主要方法有煮出糖化法、浸出糖化法、双醪糖化法和分级糖化法。

③醪液过滤：糖化工序结束后，应在最短的时间内，将糖化醪液中的原料溶出物质和非溶性的麦糟分离，以得到澄清的麦汁和良好的浸出物收得率。过滤的方法有过滤槽法、压滤机法和快速渗出法。

④麦汁煮沸：经过滤后清亮的麦汁，还需要煮沸。煮沸是蒸发掉多余水分，浓缩到规定浓度；破坏全部酶系，稳定麦汁成分，使热凝固物析出；杀死麦汁中的杂菌及浸出酒花中的有效成分。酒花是在煮沸过程中添加的，用量为麦汁总量的 0.1%～0.2%，一般在麦汁煮沸过程中分 3 次添加，但也有的厂家分 2 次或 4 次加入酒花。

⑤过滤：麦芽汁经过煮沸后，含有一定量的酒花糟和产生一系列的热凝固物，后者对啤酒发酵过程与啤酒的非生物学稳定性有很大的危害。一般啤酒企业采用冷却盘法、沉淀槽法和回旋槽法进行过滤。

(2)啤酒发酵

①酵母繁殖期：麦汁添加酵母 8～16 h 以后，液面上出现二氧化碳小气泡，逐渐形成白色的、乳脂状的泡沫，酵母繁殖 20 h 后立即进入主发酵槽。

②起泡期：入槽 4～5 h 后，在麦汁表面逐渐出现更多的泡沫，由四周渐渐向中间，洁白细腻，厚而紧密，如花菜状，有二氧化碳小气泡上涌，并且带出一些析出物。

③高泡期：发酵后 2～3 d，泡沫增高，形成隆起，并因酒内酒花树脂和蛋白质-单宁复合物开始析出而逐渐变为棕黄色，此时为发酵旺盛期，需要人工降温，但是不能太剧烈，以免酵母过早沉淀，影响发酵作用。

④落泡期：发酵 5 d 以后，发酵力逐渐减弱，二氧化碳气泡减少，泡沫回缩，酒内析出物增加，泡沫变为棕褐色。

⑤泡盖形成期：发酵 7～8 d 后，泡沫回缩，形成泡盖，撇去所析出的多酚复合物、酒花树脂、酵母细胞和其他杂质，此时应大幅度降温，使酵母沉淀。

⑥后发酵及贮藏：麦汁经主发酵后的发酵液叫嫩啤酒，此时酒的二氧化碳含量不足，双乙酰、乙醛、硫化氢等挥发性物质没有减低到合理的程度，酒液的口感不成熟，不适合饮用。大量的悬浮酵母和凝结析出的物质尚未沉淀下来，酒液不够澄清，一般还要几个星期的后发酵和贮酒期，啤酒的成熟和澄清均在后发酵和贮酒期。

(3)啤酒的过滤与包装　经后发酵的啤酒，还有少量悬浮的酵母及蛋白质等杂质，需要采取一定的手段将这些杂质除去。目前多数企业采用硅藻土过滤法、纸板过滤法、离心分离法和超滤。过滤的效果直接影响到啤酒的生物学稳定性和品质。因此，在啤酒过滤的过程中，啤酒的温度、过滤时的压力及后酵酒的质量是关键因素。

包装是啤酒生产的最后一道工序，对保证成品的质量和外观十分重要。啤酒包装以瓶装和罐装为主。

二维码 7-1　吉尼斯世界纪录的起源——吉尼斯黑啤酒

7.3.3 葡萄酒

葡萄酒是用新鲜的葡萄或葡萄汁经发酵酿成的酒精饮料，通常分红葡萄酒和白葡萄酒两种。前者以带皮的红葡萄为原料酿制而成，后者以不含色素的葡萄汁为原料酿制而成。葡萄酒的酒性完全受到土壤、气候以及酿酒技巧等因素的影响，但是酒的风味完全取决于酿酒葡萄的品种和发酵菌种。世界主要的葡萄酒产区有：法国勃艮第产区、波尔多产区，澳大利亚巴罗萨谷产区，西班牙里奥哈产区，美国加州纳帕谷产区。

7.3.3.1 葡萄酒酵母的特征

葡萄酒酵母（*Saccharomyces ellipsoideus*）在微生物分类学上为子囊菌纲酵母属啤酒酵母种，也称为酿酒酵母。主要用于制造葡萄酒和果酒，也用于啤酒和白酒的酿造。

葡萄酒酵母常为椭圆形、卵圆形，一般为(3～10)μm×(5～15)μm，细胞丰满，在葡萄汁琼脂培养基上，25℃培养 3 d，形成圆形菌落，色泽呈奶黄色，表面光滑，边缘整齐，中心部位略凸出，质地为明胶状，很易被接种针挑起，培养基无颜色变化。

7.3.3.2 酵母菌的扩大培养

从斜面试管菌种到生产使用的酒母，需经过数次扩大培养，每次扩大倍数为 10～20 倍。

1. 工艺流程

斜面试管菌种(活化)→麦芽汁斜面试管培养(10 倍)→液体试管培养(12.5 倍)→三角瓶培养(12 倍)→玻璃瓶(或卡氏罐)培养(20 倍)→酒母罐培养→酒母

2. 酵母菌的扩大培养

(1)斜面试管菌种　将冷冻干燥管中的保藏菌种转接于 50°Bé 麦芽汁制成的新鲜斜面培养基上，25℃培养 4～5 d。

(2)液体试管菌种　将新鲜的葡萄汁分装入试管中，每管约 10 mL，0.1 MPa 灭菌 20 min，放冷备用。在无菌条件下接入斜面菌种 25℃培养 18～24 h。

(3)三角瓶扩大培养　往 2 000 mL 三角瓶中装入新鲜的葡萄汁 1 000 mL，0.1 MPa 灭菌 20 min，冷却后接入 10 mL 的种子液，25℃培养 2～3 d。

(4)卡氏罐培养　于 20 L 卡氏罐中加入新鲜的葡萄汁 17 L，100℃灭菌 1 h 以上，冷却后加入亚硫酸，使其二氧化硫含量达 80 mL/L，4～8 h 后接入 1%～3%三角瓶种子液，摇匀后换上发酵栓于 20～25℃培养 2～3 d，其间需经常开栓排除 CO_2。

(5)酒母罐培养　于 400 L 罐中装入约 300 L 的葡萄汁，经灭菌降温后，加入 100～150 mg/L 的亚硫酸，使其二氧化硫含量达 120 mg/L，2～5 h 后接入 1%～3%酵母菌种子液，25℃培养 4～5 h。

7.3.3.3 红葡萄酒生产工艺

1. 红葡萄酒生产工艺流程

（SO_2 加入葡萄浆，酵母加入发酵）

红葡萄分选→除梗破碎→葡萄浆→发酵→压榨→调整成分→后发酵→添桶→第一次换桶→干红葡萄酒原酒→陈酿→第二次换桶→均衡调配→澄清处理→包装灭菌→干红葡萄酒

原酒↓ 酒脚→蒸馏→白兰地

澄清处理↓ 酒脚→蒸馏→白兰地

2.主要工艺操作

酿制红葡萄酒一般采用红葡萄品种。我国酿造红葡萄酒主要以干红葡萄酒为原酒，然后按标准调配成半干、半甜、甜型葡萄酒。

(1)前发酵　葡萄酒前发酵主要目的是进行酒精发酵、浸提色素物质和芳香物质。前发酵进行得好坏是决定葡萄酒质量的关键。红葡萄酒发酵方式按发酵中是否隔氧可分为开放式发酵和密闭发酵。发酵容器过去多为开放式水泥池，近年来逐步被新型发酵罐所取代。

接入酵母3～4 d后发酵进入主发酵阶段。此阶段升温明显，一般持续3～7 d，控制最高品温不超过30℃，在25℃左右下进行。当发酵液的相对密度下降到1.020以下时，即停止发酵，出池取新酒。

(2)压榨　当残糖降至5 g/L以下，发酵液面只有少量CO_2气泡，“酒盖”已经下沉，液面较平静，发酵液温度接近室温，并且有明显酒香，此时表明前发酵已结束，可以出池。一般前发酵时间为4～6 d。出池时先将自流原酒由排汁口放出，放净后打开入孔清理皮渣进行压榨，得压榨酒。自流原酒和压榨原酒成分差异较大，若酿制高档名贵葡萄酒应单独贮存。

(3)后发酵　后发酵主要是使残糖转化，促进风味物质的形成，改善口感，并使酒体澄清。在后发酵过程中原酒需补加二氧化硫，添加量(以游离计)为30～50 mg/L；同时需要将温度控制在18～25℃，温度过高不利于新酒的澄清。

7.3.4　酵母细胞的综合利用

酵母细胞中含有蛋白质、脂肪、糖类、维生素和无机盐等，其中蛋白质含量特别丰富，如啤酒酵母蛋白质含量占细胞干重的42%～53%，产假丝酵母为50%左右。糖类除糖原外，还发现有海藻糖、去氧核糖、直链淀粉等。蛋白质中氨基酸的含量除蛋氨酸比动物蛋白低外，苏氨酸、赖氨酸、组氨酸、苯丙氨酸等含量均较高，氨基酸组成比较完全，人体必需的8种氨基酸多数也都比小麦中的含量高；维生素在14种以上。因此，酵母具有较高的营养价值，是良好的蛋白质资源，可作为食用和饲用。

地球上的资源，又称环境资源，主要是指土地、森林、淡水、矿床、石油、粮食、草原、野生动植物等，其中相当一部分不可再生。经过近200多年的发展和人口的激增，几乎所有国家和地区都陷入了资源枯竭、“僧多粥少”的窘境。

联合国“千年生态系统评估”报告显示，近30年来，人类消耗了地球上1/3的可利用资源。与此同时，人类对资源的需求在30年内增长了一倍，并以每年1.5%的速度继续增长。

中国是生物多样性最丰富的国家之一，不但具有丰富的野生生物资源，也有丰富的动植物饲养和栽培品种，但是由于长期以来人口的持续增长及对资源的不合理利用，中国也是生物多样性损失最严重的国家之一。陆地资源、海洋资源、生物多样性处在互动联系中，并与人类发展共生共进，共存共荣。一旦这些资源枯竭，人类也将失去赖以生存和发展的物质基础。

而面对地球告急的困境，人类必须做出改变，共同行动，化解危机，走出困境，走向未来。从微生物中获得蛋白质(单细胞蛋白)是解决人类蛋白质食物资源的一条重要而有效的途径。

7.4 霉菌与食品发酵

霉菌与人类的关系非常密切，是有机酸、抗生素、酶制剂、酒精、维生素等多种发酵工业的基础。在亚洲，霉菌发酵食品主要是以植物为原料；而在欧洲，有许多动物原料的霉菌发酵食品，如奶酪、发酵香肠和火腿。在北欧烟熏香肠最为流行，而在地中海和东南欧国家霉菌发酵香肠是古老传统且品质上乘的发酵肉制品。除了用于传统的酿酒、制酱油、奶酪、肉制品的发酵生产外，霉菌还被广泛应用于酶制剂等发酵工业。工业上常用的霉菌有子囊菌纲的红曲霉、藻状菌纲的毛霉、根霉和犁头霉以及半知菌纲的曲霉及青霉等。

7.4.1 酱类

酱是指用粮食作物为原料，经微生物发酵作用而制成的呈半流动态黏稠的调味品。其种类主要有豆酱和面酱两种，但以它们作为主料，再加入各种辅料，可加工成各种酱品。酱类发酵制品营养丰富，易于消化吸收，能刺激食欲，是我国传统的佐餐佳品之一。

酱的起源甚早，远在周朝就已经很发达了，之后传到日本、越南等地。《论语》有“不得其酱不食”的记载，可见在2 500多年前，酱已成为人们常食用的调味品了。在《齐民要术》中详细地记载了黄衣、黄蒸和制酱的方法及原理，说明当时酿酱已是较为盛行的生产活动了。

7.4.1.1 生产菌种

用于酱类生产的霉菌主要是米曲霉(*Asp. oryzae*)，它能分泌以蛋白酶、淀粉酶、谷氨酰胺酶等为主的多种酶系，并且其淀粉酶、蛋白酶活力较强，它们把原料中的蛋白质分解为氨基酸，淀粉变为糖类，在其他微生物的共同作用下生成醇、酸、酯等，形成酱类特有的风味，适于酿酱。

目前，使用较多的菌种为沪酿3.042。另外，天津轻工业学院诱变的新菌株101B、上海酿造科学研究所选育的UE336等都是优良的酿酱菌种。

7.4.1.2 制曲工艺

1. 制曲工艺流程

```
                                   面粉   种曲
                                    ↓      ↓
大豆→洗净→浸泡→蒸煮→冷却→混合→接种→厚层通风培养→大豆曲
```

2. 制曲原料及处理

制曲时原料配比为大豆100 kg，标准粉40～60 kg。种曲用量为0.3%～0.5%，种曲使用时先与面粉拌和。为了使豆酱组织细腻，不含麸皮，种曲最好用分离出的孢子(曲精)。

大豆洗净、浸泡(夏季2～3 h，冬季4～5 h)及蒸熟(常压蒸煮4～6 h；加压蒸煮0.14～0.18 MPa，30～60 min)。降温至80℃时加入面粉拌匀。

3. 制曲操作

接种后的曲料当品温降至30℃左右时，应及时入池。曲池内料层厚度约为30 cm，静止培养8～10 h。当品温升至36～37℃时，需通风降温，品温控制在35℃以下。14～16 h后，曲料出现结块，进行第一次翻曲；当料层出现裂缝并全部发白时进行第二次翻曲。培养至20～24 h，进入孢子生长期，此时要连续通入相对湿度为90%的空气，控制品温不超过33℃，培养至30～

36 h 后，即可出曲。

7.4.1.3 制酱工艺

1. 工艺流程

配制→澄清→盐水加热（加入第一次盐水、第二次盐水）

大豆曲→发酵容器→自然升温→加第一次盐水→酱醅保温发酵→加第二次盐水及盐→翻酱→成品

2. 工艺操作

将大豆曲移入发酵容器内，扒平，稍稍压实。当品温升温至 40℃左右时，淋入浓度为 14.5°Bé 的热盐水，并使之缓慢渗入酱醅中，当盐水基本渗入后，在面层加封一层细盐，盖好罐盖，进入发酵阶段。品温保持在 45℃左右，发酵 10 d 后，酱醅基本成熟。然后补加大豆曲重量 40%、浓度为 24°Bé 的盐水及所需细盐（包括封面盐），拌和均匀，置室温下发酵 4～5 d 即可。

7.4.2 酱油

酱油是一种常用的调味品，它是以蛋白质原料和淀粉质原料为主经米曲霉等多种微生物共同发酵酿制而成的。酱油中含有多种调味成分，有酱油的特殊香味、食盐的咸味、氨基酸钠盐的鲜味、糖及其他醇甜物质的甜味、有机酸的酸味、酪氨酸等爽适的苦味，还有天然的红褐色色素，可谓咸、酸、鲜、甜、苦五味调和，色香俱备的调味佳品。

我国是世界上最早利用微生物酿造酱油的国家，迄今已有 3 000 多年的历史。大约在公元前 11 世纪的周朝，就开始以大豆、小麦为原料生产豆酱及酱油；至唐代的鉴真和尚传入日本后又相继传入朝鲜、越南、泰国、马来西亚、菲律宾及东南亚各国，成为世界范围内最受欢迎的调味品之一。

中国酱油酿造工艺经历了汉代以来的制麹法、唐代以来的全料制麹、现代的麹种法 3 个历史发展阶段。其间，手工劳作的前店后厂式中国传统"酱园"在历史上存在了两千多年，对中国酱和中国酱油文化的历史影响重大。明治维新以来，日本相继使中国酱油文化实现了日本化、现代化、全球化。20 世纪中叶以后中国酱油生产的科学与技术发生了重大改变，取得了巨大发展。今天，中国酱油不仅真正成了中国大众家庭生活的必不可少的调味品，而且越来越为全世界各种不同类型文化的人群所喜爱接受。

7.4.2.1 酱油生产菌种

1. 米曲霉

目前国内常用的菌株有：

①AS3.863：蛋白酶、糖化酶活力强，生长繁殖快速，制曲后生产的酱油香气好。

②AS3.951（沪酿 3.042）：以 AS3.863 为出发菌株，用紫外线诱变得到。蛋白酶活力比出发菌株高，用于酱油生产蛋白质利用率可达 75%。生长繁殖快，对杂菌抵抗力强，制曲时间短。生产的酱油香气好。但该菌株的酸性蛋白酶活力低。

③UE328、UE336：以 AS3.951 为出发菌株，用快中子、^{60}Co、紫外线、乙基磺酸甲烷、氯化锂等诱变剂处理得到，酶活力是出发菌株的 170%～180%。UE328 适用于液体培养，UE336 适用于固体培养。UE336 的蛋白质利用率为 79%，但制曲时孢子发芽较慢，制曲时间延长 4～6 h。

④渝 3.811:从曲室泥土中分离出菌株后经紫外线 3 次诱变后得到的新菌株。孢子发芽率高,菌丝生长快速旺盛,孢子多,适应性强,制曲易管理,酶活力高。

⑤酱油曲霉:酱油曲霉(*Aspergillus sojae*)是日本学者坂口从酱曲中分离出来的,用于酱油生产。酱油曲霉分生孢子表面有小突起,孢子柄表面平滑,与米曲霉相比,其碱性蛋白酶活力较强。在分类上酱油曲霉属于米曲霉系。

目前随着科学技术的发展,在酱油生产中常常是多菌种发酵,以提高原料蛋白质及碳水化合物的利用率,提高成品中还原糖、氨基酸、色素以及香味物质的水平。因此,生产中除了接种霉菌外,还有的添加酵母菌、乳酸菌等微生物,它们对改善酱油的口感、促进香味的形成也起着十分重要的作用。

2. 酵母菌

从酱醅中分离出的酵母菌有 7 属 23 种,其中有的对酱油风味和香气的形成有重要作用,它们多属于鲁氏酵母(*Saccharomyces rouxii*)和球拟酵母(*Torulopsis*)。其中典型的鲁氏酵母是大豆接合酵母(*Zygosacharomyces sojae*)和酱醪接合酵母(*Zygosaccharomyces major*)。

3. 乳酸菌

代表性的菌有嗜盐片球菌(*Pediococcuus halophilus*)、酱油微球菌(*Tetracoccus sojae*)、植物乳杆菌(*Lactobacillus plantanum*)。这些乳酸菌耐乳酸的能力不太强,因此不会因产过量乳酸使酱醅 pH 过低而造成酱醅质量变坏。适量的乳酸对酱油有调味和增香作用,而且与乙醇生成的乳酸乙酯也是一种重要的香气成分。

7.4.2.2 酱油生产工艺

1. 工艺流程

一级种→二级种→三级种
↓
麸皮、面粉→加水混合→蒸料→过筛→冷却→接种→装盘→曲室培养→种曲
↓
原料→粉碎→润水→蒸料→冷却→接种→通风培养→成曲→
粉碎→拌和入池→发酵→浸出→配制加工→成品

2. 种曲的生产

(1)种曲的原料　目前一般采用的配比有 3 种:麸皮 80 kg,面粉 20 kg,水 70 kg 左右;麸皮 100 kg,水 95 kg,草木灰 0.5 kg;麸皮 85 kg,豆饼 15 kg,水 90 kg 左右,加水量应视原料的性质而定。按上述配方将物料拌和均匀,过 3.5 目筛,堆积润水 1 h,0.1 MPa 蒸汽压下蒸料 30 min,或常压蒸料 1 h 再焖 30 min。要求熟料疏松,含水量 50%~54%。

(2)种曲的制备　蒸好的物料温度降至 40℃左右即可接种,接种量一般为 0.5%~1%。接种完毕,曲料装入曲盘内,将曲盘柱形堆叠于曲室内,室温 28~30℃,培养 16 h 左右。当曲面面层稍有发白、结块,品温达到 40℃时,进行第一次翻曲。翻曲后,曲盘改为品字形堆叠,控制品温 28~30℃,4~6 h 后品温上升到 36℃,即进行第二次翻曲。每翻毕一盘,盘上盖灭菌的草帘一张,控制品温 36℃,再培养 30 h 后揭去草帘,继续培养 24 h 左右,种曲成熟。

3. 成曲的生产

制曲是酱油酿制的关键技术,是生产的主要工序。制曲的目的是使米曲霉在曲料上充分

生长发育，并大量产生和积蓄所需要的酶，如蛋白酶、肽酶、淀粉酶、谷氨酰胺酶、果胶酶、纤维素酶、半纤维素酶等。

(1)成曲原料　成曲的生产采用植物性蛋白质和淀粉质原料。植物性蛋白质普遍取自大豆榨油后的豆饼，或溶剂浸出油脂后的豆粕，也有以花生饼、蚕豆代用，传统生产中以大豆为主；淀粉质原料普遍采用小麦及麸皮，也有以碎米和玉米代用，传统生产中以面粉为主。

(2)原料的处理

①豆饼粉碎。豆饼粉碎是为润水、蒸熟创造条件的重要工序。一般认为原料粉碎越细，表面积越大，曲霉繁殖接触面就越大，在发酵过程中分解效果就越好，可以提高原料利用率；但是碎度过细，润水时容易结块，对制曲、发酵、浸出、淋油都不利，反而影响原料的正常利用。所以，细碎程度必须适当控制，只要大部分达到米粒大小就行。

②润水。润水是使原料中含有一定的水分，以利于蛋白质的适度变性和淀粉的充分糊化，并为米曲霉生长繁殖提供一定水分。常用原料配比为豆饼∶麸皮＝100∶(50～70)。加水量通常按熟料所含水分(化验值)控制在 45%～50%之间(夏季控制高线，冬季控制低线，春、秋季控制中线)。

③蒸料。蒸料是使原料中的蛋白质适度变性及淀粉糊化，成为容易为酶作用的状态。此外，还可以通过加热蒸煮，杀灭附在原料表面的微生物，以利于米曲霉的生长。目前国内蒸煮设备有 3 种类型，即常压蒸煮锅、加压蒸煮锅和连续管道蒸煮设备。目前国内酱油厂大多使用旋转式加压蒸煮锅。

(3)制曲工艺　当前国内大都采用厚层通风制曲。厚层通风制曲有许多优势，如成曲质量稳定，制曲设备占地面积少；管理集中、操作方便；减轻劳动强度；便于实现机械化，提高劳动生产率等。

蒸好的物料在输送过程中打碎小团块，然后接入种曲。种曲在使用前可与适量新鲜麸皮(最好先经干热处理)充分拌匀，种曲用量为原料总重量的 0.3%左右，接种温度以 40℃上下(夏季 35～40℃，冬季 40～45℃)为好，并注意搞好卫生。

曲料接种后多入曲池，厚度一般为 20～30 cm，堆积疏松平整，并及时检查通风，调节品温至 28～30℃，静止培养 6 h(其间隔 1～2 h 通风 1～2 min，以利孢子发芽)，品温即可升至 37℃左右，开始通风降温。以后根据需要，间歇或持续通风，使品温不高于 35℃。入池 11～12 h，品温上升很快，菌丝出现结块，此时进行第一次翻曲。以后再隔 4～5 h，根据品温上升及曲料收缩情况，行第二次翻曲，使品温保持在 35℃左右。18 h 后，曲料开始生孢子，仍应维持品温 32～35℃，至孢子逐渐出现嫩黄绿色即可出曲。

4.发酵

(1)制醅　将准备好的 11～12°Bé 盐水(根据实际需要确定，一般发酵周期长，盐水浓度高些)，加热至 50～55℃，再将成曲和盐水充分拌匀入池。拌盐水时要随时注意掌握水量大小，通常在醅料入池最初的 15～20 cm 厚的醅层时，应控制盐水量略少，以后逐步加大水量，至拌完后以能剩余部分盐水为宜。最后将此盐水均匀淋于醅面，待盐水全部吸入料内，再在醅面封盐。盐层厚 3～5 cm，并在池面加盖。成曲拌加的盐水量要求以原料总重量的 65%～100%为好。

(2)发酵　入池后，酱醅品温要求为 42～50℃，发酵 8 d 左右，酱醅基本成熟，为了增加风味，通常延长发酵期为 12～15 d。发酵温度如进行分段控制，则前期为 40～48℃，中期为 44～

46℃，后期为 36～40℃。分段控制有利于成品风味的提高，但成品色泽较浅，发酵期间要有专人负责管理，按时检记温度，如发现不正常现象，要及时采取必要的措施纠正。

5. 浸出

按生产各种等级酱油的要求，酱醅成熟后，可先加入二淋油浸泡（预热至 70～80℃），浸泡时间一般要求 20 h 左右，品温在 60℃以上。酱醅经浸泡后，生头淋油可以从容器的假底下放出，溶加食盐，待头油降完，关闭阀门；再加入预热至 80～85℃的三淋油，浸泡 8～10 d，滤出二淋油；然后再加入热水，浸泡 2 h 左右，滤出三淋油备用。总之，头淋油是产品，二淋油套出头淋油，三淋油套出二淋油，最后用清水套出三淋油，这种循环套淋的方法，称为间歇过滤法。

6. 配制

（1）加热　生酱油加热，可以达到灭菌、调和风味、增加色泽、除去悬浮物的目的，使成品质量进一步提高。加热多采用直接加热、二重锅或蛇形管加热以及热交换器加热的方法。加热温度一般控制在 80℃以上。

（2）配制　为了严格贯彻执行产品质量标准的有关规定，对于每批产成的酿造酱油，还必须进行适当的配制，使其达到相关的质量要求。

（3）澄清及包装　生酱油加热后，产生凝结物使酱油变得浑浊，必须在容器中静置 3 d 以上方能使凝结物连同其他杂质逐渐积累于器底，达到澄清透明的要求。

酱油包装分洗瓶、装油、加盖、贴标、检查、装箱等工序，最后作为产品出厂。

7.4.3 柠檬酸

柠檬酸是生物体内主要的代谢产物之一，在植物如柠檬、柑橘、菠萝等果实和动物的骨骼、肌肉、血液中都含有柠檬酸。1784 年瑞典化学家 C. W. Scheel 首先从柑橘中提取柠檬酸。直到 20 世纪初，这种有机酸仍然绝大多数是从柠檬中提取获得的，主要产地以意大利的西西里岛最为著名。发酵法制取柠檬酸始于 19 世纪末。1893 年 C. Wehmer 发现青霉（属）能积累柠檬酸。1913 年 B. 扎霍斯基报道黑曲霉能生成柠檬酸。1916 年汤姆和柯里以曲霉属菌进行试验，证实大多数曲霉菌如泡盛曲霉、米曲霉、温氏曲霉、绿色木霉和黑曲霉都具有产柠檬酸的能力，而黑曲霉的产酸能力更强。1923 年美国菲泽公司建造了世界上第一家以黑曲霉浅盘发酵法生产柠檬酸的工厂。随后比利时、英国、德国、苏联等相继研究成功发酵法生产柠檬酸。这样，依靠从柑橘中提取天然柠檬酸的方法逐渐为发酵柠檬酸所取代。1952 年，美国 Miles 公司首先采用深层发酵法大规模生产柠檬酸，此后，深层发酵法逐渐建立起来，现已成为柠檬酸生产的主要方法。目前，柠檬酸的全球产能从 2006 年的 170 万 t 增长到 2015 年的 269 万 t。2016 年，我国柠檬酸行业产能相对稳定，部分柠檬酸企业出现减产，全年行业总产量约 116 万 t，同比减少 4 万 t，降幅为 3.3%。

我国发酵法生产柠檬酸的研究始于 1942 年，随后无锡轻工学院、轻工业部发酵工业研究所、天津市工业微生物研究所、上海市工业微生物研究所等多家单位进行了相关研究。1968 年，以薯干粉为原料，黑曲霉深层发酵柠檬酸的成功，确定了中国柠檬酸生产的主要工艺路线。薯干粉深层发酵柠檬酸，原料丰富，工艺简单，不需添加营养盐，产率高，是中国独特的先进工艺。

7.4.3.1 柠檬酸在食品工业中的应用

1. 饮料与冰淇淋

柠檬酸广泛用于配制各种水果型的饮料以及软饮料。柠檬酸本身是果汁的天然成分之一，不仅赋予饮料水果风味，而且具有增溶、缓冲、抗氧化等作用，能使饮料中的糖、香精、色素等成分交融协调，形成适宜的口味和风味；添加柠檬酸可以改善冰淇淋的口味，增加乳化稳定性，防止氧化作用。

2. 果酱与酿造酒

柠檬酸在果酱与果冻中同样可以增进风味，并有抗氧化作用。由于果酱、果冻的凝胶性质需要一定范围的 pH，添加一定量的柠檬酸可以满足这一要求。

当葡萄或其他酿酒原料成熟过度而酸度不足时，可以用柠檬酸调节，以防止所酿造的酒口味单薄。柠檬酸加到这些果汁中还有抗氧化和保护色素的作用，以保护果汁的新鲜感和防止变色。

3. 腌制品

各种肉类和蔬菜在腌制加工时，加入或涂上柠檬酸可以改善风味，除腥去臭，抗氧化。

4. 罐头食品

加入柠檬酸除了调酸作用之外，还有螯合金属离子的作用，保护其中的抗坏血酸，使之不被金属离子破坏。柠檬酸添加到植物油中也有类似的作用。

5. 豆制品及调味品

用含有柠檬酸的水浸渍大豆，可以脱腥并便于后续加工。柠檬酸可以用于大豆等豆类蛋白、葵花子蛋白的水解，生产出风味别致的调味品。它也可以用于成熟调味品（酱油等）的调味。

6. 其他

柠檬酸在医药、化学等其他工业中也有一定的作用。柠檬酸铁铵可以用作补血剂；柠檬酸钠可用作输血剂；柠檬酸可制造食品包装用薄膜及无公害洗涤剂。

7.4.3.2 柠檬酸发酵微生物

在自然界中能够积累和分泌柠檬酸的微生物有很多，包括黑曲霉、温氏曲霉、梨形毛霉、淡黄青霉、橘青霉、拟青霉、棒曲霉、泡盛曲霉、芬曲霉、丁烯二酸曲霉、斋藤曲霉、绿色木霉等。目前采用糖质原料生产柠檬酸的菌株均为黑曲霉，有黑曲霉 N-558、r-144、川柠 19-1、G2B8、D353、5016、3008，近年来又有 T419、C0817 等菌种。这些菌种不但能利用淀粉，而且还对蛋白质、纤维素、果胶物质等均有一定分解能力，同时它们的产酸能力也较高，在生产上比应用其他微生物有更多优点，故常是生产上使用的菌种。

7.4.3.3 柠檬酸发酵机理

自 1940 年 H. A. 克雷伯斯提出三羧酸循环学说以来，柠檬酸的发酵机理逐渐被人们所认识。已经证明，糖质原料生成柠檬酸的生化过程中，由糖变成丙酮酸的过程与酒精发酵相同，亦即通过 EMP 途径（磷酸戊糖途径）进行酵解，然后丙酮酸进一步氧化脱羧生成乙酰辅酶 A，乙酰辅酶 A 和丙酮酸羧化所生成的草酰乙酸缩合成为柠檬酸并进入三羧酸循环途径（图 7-4）。

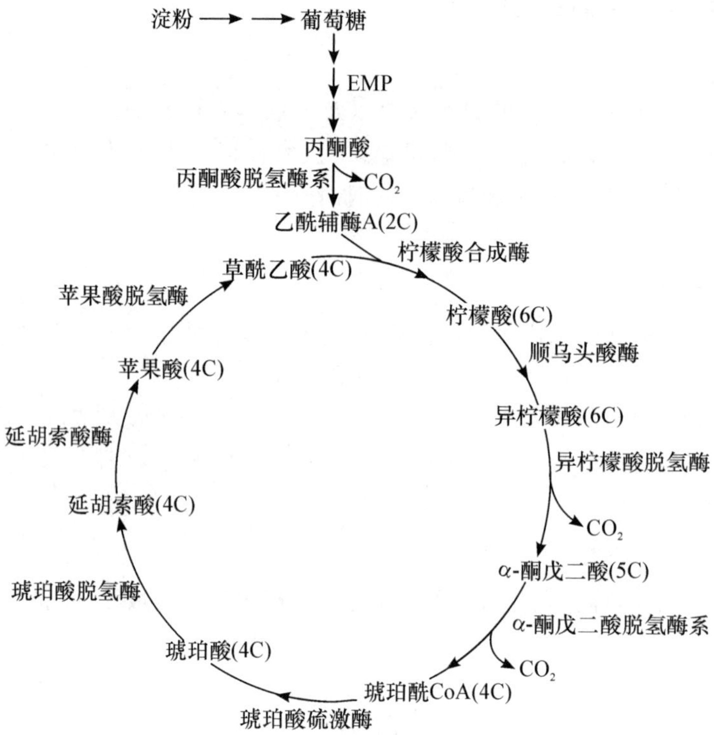

图 7-4　柠檬酸发酵原理

柠檬酸是代谢过程中的中间产物。在发酵过程中，当微生物的乌头酸水合酶和异柠檬酸脱氢酶活性很低，而柠檬酸合成酶活性很高时，才有利于柠檬酸的大量积累。

7.4.3.4　柠檬酸发酵原料

目前用于柠檬酸发酵生产的原料主要分为糖质原料和石油烷烃原料两大类。糖质原料主要包括甘薯、薯干、木薯、木薯干、马铃薯等薯类，玉米、小麦、面粉、大米等谷物，各种淀粉、淀粉水解糖、砂糖、糖蜜等；石油烷烃原料包括正烷烃、乙酸、乙醇等。我国柠檬酸发酵主要采用薯类原料。

发酵法生产柠檬酸受发酵原料的影响很大，使用前往往需要预处理，如去杂质、去霉块、粉碎以及取出金属离子等。因此，原料的产地、品种、质量等级和加工处理的方法差异，都将不同程度地影响柠檬酸生产的水平。

7.4.3.5　柠檬酸发酵工艺

柠檬酸发酵可分为固体发酵和液体发酵两大类。液体法又分浅盘发酵法和液体深层发酵法。目前世界各国多采用液体深层发酵法进行生产。

以下是我国以薯干粉为原料的柠檬酸深层发酵工艺流程：

斜面菌种→麸曲瓶→种子
↓
薯干粉→调浆→灭菌(间歇)→冷却→发酵→发酵液→过滤→柠檬酸钙→柠檬酸→脱色→离子交换→
↑　　　　　　↑　　　　↑
无菌空气　　　碳酸钙　　硫酸

蒸发→结晶→成品

1. 种子的扩大培养

(1)斜面菌种的活化 将保藏菌种接种至麦芽汁琼脂培养基上，33～35℃培养 4～5 d，至斜面长满孢子即可。

(2)麸曲的制备 将活化后的斜面种子接种至三角瓶中(40 g/1 000 mL 左右，含水量 60%～65%)，34℃培养，培养 1 d 后要翻曲一次。

(3)种子的放大 将蒸煮糊化后的浓度为 12%～15%薯干粉浆液泵入种子罐中，按照一定的比例接种麸曲，34℃通风培养 16～24 h，即可作为发酵用种子。

2. 柠檬酸的发酵生产

培养基投料浓度视原料的淀粉含量而定，一般为含总糖 13%～15%。50～100 m^3 的发酵罐，搅拌转速 90～110 r/min，35℃的条件下通风搅拌发酵 4 d，当产酸不再上升，残糖降至 0.2%以下时结束发酵。

3. 发酵产物的提取

在柠檬酸发酵液中，除了主要产物外，还含有其他代谢产物和一些杂质，如草酸、葡萄糖酸、蛋白质、胶体物质等，成分十分复杂，必须通过物理和化学方法将柠檬酸提取出来。大多数工厂仍是采用碳酸钙中和及硫酸酸解的工艺提取柠檬酸。除此之外，还有采用萃取法、电渗析法和离子交换法提取柠檬酸的。

7.4.4 苹果酸

L-苹果酸是生物体三羧酸的循环中间体，口感接近天然果汁并具有天然香味，与柠檬酸相比，产生的热量更低，口味更好，更易被人体吸收，因此广泛应用于酒类、饮料、果酱、口香糖等多种食品中，并有逐渐替代柠檬酸的势头，是目前世界食品工业中用量最大和发展前景较好的有机酸之一。因此，国际市场上需求量快速增加，近年来需求量的增加速度保持在年均10%左右。目前世界苹果酸主要生产国有美国、加拿大、日本等。其中，日本是世界最大 *L*-苹果酸生产国和出口国。世界苹果酸总产量每年约为 10 万 t，其中 *L*-苹果酸产量每年约为 4 万 t，日本苹果酸产量约占全球 *L*-苹果酸总产量的二分之一左右。而世界市场潜在需求量达到每年 6 万 t。

苹果酸的生产方法有化学合成法、发酵法和酶转化法，而发酵法生产的都是 *L*-苹果酸。

7.4.4.1 一步发酵法

以葡萄糖类物质为原料通过霉菌直接发酵产生苹果酸称为一步发酵法。

1. 发酵菌种

一步发酵法采用黄曲霉 A-114 作为发酵菌种。

2. 种子培养

将保存在麦芽汁琼脂斜面上的黄曲霉孢子用无菌水洗下并移接到装有 100 mL 种子培养基的 500 mL 三角瓶中，在 33℃下静置培养 2～4 d，待长出大量孢子后，将其转入种子罐扩大培养，接种量为 5%。种子罐的培养基与三角瓶培养基的组成相同，只是另外添加 0.4%(体积分数)泡敌。种子罐的装液量为 70%，罐压 0.1 MPa，培养温度 33～34℃，通风量 0.15～0.3 $m^3/(m^3 \cdot min)$，培养时间 18～20 h。

3.发酵

发酵罐的装液量为70%，接种量10%，罐压0.1 MPa，培养温度33～34℃，通风量0.7 $m^3/(m^3 \cdot min)$，搅拌转速180 r/min，发酵时间40 h左右。发酵过程中由自动系统控制滴加泡敌，防止泡沫产生过多。当残糖在1%以下时终止发酵，产苹果酸7%。

7.4.4.2 两步发酵法

以糖类为原料，先由华根霉6508将其发酵生成富马酸（延胡索酸）和苹果酸的混合物，然后接入产氨短杆菌或黄色短杆菌，将混合物中的富马酸转化为苹果酸，这种发酵模式称为两步发酵法。

7.4.4.3 苹果酸的提取与精制

1.从发酵醪液中提取苹果酸

(1)工艺流程

发酵液→酸解→过滤→滤液→中和→过滤→沉淀→酸解→过滤→滤液→精制→浓缩→结晶→干燥→成品

(2)操作方法　在发酵醪液中边搅拌边加入无砷硫酸，将pH调节至1.5左右；过滤除去沉淀后，在滤液中加入碳酸钙，直到不再有CO_2放出，此时生成苹果酸钙；用石灰乳将体系的pH调至7.5，静置6～8 h。过滤，收集苹果酸钙沉淀，并用少量冷水洗去沉淀中的残糖和其他可溶性杂质；在苹果酸钙盐中加入近1倍量的温水，搅拌成悬浊液，接着加入无砷硫酸，使pH达到1.5左右，继续搅拌30 min，最后静置数小时，使石膏渣沉淀充分析出；过滤，制得粗制苹果酸溶液，其中含有微量富马酸、Fe^{2+}、Ca^{2+}、Mg^{2+}和色素；从联合柱流出的高纯度苹果酸溶液，在70℃下减压浓缩到苹果酸浓度为65%～80%，然后冷却至20℃，添加晶种析晶，晶体于40～50℃下真空干燥，得苹果酸成品。

2.从混杂富马酸发酵醪液中提取苹果酸

(1)工艺流程

发酵醪液→浓缩→析出富马酸结晶→过滤→滤液→浓缩→析出富马酸结晶→过滤→滤液→冷却→苹果酸结晶→干燥→成品
↓
晶体

(2)操作方法　将发酵醪液浓缩到苹果酸浓度为50%并冷却至20～30℃，使富马酸结晶析出；过滤除去富马酸后，母液在70℃下减压浓缩到苹果酸浓度为65%～80%，再冷却至20℃使富马酸结晶再次析出。为了防止苹果酸与富马酸同时析出，造成苹果酸提取收率下降，结晶温度不宜低于20℃；将过滤除去富马酸结晶后的苹果酸溶液冷却至20℃，投入苹果酸晶种，缓慢搅拌，使苹果酸结晶析出。

7.5 混菌食品发酵

混菌发酵，又称混合发酵，是采用两种或多种微生物共同完成发酵的技术，是纯种发酵技术的新发展，也是一种不需要进行复杂的DNA体外重组却可取得类似效果的新型发酵技术。

根据生物间的结合方式，可分为以下四种类型：①联合发酵，用两种或多种微生物同时接种和培养的技术。例如酸乳的发酵生产，同时接种嗜热链球菌和保加利亚乳杆菌。②顺序发酵，先用甲菌进行常规发酵，再由乙菌等按顺序进行发酵，以共同完成数个生化反应。例如食醋的发酵生产，先接种酵母菌进行酒精发酵，再接种醋酸菌进行醋酸发酵。③共固定化细胞混菌发酵，把两种或多种微生物细胞同时包埋或吸附于同一载体上而进行的混菌发酵。例如黑曲霉和运动发酵单胞菌共同把淀粉转化为酒精等。④混合固定化细胞混菌发酵，将两种或多种微生物细胞分别固定化后，再把它们混在一起进行混菌发酵。

7.5.1　发酵乳制品

发酵乳制品是指良好的原料乳经过杀菌作用，接种特定的微生物进行发酵，产生具有特殊风味的食品。通常具有良好的风味、较高的营养价值，还具有一定的保健作用，深受消费者的欢迎。常用发酵乳制品有酸奶、乳酸菌饮料、干酪、酸奶油、马奶酒等。现仅简要介绍一下双歧杆菌酸奶的生产工艺。

1. 工艺流程

蔗糖 10%、葡萄糖 2%（↓加入标准化）；两歧双歧杆菌 6%、嗜热链球菌 3%及适量维生素 C（↓加入接种）

原料乳→标准化→调配→均质→杀菌→冷却（38～40℃）→接种→灌装→发酵（38～39℃，6 h）→冷却→冷藏→成品

2. 生产工艺

双歧杆菌产酸能力低，凝乳时间长，需 18～24 h，且由于其属于异型发酵，最终产品的口味和风味欠佳。因而，生产上常选择一些对双歧杆菌生长无太大影响，但产酸快的乳酸菌，如嗜热链球菌、保加利亚乳杆菌、嗜酸乳杆菌、乳脂明串珠菌等与双歧杆菌共同发酵。这样既可以使制品中含有足够量的双歧杆菌，又可以提高产酸能力，大大缩短凝乳时间，缩短生长周期，并改善制品的口感和风味。

7.5.2　食醋

食醋，古称酢，别名醯，又有苦酒之称，是世界上最古老、最普及的调味品，几乎每个国家和地区都生产食醋。国人酿醋有 3 000 多年的历史，早在公元前 8 世纪就已有了醋的文字记载。春秋战国时期，已有专门酿醋的作坊，到汉代时，开始普遍生产醋。南北朝时，醋的产量和销量都已很大，当时的名著《齐民要术》曾系统地总结了我国劳动人民从上古到北魏时期的制醋经验和成就，书中共收载了 22 种制醋方法，这也是我国现存史料中对粮食酿造醋的最早记载。在长期的生产实践中劳动人民创造出多种富有特色的制醋工艺和品牌食醋，如山西老陈醋、镇江香醋、福建红曲老醋、四川保宁麸醋、江浙玫瑰醋、喀左陈醋、北京熏醋、上海米醋、丹东白醋、四门贡醋等著名食醋。我国传统食醋的酿造工艺在选料和操作方面各具特色，但与国外制醋工艺相比有如下共同特点：以谷物类农副产品为主料（如高粱、糯米、麸皮等），以大曲或药曲为发酵剂，大多采用边糖化边发酵的（“双边发酵”）固态自然发酵工艺，发酵周期长，酸味浓厚，酯香浓郁，并采用陈酿或熏醅方法强化了食醋的色、香、味。

食醋按加工方法可分为合成醋、酿造醋、再制醋三大类。其中产量最大且与我们关系最为

密切的是酿造醋，它是用粮食等淀粉质为原料，经微生物制曲、糖化、酒精发酵、醋酸发酵等阶段酿制而成。其主要成分除醋酸（3%～5%）外，还含有各种氨基酸、有机酸、糖类、维生素、醇和酯等营养成分及风味成分，具有独特的色、香、味。它不仅是调味佳品，长期食用对身体健康也十分有益。

7.5.2.1 生产原料

食醋酿造是在酒精发酵的基础上完成的，酿造过程中酵母菌在厌氧的条件下先将物料中的糖分经 EMP 途径转化为酒精，生成的酒精在醋酸菌所生成的乙醇脱氢酶和乙醛脱氢酶的作用下生成乙酸。

按照工艺要求，一般可将制醋原料分为主料、辅料、填充料和添加剂四大类。

1. 主料

（1）淀粉质原料　中国传统的酿醋原料，长江以南以糯米和大米（粳米）为主，长江以北以高粱和小米为主。现多以碎米、玉米、甘薯、甘薯干、马铃薯、马铃薯干等代用，通常著名食醋的酿造多以此类原料为主。原料先经蒸煮、糊化、液化及糖化，使淀粉转变为糖，再用酵母使之发酵生成乙醇，然后在醋酸菌的作用下进行醋酸发酵，将乙醇氧化生成醋酸。

（2）糖质原料　以含糖质原料酿醋，可使用葡萄、苹果、梨、桃、柿、枣、番茄等酿制各种果汁醋，也可用蜂蜜及糖蜜为原料。它们都只需经乙醇发酵和醋酸发酵两个生化阶段。法国西北部奥利安以奥利安法酿造的葡萄酒醋，曾驰名于世。

（3）乙醇原料　以乙醇为原料，加醋酸菌只经醋酸发酵一个生化阶段。例如以低度白酒或食用酒精加水冲淡为原料，应用速酿法制醋，只需 1～3 d 即得酒醋。

（4）冰醋酸原料　以食用冰醋酸加水配制成白醋，再加调味料、香料、色素等物，使之成为具有近似酿造醋风味的食醋。

2. 辅料

辅料一般采用谷糠、麸皮或豆粕，因为在谷糠、麸皮及豆粕中，不但含有碳水化合物，而且还含有丰富的蛋白质。辅料与食醋的色、香、味有密切的关系，在固态发酵中辅料还起着吸收水分、疏松醋醅及贮藏空气的作用。

3. 填充料

固态发酵制醋和速酿法制醋都需要填充料，其主要作用是调整淀粉浓度，吸收酒精及液浆，保持料层有一定空隙使酵醅疏松，积存并使空气流通，以利于醋酸菌进行好氧发酵。常用的填充料有谷壳、稻壳、高粱壳、小米壳、玉米秸、玉米芯、高粱秸、花生皮、甘薯蔓、刨花、浮石以及多孔玻璃纤维等。填充料要求接触面积大，其纤维质具有适当的硬度和惰性，没有异味，表面积大。

4. 添加剂

添加剂不仅能改善食醋的色泽和风味，还能改变食醋的体态，常用的添加剂有食盐、砂糖、芝麻、茴香、生姜和炒米色等。

7.5.2.2 酿造微生物

传统工艺制醋是利用自然界中野生菌制曲、发酵，涉及的微生物种类繁多，如霉菌中的根霉、曲霉、毛霉、犁头霉；酵母菌中的汉逊氏酵母、假丝酵母，以及细菌中的芽孢杆菌、乳酸菌、醋酸菌、产气杆菌等。在众多的微生物中，有对酿醋有益的菌种，也有对酿醋有害的菌种。新法酿醋是采用经人工选育的纯培养菌株，经制曲、酒精发酵和醋酸发酵而成。其好处是酿醋周期短，原料利用率高，因此带来了显著的经济效益。

1.淀粉液化、糖化微生物

曲霉菌能产生丰富的淀粉酶、糖化酶、蛋白酶等酶系，因此在食醋酿造中常用曲霉制糖化曲。糖化曲作为水解淀粉质原料的糖化剂，其作用是将制醋原料中淀粉水解为糊精和葡萄糖；同时，制曲过程中形成的蛋白酶能够将蛋白质水解为肽和氨基酸，有利于下一步酵母菌的酒精发酵以及之后的醋酸发酵。

常用的曲霉有：

(1)黑曲霉　呈黑褐色，顶囊较大，呈球形。培养温度 30～35℃，最适 pH 为 4.5～5.0，生长繁殖需要足够的氧气。除分泌糖化酶、液化酶、蛋白酶、单宁酶外，黑曲霉还分泌果胶酶、纤维素酶、脂肪酶、氧化酶、转化酶等。适宜于酿醋的菌株有：甘薯曲霉 AS 3.324、邬氏曲霉 AS 3.758、东酒一号、黑曲霉 AS 3.4309(UV-11)等。

(2)米曲霉　其菌丝一般为黄绿色，最适培养温度为 37℃，最适 pH 为 5.5～6.0。该菌能产生较丰富的酶系，如液化酶、糖化酶和蛋白酶等。米曲霉中常用的菌株有：沪酿 3.040、沪酿 3.042(AS 3.951)、AS 3.863 等。

(3)黄曲霉　黄曲霉的分生孢子穗呈黄绿色，发育过程中菌丛先由白色转为黄色，最后变成黄绿色，衰老的菌落则呈黄褐色，孢子梗和孢子粗糙，最适培养温度为 37℃，最适 pH 为 5.5～6.0。黄曲霉群的菌株除有丰富的蛋白酶、淀粉酶外，还有纤维素酶、转化酶、菊糖酶、脂肪酶、氧化酶等。黄曲霉中的某些菌株会产生对人体致癌的黄曲霉毒素，为安全起见，必须对菌株进行严格检测，确证无黄曲霉毒素产生者方能使用。常用菌株为 AS 3.800 和 AS 3.384。

2.酒精发酵微生物

在食醋酿造过程中，淀粉质原料经曲的糖化作用产生葡萄糖，酵母菌则通过其酒精发酵酶系将葡萄糖转化为酒精和二氧化碳，完成酿醋过程中的酒精发酵阶段。在食醋酿造中酒精发酵一般由子囊菌亚门酵母属中的酵母菌来完成。因此，生产上所用菌株不仅要性能稳定，同时还要具有较强的酒精耐受能力。

酵母菌的最适培养温度为 28～32℃，最适 pH 为 4.5～5.5，在厌氧条件下发酵葡萄糖生成酒精和二氧化碳。酵母菌除酒化酶系外，还能产生麦芽糖酶、蔗糖酶、转化酶、乳糖分解酶和脂肪酶等。在酒精发酵中，除生成酒精外还有少量有机酸、杂醇油、酯类等物质生成，这些物质对形成醋的风味有一定作用。

生产上选择酵母菌种，一般根据不同原料来选择。常用的菌种有：使用淀粉原料的南阳五号(1300)、AS 2.399(德国 12 号啤酒酵母)或 K 字酵母、AS 2.109；甘蔗糖蜜为原料的 AS 2.1189、AS 2.1190。另外，为了增加食醋的香气，有的酿造厂还添加产酯能力强的酵母进行混合发酵，使用的菌株有 AS 2.300、AS 2.338 以及中国食品发酵研究所的 1295 和 1312 等产酯酵母。

3.醋酸发酵微生物

醋酸菌是醋酸发酵的主要菌种，醋酸菌不是细菌分类学名词，在细菌分类学主要分布于醋酸杆菌属(*Acetobacter*)和葡萄糖杆菌属(*Glucomobacter*)，用于酿醋的醋酸菌种大多属于醋酸杆菌属。醋酸菌具有氧化酒精生成醋酸的能力，其形态为长杆状或短杆状细胞，单独、成对或排列成链状。不形成芽孢，革兰氏染色幼龄菌阴性，老龄菌不稳定，好氧，喜欢在含糖和酵母膏的培养基上生长。其生长最适温度为 28～32℃，最适 pH 为 3.5～6.5。

目前国内外在生产上常用的醋酸菌有：

(1)恶臭醋酸杆菌(*A. rancens* AS 1.41) 此菌株是我国食醋生产中的主要菌株，在固体培养基上培养，菌落隆起，平坦光滑，呈灰白色；在液体培养基中，沿管壁上升，在表面生长，有淡青色的极薄的平滑菌膜，溶液微浑浊。最适培养温度 28～33℃，最适 pH 为 3.5～6.0，耐受酒精浓度为 8%(体积分数)。最高产醋酸为 7%～9%，产葡萄糖酸力弱，能氧化分解醋酸为 CO_2 和 H_2O。

(2)奥尔兰醋酸杆菌(*A. orleanense*) 属葡萄酒醋酸杆菌属，是法国奥尔兰地区由葡萄酒生产醋酸的主要菌株。产酸能力较弱，为 2.9%，能产生少量酯，有较强的耐酸能力，最适培养温度 30℃。

(3)产醋酸杆菌 是德国哈斯雷醋厂使用的菌株，为速酿醋酸菌。此菌株能产生大量的乙酸乙酯，赋予食醋葡萄酒的芳香。但该菌株产酸量较低，可氧化醋酸为 CO_2 和 H_2O，最适培养温度为 33℃。

(4)沪酿 1.01 醋酸杆菌 为上海酿造科学研究所从丹东醋厂速酿醋中分离得到的，是我国食醋工厂常用的菌种之一。该菌细胞呈杆形，常呈链状排列，菌体无运动性，不形成芽孢。在含酒精的培养液中，常在表面生长，形成淡青灰色薄层菌膜。在不良的条件下，细胞会伸长，变成线状或棒状，有的呈膨大状、分枝状。该菌具有产酸较快的特点，由酒精生成醋酸的转化率平均高达 93%～95%。

(5)许氏醋杆菌(*A. schutzenbachii*) 它是国外有名的速酿醋菌种，也是目前制醋工业较重要的菌种之一。在液体中生长的最适温度为 25～27.5℃，固体培养的最适温度为 28～30℃，最高生长温度 37℃。该菌产酸高达 11.5%，且对醋酸没有氧化作用。

7.5.2.3 固态法食醋生产

食醋制造工艺中固态发酵工艺已独领风骚数千年，至今在我国食醋工业仍占有一席之地。

1. 工艺流程

固态法食醋生产工艺流程如下：

麸曲、酵母
↓
薯干(或碎米、高粱等)→粉碎→加麸皮、谷糠混合→润水→蒸料→冷却→接种→入缸糖化、酒化→拌糠接种→醋酸发酵→翻醅→加盐后熟→淋醋→贮存陈醋→配兑→灭菌→包装→成品
↑
醋酸菌、粗谷壳

2. 工艺操作

(1)原料配比及处理 甘薯或碎米、高粱等 100 kg，细谷糠 80 kg，麸皮 120 kg，水 400 kg，砻糠 50 kg，醋酸菌种子 40 kg，麸曲 20～30 kg，食盐 3.75～7.5 kg(夏多冬少)。

将薯干或碎米等粉碎，加麸皮和细谷糠拌和，加水润料后用扬料机打散，装入蒸锅中。以常压蒸煮 1 h，停火焖 1 h 或在 0.15 MPa 压力下蒸煮 40 min，出锅冷却至 30～40℃。

(2)糖化及酒化 熟料出锅后，立即用扬料机打散过筛、摊晾降温。冬、春季晾至 30～32℃，夏季晾至比室温低 1～2℃，加入麸曲和酒母，拌和均匀，加入冷水 25%～30%，使料醅含

水量达 65%～68%。

原料入缸后，压实，用无毒塑料布密封缸口发酵。糖化和酒化应做到低温下曲、低温入缸、低温发酵。冬季入缸温度控制在 18～25℃，夏季入缸温度不超过 28℃。入缸第二天后，品温升至 38～40℃时，应进行第一次倒缸翻醅，酒精发酵期间采用降低室温和倒缸的方法使发酵温度控制在 28～32℃进行糖化和酒精发酵。入缸后 5～7 d 酒精发酵基本结束，醅中可含酒精 7%～8%。

(3)醋酸发酵　酒精发酵结束后的料醅拌入谷壳、麸皮和醋酸菌种子液(或醋酸发酵旺盛的醋醅)，拌和均匀的料醅松装入缸或池中进行醋酸发酵。醋酸发酵室温控制在 20～30℃，品温最高不得超过 42℃。每天定温定时翻醅倒缸，经过 12～15 d 的发酵，品温开始下降，当醋酸含量达到 7%～8%、品温降至 36℃以下时，醋酸发酵基本结束。

(4)加盐后熟　醋酸发酵结束后要及时加盐，防止成熟的醋醅过度氧化。通常加盐量为醋醅的 1.5%～2%，夏季稍多，冬季稍少。

(5)淋醋　淋醋工艺采用三套循环法。先用二醋浸泡成熟醋醅 20～24 h，淋出来的是头醋，剩下的头渣用三醋浸泡，淋出来的是二醋，缸内的二渣再用清水浸泡，淋出三醋。如以头淋醋套头淋醋为老醋；二淋醋套二淋醋 3 次为双醋，较一般单淋醋质量为佳。

(6)陈酿　陈酿是醋酸发酵后为改善食醋风味进行的贮存、后熟过程。陈酿有两种方法，一种是醋醅陈酿，即将成熟醋醅压实盖严，封存数月后直接淋醋。或用此法贮存醋醅，待销售旺季淋醋出厂。另一种是醋液陈酿，即在醋醅成熟后就淋醋，然后将醋液贮入缸或罐中，封存 1～2 个月，可得到香味醇厚、色泽鲜艳的陈醋，高级名醋多采用此种方法陈酿。用作陈酿的醋液醋酸度应在 5%以上，否则容易败坏。有时为了提高产品质量，改善风味，则将部分醋醅用文火加热至 70～80℃，24 h 后再淋醋，此过程称熏醋。

(7)澄清、配兑和煎醋　陈酿醋或新淋出的头醋都还是半成品，醋进入澄清池沉淀，得到澄清醋，调整其浓度、成分，使其符合质量标准。除现销产品及高档醋外，一般要加入 0.1%苯甲酸钠防腐剂后进行包装。陈醋或新淋的醋液应于 85～90℃维持 30～40 min 杀菌，但灭菌后应迅速降温后方可出厂。

7.5.2.4　液态深层发酵制醋

随着发酵生产规模的不断扩大，发酵工业技术的不断发展，出现了不少新型发酵罐。自吸式充气发酵罐于 20 世纪 50 年代初期的西德被首次用于制醋生产，并在 1969 年首先取得了专利，以后在日本、欧洲等国先后被采用。

空气自吸式罐液体深层发酵制醋是将淀粉质原料经液化、糖化、酒精发酵后，在空气自吸式发酵罐中完成液体深层醋酸发酵的新工艺。具有原料利用率高、机械化程度高、生产周期短(7 d)、产品质量稳定等优点，但缺点是醋的风味较差。该工艺自 20 世纪 70 年代起在我国应用，目前生产工厂已达 80 余家，国外则更为普遍。

1. 工艺流程

液态深层发酵制醋工艺流程如下：

α-淀粉酶、氯化钙、碳酸钠（加入调浆）；酒母（加入酒精发酵）；醋酸菌（加入醋酸发酵）

碎米→浸泡→磨浆→调浆→液化→糖化→冷却→酒精发酵→酒醪→醋酸发酵→醋醪→压滤→配兑→灭菌→陈醋→成品

2. 工艺操作

(1)调浆　淀粉加水调成 12°Bé 粉浆，同时加入碳酸钠调 pH 6.2～6.4，再按原料淀粉总重量 0.1%加入氯化钙，B. F. 7658 淀粉酶 0.4%，充分搅匀。淀粉酶制剂用量以按效价单位计算为好，一般每克干淀粉约加酶制剂 80～100 U。

(2)液化、糖化　先在液化罐内加少量底水，升温至 85℃，再用泵将粉浆打入，控制浆温 85～90℃，维持 10～15 min。用碘液检查呈棕黄色，即为液体完全。再升温至 100℃，维持 10 min，灭菌，然后打入糖化罐(原罐也可)，降温至 60～65℃。加入糖化酶(1 g 淀粉加入 100 U 糖化酶制剂)，糖化 1～1.5 h，糖液浓度可达 13～14°Bé。

(3)酒精发酵　将糖液泵入酒精发酵罐，调整糖液浓度为 8.5°Bé，并使温度降至 30℃左右。向醪液中接种 10%的酵母种子液，并添加占酒母量 2%的乳酸菌液及 20%的生香酵母，共同进行酒精发酵，发酵温度 30～32℃，2～3 d 发酵结束时酒醪中的酒精含量可达 6%以上。

(4)醋酸发酵　将酒精发酵液打入醋酸发酵罐，按规定接种量接入醋酸菌种子液，控制品温 33～37℃。发酵前期通风量为 1∶0.1，中期 48 h 内为 1∶0.15，后期为 1∶0.1。经 6 h 左右，醋酸可达 6%以上，待酒精耗尽，醋酸不再上升时即可放罐。发酵液经过滤、配制、加热、灭菌后送入成品贮罐澄清。

(5)连续发酵　完成醋酸发酵后，放出醋液 1/3，加入酒精 1/5，继续进行发酵，经 24 h 左右，醋酸又可升至 5%以上。如此反复连续发酵可达多次。

7.6　产酶微生物

酶作为生物催化剂，在许多化学反应中具有不可低估的作用。酶催化剂作为生物进化的高级形式，通过酶尤其固定化酶的催化作用，可以简化生产工艺、降低生产成本、改善操作环境，其经济效益是非常可观的。随着人们对环境保护和生活质量要求的提高，酶在医药、食品、纺织、环保等领域的应用日益广泛。目前，全球酶制剂市场复合增长率保持在 5%，全球工业酶市场规模约为 43.178 亿美元。已发现的酶种类有几千种，能人工生产的有 300 多种。中国自 1965 年建立第一个专业酶制剂生产厂——无锡市酶制剂厂，至今已有 50 多个年头，但整体而言，中国酶制剂生产与国外发达国家先进水平相比仍存在很大的差距和问题。

7.6.1　产酶微生物

在酶制剂生产中，常用的微生物主要是细菌、霉菌、酵母三大类群。

(1)细菌　在酶制剂生产中，常用的细菌主要集中在芽孢杆菌属和埃希氏菌属。如生产淀粉酶的常用菌种是枯草芽孢杆菌和地衣形芽孢杆菌；生产蛋白酶的菌种常为短小芽孢杆菌。大肠杆菌常作为天冬氨酸酶、谷氨酸脱羧酶、多核苷酸磷酸化酶的生产菌种。

(2)霉菌　霉菌作为生产菌种主要集中在曲霉属、根霉属、青霉属。如黑曲霉常作为淀粉酶、纤维素酶、果胶酶、葡萄糖氧化酶、过氧化氢酶、脂肪酶、乳糖酶、花青素酶等酶制剂的生产菌株。米曲霉可用于淀粉酶、蛋白酶、核糖核酸酶的生产。根霉可以用作葡萄糖淀粉酶、脂肪酶、半纤维素酶的生产菌种。

(3)酵母菌　酶制剂工业中常用的酵母主要集中在假丝酵母属、酵母属。如产朊假丝酵母、解脂假丝酵母和热带假丝酵母可用作脂肪酶、转化酶、脲酶、富马酸酶的生产菌种。

每个微生物细胞有产生 2 500 种以上酶的能力。现在开发的只是以水解酶类为主的很小一部分，而且在生产上使用的菌种数也很有限。因此，在酶的种类和剂型上都很有开发的潜力。在技术上，除诱变育种外，已开始采用融合、杂交等细胞工程和基因工程等技术来培育性能更优良的新型菌种。

7.6.2　微生物酶制剂的发酵生产

7.6.2.1　菌种的选择

任何生物都能在一定的条件下合成某些酶，但并不是所有的细胞都能用于酶的发酵生产。一般说来，能用于酶发酵生产的细胞必须具备如下几个条件：

①酶的产量高。优良的产酶细胞首先具有高产的特性，才有较好的开发应用价值。高产细胞可以通过筛选、诱变或采用基因工程、细胞工程等技术而获得。

②容易培养和管理。要求产酶细胞容易生长繁殖，并且适应性较强，易于控制，便于管理。

③遗传稳定性好。在通常的生产条件下，能够稳定地用于生产，不易退化。一旦细胞退化，要经过复壮处理，使其恢复产酶性能。

④安全可靠。不能使用产毒素的菌株和它们的近缘种。

7.6.2.2　发酵方式

微生物发酵生产酶制剂方式主要有固体发酵法和液体发酵法。

(1)固体发酵法　固体发酵法是利用麸皮和米糠为主要原料，加谷糠、豆饼等，加水搅拌成半固体状态，供微生物生长和产酶，主要用于真菌来源的商业酶的生产。其中用米曲霉生产淀粉酶，以及用曲霉和毛霉生产蛋白酶在中国和日本已有悠久的历史。固体发酵法操作简单，但劳动强度大、原料利用率较低、生产周期长。

(2)液体发酵法　液体发酵法又分液体表面发酵和液体深层发酵法两种。其中液体深层发酵法是现在普遍采用的方法。它不仅适合于微生物细胞，也适用于植物、动物和工程菌的发酵。我国酶制剂、抗生素、氨基酸、有机酸和维生素等发酵产品均采用此种方法。液体深层发酵法的机械化程度较高，易于科学管理和控制，酶的产量较高。

7.6.3　酶制剂在食品工业中的应用

7.6.3.1　酶与淀粉糖的生产

由于淀粉糖良好的口感、特殊性能和特有的保健功能，已被广泛地应用在糖果、罐头、糕点、饮料等的生产中。

1.葡萄糖生产中的应用

葡萄糖是淀粉糖工业中产量最大的一个部门，食品工业中很多产品的生产都是以葡萄糖为基本原料。因此，葡萄糖的制造是食品工业的基础。

葡萄糖的制造方法很多，有酸法、酸酶法、双酶法等。其中，双酶法工艺，特别是耐高温 α-淀粉酶和高转化率的液体糖化酶的使用，不仅能制造各种不同规格的高质量结晶葡萄糖和各种不同 DE 值的液体淀粉糖浆，而且糖的转化率高，可直接使用，从而降低生产成本。所以，双酶法工艺已经被广泛用于淀粉糖工业的生产中。双酶法工艺中选用低钙、低 pH 的耐高

温 α-淀粉酶对淀粉原料进行液化处理，不仅液化过程中没有天龙二糖等不发酵性糖的产生，而且提高了原料的转化率；同时该酶在使用时不需另外添加钙离子，因而降低了生产成本。对于糖化酶的选择目前普遍采用含有普鲁兰酶的复合糖化酶，使用这种复合酶与单糖化酶处理相比，所得糖化液中的 DE 值要高 2%～3%，DX 值增长 1%～2%。

2. 麦芽糖生产中的应用

麦芽糖俗称饴糖，是一种以麦芽糖为主的淀粉糖浆，由于其具有口感清甜适口，增稠性强，成膜性好，不易结晶和吸湿等特点，而被广泛地应用在罐头、糖果、软饮料、保健品、果冻、果酱及乳制品中。在麦芽糖生产中，原料的液化与葡萄糖生产一样，均采用耐高温的 α-淀粉酶。所不同的是在糖化处理阶段，根据生产的最终产品不同采用的酶不同。如在麦芽糖浆生产中采用米曲霉产生的真菌淀粉酶，可以快速水解胶凝淀粉、直链淀粉和支链淀粉溶液，在产生可溶性糊精的同时产生少量的葡萄糖和麦芽糖。

高麦芽糖浆是葡萄糖含量少于 1%、麦芽糖含量为 50%～60%的产品。由于真菌淀粉酶在产生大量麦芽糖浆的同时也形成一定量的葡萄糖，因此在生产中用植物性来源的 β-淀粉酶可以获得葡萄糖含量少于 1%的高麦芽糖浆。

超高麦芽糖浆是葡萄糖含量少于 1%、麦芽糖含量超过 80%的淀粉糖产品。由于 β-淀粉酶既不能水解也不能超越支链淀粉的 α-1,6-糖苷键，所以生产出的产品麦芽糖含量不超过 70%，难以满足超高麦芽糖生产的要求。因此在工业生产中通常采用糖化酶、β-淀粉酶和普鲁兰酶来生产超高麦芽糖浆。

3. 果葡糖浆生产中的应用

果葡糖浆是利用葡萄糖异构酶将淀粉液化、糖化所得的葡萄糖转化为果糖，根据其中果糖的含量不同有 F42、F55、F90 等系列产品。由于果葡糖浆具有甜而不腻、纯正爽口、保湿性好、冰点低及保鲜性能好等特点，已广泛地在食品工业中使用。

4. 低聚糖生产中的应用

低聚糖作为具有营养和保健双重功能的新一代食品，近年来发展很快。目前随着保健食品市场的发展，在饮料、食品、酿造、啤酒、冷饮等多种食品行业中，都将具有功能性的低聚糖作为一种配方的重要组成投放到相应产品中，既增加了保健功能，又提高了产品的档次，从而获得了较好的社会和经济效益。

低聚糖通常是指由 2～10 个单糖组成的聚合物，单糖分子结合位置和结合数量不同，低聚糖的种类不同。异麦芽低聚糖是具有 α-1,6-葡萄糖苷键的异麦芽糖、异麦芽三糖或潘糖的复合物，它对双歧杆菌具有较强的增殖作用，应用前景非常广阔。它是在淀粉液化的基础上，采用 β-淀粉酶和日本天野制药生产的黑曲霉 GTase 共同进行糖化作用，所得到的产物就是具有 α-1,6-葡萄糖苷键结构的异麦芽低聚糖。

5. 麦芽糊精生产中的应用

麦芽糊精又称酶法糊精、水溶性糊精、麦精粉等。它是利用微生物酶的作用，将淀粉分子进行低度水解而形成的一种水溶性的短链淀粉分子。因其具有良好的增稠性、载体性、乳化性、成膜性和水溶性而广泛地应用在食品工业、医药工业、纺织工业、造纸工业和化工工业等部门。

7.6.3.2　酶与食品检验分析

自1962年，英国Clark发明了最早的生物传感器——酶电极以来，生物传感器发展迅猛，同时以其微型化、集成化、智能化、实用化等特点广泛地应用于食品工业、环境监测、发酵工业、医学等领域。生物传感器在食品工业中的应用包括食品成分、食品添加剂、有害毒物及食品鲜度等的测定分析等方面。

2020年初，一场突如其来的疫情为我们上了一堂生动的生物安全课，人们深刻认识到，维护人与自然和谐共生是实现国家安全的必由之路。2月14日，习近平总书记在中央全面深化改革委员会第十二次会议上指出，要把生物安全纳入国家安全体系，系统规划国家生物安全风险防控和治理体系建设，全面提高国家生物安全治理能力。居安而念危，则终不危；操治而虑乱，则终不乱。总体国家安全观是习近平新时代中国特色社会主义思想的重要内容，只有坚持以总体国家安全观为指导，切实增强忧患意识，牢固树立底线思维，才能确保人民安居乐业、社会和谐稳定、国家长治久安。

1.食品成分分析

在食品工业中，葡萄糖的含量是衡量水果成熟度和贮藏寿命的一个重要指标。已开发的酶电极型生物传感器可用来分析白酒、苹果汁、果酱和蜂蜜中的葡萄糖。其他糖类如果糖，啤酒、麦芽汁中的麦芽糖，也有测定成熟的传感器。

Niculescu等研制出一种安培生物传感器，可用于检测饮料中的乙醇含量。这种生物传感器是将一种醌蛋白醇脱氢酶埋在聚乙烯中，酶和聚合物的比例不同可以影响该生物传感器的性能。在目前进行的实验中，该生物传感器对乙醇的测量极限为1 nmol/L。

2.食品添加剂分析

亚硫酸盐通常用作食品工业的漂白剂和防腐剂，采用亚硫酸盐氧化酶为敏感材料制成的电流型二氧化硫酶电极可用于测定食品中的亚硫酸盐含量，测定的线性范围为0～64 mol/L。又如饮料、布丁、奶昔等食品中的甜味素，Guibault等采用天冬氨酶结合氨电极测定，线性范围为$2\times10^{-5}\sim1\times10^{-3}$ mol/L。此外，也有用生物传感器测定色素和乳化剂的报道。

3.农药残留量分析

近年来，人们对食品中的农药残留问题越来越重视，各国政府也不断加强对食品中农药残留的检测工作。Yamazaki等发明了一种使用人造酶测定有机磷杀虫剂的电流式生物传感器，利用有机磷杀虫剂水解酶，对硝基酚和二乙基酚的测定极限为10^{-7} mol/L，在40℃下测定只要4 min。Albareda等用戊二醛交联法将乙酰胆碱酯酶固定在铜丝碳糊电极表面，制成一种可检测浓度为10^{-10} mol/L的对氧磷和10^{-11} mol/L的克百威的生物传感器，可用于直接检测自来水和果汁样品中两种农药的残留。

4.微生物和毒素检验

食品中病原性微生物的存在会给消费者的健康带来极大的危害，食品中毒素不仅种类很多而且毒性大，大多有致癌、致畸、致突变作用。因此，加强对食品中的病原性微生物及毒素的检测至关重要。

食用牛肉很容易被大肠杆菌O157∶H7所感染，因此需要快速灵敏的方法检测和防御大肠杆菌O157∶H7一类的细菌。Kramerr等研究的光纤生物传感器可以在几分钟内检测出食物中的病原体(如大肠杆菌 O157:H7),而传统的方法则需要几天。这种生物传感器从检测出病原体到从样品中重新获得病原体并使它在培养基上独立生长总共只需 1 d 时间,而传统方法需要 4 d。

5.食品鲜度检测

食品工业中对食品鲜度尤其是鱼类、肉类的鲜度检测是评价食品质量的一个主要指标。Volpe 等以黄嘌呤氧化酶为生物敏感材料,结合过氧化氢电极,通过测定鱼降解过程中产生的一磷酸肌苷(IMP)、肌苷(IIXR)和次黄嘌呤(HX)的浓度,从而评价鱼的鲜度,其线性范围为 $5\times10^{-10}\sim2\times10^{-4}$ mol/L。

7.6.3.3 酶与酿造工业

1.酶制剂与啤酒工业

啤酒以其特有的“麦芽的香味、细腻的泡沫、酒花的苦涩、透明的酒质”而深受各国消费者的喜爱。传统的啤酒是以麦芽为原料,经过麦芽中的内源性淀粉酶的液化和糖化,在酵母的作用下发酵而成的酒精饮料。在早期啤酒生产的原料就是大麦,而没有任何辅料的添加,因此大麦的好坏就成了决定啤酒质量的关键。生产过程中常常会由于麦芽质量不佳,出现液化不彻底、糖化不完全、过滤速度慢、收率低等现象。液化酶和糖化酶的添加不仅弥补了麦芽质量不好带来的不足,增加了辅料的比例,而且改善了啤酒的风味,降低了生产成本。

干啤酒是近年来人们喜爱的品种之一,生产干啤酒的主要工艺在于增加糖化液中的可发酵性糖,从而提高发酵度。因此,许多酒厂在辅料糖化的工艺中通过添加 Gist-brocades 公司生产的真菌淀粉酶或丹麦诺维信公司生产的 Promozyme 200L 来提高麦汁的发酵度。当然并不是每种啤酒的生产都要提高发酵度的,比如欧美流行的低醇啤酒的生产,就是在糖化过程中通过添加转苷酶来增加酒体中非发酵性糖的成分,从而减少酒精的形成,达到生产低醇啤酒的目的。

双乙酰(即丁二酮)的含量是影响啤酒风味的重要因素,是品评啤酒成熟与否的主要依据,是啤酒质量的重要标志之一。双乙酰是由酵母繁殖生成的 α-乙酰乳酸和 α-乙酰羟基丁酸氧化脱羧而成的。双乙酰的口味界限值很低,仅为 0.1~0.15 mg/L,超过此阈值会使啤酒带有不愉快的馊饭味。诺维信公司生产的 Maturex 能催化 α-乙酰乳酸直接形成羟基丁酮,可缩短发酵周期,减少双乙酰的含量。此酶可在冷却麦汁中与酵母同时加入发酵罐中,具体用量应根据酶活力的大小和酵母活性的高低来决定,以保证成品啤酒中双乙酰的含量控制在 0.1 mg/L。

啤酒在贮藏和货架期间常常会出现浑浊,出现这种现象的原因主要是生物浑浊和非生物浑浊两种。解决非生物浑浊可以通过添加木瓜蛋白酶或菠萝蛋白酶分解蛋白质,添加方式通常是在后发酵开始时添加。另外,通过在生产中添加中性蛋白酶可以将麦芽、大麦及辅料中的蛋白质成分分解成可溶性的缩氨酸和氨基酸,不仅为酵母提供适量的营养,并使啤酒具有良好的泡沫、香味及生物稳定性。但蛋白酶的添加量必须严格控制,否则会对啤酒的持泡能力产生不良影响。

葡萄糖氧化酶在啤酒中使用的主要作用是除去啤酒中的溶解氧,阻止啤酒因为氧化而变质,并阻止啤酒老化味的产生。这对于提高啤酒稳定性、保持啤酒原有风味起到了一定的效果。

啤酒生产原料中由于 β-葡聚糖和木聚糖含量较高,造成麦汁过滤困难,酒液浑浊,啤酒滤膜堵塞等问题。为解决这些问题需要大量的资金和技术投入，这样就增加了啤酒的生产成本。而木聚糖酶可以和 β-葡聚糖酶协同作用，从而解决滤膜堵塞问题，可提高酒液的澄清度，降低酿酒成本。

2. 酶在其他酒类酿造中的应用

在生产黄酒的过程中，配合使用多种酶制剂代替部分麦曲和活性干酵母对原料进行糖化发酵，经酿造后的新工艺黄酒保留了微生物酿造的天然品质和较丰富的营养成分，氨基酸含量丰富，香气醇和，爽适协调，苦涩味减轻，酒质稳定性高，出品率高达 300%～310%（酒精体积分数为 14.5%），提高糖化率和液化率，减少用曲量，提高出酒率，节约粮食，降低成本等。

白酒酿造的低温蒸煮酒精发酵过程中应用纤维素酶处理原料，出酒率可提高 3%以上，而且可降低醪液黏度。酸性蛋白酶和葡萄糖淀粉酶的添加能提高出酒率、改善风味、降低杂醇油含量；脂肪酶的存在能促进已酸乙酯、乙酸乙酯等酯类香味物质形成，从而提高白酒中酯类香味物质含量，加快白酒中各种酸、醇、酯的反应平衡，缩短贮存老熟时间，调节白酒中各种香味物质的含量和比例，提高白酒品质。

果酒的风味也是衡量果酒品质的一项重要指标。在水果中以糖苷形式存在的风味前体物即使在发酵过程中或在葡萄酒的贮存过程中都很稳定，难以溶出，但是通过风味酶水解作用将风味物质释放出来，从而可以显著增加葡萄酒的风味，在葡萄酒加工过程中，应用于这方面的商业酶剂有 UVA FLORAL\Macer8(R)和 Rapibase 2000 等。如果在果浆或果汁中加入一定量的果胶酶和蛋白酶，果胶酶能水解果胶物质破坏细胞结构，蛋白酶则能破坏液泡膜，从而释放出花青素等色素物质。用于红葡萄酒的酿造时可在发酵时将果胶酶和蛋白酶与酵母一起加入，可增加色素提取，改善果酒的色泽。

3. 酶在调味品生产中的应用

在酱油的酿造过程中添加纤维素酶可使大豆类原料的细胞膜膨胀软化破坏，使包藏在细胞中的蛋白质和碳水化合物释放，这样既可提高酱油浓度，改善酱油质量，又可缩短生产周期，提高生产率，并且使其各项主要指标提高 3%。采用固体制曲、固态酒精发酵和固态醋酸发酵生产工艺对纤维素酶在食醋酿造方面的应用进行了系统研究，结果表明纤维素酶添加量为 10～50 μmol/min，产酒精量比对照提高 7.5%～23.8%，食醋产量提高 0.25～1.36 kg，主料出品率提高 5.1%～27.2%。在原料中添加适量的淀粉酶和蛋白酶能够提高原料的利用率和产品的质量。

7.6.3.4　酶与畜产加工

1. 酶在肉制品加工中的应用

①改善肉的品质。肉类是人类膳食营养中不可缺少的部分。传统的屠宰方法常常是屠宰后的肌肉内所含的蛋白酶的活力发生了变化，从而影响了肉的嫩度。随着酶制剂工业的发展，很多酶被应用到了肉类的嫩化中。由 Swift 有限公司生产的食品级蛋白酶 Proten，在屠宰前 10～30 min 把酶的浓缩液注射到动物颈静脉血管中，通过血流循环，酶在肌肉中可均匀分布，从而达到嫩化的效果。或者是在动物屠宰后将其浸泡在木瓜蛋白酶、菠萝蛋白酶或无花果蛋白酶溶液中，也可达到嫩化的效果。目前使用的嫩化酶以木瓜蛋白酶为主。

利用猪的胰脏提取的粗制胰酶，可以显著提高肉的水解率、分解肌原纤维、破坏肌纤维的结构，对肉起软化作用。在用胰酶对肉品进行嫩化处理时，粗胰酶提取液可随溶液进入肌间，配合组织中的蛋白酶，分解肌间结缔组织的胶原纤维，破坏结缔组织结构，使肉软化；同时，酶液中的蛋白酶也可作用于肌纤维，裂解部分肌细胞组合蛋白，释放出多肽、氨基酸等，使肉的鲜味增加，促进肉品软化，改善肉品的风味和营养。

在肉制品加工中添加转谷氨酰胺酶可提高制品中凝胶网络的稳定性，即使在温度变化及机械冲击下仍有强的持水能力，从而避免制品在贮藏期间发生干缩脱水的现象。

②肉类加工副产物的利用。屠宰场和肉类加工厂如何有效利用含肉类物质的副产物是一个较为复杂和困难的问题。屠宰场的分割车间，一般在骨头上平均残存5%的瘦肉。由于利用机械法从切割肉剩下的骨头回收部分肉，成本较高，目前大部分加工厂仍采用人工方法回收部分肉蛋白，但所需人工及费用很高。现在已开始采用添加中性蛋白酶的方法，从骨上回收肉蛋白，回收率大大提高，成本也随之大幅度降低。酶解后从骨头上分离出来的肉浆，可以直接用于罐头生产或馅料中。

肉类副产物的另一个潜在应用是提取不同等级的血液、血浆成分，但血红素的存在影响了其应用，现今通过添加碱性蛋白酶进行酶法脱色处理，可以制成无色血粉，作为廉价而安全的补充蛋白资源，已形成规模化生产。

转谷氨酰胺酶因其能催化蛋白质分子之间的酰基转移反应，从而可在蛋白质分子内部和分子之间形成不同程度的交联，从而可以改善蛋白质的性能。1991年Sakamoto和Soeda等将转谷氨酰胺酶、面粉、奶粉、碎肉、酪蛋白钠等混合来生产汉堡、肉丸、烧卖等。另外，重组后形成的交联蛋白质还可以作为脂肪替代物生产低脂肉制品。

③酶在肉制品保鲜中的应用。研究表明，溶菌酶、氯化钠和亚硝酸盐联合应用到肉制品中可延长肉制品的保质期，其防腐效果比单独使用时效果更好。对于一些新鲜的海产品和水产品经溶菌酶处理后均可延长贮存期。

2.酶在乳制品加工中的应用

酶在乳制品当中的应用由来已久，而且近年来酶在乳制品当中的应用已经占酶在各种工业中应用的14%。奶酪（又称干酪）被誉为乳制品中的“黄金”，因为每千克奶酪浓缩了10 kg牛奶的蛋白质、钙和磷等人体所需的营养成分，奶酪的营养成分特别容易被人体消化和吸收，其中蛋白质的吸收率达到96%～98%。奶酪的生产有赖于凝乳酶的添加，它不仅促进乳蛋白的凝固、提高产品的得率，而且在奶酪的生产和成熟期间，酶对奶酪的组织结构、风味和营养价值的提高也都起着非常重要的作用。另外微生物产的脂肪酶的添加不仅能促进奶酪成熟，还能使奶酪形成特有的风味。这两种酶在奶酪香精的生产中也有应用。

溶菌酶是一种非特异性免疫因子，可对肠道中腐败性微生物有特殊的杀灭作用，是婴儿食品中的抗菌蛋白，是一种必需的添加因子。溶菌酶在婴儿体内可以直接或间接地促进婴儿肠道内双歧杆菌的增殖；可以促进婴儿胃肠内乳酪蛋白形成微细凝乳，延长在肠道停留时间，有利于婴儿消化吸收；可以促进人工喂养婴儿肠道细菌菌群的正常化；能够强化血清灭菌蛋白、γ-球蛋白等体内防御因子，以增强对感染的抵抗力，特别是对早产婴儿有预防体重减轻，预防消化器官疾病，增加体重的功效，是婴儿食品及配方奶粉等的良好添加剂。

3.酶在蛋制品加工中的应用

蛋白粉、全蛋粉等是糖果和糕点生产的原料。由于蛋白中含有少量的葡萄糖，因此在蛋粉生产中常因为美拉德褐变而影响产品的色泽和质量。采用葡萄糖氧化酶和过氧化氢酶的偶联反应可以去除蛋白质中的葡萄糖，提高产品的营养价值，保障产品的质量。在产品中添加一定量的溶菌酶可以防止微生物污染。

7.6.3.5　酶与焙烤工业

1. 改善面粉品质

随着焙烤食品工业的快速发展，消费者在食品安全和健康意识方面的日益提高，对面粉及其制品焙烤食品提出了愈来愈高的要求。面制品品质，包括体积、内部组织结构、柔软程度、贮藏稳定性等，既取决于面粉品质，也取决于生产工艺条件及品质改良剂。

葡萄糖氧化酶(GOD)显著改善面团的强度和弹性，能有效地提高面条的咬劲，改善面条的表观状态，增加耐煮性，GOD 通常添加量为 200～300 UF/kg 面粉。在常用的方便面添加剂存在的条件下加工生鲜面，添加葡萄糖氧化酶可获得与添加 1%谷朊粉(基于面粉添加量)类似的效果。

脂肪酶(lipase)又叫甘油酯水解酶，能催化甘油三酯水解生成甘油二酯、甘油一酯或甘油。它对面团有强筋作用，能够提高面包的入炉急胀，增大面包体积，且对面包芯有二次增白作用。这主要是由于面粉中甘油三酯的水解和蛋白质中二硫键的形成，使面筋网络增强。从而提高了面团的筋力，改善了面粉蛋白质的流变学特性，增加了面团的强度和耐搅拌性，而使产品组织细腻均匀，包心柔软，口感更好。脂肪酶与葡萄糖氧化酶、真菌 α-淀粉酶复配有更好的协同增效作用，能使面包体积更大，急胀更好，组织更细腻。特别是脂肪酶与葡萄糖氧化酶联用具有良好的协同增效作用，葡萄糖酶能解决脂肪酶所达不到的强度，脂肪酶解决了葡萄糖氧化酶所达不到的延伸度，对不同面粉的粉质均有明显的改善作用，稳定时间和评价值等均显著提高，改善了面团的操作性能和焙烤制品的品质。

真菌 α-淀粉酶由米曲霉或黑曲霉产生，它能从淀粉分子内部切开 α-1,4-糖苷键生成各种寡糖。在面团发酵食品制作过程中，适量加入真菌 α-淀粉酶，面粉中的淀粉被水解成麦芽糖，麦芽糖又在酵母本身分泌的麦芽糖酶作用下，水解成葡萄糖供酵母利用，从而为酵母的发酵提供足够的糖源作为营养物质，使面包变得柔软，增强伸展性和保持气体的能力，容积增大，出炉后制成触感良好的面包。

面粉中的碳水化合物除了淀粉外，还有很重要的一类——半纤维素(或称戊聚糖)，含量 2%～3%，大部分为非水溶性的。虽然含量不高，但半纤维素对面团的柔软度、操作性等影响巨大，其中非水溶性戊聚糖能吸收自身质量约 10 倍的水，对面团吸水率有较大影响，它们的存在对面筋网络的形成有阻碍作用，而水溶性戊聚糖则没有。单独使用木聚糖酶或者半纤维素酶与戊聚糖酶复合使用，能水解面团中的非水溶性戊聚糖产生水溶性戊聚糖，从而消除非水溶性戊聚糖对面筋的负面影响。

饼干专用粉要求面团有较大的韧性、塑性及较小的弹性，一般使用低蛋白含量的低筋粉。在饼干生产中，添加蛋白酶可有效软化面筋，使面筋链被蛋白酶水解，面粉便变为弱力粉，可降低面粉筋力，降低面团弹性，使生产的饼干疏松、易干燥、并可防止饼干收缩变形。在制作面包时适量添加蛋白酶会使面团中多肽和氨基酸含量增加，亮氨酸和苯丙氨酸是形成香味的中间产物，多肽则是潜在的滋味增强剂、氧化剂、甜味剂或苦味剂，适量添加有利于改善面包皮的颜色和面包的香气口味；但过量蛋白酶会使面团变黏，导致面包质量下降。

2.防腐保鲜

丹麦诺维信公司在20世纪90年代发现了一种特殊的酶——麦芽糖淀粉酶,具有很好的保鲜效果。它不仅能使面包心保持柔软,减慢面包心变硬的速度,还能保持面包心的弹性,并且它不会对面包的其他方面产生负面影响,加得越多,保鲜效果越好。后来有人把麦芽糖淀粉酶应用到馒头里,也有良好的保鲜效果。在米饭中添加抗老化的淀粉酶可防止米饭味道的改变。

3.提高营养价值

小麦的皮层富含膳食纤维,长期以来被认为是食品废物,所以制粉时一般会除去麦皮甚至胚芽(加工工艺的原因及贮存安全性的需要)而只取胚乳部分。随着人们对膳食纤维认识的不断提高,麸皮面包(在面包粉中掺入麸皮)、全麦面包越来越流行。在加工过程中通过添加半纤维素酶可进一步改善全麦面包的可吸收性及营养价值,或加入植酸酶提高人体对钙、磷的吸收。

4.提高副产物的利用率

米渣是很多米制品生产中的副产品,米渣中含有大量的蛋白质。大米蛋白与动物蛋白或植物中的大豆蛋白相比具有低过敏性的特点,且氨基酸配比合理,营养价值高,更适合婴儿食用;如果能把它们有效地提取出来,则可以大大提高大米的综合利用价值。淀粉酶、纤维素酶、脂肪酶及酸性蛋白酶单独或复配使用可以发挥不同的作用,从而有效地提出米渣中的蛋白质。

7.6.3.6 酶与果蔬加工业

1.提高原料利用率

用果蔬原料生产果蔬汁,果胶对果蔬汁得率、质量等有很大影响。果胶是植物细胞的间隙物质。果胶具有很高的黏稠度,它的存在给榨汁、过滤和澄清带来困难。果胶酶在果蔬汁中应用能快速澄清果汁,从而使果汁加工过程变短,通过降低果浆黏度,极大地提高压榨量和产量,获得更高的果汁产量和颜色更好的提取物,尤其在浓缩苹果汁的应用使果汁浓缩6倍成为现实,从而减少贮存体积、降低运输费用和提高浓缩液的稳定性。

诺维信公司生产的浆果专用酶,包含浸渍果浆所需要的专门的果胶酶、半纤维素酶和纤维素酶,能分解可溶性果胶及果蔬细胞壁,降低果浆黏度,提高榨汁性能,减少果渣和减少榨汁时间,提高生产力。

另外,纤维素酶与果胶酶和半纤维素酶具有协同作用,对于提高主料的出汁率、降低料液黏度、增加糖度与可溶性固形物的含量作用显著。目前已成功地将柑橘皮渣酶解,制取全果饮料,其中的粗纤维经纤维素酶的酶解后,50%转化为可溶性糖;另50%降解为短链低聚糖,构成全果饮料中的膳食纤维,具有一定的保健价值。

2.改善风味

在水果和蔬菜中,除了本身所具有的游离的挥发性香气物质外,还有更多的以非挥发性风味前体存在的水溶性物质。这些前体由于结合着葡萄糖基等水溶性基团,其挥发性大大降低。在果蔬加工中适当地添加外源葡萄糖苷酶会使果蔬制品的香气大大提高。有研究人员曾经用葡萄糖苷酶处理苹果汁,然后对它的香气进行了研究。结果表明,经葡萄糖苷酶处理过的样品除具有样品本身固有的特征香气外，在香气组成上更显饱满、柔和、圆润，增强了感官效应。

未成熟的橘子、酸橙、葡萄等水果中，因含有柚皮苷和柠檬苦素（柠碱）较多，加工成果汁或配成饮料后就有苦味。工业生产中常用固定化柚皮苷酶减少柑橘类果汁中的柚皮苷含量以去除苦味物质。柚皮苷酶通常可以从曲霉中获得，它能够水解柚皮苷生成鼠李糖和没有苦味的柚皮素，从而起到脱苦的作用。

3. 防腐保鲜

葡萄糖氧化酶可用于除去果蔬汁、罐头食品、果蔬干制品中的氧气，防止产品氧化变色，延长商品保存期。绿原酸酯酶应用在果汁、蔬菜汁可以防止褐变，同时也可以减少为防止褐变的维生素C添加量，形成了更接近于自然的原有风味，市场发展顺利。

橘子果肉中含难溶性的橙皮苷，在橘子罐头的糖汁中会析出结晶，使糖汁生成白色沉淀，造成白色浑浊，或者在果肉上附着白斑等，从而降低产品质量。为了防止这些现象发生，通过添加橙皮苷酶，使橙皮苷水解成为水溶性的橙皮素，同时能使其保质期延长至9个月。

7.7　微生物转化

天然合成的产物根据其合成的代谢途径和类型分为初级代谢产物和次级代谢产物，其中次级代谢产物因为具有多种生理功能而备受关注。作为最为原始的生命形态，微生物具有显著的合成以及转化各种天然产物的能力。因此，在生物技术高速发展的今天，微生物被广泛地应用于天然产物如类脂、生物碱、黄酮、甾体、萜类等的转化中。目前，天然产物的微生物转化中，常用的微生物主要是真菌、放线菌和某些细菌。

7.7.1　微生物转化的含义

微生物转化是指某一微生物将一种物质（底物）转化成为另一种物质（产物）的过程，这一过程是由此种微生物产生的一种或者几种特殊的胞内或胞外酶作为生物催化剂来进行的一种或者几种化学反应。简而言之，微生物转化即为利用微生物酶或者微生物本身来进行的产物合成的技术。微生物转化具有反应效率高、专一性强、反应条件温和、副产物少以及绿色环保等特点。迄今为止，微生物转化的类型几乎包括所有已知的酶促反应和化学反应，如氧化、还原、水解、缩合、异构化、以及基团的导入等。通常，一个酶促反应可以代替几个化学反应步骤，这就使得天然化合物的合成工艺变得更经济有效。

7.7.2　微生物转化的应用

近年来随着基因工程、细胞工程、酶工程技术的不断发展，使微生物转化技术广泛用于天然化合物的结构修饰与合成、有机化合物的不对称合成、药物前体化合物的转化、活性成分筛选及新药开发、手性化合物的合成、光学活性化合物的拆分和药物代谢研究等诸多领域。

7.7.2.1　黄酮类化合物微生物转化

黄酮广泛存在自然界的某些植物和浆果中，约有4千多种，其分子结构不尽相同，如芸香苷、橘皮苷、栎素、绿茶多酚、花色糖苷、花色苷酸等都属黄酮类化合物，是重要的天然产物之一，具有抗菌、抗炎、抗肿瘤、抗氧化等生理功能。黄酮类化合物作为保健产品首次引起国际医药界的注意是在二十世纪八十年代末，法国一家保健食品厂商率先推出具有市场引导作用的黄酮类保健新品“碧萝芷”(Pycnogenol)。它是从法国地中海沿岸地区生长的一种主要树种“滨海松”树皮中提取的一种黄酮混合物。天然黄酮类化合物多以苷类形式存在，并且由于糖的种类、数量、连接位置及连接方式不同可以组成各种各样黄酮苷类。多数黄酮苷类化合物因为亲脂性低、溶解性差而在消化道内吸收较慢，生物利用率低。随着生物技术的快速发展，微生物转化成为解决这一难题的关键。例如，日本学者 Tsuji H 利用 *Slackia* sp. 菌株 NATTS 将大豆异黄酮通过去酮基反应生成比大豆异黄酮具有更高生物学活性的 S-雌马酚(见图 7-5)。

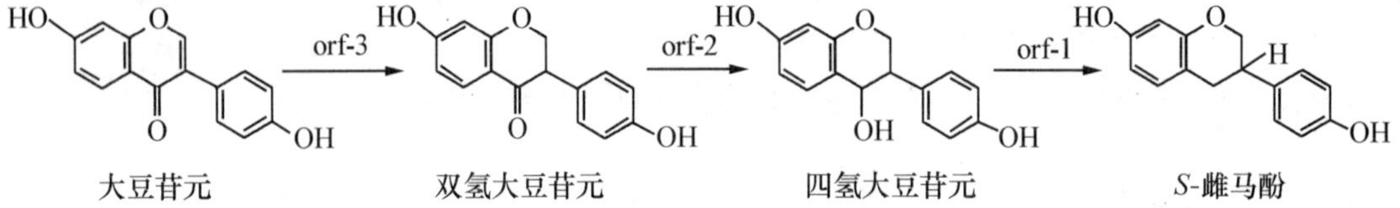

图 7-5 *Slackia* sp. 菌株 NATTS 将大豆异黄酮生成 S-雌马酚图示

7.7.2.2 萜类化合物的微生物转化

萜类化合物广泛存在于自然界，是构成某些植物的香精、树脂、色素等的主要成分。如玫瑰油、桉叶油、松脂等都含有多种萜类化合物。另外，某些动物的激素、维生素等也属于萜类化合物，是化妆品和食品工业不可缺少的原料。萜类化合物还具有祛痰、止咳、祛风、发汗、驱虫、镇痛等生理功效。

微生物转化在萜类化合物的相关研究中应用得比较多，如青蒿素。青蒿素是我国科学研究者首次从黄花蒿叶中提取分离得到的一个具有过氧桥的倍半萜类化合物，具有高效低毒的抗疟活性，尤其是对具有抗氯喹能力的脑疟和急性疟有效。陈有根和余伯阳利用微生物 *Streptomyces griseus*(ATCC-13273)对青蒿素进行转化，得到一个新化合物 9α-羟基青蒿素，体外抗疟实验表明该化合物具有抗恶性疟原虫 FCC/HN 的活性。后续的研究发现，华根霉、雅致小克银汉霉、刺孢小克银汉霉、黑曲霉和毛霉对青蒿素也有不同的转化。

二萜内酯类化合物是中药穿心莲的特征性成分，具有抗菌、抗病毒、抗炎、解热和抗癌等广泛的药理作用，有较高的药用价值；尤其是其抗菌、消炎、抗癌作用逐渐得到国内外药学界的重视。为了得到结构新颖、生物活性更好、毒副作用更小的穿心莲内酯衍生物，发掘穿心莲内酯和其衍生物新的生物活性和新用途，为穿心莲类新药的研究提供有价值的先导化合物，以穿心莲二萜内酯为母核的结构改造研究越来越多。He 等用赭曲霉菌 *Aspergillus ochraceus* 对穿心莲内酯进行生物转化，得到 8β-羟基-8(17)-二氢穿心莲内酯、8β-羟基-8(17)-二氢-14-去氧-11,12-二去氢穿心莲内酯、14-去氧-11,12-二去氢穿心莲内酯等 5 个转化产物，其中 14-去氧-11,12-二去氢穿心莲内酯为主产物；利用葡茎根霉菌 *Rhizopus stolonifer* 对穿心莲内酯进行转化，分离得到了 12(*R*),13(*R*)-12-羟基穿心莲内酯、12(S),13(S)-12-羟基穿心莲内酯、3-脱氢异穿心莲内酯、3-去氧 14-去氧穿心莲内酯等 10 个转化产物。

7.7.2.3　生物碱的微生物转化

生物碱又称植物碱，是结构极不相同但分子中均含氮的一大类有机物质的总称。大多数生物碱都有较复杂的环状结构，氮原子在环内，只有极少数为有机胺类衍生物。生物碱大多数存在于植物体中，个别存在于动物体内。具环状结构，有一定的旋光性与吸收光谱，如治疗痢疾的小檗碱、平喘的麻黄碱、抗癌的美登碱，是一类重要的中草药化学成分。

朱关平采用无毒黄曲霉菌株 T-419，将喜树碱转化为 10-羟基喜树碱，毒性明显降低，转化率在 50%以上。余伯阳等通过 26 种工业微生物对阿片类生物碱(drothevinone)的生物转化活性筛选实验显示 *Amycolatopsisorientalis* subsp. *orientalis*，ATCC 19795 能将 *Dihydrothevinone* 转化为两个有较好收率的产物。利用微生物成功地在吗啡类似物蒂巴因的 14 位上定向引入羟基，提高镇痛活性约 100 倍。石贵阳等以 1-苯基-2-甲胺基丙酮作为转化底物，以 *d*-伪麻黄碱为目标产物，筛选获得了 *d*-伪麻黄碱生产菌株 *Morganella morganiiJ-8*，摩尔转化率为 84.4%。

7.7.2.4　甾体类物质的微生物转化

许多甾体化合物都具有很强的生理活性，临床上广泛应用于抗炎、抗毒、抗过敏、抗休克等。甾体药物的发现及成功合成是近半个世纪以来医药工业取得的最引人注目的两大进展之一，甾体药物也成为仅次于抗生素的第二大类药物。

李于善和贺艳将从三峡白首乌中分离得到的 C21 甾苷元告达庭甾苷元和开德甾苷元作为底物，利用黑根霉与赭曲霉在水-正丁醇的双相体系中，转化得到 C11-羟基化的 C21 甾苷元告达庭苷元和开德苷元，转化率达 74.1%。近些年的研究发现，利用分支杆菌菌株(*Mycobacterium* HCCB006)能够将甾醇类化合物转化为雄甾-1,4-二烯-3,17-二酮(ADD)，而 ADD 则是合成甾体药物的重要前体化合物。

加强食品微生物的科技攻关和创新能力，面向世界科技前沿、面向经济主战场、面向国家重大需求，加快实现高水平科技自立自强，重点围绕有益食品微生物在食品加工处理以及有害微生物的食品安全控制等方面的关键技术，实现突破，创新食品加工、食品安全控制，发挥食品微生物在食品生产中的作用。提升食品微生物研究水平，不仅是食品工业发展的需要，而且也是解决人民日益增长的美好生活需要和不平衡不充分的发展之间的矛盾的需要。

7.8　合成生物学与食品微生物制造

在人类悠久的历史中，我们凭借智慧创造了丰富多彩的饮食文化。如今，从传统的食品生产方式转向多渠道、多方位地开发食物资源，我们从植物、动物和微生物中获取热量和蛋白质。从生命活动角度看，能量是生物体运转的保障，食物即能量的来源，要从耕地资源生产食物，转变为全方位、多途径开发食物资源，向植物、动物、微生物要热量、要营养。创新蛋白来源，丰富食品原料和食品工业配料，开发用于食品生产的细胞工厂。从人造肉到人工合成淀粉，合成生物学正在改变传统的食品生产和供应方式，成为推动“新食品”的重要力量。

7.8.1 合成生物学的含义

合成生物学(synthetic biology)是一门汇集生物学、基因组学、工程学和信息学等多种学科的交叉学科,其实现的技术路径是运用系统生物学和工程学原理,以基因组和生化分子合成为基础,综合生物化学、生物物理和生物信息等技术,旨在设计、改造、重建生物分子、生物元件和生物分化过程,以构建具有生命活性的生物元件、系统以及人造细胞或生物体。合成生物学使人类通过工程方法设计、改造甚至从头合成具有特定功能的生物系统,以创造新的生物功能或改善现有生物系统的功能,是从理解生命规律到设计生命体系的关键技术。合成生物学主要包含两部分内容:

(1)对自然界中不存在的生物原件或者生物系统的设计和组装。

(2)对于现有生物系统的重新设计或者建造。

合成生物学这个学科的目的就是融合多学科领域的知识和工程学的思想创造或者改造出新的人工制造的生物种类、生物系统、代谢通路、生物功能等。

7.8.2 合成生物学的应用

合成生物学成功的产业化案例是 2013 年美国 Amyris 和法国 Sanofi 利用合成生物学技术,通过基因工程将青蒿植物中合成青蒿酸的代谢途径转移到酵母细胞中,使酵母细胞成为生产青蒿酸的"工厂",建立了青蒿素从植物提取到生物合成的颠覆性生产性路线。合成生物学技术在生物医药领域的成功应用促使全球合成生物学研究蓬勃兴起,世界各国迅速推进该领域发展。合成生物学技术的研究和产业化应用正在重塑世界。在食品领域,合成生物学技术被广泛应用于生产食品原料、改良农作物、开发人工合成食品、提高食品安全水平等方面。

(1)生产食品原料及添加剂　合成生物学可以被用来生产食品原料和食品添加剂,比如利用微生物合成酵母、细菌等来生产蛋白质、维生素、矿质元素、色素等。这种方法可以提高生产效率,减少对传统资源的依赖。

(2)改良农作物　通过基因编辑和基因组设计改良农作物,使其更具抗病性、耐旱性、更高的产量,同时使谷物、果蔬等食用品质得以提高,特定营养素得以富集,功能性得以放大。

(3)开发人工合成食品　合成生物学还可以被用来开发人工合成食品,比如人造肉、人造奶制品等。通过合成生物学技术,科学家们可以在实验室中合成类似肉类和奶制品的蛋白质,从而减少对传统畜牧业的依赖,降低环境影响。

(4)提高食品安全水平　合成生物学技术可以被用来检测食品中的有害物质或微生物,从而提高食品安全水平。通过设计合成生物传感器,可以实现对食品中各种有害成分的快速检测。

7.8.3 合成生物学的设计思路

合成生物学的设计思路很大程度上受到了工程学和系统生物学的影响,其核心在于将生物学系统视为可以设计、构建和优化的模块化组件。

(1)生物系统分析　首先需要对所研究的生物系统进行深入分析和理解,包括生物系统中的代谢途径、信号传导通路、基因调控网络等。这有助于识别潜在的关键节点和目标,为后续的设计和改造提供基础。

(2)生物部件的选择和设计　合成生物学通常利用生物部件(如基因、蛋白质、代谢途径等)进行系统设计。这涉及选择合适的生物部件,并可能需要对这些部件进行改造或设计全新的部件,以实现所需的生物功能。

(3)模块化设计　合成生物学倡导将生物系统模块化,即将生物系统分解为相互作用的模块,以便更容易地设计、构建和优化。这有助于加速生物系统的工程化设计和调试。

(4)生物系统工程　利用工程学原理和方法,对生物系统进行设计、构建和优化。这包括利用计算模型进行预测和优化、利用合成生物学工具进行基因组编辑和调控,以及利用高通量筛选技术进行生物部件的优化和选择。

(5)测试和迭代　设计出的生物系统需要进行严格的测试和验证,以确保其具有预期的功能。根据测试结果,需要对设计进行迭代和优化,直至达到预期的效果。

(6)标准化和可重复性　合成生物学倡导建立标准化的生物部件和工程操作流程,以确保生物系统的可重复性和可扩展性。

综合来说,合成生物学的设计思路是将工程学的原理和方法应用于生物系统的设计和构建,以创造新的生物功能或改善现有生物系统的功能。这需要深入理解生物系统的基本原理,利用模块化设计和工程化方法进行生物系统的设计、构建和优化,并通过测试和迭代实现预期的生物功能。

7.8.4　合成生物学与食品微生物制造

随着合成生物学的发展,食品工业正在发生着巨大的变化。食品科学与合成生物学的有效结合,既是解决食品安全与营养问题的重要技术,也是克服传统食品技术带来的不可持续性问题的重要手段。合成生物学为食品研发赋能,为大规模食品生产建立新方法,开发多种功能的替代蛋白,合成天然稀有产物、提供微生物油脂、生产食品添加剂和食品原料,研发风味、质构、形态可控的食品产品,实现更安全、更营养和更可持续的食品获得方式。其中,以微生物为生物制造载体,未来在人造奶、微生物菌体蛋白、营养补充剂、功能性成分、风味物质(香兰素、白藜芦醇、*L*-阿拉伯糖和甜菊糖苷等)等方面,展现出强劲的动力。

食品合成生物学是在传统食品制造技术基础上,采用合成生物学技术,特别是食品微生物基因组设计与组装、食品组分合成途径设计与构建等,构建具有特定合成能力的新菌种,生产人类所需要的健康糖、人造牛奶、人造油脂、理想蛋白、合成淀粉、人造肉、人造鸡蛋等未来食品。

7.8.4.1　合成生物学底盘细胞

利用合成生物学构建细胞工厂能够实现重要生物质资源、生物能源的高效制造,是解决目前人类面临资源、能源和环境问题的关键技术。然而,生物合成往往与微生物细胞生长竞争资源,如何精准调控细胞的生长与产物合成是构建高效菌株的核心问题之一。基于性能卓越的微生物底盘细胞,开发高效的绿色生物制造技术是食品合成生物学的关键。

底盘细胞是代谢反应发生的宿主细胞,是将合成的功能化元件、线路和途径等系统置入其中达到理性设计目的的重要合成生物学反应平台。目前,常用于合成食品配料或组分的底盘细胞包括大肠杆菌(*Eescherichia coli*)、枯草芽孢杆菌(*Bacillus subtilis*)、酿酒酵母(*Saccharomyces cerevisiae*)、毕赤酵母(*Pichia pastoris*)、谷氨酸棒杆菌(*Corynebacterium gulutamicum*)等。除了这些常用的微生物构建的模式底盘细胞外,还有非模式底盘细胞,如需钠弧菌(*Vibrio natriegens*)、拜氏不动杆菌(*Acinetobacter beijerinckii ADPl*)、运动发酵单胞菌(*Zymomonas mobilis*)、扬氏梭菌(*Clostridium ljungdahlii*)、产乙醇梭菌(*Clostridium autoethanogenum*)、乳酸菌(*Lactic acid bacteria*)、真氧产碱杆菌(*Cupriavidus necator*)和盐单胞菌(*Halomonas bluephagenesis*)等。每种宿主都有自己独特的生理和遗传特征,通常需要根据目标产物的类型来选择合适的宿主。

目前,由于细胞的复杂性高,人工置入的生物元件、线路或系统会受到细胞内原有代谢与调控途径的影响。因此,对细胞工厂基本成分(如生物元件与线路)的挖掘与鉴定,对生物元件和线路与底盘细胞在能量与物质代谢层面的适配与通用规律的理解,对相关生物元件设计理论与工具的开发,以及对高通量自动组装与测试方法的完善等影响底盘细胞设计与构建的各方面研究工作都需持续投入、不断完善,才能尽快实现合成生物学"建物致知"以及"建物致用"的目标。

7.8.4.2 微生物制造天然功能成分

微生物制造天然活性成分的优势在于可以通过遗传工程手段调控微生物代谢途径,实现高效、可控的生产。然而,该过程也面临一些挑战,如代谢途径的复杂性、产量和纯度的提高、代谢产物的副反应等。以合成生物技术手段,将活性基因组装、编辑到微生物细胞中,构建在发酵罐中制造动植物中重要组分等天然产物的新路径,可以颠覆传统依赖动物、植物的生产方式。目前人参皂苷、甜菊糖、番茄红素、β-胡萝卜素、黄酮等植物活性成分以及部分人乳寡糖的合成线路已经打通,生产效率大幅提高。目前的技术水平,1 000 m^2车间的人参皂苷合成能力相当于种植 6.7×10^7 m^2 的人参提取能力,1 000 m^2 车间番茄红素的合成能力相当于种植 4×10^7 m^2 的番茄的提取能力,成本是植物种植提取的 1/4。基于糖苷酶的全细胞生物传感器用于母乳寡糖高通量筛选已经完成构建。

7.8.4.3 微生物制造天然蛋白成分

通过对人造奶相关专利文献的分析发现,早期的专利技术是利用动植物生物反应器来表达乳蛋白及其组合物,这样可以直接获得可食用的乳蛋白,但是对于乳蛋白的提取、分离纯化较困难,且生产成本较高。利用合成生物学等前沿技术改造天然乳蛋白及其微生物表达底盘,组合表达乳蛋白是当前一个重要技术发展趋势。目前,如果实现乳蛋白的生物制造替代,亟待突破的瓶颈问题是创建乳蛋白高效表达与正确组装的微生物底盘细胞。中国农业科学院生物技术研究所通过人工设计组装多基因串联表达模块,构建 $\alpha s1$-酪蛋白、$\alpha s2$-酪蛋白、β-酪蛋白、κ-酪蛋白 4 种酪蛋白的共表达-共纯化体系,实现了酪蛋白的高效表达与组合合成。同时正在开展人、山羊、骆驼、青藏高原牦牛等不同物种乳蛋白的资源挖掘与人工优化,筛选获得优质的乳蛋白组合。江南大学通过优化蛋白表达方式、增加 5-氨基乙酰丙酸的合成、解除血红素合成的限速步骤等,首次实现了牛和猪血红蛋白在 *Saccharomyces cerevisiae* 中的微生物合成。

7.8.4.4 微生物制造维生素等营养成分

7-脱氢胆固醇(7-Dhydrocholesterol,7-DHC)是维生素 D3 的前体,皮肤中的 7-DHC 经紫

外线照射可生成维生素 D3。维生素 D3 在人体中具有调节钙磷代谢、促进肠道钙磷吸收、骨质钙化和治疗佝偻病等功能。*S. cerevisiae* 自身并不存在 7-DHC 的合成路径，但天然存在 7-DHC 的合成前体甾醇的合成途径。2006 年 Lang 等首次通过在 *S. cerevisiae* 中整合 7-DHC 合成途径的关键基因，实现了其在酵母细胞中的从头合成。

乙酰氨基葡萄糖（acetylglucosamine，GlcNAc）已广泛应用于医药、食品、化妆品等行业，微生物发酵法合成 *N*-乙酰葡萄糖胺是近年来通过合成生物学和代谢工程技术构建细胞工厂合成功能糖及其衍生物的一个典型案例。江南大学刘龙团队通过合成途径中关键酶基因的时空调控、糖代谢及磷酸化激活、代谢途径中代谢通量抑制、能量代谢及形态调控等策略，成功的在 *C. glutamicum* 中将 GlcNAc 产量提高至 117 g/L。

7.8.5　食品合成生物学面临的挑战

合成生物学在食品领域有着广阔的应用前景，但由于合成生物学具有颠覆性、交叉性和不确定性等技术特征，其相关产品如人造食品的商业化，在生物安全和生物伦理方面存在较大争议。在推动合成生物学技术在食品领域的应用时，需要平衡创新与食品安全、伦理等方面的考量。

目前，合成食品生物学生产的产品往往成本较高。生产合成食品所需的技术和设备投资巨大，这使得这些产品在市场上难以与传统食品竞争。降低生产成本是合成食品生物学需要解决的重要问题之一。

本章小结

以微生物为主体的发酵工程已经成为食品工业的主要技术支撑，不同的发酵产品，所涉及的微生物类群也不同。掌握发酵工业中的主要微生物类群及其在发酵生产中的作用对了解微生物的两面性有重要意义。另外，本章还介绍了合成生物学与食品微生物制造的有关内容。

重要名词

发酵　细菌　酵母　霉菌　混菌食品发酵　微生物酶制剂　微生物转化

思考题

1. 列表说明微生物在食品制造方面的作用。
2. 微生物在食品制造应用中菌种扩大培养有哪些共同特点？
3. 为什么说食醋生产是多种微生物参与的结果？常用的菌种有哪些？
4. 什么是混菌发酵？有哪些优点？
5. 微生物转化在食品生产中有哪些应用？
6. 简述黄原胶的性质及在食品中的应用情况。
7. 酵母菌在面包制造过程中起哪些作用？
8. 简述啤酒生产的整个工艺过程。

9. 在发酵生产葡萄酒过程中应注意的问题有哪些?

10. 在酱油生产中对生产原料有什么要求?

11. 柠檬酸在食品中的作用有哪些?

12. 说明微生物酶制剂在食品加工制造中的应用情况。

13. 合成生物学的设计思路是什么?

14. 什么是合成生物学?

第8章
食品的微生物污染

本章学习目的与要求

1. 掌握污染食品的微生物来源及途径，并了解其在食品中的消长规律和特点。

2. 掌握细菌污染食品的特点，了解引起食品腐败变质的细菌科属的主要生物学特性。

3. 掌握食品中细菌总数和大肠菌群的含义及其食品安全学意义。

4. 熟悉产毒霉菌的种类，掌握霉菌污染食品及其产毒的特点、毒素性质，以及霉菌及其毒素的食品安全学意义。

食品的微生物污染是指食品在加工、运输、贮藏、销售过程中被微生物及其毒素污染。研究并阐明食品的微生物污染源和途径及其在食品中的消长规律，对于切断污染途径、控制其对食品的污染、延长食品保藏期、防止食品腐败变质与食物中毒的发生都有非常重要的意义。食品的微生物污染主要包括细菌及细菌毒素污染和酵母、霉菌及霉菌毒素污染。

8.1 污染食品的微生物来源及其途径

一方面微生物在自然界中分布十分广泛，不同的环境中存在的微生物类型和数量不尽相同；另一方面食品从原料生产、加工、贮藏、运输、销售到烹调等各个环节，常常与环境发生各种方式的接触，进而导致微生物污染。污染食品的微生物来源可分为土壤、空气、水、操作人员、动植物、加工设备、包装材料等方面。

8.1.1 污染食品的微生物来源

8.1.1.1 土壤

土壤中含有可被微生物利用的碳源、氮源和水分，还含有硫、磷、钾、钙、镁等无机元素及硼、钼、锌、锰等微量元素，加之土壤具有一定的通气性，pH 为 3.5～10.5，温度变化范围通常为 10～30℃，而且表面土壤的覆盖又保护微生物免受太阳紫外线的危害。可见，土壤具备了微生物生长发育所需要的营养、水分、空气、酸碱度、渗透压和温度条件。因此，土壤素有“微生物的天然培养基”和“微生物大本营”之称。

土壤中的微生物数量可达 10^7～10^9 个/g，种类十分庞杂，其中细菌占 70%～80%，放线菌占 5%～30%，其次是真菌、藻类和原生动物。不同土壤中微生物的种类和数量有很大差异，在地面下 3～25 cm 是微生物最活跃的场所，肥沃的土壤中微生物的数量和种类较多，果园土壤中酵母的数量较多。土壤中的微生物除了自身发展外，分布在空气、水和人及动植物体的微生物也会不断进入土壤。许多病原微生物就是随着动植物残体以及人和动物的排泄物进入土壤的。因此，土壤中的微生物既有非病原的，也有病原的。通常无芽孢菌在土壤中生存的时间较短，而有芽孢菌在土壤中生存时间较长。例如，沙门氏菌只能生存数天至数周，炭疽芽孢杆菌却能生存数年或更长时间。同时土壤中还存在着能够长期生活的土源性病原菌。霉菌及放线菌的孢子在土壤中也能生存较长时间。

8.1.1.2 空气

空气中不具备微生物生长繁殖所需的营养物质和充足的水分条件，加之室外经常接受来自日光的紫外线照射，所以空气不是微生物生长繁殖的场所。然而空气中也确实含有一定数量的微生物，这些微生物随风飘扬而悬浮在大气中或附着在飞扬起来的尘埃或液滴上。这些微生物可来自土壤、水、人和动植物体表的脱落物和呼吸道、消化道的排泄物。

空气中的微生物主要为霉菌、放线菌的孢子和细菌的芽孢及酵母。不同环境空气中微生物的数量和种类有很大差异。公共场所、街道、畜舍、屠宰场及通气不良处的空气中微生物的数量较高。空气中的尘埃越多，所含微生物的数量也就越多。室内污染严重的空气微生物数量可达 10^6 个/m^3，海洋、高山、乡村、森林等空气清新的地方微生物的数量较少。空气中可能会出现一些病原微生物，它们直接来自人或动物呼吸道、皮肤干燥脱落物及排泄物或间接来自土壤，如结核杆菌、金黄色葡萄球菌、沙门氏菌、流感嗜血杆菌和病毒等。患病者口腔喷出的飞沫小滴含有1万～2万个细菌。

8.1.1.3 水

自然界中的江、河、湖、海等各种淡水与咸水水域中都生存着相应的微生物。由于不同水域中的有机物和无机物种类和含量、温度、酸碱度、含盐量、含氧量及不同深度光照度等的差异，因而各种水域中的微生物种类和数量呈明显差异。通常水中微生物的数量主要取决于水中有机物质的含量，有机物质含量越多，其中微生物的数量也就越大。

淡水域中的微生物可分为两大类型：一类是清水型水生微生物，这类微生物习惯于在洁净的湖泊和水库中生活，以自养型微生物为主，可被看作是水体环境中的土居微生物，如硫细菌、铁细菌及含有光合色素的蓝细菌、绿硫细菌和紫细菌等。也有部分腐生性细菌，如色杆菌属（*Chromobacterium*）、无色杆菌属（*Achromobacter*）和微球菌属（*Micrococcus*）的一些种就能在低营养物含量的清水中生长。霉菌中也有一些水生性种类，如水霉属（*Saprolegnia*）和绵霉属（*Achlya*）的一些种可以生长于腐烂的有机残体上。此外还有单细胞和丝状的藻类以及一些原生动物常在水中生长，通常它们的数量不大。另一类是腐败型水生微生物，它们是随腐败的有机物质进入水域，获得营养而大量繁殖的，是造成水体污染、传播疾病的重要原因。其中数量最大的是 G^- 细菌，如变形杆菌属（*Proteus*）、大肠杆菌、产气肠杆菌（*Enterobacter aerogenes*）和产碱杆菌属（*Alcaligenes*）等，还有芽孢杆菌属、弧菌属（*Vibrio*）和螺菌属（*Spirillum*）中的一些菌种。当水体受到土壤和人畜排泄物的污染后，会使肠道菌的数量增加，如大肠杆菌、粪链球菌（*Streptococcus faecalis*）和魏氏梭菌（*Clostridium welchii*）、沙门氏菌、产气荚膜芽孢杆菌（*B. perfringens*）、炭疽杆菌（*B. anthracis*）、破伤风芽孢杆菌（*B. tetani*）。污水中还会有纤毛虫类、鞭毛虫类和根足虫类原生动物。进入水体的动植物致病菌，通常因水体环境条件不能完全满足其生长繁殖的要求，故一般难以长期生存，但也有少数病原菌可以生存达数月之久。

海水中也含有大量的水生微生物，主要是细菌，它们均具有嗜盐性。近海中常见的细菌有假单胞菌、无色杆菌、黄杆菌、微球菌属、芽孢杆菌属和噬纤维菌属（*Cytophaga*），它们能引起海产动植物的腐败，有的是海产鱼类的病原菌。海水中还存在有可引起人类食物中毒的病原菌，如副溶血性弧菌（*Vibrio parahaemolyticus*）。

矿泉水及深井水中通常含有的微生物数量很少。

8.1.1.4 人及动物体

人体及各种动物如犬、猫、鼠等的皮肤、毛发、口腔、消化道、呼吸道均带有大量的微生物，如未经清洗的动物被毛、皮肤微生物数量可达 10^5～10^6 个/cm^2。当人或动物感染了病原微生物后，体内会存在不同数量的病原微生物，其中有些菌种是人畜共患病原微生物，如沙门氏菌、结核杆菌、布氏杆菌（*Bacterium burgeri*）。这些微生物可以通过直接接触或通过呼吸道和消化道向体外排出而污染食品。

蚊、蝇及蟑螂等各种昆虫也都携带有大量的微生物，其中可能有多种病原微生物，它们接触食品同样会造成微生物的污染。

8.1.1.5 加工机械及设备

各种加工机械设备本身没有微生物所需的营养物质，但在食品加工过程中，由于食品的汁液或颗粒黏附于内表面，食品生产结束时机械设备没有得到彻底的灭菌，使原本少量的微生物得以在其上大量生长繁殖，成为微生物的污染源。这种机械设备在后来的使用中会通过与食品接触而造成食品的微生物污染。

8.1.1.6 包装材料

各种包装材料如果处理不当也会带有微生物。一次性包装材料通常比循环使用的材料所带有的微生物数量要少。塑料包装材料由于带有电荷会吸附灰尘及微生物。

8.1.1.7 原料及辅料

1. 动物性原料

屠宰前健康的畜禽具有健全而完整的免疫系统，能有效地防御和阻止微生物的侵入和在肌肉组织内扩散。因此，正常机体组织内部(包括肌肉、脂肪、心、肝、肾等)一般是无菌的，而畜禽体表、被毛、消化道、上呼吸道等器官总是有微生物存在，如未经清洗的动物被毛、皮肤微生物数量可达 10^5～10^6 个/cm^2。如果被毛和皮肤污染了粪便，微生物的数量会更多。刚排出的家畜粪便微生物数量可多达 10^7 个/g，瘤胃成分中微生物的数量可达 10^9 个/g。

患病的畜禽其器官及组织内部可能有微生物存在，如病牛体内可能带有结核杆菌、口蹄疫病毒等。这些微生物能够冲破机体的防御系统，扩散至机体的其他部位，且多为致病菌。动物皮肤发生刺伤、咬伤或化脓感染时，淋巴结会有细菌存在。其中一部分细菌会被机体的防御系统吞噬或消除掉，而另一部分细菌可能存留下来导致机体病变。畜禽感染病原菌后有的呈现临床症状，但也有相当一部分为无症状带菌者，这部分畜禽在运输和圈养过程中，由于拥挤、疲劳、饥饿、惊恐等刺激，机体免疫力下降而呈现临床症状，并向外界扩散病原菌，造成畜禽相互感染。

屠宰后的畜禽即丧失了先天的防御机能，微生物侵入组织后迅速繁殖。屠宰过程卫生管理不当将造成微生物广泛污染的机会。最初污染微生物是在使用非灭菌的刀具放血时，将微生物引入血液中的，随着血液短暂的微弱循环而扩散至胴体的各部位。在屠宰、分割、加工、贮存和肉的配销过程中的每一个环节，微生物的污染都可能发生。

屠宰前畜禽的状态也很重要。屠宰前给予充分休息和良好的饲养，使其处于安静舒适的条件，此种状态下进行屠宰其肌肉中的糖原将转变为乳酸。在屠宰后 6～7 h 内由于乳酸的增加使胴体的 pH 降低到 5.6～5.7，24 h 内 pH 降低至 5.3～5.6。在此 pH 条件下，污染的细菌不易繁殖。如果宰前家畜处于应激和兴奋状态，则将动用贮备糖原，宰后动物组织的 pH 接近于 7，在这样的条件下腐败细菌的侵染和繁殖会更加迅速。

健康禽类所产生的鲜蛋内部本应是无菌的，但是鲜蛋中经常可发现微生物存在，即使是刚产出的鲜蛋也是如此。其微生物污染的来源：①卵巢内。病原菌通过血液循环进入卵巢，在蛋黄形成时进入蛋中。常见的感染菌有雏沙门氏菌(*S. pullorum*)、鸡沙门氏菌(*S. gallinarum*)等。②排泄腔(生殖道)。禽类的排泄腔内含有一定数量的微生物，当蛋从排泄腔排出体外时，由于蛋内遇冷收缩，附在蛋壳上的微生物可穿过蛋壳进入蛋内。③环境。鲜蛋蛋壳的屏障作用有限，蛋壳上有许多大小为 4～6 μm 的气孔，外界的多种微生物都有可能进入，特别是贮存期长或经过洗涤的蛋，在高温、潮湿的条件下，环境中的微生物更容易借水的渗透作用侵入蛋内。

刚生产出来的鲜乳总是会含有一定数量的微生物，这是由于即使是健康乳畜的乳房内，也可能生存有一些细菌，特别是乳头管及其分枝，常生存着特定的乳房菌群。主要有微球菌属、链球菌属、乳杆菌属。当乳畜患乳房炎时，乳房内还会含有引起乳房炎的病原菌，如无乳链球菌(*Str. agalactiae*)、化脓棒状杆菌(*Cor. pyogenes*)、乳房链球菌和金黄色葡萄球菌等。患有结核或布氏杆菌病时，乳中可能有相应的病原菌存在。

鱼类生活在水域中，由于水域中含有多种微生物，所以鱼的体表、鳃、消化道内都有一定数量的微生物。活鱼体表附着的细菌 $10^2 \sim 10^7$ 个/cm^2，鱼的肠液中含细菌数为 $10^5 \sim 10^8$ 个/mL。因此，刚捕捞上来的鱼体所带有的细菌主要是水生环境中的细菌。主要有假单胞菌属、黄色杆菌属、无色杆菌属等，淡水中的鱼还有产碱杆菌属、气单胞菌属和短杆菌属(*Brevibacterium*)等。

近海和内陆水域中的鱼可能受到人或动物的排泄物污染，而带有病原菌如副溶血性弧菌。它们在鱼体上存在的数量不多，不会直接危害人类健康，但如贮藏不当，病原菌大量繁殖后可引起食物中毒。在鱼上发现的病原菌还可能有沙门氏菌、志贺氏菌和霍乱弧菌、红斑丹毒丝菌、产气荚膜梭菌，它们也是由环境污染的。捕捞后的鱼类在运输、贮存、加工、销售等环节中，还可能进一步被陆地上的各种微生物污染。这些微生物主要有微球菌属和芽孢杆菌属，其次还有变形杆菌、大肠杆菌、赛氏杆菌、八叠球菌及梭状芽孢杆菌。

2. 植物性原料

健康的植物在生长期与自然界广泛接触，其体表存在有大量的微生物，所以收获后的粮食一般都含有其原来生活环境中的微生物。据测定，每克粮食含有几千个以上的细菌。这些细菌多属于假单胞菌属、微球菌属、乳杆菌属和芽孢杆菌属等。此外，粮食中还含有相当数量的霉菌孢子，主要是曲霉属、青霉属、交链孢霉属、镰刀霉属等，还有酵母菌。植物体表还会附着有植物病原菌及来自人畜粪便的肠道微生物及病原菌。健康的植物组织内部应该是无菌或仅有极少数菌，如有时外观看上去是正常的水果或蔬菜，其内部组织中也可能有某些微生物的存在。有人从苹果、樱桃等组织内部分离出酵母菌，从番茄组织中分离出酵母菌和假单孢菌属的细菌。这些微生物是果蔬开花期侵入并生存于果实内部的。

染病后的植物组织内部会存在大量的病原微生物，这些病原微生物是在植物的生长过程中通过根、茎、叶、花、果实等不同途径侵入组织内部的。

果蔬汁是以新鲜水果为原料经加工制成的。由于果蔬原料本身带有微生物，而且在加工过程中还会再次感染，所以制成的果蔬汁中必然存在大量微生物。果汁的 pH 一般为 2.4～4.2，糖度较高，可达 60～70°Bé，因而在果汁中生存的微生物主要是酵母菌，其次是霉菌和极少数的细菌。

粮食在加工过程中，经过洗涤和清洁处理，可除去籽粒表面上的部分微生物，但某些工序可使其受环境、机具及操作人员携带的微生物再次污染。多数市售面粉的细菌含量为每克几千个，同时还含有 50～100 个的霉菌孢子。

8.1.2　微生物污染食品的途径

作为食品原料的动植物体在生活和生长过程中及后来的食品生产加工、运输、贮藏、销售以及食用过程中都可能受到微生物的污染，其污染的途径可分为以下两大类。

8.1.2.1　内源性污染

凡是作为食品原料的动植物体在生活过程中，由于本身带有微生物而造成的食品污染称为内源性污染，也称第一次污染。如畜禽在生活期间，其消化道、上呼吸道和体表总是存在一定类群和数量的微生物。当受到沙门氏菌、布氏杆菌、炭疽杆菌等病原微生物感染时，畜禽的某些器官和组织内就会有病原微生物的存在。当家禽感染了鸡白痢、鸡伤寒等传染病，病原微生物可通过血液循环侵入卵巢，在蛋黄形成时被病原菌污染，使所产卵中也含有相应的病原菌。

8.1.2.2 外源性污染

食品在生产加工、运输、贮藏、销售、食用过程中，通过水、空气、人、动物、机械设备及用具等而使食品发生的微生物污染称外源性污染，也称第二次污染。

1.通过水污染

在食品的生产加工过程中，水既是许多食品的原料或配料成分，也是清洗、冷却、冰冻不可缺少的物质，设备、地面及用具的清洗也需要大量用水。各种天然水源包括地表水和地下水，不仅是微生物的污染源，也是微生物污染食品的主要途径。自来水是天然水净化消毒后而供饮用的，在正常情况下含菌较少，但如果自来水管出现漏洞、管道中压力不足以及暂时变成负压时，则会引起管道周围环境中的微生物渗漏进入管道，使自来水中的微生物数量增加。在生产中，即使使用符合卫生标准的水源，由于方法不当也会导致微生物的污染范围扩大。如在屠宰加工场中的宰杀、除毛、开膛取内脏的工序中，皮毛或肠道内的微生物可通过用水的散布而造成畜体之间的相互感染。罐藏食品灭菌后进行冷却时，如果发生漏罐或密封不严，则冷却水或空气中的微生物会由此进入。生产中所使用的水如果被生活污水、医院污水或厕所粪便污染，就会使水中微生物数量骤增，水中不仅会含有细菌、病毒、真菌、钩端螺旋体，还可能会含有寄生虫。用这种水进行食品生产会造成严重的微生物污染，同时还可能造成其他有毒物质对食品的污染，所以水的卫生质量与食品的卫生质量有密切关系。食品生产用水必须符合饮用水标准，采用自来水或深井水。循环使用的冷却水要防止被畜禽粪便及下脚料污染。

2.通过空气污染

空气中的微生物可能来自土壤、水、人及动植物的脱落物和呼吸道、消化道的排泄物，它们可随着灰尘、水滴的飞扬或沉降而污染食品。人体的痰沫、鼻涕与唾液的小水滴中所含有的微生物包括病原微生物，当有人讲话、咳嗽或打喷嚏时均可直接或间接污染食品。人在讲话或打喷嚏时，距人体 1.5 m 内的范围是直接污染区，大的水滴可悬浮在空气中达 30 min 之久，小的水滴可在空气中悬浮 4～6 h。因此食品暴露在空气中被微生物污染是不可避免的。

3.通过人及动物接触污染

从事食品生产的人员，如果他们的身体、衣帽不经常清洗，不保持清洁，就会有大量的微生物附着其上，通过皮肤、毛发、衣帽与食品接触而造成污染。在食品的加工、运输、贮藏及销售过程中，如果被鼠、蝇、蟑螂等直接或间接接触，同样会造成食品的微生物污染。试验证明，每只苍蝇带有数百万个细菌，80％的苍蝇肠道中带有痢疾杆菌，鼠类粪便中带有沙门氏菌、钩端螺旋体等病原微生物。

4.通过加工设备及包装材料污染

在食品的生产加工、运输、贮藏过程中所使用的各种机械设备及包装材料，在未经消毒或灭菌前，总是会带有不同数量的微生物而成为微生物污染食品的途径。在食品生产过程中，通过不经消毒灭菌的设备越多，造成微生物污染的机会也越多。已经过消毒灭菌的食品，如果使用的包装材料未经过无菌处理，则会造成食品的二次污染。

8.1.3　食品中微生物的消长

食品受到微生物污染后，其中的微生物种类和数量会随着食品所处环境和食品性质的变化而不断地变化。这种变化所表现的主要特征就是食品中微生物的数量增多或减少，即称为食品中微生物的消长。食品中微生物的消长通常有以下规律及特点。

1. 加工前

食品加工前，无论是动物性原料还是植物性原料都已经不同程度地被微生物污染，加之运输、贮藏等环节，微生物污染食品的机会进一步增加，因而使食品原料中的微生物数量不断增多。虽然有些种类的微生物污染食品后因环境不适而死亡，但是从存活的微生物总数看，一般不表现减少而只有增加。这一微生物消长特点在新鲜鱼肉类和果蔬类食品原料中表现明显，即使食品原料在加工前的运输和贮藏等环节中曾采取了较严格的卫生措施，但早在原料产地已污染而存在的微生物，如果不经过一定的灭菌处理，它们仍会存在。

2. 加工过程中

在食品加工的整个过程中，有些处理工艺如清洗、加热消毒或灭菌，对微生物的生存是不利的。这些处理措施可使食品中的微生物数量明显下降，甚至可使微生物几乎完全消除。但如果原料中微生物污染严重，则会使加工过程中微生物致死率降低。在食品加工过程中的许多环节也可能发生微生物的二次污染。在生产条件良好和生产工艺合理的情况下，污染较少，故食品中所含有的微生物总数不会明显增多；如果残留在食品中的微生物在加工过程中有繁殖的机会，则食品中的微生物数量就会出现骤然上升的现象。

3. 加工后

经过加工制成的食品，由于其中还残存有微生物或再次被微生物污染，在贮藏过程中如果条件适宜，微生物就会生长繁殖而使食品变质。在这一过程中，微生物的数量会迅速上升，当数量上升到一定程度时，不再继续上升，相反活菌数会逐渐下降。这是由于微生物所需营养物质的大量消耗，使变质后的食品不利于该微生物继续生长，致使微生物逐渐死亡，此时食品不能食用。如果已变质的食品中还有其他种类的微生物存在，并能适应变质食品的基质条件而得到生长繁殖的机会，这时就会出现微生物数量再度升高的现象。加工制成的食品如果不再受污染，同时残存的微生物又处于不适宜生长繁殖的条件，那么随着贮藏日期的延长，微生物数量则会日趋减少。

由于食品的种类繁多，加工工艺及方法和贮藏条件不尽相同，致使微生物在不同食品中呈现的消长情况也不可能完全相同。充分掌握各种食品中微生物消长规律的特点，对于指导食品生产具有重要的意义。

8.2　食品的细菌污染

细菌是污染食品和引起食品腐败变质的主要微生物类群，因此食品安全的微生物学标准更多的是针对食品中的细菌制定的。

8.2.1 细菌污染的特点

细菌可通过内源和外源两条途径污染食品，内源性污染带有一定的选择性和特异性，例如许多动植物体的病原微生物。同时内源性污染也带有很大程度的随机性和非特异性，例如作为食品原料的动植物体表及畜禽的消化道、上呼吸道存在的许多细菌。这些细菌污染食品或食品原料后，能否生长繁殖或长期存活下来，还取决于食品或食品原料本身的性质（如营养成分、A_w、pH 等）和所处的环境条件（如温度、湿度、氧气等）。

而外源性污染具有非特异性和随机性，通常食品中存活的细菌只是自然界细菌中的一部分种类。在这部分细菌中，一些细菌在适宜的条件下会迅速生长繁殖，而另一些细菌由于条件不适宜只能缓慢生长或只是长期存活。细菌污染食品后可引起食品的腐败变质，同时有些细菌还可以产生毒素。

8.2.2 引起食品腐败变质的细菌科属

引起食品腐败变质的细菌来自内源和外源的污染，包括致病菌、相对致病菌和非致病菌。它们既是评价食品安全质量的重要指标，也是食品腐败变质的原因。污染食品后可引起腐败变质、造成食物中毒和引起疾病的常见细菌分为以下科属。

（1）革兰氏阴性需氧或微需氧、能运动的螺旋形或弯曲细菌　主要是弯曲杆菌属（*Campylobacter*）。

（2）革兰氏阴性需氧杆菌和球菌

①假单胞菌科（Pseudomonadaceae）：最常见的是假单胞菌属（*Pseudomonas*）。

②盐杆菌科（Halobacteriaceae）：盐杆菌属（*Halobacterium*）和盐球菌属（*Halococcus*）。

③醋酸杆菌科（Acetobacteriaceae）：醋酸杆菌属（*Acetobacter*）和葡糖杆菌属（*Gluconobacter*）。

④所属科未定的属：与食品关系较密切的是产碱杆菌属（*Alcaligenes*）。

（3）革兰氏阴性兼性厌氧杆菌

①肠杆菌科（Enterobacteriaceae）：埃希氏菌属（*Escherichia*）、志贺氏菌属（*Shigella*）、沙门氏菌属（*Salmonalla*）、肠杆菌属（*Enterobacter*）、柠檬酸细菌属（*Citrobacter*）、欧文氏菌属（*Erwinia*）、克雷伯氏菌属（*Klebsiella*）、沙雷氏菌属（*Sarratia*）、变形菌属（*Proteus*）、哈夫尼菌属（*Hafnia*）和耶尔森氏菌属（*Yersinia*）。

②弧菌科（Vibrionaceae）：弧菌属（*Vibrio*）和气单胞菌属（*Aeromonas*）。

（4）革兰氏阳性球菌

二维码 8-1　引起食品腐败变质的细菌科属及其特性

①微球菌科（Micrococcaceae）：微球菌属（*Micrococcus*）和葡萄球菌属（*Staphylococcus*）。

②所属科未定的属：链球菌属（*Streptococcus*）、明串珠菌属（*Leuconostoc*）、片球菌属（*Pediococcus*）和气球菌属（*Aerococcus*）等。

（5）革兰氏阳性芽孢杆菌和球菌　芽孢杆菌属（*Bacillus*）和梭菌属（*Clostridium*）。

（6）革兰氏阳性规则无芽孢杆菌　该类群中与食品关系最为密切的是乳杆菌属（*Lactobacillus*）。

（7）革兰氏阳性不规则无芽孢杆菌　这一类群在食品中常见的属有棒杆菌属（*Corynebac-*

terium）、节杆菌属（*Arthrobacterium*）、短杆菌属（*Brevibacterium*）、微杆菌属（*Microbaterium*）、丙酸杆菌属（*Propionibacterium*）和双歧杆菌属（*Bifidobacterium*）。

8.2.3　食品中细菌总数及其食品安全学意义

食品中的细菌数量，通常是以每克或每毫升食品中或每平方厘米食品表面积上所含有的细菌个数来表示。在我国的食品安全标准中，采用的测定食品中细菌数量的方法，是在严格规定的培养方法和培养条件（样品处理、培养基种类及其 pH、培养温度与时间、计数方法等）下进行的，使得适应这些条件的每一个活菌细胞能够生成一个肉眼可见的菌落，所生成的菌落总数即是该食品中的细菌总数。用此法测得的结果，常用 CFU（菌落形成单位，colony forming unit）表示。

食品中细菌的种类很多，它们的生理特性和所需要的培养条件不尽相同。如果要采用培养的方法计数食品中所有的细菌种类和数量，必须采用不同的培养基及培养条件，其工作量很大。然而尽管食品中细菌种类很多，但其中是以异养、中温、好氧或兼性厌氧的细菌占绝对多数，同时它们对食品的影响也最大，所以在食品的细菌总数检测时采用国家标准规定的方法是可行的，而且已得到公认。

食品中细菌数量的食品安全学意义主要有两个方面。第一个方面是可作为食品被微生物污染程度的标志。食品中细菌数量越多，说明食品被污染的程度越重、越不新鲜、对人体健康威胁越大。相反，食品中细菌数量越少，说明食品被污染的程度越轻，食品安全质量越好。在我国的食品安全标准中，针对各类不同的食品分别制定出了不允许超过的数量标准，借以控制食品污染的程度。第二个方面是可以用来预测食品可存放的期限，食品中细菌数量越少，食品可存放的时间就越长。相反，食品可存放的时间就越短。如菌数为 10^5 CFU/cm^2 的牛肉在 0℃时可存放 7 d，而菌数为 10^2 CFU/cm^2 时，在同样条件下可存放 18 d；在 0℃时菌数为 10^5 CFU/cm^2 的鱼可存放 6 d，而菌数为 10^3 CFU/cm^2 时，则存放时间可延长至 12 d。

由于食品的性质、处理方法及存放条件的不同，以致对食品安全质量具有重要影响的细菌种类和相对数量比也不一致，因而目前在食品细菌数量和腐败变质之间还难以找出适用于任何情况的对应关系。同时，用于判定食品腐败变质的界限数值出入也较大。有人主张判定猪肉新鲜、次鲜及变质的菌落总数界限值分别为 10^4 CFU/g、10^4 ～ 10^6 CFU/g 和 10^6 CFU/g 以上，鲜鱼变质的界限值为 10^4 CFU/g。

8.2.4　大肠菌群及其食品安全学意义

大肠菌群主要包括肠杆菌科中的埃希氏菌属、柠檬酸细菌属、克雷伯氏菌属和肠杆菌属。这些属的细菌均来自人和温血动物的肠道，需氧与兼性厌氧，不形成芽孢，在 35～37℃条件下，48 h 内能发酵乳糖产酸产气，革兰氏阴性。大肠菌群中以埃希氏菌属为主，埃希氏菌属被俗称为典型大肠杆菌。大肠菌群都是直接或间接地来自人和温血动物的粪便。本群中典型大肠杆菌以外的菌属，除直接来自粪便外，也可能来自典型大肠杆菌排出体外 7～30 d 后在环境中的变异。所以食品中检出大肠菌群，表示食品受到人和温血动物的粪便污染，其中典型大肠杆菌为粪便近期污染，其他菌属则可能为粪便的陈旧污染。

大肠菌群最初作为肠道致病菌而被用于水质检验，现已被我国和国外许多国家广泛用作食品安全质量检验的指示菌。大肠菌群的食品安全学意义是作为食品被粪便污染的指示菌，食品中粪便含量只要达到 10^{-3} mg/kg 即可检出大肠菌群。一般认为，作为食品被粪便污染的理想指示菌应具备以下特征：①仅来自人或动物的肠道，并在肠道中占有极高的数量。②在肠道以外的环境中，具有与肠道病原菌相同的对外界不良因素的抵抗力，能生存一定时间，生存时间应与肠道致病菌大致相同或稍长。③培养、分离、鉴定比较容易。大肠菌群比较符合以上要求。然而由于大肠菌群在低温条件不适宜生长，特别是在冰冻条件下容易死亡，所以用大肠菌群作为冷冻食品的粪便污染指示菌并不理想。由于肠球菌对冷冻条件有很强的抵抗力，因而有人主张以它作为冷冻食品的粪便污染指示菌更为合适，但由于肠球菌的培养较难，加之检验方法比较复杂，而且还没有统一的检验方法，因此该主张尚未得到采用。

肠道致病菌如沙门氏菌属和志贺氏菌属是引起食物中毒的重要致病菌，然而对食品经常进行逐批逐件地检验又不可能，鉴于大肠菌群与肠道致病菌来源相同，而且一般在外环境中生存时间也与主要肠道病原菌一致，所以大肠菌群的另一个重要食品安全学意义是作为肠道病原菌污染食品的指示菌。当然食品中检出大肠菌群，只能说明有肠道病原菌存在的可能性，两者并非一定平行存在，但只要食品中检出大肠菌群，则说明有粪便污染，即使无病原菌，该食品仍可被认为是不安全的。

保证食品中不存在大肠菌群实际上并不容易做到，重要的是其污染程度。食品中大肠菌群的数量，GB4789.3—2016 中采用了 MPN 法和平板计数法。MPN 法适用于大肠菌群含量较低的食品中大肠菌群的计数，是统计学和微生物学结合的一种定量检测法。待测样品经系列稀释并培养后，根据其未生长的最低稀释度与生长的最高稀释度，应用统计学概率论推算出待测样品中大肠菌群的最大可能数，以每 g 或 mL 检样中大肠菌群最近似数（The most probable number，MPN）来表示。平板计数法适用于大肠菌群含量较高的食品中大肠菌群的计数，大肠菌群在固体培养基中发酵乳糖产酸，在指示剂的作用下形成可计数的红色或紫色，带有或不带有沉淀环的菌落，以每 g 或 mL 检样 CFU 表示。

8.3 食品的酵母污染

酵母是污染含糖量较高及偏酸性食品并引起腐败变质的主要微生物类群之一。

8.3.1 酵母污染的特点

在自然界酵母菌分布很广，主要生长在偏酸性的含糖环境中，在水果、蜜饯的表面和果园土壤中最为常见。酵母菌生长的 pH 范围为 3.0～7.5，多数酵母菌适合于中温（25～30℃）条件下生长，少数酵母可在低温（＜10℃）条件下生长。酵母菌一般适宜生活在含糖量较高或含一定盐分的食品上，但不能利用淀粉。大多数酵母具有利用有机酸的能力，但是分解利用蛋白质、脂肪的能力很弱，只有少数较强。

8.3.2 食品中酵母数量及其食品安全学意义

酵母菌在发酵食品工业的应用十分广泛，但有些种也是食品工业的污染菌，能使发酵产量降低或产生不良气味。例如，毕赤氏酵母属（*Pichia*）耐高浓度酒精，并能使其氧化，可在酒类表面形成白色干燥的菌膜，降低产量和产生不良气味，影响产品质量，是酒类的污染菌；此菌也可在酱油表面形成同样的菌膜。汉逊氏酵母菌属（*Hansenula*）大多数能利用酒精作碳源，可在饮料表面生长形成干皱的菌膜，故是酒类及酒精发酵工业的有害菌。酵母菌也是果汁中所含的微生物数量和种类比较多的一类微生物，它们是从鲜果中带来的或是在压榨过程中环境污染的。污染果汁、果酱、蜂蜜、酒类、肉类等食品后可导致腐败变质。例如，耐高透压酵母鲁氏酵母（*Saccharomyces rouxii*）、蜂蜜酵母（*Saccharomyces mellis*）可使糖浆、蜂蜜、果酱和蜜饯等食品腐败变质。红酵母属（*Rhodotorula*）中的有些种可在肉类及酸性食品上，如泡菜和酸菜等食品上产生色素，形成红斑；也可出现在不正常的发面中，产生红色菌膜；在过期的酸奶中也常出现。酵母菌污染食品后不仅可造成腐败变质，失去使用价值，少数酵母也具有致病性。我国食品安全国家标准 GB 7101—2015，规定了在饮料中酵母菌的限量标准为≤20 CFU/mL。

8.4　食品的霉菌污染

8.4.1　霉菌污染的特点

霉菌在自然界分布很广，同时由于其可产生各种微小的孢子，因而很容易污染食品。霉菌污染食品后不仅可造成腐败变质，而且有些霉菌还可产生毒素，造成误食人畜霉菌毒素中毒。霉菌毒素是霉菌产生的一种有毒的次生代谢产物，自从 20 世纪 60 年代发现强致癌的黄曲霉毒素以来，霉菌与霉菌毒素对食品的污染日益引起重视。霉菌毒素通常具有耐高温、无抗原性、主要侵害实质器官的特性，而且霉菌毒素多数还具有致癌作用。霉菌毒素的作用包括减少细胞分裂，抑制蛋白质合成和 DNA 的复制，抑制 DNA 和组蛋白形成复合物，影响核酸合成，降低免疫应答等。

主要霉菌毒素有 200 多种，对于霉菌毒素的分类目前还没有更好的办法，有人按霉菌毒素作用的靶器官，将其分为肝脏毒、肾脏毒、神经毒、光致敏性皮炎和其他等 5 类。此种分类方法有很多缺陷，因为一种毒素可能表现两种或更多的毒性作用，而且毒素对人体的毒性作用尚未完全明了。因此，目前仍按产毒霉菌来分类。

霉菌毒素对热不敏感，一般烹调加热处理不能将毒素破坏去除，没有抗原性，是小分子化学物质，不能引起机体产生抗体或抗毒素。人和动物一次性摄入含大量霉菌毒素的食物常会发生急性中毒，而长期摄入含少量霉菌毒素的食物则会导致慢性中毒和癌症。因此，粮食及食品由于霉变不仅会造成经济损失，有些还会造成误食人畜急性或慢性中毒，甚至导致癌症。

8.4.2　霉菌产毒的特点

霉菌产毒的特点为：①霉菌产毒仅限于少数的产毒霉菌，而且产毒菌种中也只有一部分菌株产毒。同一霉菌中存在产毒能力不同的菌株主要取决于菌株本身生物学特性还是取决于外界环境，或两者兼有，还不十分清楚。②产毒菌株的产毒能力还表现出可变性和易变性，产毒菌株经过多代培养可以完全失去产毒能力，而非产毒菌株在一定条件下可出现产毒能力。因此，在实际工作中应该随时考虑这一问题。③一种菌种或菌株可以产生几种不同的毒素，而同一霉菌毒素也可由几种霉菌产生。④产毒菌株产毒需要一定的条件，主要是基质种类、水分、温度、湿度及空气流通情况。粮食水分为 17%～18%是霉菌繁殖产毒的最适宜条件。

8.4.3　主要产毒霉菌及其毒素

目前，已知污染粮食及食品，可产毒的霉菌属种及其毒素如下。

1. 曲霉属(*Aspergillus*)

曲霉在自然界分布极为广泛,对有机质分解能力很强。曲霉属中有些种如黑曲霉(*Aspergillus niger*)等被广泛用于食品工业。同时,曲霉也是重要的食品污染霉菌,可导致食品特别是粮食及其制品发生腐败变质,有些种还产生毒素。可产生毒素的种有黄曲霉(*Aspergillus* flavus)、赭曲霉(*Aspergillus ochraceus*)、杂色曲霉(*Aspergillus versicolor*)、烟曲霉、构巢曲霉(*Aspergillus nidulans*)和寄生曲霉(*Aspergillus parasiticus*)等。黄曲霉和寄生曲霉可以产生黄曲霉毒素(alfatoxin,AFT 或 AT),杂色曲霉和构巢曲霉等可产生的杂色曲霉毒素(sterigmatocystin,ST),基本结构为一个双呋喃环和一个氧杂蒽酮。其中的杂色曲霉毒素IVa是毒性最强的一种,不溶于水,可以导致动物肝癌、肾癌、皮肤癌和肺癌,其致癌性仅次于黄曲霉毒素。

2. 青霉属(*Penicillium*)

青霉分布广泛,种类很多,经常存在于土壤和粮食及果蔬上。一方面,有些种具有很高的经济价值,能产生多种酶及有机酸。另一方面,青霉可引起水果、蔬菜、谷物及食品的腐败变质,有些种及菌株同时还可产生毒素。如岛青霉(*Penicillium islandicum*)、橘青霉(*Penicillium citrinum*)、黄绿青霉(*Penicillium citreo-viride*)、红色青霉(*Penicillium rubrum*)、扩展青霉(*Penicillium expansum*)、圆弧青霉、纯绿青霉、展开青霉(*Penicillium patulum*)、斜卧青霉(*Penicillium decumbens*)等。其中岛青霉可产生岛青霉毒素、橘青霉可产生橘青霉毒素(citrinin)、黄绿青霉可产生黄绿青霉毒素(citreoviridin)、扩展青霉可产生展青霉毒素。

3. 镰刀菌属(*Fusarium*)

镰刀菌在自然界广泛分布,侵染多种作物。包括的种很多,其中大部分是植物的病原菌,并能产生毒素。如禾谷镰刀菌(*Fusarium graminearum*)、三线镰刀菌(*Fusarium trincinctum*)、玉米赤霉、梨孢镰刀菌(*Fusarium poae*)、无孢镰刀菌、雪腐镰刀菌、串珠镰刀菌、拟枝孢镰刀菌(*Fusarium sporotrichioides*)、木贼镰刀菌、窃属镰刀菌、粉红镰刀菌等。镰刀菌可产生对人畜健康威胁极大的镰刀菌毒素。镰刀菌毒素已发现有十几种,按其化学结构可分为单端孢霉烯族化合物(tricothecenes)、玉米赤霉烯酮(zearalenone)和丁烯酸内酯(butenolide)三大类。

4. 交链孢霉属(*Alternaria*)

交链孢霉广泛分布于土壤和空气中,有些是植物病原菌,可引起果蔬的腐败变质,产生毒素。交链孢霉产生多种毒素,主要有4种:交链孢霉酚(alternariol,AOH)、交链孢霉甲基醚(alternariolmethylether,AME)、交链孢霉烯(altenuene,ALT)、细偶氮酸(tenuazonic acid,TeA)。

5. 其他属

其他属还有粉红单端孢霉、木霉属、漆斑菌属、黑色葡萄穗霉等。

棕曲霉(*A. ochraceus*)、纯绿青霉、圆弧青霉和产黄青霉等可产生棕曲霉毒素。现已确认的有棕曲霉毒素A和棕曲霉毒素B两类。它们易溶于碱性溶液,可导致多种动物肝肾等内脏器官的病变,故称为肝毒素或肾毒素,此外还可导致肺部病变。

软毛青霉、圆弧青霉、棕曲霉等多种霉菌可产生青霉酸(penicllic acid)。青霉酸极易溶于热水、乙醇。在玉米、大麦、豆类、小麦、高粱、大米、苹果上均检出过青霉酸。青霉酸是在

20℃以下形成的，所以低温贮藏食品的霉变可能污染了青霉酸。

此外，一些霉菌虽然是食品工业重要的生产菌种，但当其污染食品或其原料后也可引起腐败变质，如毛霉属(*Mucor*)、根霉属(*Rhizopus*)和黑曲霉(*Aspergillus niger*)常出现在粮食制品上，引起面包及糕点等发霉变质。

二维码 8-2　常见的霉菌毒素介绍

8.4.4　霉菌及其毒素的食品安全学意义

霉菌可造成食品的腐败变质，有的霉菌还可以产生毒素。因此，霉菌也是评价食品安全的指示菌，通常以霉菌的计数来判定食品被污染的程度。我国目前在罐头食品、碳酸饮料、硬质干酪、粮食及其制品中都制定了霉菌的限量标准。

霉菌及其毒素污染食品后从食品安全学角度应该考虑两方面的问题，即霉菌及其毒素通过食品引起食品腐败变质和人类中毒的问题。

1.霉菌污染引起食品腐败变质

霉菌最初污染食品后，在基质及环境条件适宜时，首先可引起食品的腐败变质，不仅可使食品呈现异样颜色、产生霉味等异味，食用价值降低，甚至完全不能食用，而且还可使食品原料的加工工艺品质下降，如出粉率、出米率、黏度等降低。所以，即使是一些非产毒霉菌污染食品也应该加以重视。粮食类及其制品被霉菌污染而造成的损失非常严重，据估算每年全世界平均至少有2%的粮食因污染霉菌发生霉变而不能食用。

2.人类霉菌毒素中毒

许多霉菌污染食品及其食品原料后，不仅可引起腐败变质，而且可产生毒素引起误食者霉菌毒素中毒。霉菌毒素中毒是指霉菌毒素引起的对人体健康的各种损害。人类霉菌毒素中毒大多数是由于食用了被产毒霉菌菌株污染的食品所引起的。食品受到产毒菌株污染有时不一定能检测出霉菌毒素，这种现象比较常见，这是因为产毒菌株必须在适宜产毒的特定条件下才能产毒。但也有时从食品中检验出有某种毒素，而分离不出产毒菌株，这往往是食品在贮藏和加工中产毒菌株已经死亡，而毒素不易破坏的缘故。一般来说，产毒霉菌菌株主要在谷物粮食、发酵食品及饲草上生长产生毒素，直接在动物性食品，如肉、蛋、乳上产毒的较为少见。而食入大量含毒饲草的动物同样可引起各种中毒症状或残留在动物组织器官及乳汁中，致使动物性食品带毒，被人食入后仍会造成霉菌毒素中毒，并且一般的烹调加热处理不能将霉菌毒素破坏去除。霉菌引起的毒素中毒无传染性。

霉菌毒素中毒与人群的饮食习惯、食物种类和生活环境条件有关，所以霉菌毒素中毒常常表现出明显的地方性和季节性，甚至有些还具有地方疾病的特征。例如黄曲霉毒素中毒、黄变米中毒和赤霉病麦中毒即具有此特征。再者，霉菌毒素中毒的临床表现较为复杂，有急性中毒，也有因少量长期食入含有霉菌毒素的食品而引起的慢性中毒，也有的诱发癌肿、造成畸形和引起体内遗传物质的突变。

霉菌污染食品，特别是霉菌毒素污染食品对人类危害极大，就全世界范围而言，不仅造成很大的经济损失，而且可以造成人类的严重疾病甚至大批的死亡。20世纪60年代英国发现黄曲霉毒素污染饲料一次性造成19万只火鸡死亡的事件，开始引起了人们对霉菌及霉菌毒素污染食品问题的重视和研究。癌症是当今人类社会的一大杀手，癌症发病率与人们是否食入了含有霉菌毒素的食物以及食入的食品所含霉菌毒素量的多少有很大的关系。因此从一定意义上讲，不食用霉变及含有霉菌毒素的食物就可以在很大程度上降低癌症发病率，避免癌症的发生。

本章小结

食品的微生物污染是造成食品腐败变质的重要因素。污染食品的微生物来源可分为土壤、空气、水、人及动物体、加工设备、包装材料和原料及辅料等，其污染的途径可分为内源性污染和外源性污染。食品受到微生物污染后其中的微生物种类和数量会随着所处环境和食品性质的变化而不断地变化，这种变化即食品中微生物的消长，通常有其一定的规律和特点。

依据微生物的不同，食品的微生物污染主要分为食品的细菌污染、食品的酵母菌污染和食品的霉菌污染。3类微生物的污染不仅是微生物不同，而且各有其特点，其食品安全学意义也不尽相同。充分掌握食品的微生物污染来源和途径及污染规律和特点对于指导食品生产具有重要意义。

重要名词

食品的微生物污染　内源性污染　外源性污染　食品中微生物的消长　细菌总数
大肠菌群　霉菌毒素

思考题

1. 简述污染食品的微生物来源及途径。
2. 何谓内源性和外源性污染？
3. 食品中微生物的消长规律及特点是什么？
4. 常见的污染食品并可引起食品腐败变质的细菌有哪些？它们各自的主要生物学特性是什么？
5. 食品中细菌总数和大肠菌群的食品安全学意义是什么？
6. 污染食品并可产生毒素的霉菌有哪些？各产生什么毒素？霉菌毒素有何特性？产毒霉菌的产毒特点是什么？
7. 霉菌及其毒素的食品安全学意义是什么？

第9章

食品腐败变质及其控制

本章学习目的与要求

1.掌握微生物引起食品腐败变质的基本条件,食品腐败变质发生的化学过程,食品腐败变质的初步鉴定方法及食品安全的意义。了解各类典型动物性和植物性食品的腐败变质现象、微生物学的原因及食品安全防控措施。

2.了解食品保藏的基本原理和方法,掌握常用食品保藏方法的基本控制参数。

3.综合评价某食品发生变质的可能性,能够独立分析变质的原因,并提出生产中采取预防措施的建议。

9.1 食品的腐败与变质

食品受到自然界中存在的一定类型和数量的微生物的污染且环境条件适宜时，微生物就会迅速生长繁殖，造成食品的腐败变质。食品的腐败变质不仅降低了食品的营养价值和卫生质量，而且还可能危害人体的健康。

食品腐败变质(food spoilage)，是指食品受到各种内外因素的影响，造成其原有化学性质或物理性质发生变化，降低或失去其营养价值和商品价值的过程。如鱼肉的腐臭、油脂的酸败、水果蔬菜的腐烂和粮食的霉变等。

食品的腐败变质原因较多，有物理因素如高温、高压和放射性物质的污染等，化学因素如重金属盐类的污染等，生物因素如昆虫、寄生虫以及微生物的污染及动、植物食品组织内源酶的作用等。本章只讨论由微生物引起的食品腐败变质问题。

9.1.1 微生物引起食品变质的基本条件

食品在原料收购、运输、加工和保藏等过程中不可避免地受到环境中微生物的污染。微生物污染食品后，能否导致食品的腐败变质，以及变质的程度和性质如何，是受多方面因素影响的。食品发生腐败变质与食品基质的性质、污染微生物的种类和数量以及食品所处的外界环境条件等因素有关。图 9-1 显示了影响微生物生长的内部和外部因素。

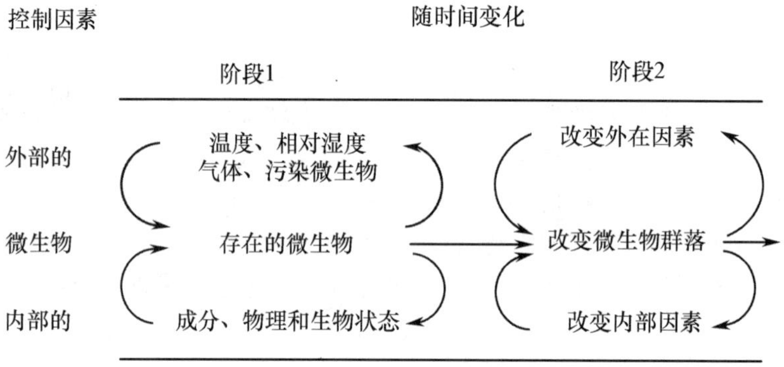

图 9-1 影响微生物生长的内部和外部因素

(引自沈萍，微生物学，2003)

9.1.1.1 食品的基质特性

1.食品的营养成分与微生物的分解作用

食品除含有一定的水分之外，主要含有蛋白质、碳水化合物、脂肪、无机盐、维生素等，其丰富的营养成分是微生物的良好培养基，因而微生物污染食品后很容易迅速生长繁殖造成食品的变质。来自动物或植物不同原料的食品，上述各种成分含量差异很大，见表 9-1。因各种微生物分解各类营养物质的能力不同，只有当微生物所具有的酶所需的底物与食品营养成分相一致时，微生物才可以引起食品的迅速腐败变质，这就导致了引起不同食品腐败的微生物类群也不同，如肉、鱼等富含蛋白质的食品，容易受到对蛋白质分解能力很强的变形杆菌、青霉等微生物的污染而发生腐败；米饭等含糖类较高的食品，易受到曲霉属、根霉属、乳酸菌、啤酒酵母等对碳水化合物分解能力强的微生物的污染而变质；而脂肪含量较高的食品，易受到黄曲霉和假单胞杆菌等分解脂肪能力很强的微生物的污染而发生酸败变质。

表 9-1　食品原料营养物质组成的比较　　%

食品原料	蛋白质	碳水化合物	脂肪
水果	2～8	85～97	0～3
蔬菜	15～30	50～85	0～5
鱼	70～95	少量	5～30
禽	50～70	少量	30～50
蛋	51	3	46
肉	35～50	少量	50～65
乳	29	38	31

引自周阳生，动物性食品微生物学实验，2001.

2.食品的氢离子浓度

根据不同食品 pH 范围，可将食品划分为两大类：酸性食品和非酸性食品。一般规定 pH 在 4.5 以上者，属于非酸性食品；pH 在 4.5 以下者为酸性食品。几乎所有的动物性食品和蔬菜都属于非酸性食品；几乎所有的水果为酸性食品，见表 9-2。

表 9-2　不同食品的 pH

动物食品	pH	蔬菜	pH	水果	pH
牛肉	5.1～6.2	卷心菜	5.4～6.0	苹果	2.9～3.3
羊肉	5.4～6.7	花椰菜	5.6	香蕉	4.5～4.7
猪肉	5.3～6.9	芹菜	5.7～6.0	柿子	4.6
鸡肉	6.2～6.4	茄子	4.5	葡萄	3.4～4.5
鱼肉(多数)	6.6～6.8	莴苣	6.0	柠檬	1.8～2.0
蛤肉	6.5	洋葱(红)	5.3～5.8	橘子	3.6～4.3
蟹肉	7.0	菠菜	5.5～6.0	西瓜	5.2～5.6
牡蛎肉	4.8～6.3	番茄	4.2～4.3	无花果	4.6
小虾肉	6.8～7.0	萝卜	5.2～5.5	橙	3.6～4.3
金枪鱼	5.2～6.0	芦笋(花与茎)	5.7～6.1	李子	2.8～4.6
大马哈鱼	6.1～6.3	豆(青刀豆)	4.6～6.5	葡萄柚(汁)	3.0
火腿	5.9～6.1	玉米(甜)	7.3		
牛乳	6.5～6.7	菠菜	5.5～6.0		
奶油	6.1～6.4	南瓜	4.8～5.2		
酪乳	4.5	马铃薯	5.3～5.6		
奶酪	4.9;5.9	荷兰芹	5.7～6.0		
稀奶油	6.5	西葫芦	5.0～5.4		

引自 Jay 等，现代食品微生物学，第 7 版，2005.

食品中氢离子浓度可影响微生物菌体细胞膜上电荷的性质，当微生物细胞膜上的电荷性质受到食品氢离子浓度的影响而改变后，微生物对某些物质的吸收机制会发生改变，从而影响细胞正常物质代谢活动和酶的作用。

食品的酸度不同，引起食品腐败变质的微生物类群也不同。各类微生物都有其最适宜的pH范围，绝大多数细菌最适生长的pH是7.0左右，所以非酸性食品最适合于绝大多数细菌的生长。当食品pH在5.5以下时，腐败细菌基本上被抑制，只有少数细菌，如大肠杆菌和个别耐酸细菌，如乳杆菌属尚能继续生长。由于酵母菌生长的最适pH范围是3.8～6.0，霉菌生长的最适pH范围是4.0～5.8，因此酸性食品的腐败变质主要是酵母和霉菌的生长引起的。

微生物在食品中生长繁殖也会引起食品的pH发生改变，当微生物生长在含糖与蛋白质的食品基质中，微生物首先分解糖产酸使食品的pH下降；当糖不足时，蛋白质被分解，pH又回升。由于微生物的活动，使食品基质的pH发生很大变化，当酸或碱积累到一定量时，反过来又会抑制微生物的继续活动。

有些食品对pH改变有一定的缓冲作用，一般来说肉类食品的缓冲作用比蔬菜类食品大，因肉类中蛋白质分解产生的氨类物质能与酸性物质起中和作用，从而保持一定的pH。

3.食品的水分

微生物的生命活动离不开水，这不仅因为水是细胞的重要组成成分，还因为它是一种起着溶剂和运输介质作用的物质，参与细胞内水解、缩合、氧化和还原等反应。因此，水对微生物的影响深远。

食品中水分以游离水和结合水两种形式存在。微生物在食品上生长繁殖，能利用的水是游离水，因而微生物在食品中的生长繁殖所需水不是取决于总含水量，而是取决于水分活度值（A_w，也称水活性）。因为一部分水是与蛋白质、碳水化合物及一些可溶性物质如氨基酸、糖、盐等结合，这种结合水对微生物是无用的。因而通常使用水分活度值来表示食品中可被微生物利用的水。

水分活度（A_w）是指食品在密闭容器内的水蒸气压（p）与纯水蒸气压（p_0）之比，即 $A_w = p/p_0$。纯水的 $A_w=1$；无水食品的 $A_w=0$，由此可见，食品的 A_w 在0～1之间。表9-3给出了不同类群微生物生长的最低 A_w 范围。

表9-3 食品中主要微生物类群生长的最低 A_w 值范围

微生物类群	最低 A_w	微生物类群	最低 A_w
大多数细菌	0.99～0.94	嗜盐性细菌	0.75
大多数酵母菌	0.94～0.88	耐高渗酵母	0.60
大多数霉菌	0.94～0.73	干性霉菌	0.65

引自江汉湖，食品微生物学，2002.

各类微生物生长繁殖所要求的水分含量不同（表9-4），因此，食品中的水分含量决定了生长微生物的种类。一般来说，含水分较多的食品，细菌容易繁殖；含水分少的食品，霉菌和酵母菌则容易繁殖。

表 9-4 不同微生物生长的最低 A_w 值范围

微生物类群	最低 A_w	微生物类群	最低 A_w
细菌		霉菌	
大肠杆菌	0.935～0.960	黄曲霉	0.900
沙门氏菌	0.945	黑曲霉	0.880
枯草芽孢杆菌	0.950	耐旱真菌	0.600
八叠球菌(*Sarcina*)	0.915～0.930	酵母	
金黄色葡萄球菌	0.900	酿酒酵母	0.940
嗜盐杆菌(*Halobacterium*)	0.750	产朊假丝酵母(*Candidautilis*)	0.940
		鲁氏酵母(*Zygosaccharomyces rouxii*)	0.650

引自诸葛健,微生物学,2009.

研究证明,在 A_w 低的基质中微生物生长不良,当 A_w 低于一定界限,微生物的生长即停止。不同类群微生物生长的最低 A_w 是有较大差异的,以霉菌生长所要求的 A_w 最低,酵母其次,细菌要求较高。从细菌、酵母、霉菌三大类微生物比较,当 A_w 接近 0.9 时,绝大多数细菌生长的能力已很微弱,当 A_w 低于 0.9 时细菌几乎已不能生长。当 A_w 下降至 0.88 时,绝大多数酵母生长受到严重影响,仅有少数耐渗透压酵母能在 A_w 为 0.6 时生长。多数霉菌生长的最低 A_w 为 0.8。

新鲜的食品原料如鱼、肉、水果、蔬菜等含有较多的水分,A_w 一般在 0.98～0.99,适合多数微生物的生长,如果不及时加以处理,很容易发生腐败变质。为了防止食品变质,最常用的方法就是要降低食品的含水量,使 A_w 降至 0.70 以下,这样就可以较长期保存。许多研究报道认为,A_w 为 0.80～0.85 的食品,一般只能保存几天;A_w 值在 0.72 左右的食品,可以保存 2～3 个月;如果 A_w 在 0.65 以下,则可保存 1～3 年。食品的 A_w 在 0.60 以下,则认为微生物不能生长。一般认为食品 A_w 在 0.64 以下,是食品安全贮藏的防霉含水量。

在实际生产中,为了方便也常用含水量百分率来表示食品的含水量,并以此作为控制微生物生长的一项衡量指标。例如为了达到保藏目的,奶粉含水量应为 8%以下,大米含水量应为 13%以下,豆类为 15%以下,脱水蔬菜为 14%～20%。这些物质含水量百分率虽然不同,但其 A_w 约在 0.70 以下。

4. 食品的渗透压

渗透压(osmotic pressure)与微生物的生命活动有一定的关系。如将微生物置于低渗溶液(如 0.1 g/L 氯化钠)中,菌体吸收水分发生膨胀,甚至破裂;若置于高渗溶液中(如 200 g/L 氯化钠),菌体则发生脱水,甚至死亡。一般来讲,微生物在低渗透压的食品中有一定的抵抗力,较易生长,而在高渗食品中,微生物常因脱水而死亡。不同微生物种类对渗透压的耐受能力大不相同。绝大多数细菌不能在较高渗透压的食品中生长,只有少数种能在高渗环境中生长,如盐杆菌属(*Halobacterium*)中的一些种,在 20%～30%食盐浓度的食品中能够生活;肠膜明串珠菌(*Leuconostoc mesenteroides*)能耐高浓度糖。而少数酵母菌和多数霉菌一般能耐受较高的渗透压,如异常汉逊氏酵母(*Hansenula anomala*)、鲁氏酵母(*Saccharomyces rouxii*)、膜醭毕赤氏酵母(*Pichia membranaefaciens*)、蜂蜜酵母、意大利酵母、汉氏德巴利酵母(*Debaryomyces hansenii*)等能耐受高糖,常引起糖浆、果酱、果汁等高糖食品的变质。一般霉菌的耐盐能力比酵母和细菌强得多。引起高渗透压食品变质的霉菌有灰绿曲霉(*Aspergillus glaucus*)、青霉属、芽枝霉属(*Cladosporium*)、匍匐曲霉(*Aspergillus repens*)等。

食盐和糖是形成不同渗透压的主要物质。在食品中加入不同量的糖或盐,可以形成不同的渗透压,所加的糖或盐越多,则浓度越高,渗透压越大,食品的 A_w 值就越小。通常为了防止食品腐败变质,常用盐腌和糖渍方法来较长时间地保存食品。

9.1.1.2 引起食品变质的微生物种类

能引起食品发生腐败变质的微生物种类很多,主要有细菌、酵母和霉菌。一般情况下细菌常比酵母菌占优势。在这些微生物中,有病原菌和非病原菌,有芽孢菌和非芽孢菌,有嗜热性菌、嗜温性菌和嗜冷性菌,有好氧菌或厌氧菌,有分解蛋白质、糖类、脂肪能力强的微生物。对容易引起不同食品腐败变质的微生物概括为表 9-5。

表 9-5 部分食品腐败类型和引起腐败的微生物

食品	腐败类型	微生物
面包	发霉	黑根霉(*Rhizopus nigricans*)、青霉属(*Penicillium*)、黑曲霉(*Aspergillus niger*)
	产生黏液	枯草芽孢杆菌(*Bacillus subtilis*)
糖浆	产生黏液	产气肠杆菌(*Enterobacter aerogenes*)、酵母属(*Saccharomyces*)
	发酵	接合酵母属(*Zygosaccharomyces*)
	呈粉红色发霉	玫瑰色微球菌(*Micrococcus roseus*)、曲霉属(*Aspergillus*)、青霉属
新鲜水果和蔬菜	软腐	根霉属(*Rhizopus*)、欧文氏杆菌属(*Erwinia*)
	灰色霉菌腐烂	葡萄孢属(*Botrytis*)
	黑色霉菌腐烂	黑曲霉(*Aspergillus niger*)、假单胞菌属(*Pseudomonas*)
泡菜、酸菜	表面出现白膜	红酵母属(*Rhodotorula*)
新鲜的肉	腐败	产碱菌属(*Alcaligenes*)、梭菌属(*Clostridium*)、普通变形菌(*Proteus vulgaris*)
	变黑	荧光假单胞菌(*Pseudomonas fluorescens*)、腐败假单胞菌(*Pseudomonas putrefaciens*)
	发霉	曲霉属、根霉属、青霉属
	变酸	假单胞菌属、微球菌属(*Micrococcus*)、乳杆菌属(*Lactobacillus*)
	变绿色、变黏	明串珠菌属(*Leuconostoc*)
鱼	变色	假单胞菌属、产碱菌属、黄杆菌属(*Flavobacterium*)
	腐败	腐败桑瓦拉菌(*Shewanella putrefaciens*)
蛋	绿色腐败、褪色腐败、黑色腐败	荧光假单胞菌、假单胞菌属、产碱菌属、变形菌属
家禽	变黏、有气味	假单胞菌属、产碱菌属
浓缩橘汁	失去风味	乳杆菌属、明串珠菌属、醋杆菌属(*Acetobacter*)

引自何国庆,贾英民,食品微生物学,2002.

1. 分解蛋白质类食品的微生物

分解蛋白质而使食品变质的微生物,主要是细菌、霉菌和酵母菌,它们多数是通过分泌胞外蛋白酶来完成的。

细菌都有分解蛋白质的能力，其中芽孢杆菌属（*Bacillus*）、梭状芽孢杆菌属（*Clostridium Prazmowski*）、假单胞菌属（*Pseudomonas*）、变形杆菌属、链球菌属（*Streptococcus*）等分解蛋白质能力较强，即使无糖存在，它们在以蛋白质为主要成分的食品上也生长良好；肉毒梭状芽孢杆菌分解蛋白质能力很微弱，但该菌为厌氧菌，可引起罐藏食品的腐败变质；小球菌属、葡萄球菌属、黄杆菌属、产碱杆菌属、埃希氏杆菌属等分解蛋白质较弱。

许多霉菌都具有分解蛋白质的能力，霉菌比细菌更能利用天然蛋白质。常见的有青霉属、毛霉属、曲霉属、木霉属、根霉属等。尤其是沙门柏干酪青霉（*Penicillium camemberti*）和洋葱曲霉（*Aspergillus alliaceus*）能迅速分解蛋白质。当环境中有大量碳水化合物时，更能促进蛋白酶的形成。

多数酵母菌对蛋白质的分解能力极弱。如啤酒酵母属、毕赤氏酵母属、汉逊氏酵母属、假丝酵母属、球拟酵母属等只能使凝固的蛋白质缓慢分解。

2.分解碳水化合物类食品的微生物

细菌中能强烈分解淀粉的为数不多，主要是芽孢杆菌属和梭状芽孢杆菌属的某些种，如枯草杆菌（*Bacillus subtilis*）、巨大芽孢杆菌（*Bacillus megaterium*）、马铃薯芽孢杆菌（*Bacillus mesentericus*）、蜡样芽孢杆菌（*Bacillus cereus*）、淀粉梭状芽孢杆菌（*Clostridium amylobacter*）等，它们是引起米饭发酵、面包黏液化的主要菌株；能分解纤维素和半纤维素的细菌仅有少数种，即芽孢杆菌属、梭状芽孢杆菌属和八叠球菌属（*Sarcina*）的一些种；但绝大多数细菌都具有分解某些单糖或双糖的能力，特别是利用单糖的能力极为普遍；某些细菌能利用有机酸或醇类；能分解果胶的细菌主要有芽孢杆菌属、欧氏植病杆菌属（*Erwinia*）、梭状芽孢杆菌属中的部分菌株，如胡萝卜软腐病欧氏杆菌（*E. carotovora*）、多黏芽孢杆菌（*Bacillus polymyxa*）、费地浸麻梭状芽孢杆菌（*Clostridium felsineum*）等，它们参与果蔬的腐败。

多数霉菌都有分解简单碳水化合物的能力；能够分解纤维素的霉菌并不多，常见的有青霉属、曲霉属、木霉属等中的几个种，其中绿色木霉（*Trichoderma viride*）、里氏木霉（*Trichoder-ma reesei*）、康氏木霉分解纤维素的能力特别强。分解果胶质的霉菌活力强的有曲霉属、毛霉属、蜡叶芽枝霉等；曲霉属、毛霉属和镰刀霉属等还具有利用某些简单有机酸和醇类的能力。

绝大多数酵母不能使淀粉水解，少数酵母如拟内胞霉属（*Endomycopsis*）的酵母能分解多糖；极少数酵母如脆壁酵母（*Saccharomyces fragilis*）能分解果胶；大多数酵母有利用有机酸的能力。

3.分解脂肪类食品的微生物

分解脂肪的微生物能生成脂肪酶，使脂肪水解为甘油和脂肪酸。一般来讲，对蛋白质分解能力强的需氧性细菌，同时大多数也能分解脂肪。细菌中的假单胞菌属、无色杆菌属、黄色杆菌属、产碱杆菌属和芽孢杆菌属中的许多种，都具有分解脂肪的特性。其中分解脂肪能力特别强的是荧光假单胞菌（*Pseudomonas fluorescens*）。

能分解脂肪的霉菌比细菌多，在食品中常见的有曲霉属、白地霉（*Geotrichum candidum*）、代氏根霉（*Rhizopus delemar*）、娄地青霉（*Pen. roqueferti*）和芽枝霉属等。

酵母菌分解脂肪的菌种不多，主要是解脂假丝酵母（*Candida lipolytica*），这种酵母对糖类不发酵，但分解脂肪和蛋白质的能力却很强。因此，在肉类食品、乳及其制品中脂肪酸败时，也应考虑到是否因酵母而引起。

9.1.1.3 食品的环境条件

食品中污染的微生物能否生长繁殖造成食品的腐败变质，除了与食品的基质性质有关外，还与环境条件密切相关，影响食品变质的最重要的几个环境因素有温度、湿度和气体。

1. 温度

根据微生物生长的最适温度，可将微生物分为嗜冷、嗜温、嗜热 3 个生理类群。每一类群微生物都有最适宜生长的温度范围，但这 3 群微生物又都可以在 20～30℃生长繁殖，当食品处于这种温度的环境中，各种微生物都可生长繁殖而引起食品的变质。

(1)低温对微生物生长的影响　低温对微生物生长极为不利，但低温微生物在 5℃左右或更低的温度(甚至－20℃以下)下仍能生长繁殖，使食品发生腐败变质。低温微生物是引起冷藏、冷冻食品变质的主要微生物。食品中在低温下生长的微生物主要有：假单胞杆菌属、产碱菌属、变形菌属、黄杆菌属、无色杆菌属等革兰氏阴性无芽孢杆菌；小球菌属、乳杆菌属、小杆菌属、芽孢杆菌属和梭状芽孢杆菌属等革兰氏阳性细菌；假丝酵母属、隐球酵母属(*Cryptococcus*)、圆酵母属、丝孢酵母属(*Trichosporon*)等酵母菌；青霉属、芽枝霉属、葡萄孢属和毛霉属等霉菌。食品中不同微生物生长的最低温度见表 9-6。

表 9-6　食品中微生物生长的最低温度　℃

食品	微生物	生长最低温度	食品	微生物	生长最低温度
猪肉	细菌	－4	乳	细菌	－10
牛肉	霉菌、酵母菌、细菌	－1～1.6	冰淇淋	细菌	－10～－3
羊肉	霉菌、酵母菌、细菌	－5～－1	大豆	霉菌	－6.7
火腿	细菌	1～2	豌豆	霉菌、酵母菌	－4～6.7
腊肠	细菌	5	苹果	霉菌	0
熏肋肉	细菌	－10～－5	葡萄汁	酵母菌	0
鱼贝类	细菌	－7～－4	浓橘汁	酵母菌	－10
草莓	霉菌、酵母菌、细菌	－6.5～－0.3			

引自江汉湖，食品微生物学，2002.

这些微生物虽然能在低温条件下生长，但其新陈代谢活动极为缓慢，生长繁殖的速度也非常迟缓，因而它们引起冷藏食品变质的速度也较慢。

有些微生物在很低温度下能够生长，其机理还不完全清楚。但至少可以认为它们体内的酶在低温下仍能起作用。另外，也观察到嗜冷微生物的细胞膜中不饱和脂肪酸含量较高，推测可能是由于它们的细胞质膜在低温下仍保持半流动状态，能进行活跃的物质传递。而其他生物则由于细胞膜中饱和脂肪酸含量高，在低温下成为固体而不能履行其正常功能。

一般认为，－10℃可抑制所有细菌生长，－12℃可抑制多数霉菌生长，－15℃可抑制多数酵母菌生长，－18℃可抑制所有霉菌与酵母菌生长，因此，为了防止微生物的生长，建议食品的冻藏温度应≤－18℃。

(2)高温对微生物生长的影响　当温度在 45℃以上时，对大多数微生物的生长十分不利。在高温条件下，微生物体内的酶、蛋白质、脂质体很容易发生变性失活，细胞膜也易受到破坏，这样会加速细胞的死亡。温度愈高，死亡率也愈高。

在高温条件下，仍然有少数微生物能够生长。通常把能在45℃以上温度条件下进行代谢活动的微生物，称为高温微生物或嗜热微生物(theormphiles)。和其他微生物相比，嗜热微生物的生长曲线独特，延滞期、对数期都非常短，进入稳定期后，迅速死亡。

在食品中生长的嗜热微生物，主要是嗜热细菌，如芽孢杆菌属中的嗜热脂肪芽孢杆菌(*Bacillus stearothermophilus*)、凝结芽孢杆菌(*B. coagulans*)；梭状芽孢杆菌属中的肉毒梭菌(*Clostridium botulinum*)、热解糖梭状芽孢杆菌(*C. thermosaccharolyticum*)、致黑梭状芽孢杆菌(*C. nigrificans*)；乳杆菌属和链球菌属中的嗜热链球菌(*Streptococcus thermophilus*)、嗜热乳杆菌等。霉菌中纯黄丝衣霉(*Byssochlamys fulva*)耐热能力也很强。

在高温条件下，嗜热微生物的新陈代谢活动加快，所产生的酶对蛋白质和糖类等物质的分解速度也比其他微生物快，因而使食品发生变质的时间缩短，比一般嗜温细菌快7～14倍。由于它们在食品中经过旺盛的生长繁殖后，很容易死亡，所以在实际中，若不及时进行分离培养，就会失去检出的机会。高温微生物造成的食品变质主要是酸败，由分解糖类产酸而引起。

2. 气体

微生物与氧气有着十分密切的关系。一般来讲，在有氧的环境中，微生物进行有氧呼吸，生长、代谢速度快，食品变质速度也快；缺乏氧气条件下，由厌氧性微生物引起的食品变质速度较慢。氧气存在与否决定着兼性厌氧微生物是否生长和生长速度的快慢，兼性厌氧微生物在有氧环境中引起的食品变质也要比在缺氧环境中快得多。

新鲜食品原料中，由于组织内一般存在着还原性物质，如植物组织常含有维生素C和还原糖，动物原料组织内含有巯基，因而具有抗氧化能力。在食品原料内部生长的微生物绝大部分应该是厌氧性微生物；而在原料表面生长的则是需氧微生物。食品经过加工，物质结构改变，需氧微生物能进入组织内部，食品更易发生变质。

另外，氢气和二氧化碳等气体的存在，对微生物的生长也有一定的影响，可防止好氧性细菌和霉菌所引起的食品变质，但乳酸菌和酵母等对二氧化碳有较大耐受力，实际应用中可通过控制它们的浓度来防止食品变质。

3. 湿度

空气中的湿度对于微生物生长和食品变质起着重要的作用，尤其是未经包装的食品，例如，把含水量少的脱水食品放在湿度大的地方，食品则易吸潮，表面水分迅速增加。长江流域梅雨季节，粮食、物品容易发霉，就是因为空气湿度太大(相对湿度70%以上)的缘故。当含水量较高的食品置于湿度较小的贮藏环境时，食品的 A_w 就会降低直至与周围环境建立平衡为止。

A_w 值反映了溶液和作用物的水分状态，而相对湿度则表示溶液和作用物周围的空气状态。当两者处于平衡状态时，$A_w \times 100$ 就是大气与作用物平衡后的相对湿度。每种微生物只能在一定的 A_w 值范围内生长，但这一范围的 A_w 值要受到空气湿度的影响。

9.1.2　食品腐败变质的化学过程

食品腐败变质的过程实质上是食品中蛋白质、碳水化合物、脂肪等被污染微生物的分解代谢作用或自身组织酶进行的某些生化过程。例如新鲜的肉、鱼类的后熟，粮食、水果的呼吸等可以引起食品成分的分解、食品组织溃破和细胞膜碎裂，为微生物的侵入与作用提供条件，结果导致食品的腐败变质。当然，由于食品成分的分解过程和形成的产物十分复杂，因此，建立食品腐败变质的定量检测尚有一定的难度。

9.1.2.1 食品中蛋白质的分解

肉、鱼、禽蛋和豆制品等富含蛋白质的食品，主要是以蛋白质分解为其腐败变质特征。由微生物引起蛋白质食品发生的变质，通常称为腐败(spoilage)。

蛋白质在动、植物组织酶以及微生物分泌的蛋白酶(protease)和肽链内切酶(endopeptidase)等的作用下，首先水解成多肽，进而裂解形成氨基酸。氨基酸通过脱羧基、脱氨基、脱硫等作用进一步分解成相应的氨、胺类、有机酸类和各种碳氢化合物，食品即表现出腐败特征。

$$\text{食物中的蛋白质} \xrightarrow[\text{或组织蛋白质酶}]{\text{微生物蛋白质酶}} \text{多肽} \xrightarrow{\text{肽链内切酶}} \text{氨基酸} \xrightarrow[\text{脱氨基、脱硫等作用}]{\text{脱羧基作用}} \text{氨}+\text{胺}+\text{硫化氢等}$$

蛋白质分解后所产生的胺类是碱性含氮化合物，如胺、伯胺、仲胺及叔胺等具有挥发性和特异的臭味。

1.氨基酸的分解

氨基酸通过脱氨基、脱羧基被分解。

(1)脱氨反应　在氨基酸脱氨反应中，通过氧化脱氨生成羧酸和 α-酮酸，直接脱氨则生成不饱和脂肪酸，若还原脱氨则生成有机酸。例如：

$$RCH_2CHNH_2COOH(\text{氨基酸})+O_2 \longrightarrow RCH_2COCOOH(\alpha\text{-酮酸})+NH_3$$

$$RCH_2CHNH_2COOH(\text{氨基酸})+O_2 \longrightarrow RCOOH(\text{羧酸})+NH_3+CO_2$$

$$RCH_2CHNH_2COOH(\text{氨基酸}) \longrightarrow RCH{=}CHCOOH\ (\text{不饱和脂肪酸})+NH_3$$

$$RCH_2CHNH_2COOH(\text{氨基酸})+H_2 \longrightarrow RCH_2CH_2COOH(\text{有机酸})+NH_3$$

(2)脱羧反应　氨基酸脱羧基生成胺类；有些微生物能脱氨、脱羧同时进行，通过加水分解、氧化和还原等方式生成乙醇、脂肪酸、碳氢化合物和氨、二氧化碳等。例如：

$$CH_2NH_2COOH(\text{甘氨酸}) \longrightarrow CH_3NH_2(\text{甲胺})+CO_2$$

$$CH_2NH_2(CH_2)_2CHNH_2COOH(\text{鸟氨酸}) \longrightarrow CH_2NH_2(CH_2)_2CH_2NH_2(\text{腐胺})+CO_2$$

$$CH_2NH_2(CH_2)_3CHNH_2COOH(\text{精氨酸}) \longrightarrow CH_2NH_2(CH_2)_3CH_2NH_2(\text{尸胺})+CO_2$$

$$\text{组氨酸} \longrightarrow \text{组胺}+CO_2$$

$$(CH_3)_2CHCHNH_2COOH(\text{缬氨酸})+H_2O \longrightarrow (CH_3)_2CHCH_2OH(\text{异丁醇})+NH_3+CO_2$$

$$CH_3CHNH_2COOH(\text{丙氨酸})+O_2 \longrightarrow CH_3COOH(\text{乙酸})+NH_3+CO_2$$

$$CH_2NH_2COOH(\text{甘氨酸})+H_2 \longrightarrow CH_4(\text{甲烷})+NH_3+CO_2$$

2.胺的分解

腐败中生成的胺类通过细菌的胺氧化酶被分解，最后生成氨、二氧化碳和水。

$$RCH_2NH_2(\text{胺})+O_2+H_2O \longrightarrow RCHO+H_2O_2+NH_3$$

过氧化氢通过过氧化氢酶被分解，同时，醛也经过酸再分解为二氧化碳和水。

3.硫醇的生成

硫醇是通过含硫化合物的分解而生成的。例如，甲硫氨酸被甲硫氨酸脱硫醇脱氨基酶进行如下的分解作用：

$CH_3SCH_2CHNH_2COOH$（甲硫氨酸）$+ H_2O \longrightarrow CH_3SH$（甲硫醇）$+ NH_3 +$ $CH_3CH_2COCOOH$（α-酮酸）

4. 甲胺的生成

鱼、贝、肉类的正常成分三甲胺氧化物可被细菌的三甲胺氧化还原酶还原生成三甲胺。此过程需要有可使细菌进行氧化代谢的物质（有机酸、糖、氨基酸等）作为供氢体。

$$(CH_3)_3NO + NADH \longrightarrow (CH_3)_3N + NAD^+$$

9.1.2.2　食品中脂肪的分解

虽然脂肪发生变质主要是由于化学作用所引起，但是许多研究表明，它与微生物也有着密切的关系。脂肪发生变质的特征是产生酸和刺激的“哈喇”气味。人们一般把脂肪发生的变质称为酸败（rancidity）。

食品中油脂酸败的化学反应，主要是油脂自身氧化过程，其次是加水水解。油脂的自身氧化是一种自由基的氧化反应；而水解则是在微生物或动物组织中的解脂酶作用下，使食物中的中性脂肪分解成甘油和脂肪酸等。但油脂酸败的化学反应目前仍在研究中，过程较复杂，有些问题尚待澄清。

1. 油脂的自身氧化

油脂的自身氧化是一种自由基（游离基）氧化反应，其过程主要包括：脂肪酸（RCOOH）在热、光线或铜、铁等因素作用下，被活化生成不稳定的自由基 R·、H·，这些自由基与氧气生成过氧化物自由基；接着自由基循环往复不断地传递生成新的自由基，在这一系列的氧化过程中，生成了氢过氧化物、羰基化合物（如醛类、酮类、低分子脂酸、醇类、酯类等）、羟酸以及脂肪酸聚合物、缩合物（如二聚体、三聚体等）。

2. 脂肪水解

脂肪酸败也包括脂肪的加水分解作用，产生游离脂肪酸、甘油及其不完全分解的产物。如甘油一酯、甘油二酯。

$$\text{食物中的脂肪} \xrightarrow{\text{微生物的解脂酶等}} \text{脂肪酸} + \text{甘油} + \text{其他产物}$$

脂肪酸可进而断链而形成具有不愉快味道的酮类或酮酸；不饱和脂肪酸的不饱和键可形成过氧化物；脂肪酸也可再氧化分解成具有特臭的醛类和醛酸，即所谓的“哈喇”气味。这就是食用油脂和含脂肪丰富的食品发生酸败后感官性状改变的原因。

脂肪自身氧化以及加水分解所产生的复杂分解产物，使食用油脂或食品中脂肪带有若干明显特征：首先是过氧化值上升，这是脂肪酸败最早期的指标；其次是酸度上升，羰基（醛酮）反应阳性。脂肪酸败过程中，由于脂肪酸的分解，其固有的碘价（值）、凝固点（熔点）、比重、折光指数、皂化价等也必然发生变化，因而，脂肪酸败会产生特有的“哈喇”气味，肉、鱼类食品脂肪的超氧化变黄，鱼类的“油烧”现象等也常常被作为油脂酸败鉴定中较为实用的指标。

食品中脂肪及食用油脂的酸败程度，受脂肪的饱和度、紫外线、氧、水分、天然抗氧化剂以及铜、铁、镍离子等触媒的影响。油脂中脂肪酸不饱和度、油料中动植物残渣等，均有促进油脂酸败的作用；而油脂的脂肪酸饱和程度、维生素 C、维生素 E 等天然抗氧化物质及芳香化合物含量高时，则可减慢氧化和酸败。

9.1.2.3 食品中碳水化合物的分解

食品中的碳水化合物包括纤维素、半纤维素、淀粉、糖原以及双糖和单糖等。含这些成分较多的食品主要是粮食、蔬菜、水果和糖类及其制品。在微生物及动植物组织中的各种酶及其他因素作用下，这些食品组成成分被分解成单糖、醇、醛、酮、羧酸、二氧化碳和水等低级产物。由微生物引起糖类物质发生的变质，习惯上称为发酵或酵解(fermentation)。

$$\text{碳水化合物} \xrightarrow{\text{分解糖类的微生物}} \text{有机酸} + \text{酒精} + \text{气体}$$

碳水化合物含量高的食品变质的主要特征为酸度升高、产气和稍带有甜味、醇类气味等。食品种类不同，也表现为糖、醇、醛、酮含量升高或产气(CO_2)，有时常带有这些产物特有的气味。水果中果胶可被一种曲霉和多酶梭菌(*Clostridium multifermentans*)所产生的果胶酶分解，并可使含酶较少的新鲜果蔬软化。

9.1.3 食品腐败变质的鉴定

食品腐败变质一般是从感官、物理、化学和微生物 4 个方面确定其合适指标进行鉴定。

9.1.3.1 感官鉴定

感官鉴定是以人的视觉、嗅觉、触觉、味觉来查验食品腐败变质的一种简单而灵敏的方法。食品初期腐败时会产生腐败臭味，发生颜色的变化(褪色、变色、着色、失去光泽等)，出现组织变软、变黏等现象。

1. 色泽

当微生物生长繁殖引起食品变质时，有些微生物产生色素，分泌至细胞外，色素不断累积就会造成食品原有色泽的改变，如食品腐败变质时常出现黄色、紫色、褐色、橙色、红色和黑色的片状斑点或全部变色。另外，由于微生物代谢产物的作用促使食品发生化学变化时也可引起食品色泽的变化。例如，肉及肉制品的绿变就是由于硫化氢与血红蛋白结合形成硫化氢血红蛋白所引起的，腊肠则是由于乳酸菌增殖过程中产生的过氧化氢促使肉色素褪色或绿变。

2. 气味

动、植物原料及其制品因微生物的繁殖而产生极轻微的变质时，人们的嗅觉器官就能敏感地觉察到有不正常的气味产生。如氨、三甲胺、乙酸、硫化氢、乙硫醇、粪臭素等具有腐败臭味，这些物质在空气中浓度为 $10^{-18} \sim 10^{-11}$ mol/L 时，人们的嗅觉就可以察觉到。此外，食品变质时，含有二甲胺的胺类物质，甲酸、己酸、酪酸等低级脂肪酸及其脂类，酮、醛等一些羰基化合物，以及醇类、酚类、靛基质等也可察觉到。

食品中产生的腐败臭味，常是多种臭味混合而成的。有时也能分辨出比较突出的不良气味，如霉味臭、醋酸臭、胺臭、粪臭、硫化氢臭、酯臭等。但有时产生的有机酸及水果变坏产生的芳香味，人的嗅觉习惯不认为是臭味。因此评定食品质量不是以香、臭味来划分，而是应该按照正常气味与异常气味来评定。

3. 口味

微生物造成食品腐败变质时也常引起食品口味的变化。而口味改变中比较容易分辨的是酸味和苦味。一般碳水化合物含量多的低酸食品，变质初期产生酸是其主要的特征。但对于原来酸味就高的食品，如番茄制品，微生物造成酸败时，酸味稍有增高，辨别起来就不那么容易。另外，某些假单胞菌污染消毒乳后可产生苦味；蛋白质被大肠杆菌、小球菌等微生物作用也会产生苦味。变质食品可产生多种不正常的异味。

口味的评定从卫生角度看是不符合卫生要求的，而且不同人评定的结果往往意见分歧较多，为此口味的评定应借助仪器测试更为准确和科学。

4. 组织状态

固体食品变质时，动、植物性组织因微生物酶的作用，可使组织细胞破坏，造成细胞内容物外溢，这样食品的性状即出现变形、软化；鱼肉类食品则呈现肌肉松弛、弹性差，有时组织体表出现发黏等现象；微生物引起粉碎后加工制成的食品如糕点、乳粉、果酱等变质后常引起黏稠、结块等表面变形、湿润或发黏现象。

液态食品变质后即会出现浑浊、沉淀，表面出现浮膜、变稠等现象，鲜乳因微生物作用引起变质可出现凝块、乳清析出、变稠等现象，有时还会产气。

9.1.3.2　化学鉴定

微生物的代谢可引起食品化学组成的变化，并产生多种腐败性产物，因此，直接测定这些腐败产物就可作为判断食品质量的依据。

一般氨基酸、蛋白质类等含氮高的食品，如鱼、虾、贝类及肉类，在需氧性败坏时，常以测定挥发性盐基氮含量的多少作为评定的化学指标；对于含氮量少而含碳水化合物丰富的食品，在缺氧条件下腐败则经常以测定有机酸的含量或 pH 的变化作为指标。

1. 挥发性盐基总氮

挥发性盐基总氮(total volatile basic nitrogen，TVBN)系指肉、鱼类样品浸液在弱碱性下能与水蒸气一起蒸馏出来的总氮量，主要是氨和胺类(三甲胺和二甲胺)，常用蒸馏法或 Conway 微量扩散法定量。该指标现已列入我国食品安全标准。例如，一般在低温有氧条件下，鱼类挥发性盐基氮的量达到 30 mg/100 g 时，即认为是变质的标志。

2. 三甲胺

因为在挥发性盐基总氮构成的胺类中，主要的是三甲胺，它是季胺类含氮物经微生物还原产生的。可用气相色谱法进行定量，或者三甲胺制成碘的复盐，用二氯乙烯抽取测定。新鲜鱼、虾等水产品，肉中没有三甲胺，初期腐败时，其量可达 4～6 mg/100 g。

3. 组胺

鱼贝类可通过细菌分泌的组氨酸脱羧酶使组氨酸脱羧生成组胺而发生腐败变质。当鱼肉中的组胺达到 4～10 mg/100 g，就会发生变态反应样的食物中毒。通常用圆形滤纸色谱法(卢塔-宫木法)进行定量。

4. *K* 值

K 值(K value)是指 ATP 分解的肌苷(HxR)和次黄嘌呤(Hx)低级产物占 ATP 系列分解产物 ATP＋ADP＋AMP＋IMP＋HxP＋Hx 的百分比，*K* 值主要适用于鉴定鱼类早期腐

败。若 $K\leqslant 20\%$，说明鱼体绝对新鲜；$K\geqslant 40\%$时，鱼体开始有腐败迹象。

5. pH 的变化

食品中 pH 的变化，一方面可由微生物的作用或食品原料本身酶的消化作用，使食品中 pH 下降；另一方面也可以由微生物的作用所产生的氨而促使 pH 上升。一般腐败开始时食品的 pH 略微降低，随后上升，因此多呈现“V”字形变动。例如，牲畜和一些青皮红肉的鱼在死亡之后，肌肉中因碳水化合物产生消化作用，造成乳酸和磷酸在肌肉中积累，以致引起 pH 下降；其后因腐败微生物繁殖，肌肉被分解，造成氨积累，促使 pH 上升。借助于 pH 计测定则可评价食品变质的程度。

但由于食品的种类、加工方法不同以及污染的微生物种类不同，pH 的变动有很大差别，所以一般不用 pH 作为初期腐败的指标。

9.1.3.3 物理指标

食品的物理指标主要是根据蛋白质分解时低分子物质增多这一现象，来先后研究食品浸出物量、浸出液电导度、折光率、冰点下降、黏度上升等指标。其中肉浸液的黏度测定尤为敏感，能反映腐败变质的程度。

9.1.3.4 微生物检验

对食品进行微生物菌数测定，可以反映食品被微生物污染的程度及是否发生变质，同时它是判定食品生产的一般卫生状况以及食品安全质量的一项重要依据。在国家安全标准中常用细菌总菌落数和大肠菌群的近似值来评定食品安全质量，一般食品中的活菌数达到 10^8 CFU/g 时，则可认为处于初期腐败阶段。详细内容见《食品安全国家标准　食品微生物检验方法》部分。

9.1.4 腐败变质食品的安全学意义及处理原则

腐败变质的食品首先是带有使人们难以接受的感官性状，如刺激气味、异常颜色、酸臭味道和组织溃烂、黏液污秽感等。其次是营养成分分解，营养价值严重降低。腐败变质食品一般由于微生物污染严重，菌相复杂和菌量增多，因而增加了致病菌和产毒霉菌等存在的机会；由于菌量增多，致使某些致病性微弱的细菌，引起人体的不良反应，甚至中毒。致病菌引起的食物中毒，几乎都有菌量异常增加这个必要条件；至于腐败变质分解产物对人体的直接毒害，至今研究仍不够明确，然而这方面的报告与中毒事件却越来越多，如某些鱼类腐败产生的组胺使人体中毒，脂肪酸败产物引起人的不良反应及中毒，以及腐败产生的亚硝胺类、有机胺类和硫化氢等都具有一定毒性。

因此，对食品的腐败变质要及时准确鉴定，并严加控制，但这类食品的处理还必须充分考虑具体情况。如轻度腐败的肉、鱼类，通过煮沸可以消除异常气味，部分腐烂的水果蔬菜可拣选分类处理，单纯感官性状发生变化的食品可以加工复制等。人体虽有足够的解毒功能，但在短时间内摄入量不可过大。因此应强调指出，一切处理的前提，都必须以确保人体健康为原则。

9.1.5 各类食品的腐败变质

食品在原料收购、运输、加工和保藏等过程中随时都有被微生物污染的可能，这些污染的微生物在适宜条件下即可生长繁殖，分解食品中的营养成分，使食品失去原有的营养价值，成为不符合安全要求的食品。下面对一些主要食品的腐败变质做一介绍。

9.1.5.1　乳及乳制品的腐败变质

乳及乳制品的营养成分比较完全，都含有丰富的蛋白质、易吸收的钙和完全的维生素等，因此极易为微生物所污染而腐败变质。各种不同来源的乳，如牛乳、羊乳、马乳等，其成分虽各有差异，但都含有丰富的营养成分，以鲜牛乳为例，一般蛋白质含量占3.5%，脂肪占3.8%，乳糖占4.5%，无机盐类占0.7%，几乎含有全部已知的维生素，正常的pH为6.4～6.8。乳容易消化吸收，是微生物生长繁殖的良好培养基。乳一旦被微生物污染，在适宜条件下，就会迅速繁殖引起腐败变质而失去食用价值，甚至可能引起食物中毒或其他传染病的传播。

1.牛乳中微生物的来源及主要类群

牛乳在挤乳过程中会受到乳房和外界微生物的污染，通常根据其来源可以分为以下两类。

(1)牛乳房内的微生物　牛乳在乳房内不是无菌状态，即使遵守严格无菌操作挤出乳汁，在1 mL中也有数百个细菌。乳房中的正常菌群，主要是小球菌属和链球菌属。由于这些细菌能适应乳房的环境而生存，称为乳房细菌。乳房炎是乳牛的一种常见多发病，引起乳房炎的病原微生物有无乳链球菌(*Streptococcus agalactiae*)、乳房链球菌(*Streptococcus uberis*)、金黄色葡萄球菌、化脓棒状杆菌(*Corynebacterium pyogenes*)、埃希氏杆菌等。乳畜感染后，体内的致病微生物可通过乳房进入乳汁而引起人类的感染。常见的引起人畜共患疾病的致病微生物主要有结核分枝杆菌(*Mycobacterium tuberculosis*)、布氏杆菌(*Brucella*)、炭疽杆菌(*Bacillus anthraci*)、葡萄球菌、溶血性链球菌(*Streptococcus hemolyticus*)、沙门氏菌等。

(2)环境中的微生物　包括挤奶过程中细菌的污染和挤奶后食用前的一切环节中受到的细菌的污染。

污染的微生物的种类、数量直接受牛体表面卫生状况、牛舍的空气、挤奶用具、容器，挤奶工人的个人卫生情况的影响。牛体表面有时含有的细菌数高达10^7～10^8 CFU/g，粪便内的细菌数有10^9～10^{11} CFU/g，另外，挤出的奶在处理过程中，如不及时加工或冷藏不仅会增加新的污染机会，而且会使原来存在于鲜乳内的微生物数量增多，这样很容易导致鲜乳变质。所以挤奶后要尽快进行过滤、冷却。

(3)鲜乳中微生物的类型　鲜乳中常见的微生物有细菌、酵母和霉菌，但以细菌为主。

①能使鲜乳发酵产生乳酸的细菌：这类细菌包括乳酸杆菌和链球菌两大类，这些菌是不产芽孢的革兰氏阳性菌，兼性厌氧，没有鞭毛，约占鲜乳内微生物总数的80%。它们可进行同型乳酸发酵，产生大量乳酸使鲜乳均匀凝固。包括以乳链球菌(*Streptococcus lactis*)、嗜热链球菌(*Streptococcus thermophilus*)、乳酪链球菌(*Streptococcus cremoris*)、粪链球菌(*Streptococcus faecalis*)、噬柠檬酸链球菌(*Streptococcus citrovorus*)等为主的链球菌类；以嗜酸乳杆菌(*Lactobacillus acidophilus*)、干酪乳杆菌(*Lactobacillus casei*)、保加利亚乳杆菌(*Lactobacillus bulgaricus*)等为主的乳酸杆菌类。

②能使鲜乳发酵产酸产气的细菌：此类微生物能分解碳水化合物，生成乳酸及其他有机酸，并产生二氧化碳和氢气。它使牛乳凝固，并有多孔气泡，还产生不愉快的臭味。主要有大肠菌群，其中包括大肠杆菌和产气杆菌(*Aerobacter aerogenes*)，这类菌的存在，说明鲜乳受到了粪便的污染。另外还有丁酸菌类，其中主要有丁酸梭菌(*Clostridium butyricum*)、魏氏梭菌

(*C. welchii*)等。

③分解鲜乳蛋白质而发生胨化的细菌：这类腐败菌能分泌凝乳酶，使乳液中酪蛋白发生凝固，然后又发生分解，使蛋白质水解胨化，变为可溶性状态。主要有枯草杆菌、荧光假单胞菌(*Pseudomonas fluorescens*)、液化链球菌(*Streptococcus liquefaciens*)等。

④分解柠檬酸盐而使鲜乳呈碱性反应的细菌：在鲜乳中能分解柠檬酸盐变为碳酸盐，而使鲜乳呈碱性反应的细菌主要有两类：一是粪产碱菌(*Alcaligenes faecalis*)，该菌是不产芽孢的革兰氏阴性杆菌，好氧、有运动性，常存在于肠道内，由粪便混入鲜乳中。二是黏乳产碱菌(*Al. viscolactis*)，该菌不能运动，其他特征和粪产碱菌类似，常存于水中，混入鲜乳中使鲜乳变为黏稠。

⑤存在于鲜乳中的嗜冷嗜热细菌：嗜冷细菌主要是一些荧光细菌、霉菌等；嗜热细菌主要是芽孢杆菌属内的菌种和某些嗜热性球菌等。

⑥存在于鲜乳中的霉菌和酵母：霉菌以酸腐节卵孢(*Oospora lactis*)为最常见。其他还有乳酪节卵孢(*Oospora casei*)、多主枝孢(又称蜡叶芽枝霉，*Cladosporium herbarum*)、灰绿青霉(*Penicillium glaucum*)等。酵母主要为脆壁酵母(或称乳糖酵母，*Saccharomyces fragilis*)和球拟酵母属内的一些种。

⑦存在于鲜乳中的病原菌：一是来自人体的病原菌，主要有伤寒沙门氏菌(*Salmonella typhi*)、副伤寒沙门氏菌(*S. paratyphi*)、痢疾志贺氏菌(*Shigella dysenteriae*)、霍乱弧菌(*Vibrio cholerae*)、白喉棒杆菌(*Corynebacterium diphtheriae*)、猩红热链球菌(*Streptococcus scarlatinae*)等。二是来自牛体的病原菌，主要有金黄色葡萄球菌、无乳链球菌(*Streptococcus agalactiae*)等。三是来自人畜共有的病原菌，主要有结核分枝杆菌(*Mycobacterium tuberculosis*)、流产布鲁氏菌(*Brucella abortus*)、炭疽杆菌(*Bacillus anthracis*)等。

⑧存在于鲜乳中的其他微生物：荧光细菌、枯草杆菌和某些球菌能产生苦味；乳酸链球菌产麦精变种(*Streptococous lactis* var. *maltigenes*)能产生焦味；黏性乳杆菌等可使鲜乳变黏结；使鲜乳变色的微生物有类蓝假单胞菌(*Pseudomonas syncyanea*)产生蓝色，类黄假单胞菌(*Pseudomonas synxantha*)产生黄色，黏质沙雷氏菌(*Serratia mnarcescens*)产生红色，腐败假单胞菌(*Pseudomonas putrefaciens*)产生褐色等。

(4)乳液的变质过程　鲜乳及消毒乳都残留一定数量的微生物，特别是污染严重的鲜乳，消毒后残存的微生物还很多，常引起乳的酸败，这是乳发生变质的重要原因。

乳中含有溶菌酶等抑菌物质，使乳汁本身具有抗菌特性。但这种特性延续时间的长短，随乳汁温度高低和细菌的污染程度而不同。通常新挤出的乳，迅速冷却到 0℃可保持 48 h，5℃可保持 36 h，10℃可保持 24 h，25℃可保持 6 h，30℃仅可保持 2 h。在这段时间内，乳内细菌是受到抑制的。

当乳的自身杀菌作用消失后，乳静置于室温下，可观察到乳所特有的菌群交替现象。这种有规律的交替现象分为以下几个阶段(图 9-2)。

①抑制期(混合菌群期)：在新鲜的乳液中含有溶菌酶、乳素等抗菌物质，对乳中存在的微生物具有杀灭或抑制作用。在杀菌作用终止后，乳中各种细菌均发育繁殖，由于营养物质丰富，暂时不发生互联或拮抗现象。这个时期持续 12 h 左右。

②乳链球菌期：鲜乳中的抗菌物质减少或消失后，存在于乳中的微生物如乳链球菌、乳酸杆菌、大肠杆菌和一些蛋白质分解菌等迅速繁殖，其中以乳酸链球菌生长繁殖居优势，分解乳

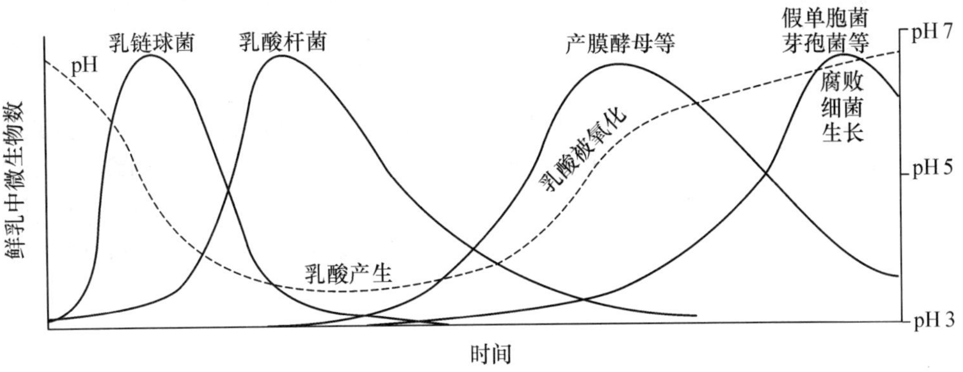

图 9-2　鲜乳中微生物活动曲线

(引自董明盛,贾英民,食品微生物学,2006)

糖产生乳酸,使乳中的酸性物质不断增高。由于酸度的增高,抑制了腐败菌、产碱菌的生长。以后随着产酸增多乳链球菌本身的生长也受到抑制,数量开始减少。

③乳杆菌期:当乳链球菌在乳液中繁殖,乳液的 pH 下降至 4.5 以下时,由于乳酸杆菌耐酸力较强,尚能继续繁殖并产酸。在此时期,乳中可出现大量乳凝块,并有大量乳清析出,这个时期约有 2 d。

④真菌期:当酸度继续升高至 pH 至 3.0～3.5 时,绝大多数的细菌生长受到抑制或死亡。而霉菌和酵母菌尚能适应高酸环境,并利用乳酸作为营养来源而开始大量生长繁殖。由于酸被利用,乳液的 pH 回升,逐渐接近中性。

⑤腐败期(胨化期):经过以上几个阶段,乳中的乳糖已基本上消耗掉,而蛋白质和脂肪含量相对较高,因此,此时能分解蛋白质和脂肪的细菌开始活跃,凝乳块逐渐被消化,乳的 pH 不断上升,向碱性转化,同时并伴随有芽孢杆菌属、假单胞杆菌属、变形杆菌属等腐败细菌的生长繁殖,于是牛奶出现腐败臭味。

在菌群交替现象结束时,乳亦产生各种异色、苦味、恶臭味及有毒物质,外观上呈现为黏滞的液体或清水。

2. 乳液的消毒和灭菌

鲜乳消毒和灭菌是为了杀灭致病菌和部分腐败菌,消毒的效果与鲜乳被污染的程度有关。牛乳消毒温度和时间确定的原则是保证最大限度地消灭微生物和最高限度地保留牛乳的营养成分和风味,首先是必须消灭全部病原菌。

鲜乳的消毒灭菌方法有多种,以巴氏消毒法最为常见。巴氏消毒的操作方法有多种,其设备、温度和时间各不相同,但都能达到消毒目的,目前鲜乳的消毒灭菌方法主要有以下几种。

(1)低温长时消毒法　60～65℃、加热保温 30 min,目前市场上见到的玻璃瓶装、罐装的消毒奶、啤酒、酸渍食品、盐渍食品采用的就是这种常压喷淋杀菌法。但此法由于消毒时间长,杀菌效果不太理想,目前许多乳品厂已不再使用。

(2)高温短时消毒法　将牛乳置于 72～75℃加热 4～6 min,或 80～85℃加热 10～15 s。可杀灭原有菌数 99.9%。用此法对牛乳消毒时,有利于牛奶的连续消毒,但如果原料污染严重时,难以保证消毒的效果。

(3)高温瞬时消毒法　目前许多大城市已采用高温瞬时消毒法，即控制条件为85～95℃，2～3 s加热杀菌。其消毒效果比前两者好，但对牛乳的质量有影响，如容易出现乳清蛋白凝固、褐变和加热臭等现象。

(4)超高温瞬时灭菌法　许多科学家做了大量的试验，发现在保证相同杀菌效果的前提下，提高温度比延长杀菌时间对营养成分的损失要小些，因而目前比较盛行的乳灭菌方法是超高温瞬时灭菌法。即牛乳先经75～85℃预热4～6 min，接着通过136～150℃的高温2～3 s。预热过程中，可使大部分的细菌杀死，其后的超高温瞬时加热，主要是杀死耐热的芽孢细菌。该方法生产的液态奶可保存很长的时间。

3.其他乳制品的腐败变质

(1)奶粉的腐败变质　奶粉是由全脂奶或脱脂奶经过杀菌、浓缩和干燥而制成的。由于其水分含量一般在5%以下，所以微生物很难生长繁殖，故保质期比较长(8～24个月)。尤其是质量好的奶粉，水分可下降到2%～3%，微生物很难在其内生长。

①奶粉中微生物的来源：奶粉中微生物主要是在原料乳阶段造成的。尽管原料乳经过了净化、消毒等过程，但只能起到降低原料奶中微生物的数量，而达不到无菌的状态，而且降低的程度又与原料乳污染的程度有关。另外，某些加工过程中可能会造成微生物污染，如浓缩过程虽然经过了不利于微生物生长的保温(48～60℃)和减压处理，但仍然可以残留一些厌氧的嗜热微生物。

②奶粉贮藏中微生物的消长：由于合格奶粉含水量<5%，不适宜微生物的生长，因而随着贮存时间的延长，微生物含量会逐渐减少。实验也证明：奶粉在室温中贮存几个月，细菌的平均死亡率在50%以上，一年后的死亡率可高达90%以上，残留的仅是一些耐热力较大的芽孢细菌。但如果贮存在不良条件(如温度高、湿度大、包装密封不严时)，会受到多种微生物的污染，并进而生长繁殖引起奶粉变质(结块，不良气味及食物中毒等)。

③奶粉中的病原菌：如果原料奶污染严重，而加工处理又不适当，那么奶粉中就有可能有病原菌的存在，最常见的是金黄色葡萄球菌和沙门氏菌。

(2)炼乳的腐败变质　炼乳是一种牛奶制品，用鲜牛奶或羊奶经过消毒浓缩制成的饮料，它的特点是可贮存较长时间。一般分为淡炼乳和甜炼乳两种。

①微生物引起淡炼乳的变质现象：淡炼乳是消毒牛乳经浓缩[(2.15～2.55)：1]而制成的乳制品，它含有不低于25.5%的乳固体和不低于7.8%的乳脂肪。由于淡炼乳中水分含量已减少，在罐装后又经过了115～117℃的高温下杀菌15 min或经过了超高温灭菌，故最后制品中不会有病原菌和可以引起变质的杂菌。因此，正常状况下的罐装淡炼乳可以长期保存，并不会因微生物而发生变质。但有时会出现由于微生物而引起的变质，其原因有两个：一是由于罐装不密封，而被外界微生物污染所造成；二是由于加热灭菌不充分，有抗热力大的细菌残留下来。淡炼乳发生变质主要有3种现象：一是凝乳，是微生物污染炼乳后引起淡炼乳变稠并发生结块的现象，主要是由于芽孢菌引起，如枯草芽孢杆菌、巨大芽孢杆菌、嗜热芽孢杆菌和蜡样芽孢杆菌(*Bacillus cereus*)等引起；二是产气乳，一些较耐热的厌氧芽孢乳杆菌引起炼乳变质时，除了凝固和有不良气味出现外，往往产生气体，使炼乳发生剧烈膨胀现象，使炼乳出现断层。当然产气的原因也可以因物理或化学原因造成，故必须加以区别；三是苦味乳，微生物引起淡炼乳发生变质时，有时会产生苦味，这是由于污染了一些分解蛋白质的芽孢乳杆菌，如鼻芽孢杆菌和面包芽孢杆菌等分解炼乳中的酪蛋白，结果使炼乳出现苦味。

②微生物引起甜炼乳的变质现象：甜炼乳是在鲜乳中加入16%左右的蔗糖，经消毒并浓缩至原体积40%左右，成品中蔗糖浓度达40%～45%，最后装罐，装罐后不再进行灭菌，而是借助乳中高浓度的糖含量而形成一个高渗透压的环境，从而来抑制微生物的生长。甜炼乳发生腐败变质具体表现为：一是膨胀乳，甜炼乳常常由于微生物繁殖产气而发生膨胀，形成膨胀乳，使罐头发生膨胀，严重的可使罐头爆裂。引起甜炼乳发生产气、膨胀的微生物如炼乳球拟酵母等，其生长繁殖能够分解蔗糖而产生大量的气体。二是变稠，炼乳在贮存过程中，会出现变稠现象，即黏液增加，以致其失去流动性，甚至全部凝固。引起变质的菌主要是芽孢杆菌、小球菌和乳酸菌，原因是它们在炼乳中生长繁殖产生了乳酸、酪酸、琥珀酸等有机酸，而使乳凝固变稠，同时这些菌也产生凝乳酶等而使炼乳变稠，不易倾出。三是霉乳，当罐内残存有一定的空气，又有霉菌污染时，往往会形成霉乳。即在乳的表面因霉菌的生长，逐渐形成白色、黄色等多种颜色，纽扣状凝块的菌落，这是霉菌生长的菌落，并伴随有其他的异味产生（金属味、干酪味）。引起霉乳发生的霉菌主要是曲霉，如匍匐曲霉（*Aspergillus repens*）和芽枝霉（*Phycomycetes*）等。

9.1.5.2　肉类的腐败变质

肉类食品包括畜禽的肌肉及其制品、内脏等，由于其富含蛋白质和脂肪，营养丰富，水分含量高，pH近中性，有利于微生物生长繁殖；家畜、家禽的某些传染病和寄生虫病也可通过肉类食品传播给人，因此保证肉类食品的安全质量是食品安全工作的重点。

1.肉类中的微生物

造成肉类腐败变质的微生物一般常见的有腐生微生物和病原微生物。腐生微生物包括细菌、酵母菌和霉菌，但主要是细菌，它们污染肉品，使肉品发生腐败变质。

细菌主要是需氧的革兰氏阳性菌，如蜡样芽孢杆菌、枯草芽孢杆菌和巨大芽孢杆菌等；需氧的革兰氏阴性菌有假单胞杆菌属、无色杆菌属、黄色杆菌属、产碱杆菌属、变形杆菌属、埃希氏杆菌属等；此外还有腐败梭菌（*Clostridium septicum*）、溶组织梭菌（*Clostridium histolyticum*）和产气荚膜梭菌（*Clostridium perfringens*）等厌氧梭状芽孢杆菌。

酵母菌和霉菌主要包括假丝酵母菌属、丝孢酵母属、交链孢霉属、曲霉属、芽枝霉属、毛霉属、根霉属和青霉属。

病畜、禽肉类可能带有各种病原菌，如沙门氏菌、金黄色葡萄球菌、结核分枝杆菌、炭疽杆菌和布氏杆菌等。它们对肉的主要影响并不在于使肉腐败变质，严重的是传播疾病，造成食物中毒。

2.肉类变质现象和原因

肉类腐败变质时，往往在肉的表面产生明显的感官变化，常见的有以下几种。

(1)发黏　微生物在肉表面大量繁殖后，使肉体表面有黏状物质产生，这是微生物繁殖后所形成的菌落以及微生物分解蛋白质的产物。这主要是由革兰氏阴性细菌、乳酸菌和酵母菌所产生；有时需氧的芽孢菌和小球菌等也会在肉表面形成黏状物，拉出如丝状，并有较强的臭味。当肉的表面有发黏、拉丝现象时，其表面含菌数一般为10^7 CFU/cm^2。

(2)变色　肉类腐败变质，常在肉的表面出现各种颜色变化。最常见的是绿色，这是由于蛋白质分解产生的硫化氢与肉质中的血红蛋白结合后形成的硫化氢血红蛋白（H_2S-Hb）造成的，这种化合物积蓄在肌肉和脂肪表面，即显示暗绿色斑点。有时肉体表面还有色斑出现，这可能是由产色素的微生物引起的。例如，黏质赛氏杆菌(*Serratia marcescens*)在肉表面所产生红色斑点，深蓝色假单胞杆菌能产生蓝色，黄杆菌能产生黄色，蓝黑色色杆菌产生暗绿黑色，有些酵母菌能产生白色、粉红色、灰色等斑点。

(3)霉斑　肉体表面有霉菌生长时，往往形成霉斑。特别是一些干腌制肉制品，更为多见。如美丽枝霉(*Thamnidium elegans*)和刺枝霉在肉表面产生羽毛状菌丝；白色侧孢霉(*Sporotrichum album*)和白地霉产生白色霉斑；草酸青霉(*Penicillium oxalicum*)产生绿色霉斑；蜡叶芽枝霉(*Cladosporium herbarum*)在冷冻肉上产生黑色斑点。

(4)气味　肉体腐烂变质，除上述肉眼观察到的变化外，通常还伴随一些不正常或难闻的气味，如微生物分解蛋白质产生氨、硫化氢等恶臭味物质；某些脂肪分解菌可分解脂肪使脂肪酸败并产生不良气味；乳酸菌和酵母菌的作用下产生挥发性有机酸的酸味；霉菌生长繁殖产生的霉味等。

3. 鲜肉变质过程

健康动物的血液、肌肉和内部组织器官一般是没有微生物存在的，但由于屠宰、运输、保藏和加工过程中的污染，致使肉体表面污染了一定数量的微生物。这时，肉体若能及时通风干燥，使肉体表面的肌膜和浆液凝固形成一层薄膜时，可固定和阻止微生物浸入内部，从而延缓肉的变质。

通常鲜肉保藏在0℃左右的低温环境中，可存放10 d左右而不变质。当保藏温度上升时，表面的微生物就能迅速繁殖，其中以细菌的繁殖速度最为显著，它沿着结缔组织、血管周围或骨与肌肉的间隙蔓延到组织的深部，最后使整个肉变质。宰后畜禽的肉体由于有酶的存在，使肉组织产生自溶作用，结果使蛋白质分解产生蛋白胨和氨基酸，这样更有利于微生物的生长。

随着保藏条件的变化与变质过程的发展，细菌由肉的表面逐渐向深部浸入，与此同时，细菌的种类也发生变化，呈现菌群交替现象。这种菌群交替现象一般分为3个时期，即需氧菌繁殖期、兼性厌氧繁殖期和厌氧菌繁殖期。

(1)需氧菌繁殖期　细菌分解前3～4 d，细菌主要在表层蔓延，最初见到各种球菌，继而出现大肠杆菌、变形杆菌、枯草杆菌等。

(2)兼性厌氧繁殖期　腐败分解3～4 d后，细菌已在肉的中层出现，能见到产气荚膜杆菌等。

(3)厌氧菌繁殖期　在腐败分解的7～8 d以后，深层肉中已有细菌生长，主要是腐败杆菌。

值得注意的是，这种菌群交替现象与肉的保藏温度有关，当肉的保藏温度较高时，杆菌的繁殖速度较球菌快。

9.1.5.3　鱼类的腐败变质

1. 鲜鱼类中的微生物

目前一般认为，新捕获的健康鱼类，其组织内部和血液中常常是无菌的，但在鱼体表面的黏液中、鱼鳃以及肠道内存在着微生物。鱼的皮肤含细菌10^2～10^7个/cm^2，鱼鳃含细菌10^3～10^6个/cm^2，肠液内含细菌10^3～10^8个/mL，由于季节、渔场、种类的不同，体表所附细菌数有所差异。

存在于鱼类中的微生物主要有假单胞菌属、无色杆菌属、黄杆菌属、不动杆菌属(*Acineto-*

bacter)、莫拉氏杆菌属(*Moraxella*)和弧菌属。淡水中的鱼还有产碱杆菌、气单孢杆菌和短杆菌属。另外,芽孢杆菌、大肠杆菌、棒状杆菌等也有报道。

2. 鲜鱼类的腐败变质

一般情况下,鱼类比肉类更易腐败,因为通常鱼类在捕获后,不是立即清洗处理,而多数情况下是带着容易腐败的内脏和鳃一道进行运输,这样就容易引起腐败。另外,鱼体本身含水量高(70%～80%),组织脆弱,鱼鳞容易脱落,细菌容易从受伤部位侵入,而鱼体表面的黏液又是细菌良好的培养基,因而造成了鱼类死后很快就发生腐败变质。

鱼类变质首先鱼体表面出现浑浊,无光泽,表面组织因被分解而变得疏松,鱼鳞脱落,鱼体组织溃烂,进而组织分解产生吲哚、粪臭素、硫醇、氨、硫化氢等,无论鱼体原来带有多少细菌,当觉察到腐败状况时,菌数一般可达到 10^8 个/g,pH 往往增高达 7～8,挥发性氨基氮的含量可达到 30 mg/100 g 左右。

3. 腌制鱼的腐败变质

鱼类腌制时食盐浓度可达 10%以上,能抑制一般细菌的生长,但为了抑制腐败菌的生长和鱼体本身酶的作用,食盐浓度必须提高到 20%以上,但也有一些嗜盐细菌,如玫瑰微球菌(*Micrococcus roseus*)、盐地赛氏杆菌(*Serratia salinaria*)、盐制品假单胞菌(*Pseudomonas salinaria*)、红皮假单胞菌(*Ps. cutirubra*)、盐杆菌属(*Halobacterium*)等细菌还可以生长,这些菌造成鱼类发生赤变现象。

9.1.5.4 鲜蛋的腐败变质

1. 鲜蛋中的微生物

鲜蛋是营养完全的食品,其蛋白质和脂肪含量较高,含有少量的糖、维生素和矿物质。通常鲜蛋里是没有微生物的,鲜蛋壳表面又有一层黏液胶质层,具有防止水分蒸发、阻止外界微生物侵入的作用。另外,在蛋壳膜和蛋白中,存在一定的溶菌酶,也可以杀灭侵入壳内的微生物,故正常情况下鲜蛋可保存较长的时间而不发生变质。然而鲜蛋也会受到微生物的污染,当母禽不健康时,机体防御机能减弱,外界的细菌可侵入到输卵管,甚至卵巢。而蛋产出后,蛋壳立即受到禽类、空气等环境中微生物的污染,如果黏液胶质层被破坏,污染的微生物就会透过气孔进入蛋内,当保存的温度和湿度过高时,侵入的微生物就会大量生长繁殖,结果造成蛋的腐败。

鲜蛋中常见的细菌有假单胞菌属、变形杆菌属、产碱杆菌属、埃希氏菌属、不动杆菌属、无色杆菌属、肠杆菌属、沙雷氏菌属、芽孢杆菌属、微球菌属等细菌,其中前 4 属是最为常见的腐生菌。常见的霉菌有芽枝霉属(又称枝孢霉属,*Cladosporium*)、侧孢霉属(*Sporotrichum*)、青霉属、曲霉属、毛霉属、交链孢霉属、枝霉属(*Thamnidium*)、葡萄孢霉属(*Botrytis*)等,其中前 3 属最为常见。鲜蛋中偶尔能检出球拟酵母。另外,蛋中也可能存在病原菌,如沙门氏菌、金黄色葡萄球菌、溶血性链球菌等。

2. 鲜蛋的腐败变质

鲜蛋变质的主要类型有由细菌引起的腐败和由霉菌引起的霉变。

(1)腐败　侵入蛋中的细菌不断生长繁殖并形成各种相适应的酶,然后分解蛋内的各组成成分,使鲜蛋发生腐败和产生难闻的气味。首先使蛋黄膜破裂,蛋黄流出与蛋白混合(即散蛋黄),如果进一步发生腐败,蛋黄中的核蛋白和卵磷脂也被分解,产生恶臭的硫化氢等气体和其他有机物,使整个内含物变为灰色或暗黑色(称黑腐蛋)。黑腐蛋主要是由产碱杆菌、变形杆菌、假单胞菌、埃希氏菌属和气单胞菌等引起;绿色腐败蛋和散黄蛋主要是由荧光假单胞菌所引起;红色腐败蛋是由黏质沙雷氏菌(*Serratia marcescens*)、假单胞菌、玫瑰微球菌(*Micrococcus Roseus*)等引起;无色腐败蛋主要由假单胞菌、产碱杆菌、无色杆菌引起。

(2)霉变　霉菌菌丝经过蛋壳气孔侵入后,首先在蛋壳膜上生长蔓延,逐渐形成斑点菌落,造成蛋液粘壳,不同的霉菌产生的斑点不同,如青霉产生蓝绿斑,枝孢属产生黑斑。这些霉菌在湿度大的环境中,在禽蛋的内外生长,造成蛋内成分分解并有不愉快的霉变气味产生。有些细菌也可以引起蛋的霉臭味,如浓味假单胞菌(*Pseudomonas graveolens*)和一些变形杆菌属的细菌。

9.1.5.5　罐藏食品的腐败变质

罐藏食品是将食品原料经一系列处理后,再装入容器,经密封、杀菌而制成的一种特殊形式保藏的食品。一般来说,罐藏食品可保存较长时间而不发生腐败变质。但是,有时由于杀菌不彻底或密封不良,也会遭受微生物的污染而造成罐藏食品的变质。

1. 罐藏食品的性质

存在于罐藏食品上的微生物能否引起食品变质,是由多种因素决定的。其中食品的 pH 是一个重要因素。因为食品的 pH 多半与食品原料的性质及食品的杀菌工艺条件有关,并进而与引起食品变质的微生物有关。罐藏食品的 pH 分类见表 9-7。

表 9-7　罐藏食品的 pH 分类

低酸性食品(pH5.3 以上)	中酸性食品(pH5.3～4.5)	酸性食品(pH4.5～3.7)	高酸性食品(pH3.7 以下)
谷类、豆类、肉、禽、乳、鱼、虾等	蔬菜、甜菜、瓜类等	番茄、菠菜、梨、柑橘等	酸泡菜、果酱等

引自何国庆,贾英民,食品微生物学,2002.

2. 微生物引起罐藏食品腐败变质类型

罐藏食品生物腐败变质通常分为嗜热菌、中温菌、不产芽孢菌、酵母菌和霉菌引起的腐败。

(1)产芽孢的嗜热细菌引起的腐败类型　商品罐头由于杀菌不够而导致的大多数腐败是由嗜热细菌所引起的。嗜热细菌能使罐头产生 3 种主要类型的腐败:平酸腐败、TA 腐败和硫化物腐败。

①平酸腐败(flat sour spoilage):这是一种产酸不产气的腐败,引起平酸腐败的微生物都是属于芽孢杆菌属的菌株,统称为平酸菌。罐头内的食品由于平酸细菌(flat sour bacteria)的作用产生并积累乳酸,使 pH 下降 0.1～0.3,呈现酸味,发生变质,而罐头外观仍正常,无膨胀现象。

平酸腐败一般发生在低酸、中酸罐头中,例如豆类、玉米罐头。也有少数发生于酸性罐头中,例如番茄或番茄汁罐头。据研究,清水豆芽、蘑菇、青刀豆、芦笋、猪肝酱、红烧肉等多种罐头先后均发生过平酸腐败。

平酸菌在自然界分布很广,主要存在于土壤中,工厂里用的水和设备灭菌不彻底,也常成为污染源,食品的原料常被这类细菌污染。平酸菌包括中温菌或兼性嗜热菌(facultative thermophils)或专性嗜热菌(obligate thermophiles),大多数为兼性厌氧菌,其最适 pH 为 6.8～7.2。

中酸、低酸罐头的平酸腐败一般由嗜热脂肪芽孢杆菌(*Bacillus stearothermophilus*)所引起。该菌耐热性极强,是专性嗜热菌,能在 65～75℃范围内生长。当 pH 接近 5 时,它才停止生长。酸性罐头的平酸腐败一般是由嗜酸热杆菌(*Bacillus thermoacidophilus*)所引起,该菌常称为凝结芽孢杆菌(*Bacillus coagulans*)。它是兼性嗜热菌,能在 45℃以上的高温下生长,最高生长温度可达 60℃。它能在 pH 为 4 或略低的介质中生长。它是番茄制品中常见的腐败变质菌。

②TA 腐败(TA spoilage):引起 TA 腐败的细菌称为 TA 菌,它是不产生硫化氢的"嗜热厌氧菌"(thermophilic anaerobe)的缩写,这是一种分解糖、专性嗜热、产芽孢的厌氧菌,它在中酸或低酸罐头中产生酸和二氧化碳、氢气的混合气体,能使罐头膨胀,最后引起破裂,腐败的罐头通常具有酸味。热解糖梭菌(*Clostridium thermosaccharolyticum*)是典型代表菌,它常引起芦笋、蘑菇等蔬菜类罐头产气性腐败。

③硫化物腐败(sulfide spoilage):由致黑梭菌(*Clostridium nigrificans*)引起,发生在低酸罐头里(例如豆类和玉米罐头)的腐败,但并不普遍。该菌专性嗜热,最适生长温度为 55℃,它分解糖的能力很弱,但能分解蛋白质产生硫化氢,并与罐头容器的铁质化合,生成黑色硫化物,沉积于内壁或食品上,使食品形成黑色,并有臭味。它在豆类罐头中形成硫化氢,因此开罐时发出强烈的臭味。在玉米、谷类罐头中,形成灰蓝色的液体。在鱼贝类水产罐头中也有发现。

(2)中温产芽孢细菌引起的腐败类型　中温芽孢细菌所引起的腐败,大多数是由芽孢杆菌属和梭状芽孢杆菌属内的菌株所引起。

①由中温梭状芽孢杆菌属菌种引起的腐败:梭状芽孢杆菌属的细菌既有能分解糖类的,也有能分解蛋白质的。分解糖类的种类有丁酸梭菌(也称酪酸梭菌,*Clostridium butyricum*)、巴氏芽孢梭菌(也称巴氏固氮梭菌,*Clostridium pasteurianum*)等。它们在酸性或中酸罐头内进行丁酸发酵,产生二氧化碳和氢气而引起胀罐。由于分解糖类的梭菌芽孢比较不耐热,所以由它们而引起的腐败多半发生在用 100℃或更低的温度处理的罐头食品中。当罐头食品的 pH 在 4.5 以上,这样的腐败更易发生。

分解蛋白质的芽孢梭菌主要有生孢梭菌(*Clostridium sporogenes*)、腐化梭菌(*Clostridium putrefaciens*)、肉毒梭菌(*Clostridium botulinum*)等,它们在鱼类、肉类罐头中分解蛋白质,并伴有恶臭的化合物产生,例如硫化氢、硫醇、氨、吲哚以及粪臭素等。这些腐败的厌氧菌也产生二氧化碳和氢气而引起胀罐。腐败厌氧菌在低酸罐头内生长最好,例如豆类、玉米、肉类、鱼类、禽类罐头中,但有时也会引起中酸食品的腐败。

肉毒梭菌是厌氧菌,既能分解蛋白质,又能分解糖类,并能产生肉毒梭菌毒素,引起食物中毒。肉毒梭菌是食物中毒病原菌中耐热能力最强的细菌,因此在罐头食品杀菌中,以消灭食品中的肉毒梭菌作为拟订杀菌条件的标准。肉毒梭菌可以生活在 pH 4.5 以上的罐头中,造成腐败并产生毒素和臭味,引起膨胀罐。在 pH 低于 4.5 时,生长受到抑制。

②由中温芽孢杆菌属菌种引起的腐败:在罐头中,残留的芽孢由于其生长条件可能不利,所以并不一定造成腐败。例如它们许多种类需要氧气,因此不能在真空度较高的罐头中生长,另外有些罐头太酸也不利于生长。枯草芽孢杆菌(*Bacillus subtilis*)、肠膜芽孢杆菌(*Bacillus mesentericus*)以及其他一些种类能在经 100℃处理的低酸罐头中生长。已发现由于芽孢杆菌污染而引起平酸腐败的罐头,特别是那些排气不良的低酸性罐头(多半是水产品、肉类以及脱

水牛奶）。产生气体的芽孢杆菌如多黏芽孢杆菌（*Bacillus polymyxa*）和浸麻芽孢杆菌（也称软化芽孢杆菌，*Bacillus macerans*）发酵糖产酸产气，造成胀罐，引起豆类、菠菜、桃子、芦笋以及番茄罐头的腐败。

（3）由不产芽孢细菌引起的腐败　在罐头食品中发现不产芽孢的细菌，冷却水常是重要的污染源。某些细菌的营养体耐热性强，能抵抗巴氏消毒。这些耐热细菌是嗜热链球菌（*Streptococcus thermophilus*）、粪链球菌（*Streptococcus faecalis*）、液体链球菌（*Streptococcus liquefaciens*）、微球菌属、乳杆菌属和微杆菌属中的某些种。产酸的乳杆菌和明串珠菌属（*Leuconostoc*）中的一些种已发现在杀菌不足的番茄、梨和其他水果制品中生长。异型乳酸发酵菌可产生大量的二氧化碳气体使罐膨胀。肉酱及其类似制品由于热穿透力差，有微球菌存在。粪链球菌或尿链球菌（*Streptococcus faecium*）常发现于火腿罐头中。链球菌一般在 pH 为 4.5 以上的食品中生长，兼性厌氧，并能耐受 6.5％的食盐浓度。在 pH 为 4.5 以下的食品中生长的细菌主要是一些耐酸细菌，例如乳杆菌。

杀菌后的罐头如发现有不产芽孢的细菌，主要细菌是大肠菌群，产气并引起胀罐。

（4）由酵母引起的腐败　在罐头食品中存在酵母菌和它的孢子，表明杀菌严重不足或发生漏罐。已经发现水果、果酱、果冻、果汁、糖浆以及甜炼乳（condensed milk）等罐头因污染酵母发酵，产生二氧化碳而腐败胀罐。产膜酵母（Film yeasts）也可以生长在卤汁肉冻、重新分装的酸黄瓜或油橄榄的表面上。因酵母污染而引起的罐头食品变质，多半发生在 pH 4.5 以下的酸性和高酸食品中。因其内容物风味改变，出现浑浊、沉淀、并产生气体，造成罐头胀罐甚至爆裂。所见酵母主要是球拟酵母属（*Torulopsis*）、假丝酵母属中的一些种。

（5）由霉菌引起的腐败　霉菌引起罐头变质常见于 pH 4.5 以下的商业罐头中，它们常通过漏气处进入罐头。在酸性的果酱、果冻和水果奶油罐头中，糖分高达 70％时，还发现有霉菌生长。在果冻和水果罐头中发现的曲霉、青霉和柠檬酸霉属（*Citromyces*）的菌株能够生长在 67.5％糖浓度中。但经酸化，pH 降至 3，则能阻止前面两种霉菌的生长。如果果酱的可溶性固形物达到 70％～72％，而酸度达到 0.8％～1.0％时，就可以消除霉菌腐败的危险。

少数霉菌相当耐热，特别是能形成菌核（sclerotia）的霉菌，如纯黄丝衣霉（*Byssochlamys fulva*）是一种发酵果胶的霉菌，能形成子囊孢子，它在 85℃、30 min 或 87.7℃、10 min 后还能生存，并能在氧气不足条件下生长，产生二氧化碳引起水果罐头膨胀。另一种雪白丝衣霉，抗热性也很强。

9.1.5.6　果蔬及其制品的腐败变质

1. 微生物引起新鲜果蔬的变质

新鲜果蔬表面总会带有一定数量的微生物，水果和蔬菜的表皮覆盖着一层蜡质状物质，这种物质有防止微生物侵入的作用，因此一般正常的果蔬内部组织是无菌的。但是当果蔬表皮组织受到昆虫的刺伤或其他机械损伤时，微生物就会从此侵入并进行繁殖，从而促进果蔬的腐烂变质，尤其是成熟度高的果蔬更易损伤。

水果与蔬菜的物质组成特点是以碳水化合物和水为主，还含有蛋白质、无机物、维生素、有机酸，其水分含量高达 85％以上，这些是果蔬容易引起微生物变质的一个重要因素；其次水果 pH＜4.5，蔬菜 pH 为 5～7，这决定了水果蔬菜中能进行生长繁殖的微生物的类群。引起水果变质的微生物，开始只能是酵母菌、霉菌，引起蔬菜变质的微生物是霉菌、酵母菌和少数细菌。

最常见的现象是首先霉菌在果蔬表皮损伤处繁殖或者在果蔬表面有污染物黏附的区域繁殖，侵入果蔬组织后，组织壁的纤维素首先被破坏，进而分解果胶、蛋白质、淀粉、有机酸、糖类，继而酵母菌和细菌开始繁殖。由于微生物繁殖，果蔬外观上就表现出深色的斑点，组织变得松软，发绵，凹陷、变形，并逐渐变成浆液状甚至是水液状，并产生了各种不同的味道，如酸味、芳香味，酒味等。

2.微生物引起果汁的变质

(1)引起果汁变质的微生物　水果原料带有一定数量的微生物，在果汁制造过程中，不可避免地会受到微生物的污染，但微生物进入果汁后能否生长繁殖，主要取决于果汁的 pH 和果汁中糖分含量的高低。由于果汁 pH 多为 2.4～4.2，且糖度较高，因而在果汁中生长的微生物主要是酵母菌、霉菌和极少数的细菌。

果汁中的细菌主要是植物乳杆菌属、明串珠菌属和链球菌属中的乳酸菌。它们能在 pH 3.5 以上的果汁中生长，可以利用果汁中的糖类、有机酸（柠檬酸、苹果酸、酒石酸等）生长繁殖并产生乳酸、乙酸、二氧化碳等和少量丁二酮、3-羟基-2-丁酮等香味物质。明串珠菌等乳酸菌利用葡萄糖、蔗糖、果糖可产生黏多糖等增稠物质而使果汁黏度增加和变质；当果汁的 pH＞4.0 时，酪酸菌容易生长而进行丁酸发酵。常见的乳酸菌有巴氏乳杆菌（*Lactobacillus pastorianus*）、短乳杆菌（*Lactobacillus brevis*）、阿拉伯糖乳杆菌（*Lactobacillus arabinosus*）、莱氏乳杆菌（*Lactobacillus leichmanii*）、植物乳杆菌（*Lactobacillus plantarum*）、乳微杆菌（*Microbacterium lactium*）、肠膜明串珠菌（*Leuconostoc mesenteroides*）、嗜热链球菌等。

酵母菌也是果汁中所含数量和种类最多的一类微生物，它们是从鲜果中带来的或是在压榨过程中环境污染的，酵母菌能在 pH＞3.5 的果汁中生长，苹果汁中的酵母菌，主要有假丝酵母菌属、圆酵母菌属、隐球酵母属、红酵母属和汉逊氏酵母属。苹果汁保存于低二氧化碳气体中时，常会见到汉逊氏酵母菌生长，此菌可产生水果香味的酯类物质；柑橘汁中常出现越南酵母菌（*Saccharomycetes anamensis*）、葡萄酒酵母、圆酵母属和醭酵母属的酵母菌，这些菌是在加工中污染的；浓缩果汁由于糖度高、酸度高，细菌的生长受到抑制，在其中生长的是一些耐渗透压的酵母菌，如鲁氏酵母菌（*Saccharomycetes rouxii*）、蜂蜜酵母菌（*Saccharomycetes mellis*）等。许多产膜酵母也可在果汁表面生长使果汁变质。

霉菌引起果汁变质时会产生难闻的气味（臭霉味），果汁中存在的霉菌以青霉属最为多见，如扩张青霉（*Pennicillium expansum*）、皮壳青霉（*Pennicillium crustaceum*）；其次是曲霉属的霉菌，如构巢曲霉（*Aspergillus nidulans*）、烟曲霉（*Aspergillus fumigatus*）等。原因是霉菌的孢子有强的抵抗力，可以较长的时间保持其活力。但霉菌一般对二氧化碳敏感，故充入二氧化碳的果汁可以防止霉菌的生长。

(2)微生物引起果汁变质的现象　微生物引起果汁变质一般会出现浑浊、产生酒精和导致有机酸的变化。

果汁浑浊除了化学因素引起外，大多数是由于酵母菌进行酒精发酵而造成的，当然有时也可由霉菌而造成。通常引起浑浊的是圆酵母菌属中的一些种，以及一些耐热性的霉菌，如雪白丝衣霉菌（*Byssochlamys nivea*）、纯黄衣霉菌和宛氏拟青霉（*Paecilomyces varioti*）等，但霉菌在果汁中少量生长时，并不发生浑浊，仅使果汁的风味变坏，产生霉味和臭味等，因为它们能产生果胶酶，对果汁起澄清作用，只有大量生长时才会浑浊。

引起果汁产生酒精而变质的微生物主要是酵母菌，常见的酵母菌有葡萄汁酵母菌、啤酒酵母菌等。酵母菌能耐受二氧化碳，当果汁含有较高浓度的二氧化碳时，酵母菌虽不能明显生长，但仍能保持活力，一旦二氧化碳浓度降低，即可恢复生长繁殖能力。此外，少数霉菌和细菌也可引起果汁产生酒精发酵，如甘露醇杆菌（*Bacterium mannitopoem*）、明串珠菌、毛霉、曲霉、镰刀霉中的部分菌种。

果汁变质时可导致有机酸的变化。果汁中含多种有机酸如酒石酸、柠檬酸、苹果酸，它们以一定的含量形成了果汁特有的风味，当微生物生长繁殖后，分解或合成了某些有机酸，从而改变了它们的含量比例，因而使果汁原有的风味被破坏，有时甚至产生一些不愉快的异味。如解酒石杆菌（*Bacterium tartaropoeum*）具有分解酒石酸的能力，黑根霉能生成苹果酸，葡萄孢霉属、青霉属、毛霉属、曲霉属和镰刀霉属等能分解柠檬酸。

9.1.5.7 糕点的腐败变质

1. 糕点变质现象和微生物类群

糕点类食品由于含水量较高，糖、油脂含量较多，在阳光、空气和较高温度等因素的作用下，易引起霉变和酸败。引起糕点变质的微生物类群主要是细菌和霉菌，如沙门氏菌、金黄色葡萄球菌、粪肠球菌、大肠杆菌、变形杆菌、黄曲霉、毛霉、青霉、镰刀霉等。

2. 糕点变质的原因分析

糕点变质主要是由于生产原料不符合质量标准、制作过程中灭菌不彻底和糕点包装贮藏不当而造成的。

（1）生产原料不符合质量标准　糕点食品的原料有糖、奶、蛋、油脂、面粉、食用色素、香料等，市售糕点往往不再加热而直接入口。因此，对糕点原料选择、加工、贮存、运输、销售等都应严格遵守卫生要求。糕点食品发生变质原因之一是原料的质量问题，如作为糕点原料的奶及奶油未经过巴氏消毒，奶中污染有较高数量的细菌及其毒素；蛋类在打蛋前未洗涤蛋壳，不能有效地去除微生物。为了防止糕点的霉变以及油脂和糖的酸败，应对生产糕点的原料进行消毒和灭菌。对所使用的花生仁、芝麻、核桃仁和果仁等已有霉变和酸败迹象的不能采用。

（2）制作过程中灭菌不彻底　各种糕点食品生产时，都要经过高温处理，既是食品熟制又是杀菌过程，在这个过程中大部分的微生物都被杀死，但抵抗力较强的细菌芽孢和霉菌孢子往往残留在食品中，遇到适宜的条件，仍能生长繁殖，引起糕点食品变质。

（3）糕点包装和贮藏不当　糕点的生产过程中，由于包装及环境等方面的原因会使糕点食品污染许多微生物。烘烤后的糕点，必须冷却后才能包装。所使用的包装材料应无毒、无味，生产和销售部门应具备冷藏设备。

9.2 食品腐败变质的控制

食品的腐败变质主要是由于食品中的酶以及微生物的作用，使食品中的营养物质分解或氧化而引起的。因此，食品腐败变质的控制就是要针对引起腐败变质的各种因素，如食品营养物质本身以及含有的各种酶等内在因素，温度、氧等外在环境因素和微生物的相互作用，采取不同的方法或方法组合，杀死腐败微生物或抑制其在食品中的生长繁殖，从而达到延长食品货架期的目的。

9.2.1　食品的防腐保藏方法

食品保藏是从生产到消费过程的重要环节，如果保藏不当食品就会腐败变质，不仅会造成重大的经济损失，还会危及消费者的健康和生命安全。另外，食品保藏也是调节不同地区、不同季节以及各种环境条件下都能吃到营养可口的食物的重要手段和措施。

食品保藏的原理即围绕着防止微生物污染、杀灭或抑制微生物生长繁殖以及延缓食品自身组织酶的分解作用，采用物理学、化学和生物学方法，使食品在尽可能长的时间内保持其原有的营养价值、色、香、味及良好的感官性状。

防止微生物的污染，就需要对食品进行必要的包装，使食品与外界环境隔绝，并在贮藏中始终保持其完整和密封性。因此，食品的保藏与食品的包装也是紧密联系的。

9.2.1.1　食品的物理保藏法

环境温度、pH、气体和水活度是影响微生物生存的重要条件(参见本书4.4)。食品的物理保藏是通过控制环境温度、气体或利用高压、辐射、电磁波等物理手段来控制微生物生长和酶的作用，达到食品安全和长期保藏的一系列方法。包括食品的低温保藏、食品的加热杀菌保藏、食品的非热杀菌保藏、食品的干燥脱水保藏和食品的气调保藏等。

1.食品的低温保藏方法

低温保藏是目前应用最普遍的食品保藏方法。病原菌和腐败菌大多为中温菌，其最适生长温度为20～40℃，在10℃以下大多数微生物便难以生长繁殖；－10℃以下仅有少数嗜冷微生物还能活动；－18℃以下几乎所有的微生物不再生长繁殖。因此，低温保藏只有在－18℃以下才是较为安全的。食品在低温下，本身酶活性及化学反应得到延缓，食品中残存微生物生长繁殖速度大大降低或完全被抑制，因此食品的低温保藏可以防止或减缓食品的变质。

目前在食品制造、贮藏和运输系统中，都普遍采用人工制冷的方式来保持食品的质量。使食品原料或制品从生产到消费的全过程中始终保持低温，这种保持低温的方式或系统称为冷链。其中包括制冷系统、冷却或冷冻系统、冷库、冷藏车船以及冷冻销售系统等。低温保藏一般可分为冷藏和冷冻两种方式。前者无冻结过程，新鲜果蔬类和短期贮藏的食品常用此法。后者要将保藏物降温到冰点以下，使水部分或全部呈冻结状态，动物性食品常用此法。

(1)食品的冷藏　一般的冷藏是指在不冻结状态下的低温贮藏。微生物在最低生长温度时生长非常缓慢，但它们仍在进行生命活动。如霉菌中的侧孢霉属(*Sportrichum*)、枝孢属(*Cladosporium*)在－6.7℃还能生长；青霉属(*Penicillium*)和丛梗孢属(*Monilia*)的最低生长温度为4℃；细菌中假单胞菌属(*Pseudomonas*)、无色杆菌属(*Achromobacter*)、产碱杆菌属(*Alcaligenes*)、微球菌属(*Micrococcus*)、单核增生李斯特菌(*Listeria monocytogenes*)等在－4～7.5℃下仍能生长；酵母菌中，一种红色酵母在－34℃冰冻温度时仍能缓慢发育。冷藏的温度一般设定在－1～10℃范围内，冷藏只能是食品贮藏的短期行为(一般为数天或数周)。

(2)食品的冷冻保藏　食品在冰点以上时，只能做较短期的保藏，较长期保藏需在－18℃以下冷冻贮藏(表9-8)。当食品中的微生物处于冰冻时，细胞内游离水形成冰晶体，失去了可利用的水分，水分活性 A_w 值降低，渗透压提高，细胞内细胞质因浓缩而增大黏性，引起pH和胶体状态的改变，从而抑制微生物的活动，微生物细胞内的冰晶体对细胞有机械性损伤作用，直接导致部分微生物的裂解死亡。

表 9-8 不同食品的冻藏条件及保藏期限

品名	结冰温度/℃	冻藏温度/℃	相对湿度/%	保藏期限
奶油	−2.2	−29～−23	80～85	1年
加糖奶酪	—	−26	—	数月
冰淇淋	—	−26	—	数月
脱脂乳	—	−26	—	短期
冻结鸡蛋	−0.6～−0.45	−23～−18	90～95	1年以上
冻结鱼	−1.0	−23～−18	90～95	8～10个月
猪油	—	−18	90～95	12～14个月
冻结牛肉	−1.7	−23～−18	90～95	9～18个月
冻结猪肉	−1.7	−23～−18	90～95	4～12个月
冻结羊肉	−1.7	−23～−18	90～95	8～10个月
冻结兔肉	—	−23～−18	—	6个月以内
冻结果实	—	−23～−18	—	6～12个月
冻结蔬菜	—	−23～−18	—	2～6个月
三明治	—	−18～−15	95～100	5～6个月

引自刘学浩等，食品冷冻学，2002.

食品在冻结(Freezing)过程中，不仅损伤微生物细胞，鲜肉、果蔬等生鲜食品的细胞也同样受到损伤，致使其品质下降。食品冻结后，其质量是否优良，受冻结时生成冰晶的形状、大小与分布状态的影响很大。如肉类在缓慢冻结中，冰晶先在溶液浓度较低的肌细胞外生成，结晶核数量少，冰晶生长大，损伤细胞膜，使细胞破裂，解冻时细胞质液外流而形成渗出液，导致肉类营养、水分和鲜味流失，口感降低。同时肌细胞的水分透过细胞膜形成冰晶，肌细胞脱水萎缩，解冻时细胞不可能完全恢复原状。果蔬等植物食品因含水分较高，结冰率更大，更易受物理损伤而使风味受到损失。

肉的冻结即将肉的温度降低到−18℃以下，肉中的绝大部分水分(80%以上)形成冰结晶。该过程称为肉的冻结。所谓快速冻结即速冻，不同的书籍中说法不一，并无严格的定义。通常指的是食品在30 min内冻结到所设定的温度(−20℃)；或以30 min左右通过最大冰晶生成带(−5～−1℃)为准。如以生成冰晶的大小为准，生成的冰晶大小在70 μm以下者称为速冻。冻结速度快，形成的晶核多，冰晶小且均匀分布于组织细胞内，较少损伤冻结体，解冻后复原状态较好。因此，速冻有利于保持食品质量。

低温对果蔬中的脂氧合酶和儿茶酚氧化酶等氧化还原活性较难抑制，这也是绿色果蔬褐变的主要原因。解冻后，冷冻对组织的损伤使氧化还原酶活性提高，更易发生褐变现象。因此若对水果、蔬菜冷冻，在冻结处理前往往要先行杀酶。通常用热水或蒸汽作短时间的热烫处理，即可使酶失活。

解冻是冻结的逆过程。通常是冻品表面先升温解冻，并与冻品中心保持一定的温度梯度。由于各种原因，解冻后的食品并不一定能恢复到冻结前的状态。

冻结食品解冻时，冰晶升温而溶解，食品物料因冰晶溶解而软化，微生物和酶开始活跃。因此解冻过程的设计要尽可能避免因解冻而可能遭受的损失。对不同的食品，应采取不同的解冻方式。

2.食品的加热杀菌保藏

食品的腐败常常是由于微生物和酶所致。食品通过加热杀菌并使酶失活，可久贮不坏，但必须不重复染菌，因此要在包装后灭菌，或者灭菌后在无菌条件下包装。食品加热杀菌的方法很多，主要有常压杀菌（巴氏消毒法）、加压杀菌、超高温瞬时杀菌、微波杀菌、远红外线加热杀菌和欧姆杀菌等。

（1）常压杀菌的原理和应用　常压杀菌即100℃以下的杀菌操作。巴氏消毒法只能杀死微生物的营养体（包括病原菌），但不能完全灭菌。现在的常压杀菌更多采用水浴、蒸汽或热水喷淋式连续杀菌（具体方法前面已有描述）。

（2）加压杀菌的原理和应用　常用于肉类制品、中酸性、低酸性罐藏食品的杀菌。通常的温度为100～121℃（绝对压力为0.2 MPa），当然杀菌温度和时间随罐内物料、形态、罐形大小、灭菌要求和贮藏时间而异。在罐藏食品行业中，常用D值和F值来表示杀菌温度和时间（参见4.4.1.4）。

对于液体或固体混合的罐装食品，可以采用旋转式或摇动式杀菌装置。玻璃瓶罐虽然也能耐高温，但是不太适宜于压力釜高温杀菌，必须用热水浸泡蒸煮。复合薄膜包装的软罐头通常采用高压水煮杀菌。

（3）超高温瞬时杀菌的原理和应用　根据温度对细菌及食品营养成分的影响规律，热处理敏感的食品，可考虑采用超高温瞬时杀菌法，该杀菌法既可达到一定的杀菌要求，又能最大限度地保持食品品质。

牛乳在高温下保持较长时间，易发生一些不良的化学反应。如蛋白质和乳糖发生美拉德反应，使乳产生褐变现象；蛋白质分解而产生硫化氢的不良气味；糖类焦糖化而产生异味；乳清蛋白质变性、沉淀等。若采用超高温瞬时杀菌，既能方便工艺条件，满足灭菌要求，又能减少对牛乳品质的损害。

（4）微波杀菌的原理和应用　微波（超高频）一般是指频率在300～300 000 MHz的电磁波。目前915 MHz和2 450 MHz两个频率已广泛地应用于微波加热。915 MHz可以获得较大穿透厚度，适用于加热含水量高、厚度或体积较大的食品；对含水量低的食品宜选用2 450 MHz。

微波杀菌的机制包括热效应和非热生化效应两部分。①热效应。微波作用于食品，食品表里同时吸收微波能，温度升高。污染的微生物细胞在微波场的作用下，其分子被极化并作高频振荡，产生热效应，温度的快速升高使其蛋白质结构发生变化，从而使菌体死亡。②非热生化效应。微波使微生物生命化学过程中产生大量的电子、离子，使微生物生理活性物质发生变化；电场也使细胞膜附近的电荷分布改变，导致膜功能障碍，使微生物细胞的生长受到抑制，甚至停止生长或死亡。另外，微波还可以导致细胞DNA和RNA分子结构中的氢键松弛、断裂和重新组合，诱发基因突变。

目前国内外已出现微波牛奶消毒器，采用高温瞬时杀菌技术，在2 450 MHz的频率下，升温至200℃，维持0.13 s，牛奶的菌落总数和大肠菌群的指标达到消毒奶要求，而且稳定性也有所提高。瑞士卡洛里公司研制的面包微波杀菌装置（2 450 MHz，80 kW），辐照1～2 min，温度由室温升至80℃，面包片的保鲜期由原来的3 d延长至30～40 d而无霉菌生长。中国山东海莱特微波杀菌装置也能达到高效、安全、节能、无污染的使用效果。

（5）远红外线加热杀菌　远红外线是指波长为2.5～1 000 μm的电磁波。食品的很多成分对3～10 μm的远红外线有强烈的吸收，因此食品往往选择这一波段的远红外线加热。

远红外的杀菌、灭酶效果明显。日本的山野藤吾曾将细菌、酵母、霉菌悬浮液装入塑料袋中，进行远红外线杀菌试验，远红外照射的功率分别为 6 kW、8 kW、10 kW、12 kW，试验结果表明，照射 10 min，能将不耐热细菌全部杀死，使耐热细菌数量降低 10^5～10^8 个数量级。照射强度越大，残活菌越少，但要达到食品保藏要求，照射功率要在 12 kW 以上或延长照射时间。中国范柳萍团队研究表明，远红外辐照温度为 115℃处理 5 min，可使黄曲霉(*Aspergillus flavus* AS3.4408)数量下降 2.96 lg(CFU/mL)。

远红外线加热具有热辐射率高；热损失少；加热速度快，传热效率高；食品受热均匀，不会出现局部加热过度或夹生现象，食物营养成分损失少等特点。广泛应用于食品的烘烤、干燥、解冻，以及坚果类、粉状、块状、袋装食品的杀菌和灭酶。

(6)欧姆杀菌　欧姆加热是利用电极，将电流直接导入食品，由食品本身介电性质所产生的热量直接杀菌。一般所使用的电流是 50～60 Hz 的低频交流电。

欧姆杀菌与传统罐装食品的杀菌相比具有不需要传热面，热量在固体产品内部产生，适合于处理含大颗粒固体产品和高黏度的物料；系统操作连续、平稳，易于自动化控制；维护费用、操作费用低等优点。

3. 食品的非热杀菌保藏

所谓非热杀菌(即：冷杀菌)是相对于热杀菌而言，无须对物料进行加热，利用其他灭菌机理杀灭微生物，因而避免了食品成分因热而被破坏。冷杀菌方法有多种，如放射线辐照杀菌、超声波杀菌、放电杀菌、高压杀菌、紫外线杀菌、磁场杀菌、臭氧杀菌等。

(1)辐照杀菌　食品的辐照保藏是指用放射线辐照食品，借以延长食品保藏期的技术。对辐射保藏的研究已有 40 多年的历史。辐射线主要包括紫外线、X 射线和 γ 射线[放射性同位素钴 60(^{60}Co)、铯 187(^{187}Cs)、磷(^{32}P)等主要释放 γ 射线]等，其中紫外线穿透力弱，只有表面杀菌作用，而 X 射线和 γ 射线(比紫外线波长更短)是高能电磁波，能激发被辐照物质的分子，使之引起电离作用，进而影响生物的各种生命活动。

微生物受电离放射线的辐照，细胞膜、细胞质分子引起电离，进而引起各种化学变化，使细胞直接死亡；在放射线高能量的作用下，水电离为 OH^- 和 H^+，从而也间接引起微生物细胞的致死作用；微生物细胞中的脱氧核糖核酸(DNA)、核糖核酸(RNA)对放射线的作用尤为敏感，放射线的高能量导致 DNA 的较大损伤和突变，直接影响着细胞的遗传和蛋白质的合成(表 9-9)。

表 9-9　微生物对放射线的敏感性

菌种	基质	D 值/kGy	菌种	基质	D 值/kGy
A 型肉毒梭状芽孢杆菌	食品	4.0	假单胞菌	缓冲液、有氧	0.04
B 型肉毒梭状芽孢杆菌	缓冲液	3.3	枯草芽孢杆菌	缓冲液	2.0～2.5
E 型肉毒梭状芽孢杆菌	肉汤	2.0	粪链球菌	肉汁	0.5
产气荚膜梭状芽孢杆菌	肉	2.1～2.4	米曲霉	缓冲液	0.43
鼠伤寒沙门菌	缓冲液、有氧	0.2	产黄青霉	缓冲液	0.4
鼠伤寒沙门菌	冰冻蛋	0.7	啤酒酵母	缓冲液	2.0～2.5
大肠埃希菌	肉汤	0.2	短小芽孢杆菌	缓冲液、干燥、有氧	1.7
嗜热脂肪芽孢杆菌	缓冲液	1.0	耐辐照小球菌	牛肉	2.5

引自何国庆，贾英民，食品微生物学，2002.

杀灭食品中活菌数的90%(即减少一个对数周期)所需要吸收的射线剂量称为 D 值,其单位为戈瑞(Gy,即1 kg被辐照物质吸收1 J的能量为1 Gy),常用千戈瑞(kGy)表示。若按罐藏食品的杀菌要求,必须完全杀灭肉毒梭状芽孢杆菌A、B型菌的芽孢,多数研究者认为需要的剂量为40～60 kGy,根据 $12D$ 的杀菌要求,破坏E型肉毒梭状芽孢杆菌芽孢的 D 值为21 kGy。表9-10列出了放射线在食品保藏中应用的情况。

表9-10　放射线在食品保藏中的应用

辐照效果			适用剂量/kGy	对象实例
生物学效果	杀菌	完全杀菌[a]	30～50	畜肉、鱼肉加工品、发酵原料、饲料、病人食品
		食品中有害菌的杀灭[b]	5～8	畜肉、蛋的沙门氏菌的杀灭
		不完全杀菌[c]	1～3	家禽肉、鱼虾肉、水果、蔬菜、畜肉、鱼肉、加工食品保藏期的延长
	杀虫	贮粮害虫的杀灭	0.1～0.3	稻米、小麦、豆类、杂粮
		水果害虫的杀灭	0.1～0.25	木瓜、芒果、橘
		干燥食品中螨类的杀灭	0.5～0.7	香辛料、干燥蔬菜
		寄生虫的杀灭	0.5	猪肉
	抑制生长	抑制生根发芽	0.05～0.15	土豆、洋葱、大蒜
		延缓成熟	0.2～0.8	香蕉、木瓜、番茄
		促进成熟	0.2～1	桃子、柿子
		防止开伞	0.2～0.5	蘑菇、松蕈
		积蓄特定成分	0.2～5	辣椒类叶红素
化学效果	改良品质	高分子变性	10～100	淀粉、蛋白质、果胶
		质地改变	1～10	促进干燥食品复水
		提高质量	10～50	威士忌成熟
		提高加工性能	10～50	面粉
		促进酵素分解性	10～100	发酵原料、饲料

参考刘建学,纵伟,食品保藏原理,2006. a除过滤病毒外;b不产生孢子的病原微生物;c杀灭腐败菌延长保存期。

(2)超声波杀菌　声波在20 kHz以上都为超声波。

二维码9-1　辐照食品现状

超声波对细菌的破坏作用主要是强烈的机械振荡作用,使细胞破裂、死亡;超声波作用于液体物料,产生空化效应,空化泡剧烈收缩和崩溃的瞬间,泡内会产生几百兆帕的高压、强大的冲击波及数千度的高温,对微生物会产生粉碎和杀灭作用,以及加热和氧化作用。

超声波灭菌可用于食品杀菌、食具的消毒和灭菌及护士的洗手消毒等。实验采用超声波对牛乳消毒处理15～16 s,该乳液可以保持5 d不发生腐败;常规消毒乳再经超声波处理,冷藏条件下,保存18个月未发现变质。日本生产的气流式超声餐具清洗机,清洗餐具可使细菌总数及大肠菌群降低 10^5～10^6 CFU/cm^2,若同时使用洗涤剂或杀菌剂,可做到完全无菌。

不同微生物对超声波的抵抗力是有差异的。伤寒沙门菌(*Salmonella typhimurium*)在频率为 4.6 MHz 的超声中可全部杀死,但对葡萄球菌(*Staphylococcus*)和链球菌(*Streptococcus*)只能部分地受到伤害;个体大的细菌更易被破坏,杆菌比球菌更易于被杀死,但芽孢杆菌(*Bacillus*)的芽孢不易被杀死。

(3)高压放电杀菌　高压放电杀菌是近年来出现的新型杀菌技术,高压放电杀菌采用的电源一般为脉冲电压。高压脉冲电场的产生常用 LG 振荡电路,产生强度为 15～100 kV/cm,脉冲为 1～100 kHz,放电频率为 1～20 Hz。脉冲放电杀菌是电化学效应、冲击波空化效应、电磁效应和热效应等综合作用的结果,并以电化学效应和冲击波空化效应为主。可使细胞膜穿孔;液体介质电离产生臭氧,微量的臭氧可有效杀灭微生物。高压放电杀菌的效果取决于电场强度、脉冲宽度、电极种类、液体食品的电阻、pH、微生物种类以及原始污染程度等因素。

由于放电杀菌的介质为液体,故只能用于液态食品的杀菌。现在,高压放电杀菌已成功地用于牛奶、果汁等的杀菌。

(4)高压杀菌　所谓高压杀菌就是将食品物料以某种方式包装以后,置于高压(200 MPa 以上,相当于 2 000 多个大气压)装置中加压,使微生物的形态、结构、生物化学反应、基因机制以及细胞壁膜发生多方面的变化,进而使微生物的生理机能丧失或发生不可逆变化而致死,达到灭菌、长期安全保存的目的。高压杀菌技术也是近年来出现的新型杀菌技术,需要有特殊的加压设备和耐高压容器及辅助设备,目前已处于深入研究和实际应用阶段,其在食品工业中的前景十分可观。

二维码 9-2　高压杀菌的影响及应用

4.食品的干燥脱水保藏

食品的干燥脱水保藏,是一种传统的保藏方法。其原理是降低食品的含水量(水活性,A_w),使微生物得不到充足的水分而不能生长。

各种微生物要求的最低水活性值是不同的。细菌、霉菌和酵母菌三大类微生物中,一般细菌要求的最低 A_w 较高,在 0.94～0.99;霉菌要求的最低 A_w 为 0.73～0.94,酵母要求的最低 A_w 为 0.88～0.94。但有些干性霉菌,如灰绿曲霉最低 A_w 仅为 0.64～0.70(含水量 16%),某些食品水活性值为 0.70～0.73(含水量约 16%)时曲霉和青霉即可生长,因此干制食品的防霉 A_w 值要达到 0.64 以下(含水量 12%～14%以下)才较为安全。

新鲜食品如乳、肉、鱼、蛋、水果、蔬菜等都有较高水分,其水活性值一般在 0.98～0.99,适合多种微生物的生长。目前防霉干制食品的水分一般在 3%～25%,如水果干为 15%～25%,蔬菜干为 4%以下,肉类干制品为 5%～10%,喷雾干燥乳粉为 2.5%～3%,喷雾干燥蛋粉在 5%以下。

食品干燥脱水方法主要有:日晒、阴干、喷雾干燥、减压蒸发和冷冻干燥等。生鲜食品干燥脱水保藏前,一般需破坏其酶的活性,最常用的方法是热烫(亦称杀青、漂烫)或硫磺熏蒸(主要用于水果)或添加抗坏血酸(0.05%～0.1%)及食盐(0.1%～1.0%)。肉类、鱼类及蛋中因含 0.5%～2.0%肝糖,干燥时常发生褐变,可添加酵母或葡萄糖氧化酶处理或除去肝糖再干燥。

5.食品的气调保藏

气调保藏(controlled atmosphere storing,CA)是指用阻气性材料将食品密封于一个改变了气体的环境中,从而抑制腐败微生物的生长繁殖及代谢活性,达到延长食品货架期的目的。

果蔬的变质主要是由于果蔬的呼吸和蒸发、微生物生长、食品成分的氧化或褐变等作用，而这些作用与食品贮藏的环境气体有密切的关系，如氧气、二氧化碳、氮气、水分和温度等。如果能控制食品贮藏环境气体的组成，如增加环境气体中二氧化碳、氮气比例，降低氧气比例，控制食品变质的因素，可达到延长食品保鲜或保藏期的目的。

气调保藏可以降低果蔬的呼吸强度；降低果蔬对乙烯作用的敏感性；延长叶绿素的寿命；减慢果胶的变化；减轻果蔬组织在冷害温度下积累乙醛、醇等有毒物质，从而减轻冷害；抑制食品微生物的活动；防止虫害；抑制或延缓其他不良变化。因此，气调保藏特别适合于鲜肉、果蔬的保鲜，另外还可用于谷物、鸡蛋、肉类、鱼产品等的保鲜或保藏。部分蔬菜、水果气调贮藏的工艺条件见表 9-11。

表 9-11　部分蔬菜、水果气调贮藏的工艺条件

品名	气体成分/%		温度/℃	品名	气体成分/%		温度/℃
	氧	二氧化碳			氧	二氧化碳	
苹果	2～3	1～2	0.5	橘	10	5	5～10
洋葱	1～2	10～20	0～5	番茄	3～5	0	8～12
香蕉	2～5	2～5	12～15	黄瓜	3～5	0	8～12
草莓	10	15～20	0.5	莴苣	2～5	0	0～5
桃子	1～2	5	0.5	蘑菇	空气	10～15	0～5
葡萄	—	—	0.5	花菜	2～5	2～5	0～5
柠檬	5	0～5	10～15	梨	1～2	1～5	0.5

引自 Kader，Post-harvest biology，technology，an overview，1992.

根据气体调节原理可将气调贮藏分为 MA（modified atmosphere）和 CA（controlled atmosphere）两种。前者指用改良的气体建立气调系统，在以后贮藏期间不再调整；后者指在贮藏期间，气体的浓度一直控制在某一恒定的值或范围内，这种方法效果更为确切。要想控制食品的贮藏气体环境，则必须将食品封闭在一定的容器或包装内。如气调库、气调车、气调垛、气调袋（即 CAP 或 MAP）、涂膜保鲜、真空包装和充气包装等。

9.2.1.2　食品的化学保藏法

化学保藏法包括盐藏、糖藏、醋藏、酒藏和防腐剂保藏等。盐藏和糖藏都是根据提高食物的渗透压来抑制微生物的活动，醋和酒在食物中达到一定浓度时也能抑制微生物的生长繁殖，防腐剂能抑制微生物酶系的活性以及破坏微生物细胞的膜结构。有的书籍将抗氧化剂和被膜剂也放到化学保藏方法中。抗氧化剂是能阻止或推迟食品氧化，提高食品稳定性和延长储存期的一类食品添加剂，例如，儿茶素、黄酮等酚性物质类。被膜剂是涂抹于食品外表，起保质、保鲜、上光、防止水分蒸发等作用的物质，例如蜡质类。

（1）盐藏　食品经盐藏不仅能抑制微生物的生长繁殖，并可赋予其新的风味，故兼有加工的效果。食盐的防腐作用主要在于提高渗透压，使细胞原生质浓缩发生质壁分离；降低水分活性，不利于微生物生长；减少水中溶解氧，使好气性微生物的生长受到抑制等（参见 4.4.3）。

各种微生物对食盐浓度的适应性差别较大。嗜盐性微生物，如红色细菌、接合酵母属和革兰氏阳性球菌在较高食盐浓度的溶液（15%以上）中仍能生长。无色杆菌属（*Achromobacter*）等一般腐败性微生物在约 5%的食盐浓度，肉毒梭状芽孢杆菌等病原菌在 7%～10%食盐浓度时，生长受到抑制。一般霉菌对食盐都有较强的耐受性，如某些青霉菌株在25%的食盐浓度中尚能生长。

由于各种微生物对食盐浓度的适应性不同，因而食盐浓度的高低就决定了所能生长的微生物菌群。例如肉类中食盐浓度在5%以下时，主要是细菌的繁殖；食盐浓度在5%以上，存在较多的是霉菌；食盐浓度超过20%，主要生长的微生物是酵母菌。

(2)糖藏　糖藏也是利用增加食品渗透压、降低水分活度，从而抑制微生物生长的一种贮藏方法。

一般微生物在糖浓度超过50%时生长便受到抑制。但有些耐渗透性强的酵母和霉菌，在糖浓度高达70%以上尚可生长。因而仅靠增加糖浓度有一定局限性，但若再添加少量酸（如食醋），微生物的耐渗透力将显著下降。

果酱等因其原料果实中含有有机酸，在加工时又添加蔗糖，并经加热，在渗透压、酸和加热等3个因子的联合作用下，可得到非常好的保藏性。但有时果酱也会因微生物作用而变质腐败，其主要原因是糖浓度不足。

(3)防腐剂保藏　防腐剂按其来源和性质可分成有机防腐剂和无机防腐剂两类。有机防腐剂包括苯甲酸及其盐类、山梨酸及其盐类、脱氢醋酸及其盐类、对羟基苯甲酸酯类、丙酸盐类、双乙酸钠、邻苯基苯酚、联苯、噻苯咪唑等；无机防腐剂包括过氧化氢、硝酸盐和亚硝酸盐、二氧化碳和食盐等；此外还包括天然的细菌素（如Nisin）、溶菌酶、海藻糖、甘露聚糖、壳聚糖、辛辣成分等化学物质（详见9.2.1.3）。

①苯甲酸及其钠盐：苯甲酸（C_6H_5COOH）和苯甲酸钠（C_6H_5COONa）又称安息香酸（benzoic acid）和安息香酸钠，系白色结晶，苯甲酸微溶于水，易溶于酒精；苯甲酸钠易溶于水。苯甲酸对人体较安全，是我国允许使用的两种国家标准的有机防腐剂之一。

苯甲酸抑菌机理是，它的分子能抑制微生物细胞呼吸酶系统活性，特别是对乙酰辅酶缩合反应有很强的抑制作用。在高酸性食品中杀菌效力为微碱性食品的100倍，苯甲酸未被解离的分子态才有防腐效果，苯甲酸对酵母菌影响大于霉菌，而对细菌效力较弱。效果随pH增高而减弱，在pH为3时抑菌效果最好。依据不同食品及原料其允许最大添加量范围在0.21～2.0 g/kg之间（以上均以苯甲酸计，1 g钠盐相当于0.847 g苯甲酸）。

②山梨酸及其钾盐：山梨酸（sorbic acid）和山梨酸钾（potassium sorbate）为无色、无味、无臭的化学物质。山梨酸难溶于水（600∶1），易溶于酒精（7∶1），山梨酸钾易溶于水。它们对人有极微弱的毒性，是近年来各国普遍使用的安全防腐剂，也是我国允许使用的两种国家标准的有机防腐剂之一。

山梨酸分子能与微生物细胞酶系统中的巯基（—SH）结合，从而达到抑制微生物生长和防腐的目的，既是防腐剂又是抗氧化剂。山梨酸和山梨酸钾对霉菌、酵母和好气性细菌均有抑制作用，但对厌气性微生物和嗜酸乳杆菌几乎无效。其防腐作用较苯甲酸广，pH 6.5以下适宜使用。在腌制黄瓜时可用于控制乳酸发酵。

允许用量，酱油、醋、果酱类、人造奶油、琼脂奶糖、鱼干制品、豆乳饮料、豆制素食、糕点馅等最大用量为1.5 g/kg（以山梨酸计，1 g山梨酸相当于其钾盐1.33 g）；低盐酱菜、面酱类、蜜饯类、山楂类、果冻等最大用量0.5 g/kg；碳酸饮料最大用量0.2 g/kg；浓缩果汁最大用量应低于2 g/kg。

③双乙酸钠：双乙酸钠（sodium diacetate，SDA）为白色结晶，略有醋酸气味，极易溶于水

(1 g/mL)；10%水溶液 pH 为 4.5～5.0。双乙酸钠成本低，性质稳定，防霉防腐作用显著。可用于粮食、食品、饲料等防霉防腐(一般用量为 1 g/kg)，还可作为酸味剂和品质改良剂。美国食品和药物管理局(FDA)认定为一般公认安全物质。并于 1993 年撤除了 SDA 在食品、医药及化妆品中的允许限量。依据不同食品及原料其允许最大添加量范围为 1～10 g/kg (GB 2760-2014)

④邻苯基苯酚和邻苯酚钠：邻苯基苯酚(*o*-phenyl phenol，OPP)和邻苯酚钠(*o*-phenyl phenol sodium，SOPP)主要用作防止霉菌生长，对柑橘类果皮的防霉效果甚好。允许使用量为 100 mg/kg 以下(以邻苯酚计)。

⑤联苯：联苯(diphenyl)对柠檬、葡萄、柑橘类果皮上的霉菌，尤其对指状青霉和意大利青霉的防治效果较好。一般不直接使用于果皮，而是将该药浸透于纸中，再将浸有此药液的纸放置于贮藏和运输的包装容器中，让其慢慢挥发(25℃下蒸气压为 1.3 Pa)，待果皮吸附后，即可产生防腐效果。果实允许的药剂残留量应在 0.07 g/kg 以下。

⑥噻苯咪唑：噻苯咪唑(thiabendazole，TBZ)是美国新发明的防霉剂，适用于柑橘和香蕉等水果。使用后允许残留量，柑橘类为 10 mg/kg 以下；香蕉为 3 mg/kg 以下；香蕉果肉为 0.4 mg/kg 以下。

总而言之，用于食品的一切化学物质必须无毒，要经长期的动物试验，对其毒性状况做科学的评价之后才能使用。表 9-12 是联合国粮农组织(FAO)和世界卫生组织(WHO)的食品添加剂专门委员会颁布的有机保藏剂的安全性及使用标准。

表 9-12　保藏剂的每日允许摄取量(ADI)　　mg/kg 体重

保藏剂	ADI	保藏剂	ADI
苯甲酸、苯甲酸钠	0～5*	丙酸钠、丙酸钙	无毒，不限制
山梨酸、山梨酸钾	0～25*	邻苯酚	0～0.2
对羟基苯甲酸酯类	0～10*	噻苯咪唑	0～0.05

引自 FAO/WHO. * 为合计量。

⑦过氧化氢：过氧化氢是一种氧化剂，它不仅具有漂白作用，而且还具有良好的杀菌、除臭效果。缺点是过氧化氢有一定的毒性，对维生素等营养成分有破坏作用，但它杀菌力强、效果显著。需经加热或者过氧化氢酶的处理以减少其残留。常用于切面、面条、鱼糕等防腐，允许残留量为 0.1 g/kg 以下，其他食品为 0.03 g/kg 以下。

⑧硝酸盐和亚硝酸盐：硝酸盐和亚硝酸盐主要是作为肉的发色剂而被使用。亚硝酸与血红素反应，形成亚硝基肌红蛋白，使肉呈现鲜艳的红色。另外，硝酸盐和亚硝酸盐也有延缓微生物生长作用，尤其是对防止耐热性的肉毒梭状芽孢杆菌芽孢的发芽，有良好的抑制作用。但亚硝酸在肌肉中能转化为亚硝胺，有致癌作用，因此在肉品加工中应严格限制其使用量，目前还未找到完全替代物。允许用量为火腿、咸肉、香肠、腊肉、鲸鱼肉等在 0.07 g/kg 以下；鱼肉香肠、鱼肉火腿为 0.05 g/kg 以下(以亚硝酸残留量计)。

9.2.1.3　食品的生物保藏法

与传统成熟的物理化学方法相比，生物法常会划分到化学保藏方法中。目前普遍认为食品的生物保藏一般是指使用天然食品防腐剂，包括动物源天然防腐剂、植物源天然防腐剂和微生物源天然防腐剂。广义的生物保藏方法还涉及发酵保藏，包括乳酸发酵、酒精发酵和醋酸发酵等。

1. 微生物源食品防腐剂

微生物防腐剂具有安全、高效的特点，而且来源广泛，具有很好的研究和应用前景。常见的有乳酸链球菌素(Nisin)、纳他霉素(natamycin)，其他细菌素还有芽孢杆菌素等。

(1)乳酸链球菌肽(Nisin)　乳酸链球菌肽又称乳酸链球菌素，是从乳酸链球菌(*S. lactis*)发酵产物中提取的一类多肽化合物，食入胃肠道易被蛋白酶所分解，因而是一种安全的天然食品防腐剂。世界粮农组织(FAO)和世界卫生组织(WHO)已于1969年给予认可，是目前唯一允许作为防腐剂在食品中使用的细菌素。表9-13列出了Nisin在一些国家的应用情况。我国食品添加剂使用标准(GB 2760-2014)规定了其使用范围和最大使用剂量(不同食品中为0.2～0.5 g/kg)。

表 9-13　Nisin 在一些国家应用情况

国家	允许加入 Nisin 的食品	国家	允许加入 Nisin 的食品
澳大利亚	乳酪、水果罐头、番茄汤罐头	西班牙	乳酪、奶米酒、奶油、快餐
比利时	乳酪	印度	硬乳酪、精制乳酪
玻利维亚	在食品中使用不限制	意大利	乳酪、蔬菜罐头、冰淇淋
哥斯达黎加	乳酪制品	科威特	精制乳酪
塞浦路斯	乳酪、食品罐头、冰淇淋	新加坡	食品罐头
芬兰	精制乳酪	英国	乳酪、食品罐头、冰淇淋
法国	精制乳酪		

引自万素英等，食品防腐与食品防腐剂，1998.

Nisin的作用范围相对较窄，仅对大多数革兰氏阳性菌(G$^+$)具有抑制作用，如金黄色葡萄球菌、链球菌、乳酸杆菌、微球菌、单核细胞增生李斯特菌(*Listeria monocytogenes*)、丁酸梭菌(*Clostridium butyricum*)等，且对芽孢杆菌、梭状芽孢杆菌孢子的萌发抑制作用比对营养细胞的作用更大。

二维码 9-3　天然防腐剂 Nisin

但Nisin对真菌和革兰氏阴性菌(G$^-$)没有作用，因而只适用于G$^+$引起的食品腐败的防腐。最近报道，Nisin与螯合剂EDTA二钠连接可以抑制一些G$^-$，如抑制沙门菌(*Salmonella*)、志贺菌(*Shigella*)和大肠埃希菌(*E. cloi*)等细菌生长。

另外，也发现其他乳酸菌可产生多种乳酸菌细菌素，具有不同的抑菌谱，但目前仍处于研究与探索阶段。

(2)纳他霉素　也称匹马菌素、游霉素，是由纳他链霉菌(*Streptomyces natalensis*)受控发酵制得，商品名称为霉克，是一种高效的真菌抑制剂。

纳他霉素与真菌麦角甾醇及其他甾醇基团结合，通过阻遏麦角甾醇的生物合成使细胞膜畸变，最终导致渗漏，引起细胞死亡，它能有效抑制和杀死酵母菌及其他丝状真菌。目前已广泛应用于乳制品、肉类、罐装食品、发酵酒、方便食品、焙烤食品等领域的防腐保鲜。处理方法是表面使用，混悬液喷雾或浸泡，但残留量必须低于10 mg/kg。

2. 动物源天然防腐剂

动物源天然防腐剂是指从动物体内或动物产品提取出来的防腐剂。常见的包括溶菌酶、蜂胶、鱼精蛋白、壳聚糖等。

(1)溶菌酶　溶菌酶为白色结晶，含有129个氨基酸，等电点10.5～11.5。溶于食品级盐水，在酸性溶液中较稳定，55℃活性无变化。

溶菌酶能溶解多种细菌的细胞壁而达到抑菌、杀菌目的，但对酵母和霉菌几乎无效。溶菌作用的最适pH为6～7，温度为50℃。食品中的羧基和硫酸能影响溶菌酶的活性，因此将其与其他抗菌物如乙醇、植酸、聚磷酸盐等配合使用，效果更好。目前溶菌酶已用于面食类、水产熟食品、冰淇淋、色拉和鱼子酱等食品的防腐保鲜。

(2)壳聚糖　壳聚糖即脱乙酰甲壳素($C_{30}H_{50}N_4O_{19}$)，是黏多糖之一，呈白色粉末状，不溶于水，溶于盐酸、醋酸。它对大肠杆菌、金黄色葡萄球菌、枯草芽孢杆菌等有很好的抑制作用，且还能抑制生鲜食品的生理变化。因此，它可作食品尤其是果蔬的防腐保鲜剂。我国于1991年批准使用的甲壳素是一种无毒性、优良的天然果蔬防腐剂。使用时，一般将壳聚糖溶于醋酸中，如用含2%改性壳聚糖涂膜苹果。

(3)蜂胶　其化学成分极为复杂，包括黄酮、维生素、矿物质、氨基酸等营养物质，且具有较强的抗氧化性，可用作油脂和其他食品的天然抗氧化剂。蜂胶可使被保鲜物表面形成一层极薄的膜，起到了阻氧、阻碍微生物、减少水分蒸发及营养损失的作用。作用机理同壳聚糖。

3. 植物源天然防腐剂

由于植物材料相对容易获得，将其提取物作为防腐剂是国内外研究食品防腐剂的热点。包括植物的根、茎、叶及种子提取物，传统香辛料及其提取物，中草药及其提取物等。

(1)茶多酚　茶多酚棕榈酸酯(tea polyphenol palmitate)是抗氧化添加剂。对枯草芽孢杆菌、金黄色葡萄球菌、大肠埃希菌、炭疽芽孢杆菌(*Bacillus anthracis*)等有抑制作用。茶多酚的酚性羟基能与游离脂肪酸残基结合，中断其氧化反应。允许添加到肉品、水产品、饮料等食品中，依据不同产品，最大允许添加量为0.8g/kg。

(2)香辛料　其抑菌成分主要有丁香酚、异冰片、茴香脑、肉桂醛(ginnamaldehyde)等，将这些成分协同起来可得到效果更好的防腐剂。近些年的研究发现，香辛料能抑菌防腐，真正起作用的是其精油或者提取物。精油中的萜烯类物质破坏微生物膜的稳定性，从而干扰细胞代谢的酶促反应。肉桂醛可以处理水果表面，残留量≤0.3mg/kg即可。

4. 发酵保藏

发酵保藏主要是利用微生物的相互作用达到抑制腐败菌生长，得以延缓食品腐败变质的方法。利用某些微生物产酸产乙醇抑制其他微生物的生长，例如泡菜、酿酒等，其最初的意义是保存、转化多余的水果和粮食，现在有些地区也用泡菜来保藏食品，例如腌制大白菜、雪里蕻等。

上述食品保藏的物理、化学及生物方法常常会结合使用，例如低温加防腐剂等，主要目的就是控制延缓食品的腐败变质进程。

9.2.2 食品综合防腐保质理论与技术

微生物引起的食品的腐败变质，不仅使食品营养下降，更可能引起各种食源性疾病。基于微生物的个体微小、种类多、适应性强、易变异等特点，依据栅栏因子理论，采取不同的方法或方法组合，同时增加规范性的过程管理，辅以微生物预测预报技术，综合控制微生物数量、生长繁殖及产酶代谢，从而达到食品全过程防腐保质的目的。

9.2.2.1 栅栏因子理论与技术

1. 栅栏因子理论

随着人们对食品防腐保质研究的深入，研究人员认为没有任何一种单一的保藏措施是完美无缺的，必须采用综合保鲜技术。目前保鲜研究的主要理论依据是栅栏因子理论。

栅栏因子（Hurdle Factor）理论是德国肉类食品专家 Leistner 博士提出的一套系统科学地控制食品保质期的理论。该理论认为，食品要达到可贮性与卫生安全性，其内部必须存在能够阻止食品所含腐败菌和病原菌生长繁殖的因子，这些因子通过临时或永久性地打破微生物的内平衡（微生物处于正常状态下内部环境的稳定和统一），从而抑制微生物的致腐与产毒，保持食品品质。这些因子被称为栅栏因子。这些因子及其互作效应决定了食品的微生物稳定性，这就是栅栏效应。在实际生产中，运用不同的栅栏因子，科学合理地组合起来，发挥其协同作用，从不同的侧面抑制引起食品腐败的微生物，形成对微生物的多靶攻击，从而改善食品品质，保证食品的卫生安全性，这一技术即为栅栏技术（Hurdle Technology，HT）。

2. 栅栏技术

栅栏技术从概念上理解为食品防腐技术，似乎侧重于保证食品的微生物稳定性，然而栅栏技术还与食品的品质密切相关。食品中存在的栅栏因子将影响其可贮性、感官品质、营养品质、工艺特性和经济效益。同一栅栏因子的强度不同，对产品的作用也可能是相反的。例如在发酵香肠中，pH 需降至一定的限度才能有效抑制腐败菌，但过低则对感官品质不利。因而在实际应用中，各种栅栏因子应科学合理地搭配组合，其强度应控制在一个最佳的范围。

随着对食品保藏研究的发展，至今已经确认可以应用于食品的栅栏因子很多。例如高温处理、低温冷藏、降低水分活性、调节酸度、降低氧化还原电位、应用乳酸菌等竞争性或拮抗性微生物以及应用亚硝酸盐、山梨酸盐等防腐剂。

栅栏技术的多因素防控符合微生物污染的一般规律，是食品综合防腐保质最适用的技术体系，尤其适用于食品新品类，例如目前的预制菜等新食品模式，基于其中微生物区系的不明确，采用栅栏技术能够尽可能多地控制不同种类的微生物增殖，保障产品的卫生和安全。

二维码 9-4 栅栏技术与微生物的平衡

二维码 9-5 预制菜食品微生物潜在风险点分布及其原因探究

9.2.2.2 食品生产的质量管理体系

食品的保藏技术与科学的管理密不可分，GMP 管理体系和 HACCP 质量管理体系就是国际上较为流行的质量管理体系。其他管理体系还有食品质量安全管理体系（ISO 22000）、卫生标准操作程序（Sanitation Standard Operation Procedure，SSOP）、良好实验室规范（Good Laboratory Practice，GLP）等质量相关的管理体系，一般这些体系要素互相关联，互为犄角，促进食品生产者及产品质量体系的不断完善。

1. GMP 管理体系

世界卫生组织称 GMP 为良好操作规范或良好生产工艺(Good Manufacture Practice)。由美国食品与药品管理局(FDA)在 1969 年最先发布,首先应用于药品行业,提高了药品品质。

GMP 标准是由食品生产企业与卫生部门共同制定的,规定了在加工、贮藏和食品分配等各个工序中所要求的操作和管理规范。它要求食品生产企业应具备合理的生产工艺过程,良好的生产设备,正确的生产知识,严格的操作规范以及食品质量管理体系。其主要内容涵盖选址、设计、厂房建筑、设备、工艺过程、检测手段、人员组成、个人卫生、管理职责、卫生监督程序、满意程度等一系列食品生产经营条件,并提出了卫生学评价的标准和规范。美国、日本、中国台湾等推行 GMP 管理体制,使各食品企业质量管理都得到了很大的改善。我国食品行业 GMP 标准也颁布很多,依据实施时间包括肉制品、罐头、啤酒(2017),大米(2011),豆制品(2012),制糖(2018),冻肉、初级农产品(2019)等。

2. 危险分析与关键点控制体系

危险分析与关键点控制体系(Hazard Analysis Critical Control Point,HACCP)全面质量管理体系是 20 世纪 60 年代美国太空总署、陆军 NATICK 实验室和美国 PILLSBURY 食品公司共同发展起来的一套科学的卫生质量监控系统,HACCP 系统经过近 50 多年的发展和完善,已被食品界公认为确保食品安全的最佳管理方案,在发达国家已得到广泛应用。它可以确保食品加工和制造遵循 GMP 规范,ISO 质量认证体系也将 HACCP 纳入其中,作为其中的关键要素之一。

HACCP 系统的最大特点是:充分利用检验手段,对生产流程中各个环节进行抽样检测和有效分析,预测食品污染的原因,从而提出危害关键控制点(包括能保证控制有害事故发生的 CCP_1 和能最大限度减少事故发生但不能对危害事故控制的 CCP_2)及危害等级,再根据危害关键控制点提出控制项目(这些因素通常指温度、时间、湿度、水分活度、pH、可滴定酸、氯浓度、黏度等)、控制标准(管理关键限值)、检测方法、监控方法以及纠正的措施。通过采取这些相应的措施,从而预防了危害的发生。同时也能将正确的措施及时反馈到工艺流程中,如此循环反馈、改进,不断提高。同时能对每一个关键控制点的操作进行日常监测,并记录所有检测结果,建立准确可靠的档案资料系统和检查 HACCP 体系工作状况的程序,出现问题有据可查。

HACCP 管理体系的核心是将食品质量的管理贯穿于食品从原料到成品的整个生产过程当中,侧重于预防性监控,不依赖于对最终产品进行检验,打破了传统检验结果滞后的缺点,从而将危害消除或降低到最低限度。HACCP 是一个系统工程,各级领导必须重视,全员投入协调作战,才能保证 HACCP 的正常运转和取得预期效果。

HACCP 系统在发达国家已广泛应用。目前,推广应用较好的国家有加拿大、美国、澳大利亚、新西兰、巴西、丹麦等国家。我国 2008 年发布了 GB/T 27301《食品安全管理体系　肉及肉制品生产企业要求》,同年还颁布了水产品、罐头、速冻方便食品、速冻果蔬、果汁及蔬菜汁、餐饮食品安全管理体系等要求,2009 年颁布了乳制品生产企业危害分析与关键控制点体系要求。这些标准都是在 CAC 公布的通用 HACCP 体系基础上,考虑到中国国情和具体生产企业特点,建立的专业 HACCP 体系要求。食品生产企业按照不同的专业标准建立 HACCP 体系,对食品安全危害的控制更有针对性。HACCP 管理体系作为我国食品企业管理的发展方向，也是防止食品腐败变质、延长货架期的主要管理模式，这几年有很多法规颁布，例如速冻食品(2010)、豆芽(2012)、豆制品(2014)等。还有针对中小食品企业的独立 HACCP 管理体系(2016)。

9.2.2.3 微生物预报技术

所谓微生物预报技术是指借助计算机的微生物数据库，在数字模型基础上，在确定的条件下，快速对重要微生物的生长、存活和死亡进行预测，从而确保食品在生产、运输贮存过程中的安全和稳定，打破传统微生物受时间约束而结果滞后的特点。微生物数据库和数字模型是微生物预报技术的必要条件。

微生物预报技术(Predictive Microbiology)可以帮助和指导管理者在生产中贯彻 GMP、HACCP 等管理措施。例如，外部多因素出现时，可决定关键控制点和决定竞争实验是否必须，对 HACCP 清单给予补充；在安全可以设计但不可检验的指导思想下，可以预报产品配方变化对于食品安全和货架期的影响，并进行新产品货架期和安全性设计；可以预报产品在贮存和流通中，在不同包装条件下微生物的变化，并客观估价该过程的失误；可以大量节约开发研究的时间和资金。

食品微生物预测预报技术是结合微生物学、统计学和计算机科学等学科，以微生物数据库和相应的数学模型为基础，采用数学的方法描述微生物数量变化和外部环境因素之间的关系，并对微生物的生长动态做出预测，预知微生物在食品中的生长情况和数量及可能的货架期。科学家依据大量基础数据建立了微生物数据模型库，它贮存了不同微生物在不同的生长介质中的 pH、A_w 值、培养温度及有氧、无氧条件下的关系数据。数学模型主要有经验型和机理型两大类，一个有效的模型往往不是单一类型的模型，而是两种类型的混合体。人们首先把注意力集中在对食品稳定性最重要的因素，如贮藏温度、时间、pH、A_w 值等方面，针对某些种类的致病菌而建立。一些适于亚硝酸、氮气、醋酸、乳酸、二氧化碳等诸多因素的模型已研制成功。近年来，美国、英国和澳大利亚等国家已尝试应用微生物预报技术控制食品中李斯特菌的污染以及食品的乳酸发酵的预测预报。

综上所述，栅栏技术、GMP 和 HACCP 体系及微生物预报技术在应用上各有其侧重点，栅栏技术主要应用于产品设计，GMP 和 HACCP 主要应用于加工管理，微生物预报技术主要应用于加工优化，但三者又是紧密联系的。栅栏技术应用于产品设计之后，通过危险关键点控制方法，实施加工控制，同时将微生物预报技术渗透于其中，通过计算机快速预测加工食品的可贮性及质量特性，从而实现加工优化。因而，食品生产过程当中，只有将四者紧密结合起来，才能做到产品质量与经济效益的统一。

9.2.3 食品企业的安全管理

“食品安全”与“食品卫生”在实际工作中常被视为同一概念，其实早在 1996 年，WHO 发表的《加强国家级食品安全性计划指南》中，把食品安全性与食品卫生明确作为两个不同的概念。食品安全是对最终产品而言，食品卫生是对食品的生产过程而言，其基本定义是：“为确保食品安全性，在食物链的所有阶段必须采取的一切条件和措施。”

我国《食品安全法》将二者结合起来，扩展了食品安全的概念，指食品的种植、养殖、加工、包装、贮藏、运输、销售、消费等活动符合国家强制标准和要求，不存在可能损害或威胁人体健康的有毒、有害物质致消费者病亡或者危及消费者及其后代的隐患。因此，食品安全包含了食品卫生的概念内涵。

食品中威胁人体健康的有害因素和污染源是多方面的，主要包括各种性质的食品污染物(food pollutants)，不适当的食品添加剂(food additives)，动植物中的天然毒素和食品加工、贮藏中可能产生的有毒有害物质。其中微生物污染是食品污染中最广泛、最普遍的污染，是当代社会最为关注的安全问题。有害微生物、寄生虫不仅造成食品的腐败变质，还引起食源性疾病和人畜共患疾病。其次是农药、重金属盐类(铅、砷、汞等)和各种有机化学物质(激素、抗生素残留、食品添加剂等)对食品造成的化学性污染。另外开采、冶炼、工业废弃物等还会对食品造成放射性污染。

9.2.3.1 加强食品安全法制监督管理的学习

2015年4月24日，《中华人民共和国食品安全法》被多次修订通过，包括总则、食品安全风险监测和评估、食品安全标准、食品生产经营、食品检验、食品进出口、食品安全事故处置、监督管理、法律责任及附则共10章内容，2018年《中华人民共和国食品安全法》修正后，明确规定食品安全国家标准由国务院卫生行政部门会同国务院食品安全监督管理部门制定。针对多头监管、政出多门的现状，食品安全法规定，国务院设立食品安全委员会。该委员会作为高层次的议事协调机构，对食品安全监管工作进行协调和指导。同时，2019年颁布的条例对食品安全法还进一步明确了各项细则。

食品安全标准是判定食品、食品添加剂及食品用产品是否符合食品安全法的主要衡量标志，也是检验食品安全状况的依据。它规定了食品中可能带入的有毒有害物质的限量，具体又分为国家标准、行业标准及地方(企业)标准。在国家标准部分又分为强制性国家标准(GB)、推荐性国家标准(GB/T)、内部标准(GBn)和试行标准。不同行业标准分别用QB、SB、SN和NY等表示。食品企业制定的安全标准不能低于现行国家标准、行业标准及地方(企业)标准的要求，提倡食品企业的安全标准高于上级标准。

9.2.3.2 加强食品企业生产的质量管理

食品企业是食品生产的主体，食品安全质量的好坏，企业是关键，国家职能部门是监督保障，而食品的安全质量首先取决于企业的安全管理水平。食品企业应抓好环境卫生和生产控制管理，严格遵守我国的食品安全法规和标准，同时又要借鉴国际上先进的食品安全管理经验和模式(GMP、HACCP、ISO 22000系列标准、全面卫生管理模式等)，尽快与国际食品安全标准和管理模式接轨。

1. 环境卫生管理

食品企业的生产卫生管理工作，都是围绕控制污染源和切断污染途径而进行。因而应加强环境卫生管理，包括粪便、污水、垃圾等厂区卫生管理，降低环境中的含菌量，以减少微生物污染食品的机会。

2. 加强食品的过程控制

首先要建立健全各车间、设备、库房、运输工具以及生产过程中的卫生制度，以减少食品污染因素的来源；其次对食品企业的从业人员加强卫生教育，取得健康证才准上岗；还有执行食品企业的良好操作规范，在生产过程中，从原料验收到成品出厂，每个环节必须要有严格而又明确的卫生要求，层层严把卫生质量关，严格执行国家卫生标准；更重要的是科学管理，根据HACCP原则，分析确定危害关键点和危害等级以及控制和消除危害发生的措施，建立卫生质量监控系统，以确保食品安全质量的提高。

3. 加强进、出口食品的安全管理

随着我国改革开放的深入进行，国际贸易往来日益频繁，进、出口食品所占的比例也在上升。依据《中华人民共和国食品安全法》对进出口食品的安全监督管理做出了明确规定，以防外源性疾病的传入和流行，保护人民的健康。

(1)进口食品的安全管理　进口的食品、食品添加剂以及食品相关产品应当符合我国食品安全国家标准。进口尚无食品安全国家标准的食品，或者首次进口食品添加剂新品种、食品相关产品新品种，进口商应当向国务院卫生行政部门提出申请并提交相关的安全性评估材料。国务院卫生行政部门依照本法第六章规定做出是否准予许可的决定，并及时制定相应的食品安全国家标准。

(2)出口食品的安全管理　出口的食品由海关(原：出入境检验检疫机构)进行监督、抽检，海关凭通关证明放行。同时应当建立和完善进出口食品的进口商、出口商和出口食品生产企业的信誉记录，并予以公布。对有不良记录的进口商、出口商和出口食品生产企业，应当加强对其进出口食品的检验检疫。

本章小结

本章在前几章的基础上，对食品腐败变质及其控制进行综合分析。首先，详细讲解了微生物引起食品变质的基本条件，包括食品基质特性、微生物种类和环境条件，食品腐败变质发生的化学过程、机理和初步鉴定方法及安全学意义，各类食品的腐败变质现象及原因。其次，从物理、化学和生物学的角度对食品的保藏方法进行分类阐述，解释其在食品保藏中的作用原理和实际应用；结合目前的管理体系(GMP、HACCP)和生物控制的技术体系(栅栏技术、微生物预测技术)叙述食品整个生产及产品储藏、运输、销售过程中生物安全的重要意义，并且结合我国的食品安全法，对食品企业安全管理提出建议。

重要名词

食品腐败变质　水分活度值(A_w)　腐败　酸败　平酸腐败　TA腐败　硫化物腐败
食品卫生　食品安全　栅栏技术　微生物预报技术　HACCP　Nisin　山梨酸钾　速冻
非热杀菌　气调储藏　生物法食品保藏

思考题

1. 何为食品的腐败变质？导致食品腐败变质的微生物种类有哪些？
2. 如何鉴定食品是否发生了腐败变质？
3. 简述食品中蛋白质、脂肪、碳水化合物分解变质的主要化学过程。
4. 简述鲜乳自然腐败变质过程中的微生物消长规律。
5. 分析鲜肉的腐败变质过程、现象及原因。
6. 常用的物理防腐保藏方法有哪些？基本原理是什么？

7.常用的化学防腐剂有哪些？防腐机理是什么？

8.何为栅栏效应？其原理是什么？

9.HACCP指的是什么？谈谈其原理。

10.简述预测微生物学的理论及在食品中的具体应用。

11.食品的综合防腐保质技术有哪些？根据已有知识，谈谈其相互间的联系。

12.《中华人民共和国食品安全法》(2018修订)与《中华人民共和国食品安全法实施条例》(2019颁布)有什么关联？

第10章
微生物与食品安全

本章学习目的与要求

1. 掌握食物中毒的概念、特点及其类型。

2. 掌握常见细菌与食品安全、真菌毒素与食品安全、病毒与食品安全中病原微生物的生物学特性及其引起的食源性疾病发生原因、污染途径与预防措施。

食品被微生物污染后除前述的引起食品腐败变质外，其中有少数微生物可对人产生病害作用，这类微生物被称为病原(或致病)性微生物。存在于食品中或以食品为传播媒介的病原微生物称为食源性病原微生物。这类微生物直接或间接污染食品后，可以引起食源性疾病。本章重点介绍由细菌引起的食物中毒，简要介绍真菌毒素和病毒的食品安全问题。

10.1　概述

10.1.1　食物中毒的概念

根据 2015 年 10 月 1 日实施的《中华人民共和国食品安全法》有关术语的解释规定：食品指各种供人食用或者饮用的成品和原料以及按照传统既是食品又是中药材的物品，但是不包括以治疗为目的的药品。食品安全指食品无毒、无害，符合应当有的营养要求，对人体健康不造成任何急性、亚急性或者慢性危害。食源性疾病(food borne diseases)指食品中致病因素进入人体引起的感染性、中毒性等疾病，包括食物中毒。食物中毒(food poisoning)是指摄入了含有生物性、化学性有毒有害物质的食品或者把有毒有害物质当作食品摄入后出现的非传染性(不属于传染病)的急性、亚急性疾病。有毒食物是指在正常数量和可食状态下，经口摄入而使健康人发病的食物。对于摄入非可食状态的(未成熟的水果、蔬菜)，非正常数量的(暴饮暴食)，以及某些食物虽可引起疾病，临床症状与食物中毒类似，但不属于食物中毒的范围，可有以下几种情况：①经食品感染的肠道传染病(如痢疾、伤寒、霍乱等)、寄生虫病(如旋毛虫病等)、人畜共患性疾病等；②特异体质者食入某种食品(如鱼、虾、牛奶、花生等)所发生的变态反应(食物过敏)；③因暴饮暴食而引起的急性胃肠炎；④因长期摄入少量被有毒物质污染的食物而造成的慢性中毒，包括致畸、致突变和致癌等对人体的危害；⑤因食用刺激性食品所引起局部刺激症状；⑥营养缺乏病或过多症，如维生素缺乏引起的胃肠障碍。

10.1.2　食物中毒的特点

有毒食物进入人体内发病与否、潜伏期、病程、病情和愈后的效果主要取决于摄入有毒食物的种类、毒性和数量，同时也与食者胃肠空盈度、年龄、体重、抵抗力、健康与营养状况等有关。食物中毒常呈集体性暴发。其种类很多，病因也很复杂，一般具有下列共同特点：①潜伏期短，来势急剧，短时间内可能有多人同时发病；②发病与食入某种中毒食品有关，凡进食此种有毒食品的人大都发病，未进食者不发病，或者停止食用此种食品后，发病立即停止；③病人都具有相似的临床表现，多见于急性胃肠炎；④发病率高而且集中，人与人之间不直接传染；一般无传染病流行时的余波。

10.1.3　食物中毒的类型

食物中毒按病原物质分类，可以分为 5 类。

1. 细菌性食物中毒

细菌性食物中毒指因摄入含病原细菌或其毒素污染的食品而引起的食物中毒。根据发病的机制可分为感染型、毒素型和混合型细菌性食物中毒。感染型细菌性食物中毒是指随食物摄入大量活细菌而引起的中毒性疾病；毒素型细菌性食物中毒是指随食物摄入细菌所产生的毒素而引起的中毒性疾病；混合型细菌性食物中毒是指随食物摄入活细菌及其毒素共同作用而引起的中毒性疾病。细菌性食物中毒在国内外都是最常见的一类食物中毒。发病具有明显的季节性，全年皆可发生，但以5～10月较多。发病率较高，占食物中毒事件总数的30%～60%，中毒人数占总中毒人数的60%～90%，但病死率一般较低。包括的致病菌有沙门氏菌、金黄色葡萄球菌、致病性大肠埃希氏菌、变形杆菌、副溶血性弧菌、肉毒梭菌、单核细胞增生李斯特菌、空肠弯曲杆菌、蜡样芽孢杆菌、志贺氏菌、产气荚膜梭菌、小肠结肠炎耶尔森氏菌、椰毒假单胞菌酵米面亚种等。

2. 真菌性食物中毒

真菌性食物中毒指食入被某些真菌及其毒素污染的食品而引起的食物中毒。有一定的地区性，如霉变甘蔗中毒发生在北方。季节性因真菌繁殖、产毒的最适温度不同而异。发病率较高，病死率因真菌种类不同而有所差别。包括由黄曲霉毒素、镰刀菌毒素、黄变米毒素、展青霉毒素、杂色曲霉毒素、棕曲霉毒素、交链孢霉毒素等引起的食物中毒，以及霉变甘蔗和甘薯中毒、麦角中毒、毒蘑菇中毒等。

3. 化学性食物中毒

化学性食物中毒指摄入化学性有毒食品引起的食物中毒。季节性和地区性均不明显。发病率和病死率一般都较高。包括某些重金属或类金属化合物(如铅、砷等)、亚硝酸盐、甲醇、农药等引起的食物中毒。

4. 动物性食物中毒

动物性食物中毒指食入动物性有毒食品引起的食物中毒。发病率和病死率因动物性中毒食品种类不同而异，有一定的地区性。包括河豚，有毒贝类、鱼类(如鲐鱼)组胺，某些动物的肝脏等引起的食物中毒。

5. 植物性食物中毒

植物性食物中毒指食入植物性有毒食品引起的食物中毒。季节性、地区性比较明显。多散发，发病率、病死率因引起中毒的食品种类不同而异。包括四季豆、木薯、苦杏仁、发芽马铃薯、鲜黄花菜等引起的食物中毒。

10.1.4 消化道传染病的概念

食物中的一些病原微生物除可以引起食物中毒外，还可以通过消化道引起传染病。消化道传染病是由于食用了被病原微生物污染的食品经口侵入消化道所引起的疾病。常见的包括痢疾、伤寒、霍乱、病毒性腹泻等。这种传染病的病原体具有较强的致病力，仅少量的病原体即可引起疾病，并且人与人之间可以直接传染。食物中毒虽然也由病原微生物侵入消化道而引起发病，但侵入人体的病原菌必须有较大的菌量，人与人之间不会直接传染。消化道传染病的防控原则是：加强传染源管理；做好“三管一灭”(管饮食、管粪、管水及灭蝇)切断传播途径的工作；保护易感人群。

10.2 细菌与食品安全

摄入含有致病细菌及其毒素的食品可引起细菌性食物中毒，包括感染型、毒素型和混合型

3 种类型。引起此类中毒原因：①食品被污染：在屠宰或收割、运输、贮藏、销售过程中食品受到病原菌的污染；食品从业人员患肠道传染病、化脓性疾病及无症状带菌者，将致病菌污染到食品上；食品原料、半成品或成品受鼠、蝇、蟑螂等污染，将致病菌传播到食品中。②细菌繁殖：被病原菌污染的食品在较高的温度下存放，食品水分、pH 及营养条件满足病原菌大量生长繁殖并产生毒素。③食品在食用前未被彻底加热：污染食品未烧熟煮透或煮熟的食物受到生熟交叉污染或食品从业人员带菌者的污染。引起细菌性食物中毒的主要食品：主要是动物性食品，如肉、鱼、奶和蛋；其次是植物性食品，如剩饭、米糕、面类、发酵食品等。

细菌性食物中毒总体的预防原则：①加强食品安全的监督与管理，防止食品在加工、贮存、运输、销售过程中被污染；②低温保存食品，控制细菌繁殖和毒素形成；③食品加热充分，彻底杀灭病原菌和破坏毒素；④加强对食品从业人员的管理和安全培训，进行定期健康体检。

10.2.1 沙门氏菌与食品安全

沙门氏菌属（*Salmonella*）的细菌可引起感染型细菌性食物中毒。据国内外的统计资料表明，沙门氏菌食物中毒占细菌性食物中毒的 42.6%～60%。

10.2.1.1 病原的生物学特性

沙门氏菌属根据抗原构造分类，至今已发现有 2 610 个以上血清型菌株，分为 6 个亚属。我国已有 200 多个血清型。不同血清型菌株的致病力和侵染对象均不相同，已知的种型对人或对动物或对二者均有致病性。其中引起人类食物中毒的主要有鼠伤寒沙门氏菌（*Salmonella typhimurium*）、猪霍乱沙门氏菌（*Salmonella choleraesuis*）、肠炎沙门氏菌（*Salmonella enteritidis*）、纽波特沙门氏菌（*Salmonella newport*）、都柏林沙门氏菌（*Salmonella dublin*）、德尔比沙门氏菌（*Salmonella derby*）、山夫顿堡沙门氏菌（*Salmonella senftenberg*）、汤普逊沙门氏菌（*Salmonella thompson*）、鸭沙门氏菌（*Salmonella anatum*）等。其中前 3 种引起食物中毒次数最多。

1. 形态与染色特性

为革兰氏阴性两端钝圆的短杆菌，大小为(0.4～0.9)μm×(1～3)μm，无荚膜和芽孢，除鸡白痢和鸡伤寒沙门氏菌外，均有周鞭毛。

2. 培养特性

为需氧或兼性厌氧菌，在 10～42℃内均生长，最适生长温度为 37℃，生长的最适 pH 为 7.2～7.4。在普通营养培养基上生长良好，培养 18～24 h 后，形成中等大小、圆形、表面光滑、无色半透明、边缘整齐的菌落。从污水或食品中分离的沙门氏菌也有部分为粗糙型菌落。在肉汤培养基中呈均匀浑浊生长。各亚属沙门氏菌在选择性培养基上的菌落特征见表 10-1。

表 10-1 沙门氏菌不同选择性琼脂平板上的菌落特征

选择性琼脂平板	菌落特征
BS 琼脂	菌落为黑色有金属光泽、棕褐色或灰色，菌落周围培养基可呈黑色或棕色；有些菌株形成灰绿色的菌落，周围培养基不变
HE 琼脂	蓝绿色或蓝色，多数菌落中心黑色或几乎全部黑色；有些菌株为黄色，中心黑色或几乎全黑色

续表 10-1

选择性琼脂平板	菌落特征
XLD 琼脂	菌落呈粉红色，带或不带黑色中心，有些菌株可呈现大的带光泽的黑色中心，或呈现全部黑色的菌落；有些菌株为黄色菌落，带或不带黑色中心
沙门氏菌属显色培养基	按照显色培养基的说明进行判定

引自 GB 4789.4—2016.

3. 生化特性

本属细菌的各种或型的生化特性较一致。其一般特性是：发酵葡萄糖、麦芽糖、甘露醇和山梨醇产酸产气；不发酵乳糖、蔗糖和侧金盏花醇；靛基质、V-P、尿素酶、苯丙氨酸脱氨酶试验阴性，通常能产生 H_2S 和利用枸橼酸盐。在三糖铁琼脂内的生长可呈现多种反应结果，$\frac{\text{斜面/底层}}{\text{产气}/H_2S}$为$\frac{-/+}{+(-)/+(-)}$，$\frac{+/+}{+(-)/+(-)}$。沙门氏菌和大肠杆菌的生化特性鉴别见表 10-2。各亚属沙门氏菌的生化特性鉴别见表 10-3。

表 10-2 沙门氏菌和大肠杆菌的主要生化特性比较

菌名	葡萄糖	乳糖	麦芽糖	甘露醇	蔗糖	靛基质	MR	V-P	尿素酶	H_2S	枸橼酸盐
沙门氏菌	⊕	－	⊕	⊕	－	－	＋	－	－	＋	d
大肠杆菌	⊕	⊕	⊕	⊕	d	d	＋	－	－	－	－

引自何国庆，食品微生物学，2009. ⊕为产酸产气；＋为阳性；d 为大多数阳性；－为阴性。

表 10-3 沙门氏菌各生化群的鉴别

项目	Ⅰ	Ⅱ	Ⅲ	Ⅳ	Ⅴ	Ⅵ
卫矛醇	＋	＋	－	－	＋	－
山梨醇	＋	＋	＋	＋	＋	－
水杨苷	－	－	－	＋	－	－
ONPG	－	－	＋	－	－	－
KCN	－	－	－	＋	＋	－
丙二酸盐	－	＋	＋	－	－	－

引自 GB 4789.4—2016. ＋为阳性；－为阴性。

4. 抗原构造

本属细菌的抗原构造复杂，主要由菌体(O)抗原、鞭毛(H)抗原、表面(K)抗原 3 种组成。

(1)O 抗原　存在于菌体表面，其化学成分为多糖-类脂-蛋白质复合物(简称脂多糖)，多糖决定 O 抗原的特异性。O 抗原具耐热性，100℃耐受 2.5 h。目前至少有 67 种 O 抗原，以阿拉伯数字 1、2、3…顺序排列表示。每个沙门氏菌可含有一种或数种 O 抗原，不同沙门氏菌菌株可能含有相同的 O 抗原。O 抗原是沙门氏菌分群(组)依据，凡含有共同抗原成分的血清型归为一个群，可根据主要 O 抗原的不同，将沙门氏菌属分为 A、B、C_1、C_2、C_3、D、E_1、E_4、F 等 67 个血清群。对人类致病的沙门氏菌 99%均属于 A～E 群。

(2)H 抗原　存在于鞭毛中，其化学成分为蛋白质，对热不稳定，加热或用乙醇处理均被破坏。H 抗原有两个相：第一相抗原特异性较高，仅为少数沙门氏菌所独有，称为特异相，用英文小写字母 a、b、c... 表示。第二相抗原特异性较弱，为沙门氏菌所共有，称为非特异相，用阿拉伯数字 1、2、3…表示。同时有第一相和第二相 H 抗原的细菌称双相菌，仅有一相者称单相菌。H 抗原是沙门氏菌定型的依据。

(3)K 抗原　包括 Vi 抗原、M 抗原和 5 抗原。Vi 抗原又称毒力抗原，是一种不耐热的聚-*N*-乙酰-*D*-半乳糖醛酸的酸性多糖聚合物，60℃ 30 min 或石炭酸处理，或经多次传代培养后易消失。只有新分离的伤寒沙门氏菌、丙型副伤寒沙门氏菌（*S. paratyphi* C）和都柏林沙门氏菌具有此种抗原。Vi 抗原位于菌体的最表层，可保护沙门氏菌免受人体吞噬细胞的吞噬作用，以及保护细菌免受相应抗体和补体的溶菌作用。Vi 抗原存在时可阻止 O 抗原与相应的抗体发生凝集，故在沙门氏菌血清学鉴定时应加以注意，需事先加热破坏 Vi 抗原之后，才能出现凝集反应。

各种沙门氏菌分别具有 1～2 种或更多的 O 抗原和特定 H 抗原，在本属细菌的鉴别上具有重要意义。如鼠伤寒沙门氏菌的抗原结构式为 1、4、5、12∶i∶1、2，表示该菌含有 O 抗原 1、4、5、12 共 4 种，H 抗原第一相是 i，第二相是 1 和 2。

5. 抵抗力

本菌对热、消毒药及外界环境的抵抗力不强。水中存活 2～3 周，粪便中存活 1～2 个月，牛乳及肉类中存活数月，在冷冻、脱水、烘烤食品中存活时间更长，在冻肉中可存活 6 个月左右；盐浓度 9%以上可致死沙门氏菌；pH 为 9.0 以上和 pH 在 4.5 以下可抑制其生长，亚硝酸盐在较低 pH 下也能有效抑制；水经氯处理可将其杀灭。对胆盐和煌绿等染料有抵抗力，可用之制备沙门氏菌的选择性培养基。60℃ 20～30 min 即被杀死，100℃立即致死。当水煮或油炸大块鱼、肉、香肠时，若食品内部温度达不到足以使细菌杀死和毒素破坏的情况下，就会有活菌残留或毒素存在。

6. 致病因素

致病因素有 3 种：①侵袭力。沙门氏菌有菌毛，因而对肠黏膜细胞有侵袭力，有 Vi 抗原的沙门氏菌也具有侵袭力，能穿过小肠上皮细胞到达黏膜固有层。②内毒素。该属各菌株均具有较强毒性的内毒素，由脂类、多糖和蛋白质的复合物组成，被人体吞噬细胞吞噬并杀灭的沙门氏菌因细胞裂解释放内毒素，引起发热和中毒性休克等。③肠毒素。鼠伤寒沙门氏菌、肠炎沙门氏菌在适宜条件下代谢分泌肠毒素，此种肠毒素为蛋白质，在 50～70℃时可耐受 8 h，不被胰蛋白酶和其他水解酶所破坏，并对酸碱有抵抗力。

10.2.1.2　食物中毒原因、机理与症状

1. 食物中毒原因

引起中毒的必要条件是食品中含有大量活菌，食入活菌数量越多，发生中毒的机会就越大。一般来说，食入致病力强的沙门氏菌 2×10^5 CFU/g 即可发病，致病力弱的沙门氏菌 10^8 CFU/g 亦可发病。被沙门氏菌污染的食品在 20～37℃下放置较久，大量繁殖，如果加热杀菌不彻底，或者已加热杀菌彻底的熟食品再次被沙门氏菌污染，且贮存不当而使其大量繁殖，在食前又未加热或加热杀菌不彻底，极易引起食物中毒。

2. 中毒机理

当沙门氏菌随食物进入消化道后，可在小肠和结肠内继续繁殖，附于肠黏膜或侵入黏膜及黏膜下层，在其内毒素和肠毒素的参与下，引起肠黏膜的充血、水肿、组织炎症，经淋巴系统进入血液，出现菌血症，引起全身感染。由于中毒是摄食一定量活菌及其在人体内生长繁殖所引起，故该菌引起的食物中毒属感染型。

3. 中毒症状

主要表现为急性胃肠炎。潜伏期一般 6～12 h，长者达 24 h，表现头痛、恶心、脸色苍白、出冷汗，继而出现呕吐、腹泻、体温升高，并有水样便，有时带脓血黏液，重者出现寒战、抽搐和昏迷等。病程一般 3～7 d，一般愈后良好，病死率常常低于 1%。

10.2.1.3 病菌来源与预防

1. 引起中毒的食品

主要是动物性食品。尤其是肉类（如病死畜禽肉、酱卤肉、腌制肉、熟内脏等），其次是鱼类、乳类、蛋类及其制品。豆制品和糕点引起沙门氏菌食物中毒较少发生。沙门氏菌污染食品后由于不分解蛋白质，使其感官变化不明显。

2. 污染途径

①沙门氏菌污染肉类有两种途径：一是内源性污染，是指畜禽在宰杀前已感染沙门氏菌；二是外源性污染，是指畜禽在屠宰、加工、运输、贮藏、销售的各环节被带沙门氏菌的粪便、容器、污水等污染，尤其是熟肉制品常受生肉中沙门氏菌的交叉污染。

②蛋类及其制品感染或污染沙门氏菌的机会较多，尤其是鸭、鹅等水禽及其蛋类带菌率比鸡高。除原发和继发感染使卵巢、卵黄、全身带菌外，禽蛋在经泄殖腔排出时，蛋壳表面可在肛门内被沙门氏菌污染，并可通过蛋壳气孔侵入蛋内。

③带菌奶牛产的乳中有时含沙门氏菌，即使健康奶牛挤的乳亦可受到带菌奶牛的粪便或其他污染物的污染，故鲜乳及其制品未彻底消毒也可引起食物中毒。

④水产品通过水源被污染，使淡水鱼、虾有时带菌。最近报道，从进口冷冻带鱼中检出沙门氏菌。此外，带菌人的手、鼠类、苍蝇、蟑螂等接触食品，也可成为污染源。

3. 预防措施

(1)防止食品原料和成品被污染　加强对食品生产企业的卫生监督及家畜、家禽宰前和宰后兽医卫生检验，并按有关规定进行处理。屠宰时，要特别注意防止畜禽胴体受到胃肠内容物、皮毛、容器等污染。禁止家畜家禽进入厨房和食品加工室，彻底消灭厨房、操作间、食品贮藏室和食堂、餐厅等处的老鼠、苍蝇和蟑螂及其他昆虫，并严禁食用病死和死因不明的家畜、家禽。食品加工、销售、集体食堂和饮食行业的从业人员，应严格遵守有关卫生制度，特别要防止生熟食品交叉污染，如熟肉类制品被生肉或盛装的容器污染，切生肉和熟食品的刀、菜墩要分开。并对上述从业人员定期进行健康和带菌检查，如有肠道传染病患者及带菌者应及时调换工作。

(2)控制生长繁殖　由于沙门氏菌于 20℃以上能大量繁殖，于 4～5℃低温贮藏食品是预防中毒的重要措施。在食品加工厂、食品销售网店、集体食堂均应有冷藏设备，并按照食品低温保藏的卫生要求贮藏食品。肉、鱼等加入适当浓度的食盐也可控制沙门氏菌的繁殖。

(3)食前彻底加热杀菌　杀菌是预防食物中毒的关键措施。为彻底杀死肉类中可能存在的各种沙门氏菌,灭活毒素,应使肉块(1 kg 以下)深部温度到达 80℃,并持续 12 min;鸡蛋、鸭蛋应煮沸 8～10 min;剩菜饭食前应充分加热,以彻底杀死沙门氏菌。

10.2.1.4　伤寒与副伤寒

沙门氏菌属的病原菌除引起食物中毒外,还可引起严重的消化道传染病。其病原菌为沙门氏菌属的第 1 群,即伤寒沙门氏菌(*Salmonella typhi*),副伤寒沙门氏菌(*Salmonella paratyphi*)甲、乙和丙型。传染源多为病人和无症状带菌者。病菌随病人和带菌者的粪尿排出体外,通过污染的食物、饮水、手、食具或经蝇、蟑螂等媒介污染食物,经口感染,侵入肠道后,穿过小肠黏膜,在肠系膜集合淋巴结处不断繁殖,并释放出内毒素,细菌进入血液,引起全身性感染。患病者症状:发病大多数徐缓,潜伏期 3～42 d,病人出现高热、皮疹、相对脉缓、肝脾肿大、神经系统中毒症状,严重者有合并征,包括肠穿孔、血栓性静脉炎、胆囊炎、肺炎或肺脓肿等,死亡率 2%～10%。整个患病期间所排出的粪便都有传染性,以发病后 2～4 周内传染性最强。大约有 3%的伤寒病人可发展成为慢性带菌者。一般情况下,副伤寒的临床症状要比伤寒轻、病程也较短,经及时治疗愈后良好。带菌者可分为恢复期带菌和健康带菌,患过伤寒的人的带菌现象极为普遍,恢复期持续排菌达 3 个月以上,长期带菌可达数年。带菌者因流动频繁会造成病菌扩大散布的危险。食物或水源污染可导致暴发流行。

10.2.2　葡萄球菌与食品安全

葡萄球菌属(*Staphylococcus*)的细菌可引起毒素型细菌性食物中毒,在我国是一种较为常见的食物中毒病原菌。

10.2.2.1　病原的生物学特性

葡萄球菌属按产生脂溶性色素的不同分为金黄色葡萄球菌(*Staphylococcus aureus*)、柠檬色葡萄球菌(*Staphylococcus citreus*)和白色葡萄球菌(*Staphylococcus albus*)。1974 年,葡萄球菌属根据生理生化特征分为金黄色葡萄球菌、表皮葡萄球菌(*Staphylococcus epidermidis*)和腐生葡萄球菌(*Staphylococcus saprophyticus*)。1996 年,归类于葡萄球菌属的菌株有 31 种,其中与食品有关的菌株有 18 个种和亚种。金黄色葡萄球菌是与食物中毒有关的重要菌种。

1. 形态与染色特性

为革兰氏阳性球菌,直径为 0.5～1.5 μm,堆积呈葡萄状排列。无芽孢、无鞭毛,有时形成荚膜或黏液层。致病性葡萄球菌一般较非致病性菌小。

2. 培养特性

大多数葡萄球菌为需氧或兼性厌氧菌,在 20%二氧化碳的环境中有利于毒素的产生。对营养要求不高,在普通培养基上生长良好,最适生长温度为 37℃,最适 pH 为 7.2～7.4,pH 在 4.2～9.8 之间均可生长,某些菌株耐盐性强,在 10%～15%氯化钠培养基上可生长。

在普通琼脂平板上,经 18～24 h 培养后,形成圆形隆起、边缘整齐、表面光滑、湿润、不透明的菌落,直径 1～2 mm,不同菌株可产生不同色素,出现金黄色、白色、柠檬色。在血平板上多数致病性菌株出现 β-溶血环,非致病性葡萄球菌则无溶血现象。在普通肉汤中培养 24 h 后均匀浑浊,2～3 d 后能形成菌膜,在管底则形成多量黏稠沉淀。在却甫曼氏平板上,因分解甘露醇而呈黄色,菌落较小。在 Baird-Parker 平板上的菌落呈灰色到黑色,边缘色淡,周围为一浑浊带，在其外层有一透明带。

3. 生化特性

本属细菌的生化反应并不恒定。一般为 MR 阳性，V-P 为弱阳性，靛基质试验阴性，还原硝酸盐，分解尿素产氨，凝固牛乳或被胨化、能产生氨和少量硫化氢，致病菌株可产生凝血浆酶。3 种葡萄球菌的主要生物学性状比较见表 10-4。

表 10-4　3 种葡萄球菌的主要生物学性状

菌种	菌落色素	凝固酶	核酸酶	甘露醇	溶血性	致病性
金黄色葡萄球菌	金黄色	+	+	+	+	强
表皮葡萄球菌	白色	—	—	—	可变	弱
腐生葡萄球菌	白色或柠檬色	—	—	+	—	无

引自江汉湖，食品微生物学，2005. +为阳性；—为阴性。

4. 抵抗力

本菌对外界的抵抗力较强，是不产芽孢细菌中最强的。80℃、30 min 可杀死；在干燥的脓汁和血液中可存活数月；能耐冷冻环境；耐盐性很强，15%以上食盐的食品中才被抑制；在 pH 为 4.5 时也能生长；耐 40%的胆汁。

5. 抗原结构

一般具有蛋白质和多糖类两种抗原。蛋白质抗原存在于菌体表面，称为葡萄球菌 A 蛋白(Staphylococcal protein A，SPA)，为完全抗原，具有种属特异性，无型特异性。多糖类抗原为半抗原，具有型特异性。

6. 致病因素

葡萄球菌的致病力取决于产生毒素和酶的能力。致病菌株能产生溶血毒素、杀白细胞毒素、肠毒素、溶纤维蛋白酶、透明质酸酶、血浆凝固酶、耐热核酸酶等。与食物中毒有密切关系的主要是其中的肠毒素。

50%以上的金黄色葡萄球菌的菌株能产生肠毒素，并且一个菌株能产生两种或两种以上肠毒素。肠毒素是结构相似的一组可溶性蛋白质，由单个无分枝的多肽链组成，分子质量为 25 000～35 000 u。其抗原成分是耐热性的蛋白质和多糖。根据抗原性不同，可将肠毒素分为 A、B、C_1、C_2、C_3、D、E、F 和 H 共 9 种，其中 A 型肠毒素毒力最强，人一般摄入 1 μg/kg 即能引起中毒，故 A 型肠毒素引起的食物中毒最常见。D 型毒力较弱，人摄入 25 μg/kg 才引起中毒。该毒素是一种外毒素，具有耐热性，可以经 100℃、30 min 不被破坏，须 100℃、2 h 才完全破坏，这是葡萄球菌肠毒素的最大特点。其他如溶血素、杀白细胞素等 100℃、10 min 或 80℃、20 min 就可丧失毒性。

10.2.2.2　食物中毒原因、机理与症状

1. 食物中毒原因

产生肠毒素的葡萄球菌污染食品，开始活菌数量一般不多，只有在适宜生长和产毒条件下(20～37℃，适宜 pH，食品中的水分、蛋白质和淀粉充足)长时间放置，大量繁殖使菌数达到 10^5～10^6 CFU/g 时，才能产生足够数量的肠毒素引起食物中毒。

肠毒素的产生与食品受污染程度、食品存放的温度、食品的种类和性质等有密切关系。一般食品污染越严重，适宜生长的温度越高，繁殖速度越快，越易产生肠毒素，而且产生肠毒素的时间越短。例如薯类、谷类和乳类食品中污染的葡萄球菌在 20～37℃下经 4～8 h 就有肠毒素产生，而在 5～6℃时，则需 18 d 才能产生肠毒素。一般而言，含淀粉、蛋白质丰富、A_w 较高的食品，如含奶点心、冰淇淋、熟肉及内脏、蛋类、鱼类，含油脂较多的罐头类食品等受葡萄球菌污染后易形成肠毒素。

2. 中毒机理

单纯摄食葡萄球菌菌体不会引起中毒，中毒主要由摄入葡萄球菌产生的肠毒素而引起。当肠毒素随食物进入人体消化道，被吸收后进入血液，会刺激中枢神经系统引起中毒反应。肠毒素作用于迷走神经的内脏分枝而致呕吐；作用于肠道使水分的分泌与吸收失去平衡而致腹泻。

3. 中毒症状

潜伏期一般 1～5 h。主要表现为急性胃肠炎症状，恶心、呕吐（多者可达 10 余次）、中上腹痛和腹泻，以呕吐最为显著。伴有头痛、发冷，体温一般正常或有低热。病程 1～2 d，愈后良好。

10.2.2.3　病菌来源与预防

1. 引起中毒的食品

主要有奶类、肉类、蛋类、鱼类及其制品等动物性食品。此外，凉糕、凉粉、剩米饭、米酒等也可引起中毒。国内以奶和奶制品以及奶制品的冷饮和奶油糕点等最常见。近年来，由熟鸡、鸭制品污染引起的中毒增多。

2. 污染途径

本菌分布于空气、土壤、水和食具中，其主要污染源是人和动物。多数葡萄球菌食物中毒是由患局部化脓性皮肤病、急性上呼吸道感染（鼻窦炎、化脓性咽炎、口腔疾病等）的食品从业人员，在生产加工过程中污染了加工后的食品所致；或食入了患乳房炎的奶牛的乳汁所致。一般健康人的咽喉、鼻腔、皮肤、手指甲、肠道内带菌率为 20%～30%。据报道，屠宰后鸡体表面带菌率为 43.3%，鸭体表带菌率为 66.6%。

3. 预防措施

（1）防止食品原料和成品被污染　①防止葡萄球菌污染原料奶，定期对健康奶牛的乳房进行检查，患乳房炎乳不能用于加工乳与乳制品；②患局部化脓性感染的畜、禽胴体应按病畜、病禽肉处理，将病变部位除去后，再经高温处理才可加工熟肉制品；③食品加工的设备、用具，使用后应彻底清洗杀菌；④严格防止肉类、含奶糕点、冷饮食品和剩菜剩饭等受到致病性葡萄球菌的污染；⑤防止带菌人群对食物的污染，定期对食品从业人员进行健康检查，患局部化脓性感染、上呼吸道感染者应暂时调换工作。

（2）防止葡萄球菌的生长与产毒　①控制食品贮藏温度，防止该菌生长和产毒的重要条件是低温和通风良好，建议 4℃以下冷藏食品或置阴凉通风处，但不应超过 6 h（尤其是夏秋季），挤好的牛乳应迅速冷却至 10℃以下。②控制食品 A_w。由于食品 $A_w<0.83$ 时该菌不生长，$A_w<0.90$ 时不产毒素，可通过干燥、加盐和糖以降低食品 A_w 在 0.83 以下防止其生长和产毒。

(3)食品的杀菌处理　在肠毒素产生之前及时加热杀死已污染食品的葡萄球菌。剩菜剩饭最好采取双重加热法，即加热后置低温通风处存放，食前再次加热。加热虽可杀死葡萄球菌，但难以破坏肠毒素，因此，在实践上防止该菌食物中毒的措施主要靠前两种方法。

10.2.3　致病性大肠埃希氏菌与食品安全

埃希氏菌属(*Escherichia*)，俗称大肠杆菌属，包括非致病性 *E. coli* 和致病性 *E. coli*。前者是人及动物的肠道正常菌群，后者引起食物中毒。

10.2.3.1　病原的生物学特性

1. 形态与染色特性

为革兰氏阴性、两端钝圆的短杆菌，大小为(0.4～0.7)μm×(2～3)μm，有时为卵圆形。本菌为周毛菌、能运动，有菌毛，不产生芽孢，许多菌株有荚膜。

2. 培养特性

本菌为需氧或兼性厌氧菌，对营养要求不高，在 10～50℃内均能生长，最适生长温度为37℃，最适 pH 为 7.2～7.4。在普通琼脂上形成圆形、凸起、光滑、湿润、半透明的或接近无色的中等大光滑型菌落，但也可形成干燥、表面粗糙、边缘不整齐、较大的粗糙型菌落。在血平板上部分菌株出现 β-溶血环。在鉴别培养基上长出不同的菌落：在麦康凯琼脂上形成红色菌落；在伊红美兰琼脂上形成带金属光泽的紫黑色菌落；在远藤氏琼脂上形成带金属光泽的红色菌落；在 SS 琼脂上多数不生长，少数生长的细菌形成红色菌落。在肉汤中培养 18～24 h 后均匀浑浊，继续培养后管底可出现黏性沉淀。

3. 生化特性

本菌的菌型复杂、数量多，大多数菌株生化特性比较一致，但不典型菌株的生化特性不规则。一般菌株的生化特性为：发酵葡萄糖、乳糖、麦芽糖、甘露醇产酸产气；各菌株对蔗糖、卫矛醇、水杨苷发酵结果不一致；赖氨酸脱羧酶试验阳性，苯丙氨酸脱羧酶试验阴性；硫化氢、明胶液化、尿素酶、氰化钾试验阴性。大肠杆菌的 IMViC 试验结果是靛基质(I)和甲基红(MR)试验阳性，伏-普(V-P)和枸橼酸盐(C)利用试验阴性。利用 IMViC 试验可快速鉴别大肠杆菌与产气肠杆菌。

4. 抵抗力

E. coli 于 60℃、30 min 或者煮沸数分钟即被杀死。在自然界生存能力较强，于室温下可存活数周，土壤和水中可存活数月，于冷藏的粪便中存活更久。对氯气敏感，于 0.5～1 mg/L 氯含量的水中很快死亡。

5. 抗原构造

致病性与非致病性 *E. coli* 在形态、培养特性和生化特性上不易区别，只能以不同的抗原构造来鉴别。大肠杆菌的抗原结构十分复杂，主要有 O、K、H 抗原。已发现有 171 种 O 抗原，103 种 K 抗原，60 种 H 抗原。O 抗原存在于菌体细胞壁，其化学组成为脂多糖(LPS)，对热稳定，经 121℃处理 2 h 不被破坏。每一血清型只含 1 种 O 抗原。K 抗原指细菌外部的荚膜物质，根据 K 抗原对热的敏感性，可分为 A、B、L 3 类。A 为高度耐热抗原，经 121℃、2 h 处理后才能破坏其抗原性，但仍保留其与相应抗体结合的能力。L、B 抗原之间的免疫原性和凝集性的差异是：L 抗原对抗体的结合能力可因 100℃加热 1 h 破坏，B 抗原经 100℃加热 1 h 破坏，但仍保留其与相应抗体结合的能力。H 抗原即鞭毛抗原，一种大肠杆菌血清型只含一种 H 抗原。各种抗原均以阿拉伯数字表示。根据 O 抗原的不同区分 *E. coli* 的血清群，再以 H、K 抗原进一步区分血清型或亚型。根据对 *E. coli* 抗原的鉴定，可确定 *E. coli* 的抗原结构式，例如，$O_{111}:K_{58}:H_2$ 和 $O_{157}:H_7$ 等。

6. 致病因素

目前已知的致病性 *E. coli* 有 5 种类型。

(1)肠道致病性大肠埃希氏菌(enteropathogenic *E. coli*，EPEC)　该菌为婴幼儿、儿童引起腹泻或胃肠炎的主要病原菌，不产生肠毒素。有特定的血清型(表 10-5)。

表 10-5　致病性大肠埃希氏菌所包括的 O 抗原

大肠埃希氏菌的种类	所包括的 O 抗原群
EPEC	O_{26}、O_{55}、O_{111ab}、O_{114}、O_{119}、O_{125ac}、O_{127}、O_{128ab}、O_{142}、O_{158} 等
ETEC	O_6、O_{11}、O_{15}、O_{20}、O_{27}、O_{63}、O_{78}、O_{85}、O_{114}、O_{115}、O_{126}、O_{128ac}、O_{149}、O_{159}、O_{166}、O_{167} 等
EIEC	O_{28ac}、O_{29}、O_{115}、O_{124}、O_{135}、O_{136}、O_{143}、O_{144}、O_{152}、O_{164}、O_{167} 等
STEC/EHEC	O_{157}、O_4、O_{26}、O_{45}、O_{91}、O_{103}、O_{104}、O_{111}、O_{113}、O_{121}、O_{128} 等
EAEC	O_9、O_{62}、O_{73}、O_{101}、O_{134} 等

引自 GB/T 4789.6—2016.

(2)肠道毒素性大肠埃希氏菌(enterotoxigenic *E. coli*，ETEC)　该菌为婴幼儿、旅游者引起腹泻的常见病原菌，能产生两种引起强烈腹泻的肠毒素。一种是耐热性肠毒素(ST)，经 100℃、20 min 不被破坏，经 30 min 才被破坏；121℃、30 min 失去毒性。另一种是不耐热肠毒素(LT)，经 60℃、30 min 即被破坏。其产生肠毒素的性能由质粒控制。质粒的传递可使不产毒的菌株获得产毒能力。有特定血清型(表 10-5)。

(3)肠道侵袭性大肠埃希氏菌(enteroinvasive *E. coli*，EIEC)　该菌通常为新生儿和 2 岁以内的婴幼儿引起腹泻的病原菌，所致疾病类似细菌性痢疾。较少见，不产肠毒素。有特定血清型(表 10-5)。

(4)肠道出血性大肠埃希氏菌(enterohemorrhagic *E. coli*，EHEC)　该菌为儿童引起出血性结肠炎的主要病原菌。有特定的 50 多个血清型(表 10-5)，主要是 $O_{157}:H_7$ 等。能产生 Vero 细胞出血毒素，毒力最强，可破坏人体红细胞、血小板和肾脏组织，并引起肠出血。据报道，只要感染剂量为 10 CFU/g 的 *E. coli* $O_{157}:H_7$ 即可引起中毒(表 10-5)。

(5)肠道黏附性大肠埃希氏菌(enteroadherent *E. coli*，EAEC)　该菌又称肠道凝集性大肠埃希氏菌(enteroaggregative *E. coli*，EAggEC)，是引起婴幼儿持续性腹泻的病原菌。主要致病机制是对肠细胞的黏附作用，其毒力因子被认为是菌毛与 ST 样毒素。

10.2.3.2　食物中毒原因、机理与症状

1. 食物中毒原因

致病性 *E. coli* 引起食物中毒一般与人体摄入的活菌量有关，只有食品中菌数在 10^7 CFU/g 以上(但 *E. coli* $O_{157}:H_7$ 除外)，才可使人致病。其中毒原因同沙门氏菌。

2. 中毒机理

当致病性 *E. coli* 进入人体消化道后，ETEC可在小肠内继续繁殖并产生肠毒素。肠毒素被吸附于小肠上皮细胞的细胞膜上，激活上皮细胞膜中腺苷酸环化酶的活性，在该酶作用下，将ATP 环化产生过量的 cAMP，cAMP 是刺激分泌的第二信使，cAMP 浓度的升高导致细胞分泌功能改变，使细胞对 Na^+ 和水的吸收抑制而对 Cl^- 的分泌亢进，从而导致 Na^+、Cl^-、水在肠管潴留引起腹泻。其病理变化与霍乱相似。EIEC 可以侵入结肠黏膜的上皮细胞，并在上皮细胞内大量繁殖，引起肠壁溃疡，影响水和电解质的吸收，从而导致腹泻，其病理变化与志贺氏菌相似。

3. 中毒症状

5 种类型的致病性 *E. coli* 引起的食物中毒症状见表 10-6。

表 10-6 5 种致病性 *E. coli* 引起的食物中毒症状比较

致病性 *E. coli* 类型	中毒症状
EPEC	腹泻或胃肠炎。潜伏期 17～72 h，水样腹泻、腹痛、发烧。病程 6 h～3 d
ETEC	急性胃肠炎。潜伏期 10～15 h，短者 6 h，长者 72 h，呕吐、腹泻、上腹痛，伴有发热 38～40℃、头痛等症状。部分患者腹部绞痛。粪便呈水样或米汤样，每日 4～5 次。呕吐、腹泻严重者可出现脱水，甚至循环衰竭。病程 3～5 d
EIEC	菌痢。潜伏期 48～72 h，腹泻、腹痛、脓黏液血便、里急后重、发热 38～40℃，部分病人呕吐。病程 1～2 周
EHEC	出血性结肠炎。潜伏期 3～9 d，前期为腹部痉挛性疼痛和短时间的自限性发热、呕吐，1～2 d 内出现非血性腹泻，后导致出血性结肠炎、突发性严重腹痛和便血。约有10%发展为肾出血，引起急性肾衰。在小儿中常导致溶血性尿毒综合征
EAEC	婴幼儿急性或慢性腹泻，伴有脱水

引自刘慧，现代食品微生物学，2004.

10.2.3.3 病菌来源与预防

1. 引起中毒的食品

基本与沙门氏菌相同，主要是肉类、乳与乳制品、水产品、豆制品、蔬菜，尤其是肉类和凉拌菜。从现有资料看，不同类型致病性 *E. coli* 涉及的中毒食品不同(表 10-7)。

表 10-7 不同致病性 *E. coli* 涉及的常见中毒食品比较

致病性 *E. coli* 类型	常见的中毒食品
EPEC	水、猪肉、肉馅饼
ETEC	水、奶酪、水产品
EIEC	水、奶酪、土豆沙拉、罐装鲑鱼
EHEC	生的或半生的牛肉和牛肉糜(馅)、发酵香肠、生牛乳、酸奶、苹果酒、苹果汁、色拉油和拌凉菜、水、生蔬菜(豆芽、白萝卜芽)、汉堡包、三明治

引自江汉湖，食品微生物学，2005.

2. 污染途径

致病性 *E. coli* 主要寄居于人和动物肠道中，随粪便污染水源、土壤成为次级污染源。受污染的土壤、水、带菌者的手、蝇和不洁的器具等污染食品。健康人肠道致病性 *E. coli* 带菌率一般为 2%～8%，高者达 44%；成人肠炎和婴儿腹泻患者的致病性 *E. coli* 带菌率较健康人高，为 29%～52.1%。餐具致病性 *E. coli* 检出率为 0.5%～1.6%。食品中致病性 *E. coli* 检出率低者在 1%以下，高者达 18.4%。猪、牛的致病性 *E. coli* 检出率为 7%～22%。

3. 预防措施

(1)防止食品原料和成品被污染　防止动物性食品被带菌的人和动物，以及污水、不洁的容器和用具等污染。凡是接触过生肉、生内脏的容器和用具等要及时洗刷、消毒，应特别防止生熟食品直接或间接的交叉污染和食品加工好后的污染。注意熟食存放环境的卫生，加强防蝇设施。在屠宰和加工食用动物时，避免粪便污染。

(2)低温冷藏　对生肉、熟食品和其他动物性食品应置于 4～5℃低温贮藏。无冷藏设备时，尽量将食品置于阴凉通风处，但存放时间不宜过长。

(3)食前彻底加热杀菌　由于致病性 *E. coli* 对热较敏感，故正常的烹调温度即可杀死。对于酱肉、熟肉、杂样等熟肉类食品食用前应回锅充分加热；生肉类在加工烹调中亦应充分加热，烧熟煮透，避免吃生的或半生的肉类、禽类制品。消费者应避免食用未经回锅加热的凉拌菜、剩菜饭等和饮用未经巴氏消毒的牛奶或果汁。为了预防 *E. coli* $O_{157}:H_7$ 食物中毒的发生，在用牛肉泥制作馅饼时，推荐馅饼的中心加热温度至少达到 68.3℃维持 15 s；汉堡包中心温度要达到 68.3～71.1℃才可安全食用。烹调之后，汉堡包和其他肉类食品(肉类、禽类和海产品)在 4.4～60℃下不能存放 3 h 以上。

10.2.4　变形杆菌与食品安全

变形杆菌食物中毒是一种较为常见的感染型细菌性食物中毒，有时为混合型食物中毒，即胃肠炎型和过敏型。

10.2.4.1　病原的生物学特性

变形杆菌属(*Proteus*)属于肠杆菌科，包括普通变形杆菌(*P. vulgaris*)、奇异变形杆菌(*P. mirabilis*)和产黏变形杆菌(*P. myxofaciens*)。引起食物中毒以普通变形杆菌、奇异变形杆菌较为多见。

1. 形态与染色特性

具有周鞭毛，运动性强，无荚膜、无芽孢的革兰氏阴性杆菌，大小、形态不一，从球杆状到长丝状，呈明显的多形性。

2. 培养特性

为需氧或兼性厌氧菌，在普通营养琼脂上生长良好，在固体培养基上普通变形杆菌和奇异变形杆菌常扩散生长，形成一层波纹薄膜，称为迁徙生长现象。如在培养基中加入 0.1%石炭酸或 0.4%硼酸，或将琼脂浓度提高到 6%或培养温度提高到 40℃，可抑制其扩散生长而得到单个菌落。在 10～43℃均可生长，最适温度为 20℃。在 SS 琼脂上形成圆形、扁平、半透明的无色菌落，产生硫化氢的菌株菌落中心呈黑色，易与沙门氏菌或志贺氏菌菌落混淆。在血平板上出现溶血现象。在肉汤中均匀浑浊，表面可形成菌膜。

3. 生化特性

变形杆菌不分解乳糖，能分解葡萄糖产酸产气。具有苯丙氨酸脱氨酶，MR 试验阳性，能迅速分解尿素。除奇异变形杆菌外，都产生靛基质，能在KCN培养基上生长。变形杆菌属的种间生化特性鉴定见表10-8。

表10-8 变形杆菌属的种间鉴别生化特性

项目	普通变形杆菌	奇异变形杆菌	产黏变形杆菌
V-P	－	d	＋
吲哚	＋	－	－
鸟氨酸脱羧酶	－	＋	－
麦芽糖	＋	－	－
肉汤中产黏液	－	－	＋

引自苏世彦，食品微生物检验手册，1998. ＋为阳性；d为大多数阳性；－为阴性。

4. 抗原构造

变形杆菌属根据O抗原分群，再以H抗原分型。可将普通和奇异变形杆菌统一分为49个O抗原群和19个H抗原，其中普通变形杆菌有17个O抗原，奇异变形杆菌有37个O抗原，另5个O抗原为两个菌株共有。荚膜(K)抗原已在普通和奇异变形杆菌中发现。变形杆菌属的O抗原与大肠杆菌和沙门氏菌O抗原间亦有交叉反应。

5. 抵抗力

本菌的抵抗力中等，与沙门氏菌类似，对巴氏消毒及常用消毒药物敏感。

6. 致病因素

有的菌株具有侵袭力，可在人的肠道内增殖，另一些菌株可产生肠毒素。

10.2.4.2 食物中毒原因、机理与症状

1. 食物中毒原因

食入带有侵袭力的活菌或肠毒素的食品，可引起食物中毒。

2. 中毒机理

摄入大量不产毒的致病性变形杆菌，可在肠内繁殖引起感染；摄入肠毒素后可使食用者发生急性胃肠炎。

3. 中毒症状

感染型中毒症状：一般潜伏期3～20 h，突发腹痛，继而腹泻，重症患者水样便中伴有黏液和血液，体温38～40℃，通常1～3 d内可痊愈。毒素型中毒症状：呕吐、腹泻、头痛、全身无力、肌肉酸痛等。

10.2.4.3 病菌来源与预防

1. 引起中毒的食品

主要是动物性食品，如熟肉类、熟内脏、熟蛋品、水产品等。豆制品、凉拌菜、剩饭和病死的家畜肉也可引起中毒。

2. 污染途径

该菌为腐败菌，存在于土壤、污水、植物、人和动物的肠道中。健康人肠道带菌率1.3%～

10.4%，其中 52%～76.9%为奇异变形杆菌，腹泻病患者带菌率高达 13.3%～52.0%；动物带菌率为 0.9%～62.7%；食品的带菌率可达 3.8%～8.0%；生肉类和内脏带菌率较高，成为主要污染源。污染源可通过外源性和内源性途径导致食品（尤其是熟食）被污染。值得注意的是，变形杆菌不分解蛋白质，但可分解多肽类，熟肉类带有大量变形杆菌时，其感官性质可能没有腐败迹象，但食用后会引起食物中毒。

3. 预防措施

预防措施与沙门氏菌食物中毒基本相同。在此基础上，特别注意控制人类带菌者对熟食品的污染及食品加工烹调中带菌的生食物、容器、用具等对熟食品的污染。为此，食品企业应建立严格的卫生管理制度。

10.2.5　副溶血性弧菌与食品安全

副溶血性弧菌（*Vibrio parahaemolyticus*）属于弧菌属，又称为致病性嗜盐菌。它是分布极广的海洋性细菌，大量存在于海产品中，是沿海地区夏、秋季节（6～10 月）常见的食物中毒病原菌之一。

10.2.5.1　病原的生物学特性

1. 形态与染色特性

为革兰氏阴性、无芽孢、单端单生鞭毛的球杆菌，常呈多形性，表现为杆状、稍弯曲的弧状、棒状、球状或球杆状等。一般菌体两极浓染，中间稍淡，甚至无色，大小约为 0.6 μm×1.0 μm，有时呈丝状，其长度达 15 μm。在不同培养基上生长的细菌，其形态差异很大。

2. 培养特性

为需氧或兼性厌氧菌，但在厌氧下生长非常缓慢。对营养要求不高。最适生长温度 30～37℃，最适 pH 为 7.4～8.0，但 pH 为 9.5 时仍能生长，pH 低于 6 时停止生长。具有嗜盐特性，在含氯化钠 2%～4%的基质中生长最佳，当含盐量低于 0.5%或高于 8%时即停止繁殖。在固体培养基上形成圆形、隆起、稍浑浊、表面光滑、湿润的菌落；但继续传代后出现粗糙型菌落。在伊红美兰琼脂上不生长；某些菌株在麦康凯琼脂上也不生长，生长的菌株其菌落为圆形、平坦、半透明或浑浊，略带红色；在肉汤和蛋白胨水等液体培养基中均匀浑浊生长，形成菌膜。本菌的一个显著特征是：从患者分离的菌株在含有氯化钠的血琼脂培养基上出现 β 溶血带，称为"神奈川（Kanagawa）试验"阳性。

3. 生化特性

本菌能发酵葡萄糖产酸产气，发酵麦芽糖、甘露醇、蕈糖、淀粉、甘油和阿拉伯糖产酸不产气；不发酵乳糖、蔗糖、卫矛醇等。靛基质、MR、动力试验阳性，V-P、尿素酶试验阴性。赖氨酸及鸟氨酸脱羧酶阳性，精氨酸双水解酶阴性。副溶血性弧菌与其他弧菌的生化鉴别见表 10-9。

4. 抵抗力

本菌不耐热，65℃、30 min，75℃、5 min 或 80～90℃、1 min 可被杀死。不耐寒冷，0～2℃经 24～48 h 可死亡。对常用消毒剂抵抗力弱。对酸敏感，于普通食醋中 5 min 即死亡。在淡水中存活不超过 2 d，但在海水中能存活 47 d。

表 10-9　副溶血性弧菌主要性状与其他弧菌的鉴别

弧菌名称	氧化酶	赖氨酸	精氨酸	鸟氨酸	明胶	脲酶	V-P	42℃生长	蔗糖	*D*-纤维二糖	乳糖	阿拉伯糖	*D*-甘露糖	*D*-甘露醇	ONPG	嗜盐性试验 NaCl 含量/%				
																0	3	6	8	10
副溶血性弧菌	+	+	−	+	+	v	−	+	−	v	−	+	+	+	−	−	+	+	+	−
创伤弧菌	+	+	−	+	+	−	−	+	−	+	+	−	+	v	+	−	+	+	−	−
溶藻弧菌	+	+	−	+	+	−	+	+	+	−	−	−	+	+	−	−	+	+	+	+
霍乱弧菌	+	+	−	+	+	−	v	+	+	−	−	−	+	+	+	+	+	−	−	−
拟态弧菌	+	+	−	+	+	−	−	+	−	−	−	−	+	+	+	+	+	−	−	−
河弧菌	+	−	+	−	+	−	−	v	+	+	−	+	+	+	+	−	+	+	v	−
弗氏弧菌	+	−	+	−	+	−	−	−	+	−	−	+	+	+	+	−	+	+	+	−
梅氏弧菌	−	+	+	−	+	−	+	v	+	−	−	−	+	+	+	−	+	+	v	−
霍利斯弧菌	+	−	−	−	−	−	−	nd	−	−	−	+	+	−	−	−	+	+	−	−

引自 GB 4789.7—2013. +为 90%以上阳性；−为 90%以上阴性；nd 为未试验；v 表示可变。

5. 抗原构造

本菌具有耐热的菌体(O)抗原、不耐热的表面(K)抗原和鞭毛(H)抗原。O 抗原 100℃经 2 h 处理仍可保持抗原性。采用凝集试验将该菌分为 13 种 O 抗原，是分群的依据。K 抗原存在于菌体表面，不耐热，100℃经 1～2 h 失去抗原性，能阻止 O 抗原发生凝集，共有 68 种 K 抗原。H 抗原为不耐热的蛋白抗原，其稳定性和特异性均不理想，因此未用其进行分类。以 13 种 O 诊断血清和 68 种 K 诊断血清用玻片凝集法将该菌分为 5 个群(A、B、C、D、E 群)和 845 个以上的血清型。

6. 致病因素

用于检测副溶血性弧菌潜在毒性的体外试验是"神奈川现象"。多数副溶血性弧菌的毒性菌株为阳性(K^+)，多数非毒性菌株呈阴性(K^-)。K^+ 菌株能产生耐热性(100℃ 10 min 不被破坏)的溶血毒素(Vp-TDH)，它由 2 个亚单位组成毒素蛋白，分子质量为 42 000 u，具有溶血、细胞毒、心脏毒、肝脏毒及致腹泻作用。

10.2.5.2　食物中毒原因、机理与症状

1. 食物中毒原因

中毒原因是食入了含有 10^6 CFU/g 以上的致病性活菌和一定量溶血毒素的食品。受该菌污染的海鲜产品在较高温度下存放，可在几小时内达到引起中毒的活菌数。例如，刚捕捞的鲜墨鱼的菌数为 10～100 CFU/g，经 30℃ 2 h 或 37℃ 1.5 h 贮存，其菌数高达 10^4 CFU/g。如果人食入 100 g 含菌数 10^4 CFU/g 的墨鱼即可引起中毒。如果在食用前不加热(生吃)，或加热不彻底(如海蜇、海蟹、黄泥螺、毛蚶等)，或熟制品受到带菌者、带菌生食品、带菌容器及工具等的污染，即可引起暴发性食物中毒。

2. 中毒机理

活菌进入肠道侵入黏膜引起肠黏膜的炎症反应，同时产生 Vp-TDH，作用于小肠壁的上

皮细胞,使肠道充血、水肿,肠黏膜溃烂,导致黏液便、脓血便等消化道症状,毒素进一步由肠黏膜受损部位侵入体内,与心肌细胞表面受体结合,毒害心脏。由于该菌食物中毒是病原菌对肠道的侵入和溶血毒素的协调作用所致,故是一种混合型食物中毒。

3. 中毒症状

潜伏期一般 11～18 h。表现为急性胃肠炎症状,如剧烈阵发性上腹部绞痛、恶心、呕吐、腹泻(频繁的黄水样便或脓血便)、发烧。一般愈后良好,死亡率很低。少数重症者出现严重腹泻脱水而虚脱,呼吸困难、血压下降而休克,如抢救不及时可死亡。

10.2.5.3 病菌来源与预防

1. 引起中毒的食品

主要是海产品,其中以墨鱼、竹荚鱼、带鱼、黄花鱼、螃蟹、海虾、贝蛤类、海蜇等居多,其次是咸菜、咸蛋、腌肉、熟肉类、禽肉及禽蛋、蔬菜等。在肉食品中,腌制品约占半数。据报道,海产品中,以墨鱼带菌率最高,为 93.0%,梭子蟹为 79.8%,竹荚鱼为 65.0%,带鱼、大黄鱼、海虾分别为 41.2%、27.3%、47.0%。熟盐水虾带菌率为 35.0%。咸菜带菌率为 15.8%。

2. 污染途径

海水、海产品、海盐、带菌者是污染源。人和动物被该菌感染后也可成为病菌的传播者。沿海地区饮食从业人员、健康人群及渔民带菌率为 0～11.7%,有肠道病史者带菌率为 31.6%～88.8%。沿海地区炊具带菌率为 61.9%。凡是带菌食品再接触其他食品,便造成其他食品污染。接触过海产鱼、虾的带菌厨具(砧板、切菜刀)、容器等,如果不经过洗涮消毒也可污染肉类、蛋类、禽类及其他食品。如果处理食物的工具生熟不分亦可污染熟食物或凉拌菜。

3. 预防措施

(1)防止食品被污染　在加工、运输等各环节,严禁生熟海鱼类混杂。夏季食用的其他生冷食品,应避免接触海产品。接触过生鱼虾的炊具和容器应及时洗刷、消毒,并且生、熟炊具要分开,防止生、熟食物交叉污染。带菌者未治疗痊愈前,不应直接从事食品加工。

(2)控制细菌繁殖　海产品或熟食品应置于 10℃以下冰箱或冷库中,做到冷链贮藏。

(3)食前彻底加热杀菌　对海产品、肉类食品烹调时要充分煮熟、烧透,防止里生外熟。煮海虾和蟹时,一般在 100℃,30 min。隔餐或过夜饭菜,食用前要回锅热透。

(4)最好不食用生或半熟的海产品　最好不食凉拌海产品。如生食某些凉拌海产品或蔬菜时,应充分洗净,并用食醋拌渍 10～30 min,再加其他调料拌匀食用;或经沸水焯烫 3～5 min,以杀灭食品中的病原菌。此外,为防止伤口被该菌感染,肢体有伤者应避免入海水。

10.2.6 肉毒梭菌与食品安全

肉毒梭菌(*Clostridium botulinum*)属于梭状芽孢杆菌属,在厌氧环境中分泌极强烈的神经毒素(肉毒毒素),引起毒素型细菌性食物中毒,病死率极高。

10.2.6.1 病原的生物学特性

1. 形态与染色特性

为革兰氏阳性杆菌,大小为(0.9～1.2)μm×(4.0～6.0)μm,两端钝圆,多单在,偶见成双或短链,具 4～8 根周鞭毛,能运动。芽孢为椭圆形,靠近菌体一端,呈球拍状,较菌体粗大。

2. 培养特性

本菌为严格厌氧菌，对营养要求不高，在普通琼脂上生长良好，最适生长温度为 28～37℃，pH 为 6～8，产毒的最适 pH 为 7.8～8.2。在普通琼脂上形成灰白色、半透明、边缘不整齐、呈绒毛状、向外扩散的菌落，直径为 3～5 mm；在血清琼脂上培养 48～72 h，形成中央隆起、边缘不整齐、灰白色、表面粗糙的绒球状菌落，培养 4 d 可达 5～10 mm；在血琼脂上的菌落周围有溶血区；在肉渣肉汤中呈均匀浑浊生长，其中肉渣可被 A、B 和 F 型菌消化溶解成烂泥状，并发黑，产生腐败恶臭味，从第 3 天起菌体下沉，肉汤变清。在肉渣和半固体培养基中生长可产生大量气体。于 pH 为 4.7 以下的酸性食品、低水分和含 8%～10%氯化钠的食品中不生长和不产毒。

3. 生化特性

能分解葡萄糖、麦芽糖、果糖产酸产气。能液化明胶和缓慢液化凝固血清。靛基质阴性、硫化氢阳性。各型肉毒梭菌的生化反应见表 10-10。

表 10-10　各型肉毒梭菌的生化反应

反应	A 型	B 型	C 型	D 型	E 型	F 型	G 型
葡萄糖发酵	+	+	−	−	+	+	−
麦芽糖发酵	+	+	(±)	(±)	(+)	+	−
乳糖发酵	−	−	−	(−)	−	−	−
蔗糖发酵	(±)	(±)	(±)	(±)	(±)	(±)	−
明胶液化	(+)	(+)	(±)	(±)	(±)	(+)	+
牛乳消化	+	(±)	−	−	−	(+)	+
靛基质产生	−	−	(−)	(−)	−	−	−

引自苏世彦，食品微生物检验手册，1998. +为阳性；−为阴性；(+)为多数阳性反应；(±)为多数阴性反应；(−)为少数阳性。

4. 抵抗力

本菌繁殖体的抵抗力一般，经 80℃、30 min 或 100℃、10 min 即被杀死。但其芽孢抗热。其中 A、B 型菌的芽孢抗热最强，于 180℃干热 5～15 min，121℃高压蒸汽灭菌 20～30 min 或 100℃、5～6 h 才能杀死。F 型菌的芽孢 100℃、10 min 可被杀死，E 型菌的芽孢 100℃、1 min 即死亡。

5. 抗原构造

根据肉毒毒素的抗原性，肉毒梭菌已有 A、B、C(α、β)、D、E、F、G 型。引起人食物中毒的主要是 A、B、E、F 型，其中 A、B 型最常见，C、D 型主要引起畜禽中毒。我国大多由 A 型引起，B 和 E 型较少。各型的肉毒梭菌分别产生相应型的毒素。其毒性只能被相应型的抗毒素所中和，且各型毒素的药理作用均相同。

6. 致病因素

肉毒梭菌能产生强烈的肉毒毒素，是一种神经毒素。肉毒毒素的毒性比氰化钾强 1 万倍，对人的致死量为 0.1～1 μg。肉毒毒素为高分子可溶性单纯蛋白质。A 型毒素的结晶分子质量为 900 000 u，B 型为 500 000 u，其他型为 350 000～400 000 u。其特点：①不耐热，80℃、20～

30 min 或 90℃、15 min 或 100℃、4～10 min 可破坏毒性；②对胃酸有抵抗力；③对碱较敏感，pH 8.5 时易失去毒性；④抗酶解，对胃和胰蛋白酶很稳定；⑤需经蛋白酶（胰蛋白酶、细菌蛋白酶等）激活才呈现较强毒性；⑥具有良好的抗原性，经 0.3%～0.4%甲醛脱毒变成类毒素后，仍保持良好的抗原性。可用类毒素制备特异性抗血清（即抗毒素），用于早期治疗，降低死亡率。

10.2.6.2　食物中毒原因、机理与症状

1. 食物中毒原因

中毒原因是食入了含有肉毒毒素的食品。食品被肉毒梭菌的芽孢污染，在适宜条件下芽孢发芽、生长时产生了肉毒毒素。多发原因是食用了家庭自制的低盐、厌氧的发酵食品、厌氧加工的罐头食品、真空包装食品、厌氧保存的肉类制品。例如，家庭自制的发酵食品的原料（粮食和豆类）污染了肉毒梭菌，因原料蒸煮温度不够或时间较短，未能杀死芽孢，又在密闭容器内 20～30℃下发酵，从而为芽孢萌发生长繁殖和产毒提供了条件。如果食前不经加热或杀菌不彻底，即可引起中毒。此外，牧民们将冬季屠宰的牛肉密封越冬至开春，气温升高为芽孢萌发为繁殖体和产生毒素提供了条件。

2. 中毒机理

肉毒毒素是一种强烈的神经毒素，随食物进入肠道吸收后，再进入血液循环，作用于神经和肌肉的接触点和植物神经末梢，与神经传导介质乙酰胆碱结合，从而抑制乙酰胆碱的释放，导致肌肉麻痹和神经功能不全。

3. 中毒症状

潜伏期一般为 12～48 h，潜伏期越短，病死率越高。表现为对称性颅神经损害症状，首先颅神经麻痹，出现头晕、头痛、视觉模糊、复视、眼睑下垂、瞳孔放大，继而发生语言障碍、吞咽和呼吸困难、心肌麻痹、呼吸肌麻痹，最终因呼吸衰竭而死亡。死亡率为 30%～65%。另外还可引起婴儿型肉毒中毒、创伤型肉毒中毒和吸入型肉毒中毒。

10.2.6.3　病菌来源与预防

1. 引起中毒的食品

各国人民因饮食习惯、膳食组成和制作工艺的不同而有差别。我国 91.48%由植物性食品引起，8.52%由动物性食品引起。以家庭自制的豆酱、臭豆腐、豆豉、豆瓣酱、面酱等发酵食品最多，因肉类制品（腊肉、熟肉）或罐头食品引起中毒的较少，主要为越冬密封保存的肉制品。在日本，90%以上的肉毒中毒是由家庭自制鱼类罐头或其他鱼类制品引起；在美国，72%的肉毒中毒是由家庭自制的罐头（蘑菇、蔬菜、水果）、乳制品、肉制品（肝酱、鹿肉干）引起；欧洲各国多见于腊肠、火腿和保藏的肉类。

2. 污染途径

肉毒梭菌为一种腐生性细菌，存在于土壤、江河湖海的淤泥沉积物、霉干草、尘土和动物粪便中。其中土壤为重要污染源。带菌土壤可直接或间接污染食品，包括粮食、蔬菜、水果、肉、鱼等，使其可能带有肉毒梭菌或其芽孢。据调查，我国肉毒中毒多发地区的原料粮食、土壤和发酵制品中的肉毒梭菌检出率分别为 12.6%、22.2%和 14.9%。

3.预防措施

(1)防止原料被污染　在食品加工过程中,应选用新鲜原料,防止泥土和粪便对原料的污染。对食品加工的原料应充分清洗,高温灭菌或充分蒸煮,以杀死芽孢。

(2)控制肉毒梭菌的生长和产毒　加工后的食品应避免再污染和缺氧保存及高温堆放,应置于通风、凉爽的地方保存。尤其对加工的肉、鱼类制品,应防止加热后被污染并低温保藏。此外,可于肉肠中加入亚硝酸钠抑制该菌的芽孢发芽生长,其最高允许用量为0.15 g/kg。

(3)食前彻底加热杀菌　肉毒毒素不耐热,食前对可疑食物加热可使各型菌的毒素破坏。80℃加热30～60 min,或使食品内部达到100℃,10～20 min,是预防中毒的可靠措施。生产罐头食品等真空食品时,必须严格执行《罐头食品生产卫生规范》(GB 8950—2016),装罐后要彻底灭菌。在贮藏过程中胖听的罐头食品不能食用。

10.2.7　单核细胞增生李斯特菌与食品安全

单核细胞增生李斯特菌(*Listeria*)简称单增李斯特菌,属于李斯特菌属,该菌目前已知有8个种,其中仅单增李斯特菌可引起食物中毒。

10.2.7.1　病原的生物学特性

1.形态与染色特性

本菌为革兰氏阳性的无芽孢、无荚膜的短小杆菌,其光滑型培养物呈短杆状,(0.4～0.6)μm×(1～3)μm,呈单个、"V""Y"形或短链排列,幼龄培养物呈球杆状,老龄培养物呈6～20 μm、带有长丝的长杆菌状,部分或全部可变为革兰氏阴性。在20～25℃培养,具有1～3条或更多鞭毛;在37℃培养则见不到鞭毛。

2.培养特性

为需氧及兼性厌氧菌。营养要求不高,生长温度3～45℃,最适生长温度30～37℃,生长pH范围4.5～9.6,最适pH为7.0～8.0,20%二氧化碳环境中培养有助于增加其动力。在普通营养琼脂平板上37℃培养数天,菌落直径2 mm,初期光滑、扁平、透明,后期蓝灰色。在血琼脂平板上35℃培养18～24 h形成直径1～2 mm、圆形、灰白色、光滑而又狭窄的β-溶血环的菌落。在亚硝酸钾琼脂上37℃培养24 h后形成圆形、隆起、湿润、直径0.6 mm的黑色菌落。在麦康凯琼脂上不生长。肉汤培养物呈均匀浑浊、有颗粒状沉淀、不形成菌环和菌膜。

3.生化特性

本菌于37℃、24 h能迅速分解葡萄糖、蕈糖、水杨苷、果糖、海藻糖、麦芽糖、七叶苷等,产酸不产气;在3～10 d发酵乳糖、蔗糖、阿拉伯糖、糊精、山梨醇和甘油产酸;对棉籽糖、肌醇、菊糖、卫矛醇、甘露醇等则不发酵。接触酶、MR、V-P试验阳性。不产生H_2S,靛基质试验阳性,不液化明胶,不还原硝酸盐,石蕊牛乳在24 h微产酸,但不凝固。单核细胞增生李斯特菌生化特征与其他李斯特菌的区别见表10-11。

4.抵抗力

本菌耐酸不耐碱;耐低温,在冷藏条件下(4℃)生存和繁殖;不耐热,55℃、30 min或60～70℃、10～20 min可被杀死。能抵抗氯化钠、亚硝酸盐等,在10%氯化钠中可生长。对化学杀菌剂及紫外线照射较敏感。75%酒精5 min、0.1%新洁尔灭30 min、紫外线照射15 min均可杀死。

表 10-11　单核细胞增生李斯特菌生化特征与其他李斯特菌的区别

菌种	溶血反应	葡萄糖	麦芽糖	MR-VP	甘露醇	鼠李糖	木糖	七叶苷
单核细胞增生李斯特菌	+	+	+	+/+	−	+	−	+
格氏李斯特菌	−	+	+	+/+	+	−	−	+
斯氏李斯特菌	+	+	+	+/+	−	−	+	+
威氏李斯特菌	−	+	+	+/+	−	v	+	+
伊氏李斯特菌	+	+	+	+/+	−	−	+	+
英诺克李斯特菌	−	+	+	+/+	−	v	−	+

引自 GB 4789.30—2016. +阳性；−阴性；v 反应不定。

5. 抗原构造

根据本菌的菌体(O)抗原和鞭毛(H)抗原的不同，将其分为 13 种血清型，1、3 和 4 型还可分为若干亚型。各型对人类均可致病，但以 1a 和 1b 最为多见。

6. 致病因素

本菌的毒菌株在血琼脂平板上产生溶血素 O(LLO)，能使红细胞发生 β-溶血，并具有破坏人体吞噬细胞的能力。LLO 是由 504 个氨基酸组成的简单蛋白质，其分子质量为 60 000 u，能被巯基化合物(如半胱氨酸)激活，在 pH 为 5.5 时呈现活性，于 pH 为 7.0 时不呈现活性。

10.2.7.2　食物中毒原因、机理与症状

1. 食物中毒原因

中毒原因是食入了含有溶血素 O 的食品，如食用了未彻底杀死该菌的消毒乳、冷藏熟食品及乳制品。

2. 中毒机理

该菌随食物摄入后，在肠道内快速繁殖，入侵各部分组织(包括孕妇的胎盘)，进入血液循环系统，通过血流到达其他敏感的体细胞，并在其中繁殖，利用溶血素 O 的溶解作用逃逸出吞噬细胞，并利用两种磷脂酶的作用在细胞间转移，引起炎症反应。

3. 中毒症状

以脑膜炎、败血症最常见。发病突然，初期为恶心、呕吐、发热、头疼，类似感冒等症状。孕妇感染结果常有流产、早产或死胎，新生儿(出生后 1～4 周内)感染后患脑膜炎。患先天性李斯特菌病的新生儿多死于肺炎和呼吸衰竭。病死率高达 20%～50%。

10.2.7.3　病菌来源与预防

1. 引起中毒的食品

主要是乳与乳制品、新鲜和冷冻的肉类及其制品、海产品、蔬菜和水果。其中尤以乳制品中的软干酪、冰淇淋最为多见。

2. 污染途径

本菌广泛分布于世界各地自然界中。带菌人和哺乳动物的粪便是主要污染源。通过人和动物粪便、土壤、污染的水源和人类带菌者直接和间接污染食品。还可通过胎盘和产道感染新

生儿。胎儿或婴儿的感染多数是来自母体中的细菌或带菌的乳制品。本菌对消毒乳的污染率为21%，它主要来自粪便和被污染的青贮饲料；对鲜肉和即食肉制品（香肠）的污染率高达30%，主要是来自屠宰过程中肉胴体受该菌污染；冰糕、雪糕中该菌的检出率为4.35%。在销售过程中，食品从业人员的手也可对食品造成污染。

3. 预防措施

（1）防止原料和熟食品被污染　从原料到餐桌切断该菌污染食品的传播途径。生食蔬菜食用前要彻底清洗、焯烫。未加工的肉类和蔬菜要与加工好的食品和即食食品分开。不食用未经巴氏消毒的生乳或用生乳加工的食品。加工生食品后的手、刀和砧板要清洗、消毒。

（2）利用加热杀灭病原菌　该菌对热敏感，多数食品只要经适当烹调（煮沸即可）均能杀灭活菌。生的动物性食品，如牛肉、猪肉和家禽要彻底加热。剩菜剩饭食品和即食食品食用前应重新彻底加热。不食改刀熟食或者食用前经重新彻底加热。

（3）严格制定有关食品法规　美国政府制定50 g熟食制品不得检出该菌；欧盟认为干酪中应为零含量，即25 g样品检测不出该菌，而其他乳制品1 g样品检不出该菌。

10.2.8　空肠弯曲菌与食品安全

空肠弯曲菌（*Campylobater jejuni*）属于弯曲菌属，为引起人类急性肠炎和腹泻的一个重要病原菌。该属目前已有18个种和亚种，其中空肠弯曲菌空肠亚种（*C. jejuni* subsp. *jejuni*）可引起暴发性细菌性肠炎。在世界各国如英国、美国、日本等均有报道。

10.2.8.1　病原的生物学特性

1. 形态与染色特性

为细长、螺旋状弯曲菌，大小为（0.2～0.5）μm×（0.5～5.0）μm，具有一个或多个螺旋状，可长达8 μm。当两个菌体形成短链时呈现“S”形或海鸥形。在陈旧培养物中，菌体常变成圆球状。无芽孢、无荚膜、革兰氏阴性菌。借一端或两端的端生单鞭毛而呈特征性的螺旋状运动。

2. 培养特性

为微需氧菌，在含10%～20%二氧化碳气体环境中生长良好，最适生长温度为42～43℃，最适pH为7.0。对营养要求高，普通琼脂上生长不良。常用的分离培养基有Skirrow氏培养基和改良Camp-BAP培养基。在此培养基上培养48 h后形成两种菌落特征：一种是不溶血、灰白色、扁平、湿润、有光泽、有扩散趋势、形似水滴样菌落；另一种不溶血、孤立、稍隆起、有光泽、大小为1～2 mm。

3. 生化特性

本菌生化反应不活泼，不利用糖类，MR、V-P试验阴性；在含3.5%氯化钠培养基中不生长；产生硫化氢，硝酸盐还原阳性，过氧化氢酶阳性，氧化酶阳性，能在含1%甘氨酸中生长，对萘啶酸（30 μg）敏感，在氯化三苯基四氮唑（TTC）400 μg/mL中生长呈红色菌落，能水解马尿酸。弯曲菌属几个重要种类的生化特性鉴别见表10-12。

表 10-12　弯曲菌属几个重要种类的生化特性鉴别

项目	空肠弯曲菌	结肠弯曲菌	海鸥弯曲菌	乌普萨拉弯曲菌
过氧化氢酶试验	+	+	+	－或微弱
马尿酸盐水解试验	+	－	－	－
吲哚乙酸酯水解试验	+	+	－	+

引自 GB 4789.9—2014. +阳性；－阴性。

4. 抵抗力

本菌抵抗力不强。对冷热敏感，58℃、5 min 可被杀死。培养物放置冰箱中很快死亡，于－18℃下细胞数量大幅度减少或消失。干燥环境中仅存活 3 h。

5. 抗原构造

本属细菌有菌体(O)抗原、热不稳定 K 抗原和鞭毛(H)抗原。根据 O 抗原不同，可将空肠弯曲菌分为 48 种以上血清型。

6. 致病因素

本菌的某些菌株可产生热敏性肠毒素(CJT)和细胞毒素。CJT 不耐热，与 *E. coli* 的 LT 肠毒素具有相似性质。

10.2.8.2　食物中毒原因、机理与症状

1. 食物中毒原因

中毒原因是食入了含有空肠弯曲菌的活菌及其肠毒素和细胞毒素的食品。受该菌污染的用具、容器，未经彻底洗刷、消毒，交叉污染熟食品，熟食品被人食用；食用未煮透或灭菌不充分的食品；食入受该菌污染的牛乳和水源，以及进食不洁食物(尤其是家禽类)，在春、秋两季可引起腹泻的暴发性流行。

2. 中毒机理

本菌侵入机体肠黏膜，小肠上端微需氧环境适宜本菌生存和繁殖，使空肠、回肠和大肠组织损伤，通过肠黏膜侵入血液。本菌的某些特殊血清型(O_{19})与人的神经组织有共同抗原，可引起交叉免疫反应而导致急性感染性多发性神经炎，即格林巴利综合征(GBS)，使患者具有后遗症。

3. 中毒症状

潜伏期一般为 3～5 d。主要表现为突发腹痛、腹泻水样便或黏液便至血便，发烧 38～40℃，头痛等，有时还会引起并发症。大约有 1/3 的患者在患空肠弯曲菌肠炎后 1～3 周内出现急性感染性多发性神经炎症状。

10.2.8.3　病菌来源与预防

1. 引起中毒的食品

主要是生的或未煮熟的家禽肉、家畜肉、原料牛乳、蛋、海产品。

2. 污染途径

本菌广泛存在于畜禽及其他动物的粪便中，牛乳、河水和无症状的人群的粪便也能分离到

该菌。鸡肠道内容物阳性检出率 39%～83%、鸡肉 29.7%；猪肠道内容物 61%，鲜肉约 12%，猪肉香肠 4.2%。此外，牛粪中的阳性检出率为 22%，成为原料乳的主要污染源，其污染程度与挤乳操作有关。显而易见，食品被本菌污染的重要原因是动物粪便，其次是本菌的健康带菌者。

3. 预防措施

(1)加强食品各环节的安全管理　选用新鲜原料加工；在加工过程中，食品加工人员有良好的安全操作规范，防止二次污染。在实践中，控制和杀灭该菌的有效措施：用 0.5%的醋酸或 0.33%的乳酸进行漂洗，可降低鸡中 90%的空肠弯曲菌；用 2.5%的过氧乙酸、3%的过氧化氢杀菌。加工后的肉制品于 1.6℃下 2.5 Gray 的中等剂量辐射处理，产品可基本无菌。在销售之前，对产品要加强检测，杜绝含该菌的不合格产品流入市场。

(2)加强消费者的健康安全意识和自我保护能力　不购买和不食用腐败变质的食物。在食用前，对肉类食品只要经过科学烹调、蒸煮（鸡肉中的空肠弯曲菌在 57℃的 D 值为 0.76 min），牛奶严格经过巴氏消毒（牛乳中空肠弯曲菌在 55℃的 D 值为 0.74～1.0 min）就可杀灭病原菌。避免食用未煮透或灭菌不充分的食品，尤其是乳制品和饮用水要加热杀菌充分。

10.2.9　蜡样芽孢杆菌与食品安全

蜡样芽孢杆菌（*Bacillus cereus*）属于芽孢杆菌属，可引起毒素型细菌性食物中毒。过去一直认为它是非致病菌，然而 1950 年以后，日益增多的资料足以证明，该菌是一种食物中毒病原菌。

10.2.9.1　病原的生物学特性

1. 形态与染色特性

本菌两端较平整，革兰氏阳性大杆菌，大小为(1～1.5)μm×(3～5)μm，呈短链状排列，有周鞭毛，能运动，不形成荚膜，可形成芽孢，芽孢呈椭圆形，位于菌体的中央或稍偏一端，芽孢小于菌体直径。

2. 培养特性

为需氧菌，对营养要求不高，生长温度为 25～37℃，以 32℃为最适。在普通琼脂上形成 3～10 mm、乳白色、不透明、表面粗糙似毛玻璃样或融蜡状、边缘常呈扩散状菌落。在甘露醇卵黄多黏菌素（MYP）琼脂平板上，菌落为红色（表示不发酵甘露醇）、环绕粉红色的晕（表示产卵磷脂酶）。在血琼脂上呈草绿色溶血。在肉汤中生长迅速、浑浊，常形成菌膜或菌环，摇振易乳化。

3. 生化特性

本菌分解葡萄糖、麦芽糖、蔗糖、水杨苷和蕈糖，不分解乳糖、甘露醇、鼠李糖、木糖、阿拉伯糖、肌醇和侧金盏花醇；靛基质、V-P、氰化钾、枸橼酸盐及卵磷脂酶试验均为阳性，能液化明胶；MR、硫化氢、尿素酶试验均为阴性。蜡样芽孢杆菌与其他类似菌的特性鉴别见表 10-13。

4. 抵抗力

本菌繁殖体不耐热，其芽孢需经 100℃、30 min 杀死，干热 120℃、1 h 杀死。本菌在 pH 范围为 6～11 内生长，在 pH 5 以下生长繁殖受到抑制。

表 10-13 蜡样芽孢杆菌与其他类似菌的鉴别

项目	蜡样芽孢杆菌	苏云金芽孢杆菌	蕈状芽孢杆菌	炭疽芽孢杆菌	巨大芽孢杆菌
革兰氏染色	+	+	+	+	+
过氧化氢酶	+	+	+	+	+
动力	+/−	+/−	−	−	+/−
硝酸盐还原	+	+/−	+	+	−/+
酪蛋白分解	+	+	+/−	−/+	+/−
溶菌酶耐性	+	+	+	+	−
卵黄反应	+	+	+	+	−
葡萄糖利用(厌氧)	+	+	+	+	−
V-P 试验	+	+	+	+	−
甘露醇产酸	−	−	−	−	+
溶血(羊红细胞)	+	+	+	−/+	−
根状生长	−	−	+	−	−
蛋白质毒素晶体	−	+	−	−	−

引自 GB 4789.14—2014. +表示 90%～100%的菌株阳性；−表示 90%～100%的菌株阴性；+/−表示大多数的菌株阳性；−/+表示大多数的菌株阴性。

5. 抗原构造

按其鞭毛抗原不同分为 1～18 个血清型。血清分型在食物中毒诊断和流行病学调查中均具有重要意义。

6. 毒素

蜡样芽孢杆菌产生两种肠毒素，即腹泻毒素和呕吐毒素。腹泻毒素分子质量为 55 000～60 000 u，不耐热，56℃、30 min 或 60℃、5 min 失活，易被胃蛋白酶及胰蛋白酶消化、破坏；呕吐毒素分子质量 5 000 u，耐热，110℃、5 min 不被破坏，对酸、碱、胃蛋白酶、胰蛋白酶均有抗性。该毒素不能激活肠黏膜细胞膜上的腺苷酸环化酶，其中毒机理可能与葡萄球菌肠毒素致呕吐机制相同。

10.2.9.2 食物中毒原因、机理与症状

1. 食物中毒原因

食物中毒是食入了含大量活菌和肠毒素的食品。食物中的活菌量越多，产生肠毒素越多。当食物的带菌量达到 10^6～10^8 CFU/g 时，即可使食用者中毒。污染该菌的剩饭菜于较高温度下贮存较久，菌体大量繁殖产毒，或食品加热不彻底，残存芽孢萌发后大量繁殖，进食前又未充分加热而引起中毒。由于该菌繁殖和产毒一般不会导致食品腐败现象，感官检查无明显变化，故夏季人们容易误食此类食品而中毒。

2. 中毒机理

食物中毒主要是肠毒素所致。

3. 中毒症状

中毒症状分呕吐型和腹泻型两类。呕吐型:潜伏期一般 1～3 h。表现恶心、呕吐、腹痛,腹泻及体温升高罕见。病程 8～10 h。国内报道的该菌食物中毒多为此型。腹泻型:潜伏期一般 10～12 h,表现腹泻、腹痛、水样便,但呕吐罕见。病程 16～36 h,愈后良好。

10.2.9.3 病菌来源与预防

1. 引起中毒的食品

国内主要是剩饭,特别是大米饭,因本菌极易在大米饭中繁殖。其次是小米饭、高粱米饭,个别还有米粉、甜酒酿、月饼等。国外有乳及乳制品、畜禽肉类制品、蔬菜、马铃薯、豆芽、甜点心、调味汁、沙拉、米饭和油炒饭。

2. 污染途径

该菌在自然界分布广泛,常存在于土壤、灰尘、空气和腐草中。食品加工、运输、贮藏、销售过程中,通过灰尘、土壤、苍蝇、昆虫、不洁的用具与容器污染食品,导致食物中毒发生。本菌可从多种市售食品中检出,肉及肉制品带菌率 13%～26%、乳与乳制品带菌率 23%～77%、饼干 12%、生米 67.7%～91%、米饭 10%、炒饭 24%、豆腐 54%、蔬菜和水果 51%。

3. 预防措施

土壤、灰尘常带有蜡样芽孢杆菌,鼠类、苍蝇和不洁的烹调用具、容器皆能传播该菌。为此,食堂、食品企业必须严格执行食品安全操作规范,做好防蝇、防鼠、防尘等卫生工作。因该菌在 15～50℃均能生长繁殖产毒,奶类、肉类和米饭等食品只能在低温下短期存放,剩饭及其他熟食品在食用前须 100℃,20 min 彻底加热。

10.2.10 志贺氏菌与食品安全

志贺氏菌属(*Shigella*)隶属于肠杆菌科(Enterobacteriaceae)。该菌属分为 4 个血清群(种):A 群为痢疾志贺氏菌(*Shigella dysenteriae*),B 群为福氏志贺氏菌(*Shigella flexneri*),C 群为鲍氏志贺氏菌(*Shigella boydii*),D 群为宋内氏志贺氏菌(*Shigella sonnei*)。其中痢疾志贺氏菌是导致典型细菌性痢疾的病原菌,而其他 3 种菌是导致食物中毒的病原菌。

10.2.10.1 病原的生物学特性

1. 形态与染色特性

本菌为革兰氏阴性小杆菌,大小为(0.5～1.0)μm×(2.0～4.0)μm,不形成芽孢、无荚膜、无鞭毛,有菌毛。

2. 培养特性

本菌为需氧或兼性厌氧菌。对营养要求不高,最适生长温度为 37℃,最适 pH 为 6.4～7.8。在普通琼脂上形成圆形、稍突、光滑、湿润、无色、半透明、边缘整齐的菌落。而宋内氏志贺氏菌的菌落稍大、较不透明、粗糙扁平。在 SS 琼脂上形成边缘较整齐的菌落,且因能迟缓发酵乳糖,故菌落为粉红色,这应与大肠杆菌区别。在液体培养基中生长后均匀浑浊,无菌膜形成。

3. 生化特性

本菌属的细菌发酵糖(醇)类的能力远比埃希氏菌属弱，但都能发酵葡萄糖，而对侧金盏花醇、肌醇和水杨苷不发酵。宋内氏志贺氏菌、鲍氏志贺氏菌 9 型、痢疾志贺氏菌 1 型的少数培养物等能迟缓发酵乳糖。MR 阳性，V-P、H_2S、尿素酶、在 KCN 中生长阴性。本属 4 个群的生化特性见表 10-14。

表 10-14　志贺氏菌属 4 个群的生化特征

生化反应	A 群：痢疾志贺氏菌	B 群：福氏志贺氏菌	C 群：鲍氏志贺氏菌	D 群：宋内氏志贺氏菌
β-半乳糖苷酶	－a	－	－a	＋
尿素	－	－	－	－
赖氨酸脱羧酶	－	－	－	－
鸟氨酸脱羧酶	－	－	－b	＋
水杨苷	－	－	－	－
七叶苷	－	－	－	－
靛基质	－/＋	(＋)	－/＋	－
甘露醇	－	＋c	＋	＋
棉籽糖	－	＋	－	＋
甘油	(＋)	－	(＋)	d

引自 GB 4789.5—2012. ＋表示阳性，－表示阴性，－/＋表示多数阴性，＋/－表示多数阳性，(＋)表示迟缓阳性，d 表示有不同生化型。a 痢疾志贺 1 型和鲍氏 13 型为阳性，b 鲍氏 13 型为鸟氨酸阳性，c 福氏 4 型和 6 型常见甘露醇阴性变种。

4. 抵抗力

本菌对外界的抵抗力不强，宋内氏志贺氏菌最强，福氏志贺氏菌次之，而痢疾志贺氏菌最弱。本菌在潮湿土壤中存活 1 个月，37℃水中存活 20 d，而在冰块中可存活 3 个月，粪便中存活 10 d 左右，水果、蔬菜或咸菜上存活 10 d 左右。但对氯化钠有一定的耐受性，也随温度的升高而存活时间缩短。在阳光直射 30 min、50～60℃ 10 min 即可被杀死。一般消毒药物能很快杀死。

5. 抗原构造

有菌体(O)抗原和表面(K)抗原。O 抗原分为型特异性抗原和群特异性抗原。根据 O 抗原将志贺氏菌属分为 4 个血清群和 32 个血清型。A 群分 10 个血清型，各型之间无抗原关系，但均有 K 抗原。B 群有 6 个血清型和 x、y 变种。每一福氏志贺氏菌均有群特异抗原和型特异抗原。本群除 2a 及 6 型外，均不具有 K 抗原。具体见表 10-15。C 群有 15 个血清型，均有 K 抗原。D 群仅 1 个血清型。O 抗原是一种多糖复合物，耐热，100℃ 60 min 不被破坏。K 抗原存在时能阻断 O 抗原与相应抗血清的凝集作用。100℃ 60 min 可消除 K 抗原对 O 抗原的阻断作用。

表 10-15　福氏志贺氏菌各型和亚型的型抗原和群抗原

型和亚型	型抗原	群抗原	在群因子血清中的凝集		
			3,4	6	7,8
1a	Ⅰ	4	+	−	−
1b	Ⅰ	(4),6	(+)	+	−
2a	Ⅱ	3,4	+	−	−
3a	Ⅲ	(3,4),6,7,8	(+)	+	+
3b	Ⅲ	(3,4),6	(+)	+	−
4a	Ⅳ	3,4	+	−	−
4b	Ⅳ	6	−	+	−
4c	Ⅳ	7,8	−	−	+
5a	Ⅴ	(3,4)	(+)	−	−
5b	Ⅴ	7,8	−	−	+
6	Ⅵ	4	+	−	−
X	−	7,8	−	−	+
Y	−	3,4	+	−	−

引自 GB 4789.5—2012. +为凝集，−为不凝集，( )为有或无。

6. 致病因素

有 3 种：一是侵袭力，菌毛使细菌黏附于肠黏膜上，并依靠位于大质粒(分子质量为 120～140 Mu)上的基因，编码侵袭上皮细胞的蛋白，使细菌具有侵入肠上皮细胞的能力，并在细胞间扩散，引起炎症反应；二是内毒素，由于内毒素的释放而造成肠壁上皮细胞死亡和黏膜发炎与溃疡；三是 Vero 毒素，某些志贺氏菌能产生对 Vero 细胞有毒性作用的毒素，称为 Vero 毒素(verotoxin，VT)。VT 至少有以下 3 种生物活性。致死毒：VT 对小鼠有强烈的致死毒性，其 LD_{50} 为 1～30 ng。细胞毒：VT 对培养细胞特别是 Vero 细胞，仅 1 pg 即发挥毒性作用。肠毒素：VT 约 1 μg 即可使家兔回肠结扎试验出现液体潴留。

10.2.10.2　食物中毒原因、机理与症状

1. 中毒原因

引起中毒的原因是食入了具有侵袭力的活菌(宋内氏志贺氏菌)及其内毒素和 Vero 毒素的食品。熟食品被污染后，在较高温度下存放较久，菌体大量繁殖并产毒。

2. 中毒机理

该菌随食物进入胃肠后侵入肠黏膜组织，生长繁殖。当菌体破坏后，释放内毒素，作用于肠壁、肠黏膜和肠壁植物性神经，引起一系列症状。有的菌株产生 Vero 毒素，具有肠毒素的作用。

3. 中毒症状

潜伏期 6～24 h。主要症状为剧烈腹痛，呕吐，频繁水样腹泻、脓血和黏液便。还可引起毒血症，发热达 40℃以上，意识障碍，严重者出现休克。

10.2.10.3 病菌来源与预防

1. 引起中毒的食品

主要是水果、蔬菜、沙拉的冷盘和凉拌莱，肉类、奶类及其熟食品。

2. 污染途径

这些食品的污染是通过粪便→食品→入口途径传播志贺氏菌。病人和带菌者的粪便是污染源，特别是从事餐饮业的人员中志贺氏菌携带者具有更大危害性。带菌的手、苍蝇、用具等接触食品，以及沾有污水的食品容易污染志贺氏菌。

3. 预防措施

加强食品安全管理，严格执行安全制度。加强食品从业人员肠道带菌检查，从事食品的人不能带菌工作。

10.2.10.4 细菌性痢疾

痢疾志贺氏菌是导致典型细菌性痢疾的病原菌。传染源为病人和无症状带菌者。病菌通过被粪便污染的苍蝇、用具和水再污染食品，经口侵入消化道是其主要传播途径。人感染该活菌 10～200 个即可发病。该菌经口入胃后，如未被胃酸杀灭则黏附于小肠黏膜内生长繁殖并引起炎症，在内毒素的作用下使肠壁组织坏死，肠功能紊乱，以致出现毒血症。患病者临床症状分急性和慢性两类。急性型表现为腹痛、腹泻、黏液脓血便，里急后重，发热，治疗不彻底可转为慢性或健康带菌者。儿童急性痢疾以全身中毒性症状为主，引起高热和痉挛等神经症状，严重者可导致休克。慢性型表现为轻重不等的痢疾症状，大便带有黏液或脓血，左下腹压痛，久病者可贫血、营养不良和神经衰弱等，也可因机体防御机能下降而发生急性菌痢疾症状。

10.2.11 霍乱弧菌与食品安全

弧菌属(*Vibrio*)中霍乱弧菌(*Vibrio cholerae*)、副霍乱弧菌(*Vibrio cholerae biotypeeltor*)能引起一种烈性肠道传染病，发病急、传染性强、病死率高，属于国际检疫传染病。霍乱弧菌分为两类：O_1 群霍乱弧菌和非 O_1 群霍乱弧菌。O_1 群霍乱弧菌包括古典生物型和埃尔托(EL-Tor)生物型。O_1 群霍乱弧菌可引起广泛的霍乱大流行，非 O_1 群霍乱弧菌只引起散发的胃肠炎或局限性暴发。霍乱在人类历史上共发生过 7 次世界性大流行，波及五大洲 140 余个国家和地区。

10.2.11.1 病原的生物学特性

1. 形态与染色特性

菌体稍弯，呈逗点状、香蕉状，大小为(0.3～0.6)μm×(1～3)μm，革兰氏阴性菌，无芽孢、无荚膜，单鞭毛，运动性强。直接用病人米泔样粪便涂片镜检，可见弧菌互相衔接、平行排列呈鱼群状，这可能与黏液有关。在液体培养基内常呈单个、成对或链状，有的相连呈“S”形，甚至螺旋状。在人工培养基上培养稍久，可失去典型弧形而成为直杆状。

2. 培养特性

本菌为需氧菌，在厌氧环境不能生长或生长不良。营养要求不高，在普通培养基上生长良好。在培养和鉴定培养基中加入 10 g/L 氯化钠生长良好。最适生长温度 37℃。耐碱不耐酸，最适 pH 为 7.6～8.2，但在 pH 为 6.0～9.5 范围内皆可生长，常用 pH 为 8.4～8.6 的碱性培养基进行选择性分离。霍乱弧菌生长速度快，在碱性琼脂平板上 18～24 h 形成较大、圆形、扁平或稍凸、无色或微带蓝灰色、透明或半透明、表面光滑湿润、似水滴样菌落。在含亚硝酸钾(1/20 万)琼脂平板上菌落中心呈灰褐色。在硫代硫酸盐-枸橼酸盐-胆盐-蔗糖琼脂平板(TCBS)形成较大黄色菌落。在碱性蛋白胨水中经 35℃ 6～9 h 即形成菌膜。在血平板上，霍乱弧菌古典生物型出现草绿色环，EL-Tor 生物型出现透明溶血环。

3. 生化特性

本菌能发酵葡萄糖、麦芽糖、甘露醇、蔗糖、半乳糖等产酸产气，迟缓发酵乳糖。不分解阿拉伯糖、水杨素、卫矛醇、鼠李糖、木糖、侧金盏花醇和肌醇。氧化酶、明胶液化试验阳性。V-P 试验大多数 EL-Tor 生物型阳性，而古典生物型大多为阴性。霍乱弧菌能分解色氨酸产生吲哚，同时能还原硝酸盐为亚硝酸盐，因此当霍乱弧菌培养在含硝酸盐的蛋白胨水中，所产生的亚硝酸盐与吲哚结合成亚硝基吲哚，滴加浓硫酸即出现蔷薇色，称为霍乱红试验阳性。

4. 抵抗力

本菌耐低温、耐碱不耐酸，在正常胃酸中仅能存活 4 min，对热及干燥、直射阳光敏感，55℃、15 min 或 100℃、1～2 min 可杀死。在河水中能存活 2 周以上，在鲜肉、贝类食物、水果、蔬菜上能存活 1～2 周，用 0.5%漂白粉澄清液或 0.1%高锰酸钾处理蔬菜、水果 30 min，可达到消毒的目的。

5. 抗原构造

本菌具有耐热性的菌体(O)抗原和不耐热性的鞭毛(H)抗原。根据抗原的特异性，可将霍乱弧菌分成 72 个以上的血清群，霍乱弧菌的 2 个生物型属于 O_1 群，凡不被 O_1 群抗血清凝集的其他血清群统称为非 O_1 群霍乱弧菌，血清型从 O_2～O_{139} 排列。霍乱弧菌的 2 个生物型又可分成 3 个不同的血清型：①稻叶型(Inaba)抗原结构为 a、c；②小川型(Ogawa)抗原结构为 a、b；③彦岛型(Hikojima)抗原结构为 a、b、c。

6. 致病因素

霍乱弧菌产生肠毒素，是一种剧烈的致泄毒素。该毒素作用于肠壁促使肠黏膜细胞极度分泌从而使水和盐过量排出，导致严重脱水虚脱；进而引起代谢性酸中毒和急性肾功能衰竭。

10.2.11.2 患病者临床症状及发生原因

传染源主要是病人和带菌者。病菌通过水、苍蝇、食品等传播，尤其水体被污染后可造成暴发性大流行。该菌经口感染人体，一般在胃内很快被杀死，但当胃酸缺乏或暴饮暴食使胃酸降低时，即可通过胃进入小肠，能吸附于肠黏膜表面，并大量繁殖，其内毒素损害肠黏膜，肠毒素引起肠液分泌过度增加，发生腹泻，大量丢失肠液，产生严重脱水、酸中毒及电解质紊乱。患病者临床症状：潜伏期为数小时至 7 d，发病急；先有频繁的腹泻，腹泻液呈米泔水样，并有剧烈的呕吐，呈喷射状，呕吐物也呈米泔水样；病人上吐下泻后，导致机体严重脱水，外周循环衰竭，血压下降，脉搏加快，严重者可致休克或死亡。若不及时抢救治疗，其病死率很高。病愈后，一些患者可短期内带菌，一般不超过 2 周，个别 EL-Tor 生物型带菌可长达数月或数年，成为传染源。

10.2.12 其他细菌性食物中毒

有关其他细菌性食物中毒的病因、中毒食品及中毒症状见表 10-16。

表 10-16　其他细菌性食物中毒

中毒类型	病因	污染源	中毒食品	中毒机理	中毒症状
产气荚膜梭菌食物中毒	A 型产气荚膜梭菌的肠毒素	土壤、尘埃、污水、空气、人与动物的粪便	动物性食品（肉类和水产品）	毒素型	潜伏期 10～12 h。主要症状是急性胃肠炎。腹痛和腹泻水样便，并有大量气体产生。恶心、呕吐和发热者少见。除体弱者外，大多在 1～2 d 内恢复，愈后良好
小肠结肠炎耶尔森氏菌食物中毒	小肠结肠炎耶尔森氏菌 O_3、O_8、O_9 菌株能产生耐热性肠毒素	动物带菌的粪便、污染的水源及鼠类	动物性食品（猪、牛、羊肉）、生牛奶及豆腐	感染型、毒素型	潜伏期 3～5 d。主要症状是胃肠炎。以小肠、结肠炎多见，腹痛，腹泻多为黏液或水样便，头痛，体温 38～39.5℃。此外，还引起腹膜炎、结节性红斑、反应性关节炎、肠系膜淋巴结炎和败血症等
椰毒假单胞菌酵米面亚种食物中毒	椰毒假单胞菌酵米面亚种产生的米酵菌酸（BA）和毒黄素（TF）	土壤、粮食、银耳、水等被该菌污染	发酵的玉米、高粱或小米面（统称酵米面）、银耳等	毒素型	潜伏期为 2～24 h。发病初期表现为胃区不适、恶心、呕吐、头痛、头晕、全身无力和心悸等症状，以后表现为肝、肾、脑、心等实质脏器受损害的症状。重型中毒患者常表现为多种脏器同时明显损伤的症状，出现昏迷、抽搐、休克等症状，死亡率 41.80%

引自陈炳卿，食品营养与卫生学，2001.

10.2.13　病原细菌的常规检验方法

10.2.13.1　一般检验流程

食品样品（或临床标本）→选择性增菌（37℃，24 h）→选择性分离培养（37℃，18～24 h）→挑取单个可疑菌落→分离纯培养（37℃，18～24 h）→常规细菌生化鉴定（37℃，2～3 d）→血清学凝集试验→毒素鉴定→检验报告。细菌性食物中毒病原菌的常规检验方法可参见 GB 4789 中最新标准。

10.2.13.2　常规检验方法的影响因素及改进措施

病原菌的常规检验方法非常耗时，一般检验时间需要 5～6 d，甚至有些病原菌的检验需要 2 周左右。在常规检验方法流程中，选择性增菌、选择性分离培养、生化鉴定和毒素鉴定是影响病原菌检测速度的主要步骤。

1. 选择性增菌

增菌为检验流程中不可缺少的步骤。因为食品中肠道病原菌的数量较少，而且在食品加工过程中使其受到损伤或处于濒死状态。为了分离样品中目的病原菌，并使之大量繁殖，则必须采用能抑制多数非病原菌生长的选择性增菌培养基进行培养。

2. 分离培养

于选择性分离培养基上挑选可疑病原菌的菌落要凭检验者的经验，有的可能识别有误而易造成漏检，准确性较低。而且在众多样品的标本中筛选出可疑病原菌，工作量大、检验周期长、操作烦琐、灵敏度低。如果增菌后采用一种国际公认的快速筛检病原菌的自动化仪器—miniVIDAS全自动酶联荧光免疫分析仪，即可尽快发现在哪些标本中可能存在哪些病原菌，从而缩小检验范围，以便集中人力与物力快速灵敏地筛选出可疑标本和可疑病原菌。

3. 生化鉴定

常规生化鉴定试验需时较长、操作烦琐、试剂质量无法保证、准确性较低，严重影响了病原菌的确认工作。如果采用快速细菌生化鉴定方法—API细菌数值鉴定系统、ATB自动生化鉴定仪、"Biolog"自动鉴定系统可以完成600多种乃至2 000多种微生物的鉴定工作，将病原性大肠杆菌、沙门氏菌、志贺氏菌、金黄色葡萄球菌、副溶血性弧菌、变形杆菌、空肠弯曲杆菌等常见肠道病原菌的生化鉴定时间缩短至数小时。

4. 毒素鉴定

有些病原菌产生的毒素对热稳定性较高，虽然一般加工后的食品检不出病原菌的活细胞，但毒素仍然存在。而检验毒素的常规方法需要做动物实验，难度大、周期长，如果采用全自动荧光免疫分析仪利用毒素抗原与其抗血清反应即可快速鉴定出结果。

上述表明，应用常规病原菌检验方法，存在检验周期长、操作烦琐、准确性较低、工作量十分浩大等缺点，而且对技术熟练程度的要求也很高。为此，一般微生物工作者常视菌种鉴定工作为畏途。如何使微生物鉴定方法快速、准确、简易和自动化，一直是微生物学工作者研究的热点。采用全自动荧光免疫分析仪，再加上采用API细菌数值鉴定系统、ATB自动生化鉴定仪，可以克服上述不足，达到快速准确地检验病原菌之目的，对提高食品安全质量、加强食品安全防疫监督具有重要意义。

10.2.14 新技术在食品微生物检测中的应用

10.2.14.1 生物化学技术

1. 生物传感器技术

生物传感器技术是一种将生物分子（如酶、抗体等）与电子传感器元件结合，以检测特定物质存在的技术。该技术的关键在于生物识别元件的选择和设计，可选择不同的生物分子检测不同的目标物质。

优点：灵敏度高、检测速度快，可以进行连续在线监测，可以针对性地检测各种微生物。

不足：生物识别元件的稳定性差，对于复杂的食品样品，检测结果易出现偏差。

2. ATP 生物发光技术

ATP生物发光技术是基于生物化学反应原理的一种快速微生物检测方法，主要通过测量食品样品中总细胞ATP含量评估食品中微生物的总活体数量。

优点：检测速度快，灵敏度高。

不足：只能检测活体微生物，易受非微生物成分（如酵母、酶等）影响。

3. 电阻抗法

微生物在生长过程中可将培养基中的大分子电惰性物质如碳水化合物、蛋白质和脂类等分解代谢为具有电活性的小分子物质，使得培养基的导电性增强，电阻性能受影响。

优点：快速简便灵敏。

不足：制作标准曲线工作量大，对菌数太低的样品检测结果不准确，仪器昂贵。

4. 放射测量技术

碳源是微生物生长的重要营养物质和能量来源，微生物分解碳水化合物可产生二氧化碳。把微量的^{14}C标记引入碳水化合物或盐类底物中，通过放射测量仪检测微生物代谢产物中含有^{14}C的二氧化碳的数量变化来推测细菌有无及数量多少。

优点：快速且准确度高、自动化。

不足：操作复杂，使用成本高。

10.2.14.2　光谱技术

1. 近红外光谱技术

近红外光谱（near infrared，NIR）技术是一种利用近红外光波段对物质进行光谱分析的技术，主要反映分子振动和转动的光谱信息，可用于分析物质的化学组成和结构特性。

优点：检测速度快，无损检测，适合大批量样品的检测。

不足：对于复杂食品样品，检测结果易出现偏差。

2. 高光谱图像技术

高光谱图像技术也被称为高光谱成像或高光谱扫描技术，是一种先进的光谱技术，能够同时获取物体在大量连续光谱波段的反射、吸收或发射信息，并将这些信息构建为立体的高光谱数据立方体。

优点：可以提供丰富的光谱信息和空间分辨率，适用于区域性检测和图像分析。

不足：获取的数据量大，信息处理的效率相对低下。

3. 拉曼光谱技术

拉曼光谱技术是一种依赖于拉曼散射现象的分析手段。拉曼散射是光照射在物质上时，除了发生弹性散射外，还会产生频率与入射光不同的散射光，这种散射光包含了物质分子振动、转动等状态的信息，进而可以获取样品的结构和化学成分信息。

优点：精度高，速度快且无损，操作简便。

不足：对于复杂食品样品，检测结果易出现偏差，检测成本高。

10.2.14.3　免疫学检测技术

1. 酶联免疫吸附

酶联免疫吸附（enzyme-linked immunosorbent assay，ELISA）是一种利用抗原-抗体特异性结合和酶标记技术进行定性和定量分析的实验方法。

优点：灵敏度高，特异性强，适应性广。

不足：检测成本高，无法检测数据外微生物。

2. 免疫磁性微球技术

免疫磁性微球（immunomagnetic beads，IMBs）技术是一种结合了免疫学和磁性材料学的技术，通过使用被抗体覆盖的磁性微球（抗体是能够特异性识别并结合到目标微生物的蛋白质）来捕获和分离目标微生物。

优点:效率高,灵敏度高和特异性强,灵活性和可扩展性强。

不足:检测成本高,低浓度微生物检测效果差。

10.2.14.4 质谱技术

质谱技术是一种基于带电离子质量和电荷的检测技术,可用来鉴定化合物的相对分子质量和结构,定量分析物质的组成。

优点:精准鉴定,定量分析,高通量,无须培养。

不足:处理复杂样品操作烦琐。

10.2.14.5 分子生物学技术

1. PCR 技术

聚合酶链式反应(polymerase chain reaction,PCR)是一种分子生物学技术,用于复制特定的 DNA 序列,使其数量大大增加。

优点:灵敏度高,特异性强。

不足:对实验室设备和操作人员的专业要求较高。

2. 环介导等温扩增技术

环介导等温扩增(loop-mediated isothermal amplification,LAMP)是一种核酸扩增技术,只需要在一种恒定的温度条件下就可以进行 DNA 扩增,无须经过 PCR 中的温度变化步骤。

优点:快速、简单和低成本地进行 DNA 扩增。

不足:难以定量分析。

3. 核酸探针技术

核酸探针技术是一种标记过的短片段核酸,可通过互补配对的方式特异性地结合到目标 DNA 或 RNA 序列。

优点:操作简单、灵敏度高。

不足:检测成本高。

4. 基因芯片技术

基因芯片(gene chip)技术是指在固相载体极小面积上预先固定了千万个基因分子,与带有荧光或同位素标记的样品分子杂交,然后检测杂交分子的信号强度信息,获得样品分子的数量和序列信息。

优点:耗时短、操作便捷、检测效率高。

不足:检测成本较高,易产生交叉污染。

10.2.14.6 微生物检测新技术未来发展趋势

1. 现有技术的改良提升

食品微生物检验新技术不断涌现,然而具有相对应国标的至今尚不多,这与各类检测新技术自身存在各种不足有关,因此新技术多数还停留在快速筛查检测应用方面。如检测发现了阳性样品,仍然会借助于传统的培养检测方法,使用食品微生物检验的金标准来进行确认。新方法进入正式国标,尤待时日验证。不过改良不足,提升检测的准确度、灵敏度和稳定性,以及降低检验设备耗材的高成本费用,也在不断试验之中。如随着免疫技术改良提升,衍生出胶体金、纳米金和荧光微球免疫荧光技术等，不断地提升免疫检测的灵敏度和准确度。现有新技术的不断完善更新，将是很长时间内发展的方向之一。

2. 各类技术的交叉整合

为整合各类食品微生物检验新技术的优势，克服其缺点，对各种检测技术的交叉整合，亦将成为大势所趋。比如现有的 SN/T 2518—2010《贝类食品中食源性病毒检测方法　纳米磁珠-基因芯片法》。此外，PCR-ELISA 一种在微孔板上对 PCR 产物进行的快速非放射性检测，是 PCR 技术、探针技术和 ELISA 技术三者结合的一项技术，它体现了 PCR 技术的高灵敏性、特异性，探针的特异性和酶标仪直接读取结果的客观性等，将三项技术的优点集为一体。再如采用 ddPCR 技术联合 EMA-PCR 技术，能够在较短时间内完成检测，且检测结果精确度高，能够真正实现绝对定量等。

3. 应用 AI 技术下的自动化检测

随着 AI 技术的深入发展，人工操作被 AI 产品替代的可能性逐渐增大，因其标准化流程、自动化程度高、污染少、误差低、快速高效，将成为未来食品微生物检测技术发展的一个主要方向。在此情形下，食品微生物检验技术的方法、标准、仪器设备等等都将随之发生变革。自动化检测仪器的广泛使用可能成为普遍现象，技术研究的主要方向将可能变为如何降低设备的使用成本以及提升设备的使用效率等。

4. 发展在线无损检测

传统微生物检测进行检测前都需对食品进行处理，这个过程中无可避免地对食品状态会造成损坏。无损检测重在减少对样品的检测前处理过程，降低对样品原状的影响；在线检测则重在对致病菌的数量的实时监控，以便做出及时的判断和处理。目前常用于食品微生物检测的无损检测技术有近红外光谱技术、高光谱图像技术、计算机视觉技术以及电子鼻技术和电子舌技术。随着智能化的不断发展，未来可将无损检测技术与现代智能设备结合起来，更好地用于市场或者居民日常的食品微生物测定。

5. 其他新技术的研发

除上述新技术之外，随着科技的日新月异，也可能崛起全新的检测新技术。如在大数据库建设的飞速发展之下，未来人们可能从相关的海量大数据多维度获得食品微生物状况和食品质量的信息，对食品微生物检测也就不再局限于检测产品和生产线本身，随之将发展出新的检测技术；又比如医学、理化检测领域中某些新技术的应用，也可能随之拓展到食品微生物的检测之中。

10.3　真菌毒素与食品安全

10.3.1　真菌性食物中毒

真菌毒素可引起真菌性食物中毒。真菌毒素（mycotoxin）是产毒真菌在适宜条件下所产生的次级代谢产物。其中产毒素的真菌以霉菌为主。霉菌毒素是霉菌在主要含碳水化合物性质的食品原料上繁殖而分泌的细胞外毒素，通常具有耐高温、无抗原性、主要侵害实质器官的特性。人和动物一次性摄入含大量霉菌毒素的食物常会发生急性中毒，而长期摄入含少量霉菌毒素的食物则会导致慢性中毒和癌症。自从20世纪60年代发现强致癌的黄曲霉毒素以来，霉菌与霉菌毒素对食品的污染日益引起重视。霉菌毒素引起人急性中毒的发生较少，但常常发生慢性中毒或诱发癌症。由于霉菌毒素引起的食物中毒已在8.4节中介绍，在此不再赘述。本节主要介绍真菌毒素引起食物中毒的预防措施及控制方法。

10.3.2 食源性真菌中毒的预防

10.3.2.1 防霉

食品中的水分含量和环境温度、湿度、氧气是影响霉菌生长与产毒的主要因素。如粮食含水分17%～18%，是霉菌繁殖和产毒的良好条件。曲霉、青霉以及镰刀菌属均为中性霉菌，适于繁殖的环境相对湿度为80%～90%。大多数霉菌繁殖的适宜温度为25～30℃，0℃以下和30℃以上多数霉菌产毒能力减弱或丧失。霉菌主要污染粮油及其制品，预防霉菌及其毒素对人体健康的危害是食品工作者的重要职责，具体可采取以下措施。

1. 物理防霉

(1)干燥防霉　控制水分和湿度，保持食品和贮藏场所的干燥，做好食品贮藏地的防湿防潮，相对湿度不超过65%～70%，保持食品干燥，控制温差，防止结露，粮食及食品可在阳光下晾晒，风干、烘干或加吸湿剂，密封。

(2)低温防霉　把食品储藏温度控制在霉菌生长的适宜温度以下，从而抑菌防霉，冷藏的食品温度界限应在4℃以下。

(3)气调防霉　就是控制气体成分，防止霉菌生长和毒素产生，通常采取除氧或加入二氧化碳、氮气等气体，运用密封技术控制和调节储藏环境中的气体成分，现已在食品储藏中广泛应用。

2. 化学防霉

使用防霉化学药剂，有熏蒸剂如溴甲烷、二氯乙烷、环氧乙烷，有拌合剂如有机酸、漂白粉、多氧霉素。如用环氧乙烷熏蒸，用于粮食防霉效果很好；食品中加入0.1%的山梨酸，防霉效果也很好。

10.3.2.2 去毒

食品被霉菌污染并产生毒素后，应设法将毒素破坏或去除，以避免大面积发霉。去毒的主要措施有挑除玉米和花生中的霉粒、碾压加工及加水搓洗大米、碱炼或用白陶土吸附花生油或玉米胚芽油中的黄曲霉毒素、脱胚除去玉米中黄曲霉毒素等。

总之，预防真菌性食物中毒主要是预防霉菌及其毒素对食品的污染，其根本措施是防霉，去毒只是污染后为防止人类受危害的补救方法。

10.4 病毒与食品安全

食源性病毒是指以食物为载体，导致人类患病的病毒，包括以粪—口途径传播的病毒，如脊髓灰质炎病毒，小圆结构病毒、轮状病毒、冠状病毒、环状病毒和戊型肝炎病毒，以及以畜产品为载体传播的病毒，如禽流感病毒、口蹄疫病毒等。在欧美国家，诺如病毒和甲肝病毒是危害最严重的食源性病毒。

10.4.1　诺如病毒

诺如病毒(Norovirus,NVs)目前被认为是世界范围内流行的非细菌性肠炎的主要原因，也是最重要的食源性病毒。美国学者 Kapikian 于 1972 年通过免疫电镜技术，首先在美国俄亥俄州诺瓦克镇暴发腹泻疫情患者粪便中发现该病毒颗粒，并命名为诺瓦克病毒(Norwalk virus)。此后，世界各地研究者陆续从腹泻患者粪便中分离出多种形态与之相似，但抗原性略异的病毒颗粒，先称小圆结构病毒(Small Round Structural virus,SRSV)，后称诺瓦克样病毒(Norwalk-like virus,NLV)，直至 2002 年 8 月第八届国际病毒命名委员会批准名称为诺如病毒(Norovirus,NVs)，与在日本发现的札幌样病毒(Sapporo-like virus,SLV)合称人类杯状病毒(Human Calicivirus,HuCV)。

诺如病毒基因组为单股正链小 RNA 病毒，无包膜，为二十面体结构，直径 27～40 nm，外壳是由 180 个同一种外壳蛋白组成的 90 个二聚体构成。诺如病毒具有较强的耐受性，经过室温 pH 为 2.7 环境中暴露 3 h，4℃20%乙醚处理 18 h，或 60℃孵育 30 min 后，仍然具有传染性。在 3.75～6.25 mg/L 氯、0.5～1.0 mg/L 游离氯离子的水溶液(相当于饮用水中的氯浓度)中 NVs 仍不被灭活，但可被 10 mg/L 氯的水溶液灭活。

诺如病毒胃肠炎在世界各地广泛流行，由于感染剂量低，10～100 个病毒颗粒即可引发人体感染，在环境中非常稳定，导致其传染性很强，据报道，发达国家 42%～90%的非细菌性腹泻暴发是由 NVs 引起的。近年来，我国许多地区发生诺如病毒感染性胃肠炎疫情暴发，发病呈逐渐升高的趋势。传染源主要为诺如病毒胃肠炎患者、隐性感染者及病原携带者，可通过污染的食物、水、生活接触等途径传播，也可通过吸入悬浮在空气中的由污染物形成的气溶胶等形式传播。

诺如病毒会引起胃肠道感染，症状多表现为呕吐、腹泻。潜伏期多在 24～48 h，最短 12 h，最长 72 h。感染者发病突然，主要症状为恶心、呕吐、发热、腹痛和腹泻。儿童患者呕吐普遍，成人患者腹泻为多，24 h 内腹泻 4～8 次，粪便为稀水便或水样便，无黏液脓血。原发感染患者的呕吐症状明显多于续发感染者，有些感染者仅表现出呕吐症状。此外，也可见头痛、寒战和肌肉痛等症状，严重者可出现脱水症状。

诺如病毒以暴发形式出现，以学校、医院和工厂等集体单位为主要暴发地点，暴发疫情患者中无年龄、性别差异，而散发病例主要集中在 2 岁以下儿童以及老年人。流行季节因地区而异，北方冬春季呈现流行高峰，南方夏秋季和冬季都可出现较强的流行。

10.4.2　甲肝病毒

甲肝病毒即甲型肝炎病毒(Hepatitis A virus,HAV)，为甲型肝炎的病原，污染水源及水生贝类，可引起暴发流行。甲型肝炎是一种烈性肠道传染病，以损害肝脏为主，严重危害人类健康。

HAV 属于微小 RNA 病毒科嗜肝病毒属，球形颗粒，直径 27 nm，衣壳由 32 个壳粒组成，每一病毒颗粒含有 4 种多肽，即 VP1～VP4，无包膜，为单股正链 RNA。可在非洲绿猴肾细胞、人胚肺二倍体细胞和传代肝细胞中生长。其抵抗力强，低温可长期保存，85℃ 5 min、98℃ 1 min 可完全灭活。紫外线照射 1～5 min，用甲醛溶液或氯处理，均可使之灭活。

传染源主要是急性期感染者和亚临床感染者。尤其是后者无症状，不易发现，是重要的传染源。HAV 通常由粪便排出体外，通过污染的水源、蔬菜、食品、手、用具等经口途径传染。1988 年上海发生 30 余万人的甲型肝炎大流行，是由于食用了未煮熟受 HAV 污染的毛蚶所引起的。甲型肝炎以秋冬季节流行为主，也有春季流行的。患者潜伏期 15～45 d(平均 30 d)，急性黄疸型病人常有发热、食欲不振、厌油、恶心或呕吐、腹部不适、腹泻或便秘，进而病人的皮肤、角膜发黄，肝肿大、肝区疼痛、尿黄等；无黄疸型病人仅有乏力、恶心、肝区痛和腹胀、消化不良、体重减轻等。经彻底治疗后，愈后良好。

10.4.3 轮状病毒

轮状病毒(Rotavirus)属于呼肠孤病毒科，二十面体结构直径 70 nm，有双层壳膜。基因组为双链分节段 RNA，共有 11 个节段，所有 11 个节段都有同样的末段结构。能导致人腹泻的轮状病毒有 A、B、C 3 个群。A 群轮状病毒是婴幼儿发病和致死的最主要病因，一般发生在秋冬季节，6 个月至两岁的婴幼儿最易感染，B、C 群为成人轮状病毒。轮状病毒感染的腹泻常伴轻或中度脱水或代谢性中毒，部分病例在出现消化道症状前常有上呼吸道感染症状。

轮状病毒感染而引起的疾病，在世界范围内都存在。其传染源为患者及病毒携带者，可通过密切接触和粪—口途径传播，发病率和死亡率高。轮状病毒感染主要引起婴幼儿急性胃肠炎，早期有短时间轻度上呼吸道感染症状，然后迅速出现发热、呕吐、腹泻，导致脱水及电解质紊乱。

10.4.4 禽流感病毒

禽流感病毒(Avian Influenza virus，AIV)是禽流感的病原体，属于正黏勃病毒科，直径 80～120 nm，球形颗粒，基因组为 8 个节段的单链负义 RNA，螺旋对称，对热、酸和有机溶剂敏感。

禽流感病毒当前是指甲型流感病毒中感染禽类的多种亚型的总称。流感病毒可分为甲、乙、丙 3 型，其中甲型流感病毒的危害程度最大，宿主范围广泛，除可感染人，引起世界性流感大流行外，也在动物中广泛存在，引起动物流感流行和造成大量动物死亡。甲型流感病毒有许多亚型，容易变异，亚型之间无交叉保护作用，至今已发现的所有不同亚型的流感病毒几乎均可在禽中找到。因此，有人认为禽是流感病毒的基因库，并与流感病毒大流行株出现密切相关。

禽流感病毒对低温有很强的适应力。如果在－20℃左右，它可以存活几年，在冰冻的肉和骨髓中分别于 287 d 和 303 d 后仍保持感染力。但是如果在 20℃的温度下它只能存活 7 d。经过加温的食品，应该是不存在有活性的病毒的。禽流感病毒在 56℃条件下 30 min 就能被灭活，在 70℃条件下 2 min 就能被灭活。禽流感病毒在干燥血液和组织中可存活数周。因此，食用受禽流感病毒感染的肉及其加工产品对人类健康已构成潜在的危险性。

病毒主要侵入呼吸道黏膜的上皮细胞，引起上皮细胞增生、坏死、黏膜局部充血、水肿和浅表溃疡等卡他性病变。4～5 d 后，基底细胞层病变可扩展到支气管、细支气管、肺泡和支气管周围组织，引起黏膜水肿、充血、淋巴细胞浸润，并伴有微血管栓塞、坏死、小动脉瘤形成和出血等，引发全身毒血症样反应。少数重症进行性肺炎除细支气管炎症变化外，可有肺泡壁充血水肿、纤维蛋白渗出，单核细胞浸润和透明膜形成，以及肺出血等，引起诸多并发症。1997 年，禽流感病毒在香港首次发现引起人类流感，受感染发病人数为 18 人，其中死亡 6 人。

10.4.5　口蹄疫病毒

口蹄疫病毒(Foot and Mouth Disease virus,FMDV)属于小 RNA 病毒科,正二十面体结构,直径 20～30 nm,无包膜。主要侵害偶蹄兽,尤其是奶牛。该病毒传染性强,易变异,目前已发现 7 个血清型,血清型间无血清交叉和交叉免疫现象。人(尤其是幼儿)饮食未消毒的鲜奶以及其他畜产品,护理及接触患病动物的兽医、研究人员、饲养人员、挤乳工人等均可感染发病,儿童发病较成人多。人感染口蹄疫病毒后体温升高,口腔发干发热,黏膜潮红,在唇、舌、齿等部位出现水疱。水疱豌豆大,迅速破裂并愈合,有时伴有灼热疼痛及流涎。病程 7～10 d,严重者可因心肌麻痹而死亡。

10.4.6　脊髓灰质炎病毒

脊髓灰质炎病毒(Polio virus)是引起脊髓灰质炎(小儿麻痹症)的病原。

脊髓灰质炎病毒属微小 RNA 病毒,直径 27～30 nm,单股正链 RNA。可分为Ⅰ、Ⅱ、Ⅲ 3 个抗原血清型,彼此无交叉免疫。常用人胚肾细胞、猴肾细胞等分离病毒。病毒杀细胞作用强,接种 24 h 后,细胞呈现变圆、坏死、脱落等明显病变。该病毒在外界生命力较强,在粪便、污水、食品及乳制品中能存活数月,在－40℃可保存多年;对乙醇、胃酸及肠液均具有相当强的抵抗力。但对干燥、热的抵抗力弱,加热 56℃、30 min 被灭活,煮沸后立刻死亡。紫外线及各种氧化消毒剂均能在短期内使之灭活。

病毒通过病儿及带毒者的咽喉部分泌物和粪便排出体外,污染水源、食品及空气等或经蝇、蟑螂为媒介污染食物,经口感染。脊髓灰质炎以 1～5 岁儿童发病率高,以夏季多见。在流行时以隐性感染及无瘫痪病例为多,仅极少数发生肌肉弛缓性瘫痪。患者出现发热、多汗、烦躁不安、感觉过敏、疼痛、颈背强直、腱反射由亢进转为减弱、肢体不对称弛缓性瘫痪。

本章小结

食品被微生物污染后除引起食品腐败变质外,存在于食品中或以食品为传播媒介的病原微生物可以引起食源性疾病。本章介绍了食物中毒的相关概念、特点及类型;重点对由细菌引起的食物中毒,包括沙门氏菌、金黄色葡萄球菌、致病性大肠埃希氏菌、变形杆菌、副溶血性弧菌、肉毒梭菌、单核细胞增生李斯特菌、空肠弯曲杆菌、蜡样芽孢杆菌、志贺氏菌等生物学特性及其引起的食物中毒原因和预防措施进行了阐述;介绍了常见的消化道传染病包括痢疾、伤寒、霍乱等的病因及临床症状;简要介绍了真菌毒素中毒的预防措施和几种病毒(诺如病毒、甲肝病毒、轮状病毒、禽流感病毒、口蹄疫病毒等)的食品安全问题。

重要名词

食物中毒　细菌性食物中毒　真菌性食物中毒　感染型细菌性食物中毒
毒素型细菌性食物中毒　混合型细菌性食物中毒　真菌毒素　消化道传染病
食品安全　食源性疾病

思考题

1. 什么是食物中毒？有什么特点？食物中毒的类型有哪些？

2. 常见的细菌性食物中毒有哪些？发生细菌性食物中毒的原因是什么？其预防原则是什么？

3. 常见的消化道传染病有哪些？其防治原则是什么？

4. 简述沙门氏菌、致病性大肠杆菌的生物学特性、食物中毒发生的原因、症状和污染途径。

5. 比较沙门氏菌与大肠杆菌的抗原构造。

6. 简述金黄色葡萄球菌、肉毒梭菌、蜡样芽孢杆菌的生物学特性、食物中毒发生的原因、症状和污染途径。

7. 比较金黄色葡萄球菌肠毒素和肉毒梭菌神经毒素的性质。

8. 当食物被金黄色葡萄球菌污染后，经加热煮沸后食用仍能引起食物中毒，为什么？

9. 简述副溶血性弧菌、变形杆菌、单增李斯特菌、空肠弯曲杆菌的生物学特性、食物中毒发生的原因、症状和污染途径。

10. 简述志贺氏菌、霍乱弧菌、伤寒及副伤寒沙门氏菌的生物学特性及其引起人消化道传染病的发生原因与临床症状。

11. 简述预防真菌毒素中毒的措施。

12. 简述诺如病毒、甲肝病毒、轮状病毒、禽流感病毒等引起人传染病的发生原因与临床症状。

13. 病原细菌常规检验方法的一般流程是什么？影响其检测速度和结果的因素有哪些？如何改进？

参 考 文 献

[1] 北京市疾病预防控制中心,营养与食品卫生所.食品安全国家标准汇编(2017).北京:人民卫生出版社,2017.

[2] 岑沛霖,蔡谨.工业微生物学.北京:化学工业出版社,2008.

[3] 陈炳卿.营养与食品卫生学.4版.北京:人民卫生出版社,2000.

[4] 陈峰.食品生物技术的进展.中国食品工业.2001(04):42-44.

[5] 陈坚.中国食品科技:从2020到2035.中国食品学报,2019,19(12):1-5.

[6] 陈锦屏.调味品加工技术.北京:中国轻工业出版社,2000.

[7] 陈长宏,陈环,张科.食品的霉菌污染及预防.现代农业科技,2011,33(8):740-351.

[8] 程丽娟,袁静.发酵食品工艺学.西安:西北农林科技大学出版社,2002.

[9] 大冢滋.食文化史.9版.东京:中央公论社,1982.

[10] 戴住波,王勇,周志华,等.植物天然产物合成生物学研究.中国科学院院刊,2018,33(11):1228-1238.

[11] 邓毛程,张邦建.发酵工艺原理.北京:中国轻工业出版社,2007.

[12] 丁立孝,赵金海.酿造酒技术.北京:化学工业出版社,2020.

[13] 丁立孝.食品卫生检验与管理.北京:化学工业出版社,2015.

[14] 丁延芹,杜秉海,余之和.农业微生物学实验技术.2版.北京:中国农业大学出版社,2014.

[15] 董明盛,贾英民.食品微生物学.北京:中国轻工业出版社,2006.

[16] 董志伟,王琰.抗体工程.2版.北京:北京医科大学出版社,2002.

[17] 樊明涛,赵春燕,雷晓凌.食品微生物学.2版.郑州:郑州大学出版社,2018.

[18] 范云六.农业生物工程技术.郑州:河南科技出版社,2000.

[19] 高福成.新型发酵食品.北京:中国轻工业出版社,1998.

[20] 宫君秋.出口蔬菜质量控制.济南:山东科学技术出版社,2000.

[21] 顾国贤.酿造酒工艺学.2版.北京:中国轻工业出版社,2015.

[22] 关统伟.微生物学.北京:中国轻工业出版社,2018.

[23] 郝雪秦,许激扬,陈代杰,等.利用双水相系统转化雄甾-1,4-二烯-3,17-二酮的研究.药物生物技术,2003,10(3):169-172.

[24] 何国庆,贾英民,丁立孝.食品微生物学.3版.北京:中国农业大学出版社,2016.

[25] 何国庆,贾英民.食品微生物学.北京:中国农业大学出版社,2002.

[26] 何国庆.食品发酵与酿造工艺学.2版.北京:中国农业出版社,2011.

[27] 贺淹才. 基因工程概论. 北京:清华大学出版社. 2008.
[28] 贺稚非. 食品微生物学. 北京:中国质检出版社,2013.
[29] 胡树凯. 食品微生物学. 2 版. 北京:北京交通大学出版社,2016.
[30] 胡希荣. 食品微生物学. 北京:中国农业出版社,1993.
[31] 胡志红,陈新文. 普通病毒学. 2 版. 北京:科学出版社,2019.
[32] 黄儒强,李玲. 生物发酵技术与设备操作. 北京:化学工业出版社,2010.
[33] 黄秀梨,辛明秀. 微生物学. 3 版. 北京:高等教育出版社. 2009.
[34] 黄璇莹,罗锦霞,李维嘉,等. 新技术在食品微生物检验检测中的应用分析. 食品安全导刊,2023,8:181-184.
[35] 霍乃蕊,余知和. 微生物生物学. 北京:中国农业大学出版社. 2018.
[36] 贾蕙萱. 中日饮食文化比较研究. 北京:北京大学出版社,1999.
[37] 江汉湖. 食品微生物学. 3 版. 北京:中国农业出版社,2010.
[38] 姜成林,徐丽华. 微生物资源与开发利用. 北京:中国轻工出版社,2001.
[39] 姜巨全,郝林. 微生物生理学. 北京:中国农业大学出版社,2014.
[40] 姜绍通,赵俊平,杨英,等. 两相系统发酵转化植物甾醇为雄烯二酮的研究. 食品与发酵工业,2008,34(6):46-50.
[41] 姜锡瑞. 新编酶制剂实用技术手册. 北京:中国轻工业出版社, 2002.
[42] 金成允,金清,曹虹. 医学微生物学. 郑州:郑州大学出版社,2019.
[43] 景晓辉,丁友土. 发酵法生产 *L*-苹果酸技术的研究. 食品工业科技,2005,26(9).
[44] 黎虎. 汉唐饮食文化史. 北京:北京师范大学出版社,1998.
[45] 李阜棣. 微生物学. 6 版. 北京:中国农业出版社,2007.
[46] 李华,王华,袁春龙,等. 葡萄酒工艺学. 北京:科学出版社,2020.
[47] 李华. 酿造酒工艺学. 北京:中国农业出版社,2011.
[48] 李松涛. 食品微生物学检验. 北京:中国计量出版社,2005.
[49] 李兴存. 黄原胶的性能及其应用. 牙膏工业. 2002(04):48-51.
[50] 李艳. 发酵工业概论. 北京:中国轻工业出版社,2011.
[51] 李颖,关国华. 微生物生理学. 北京:科学出版社,2013.
[52] 李颖,李友国. 微生物生物学. 2 版. 北京:科学出版社. 2019.
[53] 李于善,贺艳. 白首乌 C21 甾苷元 C11α-羟化的两种微生物同步转化. 中国现代应用药学杂志,2009,26(9):716-720.
[54] 里景伟. 微生物多聚糖-黄原胶的生产与应用. 北京:中国农业科技出版社,1995.
[55] 刘冬,张学仁. 发酵工程. 2 版. 北京:高等教育出版社,2015.
[56] 刘慧. 现代食品微生物学. 2 版,北京:中国轻工业出版社,2011.
[57] 刘庆鑫,李慧梁,柳润辉. 微生物转化在天然产物研究中的应用. 药物实践杂志,2012,30(5):321-325.
[58] 刘群红,李朝品. 现代生物技术概论. 北京:人民军医出版社,2005.
[59] 柳岛直彦. 酵母解剖. 天津:南开大学出版社,1990.
[60] 陆兆新. 现代食品生物技术. 2 版. 北京:中国农业出版社,2015.
[61] 苗小雨,柴春祥,鲁晓翔. 无损检测技术在食品微生物检测中的应用与展望. 食品与发酵

工业,2022,48 (8):311-319.
[62] 潘力.食品发酵工程.北京:化学工业出版社,2006.
[63] 潘亚平,张振海,丁冬梅,等.黄酮类化合物肠道细菌生物转化的研究进展.中国中药杂志,2013,38(19):3240-3245.
[64] 彭志英.食品生物技术.北京:中国轻工业出版社,2003.
[65] 钱爱东.食品微生物学.北京:中国农业出版社,2002.
[66] 桑亚新,李秀婷.食品微生物学. 北京:中国轻工业出版社,2018.
[67] 桑亚新.食品微生物.北京:中国轻工出版社,2016.
[68] 沈标.微生物生理学.北京:中国农业出版社,2009.
[69]沈丽,金刚. 食品微生物检测新技术研究与应用进展. 广东化工,2024,51(7):147-150.
[70] 沈萍, 陈向东.微生物学.8 版.北京:高等教育出版社.2016.
[71] 盛祖嘉.微生物遗传学.3 版.北京:科学出版社.2007.
[72] 宋贤良,朱利,温其标 ,等.国内外食品生物技术研究进展.粮食与油脂.2002(6):32-34.
[73] 苏世彦.食品微生物检验手册.北京:中国轻工业出版社,1998.
[74] 孙俊良.酶制剂生产技术.北京:科学出版社,2004.
[75] 孙玉清.食用菌栽培生产技术.北京:中国农业科学技术出版社,2007.
[76] 孙月娥,孙远.食源性病毒及其预防与控制.食品科学,2010,31(21):405-408.
[77] 孙长颢,凌文华,黄国伟.营养与食品卫生学.8 版.北京:人民卫生出版社,2017.
[78] 孙文涛,李春. 微生物合成植物天然产物的细胞工厂设计与构建. 化工进展,2021,40(3):1202-1214.
[79] 唐欣昀.微生物学.北京:中国农业出版社.2009.
[80] 陶兴无.发酵产品工艺学.2 版,.北京:化学工业出版社,2020.
[81] 汪多仁.黄原胶的开发与应用前景.淀粉与淀粉糖.2002(4):7-11.
[82] 王博彦,金其荣.发酵有机酸生产与应用手册.北京:中国轻工业出版社,2000.
[83] 王德芝,张水成.食用菌生产技术.北京:中国轻工业出版社,2007.
[84] 王尔茂.食品营养与卫生.北京:中国轻工业出版社,2006.
[85] 王福源.现代食品发酵技术.2 版.北京:中国轻工业出版社,2013.
[86] 王瑞芝.中国腐乳酿造.2 版.北京:中国轻工业出版社,2009.
[87] 王珊珊,胡萍,余少文.天然产物微生物转化的研究进展.中国新药杂志,2016,25(1):71-75.
[88] 王淑欣.发酵食品生产技术.北京:中国轻工业出版社,2009.
[89] 王岁楼,王艳萍,姜毓君.食品生物技术.北京: 科学出版社.2013.
[90] 无锡轻工业学院,天津轻工业学院.食品微生物学.北京:中国轻工业出版社,2006.
[91] 谢梅英,别智鑫.发酵技术.北京:化学工业出版社,2017.
[92] 杨持.生态学.3 版.北京:高等教育出版社,2014.
[93] 杨慧林,吕虎.现代生物技术导论.3 版.北京:科学出版社.2020.
[94] 杨洁彬,郭兴华,张篪,等.乳酸菌——生物学基础及应用.2 版.北京:中国轻工业出版社,1996.

[95] 杨洁彬,王晶,王柏,等.食品安全性.北京:中国轻工业出版社,2007.
[96] 杨苏声.细菌分类学.北京:中国农业大学出版社,1997.
[97] 杨玉红.食品微生物学.2版.北京:中国轻工业出版社,2018.
[98] 殷文政.食品微生物学.北京:科学出版社,2015.
[99] 尹利,朱京波.酶制剂生产技术.武汉:华中师范大学出版社.2011.
[100] 于善谦,王洪海,朱乃硕,等.免疫学导论.2版.北京:高等教育出版社,2008.
[101] 余龙江.发酵工程原理与技术应用.北京:化学工业出版社,2011.
[102] 袁惠新,陆振曦,吕季章,等.食品加工与保藏技术.北京:化学工业出版社,2000.
[103] 袁仲.现代生物技术在食品工业的应用.农产品加工(学刊),2005(3):64-66,70.
[104] 曾庆孝,许喜林.食品生产的危害分析与关键控制点(HACCP)原理与应用.广州:华南理工大学出版社.2001.
[105] 张纪忠.微生物分类学.上海:复旦大学出版社,1990.
[106] 张金霞,黄晨阳.无公害食用菌安全生产手册.北京:中国农业出版社,2008.
[107] 张克旭.氨基酸发酵工艺学.北京:中国轻工业出版社,2006.
[108] 张克煦,陈宁,张蓓,等.代谢控制发酵.北京:中国轻工业出版社,2007.
[109] 张磊.微生物转化法生产雄烯二酮工艺条件优化.开封:河南大学,2016.
[110] 张祁,裴晓燕,黄小平.发酵乳霉菌酵母污染和控制的研究进展.食品安全质量检测学报,2019,10(5):1133-1137.
[111] 张守文.面包科学与加工工艺.北京:中国轻工业出版社,2000.
[112] 张文治,沈梅生.实用食品微生物学.北京:中国轻工业出版社,1991.
[113] 张文治.新编食品微生物学.北京:中国轻工业出版社,1995.
[114] 张媛媛,曾艳,王钦宏. 合成生物制造进展. 合成生物学,2021,2(2):145-160.
[115] 张振兴,姜平.实用兽医生物制品技术.北京:中国农业科技出版社,1996.
[116] 赵春.环境生物技术.北京:科学出版社,2012.
[117] 赵谋明.调味品.北京:化学工业出版社,2001.
[118] 赵荣光.中国酱油的发明、工艺演进及其文化历史流变.饮食文化研究,2005(1):15-26.
[119] 赵述森,葛向阳.酿造学.2版,北京:高等教育出版社,2018.
[120] 郑晓东.食品微生物学.杭州:浙江大学出版社,2001.
[121] 中国预防医学科学院.食品卫生国家标准汇编(3).2版.北京:中国标准出版社.2001.
[122] 中华人民共和国国家标准管理委员会.食品安全国家标准:食品微生物学检验.北京:标准出版社,2017.
[123] 周德庆.微生物学教程.3版.北京:高等教育出版社.2011.
[124] 周光炎.免疫学原理.上海:上海科学技术文献出版社,2003.
[125] 周少奇.环境生物技术.北京:科学出版社,2005.
[126] 朱军.微生物学.北京:中国农业出版社.2010.
[127] 朱天海.食品生物技术的研究进展.建筑工程技术与设计,2020(6):3690.
[128] 朱晓松,程东庆.天然药物的微生物转化研究进展.国际中医中药杂志,2011,33(8):740-742.

［129］朱玉贤，李毅，郑晓峰. 现代分子生物学. 3 版. 北京：高等教育出版社，2007.
［130］诸葛健，王正祥. 工业微生物实验技术手册. 北京：中国轻工业出版社，1994.
［131］Banwart G J. Basic Food Microbiology. 2nd ed. New York ：Van Nostrand Reinhold Company，1989.
［132］Brian J B Wood. 发酵食品微生物学. 2 版. 徐岩译. 北京：中国轻工业出版社，2001.
［133］Carl A Batt，Mary-Lon Tortorello. Eundamentals of Food Microbiology. 2th ed. Elsevier Science，Amsterdam. 2020.
［134］Davies A，Board R. The microbiology of meat and poultry. London：Blackie Academic and Professional，1998.
［135］Deng C，Lv X Q，Li J H，et al. Synergistic improvement of N-acetylglucosamine production by engineering transcription factors and balancing redox cofactors. Metab Eng，2021，67：330-346.
［136］Enam F，Mansell T J. Linkage-specific detection and metabolism of human milk oligosaccharides in Escherichia coli. Cell Chemical Biology，2018，25(10)：1292-1303.
［137］Golden. Modern Food Microbiology. 7th ed. Food Science Text Series，2006.
［138］Hirokazu Tsuji，Moriyama Kaoru，Nomoto Koji，et al. Isolation and characterization of the equol-producing bacterium Slackia sp. strain NATTS. Archives Microbiology，2010，192(4)：279-281.
［139］Bu Lock J D，Nisbet L J，Winstanley D J. Bioactive Microbial Product：Search and Discovery. London：Academic Press，1982.
［140］James M Jay，Martin J Loessner，David A Golden. 何国庆，丁立孝，宫春波译. 现代食品微生物学. 7 版. 北京：中国农业大学出版社，2008.
［141］James M Jay. Modern Food Microbiology. 6th ed. The USA. Aspen Publishers，2000.
［142］James M Jay. 现代食品微生物学. 2 版. 徐岩译. 北京：中国轻工业出版社，2001.
［143］Kenji Sakagnchi，Masanori Okanishi. Molecular Breeding and Genetics of Applied Microorganisms. Tokyo：Kodansha LTD/ Academic Press，1980.
［144］Kurtzman C P，Fell J W，Boekhout T. The Yeasts，A Taxonomic Study. 5th ed. Amsterdam：Elsevier Science，2011.
［145］Lund B M，Baird-Parker T C，Gould G W. Mlicrobiological Safety and Quality of Food. Volume 1-2. Springer-Verlag，2000.
［146］Mackenzie A. 生态学. 2 版. 孙儒泳，等译. 北京：科学出版社. 2005.
［147］Madigan M T，Martinko J M，Parker J. 微生物生物学. 8 版. 杨文博，等译. 北京：科学出版社，2001.
［148］Michael T Madigan ，John M Martinko ，Paul V Dunlap ， et al. Brock Biology of Microorganisms (12th ed). Benjamin Cummings，2008.
［149］Moat A G. 微生物生理学. 4 版. 北京：高等教育出版社，2009.
［150］Nicklin J，Graerme-Cook K，Killington R. 微生物学. 2 版. 林稚兰译. 北京：科学出版社，2004.
［151］Pelczar J M J，Chan E C S. Elements of Microbiology. New York：Mac Graw-

Hill,1981.

[152] Peppler H J, D Perlman. Microbial Technology : Microbial Processes. Volume 1. 2th ed. Academic Press Inc, 1979.

[153] Phaff H J, Miller M W, Mark E M. The Life of Yeasts. 2th ed. Cambridge, Mass, Harvard University Press, 1978.

[154] Prescott L M, Harley J P, Klein D A. Microbiology. 2nd ed. Wm C Brown Publishers, 1993.

[155] Prescott L M, Harley J P, Klein D A. Microbiology. 5th ed. The McGraw-Hill Companies, Inc 2002.

[156] Richard A Harvey, Cynthia Nau Cornelissen, Bruce D Fisher. Microbiology. 3rd ed. A Wolters Kluwer Company, 2001.

[157] Robert E. Ricklefs. 生态学. 5 版. 孙儒泳,等译. 北京:高等教育出版社,2004.

[158] Roberts T A. Microorganisms in Foods. Volume 2. 2nd ed. Blackwell Scientific Publications, 1986.

[159] Sara Mortimore, Carol Wallace. HACCP－A Practical Approach. London: Chapman & Hall, 1994.

[160] Simon Baker, Jane Nicklin, Naveed Khan, 等. 微生物学, 3 版. 李明春, 杨文博译. 北京:科学出版社, 2010.

[161] Shi S B, Wang Z H, Shen L R, et al. Synthetic biology: a new frontier in food production. Trends Biotechnol, 2022, 40(7): 781-803.

[162] Thomas D Brock, Michael T Madigan. Biology of Microorganisms. 7th ed. Prentice Hall, 1998.

[163] Xu X H, Li X L, Liu Y F, et al. Pyruvate responsive genetic circuits for dynamic control of central metabolism. Nature Chemical Biology, 2020, 16(11): 1261-1268.

附录　微生物学名

第2章

泉古菌门(Crenarchaeota)
广古菌门(Euryarchaeota)
谜古菌门(Aenigmarchaeota)
丙盐古菌门(Diapherotrites)
初古菌门(Korarchaeota)
纳古菌门(Nanoarchaeota)
盐纳古菌门(Nanohaloarchaeota)
地古菌门(Geoarchaeota)
小古菌门(Parvarchaeota)
奇古菌门(Thaumarchaeota)
产水菌门(Aquificae)
绿菌门(Chlorobi)
绿弯菌门(Chloroflexi)
产金菌门(Chrysiogenetes)
蓝藻门(Cyanobacteria)
脱铁杆菌门(Deferribacteres)
异常球菌-栖热菌门(Deinococcus Thermus)
硝化螺旋菌门(Nitrospirae)
热脱硫杆菌门(Thermodesulfobacteria)
热微菌门(Thermomicrobia)
热袍菌门(Thermotogae)
变形菌门(Proteobacteria)
　1. α-变形菌纲(Alphaproteobacteria)
　2. β-变形菌纲(Betaproteobacteria)
　3. δ-变形菌纲(Deltaproteobacteria)
　4. ε-变形菌纲(Epsilonproteobacteria)
　5. γ-变形菌纲(Gammaproteobacteria)
厚壁菌门(Firmicutes)
　1. 芽孢杆菌纲(Bacilli)
　乳杆菌属(*Lactobacillus*)
　嗜酸乳杆菌(*L. acidophilus*)
　干酪乳杆菌(*L. casei*)
　卷曲乳杆菌(*L. crispatus*)
　保加利亚乳杆菌(*L. bulgaricus*)
　德氏乳杆菌乳亚种(*L. delbrueckii* subsp. *lactis*)
　发酵乳杆菌(*L. fermentium*)
　格氏乳杆菌(*L. gasseri*)
　瑞士乳杆菌(*L. helveticus*)
　约氏乳杆菌(*L. johnsonii*)
　副干酪乳杆菌(*L. paracasei*)
　植物乳杆菌(*L. plantarum*)
　罗伊氏乳杆菌(*L. reuteri*)
　鼠李糖乳杆菌(*L. rhamnosus*)
　唾液乳杆菌(*L. salivarius*)
　片球菌属(*Pediococcus*)
　明串珠菌属(*Leuconostoc*)
　肠膜明串珠菌肠膜亚种(*L. mesenteroides* subsp. *mesenteroides*)
　链球菌属(*Streptococcus*)
　嗜热链球菌(*S. thermophilus*)
　乳球菌属(*Lactococcus*)
　乳酸乳球菌乳酸亚种(*Lactococcus lactis* subsp. *lactis*)
　乳酸乳球菌乳脂亚种(*Lactococcus lactis* subsp. *cremoris*)
　乳酸乳球菌双乙酰亚种(*Lactococcus Lactis* subsp. *diacetylactis*)

凝结芽孢杆菌(*Bacillus coagulans*)
小牛葡萄球菌(*Staphylococcus vitulilus*)
木糖葡萄球菌(*S. xlyosus*)
肉葡萄球菌(*S. carnosus*)
2. 梭菌纲(Clostridia)
3. 丹毒丝菌纲(Erysipelotrichia)
拟杆菌门(Bacteroidetes)
螺旋体门(Spirochaetes)
柔膜菌门(Tenericutes 或 Mollicutes)
酸杆菌门(Acidobacteria)
纤维杆菌门(Fibrobacteres)
梭杆菌门(Fusobacteria)
网团菌门(Dictyoglomi)
芽单胞菌门(Gemmatimonadetes)
黏胶球形菌门(Lentisphaerae)
疣微菌门(Verrucomicrobia)
衣原体门(Chlamydiae)
浮霉菌门(Planctomycetes)
放线菌门(Actinobacteria)
1. 放线菌纲(Actinobacteria)
放线菌纲中有可作为益生菌加入食品的菌种:
双歧杆菌属(*Bifidobacterium*)
青春双歧杆菌(*B. adolescentis*)
动物双歧杆菌(*B. animalis*,也叫乳双歧杆菌 *B. lactis*)
短双歧杆菌(*B. breve*)
长双歧杆菌(*B. longum*)
两歧双歧杆菌(*B. bifidum*)
婴儿双歧杆菌(*B. infantis*)
丙酸菌属(*Propionibacterium*)
费氏丙酸杆菌谢氏亚种(*P. freudenreichii* ssp. *shermanii*)
2. 酸微菌纲(Acidimicrobiia)
3. 红蝽菌纲(Coriobacteriia)
4. 解腈杆菌纲(Nitriliruptoria)
5. 红色杆菌纲(Rubrobacteria)
6. 嗜热油菌纲(Thermoleophilia)

第6章

色杆菌属(*Chromobacterium*)
无色杆菌属(*Achromobacter*)
微球菌属(*Micrococcus*)
水霉属(*Saprolegnia*)
绵霉属(*Achyla*)
变形杆菌属(*Proteus*)
大肠杆菌(*E. coli*)
产气肠杆菌(*Enterobacter aerogenes*)
产碱杆菌属(*Alcaligenes*)
芽孢杆菌属(*Bacillus*)
弧菌属(*Vibrio*)
螺菌属(*Spirillum*)
水活微球菌(*Micrococcus aquivivus*)
Bacillusboborokoiles
浮游植物弧菌(*Phytoplanktion vibrio*)
白色微球菌(*Micrococcus albus*)
藤黄分枝杆菌(*Mycobacterium luteum*)
绳卷霉(*Circinella muscae*)
黑曲霉(*Aspergillusniger*)
点青霉(*Penicillium notatum*)
异形丝葚霉(*Papulospora anomala*)
结核分枝杆菌(*Mycobacterium tuberculosis*)
白喉棒杆菌(*Corynebacterium diphtheriae*)
溶血链球菌(*Streptococcushemolyticus*)
金黄色葡萄球菌(*Staphylococcus aureus*)
曲霉属(*Aspergillus*)
青霉属(*Penicillium*)
镰孢霉属(*Fusarium*)
黄曲霉(*Aspergillus flavus*)
镰孢霉(*Fusarium*)
三隔镰孢霉(*Fusarium tricinctum*)
拟分枝孢镰孢霉(*F. sporotrichioides*)
链格孢霉属(*Alternaria*)
拟青霉属(*Paecilomyces*)
根霉属(*Rhizopus*)
毛霉属(*Mucor*)
茎点霉属(*Phoma*)

木霉属(*Trichoderma*)
大肠杆菌(*Escherichia coli*)
金黄色葡萄球菌(*Staphylococcus aureus*)
枯草杆菌(*Bacillus subtilis*)
巨大芽孢杆菌(*Bacillus megaterium*)
沙门氏菌属(*Salmonella*)
普通变形杆菌(*Proteus vulgaris*)
铜绿假单胞菌(*Pseudomonas aeruginosa*)
乳杆菌属(*Lactobacillus*)
乳链球菌(*Streptococcus lactis*)
梭菌属(*Clostridium*)
酿酒酵母(*Saccharomyces cerevisiae*)
嗜热耐酸芽孢杆菌(*Bacillus thermoacidurans*)
巴氏梭菌(*Clostridiumpasteurianum*)
丁酸梭菌(*Clostridiumbutyricum*)
短乳杆菌(*Lactobacillus brevis*)
明串珠菌(*Leuconostoc*)
嗜热脂肪芽孢杆菌(*Bacillus stearothermophilus*)
凝结芽孢杆菌(*Bacilluscoagulans*)
热解糖梭菌(*Clostridiumthermosaccharolyticum*)
生孢梭菌(*Clostridiumsporogenes*)
溶组织梭菌(*Clostridium histolyticum*)
肉毒梭菌(*Clostridium botulinum*)
表皮葡萄球菌(*Staphylococcus epidermidis*)
金黄色葡萄球菌(*Staphylococcus aureus*)
痤疮丙酸杆菌(*Propionibacterium acnes*)
类白喉棒杆菌(*Corynebacterium diphtheroides*)
黏膜炎布兰汉氏球菌(*Branhemella calarrhalis*)
流感嗜血杆菌(*Haemophilus influenzae*)
缓症链球菌(*Streptococcus mitis*)
唾液链球菌(*Streptococcus salivarius*)
消化链球菌属(*Peptostreptococcus*)
产碱韦荣氏球菌(*Veillonella alcalescens*)
乳杆菌属(*Lactobacillus*)
衣氏放线菌(*Actinomyces israelii*)
脆弱拟杆菌(*Bacteroides fragilis*)
产黑素拟杆菌(*Bacteroides melaninogenicus*)
口腔拟杆菌(*Bacteroidesoralis*)
具核梭杆菌(*Fusobacterium nucleatu*)
白色假丝酵母(*Candida albicans*)
齿垢密螺旋体(*Treponema denticola*)
文氏密螺旋体(*Treponema vincenti*)
肺炎链球菌(*Streptococcus pneumoniae*)
副流感嗜血杆菌(*Haemophilus Parainfluenzae*)
脑膜炎奈瑟氏球菌(*Neisseria meningitidis*)
肠球菌属(*Enterococcus*)
坏死梭杆菌(*Fusobacterium necrophorum*)
产气荚膜梭菌(*Clostridium perfringens*)
黏液优杆菌(*Eubacterium limosum*)
两歧双歧杆菌(*Bifidobacterium bifidum*)
大肠杆菌(*Escherichia coli*)
克雷伯氏菌属(*Klebsiella*)
肠杆菌属(*Enterobacter*)
变形杆菌属(*Proteus*)
阴道毛单胞菌(Trichomonas vaginalis)
白色假丝酵母(Candida albicans)
拟杆菌属(*Bacteroides*)
枯草杆菌(*Bacillus subtilis*)
藤黄微球菌(*Micrococcus lutea*)
假单胞菌属(*Pseudomonas*)
土壤杆菌属(*Agrobacterium*)
无色杆菌属(*Achromobacter*)
色杆菌属(*Chromobacterium*)
节杆菌属(*Arthrobacter*)
肠杆菌属(*Enterobacter*)
分枝杆菌属(*Mycobacterium*)
固氮螺菌属(*Azospirillum*)
丁酸梭菌(*Clostridiumbutyricum*)
弱氧化醋酸杆菌(*Acetobactersuboxydans*)
生黑葡糖酸杆菌(*Gluconobacter melanogenes*)

第8章

色杆菌属(*Chromobacterium*)
无色杆菌属(*Achromobacter*)

微球菌属(*Micrococcus*)
水霉属(*Saprolegnia*)
绵霉属(*Achlya*)
变形杆菌属(*Proteus*)
大肠杆菌
产气肠杆菌(*Enterobacter aerogenes*)
产碱杆菌属(*Alcaligenes*)
弧菌属(*Vibrio*)
螺菌属(*Spirillum*)
粪链球菌(*Streptococcus faecalis*)
魏氏梭菌(*Clostridiumwelchii*)
沙门氏菌
产气荚膜芽孢杆菌(*B. perfringens*)
炭疽杆菌(*B. anthracis*)
破伤风芽孢杆菌(*B. tetani*)
噬纤维菌属(*Cytophaga*)
副溶血性弧菌(*Vibrio parahaemolyticus*)
布氏杆菌(*Bacteriumburgeri*)
雏沙门氏菌(*S. pullorum*)
鸡沙门氏菌(*S. gallinarum*)
无乳链球菌(*Str. agalactiae*)
化脓棒状杆菌(*Cor. pyogenes*)
短杆菌属(*Brevibacterium*)
弯曲杆菌属(*Campylobacter*)
假单胞菌科(Pseudomonadaceae)
假单胞菌属(*Pseudomonas*)
盐杆菌科(Halobacteriaceae)
盐杆菌属(*Halobacterium*)
盐球菌属(*Halococcus*)
醋酸杆菌科(Acetobacteriaceae)
醋酸杆菌属(*Acetobacter*)
葡糖杆菌属(*Gluconobacter*)
产碱杆菌属(*Alcaligenes*)
肠杆菌科(Enterobacteriaceae)
埃希氏菌属(*Escherichia*)
志贺氏菌属(*Shigella*)
沙门氏菌属(*Salmonalla*)
肠杆菌属(*Enterobacter*)
柠檬酸细菌属(*Citrobacter*)
欧文氏菌属(*Erwinia*)
克雷伯氏菌属(*Klebsiella*)
沙雷氏菌属(*Sarratia*)
变形菌属(*Proteus*)
哈夫尼菌属(*Hafnia*)
耶尔森氏菌属(*Yersinia*)
弧菌科(Vibrionaceae)
弧菌属(*Vibrio*)
气单胞菌属(*Aeromonas*)
微球菌科(Micrococcaceae)
微球菌属(*Micrococcus*)
葡萄球菌属(*Staphylococcus*)
链球菌属(*Streptococcus*)
明串珠菌属(*Leuconostoc*)
片球菌属(*Pediococcus*)
气球菌属(*Aerococcus*)
芽孢杆菌属(*Bacillus*)
梭菌属(*Clostridium*)
乳杆菌属(*Lactobacillus*)
棒杆菌属(*Corynebacterium*)
节杆菌属(*Arthrobacterium*)
短杆菌属(*Brevibacterium*)
微杆菌属(*Microbaterium*)
丙酸杆菌属(*Propionibacterium*)
双歧杆菌属(*Bifidobacterium*)
毕赤氏酵母属(*Pichia*)
汉逊氏酵母菌属(*Hansenula*)
鲁氏酵母(*Saccharomyces rouxii*)
蜂蜜酵母(*Saccharomyces mellis*)
曲霉属(*Aspergillus*)
黑曲霉(*Aspergillus niger*)
黄曲霉(*Aspergillus flavus*)
赭曲霉(*Aspergillus ochraceus*)
杂色曲霉(*Aspergillus versicolor*)
烟曲霉构巢曲霉(*Aspergillus nidulans*)
寄生曲霉(*Aspergillus parasiticus*)
青霉属(*Penicillium*)
岛青霉(*Penicillium islandicum*)
橘青霉(*Penicillium citrinum*)

黄绿青霉(*Penicillium citreo-viride*)
红色青霉(*Penicillium rubrum*)
扩展青霉(*Penicillium expansum*)
展开青霉(*Penicillium patulum*)
斜卧青霉(*Penicillium decumbens*)
镰刀菌属(*Fusarium*)
禾谷镰刀菌(*Fusarium graminearum*)
三线镰刀菌(*Fusarium trincinctum*)
梨孢镰刀菌(*Fusarium poae*)
拟枝孢镰刀菌(*Fusarium sporotrichioides*)
交链孢霉属(*Alternaria*)
棕曲霉(*Aspergillus ochraceus*)

第9章

盐杆菌属(*Halobacterium*)
鲁氏酵母(*Zygosaccharomyces rouxii*)
肠膜明串珠菌(*Leuconostoc mesenteroides*)
汉氏德巴利酵母(*Debaryomyces hansenii*)
灰绿曲霉(*Aspergillus glaucus*)
芽枝霉属(*Cladosporium*)
匍匐曲霉(*Aspergillus repens*)
荧光假单胞菌(*Pseudomonas fluorescens*)
腐败假单胞菌(*Pseudomonas putrefaciens*)
普通变形菌(*Proteus vulgaris*)
纯黄丝衣霉(*Byssochlamys fulva*)
嗜热脂肪芽孢杆菌(*Bacillus stearothermophilus*)
凝结芽孢杆菌(*B. coagulans*)
肉毒梭菌(*Clostridium botulinum*)
热解糖梭状芽孢杆菌(*Cl. thermosaccharolyticum*)
致黑梭状芽孢杆菌(*Cl. nigrificans*)
嗜热链球菌(*Streptococcus thermophilus*)
隐球酵母属(*Cryptococcus*)
丝孢酵母属(*Trichosporon*)
解脂假丝酵母(*Candida lipolytica*)
枯草杆菌(*Bacillus subtilis*)
巨大芽孢杆菌(*Bacillus megaterium*)
马铃薯芽孢杆菌(*Bacillus mesentericus*)
蜡样芽孢杆菌(*Bacillus cereus*)
无乳链球菌(*Streptococcus agalactiae*)
乳房链球菌(*Streptococcus lactis*)
布氏杆菌(*Brucella*)
结核分枝杆菌(*Mycobacterium tuberculosis*)
炭疽杆菌(*Bacillus anthraci*)
溶血性链球菌(*Streptococcus hemolyticus*)
腐败梭菌(*Clostridium septicum*)
溶组织梭菌(*Clostridium histolyticum*)
产气荚膜梭菌(*Clostridium perfringens*)
黏质赛氏杆菌(*Serratia marcescens*)
美丽枝霉(*Thamnidium elegans*)
刺枝霉(*Thamnidium chactocladioides*)
白色侧孢霉(*Sporotrichum album*)
蜡叶芽枝霉(*Cladosporium herbarum*)
深蓝色假单胞杆菌(*Pseudomonas syncyanea*)
蓝黑色色杆菌(*Chromobacterium lividum*)
化脓棒状杆菌(*Corynebacterium pyogenes*)
淀粉梭状芽孢杆菌(*Clostridium amylobacter*)
胡萝卜软腐病欧氏杆菌(*Erwinia carotovora*)
绿色木霉(*Trichoderma viride*)
里氏木霉(*Trichodermareesei*)
拟内胞霉属(*Endomycopsis*)
脆壁酵母(*Saccharomyces fragilis*)
玫瑰微球菌(*Micrococcus roseus*)
盐地赛氏杆菌(*Serratia salinaria*)
盐制品假单胞菌(*Pseudomonas salinaria*)
红皮假单胞菌(*Ps. cutirubra*)
热解糖梭菌(*Clostridium thermosaccharolyticum*)
盐杆菌属(*Halobacterium*)
扩张青霉(*Pennicillium expansum*)
皮壳青霉(*Pen. crustaceum*)
构巢曲霉(*Aspergillus nidulans*)
烟曲霉(*Aspergillus fumigatus*)
甘露醇杆菌(*Bacterium mannitopoem*)
解酒石杆菌(*Bacterium tartaropoeum*)
侧孢霉属(*Sportrichum*)
枝孢属(*Cladosporium*)

青霉属(*Penicillium*)
丛梗孢霉属(*Moniliopsis*)
假单孢菌属(*Pseudomonas*)
无色杆菌属(*Achromobacter*)
产碱杆菌属(*Alcaligenes*)
微球菌属(*Micrococcus*)
伤寒沙门菌(*Salmonella typhimurium*)
对葡萄球菌(*Staphylococcus*)
链球菌(*Streptococcus*)
芽孢杆菌(*Bacillus*)
无色杆菌属(*Achromobacter*)
乳酸链球菌(*S. lactis*)
单核细胞增生李斯特菌(*Listeria monocytogenes*)
丁酸梭菌(*Clostridium butyricum*)
沙门氏菌属(*Salmonella*)
志贺氏菌属(*Shigella*)
大肠埃希氏菌(*E. cloi*)
纳他链霉菌(*Streptomyces natalensis*)

第 10 章

沙门氏菌属(*Salmonella*)
鼠伤寒沙门氏菌(*S. typhimurium*)
猪霍乱沙门氏菌(*S. cholerae-suis*)
肠炎沙门氏菌(*S. enteritidis*)
纽波特沙门氏菌(*S. newport*)
都柏林沙门氏菌(*S. dublin*)
德尔比沙门氏菌(*S. derby*)
山夫顿堡沙门氏菌(*S. senftenberg*)
汤普逊沙门氏菌(*S. thompson*)
鸭沙门氏菌(*S. anatum*)
丙型副伤寒沙门氏菌(*S. paratyphi* C)
葡萄球菌属(*Staphylococcus*)
金黄色葡萄球菌(*S. aureus*)
柠檬色葡萄球菌(*S. citreus*)
白色葡萄球菌(*S. albus*)
表皮葡萄球菌(*S. epidermidis*)
腐生葡萄球菌(*S. saprophyticus*)
埃希氏菌属(*Escherichia*)
大肠杆菌(*E. coli*)
变形杆菌属(*Proteus*)
普通变形杆菌(*P. vulgaris*)
奇异变形杆菌(*P. mirabilis*)
产黏变形杆菌(*P. myxofaciens*)
弧菌属(*Vibrio*)
副溶血性弧菌(*Vibrio parahaemolyticus*)
肉毒梭菌(*Clostridium botulinum*)
单核细胞增生李斯特氏菌(*Listeria monocytogenes*)
空肠弯曲菌(*Campylobater jejuni*)
空肠弯曲菌空肠亚种(*C. jejuni* subsp. *jejuni*)
蜡样芽孢杆菌(*Bacillus cereus*)
痢疾志贺氏菌(*S. dysenteriae*)
伤寒沙门氏菌(*S. typhi*)
副伤寒沙门氏菌(*S. paratyphi*)
霍乱弧菌(*V. cholerae*)
副霍乱弧菌(*V. cholerae biotypeeltor*)